中国工程院　国家开发银行重大咨询项目

中国海洋工程与科技发展战略研究

综合研究卷

主　编　潘云鹤　唐启升

U0195484

海洋出版社

2014 年·北京

内 容 简 介

中国工程院"中国海洋工程与科技发展战略研究"重大咨询项目研究成果形成了海洋工程与科技发展战略研究系列丛书，包括综合研究卷、海洋探测与装备卷、海洋运载卷、海洋能源卷、海洋生物资源卷、海洋环境与生态卷和海陆关联卷，共七卷。本书是综合研究卷，分为两部分：第一部分是项目综合研究成果，包括国内海洋工程与科技发展现状、主要差距和问题、国家战略需求、国际发展趋势和启示、发展战略和任务、推进发展的重大建议及保障措施等；第二部分是中国海洋工程与科技6个重点领域的发展战略和对策建议的综合研究，包括海洋探测与装备、海洋运载、海洋能源、海洋生物资源、海洋环境与生态和海陆关联等。

本书对和海洋工程与科技相关的各级政府部门具有重要参考价值，同时可供科技界、教育界、企业界及社会公众等了解海洋工程与科技知识作参考。

图书在版编目（CIP）数据

中国海洋工程与科技发展战略研究. 综合研究卷/潘云鹤，唐启升主编. —北京：海洋出版社，2014.12

ISBN 978 - 7 - 5027 - 9024 - 0

Ⅰ. ①中…　Ⅱ. ①潘…　②唐…　Ⅲ. ①海洋工程 - 科技发展 - 发展战略 - 研究 - 中国　Ⅳ. ①P75

中国版本图书馆 CIP 数据核字（2014）第 295254 号

责任编辑：方　菁
责任印制：赵麟苏

海洋出版社　**出版发行**

http://www.oceanpress.com.cn

北京市海淀区大慧寺路 8 号　邮编：100081

北京画中画印刷有限公司印刷　新华书店北京发行所经销

2014 年 12 月第 1 版　2014 年 12 月第 1 次印刷

开本：787mm×1092mm　1/16　印张：52.5

字数：860 千字　定价：180.00 元

发行部：62132549　邮购部：68038093　总编室：62114335

海洋版图书印、装错误可随时退换

编辑委员会

中国海洋工程与科技发展战略研究
项目组主要成员

顾　问　宋　健　第九届全国政协副主席，中国工程院原院长、
　　　　　　　　院士

　　　　徐匡迪　第十届全国政协副主席，中国工程院原院长、
　　　　　　　　院士

　　　　周　济　中国工程院院长、院士

组　长　潘云鹤　中国工程院常务副院长、院士

副组长　唐启升　中国科协副主席，中国水产科学研究院黄海水
　　　　　　　　产研究所，中国工程院院士，项目常务副组长，
　　　　　　　　综合研究组和生物资源课题组组长

　　　　金翔龙　国家海洋局第二海洋研究所，中国工程院院
　　　　　　　　士，海洋探测课题组组长

　　　　吴有生　中国船舶重工集团公司第702研究所，中国工
　　　　　　　　程院院士，海洋运载课题组组长

　　　　周守为　中国海洋石油总公司，中国工程院院士，海洋
　　　　　　　　能源课题组组长

　　　　孟　伟　中国环境科学研究院，中国工程院院士，海洋
　　　　　　　　环境课题组组长

　　　　管华诗　中国海洋大学，中国工程院院士，海陆关联课
　　　　　　　　题组组长

　　　　白玉良　中国工程院秘书长

成　员　沈国舫　中国工程院原副院长、院士，项目综合组顾问

丁　健　中国科学院上海药物研究所，中国工程院院士，生物资源课题组副组长

丁德文　国家海洋局第一海洋研究所，中国工程院院士

马伟明　海军工程大学，中国工程院院士

王文兴　中国环境科学研究院，中国工程院院士

卢耀如　中国地质科学院，中国工程院院士，海陆关联课题组副组长

石玉林　中国科学院地理科学与资源研究所，中国工程院院士

冯士筰　中国海洋大学，中国科学院院士

刘鸿亮　中国环境科学研究院，中国工程院院士

孙铁珩　中国科学院应用生态研究所，中国工程院院士

林浩然　中山大学，中国工程院院士

麦康森　中国海洋大学，中国工程院院士，生物资源课题组副组长

李德仁　武汉大学，中国工程院院士

李廷栋　中国地质科学院，中国科学院院士

金东寒　中国船舶重工集团公司第 711 研究所，中国工程院院士，海洋运载课题组副组长

罗平亚　西南石油大学，中国工程院院士，海洋能源课题组副组长

杨胜利　中国科学院上海生物工程中心，中国工程院院士

赵法箴　中国水产科学研究院黄海水产研究所，中国工程院院士

张炳炎　中国船舶工业集团公司第 708 研究所，中国工程院院士

张福绥　中国科学院海洋研究所，中国工程院院士

封锡盛　中国科学院沈阳自动化研究所，中国工程院院士

宫先仪　中国船舶重工集团公司第 715 研究所，中国工程院院士

钟　掘　中南大学，中国工程院院士

闻雪友　中国船舶重工集团公司第 703 研究所，中国工程院院士

徐　洵　国家海洋局第三海洋研究所，中国工程院院士

徐玉如　哈尔滨工程大学，中国工程院院士

徐德民　西北工业大学，中国工程院院士

高从堦　国家海洋局杭州水处理技术研究开发中心，中国工程院院士

顾心怿　胜利石油管理局钻井工艺研究院，中国工程院院士

侯保荣　中国科学院海洋研究所，中国工程院院士

袁业立　国家海洋局第一海洋研究所，中国工程院院士

曾恒一　中国海洋石油总公司，中国工程院院士，海洋运载课题组副组长和海洋能源课题组副组长

谢世楞　中交第一航务工程勘察设计院，中国工程院院士，海陆关联课题组副组长

雷霁霖　中国水产科学研究院黄海水产研究所，中国工程院院士

潘德炉　国家海洋局第二海洋研究所，中国工程院院士

刘保华　国家深海基地管理中心，研究员，海洋探测课题组副组长

陶春辉　国家海洋局第二海洋研究所，研究员，海洋探测课题组副组长

刘少军　中南大学，教授，海洋探测课题组副组长

李杰人　中华人民共和国渔业船舶检验局局长，生物资源课题组副组长

于志刚　中国海洋大学校长，教授，海洋环境课题组副组长

马德毅　国家海洋局第一海洋研究所所长，研究员，海洋环境课题组副组长

王振海　中国工程院一局副局长，海陆关联课题组副组长

项目办公室

主　任　阮宝君　中国工程院二局副局长

安耀辉　中国工程院三局副局长

成　员　张　松　中国工程院办公厅院办

潘　刚　中国工程院二局农业学部办公室

刘　玮　中国工程院一局综合处

黄　琳　中国工程院一局咨询工作办公室

郑召霞　中国工程院二局农业学部办公室

位　鑫　中国工程院二局农业学部办公室

中国海洋工程与科技发展战略研究
综合研究组主要成员及执笔人

总策划　潘云鹤　中国工程院常务副院长、院士

顾　问　沈国舫　中国工程院原副院长、院士

组　长　唐启升　中国工程院院士

副组长　金翔龙　中国工程院院士

　　　　吴有生　中国工程院院士

　　　　周守为　中国工程院院士

　　　　孟　伟　中国工程院院士

　　　　管华诗　中国工程院院士

成　员　王振海　中国工程一局副局长

　　　　刘世禄　中国水产科学研究院黄海水产研究所 研究员

　　　　刘　岩　国家海洋局海洋发展战略研究所 研究员

　　　　杨宁生　中国水产科学研究院 研究员

　　　　张信学　中国船舶重工集团公司第714研究所 研究员

　　　　张元兴　华东理工大学 教授

　　　　陶春辉　国家海洋局第二海洋研究所 研究员

　　　　李清平　中国海洋石油总公司研究总院 研究员

　　　　仝　龄　中国水产科学研究院黄海水产研究所 研究员

　　　　雷　坤　中国环境科学研究院 研究员

　　　　韩立民　中国海洋大学 教授

　　　　李彦庆　中国船舶重工集团公司第714研究所 研究员

　　　　杨金森　国家海洋局海洋发展战略研究所 研究员

主要执笔人

唐启升　王振海　刘世禄　刘　岩　杨宁生

张信学　张元兴　朱心科　李清平　仝　龄

雷　坤　李大海　王　芳

丛书序言

海洋是宝贵的"国土"资源,蕴藏着丰富的生物资源、油气资源、矿产资源、动力资源、化学资源和旅游资源等,是人类生存和发展的战略空间和物质基础。海洋也是人类生存环境的重要支持系统,影响地球环境的变化。海洋生态系统的供给功能、调节功能、支持功能和文化功能具有不可估量的价值。进入 21 世纪,党和国家高度重视海洋的发展及其对中国可持续发展的战略意义。中共中央总书记、国家主席、中央军委主席习近平同志指出,海洋在国家经济发展格局和对外开放中的作用更加重要,在维护国家主权、安全、发展利益中的地位更加突出,在国家生态文明建设中的角色更加显著,在国际政治、经济、军事、科技竞争中的战略地位也明显上升。因此,海洋工程与科技的发展受到广泛关注。

2011 年 7 月,中国工程院在反复酝酿和准备的基础上,按照时任国务院总理温家宝的要求,启动了"中国海洋工程与科技发展战略研究"重大咨询项目。项目设立综合研究组和 6 个课题组:海洋探测与装备工程发展战略研究组、海洋运载工程发展战略研究组、海洋能源工程发展战略研究组、海洋生物资源工程发展战略研究组、海洋环境与生态工程发展战略研究组和海陆关联工程发展战略研究组。第九届全国政协副主席宋健院士、第十届全国政协副主席徐匡迪院士、中国工程院院长周济院士担任项目顾问,中国工程院常务副院长潘云鹤院士担任项目组长,45 位院士、300 多位多学科多部门的一线专家教授、企业工程技术人员和政府管理者参与研讨。经过两年多的紧张工作,如期完成项目和课题各项研究任务,取得多项具有重要影响的重大成果。

项目在各课题研究的基础上,对海洋工程与科技的国内发展现状、主要差距和问题、国家战略需求、国际发展趋势和启示等方面进行了系统、综合的研究,形成了一些基本认识:一是海洋工程与科技成为推动我国海洋经济持续发展的重要因素,海洋探测、海洋运载、海洋能源、海洋生物资源、海洋环境和海陆关联等重要工程技术领域呈现快速发展的局面;二是海洋 6 个重要工程技术领域 50 个关键技术方向差距雷达图分析表明，我国海洋工程与科技整体水平落后于发达国家 10 年左右，差距主要体现在关键技术的现代化水平和产业化程度上；三是为了实现"建设海洋强国"宏伟目标，国家从开发海洋资源、发展海洋产业、建设海洋文明和维护海洋权益等多个方面对海洋工程与科技发展有了更加迫切的需求；四是在全球科技进入新一轮的密集创新时代，海洋工程与科技向着大科学、高技术方向发展，呈现出绿色化、集成化、智能化、深远化的发展趋势，主要的国际启示是：强化全民海洋意识、强化海洋科技创新、推进海洋高技术的产业化、加强资源和环境保护、加强海洋综合管理。

基于上述基本认识，项目提出了中国海洋工程与科技发展战略思路，包括"陆海统筹、超前部署、创新驱动、生态文明、军民融合"的发展原则，"认知海洋、使用海洋、保护海洋、管理海洋"的发展方向和"构建创新驱动的海洋工程技术体系，全面推进现代海洋产业发展进程"的发展路线；项目提出了"以建设海洋工程技术强国为核心，支撑现代海洋产业快速发展"的总体目标和"2020 年进入海洋工程与科技创新国家行列，2030 年实现海洋工程技术强国建设基本目标"的阶段目标。项目提出了"四大战略任务"：一是加快发展深远海及大洋的观测与探测的设施装备与技术，提高"知海"的能力与水平；二是加快发展海洋和极地资源开发工程装备与技术，提高"用海"的能力与水平；三是统筹协调陆海经济与生态文明建设，提高"护海"的能力与水平；四是以全球视野积极规划海洋事业的发展，提高"管海"的能力与水平。为了实现上述目标和任务，项目明确提出"建设海洋强国，科技必须先行，必须首先建设海洋工程技术强国"。为此，国家应加大海洋工程技术发展力度，建议近期实施加快发展"两大计划"：海洋工程科技创新重大专项，即选择海洋工程科技发展的关键方向，设置海洋工程科技重大专项，动员和组织全国优势力量，突破一批具有重大支撑和引领作用的海洋工程前沿技术和关键技术，实现创新驱动发展，抢占国际竞争的制高点；现代海洋产业发展推进计划，即在推进海洋工程科技创新重大专项的同时，实施现代海洋产业发展推进计划（包括海洋生物产业、海洋能源及矿产产业、海水综合利用产业、海洋装备制造与工程产业、海洋物流产业和海洋旅游产业），推动海洋经济向质量效益型转变，提高海洋产业对经济增长的贡献率，使海洋产业成为国民经济的支柱产业。

项目在实施过程中，边研究边咨询，及时向党中央和国务院提交了 6 项建议，包括"大力发展海洋工程与科技，全面推进海洋强国战略实施的建议"、"把海洋渔业提升为战略产业和加快推进渔业装备升级更新的建议"、"实施海洋大开发战略，构建国家经济社会可持续发展新格局"、"南极磷虾资源规模化开发的建议"、"南海深水油气勘探开发的建议"、"深海空间站重大工程的建议"等。这些建议获得高度重视，被采纳和实施，如渔业装备升级更新的建议，在 2013 年初已使相关领域和产业得到国家近百亿元的支持，国务院还先后颁发了《国务院关于促进海洋渔业持续健康发展的若干意见》文件，召开了全国现代渔业建设工作电视电话会议。刘延东副总理称该建议是中国工程院 500 多个咨询项目中 4 个最具代表性的重大成果之一。另外，项目还边研究边服务，注重咨询研究与区域发展相结合，先后在舟山、青岛、广州和海口等地召开"中国海洋工程与科技发展研讨暨区域海洋发展战略咨询会"，为浙江、山东、广东、海南等省海洋经济发展建言献策。事实上，这种服务于区域发展的咨询活动，也推动了项目自身研究的深入发展。

在上述战略咨询研究的基础上，项目组和各课题组进一步凝练研究成果，编撰形成了《中国海洋工程与科技发展战略研究》系列丛书，包括综合研究卷、海洋探测与装备卷、海洋运载卷、海洋能源卷、海洋生物资源卷、海洋环境与生态卷和海陆关联卷，共 7 卷。无疑，海洋工程与科技发展战略研究系列丛书的产生是众多院士和几百名多学科多部门专家教授、企业工程技术人员及政府管理者辛勤劳动和共同努力的结果，在此向他们表示衷心的感谢，还需要特别向项目的顾问们表示由衷的感谢和敬意，他们高度重视项目研究，宋健和徐匡迪二位老院长直接参与项目的调研，在重大建议提出和定位上发挥关键作用，周济院长先后 4 次在各省市举办的研讨会上讲话，指导项目深入发展。

希望本丛书的出版，对推动海洋强国建设，对加快海洋工程技术强国建设，对实现"海洋经济向质量效益型转变，海洋开发方式向循环利用型转变，海洋科技向创新引领型转变，海洋维权向统筹兼顾型转变"发挥重要作用，希望对关注我国海洋工程与科技发展的各界人士具有重要参考价值。

编辑委员会

2014 年 4 月

本卷前言

为了发展海洋经济，建设海洋强国，中国工程院在充分酝酿的基础上，于 2011 年 7 月启动了"中国海洋工程与科技发展战略研究"重大咨询项目。由于这是中国工程院首次开展该领域的重大咨询研究，也由于海洋是一个涉及多学科多部门多产业的研究领域，因此，何谓"海洋工程与科技"是项目研究始终关注的问题。殷瑞钰等在《工程哲学》（2007，2013）中专题论述了"科学—技术—工程"及其之间的关系，首先强调"科学、技术和工程是 3 个不同性质的对象、3 种不同性质的行为、3 种不同类型的活动"，同时又强调"三者之间的关联性和互动性"，认为："科学是探索发现活动和工程的理论基础、技术是工程的基本要素、工程是技术的优化集成和集成建造活动、工程是产业发展的基础、产业生产是可重复运作的工程活动"。本项研究接受这些观点和认识，并作为综合研究的基础。据此，本项研究界定的海洋工程与科技的重点领域为：海洋探测与装备工程、海洋运载工程、海洋能源工程、海洋生物资源工程、海洋环境与生态工程和海陆关联工程。这里的"科技"虽技术成分居多，但也包含科学的内容。另外，本项研究将现行主要海洋产业的 12 个类别，在两大领域、两大部类分类法的基础上，按资源利用、装备制造和物流服务等生产特性，归并为"六大海洋产业"：海洋生物产业（包含海洋渔业和海洋生物医药业等）、海洋能源及矿业产业（包含海洋油气业、海洋可再生能源业和海洋矿业等）、海水综合利用产业（包含海洋化工业、海洋盐业和海水利用业等）、海洋装备制造与工程产业（包含海洋船舶工业和海洋工程建筑业等）、海洋物流产业（包含交通运输业等）和海洋旅游产业（包含滨海旅游业等）。这种少而精的归并划分，便于陆海统筹，也有利于培育海洋战略性新兴产业，推动现代海洋产业发展。

本书是项目研究系列丛书的综合研究卷，分为两部分：第一部分是项目综合研究成果，在国家战略需求、国内发展现状、国际发展趋势和启示、主要差距和问题等专题研究的基础上，提出了我国海洋工程与科技的发展思路（原则、方向和路线）、发展战略目标（总体目标和阶段目标）、四大战略任务和加快发展的"两项重大建议"及保障措施等；第二部分是海洋工程与科技"6个重点领域"的发展战略和对策建议的综合研究，包括海洋探测与装备、海洋运载、海洋能源、海洋生物资源、海洋环境与生态和海陆关联等。

由于本项目综合研究在许多方面尚属首次，不当或疏漏之处在所难免，敬请读者批评指正。

综合研究组

2014 年 4 月

目 录

第一部分 中国海洋工程与科技发展战略研究综合报告

第二部分　中国海洋工程与科技发展战略研究重点领域报告

第一部分
中国海洋工程与科技
发展战略研究
综合报告

提　要

一、现状、需求和国际启示 ▶

（一）海洋工程与科技已成为推动我国海洋经济发展的重要因素

改革开放以来，特别是进入 21 世纪以来，我国海洋经济呈现持续发展的态势。2012 年，我国海洋生产总值突破 5 万亿元，是 2001 年的 5 倍多，占当年国内生产总值和沿海地区生产总值的比重分别为 9.6% 和 15.9%，明显高于同期国民经济发展速度。另外，涉海就业人员规模不断扩大，从 2001 年的 2 108 万人增加到 2012 年的 3 350.8 万人，占沿海地区就业人员比重的 10.1%。海洋经济已经成为国民经济重要的组成部分和新的增长点。

在海洋经济的快速发展过程中，产业结构发生了巨大变化，从构成单一的海洋渔业、海洋盐业等向多样化发展，产业规模迅速扩大，其中海运货物吞吐量连续九年世界第一；海洋渔业产量长期世界第一；造船量世界第一；船舶出口覆盖 168 个国家和地区；海洋油气产量超过 5 000 万吨油当量，建成海上大庆。2012 年，我国海洋经济的主导产业是海洋渔业、海洋油气业、海洋船舶工业、海洋工程建筑业、海洋交通运输业和滨海旅游业，其增加值占主要海洋产业增加值比重的 94.3%；其他产业，如海洋化工业、海洋盐业、海洋生物医药业、海洋电力业、海洋矿业、海水利用业等，虽占比重较低，但以新兴产业为主。

除了国力增强、需求牵引等因素外，海洋工程与科技长足进步已成为推动我国海洋经济发展不可或缺的重要因素，特别是海洋探测、海洋运载、海洋能源、海洋生物资源、海洋环境和海陆关联等重要工程技术领域呈现快速发展的局面，科技竞争力明显提高，有力支撑了海洋产业的发展，推动了海洋经济规模迅速扩大。

（二）我国海洋工程与科技整体水平同发达国家有一定差距

从海洋探测、运载、能源、生物、环境和海陆关联等 6 个重要工程领域

50 个关键技术方向差距雷达图分析表明，我国海洋工程与科技整体水平落后于发达国家，差距在 10 年左右。其中：①仅有 8% 的关键技术方向达到国际领先水平或先进水平，具体为海上稠油高效开发、近海边际油田开发、近海滩涂养殖、涉海桥隧工程；②差距在 5 年以内的占 22%，具体为近海能源工程技术装备、船舶制造技术、海洋港口工程、绿色船舶技术、水合物室内研究、陆基海水养殖、海洋生物制品、船舶基础共性技术、船舶设计技术、海洋药物、海岛开发工程；③差距在 5~10 年的占 32%，具体为海洋固体矿产与微生物、海洋油气资源勘察与评价、近海生物资源养护、水产品质量安全、海洋环境预报预警、海陆关联空间开发、海水淡化与综合利用、深水油气工程装备、深远海养殖、船舶深海技术、深水油气工程技术、海岛保护工程、海洋防灾减灾、海洋可再生能源、无人潜水器、水产品加工与流通；④差距在 10~20 年的占 32%，具体为水合物试采、海洋环境监测工程、涉海工程规划、涉海安全管理、海洋环境风险应急、船舶配套技术、远洋渔业、海洋垃圾污染控制工程、海域污染控制工程、海洋生态修复工程、海洋保护区建设工程、大型涉海环境保护工程、深水边际油田开发、海洋探测仪器、海洋观测、海洋环境监测设备；⑤差距在 20 年以上的占 6%，具体为陆源污染控制工程、深海探测通用技术、深海采矿技术与装备。这些差距主要体现在海洋工程与装备关键技术的现代化水平和产业化程度上。

我国海洋工程技术与国际先进水平的差距是由多方面制约因素造成的，包括海洋强国战略的顶层设计与整体规划滞后，制约着海洋工程与科技的前瞻性战略安排；对海洋产业的战略地位和作用重视不够，新兴产业发展缓慢，对产业结构升级的牵引力不足；全国性海洋科技创新体系尚未形成，核心技术创新能力不够，工程技术发展速度难以满足海洋强国的战略需求；海洋工程技术的基础研究相对薄弱，成果转化严重滞后，对海洋经济的支撑作用不够；标准与知识产权工作还未成为研发系统和产业界的主动作为，制约海洋技术发展的国际竞争力；绿色发展形势严峻，各层次、各领域工程技术发展不平衡，海洋综合统筹力度不足等。

（三）大力发展海洋工程与科技是建设海洋强国的战略需求

党的十八大提出了"建设海洋强国"宏伟战略目标，国家从开发海洋资源、发展海洋产业、建设海洋文明和维护海洋权益等多个方面对海洋工程与科技发展有了更加迫切的需求，进一步发展海洋工程与科技成为建设海洋强国的重要支撑和保障。

1. 开发海洋资源，工程装备与技术是必备手段

到 2020 年，我国天然气和石油的需求量对外依赖度分别超过 50% 和 70%，大部分金属资源对外依存度将超过 50%，食物来源及战略后备也捉襟见肘，这将会成为我国国民经济发展的制约因素。而海洋蕴藏着丰富的生物资源、油气资源、矿产资源、动力资源和化学资源，是人类未来赖以生存的资源空间，海洋资源的经济和战略地位突出。另外，随着海洋资源的开发从浅海走向深海，从近海走向国际海域，开发的深度和广度不断扩展，工程装备与技术已成为海洋资源开发、保障我国的资源和能源安全必不可少的工具和手段。

2. 发展海洋产业，依赖于工程技术创新与成果转化

近年来，海洋成为我国新一轮经济和社会发展的目标区，沿海各地纷纷探讨新的发展模式，引发了新一轮沿海开发战略大调整，出台了一批新的发展规划，使我国海洋经济从产业结构、产出质量、空间布局、规划体系等方面进入了一个新的发展时期，对工程技术创新也有了更多的依赖。未来我国海洋产业将在能源、健康食品、淡水、矿产、高端装备、陆海关联工程和现代服务等方面获得新的发展，形成新的产品系列和产业格局，带动海洋经济的迅速发展。为此，亟须大力发展海洋工程与科技，通过转化更多的创新成果来引领现代海洋产业从增长点向主导产业迈进，为促进国民经济发展做出新的贡献。

3. 建设海洋文明，工程与科技依然是基本支撑

随着海洋在国民经济社会发展中的战略地位的提升，海洋在提供食物来源与保障食品安全、提供多种生态服务、防灾减灾和保障民生方面，将起到越来越重要的作用。因此，海洋生态文明已成为我国建设生态文明不可或缺的组成部分。

在建设海洋生态文明的进程中，需要深刻认识海洋的自然规律，需要解决好海洋开发与海洋生态环境保护之间的关系，需要探索沿海地区工业化、城镇化过程中符合生态文明理念的新发展模式，需要推进海洋生态科技和海洋综合管理制度创新。然而，这一切都离不开科技的支撑，并通过

海洋工程技术的新发展，加快海洋生态文明建设。

4. 维护海洋权益，工程与科技是坚强后盾

海洋工程和科技的快速发展正在引发世界海洋竞争格局、国家财富获取方式和海洋经济发展方式的重大变革。特别是以外大陆架划界申请、公海保护区设立和国际海底区域新资源申请为主要特征的第二轮"蓝色圈地"运动正在兴起，海洋空间竞争日趋激烈，海域划界、岛屿主权归属等矛盾更加复杂化。

中国在深海大洋有广泛的国家利益，海上通道畅通涉及国家战略安全。为此，以海洋工程和科技为后盾，加强海洋资源开发活动，在争议区域、公海大洋和南北极进行调查和宣示存在，保障海上战略通道畅通，对支持我国领土诉求和维护我国海洋权益意义重大。

（四）国际海洋工程与科技发展的趋势和启示

世界海洋强国开发海洋有着悠久的历史和丰富的经验，形成了强大的实力。进入21世纪，联合国提出"21世纪是海洋世纪"，美国制定《海洋战略发展计划》，英国颁布《海洋科技发展战略》，日本提出《海洋开发推进计划》，国际社会认识到海洋是人类生存与发展的资源宝库和最后空间，是全球经济发展的新的增长点。因此，发达国家和新兴国家普遍把海洋开发作为国家战略，不断加大实施力度，海洋工程与科技发展也出现了一些新的趋势。

（1）在全球科技进入新一轮的密集创新时代，海洋工程与科技向着大科学、高技术方向发展，呈现出绿色化、集成化、智能化、深远化的发展趋势。绿色化主要是指海洋工程的"环保、能效、安全、舒适"等方面的综合考量，并成为海洋运载装备行业最大的热门话题和机遇挑战；集成化是指随着海洋科技水平的不断提高，海洋工程装备逐渐向多功能、集成化方向发展；智能化是指在电子技术、信息技术和物联网技术飞速发展带动下，海洋工程装备自动化控制系统朝着分布型、网络型、智能型系统方向推进，实现智能控制、卫星通信导航、船岸信息直接交流等目标，海洋的立体观测网络建设成为普遍的关注点；深远化是指人类走向深海和远海的步伐逐渐加快，相应的海上装备也呈现深远化的发展趋势，各国海洋科学考察活动不断向深海领域推进，深海潜水器作业深度不断增加，寻求新的

资源开发和科学发现。

（2）人类对海洋的观念从过去的一味索取转为实现海洋的可持续发展。在开发利用海洋的同时，人类认识到应把海洋作为生命支持系统加以保护。在海洋生态与环境监测、海洋环境预警预报和海洋防灾减灾方面，世界各国日益重视，技术发展迅速，能力建设日趋完善，成为各国发展海洋环境管控硬实力的体现。另外，以《联合国海洋法公约》为代表的国际海洋管理制度已经建立，世界各沿海国家都将在此基础上进一步建立和完善本国的海洋管理制度。21 世纪海洋管理的范围由近海扩展到大洋，由一国管理扩展到全球合作，管理内容由各种海洋开发利用活动扩展到自然生态系统，管理方式在强调利用法律手段的同时，更多地使用培训和宣传教育手段。在适应全球变化的海洋管理模式中，海洋生态系统水平管理理念逐渐成熟。

纵观美、英、日、法等世界发达国家海洋工程与科技发展的经验和趋势，我们得到了一些重要的启示。

1. 实施国家海洋战略，必须强化全民海洋意识

世界发达国家在实施海洋开发战略过程中，形成了许多新的海洋观，如海洋经济观、海洋政治观、海洋科技观等。开发方式正由传统的单项开发向现代的综合开发转变，开发海域从领海、毗邻区向专属经济区、公海推进，开发内容由资源的低层次利用向精深加工领域拓展。中华民族要走向世界，实现和平崛起，必须彻底改变重陆轻海的传统意识，使全民树立新的海洋价值观、海洋国土观和海洋经济观。

2. 实施海洋强国战略，必须强化海洋科技创新

美国等发达国家海洋实力的不断提高，一个重要的原因是在科学和高新技术领域不断投入和创新，强化海洋科技的支撑作用，及时制定和实施海洋工程与科技发展战略与规划。我们要摆脱落后的局面，必须加大海洋科技创新力度，建立国家海洋科技重大问题的协调机制，建立海洋科技开发和服务体系，积极参与和引领国际重大海洋科学研究活动，大力培育优秀的海洋工程与科技人才。

3. 促进海洋经济发展，必须推进海洋高技术的产业化

在海洋经济体系中，海洋产业结构层次的高低及布局决定着海洋经济整体质量和实力，也决定能否实现稳定而快速的增长。发达国家不仅重视

海洋油气、海洋旅游等新兴海洋产业的发展，同时高度重视海洋高技术发展，这也是推动海洋现代发展的一项重要措施和经验。我国海洋工业基础薄弱，工程装备落后，高新技术发展起步较晚，要实现跨越式发展，必须大力发展海洋工程与科技，加强技术转化，革新工程装备，优化产业结构，加速高技术产业产业化的进程。

4. 实现海洋持续发展，必须加强资源和环境保护

加强海洋生物资源和生态环境养护建设，已成为世界各国保障海洋可持续发展的重点。纵观国际海洋经济的发展历程，许多国家的海洋经济增长大都走了先开发、后养护和先污染、后治理之路，付出了沉重的代价。随着我国国民经济的迅速发展和海洋开发力度的提高，必须提倡海洋经济与资源环境保护协调发展，遏制海洋污染，加强海洋生态环境的保护与修复，维护海洋生态系统平衡，保障海洋资源环境为人类永续利用。

5. 实施海洋有效管理，必须加强综合管理，完善法律法规

海洋管理是一项复杂的系统工程，许多国家实行了有效的海洋综合管理模式。我国与许多国家一样，涉海部门众多，存在着管理分散、资源浪费、协调配合差等问题，只有健全综合管理体制，建立协调发展机制，我国的海洋事业才能健康发展。其中最根本的，是要建立和完善海洋法律法规体系，为我国的海洋活动管理、海域使用管理、海洋环境保护的执法提供法律和法规依据。

二、发展战略和任务 ▶

（一）我国海洋工程与科技发展思路

发展原则：围绕建设海洋强国的战略目标，坚持"陆海统筹、超前部署、创新驱动、生态文明、军民融合"，积极增加国家战略资源储备，拓展国家战略发展空间，推动深远海工程与科技发展，实现立足太平洋、开拓印度洋、挺进大西洋、进军南北极的海洋大开发战略布局。

发展方向：从"认知海洋、使用海洋、保护海洋、管理海洋"4个方面展开重点研究、建设和开发，促进海洋科技进步，发展海洋经济，建设海洋生态文明，维护海洋权益。

发展路线：构建创新驱动的海洋工程技术体系，突破海洋工程与装备

的设计制造关键技术，提高海洋工程设备的核心竞争力，全面推进现代海洋产业发展进程，为建设现代化海洋强国奠定坚实的基础。

（二）我国海洋工程与科技发展战略目标

1. 总体目标

以建设海洋工程技术强国为核心，加快海洋探测、海洋运载、海洋能源、海洋生物资源、海洋环境与生态、海陆关联等重要工程与科技领域的创新发展，全面提高海洋资源开发能力，拓展海洋发展领域和空间，为2050年把我国建设成为一个海洋科技先进、海洋经济发达、海洋生态安全、海洋综合实力强大的海洋强国提供坚实的基础和根本保障。

加大实施创新驱动发展战略力度，打通海洋工程科技和海洋经济发展之间的通道，优化海洋产业结构，培育和壮大海洋新兴产业，着力推动海洋经济向质量效益型转变，大幅度提高海洋生物、海洋能源及矿业、海洋装备制造与工程、海水综合利用、海洋物流和海洋旅游等现代海洋产业发展对国民经济增长的贡献率，使现代海洋产业成为国民经济新的增长点和支柱产业。

2. 阶段目标

1）2020年，进入海洋工程与科技创新国家行列

科技贡献目标：海洋工程各重要领域创新能力显著提升，建立国家海洋工程技术创新体系，实现科技进步贡献率达60%以上，科技成果转化率达50%以上，我国海洋工程与科技整体水平接近发达国家。

支撑产业目标：形成比较完整的科研开发、装备制造、设备供应、技术服务等现代产业发展体系，基本掌握主力海洋工程装备的研发制造技术，工程装备关键系统和设备的配套率达到50%以上，新兴产业的比重达70%，高技术主导产业比重提高到45%以上，支撑海洋生产总值年均增长8%、占国内生产总值比重达12%以上。

持续发展目标：建立以企业为主体、"产、学、研、用"相结合的技术创新体系，形成一批具有自主知识产权的国际知名品牌，绿色制造技术得到普遍应用，单位工业增加值能耗和物耗降低15%，污染物排放降低20%。

2）2030 年，实现海洋工程技术强国建设基本目标

科技贡献目标：海洋工程各重要领域创新能力全面提升，国家工程技术创新体系完备，实现科技进步贡献率达 70% 以上，科技成果转化率达 60% 以上，我国海洋工程与科技整体水平达国际先进。

支撑产业目标：建立完善的海洋工程与科研开发、制造、供应、服务现代产业体系，掌握可能改变当前和未来海洋资源开发模式的新型海洋工程装备与技术，大幅度提高前瞻性技术开发能力，海洋工程装备关键系统和设备的配套率达 70% 以上，新兴产业的比重达 80%，高技术主导产业比重提高到 60% 以上，支撑海洋生产总值位居世界前茅、年均增长 7%、占国内生产总值比重达 14% 以上。

持续发展目标：建成以企业为主体，产、学、研、用结合的技术创新体系，掌握海洋工程与装备领域的核心技术，行业产品质量安全指标达国际先进水平，单位工业增加值能耗和物耗降低 15%，污染物排放降低 20%。

（三）我国海洋工程与科技发展"四大战略任务"

1. 加快发展深远海及大洋探测工程装备与技术，提高"知海"的能力与水平

大力开展海洋调查与探测，构建海陆空一体化的海洋立体观测系统，建设海洋大数据中心。发展系列化海洋探测装备，提高深远海和大洋、极地海洋生物和矿产资源调查和开采技术，提升我国开展国际海域资源调查与开发的技术保障水平。积极发展深远海和大洋、极地通用技术，突破海洋调查、探测工程技术与装备开发"瓶颈"。

2. 加快发展海洋及极地资源开发工程装备与技术，提高"用海"的能力与水平

以绿色、深海、安全的海洋工程装备技术为重点，形成完备的海上运输、生物资源开发、海洋油气开采、海洋科考、海上执法及海上综合保障装备体系。突破海洋深水能源勘探开发核心技术，实现深水油气田勘探开发技术由 300 米到 3 000 米水深的重点跨越。发展海水养殖新生产模式，高效开发极地大洋渔业资源、微生物资源和生物基因资源，实现海洋资源开发利用技术的创新与突破。促进海洋高技术成果转化，加强结构调整，提升海洋产业的战略地位，大幅度提高海洋经济发展规模。

3. 统筹协调陆海经济与生态文明建设，提高"护海"的能力与水平

正确处理沿海地区经济社会发展与海洋资源利用、生态环境保护的关系，统筹协调陆海经济社会发展的基本思路、功能定位、重点任务和管理体制。遵循陆海统筹、河海兼顾的原则，加强陆源污染控制，强化海域和海岛海洋环境管理，规范海洋资源开发活动，养护近海生物资源及其栖息地，加强海洋生态文明建设。通过实施海洋环境和生态工程，构建海洋经济发展与环境保护协调发展的新模式，开创资源可持续利用、经济可持续发展和生态环境良好的局面。

4. 以全球视野积极规划海洋事业发展，提高"管海"的能力与水平

从国家海洋资源、海洋环境和海洋权益的整体利益出发，通过方针、政策、法规和区划的制定和实施，提高海洋综合管理水平。通过精细化、立体化规划海洋的区域功能，统筹兼顾沿海、近海、远洋、极地等开发特点和海洋经济发展多层次的要求，逐步推进从沿海到深海大洋、从大洋到极地、从示范试点到全面实施、从单一工程到复合工程的海洋管理体系建设。坚持全球视野，创新发展思路，积极利用全球海洋资源，积极参与国际海洋事务和国际海洋工程与科技计划的发展、交流与合作。

三、加快海洋工程与科技发展的对策建议 ▶

（一）实施海洋工程与科技创新重大专项

1. 必要性与基本思路

建设海洋强国，科技必须先行，必须首先建设海洋工程技术强国；而选择海洋工程科技发展的关键方向，设置海洋工程科技重大专项，动员和组织全国优势力量，突破一批具有重大支撑和引领作用的海洋工程前沿技术，创新驱动发展，又是建设海洋强国的发展大计。因此，实施海洋工程科技创新重大专项是当务之急，对促进海洋工程与科技实现跨越式发展，抢占国际竞争的制高点有重大意义，也是建设海洋强国的迫切需求。

以建设海洋工程技术强国为目标，以建设海洋强国需求为导向，以海洋探测、海洋运载、海洋能源、海洋生物资源、海洋环境与生态和海陆关联等6个重要海洋工程领域的科技创新为重点任务，突破一批具有重要战略

意义和应用价值的关键技术，建设高水平的海洋工程人才队伍，为"知海、用海、护海、管海"和推动现代海洋产业发展提供强有力的工程与科技支撑。

2. 重点任务

1）水下观测系统工程科技创新专项

创新目标：坚持寓军于民，军民兼用的原则，逐步整合并建成覆盖我国管辖海域、大洋及南北两极水下观测体系，实现多尺度、全方位、多要素、全天候、全自动的立体同步观测，构建海洋观测网，发展深海资源探测技术和海洋通用技术及其装备。

创新任务：海洋观测系统建设，包括近海海洋观测系统建设、深远海观测系统建设、水下移动观测系统建设；国际海底洋中脊资源与环境观测系统，包括洋中脊多金属硫化物观测探测技术、洋中脊极端生物资源观测探测技术、洋中脊的环境监测观测技术、洋中脊多金属硫化物矿区的开采环境评价技术；海洋观测支撑系统建设，包括海洋通用技术与装备、海上试验场建设工程、海洋仪器设备检测评价体系、数字海洋工程建设。

2）海洋绿色运载装备工程科技创新专项

创新目标：统筹民用开发与海洋维权、运输能力与综合制海需求，攻克海洋绿色运载装备相关的船型设计技术、节能减排的动力及推进技术、绿色环保配套设备等核心技术，形成海洋绿色运载装备自主设计制造能力和综合保障体系，为提高我国船舶工业国际竞争力和发展方式的升级与转型奠定技术基础。

创新任务：绿色船型开发，包括超级节能环保油船、多用途船、集装箱船等；绿色动力系统开发，包括双燃料发动机、柴油机和 LNG 燃料系统；绿色配套设备开发，包括发电机组、叶片泵与容织泵、风机、空调与冷冻系统、船舶主动力系统余热余能利用装置、舱室设备、压载水处理系统、涂料和表面处理、船用垃圾与废水洁净处理等。

3）深水油气勘探开发工程科技创新专项

创新目标：以深水能源开发需求为牵引，实施"132 工程"，即建立 1 支深海船队、3 个深海远程军民共建基地、1 个深水油气勘探开发示范工程和 1 个天然气水合物钻探取样、试采工程，形成深水能源技术研发和成果转化体系，为走向世界深水大洋做好技术储备。

创新任务：深水油气勘探开发工程，包括深水油气勘探、深水油气开发工程、深水环境立体监测及风险评价、深水施工作业及应急救援、深水工程重大装备研制及配套作业、深海远程军民共建基地；深海天然气水合物目标勘探与试采关键技术，包括海域天然气水合物目标勘探与资源评价技术、海域水合物钻探取心技术、天然气水合物试采工程关键技术、海域天然气水合物钻探和试采工程示范。

4）海洋生物资源开发工程科技创新专项

创新目标：遵循海洋生物资源"养护、拓展、高技术"三大发展战略，从群体资源、遗传资源和产物资源3个层面上，突破海洋生物资源可持续利用和高效开发的关键技术，提高海洋生物资源工程技术与装备水平，为实现海洋生物资源可持续开发利用提供科技支撑。

创新任务：蓝色海洋食物开发保障工程，包括海水养殖工程与装备、近海渔业资源养护工程、南极磷虾资源开发与远洋渔业工程、海洋食品质量安全与加工流通工程等；海洋生物新资源开发工程，包括海洋新药研发关键技术、新型海洋生物制品开发关键技术及其关键技术装备。

5）河口生态环境保护工程科技创新专项

创新目标：以入海河口及其毗邻海域为重点，通过开展陆源污染物排放控制工程、生态保护工程和海洋环境管理与保障工程三大类工程技术示范与建设，使海洋环境工程技术创新能力得到明显提高，为建立人－海和谐的海洋经济发展模式与区域发展模式、实现沿海地区资源与环境协调发展提供科技支撑。

创新任务：河口生态环境保护工程，包括河口生态环境调查与评估、河口区入海污染物总量控制工程、河口生态环境保护与修复工程、河口区海洋垃圾污染控制工程、河口区生态环境监测监控网络工程、河口海洋生态经济发展技术、河口海洋生态文明建设技术等。

6）海洋岛礁开发与保护工程科技创新专项

创新目标：围绕促进海岛可持续发展，加强海岛供水、能源、交通、通信等重要基础设施关键技术研究，满足海岛经济社会发展、海洋安全和权益维护、生态环境保护、海洋科学研究等需求。依照海岛分类、分区开发与保护基本原则，以典型海岛、特殊区域海岛为重点，实施海岛开发与保护工程示范。启动南海岛礁开发与保护工程，突破离岸岛礁工程建设系列关键技术。探索符合海岛特点的综合管理体制和产业发展模式。

创新任务：主要包括海岛生态保护与修复工程、海岛淡水资源工程、海岛可再生能源工程、海岛防灾减灾工程、三沙建设工程、领海基点海岛保护工程、边远海岛开发利用工程、海岛旅游工程等。

（二）实施现代海洋产业发展推进计划

1. 必要性与基本思路

发达的海洋经济是建设海洋强国的重要支撑。在海洋工程与科技创新的驱动下，大力实施现代海洋产业发展推进计划，有助于推动海洋经济向质量效益型转变，有助于优化海洋产业结构，提高海洋产业对经济增长的贡献率，使海洋经济成为新的增长点。另外，由于现代海洋产业发展具有战略性、成长性、高科技驱动性和经济拉动性等重要特征，实施现代海洋产业发展推进计划将会进一步推进海洋高技术产业的发展，促进海洋新兴产业的成长和壮大，成为国家产业结构升级和区域经济发展的重要驱动力，使海洋产业成为国民经济的支柱产业。

以国家经济社会发展和维护国家海洋权益的需求为导向，以推动海洋经济向质量效益型转变为主线，以提高海洋生物产业、海洋能源及矿产产业、海水综合利用产业、海洋装备制造与工程产业、海洋物流产业和海洋旅游产业等现代海洋产业对经济增长的贡献率为重点任务，强化海洋产业战略定位，发展海洋新兴产业，全面构建现代海洋产业体系，推进现代海洋产业的发展进程，提升我国海洋资源开发能力、海洋经济发展能力、海洋环境与生态保护能力以及抵御自然灾害能力，加强国家和区域海洋管理与安全保障，扎实建设现代化的海洋强国。

2. 重点任务

1）海洋生物产业发展推进计划

推进目标：根据区域特点，调整海洋生物产业结构，建设产业聚集区，培育具有国际竞争力的龙头企业和富有创新活力的高科技企业，增加海洋生物产业对国民经济和社会发展的贡献。

推进重点：发展环境友好型海水养殖业，保障供应和食物安全；发展近海资源养护型捕捞业，保障可持续发展；加快开发极地渔业资源，促进大洋渔业的新发展；创新海洋药物和生物制品，培育海洋新生物产业；适应市场消费需求，壮大和提升海洋食品加工业。

2）海洋能源及矿产产业发展推进计划

推进目标：在加大近海稠油、边际油气田等开发力度的同时，开辟海洋油气勘探新区域和新领域，加快深海油气资源的勘探开发力度，推进深水油气和海洋固体矿产勘探开发进程，实现海洋可再生能源的商业化和规模化。

推进重点：加快海上边际油气田开发；建设海上稠油大庆；建立深水油气资源勘探开发产业体系；组建深水工程作业船队和深远海补给基地；开展海域天然气水合物目标勘探和试采；开发大洋及近海固体矿产；综合开发利用海洋可再生能源。

3）海水综合利用产业发展推进计划

推进目标：突破核心技术，开展关键材料、部件、产业化成套技术与装备的自主研发，建立产业技术转移中心和装备制造基地，强化产业化技术支撑体系建设，实施自主技术的规模示范和推广应用，培育海水综合利用新兴产业。

推进重点：开发自主大型海水淡化、海水直接利用和海水化学资源利用成套技术和装备，实时自主大型海水淡化与综合利用示范工程；推进重要海岛海水淡化工程建设；建立国家级装备制造基地，优化沿海供水结构。

4）海洋装备制造与工程产业发展推进计划

推进目标：大力发展海洋装备与工程产业，促进从海洋装备大国向海洋装备强国的转变，提高海洋工程装备业的综合竞争力，积极发展海洋工程建筑业，带动相关产业发展。

推进重点：优化产业布局，调整产能以解决产能结构性过剩问题；实施品牌战略，大幅提高高端产品在产品结构中的比重；提高先进装备制造和工程建筑的科技创新能力，加强海洋工程建设。

5）海洋物流产业发展推进计划

推进目标：以增强系统性、优化产业链、提高综合效益为主要目标，大力推进海洋物流体系标准化、信息化、集约化和绿色化建设，以标准化打通物流"瓶颈"、以信息化提高物流效率、以集约化降低物流成本、以绿色化减轻环境影响，发挥海洋物流在涉海生产要素聚集和产业发展中的龙头和纽带作用，把海洋物流产业打造成为现代服务业新的增长点。

推进重点：建立海洋物流标准体系；完善海洋物流信息系统；加强深水港建设；推进跨海大通道建设；治理和完善河口深水航道。

6）海洋旅游产业发展推进计划

推进目标：以提升产业层次、丰富产品内容、降低环境影响、提高服务水平为目标，加强基础设施建设，整合旅游资源，优化产业布局，创新旅游产品，大力发展海上新兴旅游产业，推动滨海城镇化建设，使海洋旅游产业成长为沿海现代服务业发展的重要增长点和滨海城市特色风貌的有效载体。

推进重点：大力发展邮轮经济，加快发展游艇旅游及相关产业；发展休闲渔业，打造滨海渔业旅游度假基地；科学开发海岛旅游资源，促进海岛文化旅游业发展；积极培育海洋运动产业等。

(三) 加快海洋工程与科技发展的保障措施

1. 制定和实施专项规划，加快海洋工程与科技发展

围绕建设海洋强国必须首先建设海洋工程技术强国的战略目标，以提高海洋资源开发能力、发展海洋经济、保护海洋生态环境、维护国家海洋权益为主线，以创新驱动海洋发展为牵引，制定我国海洋工程科技创新及其产业发展规划。建议该发展规划以专项规划的形式由国务院下发，科技部、发展和改革委员会、财政部会同有关部门组织实施。

2. 提升现代海洋产业的战略地位，加快海洋工程技术强国建设

现代海洋产业整体技术含量高、发展潜力大、带动性和战略性强，大量产业领域直接参与国际空间与资源占有和利用的竞争，以及国际市场的竞争，对国家维护和拓展国际战略利益有重大贡献和支撑。世界各海洋发达国家和新兴经济体普遍把海洋作为国家经济和科技发展的战略方向和国际未来主要竞争方向，是国家战略性新兴产业重点支持的领域。即使是人们普遍认为属于传统产业的海洋渔业、船舶制造和海洋工程建筑这样的产业，国外都已进入了绿色、深远海、高技术和规模化的发展时代，从所谓的"传统"产业向战略性高技术产业转变。这种发展战略与策略上的差异，将使我国海洋产业发展面临战略方向的"代差"和工程技术与装备的"代差"。这种态势，不仅不利于推动海洋强国建设不断取得新成就，同时也会对现代海洋产业发展带来严重的后果，使我国海洋工程与科技整体水平落

后于发达国家的局面难以根本改变。

为此，需要以更高的战略定位，将现代海洋产业整体上升为战略性新兴产业，进一步集聚资源和力量，全面提高海洋领域的科技发展驱动力，全面推动海洋经济结构升级和现代海洋产业的发展，从而加快海洋工程技术强国建设。

3. 建设海洋工程科技创新体系，提高驱动发展能力

人才队伍建设。加强高层次骨干人才的培养，造就海洋工程科技战略科学家，推动深远海领域优秀创新人才群体的形成与发展，完善海洋科技创新人才管理机制，形成人才市场调节机制和人才竞争机制。

科技平台建设。整合优化现有海洋重点工程与科技实验室资源和布局，以海洋国家实验室建设为中心，构建国家海洋科技创新体系，加强重点海洋工程研发、设计中心建设，提升和完善海洋工程相关的基地和设施现代化水平。

成果转化机制建设。动员和引导社会力量参与海洋工程和科技成果的转化，积极支持海洋工程与科技各领域的相关企业组建产业联盟，推动我国海洋工程与科技的产、学、研、用密切结合。

知识产权和标准建设。掌控和保护海洋工程知识产权，制定和实施海洋技术标准，加强海洋技术标准体系建设，营造良好的海洋科技创新和科技成果转化环境。

国际科技合作。加强国际间海洋科技合作，借鉴和引进发达国家海洋技术，对重点项目和重大工程进行国际联合攻关。推动国际海洋工程装备技术转移，鼓励境外企业和研究开发、设计机构在我国设立合资、合作研发机构。

4. 加大对海洋工程与科技的政府财税和金融支持

海洋工程与科技是一个高风险、高投入、高产出的领域，需要政府持续不断的资金投入和政策支持，包括设立海洋工程装备和科技发展专项资金，以商业合同的方式向海洋高科技企业直接投入研发经费，以及税收激励和金融优惠政策等。

第一章 中国海洋工程与科技发展现状

进入 21 世纪，海洋已成为我国新一轮经济和社会发展的目标区，沿海各地纷纷探讨新的发展模式，从而引发了新一轮沿海开发战略大调整，出台了一批新的发展规划，如 2008—2012 年国务院批复了一批涉及海洋和沿海的发展规划，使这些区域发展规划从地方战略上升为国家战略，海洋经济在产出规模、产业结构、空间布局、规划体系等方面取得了显著的成绩。与此同时，海洋工程与科技各个重要领域，包括海洋探测与装备工程、海洋运载工程、海洋能源工程、海洋生物资源工程、海洋环境与生态工程、海陆关联工程等，获得了很大的发展，标志着中国海洋工程与科技进入新的发展时期，海洋工程与科技已成为推动我国海洋经济发展的重要因素。

一、海洋经济发展现状 ▶

(一) 海洋经济规模不断扩大，在经济社会发展中的地位不断提升

近 10 年来，我国海洋经济保持平稳较快的发展，年均增长持续高于同期国民经济增速。海洋总产值、海洋产业增加值每年以高于同期国民经济增长速度增长。平均每年海洋总产值对全国 GDP 的贡献率超过 9%，对沿海 GDP 的贡献率超过 15%。海洋经济对国民经济的贡献不断增加（图 1 – 1 – 1）。

海洋经济已经成为国民经济重要的组成部分和新的增长点。其中：海运货物吞吐量连续 9 年世界第一，海洋渔业产量长期世界第一，海洋油气产量超过 5 000 万吨油当量，造船工业订单量等三大指标位居世界第一，船舶出口覆盖 168 个国家和地区。2012 年，海洋生产总值达 50 087 亿元，占国内生产总值和沿海地区生产总值的比重分别为 9.6% 和 15.9%。沿海 11 个省、市、自治区以 13% 的国土面积，承载了 41% 以上的人口，创造了 60% 以上的国内生产总值。沿海地区的蓝色产业带已基本成型，带动了

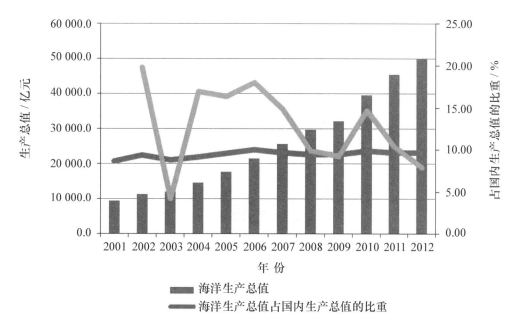

图 1-1-1 中国海洋生产总值及占 GDP 比重（2001—2012）

东部新的发展。

海洋经济快速发展促进了沿海地区的劳动就业。涉海就业人员规模不断扩大，从 2001 年的 2 108 万人增加到 2012 年的 3 350.8 万人，占地区就业人员的比重达到 10.1%，这意味着沿海地区 10 个就业人员中就有 1 个是涉海就业人员。

（二）海洋产业结构不断优化，战略性海洋新兴产业蓬勃发展

改革开放 30 多年来，海洋产业结构发生了巨大变化，产业从构成单一的海洋渔业、海洋盐业发展到以海洋渔业、交通运输、滨海旅游、海洋油气、海洋船舶为主导，以海洋电力、海水利用、海洋工程建筑、生物医药、海洋科教服务等为重要支撑的，优势突出、相对完整的产业体系。中国海洋经济结构呈现"三、二、一"的产业格局。第一产业比重较低，第二产业、第三产业比重较高。

2012 年中国海洋经济的主导产业是滨海旅游业、海洋交通运输业、海洋渔业、海洋油气业、海洋船舶工业和海洋工程建筑业。这 6 个产业的增加值在主要海洋产业增加值的比重为 94.3%（图 1-1-2 和图 1-1-3）。

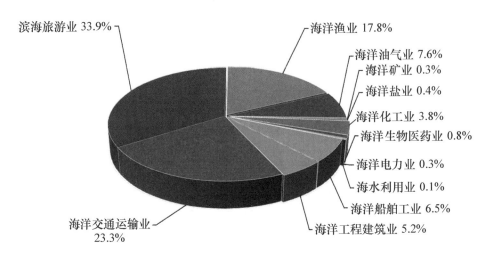

图 1 - 1 - 2　2012 年主要海洋产业增加值构成

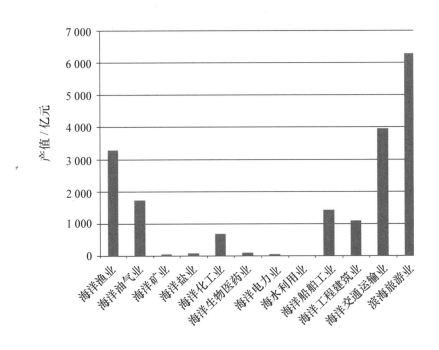

图 1 - 1 - 3　2012 年中国主要海洋产业产值

　　分析中国的海洋产业发展，第二产业、第三产业实现了快速发展，海洋产业结构不断优化。海洋资源利用的关键技术不断取得突破，海洋科技成果转化和产业化步伐加快。滨海旅游业、海洋交通运输业和海洋渔业仍居主导产业，发展平稳；海洋油气业、海洋船舶工业、海洋工程建筑业是海洋经济的中坚力量，但受市场和外部环境影响较大，增速波动且出现负增长；海水利用、海洋生物医药、海洋可再生能源业、邮轮游艇、休闲渔业、海洋文化、涉海金融及航运服务业等快速发展。近10年来海洋新兴产业和高技术主导产业有较好的发展，呈现持续增长的趋势（表1-1-1和表1-1-2）。

表1-1-1 2001—2012年我国海洋各类产业产值占主要海洋
产业增加值比重变化情况 %

年代	产业类别	年 份											
		2001	2002	2003	2004	2005	2006	2007	2008	2009	2010	2011	2012
20世纪60年代以前兴起的海洋产业	海洋渔业*	12.3	10.4	13.1	12.0	10.6	9.7	9.0	7.5	8.0	7.4	7.2	7.5
	海洋船舶工业	2.8	2.5	3.0	3.3	3.7	4.2	5.1	6.2	7.4	7.6	7.6	6.4
	海洋交通运输业	33.8	32.5	34.5	32.8	31.6	31.2	31.3	29.4	23.5	24.4	20.9	23.0
	海洋矿业	0.0	0.0	0.1	0.1	0.1	0.1	0.1	0.4	0.3	0.3	0.3	0.3
	海洋盐业	0.8	0.7	0.6	0.6	0.5	0.5	0.4	0.4	0.3	0.3	0.5	0.4
	合计	49.7	46.2	51.2	48.8	46.5	45.6	45.9	43.8	39.5	40.0	36.5	37.5
20世纪后期新兴的海洋产业	海洋渔业**	13.6	12.0	15.9	14.5	13.7	12.3	11.1	9.6	11.2	11.3	10.9	11.4
	海洋油气业	4.5	3.9	5.1	5.6	7.0	7.3	6.5	7.4	7.6	8.3	9.2	7.5
	海洋工程建筑业	2.8	3.1	3.8	3.7	3.4	3.6	3.7	3.5	5.0	5.2	5.8	5.2
	海洋化工业	1.7	1.7	1.9	2.5	2.0	2.1	2.2	3.5	3.5	3.6	3.7	3.8
	滨海旅游业	27.5	32.8	21.8	24.6	26.8	28.8	30.1	31.7	32.6	30.9	33.1	33.4
	合计	50.1	53.5	48.4	50.8	53.0	54.0	53.6	55.8	59.9	59.3	62.6	61.2
21世纪新兴的海洋产业	海洋生物医药业	0.2	0.3	0.3	0.3	0.4	0.3	0.4	0.5	0.4	0.4	0.5	0.8
	海洋电力业	0.1	0.1	0.1	0.1	0.1	0.1	0.1	0.2	0.2	0.2	0.3	0.3
	海水利用业	0.0	0.0	0.0	0.0	0.0	0.0	0.1	0.1	0.1	0.1	0.1	0.1
	合计	0.2	0.4	0.4	0.4	0.5	0.4	0.5	0.6	0.6	0.7	0.8	1.2

注释：＊指近海捕捞；＊＊指海水养殖和远洋捕捞.

资料来源：中国海洋经济发展报告，2013；中国渔业统计年鉴，2001—2012.

表 1 - 1 - 2 2001—2012 年我国海洋高技术主导产业占海洋
产业增加值比重变化情况 %

年代	产业类别	高技术主导产业范围	2001 年		2005 年		2010 年		2012 年	
			A：占其产业产值的比重	B：占海洋主要产业增加值的比重	A：占其产业产值的比重	B：占海洋主要产业增加值的比重	A：占其产业产值的比重	B：占海洋主要产业增加值的比重	A：占其产业产值的比重	B：占海洋主要产业增加值的比重
20 世纪 60 年代以前兴起的海洋产业	海洋渔业*	近海捕捞	15	1.8	15	1.6	20	1.5	20	1.5
	海洋船舶工业	高技术船舶、大中型船舶、中小型游轮	25	0.7	30	1.1	35	2.6	40	2.5
	海洋交通运输业	海洋现代服务业、物流业	20	6.8	25	7.9	28	6.8	30	6.9
	海洋盐业	海洋盐业	0	0	0	0	0	0	0	0
	海洋矿业	矿产资源勘探、开发设备	3	0.0	3	0.0	5	0.0	5	0.0
		合计		9.3		10.6		11.0		11.0
20 世纪后期新兴的海洋产业	海洋渔业**	海洋生物育种及健康养殖，远洋渔业	80	11.0	85	11.7	90	10.2	90	10.3
	海洋油气业	石油勘探设备、钻井平台、特种工作船舶等	80	3.6	85	6.0	90	7.5	95	7.1
	海洋工程建筑业	海洋工程建筑、桥、隧道、港口工程等	35	1.0	40	1.4	48	2.5	50	2.6
	海洋化工业	海洋精细化工、炼油	60	1.0	65	1.3	65	2.3	70	2.6
	滨海旅游业	滨海旅游、观光	0	0	0	0	0	0	0	0
		合计		16.5		20.4		22.4		22.6
21 世纪新兴的海洋产业，或称未来海洋产业	海洋生物医药业	海洋生物医药和生物制品、海洋新材料	85	0.1	90	0.3	94	0.4	95	0.8
	海洋电力业	核电、海洋新能源、海洋发电设备等	80	0.0	85	0.0	94	0.2	95	0.3
	海水利用业	海水淡化、海水综合利用	65	0.0	70	0.0	78	0.0	80	0.0
	合计			0.2		0.4		0.6		1.1
总计				26.0		31.4		34.0		34.7

注：*指近海捕捞；**指海水养殖和远洋捕捞.

资料来源：中国海洋经济发展报告，2013；中国渔业统计年鉴，2001—2012.

比较而言，资源利用型产业如渔业、海洋矿业、海洋盐业产出效率较低；制造型海洋产业如海洋化工业、海洋船舶业产出效益中等；服务型海洋产业和海洋新兴产业产出效益较高，其代表为海洋生物医药业和海洋交通运输业（图 1-1-4）。

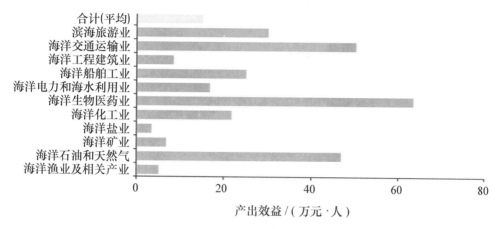

图 1-1-4　中国主要海洋产业产出效益

资料来源：中国海洋经济发展报告，2013.

（三）各地区发挥区位优势日益凸显，产业空间布局趋于优化

"十一五"期间，国家加强了对沿海地区经济发展的分类指导，环渤海、长江三角洲和珠江三角洲地区海洋经济规模不断扩大，海洋生产总值占全国海洋生产总值的比重达 88%。山东、浙江、广东、福建和天津在进行海洋经济发展试点，浙江舟山群岛新区、福建平潭综合试验区、广东横琴半岛规划区先后被批准为国家级新区，环渤海经济区、长江三角洲经济区、海峡西岸经济区、珠江三角洲经济区、北部湾经济区、海南经济区等构成的海洋经济区域布局基本形成（图 1-1-5），海洋开放开发格局日渐清晰。此外，大型港口、跨海桥梁和海底隧道等重大基础设施建设也取得突破性进展，加快了生产要素流动与区域经济融合，促进和支撑了沿海地区的经济发展。

（四）海洋经济发展规划体系基本建立，海洋经济进入科学发展新阶段

2003 年国务院发布了《全国海洋经济发展纲要》，2011 年《国民经济和社会发展第十二个五年规划纲要》首次以专章部署海洋经济工作，2012 年国务院陆续出台了《国家海洋事业发展"十二五"规划》、《全国海洋经

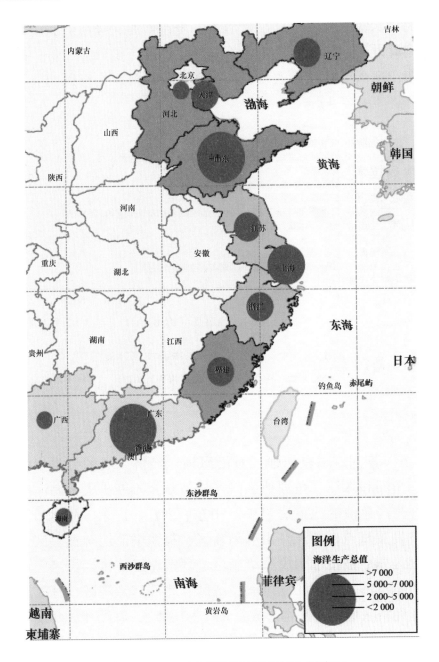

图 1-1-5　中国海洋经济发展空间布局

资料来源：中国海洋经济发展报告，2013.

济发展"十二五"规划》、《全国海洋功能区划（2011—2020）》和《全国海岛保护规划》等，我国海洋经济发展已进入陆海统筹、科学规划发展的新阶段。预计"十二五"期间，海洋经济总体实力将进一步提升，海洋生产总值年均增长 8%，2015 年占国内生产总值的比重达到 10%，新增涉海就业人员 260 万人。

二、海洋重要领域工程与科技发展现状 ▶

（一）海洋探测与装备工程技术取得较大进步

海洋探测技术与工程装备主要包括海洋探测传感器、海洋观测平台、海洋观测网技术、海洋固体矿产资源探测技术与装备、深海矿产开采装备、海洋通用技术、深海微生物探测技术与装备、海洋可再生能源与海水综合利用装备等。经过多年的发展，大多数海洋仪器与装备经历了从无到有、从性能一般到可靠的过程，技术上有所突破，但总体上与国际上相比还有一定的差距。

1. 海洋探测传感器研发取得长足进展

传感器是海洋监测的关键部件和关键技术，也是制约我国海洋监测技术发展的"瓶颈"。近年来，在国家 863 计划的支持下，我国海洋动力环境监测/观测传感器技术得到了长足发展，推进了我国海洋动力环境监测/观测技术的发展。

（1）高精度 CTD 测量仪：目前，工作水深 1 000 米以内的 CTD 测量仪产品已初步形成系列，可以替代进口。成功研发出可快速布放和回收的 CTD 剖面测量（UCTD）系统。

（2）漂流仪：船用 150 千赫 ADCP 已完成定型设计，研制出大工作水深 6 000 米的"LADCP"测量系统，突破了声相关海流剖面测量（ACCP）关键技术，建立了具有自主知识产权的 ACCP 理论及技术体系，研制了船用大深度 ACCP 工程样机。完成"PAADCP"工程样机和定型样机研制，获得相控阵成阵技术、宽带信号处理方法等多项国家专利，性能指标达到国际先进水平。

（3）多波束：我国的海洋调查船上大都使用多波束测深系统，并且大部分为进口设备。

（4）侧扫声呐：国产的侧扫声呐，大都为科研使用，因此在实际应用中，大都使用进口产品。合成孔径成像声呐，实现了水下地形地貌和水下目标高分辨率成像，分辨率 0.1 米，作用距离 400 米，最大运动速度不小于

5 节，与国外水平相当。

（5）浅层剖面仪：目前由我国研制成功的浅层剖面仪有"HQP-1"型、"HDP-1"型、"CK-1型"、"QPY-1"型、"SES-96"型、"GPY-1"型、"DDC-1"型、"PGS"型、"PCSBP"型等，大都为近海使用。在国内海洋调查中，尤其在深海调查中使用的浅层剖面仪还是从国外进口。

（6）重力仪：1987年研制成功的"CHZ"海洋重力仪为垂直悬挂弹簧质量系统，具备当代国际同类仪器先进水平。

（7）磁力仪：我国在高灵敏度地磁测量装置的研制方面与国外相比较为落后。

（8）光纤传感器：国内有关部门已成功研制具有国际先进水平的标量水听器、矢量水听器和中大规模光纤水听器阵列，并在多个海洋观测网络和系统中得到应用。

2. 海洋观测平台呈现多样化

当前，我国的海洋观测平台呈现多样化，从卫星和航空遥感到水下与水下观测平台；从被动观测平台，如浮标、潜标等到移动、自主观测平台水下潜水器，如水下自治潜水器（AUV）、遥控潜器（ROV）、载人潜器（HOV）等。在观测平台种类上，基本实现了与国际上保持一致。

（1）卫星和航空遥感：我国于20世纪80年代开始开展海洋卫星遥感探测，从2002年起先后发射了海洋水色卫星"HY-1A"、"HY-1B"，2011年8月又成功发射了海洋动力环境卫星"海洋二号"（HY-2），并已业务化应用；海洋监测监视卫星（HY-3）也已纳入国家航天技术发展规划。另外，在海洋遥感数据融合/同化技术方面也取得了长足的进步。在863计划支持下，国内海洋航空遥感能力正在不断增强。

（2）浮标与潜标：在浮标技术方面，发展了自持式探测漂流浮标、实时数据传输潜标、光学浮标、锚系浮标、极区水文气象观测浮标等观测技术。

（3）系列潜器：我国在遥控潜水器技术水平、设计能力、总体集成和应用等方面与国际水平相当；但是国外20世纪80年代已逐渐形成面向海上石油工业的遥控潜水器产业，而我国至今尚无专业生产遥控潜水器产品的单位。我国是世界上少数拥有6000米级别的自治潜水器的国家之一。我国还具有研制长航程自治潜水器的能力，续航能力达到数百千米。"蛟龙"号实现了我国载人潜水器零的突破，已于 2012 年 7 月圆满完成了 7 000 米级海试，并将于 2013 年开展试验性应用，用于海底资源勘查和深海科学研究。另外，我国已启动 4 500 米载人潜水器多项关键技术的研究，力争实现 4 500 米载人潜水器的国产化。

（4）水下滑翔机：我国水下滑翔机技术在总体设计技术、低功耗控制技术、通信技术、航行控制技术、参数采样技术等方面取得了突破性进展，目前已完成了试验样机研制，并进行了 3 次湖上和 3 次海上试验，于 2011 年 7 月在西太平洋海域成功完成了海上试用，最大下潜深度 837 米。

3. 海洋通用技术刚刚起步

深海通用技术是支撑海洋探测与装备工程发展的基础支撑和相关配套技术，涉及深海浮力材料、水密接插件、水密电缆、深海潜水器作业工具与通用部件、深海传感器、深海液压动力源和深海电机等诸多方面。从总体上看，过去对于深海通用技术的研究更多的是源于某一单位自身的需求，即属于单件样机试制，还没有形成标准化和系列化的深海通用技术产品。目前，国内只有少数几家专门从事深海通用技术产品的研制生产单位，现有深海探测装备所需的通用部件或设备很多依靠外购。我国深海通用技术研究起步较晚，整体水平相对落后先进国家该项技术 10~20 年，特别是在产品化、产业化方面与国外有较大差距。

4. 海洋观测网处于小型示范研究阶段

我国目前尚没有建立真正意义的海底观测网系统，但已开始探索性地进行小规模示范区建设。通过集成 863 计划相关观测装备，在台湾海峡建成一个多平台观测系统组成的区域性海洋环境立体观测和信息服务系统。"十五"开始建立了渤海海洋生态环境海空准实时综合监测系统。"十一五"又以上海为中心，建立了覆盖长江三角洲濒临海域的区域性海洋环境立体监测和信息服务示范系统，以广州为中心，在珠江口海域建立了海洋生态环境监测示范试验系统等。在接驳盒技术、供电技术、海底观测组网技术等方面都取得了一定成果；东海小衢山海底 1 千米的海底光缆观测站已建成运行，由科技部、教育部、中国科学院等支持的陵水声学观测实验网、东海海底观测示范网、南海科学观测示范网均在相继建设，用以支撑未来国家海底长期科学观测系统的技术验证和建设。

5. 固体矿产资源探测技术实现系统体系化

我国深海矿产资源勘探活动最早始于 20 世纪 70 年代末期。目前，我国海底矿产资源勘查技术主要包括高精度多波束测深系统、长程超短基线定位系统、600 米水深高分辨率测深侧扫声呐系统、超宽频海底剖面仪（OBS）、多次取芯富钴结壳浅钻、彩色数字摄像系统和电视抓斗、大洋固体矿产资源成矿环境及海底异常条件探测系统、海底热液保真取样器技术等，并以"大洋一号"科考船为平台，进行了矿产资源探测技术系统集成，构成了一个相对完整的大洋矿产资源立体探测体系。

6. 深海采矿装备尚处试验研究阶段

我国深海固体矿产资源开采技术研究始于 20 世纪 90 年代初。"八五"期间，对深海多金属结核的集矿与扬矿机理、工艺和装备技术原型等进行了研究。"九五"期间，完成了海底集矿机、扬矿泵及测控系统的设计与研制，并于 2001 年在云南抚仙湖进行了部分水下系统的 135 米水深湖试。"十一五"期间完成了 230 米水深的模拟结核矿井提升试验，扬矿系统虚拟实验研究等工作。

（二）海洋运载工程与科技发展较快

尽管在高端装备领域与世界先进水平还有一定的差距，但是经过几十年的发展，我国海洋运载装备与科技已经发展到了比较高的水平，已具备较高的常规海洋运载装备的设计和制造能力，部分产品已接近或达到世界先进水平。有能力为我国的海洋运输、渔业发展、海上维权、海上资源开发等活动提供大多数门类的高质量的装备。

1. 海洋运输装备工业发展成就显著

我国海洋运输装备工业从起步之初就走了一条国际化的道路。产品面向国际市场，直接参与国际竞争，是我国最早走向世界的装备制造业之一。经过几十年的发展，我国船舶工业成就巨大。

（1）经济规模迅速扩大。截止到 2012 年年底，我国已投产的 1 万吨以上的造船坞（台）共计 562 座，其中 30 万吨级以上的造船坞 32 座，总建造能力接近 8 000 万载重吨的水平。2010 年造船业三大指标全面超越韩国，成为世界第一造船大国，全年的造船完工量为 6 560 万载重吨，2011 年，全国新船完工交付再创新纪录，达到 7 696.1 万载重吨。船舶出口规模迅速扩大。2011 年，船舶出口为 6 255 万载重吨，占全国总完工量的 80.3%。船舶配套产业规模持续增长，配套业总产值从 2006 年的 249.8 亿元上升至 2011 年的 921.3 亿元，年复合增长率达到 29.4%。

（2）技术实力不断增强。自 2008 年以来，我国已成为世界第一造船大国和海洋工程装备研发与生产的重要国家，促使世界船舶市场竞争格局发生了重大变化，赢得了世界造船市场的良好声誉。目前已具备了一支科研设施完整、配套，科技实力较强的船舶工程研究与设计力量，建立了相对完整的产业体系。全面掌握了三大主流船型的系统化设计技术，形成了一批标准化、系列化船型。基本掌握了一些高技术船舶和海洋工程装备，例如超大型矿砂船、液化石油气（LPG）船、液化天然气（LNG）船、超大型浮式生产储油装置（FPSO）设计的关键技术。部分船舶配套企业加强自主投入，通过自主创新、联合研发或引进、消化、吸收再创新等方式，在船舶动力系统及装置、甲板机械、舱室机械、船舶通信、导航、自动控制系统等领域的产品研发及关键技术取得重要突破。

（3）产品谱系不断完善。在总装制造方面，能够建造除豪华游船等少数高技术船舶类型以外的几乎所有门类的船型。大连船厂的"阿芙拉"型油船，沪东船厂的"巴拿马"型散货船，外高桥船厂的"好望角"型散货船，渤船重工、熔盛重工的超大型矿砂船等都在世界船舶市场上赫赫有名。

2. 海洋渔船的装备与科技有一定的发展

至 2011 年末，我国渔船总数 106.96 万艘，其中海洋渔船 30.26 万艘，是世界上渔船数量最多的国家。在装备科技发展上，也取得了一定的进步。

（1）近海渔船现代化程度不断提高。从"木质时代"向"钢质时代"迈进；通导、渔探功能得到加强，目前，渔用全球卫星导航仪（GPRS）、渔用无线电话、探渔测深仪、雷达、船舶自动识别系统（AIS）以及高频、中/高频/单边带无线电装置等一系列先进的导航仪器正逐渐应用到渔业装备中。

（2）近海渔船装备逐步向标准化方向发展。渔业主管部门高度重视，纷纷出台政策。2011 年农业部渔业局出台《关于推进渔业节能减排工作的指导意见》，提出到 2015 年建造一批标准化节能型玻璃钢钢质渔船；2012 年 5 月，渔业船舶检验局推出"我国十大标准化渔船船型"；2013 年 3 月国务院《关于促进海洋渔业持续健康发展的若干意见》，提出加快渔船更新改造和渔业装备研发，此外各省、市、自治区渔业部门均在"十二五"渔业发展规划中，提到"实施渔船标准化改造，建设现代船队"等。我国正全面推进渔船装备现代化更新改造，在新船建造方面，国内首艘电力推进拖网渔船出厂，大型拖网渔船下水等，取得一定突破；在旧船改造方面，江苏省于 2012 年 4 月在南通市举行"万艘海洋捕捞渔船更新改造"工程开工仪式，标志我国渔船更新进入实施阶段。

（3）远洋渔船装备设计建造能力不断增强，远洋渔船装备体系初步形成。我国远洋渔船装备发展经历了从小（船）到大（船），从近（海）到远（海），从单一作业（拖网）到多种作业的历程。通过购买国外二手远洋渔船，初步形成了较为完整的装备产品体系。20 世纪 90 年代后期，我国成功自主设计建造了 30 艘金枪鱼延绳钓渔船，又在"十五"期间用了 2.8 亿元的中央财政补助，扶持远洋捕捞企业建造了 3 种船型共 72 艘远洋渔船。"十一五"和"十二五"期间我国共建造各类远洋渔船 840 余艘，2012 年国家启动实施总投资达 80 多亿元的渔业船舶及渔政装备升级改造项目，对推动我国渔船装备现代化发展起到了极大的作用。

3. 海上执法装备从无到有、从弱到强，走向统筹综合

在全国人大十二届一次会议之前，我国有多个海上执法部门在海上执法。其中以海监、渔政船等为核心的海上执法装备，从无到有，从弱到强，无论在数量上，还是在技术水平上，均得到了不断发展，为维护我国海洋权益做出了重大贡献。但综合而言，是小吨位执法船数量众多，大吨位远洋执法船数量有限。我国海洋执法船的数量达到数千艘，但是大部分排水量在 1 000 吨以下，2 000 吨以上的执法船仅 10 余艘。特别是 5000 吨级以上海洋执法船基本上处于空白。特别是，执法船的技术功能体系尚不完备，注重了吨位差别，未重视技术功能的完整配套。目前，国家海洋有关部门重组，以中国海警局名义执法的海上综合执法力量正在形成。

4. 海洋科考装备与科技发展水平逐步提高

海洋调查船部分超期服役，正进入新的建造时期。深海载人潜器技术取得突破，深海空间站研发已取得重要进展。具有自主设计建造自主无人潜器等深海作业装备的能力。

（三）海洋能源工程与科技发展有所突破

1. 近海海上油气资源勘探评价技术基本成熟

在油气勘探方面，把石油地质理论、勘探技术、计算机技术和勘探目标的综合研究紧密地结合在一起，在中国海洋石油总公司的实践中逐渐形成了一系列新理论、新认识，主要包括含油气盆地古湖泊学及油气成藏体系理论、渤海新构造运动控制油气晚期成藏理论和优质油气藏形成与富集模式。初步形成了以潜在富烃凹陷（洼陷）为代表的新区新领域评价技术。基本上建立了"三低"油气藏的测井识别和评价方法体系以及产能分类评价标准。地球物理勘探现有技术水平较高，大部分处于国际先进水平。勘探井筒作业技术中的海上录井技术在国内外较为成熟、较为先进，整体水平处于跟进国际的现状，但测井设备以进口为主，以自主研制开发仪器为辅。目前我国海域高温高压领域天然气勘探仍是薄弱环节。

2. 海洋油气资源开发工程技术取得重大突破

（1）初步形成了十大技术系列。包括近海油气田勘探技术，近海油气田油藏模拟以及开发方案设计技术，海油气田钻完井技术，海洋平台设计建造技术，大型FPSO设计建造技术，海底管道设计、建造、铺设技术，海上油气田工艺设备设计、建造、安装调试技术，LNG以及新能源开发技术，海上油气田开发所需要海上作业支持和施工技术以及环境评价以及安全保障技术。形成了具有世界先进水平的近海稠油高效开发技术体系。

（2）具备国际先进的海上大型FPSO设计和建造能力。FPSO作业水深从10多米提高到300多米；服务海域从渤海冰区到南海台风高发区；储油能力从5万吨级发展到30万吨级。掌握了FPSO总体选型、原油输送、系泊系统、油气处理设施、技术经济评价等关键技术；也是世界上拥有超大型浮式生产储油装置（FPSO）数量最多的公司之一。

（3）深水油气田开发方面已迈出了可喜的一步。2012年，海洋石油"981"开钻，深水物探、勘察船等开始海上作业。深水油气田开发工程关键技术研发取得初步进展。已经初步建立了深水工程技术所需要的试验模拟系统，并开展了深水工程关键技术的研发，研制了一批深水油气田开发工程所需装备、设备样机和产品，研制了用于深水油气田开发工程的监测、检测系统，部分研究成果已成功应用于我国乃至海外的深水油气田开发工程项目中，取得了显著的经济效益。目前正在结合我国南海海域深水油气田开发的具体特点继续开展深水油气田工程六大关键技术研发。

（4）天然气水合物勘探工作有新进展。从1996年原地质矿产部设立天然气水合物调研项目开始，至今大致经历了3个阶段：1996—1998年预研究、1999—2001年前期调查和2002年至今的"118"专项调查、石油企业开始相关研究。2009年建立了达到世界先进水平的天然气水合物开采模拟试验系统。

3. 海洋能源工程装备加速发展

我国具备300米水深以浅的地球物理勘探、工程地质调查、钻完井作业、海上起重铺管、作业支持船以及配套作业装备体系。海上施工作业装备的发展不断取得新进展。2012年初步建成了"海洋石油981"、"海洋石油201"、"海洋石油708"等3 000米深水作业装备，海洋能源工程加速发展。其中自行建造的超深水半潜式钻井平台HYSY981达到国际先进水平，已经具备造、调试深水半潜式钻井平台的能力。相应的支撑配套船舶的发展也领先于其他国家，且已经形成了较大的规模船队。但与国外相比还有很大差距，如海域油气资源潜力海上勘探装备多数依赖进口；海上油气田生产装备的发展与欧、美、日尚有较大差距，我国的FLNG和FDPSO尚处于研发设计阶段；几乎所有水下生产设备都依赖进口等。

4. 海洋可再生能源与海水综合利用技术逐步走向成熟

20世纪60年代，我国开始发展海洋可再生能源技术。经过约50年的发展，我国海洋可再生能源的开发利用取得了很大的进步。潮汐能发电基本达到了商业化程度。波浪能相继开发了装机容量从3千瓦到100千瓦不等的多种形式的波浪能发电系统。并先后研建了100千瓦振荡水柱式和30千瓦摆式波浪能发电试验电站，现处于示范试验阶段。潮流能发电处于建设小型电站阶段。海洋温差和盐差能基本处于基础性研究阶段，进展不大。海洋生物质能的开发利用方面已取得了较大进展。海水淡化事业得到了较快发展，技术基本成熟，已建成千吨级和万吨级示范工程。大连、天津、河北、青岛、浙江等地相继建成了一批海水淡化和综合利用项目投产运营。低温多效海水淡化、海水循环冷却等部分领域已跻身国际先进行列，海水淡化成本已达到5元/吨，具备规模化应用和产业化发展的基本条件。

（四）海洋生物资源工程与科技发展形成较系统的技术体系

1. 近海渔业资源养护受到重视，监管体系初步建立

（1）渔业监管已进轨道。有较为完备的船舶登记、捕捞许可证审批发放管理体系和现代化的渔船动态数字化管理技术手段，所有合法渔船均已纳入有效管理，并建成一支逐步规范化的渔政执法队伍专门从事海上登临检查工作。

（2）具备了一定的资源监测技术手段。在底拖网调查和声学调查技术方法方面已基本达到国际水平；在负责任捕捞技术方面，还处于围绕网具网目结构、网目尺寸、网具选择性装置等方面开展研究与示范，研究评估阶段。

（3）国家对增殖放流事业愈加重视。全国各省、市、自治区均已开展增殖放流工作，通过多种渠道加大对增殖放流的资金投入，增殖放流的规模、种类、次数持续增加，呈多样化趋势，促进了近海渔业资源的恢复。

（4）人工鱼礁建设已经起步。在人工鱼礁的礁体结构、水动力特性、增殖种类选择、生境营造等方面均取得了显著进展，为海洋牧场建设奠定了基础。

2. 远洋渔业工程竞争力提升，渔业装备正在升级

（1）远洋渔业作业遍及三大洋，南极磷虾开发进入商业试捕。远洋渔业经过20多年的发展，2010年渔船规模达到1 989艘，渔船总功率104.8万千瓦，作业渔场遍及三大洋公海和30余个国家的专属经济区，年捕捞产量111.6万吨。目前，我国已经加入了8个国际渔业组织，与12个多边国际组织建立了渔业合作关系，与有关国家签署了14个双边政府间渔业合作协定。南极磷虾渔业处于试验性商业开发的初级发展阶段。

（2）远洋渔业捕捞装备研发正在起步。我国远洋渔业作业方式已从单一的底拖网技术发展到现在的大型中上层拖网、光诱鱿钓、金枪鱼延绳钓、金枪鱼围网、光诱舷提网、深海延绳钓等多种捕捞技术，成为远洋渔业作业方式最多的国家之一。过洋性捕捞装备研发基本实现了绝大部分渔具及其助渔设备的国产化，并得到较好的应用；在深水拖网、中小型围网捕捞、金枪鱼延绳钓装备等开展了初步研究，能满足200米水深的作业要求，"3S"系统技术处于探索性阶段；远洋渔船加工装备以粗加工为主，少数具

有精深加工能力。

3. 海水养殖科技发展支撑世界最大的海水产业规模

近年来我国海水养殖科技与技术发展快速，支撑世界规模最大的海水产业规模。

（1）遗传育种技术取得重要进展，分子育种成为技术发展趋势。近年来，我国利用海水养殖生物杂交选育技术，已培育出10余个国家水产新品种和一批高产抗逆新品系，形成较为完善的育种技术体系，培育的新品种在产业中得到应用推广，使我国跻身于海水养殖育种的世界先进国家行列。新品种培育研究已开始由传统育种向以分子育种为主导的多性状、多技术复合育种和设计育种转变。海水养殖动物种苗繁育关键技术实现了跨越性发展，形成了符合我国海区特点的海水养殖种苗繁育技术体系。

（2）生态工程技术成为热点，引领世界多营养层次综合养殖的发展。我国以"巩固提高藻类、积极发展贝类、稳步扩大对虾、重点突破鱼蟹、加速拓展海珍品"为战略思想，初步实现了"虾贝并举、以贝保藻、以藻养珍"的良性循环，取得了一批国际领先或先进的科技成果。

（3）病害监控技术保持与国际同步，免疫防控技术成为发展重点。我国水产病害诊断和流行病学监控技术的研究一直保持与国际同步的水平。形成了独具特色的水产营养与饲料发展模式，成为世界第一水产饲料生产大国。

（4）海水陆基养殖初具规模。海水陆基养殖工程技术与装备进入规模化推广阶段，深海网箱养殖有所发展，蓄势向深远海迈进。

4. 海洋药物已经起步，生物制品工程技术发展迅速

（1）海洋药物研发起步较晚，产业仍处于孕育期。据统计，迄今我国科学家已发现约3 000多个海洋小分子新活性化合物和近300个糖（寡糖）类化合物，在国际天然产物化合物库中占有重要位置。我国海洋药物研究起步较晚，研究与开发基础较为薄弱，技术与品种积累相对较少，海洋药物产业目前仍处于孕育期。前期重点建设了海洋药物研究的技术平台，突破了一批先导化合物的发现和海洋药物研究的关键技术，为后续海洋药物的开发与应用奠定了丰富的资源和化合物基础，储备了重要的技术力量。目前，我国科学家已获得一批针对重大疾病的海洋药物先导化合物，其中

20 余种针对恶性肿瘤、心脑血管疾病、代谢性疾病、感染性疾病和神经退行性疾病等的候选药物正在开展系统的成药性评价和临床前研究阶段。

（2）海洋生物制品成为开发热点，新产业发展迅猛。部分酶制剂如溶菌酶、蛋白酶、脂肪酶、酯酶等在开发和应用关键技术方面取得重大突破，已进入产业化实施阶段，缩短了我国在海洋生物酶研究开发技术上与国际先进水平的差距。以甲壳素衍生物为原料的"氨基寡糖素"及"农乐 1 号"等生物农药及肥料已初步实现产业化。海洋寡糖生物农药已在国内 20 余省、市、自治区得到了推广应用，推广面积达 133.33 万公顷（2 000 万亩）。我国已初步奠定海洋生物功能材料，特别是医用材料研究基础，并结合国际第三代生物医用材料技术，在功能性可吸收生物医用材料方面实现了系列技术创新和成果创新。壳聚糖、海藻酸盐的化学改性技术已取得几十项国家授权专利，多种成果初步实现产业化。海洋动物疫苗方面，一批具有产业化前景的候选疫苗现已进入行政审批程序，有望通过进一步开发形成新的产业。

5. 海洋食品质量加工工程技术从规模扩张向质量效益提升转变

海洋食品质量安全与加工工程技术涉及海洋食品质量安全技术、海洋食品工程、海洋食品贮运流通技术 3 个方面。我国已经建立了一些质量安全规范和标准体系，产业布局也已基本形成。

（1）海洋食品质量安全技术研究受到高度重视，技术水平不断提高和完善。主要体现在海洋食品的风险分析、安全检测、监测与预警、代谢规律、质量控制、全程可追溯等方面的技术和能力都有了明显的提高。法律法规和标准体系初步形成。国家颁布了《中华人民共和国食品安全法》等 8 部法律法规。农业部制定了《农产品产地安全管理办法》等 8 部门规章。地方政府结合实际陆续出台了《农产品质量安全法》实施条例或办法，制定了农产品质量安全事件应急预案，一些地方性法规或规章也相应颁布实施。安全风险监管技术形成体系，质量安全保障能力逐渐加强。

（2）海洋食品加工与流通工程技术发展较快。20 世纪 90 年代以来，随着人们的健康意识增强，普遍追求食品的低脂、低热量、低糖、天然和具有功能性，海洋食品加工与流通产业进入了快速发展期，已经形成了以冷冻冷藏、调味休闲品、鱼糜与鱼糜制品、海藻化工、海洋保健食品等为主的海洋水产品加工门类和以批发市场为主体，加工、配送、零售为核心的水产品物流体系。海洋食品加工与流通产业成为大农业中发展最快、活力最强、经济效益最高的产业之一。加工能力迅速扩大，技术含量和增值率低；以冷冻加工水产品及未进行前处理和精细化分割的大包装为主，而开发经过预处理的小包装、小冻块、单冻快速、方便食用产品是今后海洋水产品加工的重要发展方向；物流体系已初步形成，品质保证体系相对落后；加工与流通装备开发能力初步形成，但高端装备研发能力薄弱。

6. 深海微生物资源探测正处于起步阶段

深海、极地生物资源及其基因资源开发技术是国际前沿技术，我国正在开展这一领域的研究，并取得了一批成果，但与国外相比仍有较大差距。

通过"大洋一号"科学考察船考察航次，进行了国际海底区域的生物资源采样，初步建立了国际同行认可的研究平台，研制了深海极端环境模拟与微生物培养平台；从国际海域分离培养出了包括嗜极微生物在内的各类微生物3 000 多株；初步构建了微生物资源库；联合国内 4 个重点实验室，建立了中国大洋深海生物基因资源研发中心，开展了药物先导化合物、极端酶等资源探查。

（五）海洋环境与生态工程和科技发展受到重视

1. 海洋保护区体系建设初显成效

目前我国的各类涉海保护区包括：海洋自然保护区、海洋特别保护区、水产种质资源保护区和海洋公园。20 世纪 80 年代末我国开始海洋自然保护区的选划，1995 年制定了《海洋自然保护区管理办法》。近 20 多年来，我国海洋保护区数量和面积稳步增长，到 2011 年年底，已建成典型海岸带管理系统、珍稀濒危海洋生物、海洋自然历史遗迹及自然景观等各类海洋保护区 221 处，其中海洋自然保护区 157 处，海洋特别保护区 64 处。涉及海岛的海洋保护区 57 个。目前，我国已建各级各类保护区总面积达 330 余万公顷（含部分陆域），占管辖海域面积的 1% 以上，初步形成了海洋保护区体系。此外，已建立海洋国家级水产种质资源保护区 39 个，覆盖海域面积达 505.5 万公顷。2005 年，建立第一个国家级海洋特别保护区，至今已达到 21 个。2011 年，国家海洋局开始建设国家海洋公园，并批准 7 处国家级海洋公园。海洋自然保护区从特种保护、繁殖，到生态系统修复等方面进行了大量研究，并取得了显著的效果。

2. 海岸带生态修复与治理逐步开展

目前，我国沿海地区的生态修复主要围绕滨海湿地恢复、自然侵蚀岸线修复和城市滨海岸线整治展开，并对受损的红树林、海草床、海湾、河口等海岸带管理系统实施生态修复工程。基本思路是，根据地带性规律、生态演替及生态位原理选择适宜的先锋植物，构造种群和生态系统，实行土壤、植被与生物同步分级恢复，以逐步使生态系统恢复到一定的功能水平。海岸带生态恢复的总体目标是，采用适当的生物、生态及工程技术，逐步恢复退化海岸带生态系统的结构和功能，最终达到海岸带生态系统的自我持续状态。因海岸带生态资源的修复是一项难度大、涉及范围广、因素诸多的复杂系统工程，故而既需要创新的技术措施，还要有当地强有力的行政组织管理行为的密切配合，必须严格控制陆源、面源、点源污染，技术措施才能得以实施并具有实施的意义。但总体上存在生态修复技术粗放、科技含量明显不足的问题，使得生态修复的投入与产出不成比例，事倍功半，甚至出现因选种不当或过度引入而导致生态系统几近崩溃。

3. 海洋环境管理与保障工程逐步完善

开展基于功能区划的海域使用管理和环境保护。海洋环境监测能力得到长足发展，主要表现在，海洋环境监测网络初步建成，海洋环境与生态监测设备研发水平不断提高。海洋环境与生态风险防范和应急能力建设逐步启动，风险源监控能力不断加强，沿海风险源应急能力建设加快。

4. 实施陆源污染物总量减排工程

实施陆源工业和生活点源污染物总量减排，控制陆源污染物入海，减少 COD；实施农业面源污染减排工程，即源头控制农业面源污染控制措施；畜禽养殖污染控制措施和建立生态农业模式。

（六）海陆关联工程和科技发展进程加快

1. 近岸海洋空间利用日益成为发展热点

我国改革开放的 30 多年来，不断加大对近岸海洋空间的利用。一是在开发时序上，珠三角沿海地区 20 世纪 80 年代为重点和热点，长三角地区为 90 年代重点和热点，2000 年以后环渤海地区为重点和热点；二是从临海产业区域经济功能类型看，主要建设内容涵盖沿海城市综合开发、区域港口群建设、临港工业区开发等；三是海岸带利用模式由临海开发向海岸线改造、围填海、海岛开发等方面扩展，海岸带开发规模和速度明显加大。近岸海洋空间利用日益成为我国海陆关联工程发展的热点，同时也带动了众多海洋资源开发利用与保护工程、海上交通工程和海洋防灾减灾工程的实施。

2. 沿海港口建设出现新高潮

沿海港口是海陆联运物流的重要节点，是我国经济社会发展的基础设施和对外开放的门户，是参与全球经济合作与竞争的战略性资源和区域经济发展的引擎，因而也就成为重要的海陆关联工程之一。

目前，全国南、中、北三大国际航运中心框架已初步形成：以香港、深圳、广州三港为主体的香港国际航运中心，以上海、宁波—舟山、苏州三港为主体的上海国际航运中心，以大连、天津、青岛三港为主体的北方国际航运中心。上海港、深圳港、宁波—舟山港、青岛港等重要港口的集装箱吞吐量高居世界前列，国际竞争力显著提高。

港口设施建设与生产取得突出成就。到 2010 年年底，全国港口拥有生产用码头泊位 31 634 个，全国规模以上港口完成货物吞吐量 80.2 亿吨，港口集装箱吞吐量为 1.45 亿标准箱；港口集疏运体系基本形成。在集装箱运输方面，目前主要以公路为主，在全国港口集装箱集疏运量中占 80% 以上；港口信息化建设不断推进。目前，中国主要港口区域的电子数据交换网络已基本建成。上海、天津、青岛、宁波—舟山港等沿海集装箱枢纽港口的集装箱 EDI 系统已达国际先进水平；物流基础设施快速发展。一些港口正在积极探索港口物流发展的新模式，其中的典型代表有上海罗泾新港的"前港后厂"模式，以及通过"无水港"构建港口内陆物流服务网络的模式；港口"软环境"不断改善。近年来，国家相继出台了《中华人民共和国港口法》、《港口经营管理规定》等系列法律和规章。航运服务体系初步建立，港口金融、保险、咨询、信息服务等衍生行业得到了较快发展。港口管理体制改革不断深化，初步建立了政企分离的港口行政管理体系，理货服务、引航服务、船舶供应服务和拖轮助泊服务等港口配套服务业也得到快速发展；区域性国际航运中心初具雏形。上海港东亚地区国际航运中心地位日益强化；青岛、大连、天津三大港口建设成为区域性国际航运中心；海南洋浦港、广西钦州港建设面向中国—东盟自由贸易区和国际开放开发的区域性国际航运中心。

3. 跨海通道建设实现新突破

跨海通道建设的主要内容包括 3 个层次。一是沿海地区大江大河河口（如长江口、珠江口）、海湾湾口（如胶州湾、杭州湾）的跨海通道工程，以及沿岸海岛（如舟山群岛、厦门岛）陆连通道工程，主要目的是打通沿海市、县级区域板块的跨海交通"瓶颈"，其长度为数千米至数十千米，投资规模多为 10 亿（元）级、少数达到百亿（元）级。该类跨海通道工程建设目前正在全国范围内展开。二是海峡跨海通道工程，包括渤海海峡通道、台湾海峡通道和琼州海峡通道，主要目的是连接省级地缘板块，其长度为数十千米至数百千米，投资规模为百亿（元）级。三是国际跨海通道，如构想中的中、韩、日跨海大通道，主要目的是跨海连接国家之间的公路、铁路系统，长度为百千米级，投资规模在千亿（元）级以上。我国目前正在建设的跨海通道基本属于第一层次，大型海峡通道建设尚在论证和准备中。

4. 海岛开发与保护水平不断提高

海岛开发与保护工程是一项复杂的、长周期的复合系统工程，可分为海岛国防建设工程、陆岛关联基础工程、海岛资源开发工程、海岛环境保护工程等。随着国家一系列海岛开发与保护政策措施的出台，各级政府不断加大海岛投入，积极扶持海岛经济社会发展工程建设，海岛开发与保护取得了巨大成就。一些面积较大的海岛，如舟山群岛、庙岛群岛和长山群岛，充分利用本地区位、渔业、景观、民俗文化等方面的优势资源，逐步建立了独具特色的产业体系，生产和生活基础设施得到改善，居民生活水平得到提高，社会实现长足进步。

（1）海岛经济发展成就斐然。传统渔业地位下降，海岛旅游业迅速发展。在我国的 12 个海岛县（区）中，除平潭县和崇明县，其他各县旅游收入占 GDP 的比重已经超过或接近 10%，普陀区、南澳县、洞头县和长岛县旅游收入占 GDP 的比重接近甚至超过 20%，旅游业成为当地经济发展中的主导产业。此外，凭借海洋区域和资源优势，近年我国 12 个海岛县（区）的工业发展呈高位增长，定海区、普陀区、岱山县、嵊泗县和长岛县等年递增率超过 20%。

（2）海岛基础设施快速发展。改革开放以来，我国海岛基础设施建设得到长足发展，在一些较大的海岛形成了较为完善的港口、水利、道路、供电、市政、环保等基础设施体系。连陆海堤、跨海大桥等陆岛通道工程建设极大地便利了海岛的对外联系，为海岛持续健康发展创造了有利条件。

（3）海岛生态环境保护工程逐步实施。针对部分海岛日趋严重的生态环境问题，依据《中华人民共和国海岛保护法》，我国启动了海岛生态环境保护工程。在舟山市桥梁山岛、烟台市小黑山岛和威海市褚岛开展了海岛生态修复试点工作，取得了初步成效。在此基础上，国家又批复了锦州市笔架山连岛坝、唐山市唐山湾"三岛"、上海市佘山岛、宁波市韭山列岛渔山列岛和深圳市小铲岛 5 个不同区域、不同修复类型的省级海岛整治修复及保护项目，海岛生态修复工作稳步推进。

（4）新一轮海岛开发建设热潮兴起。无居民海岛开发成为近年海岛开发热点。2011 年 4 月，我国无居民海岛开发工程建设启动，国家海洋局公布了首批 176 个开发利用无居民海岛名单，其开发利用的主导用途涉及旅游娱乐、交通运输、工业、仓储、渔业、农林牧业、可再生能源、城乡建设、公共服务等领域。我国还进一步完善了无居民海岛开发利用的管理政策体系。

（5）岛礁建设进入新时期。2012 年成立三沙市，开启了南海岛礁建设的新时期，西沙群岛正从军管军控的时期，向国土防护与经济建设并重时期的转变。三沙市建设规划正在制定之中，岛礁政务管理体系建设、居民点基础设施建设、旅游与渔业生产能力建设和生态文明建设的任务十分繁重而紧迫。

第二章　我国海洋工程与科技
发展的主要差距与问题

随着我国综合实力的快速发展，海洋工程与科技在多个方面的取得了重大突破，海洋工程与科技发展体系日趋完善，与国外的差距日益缩小。但从整体上看，我国海洋工程科技发展与世界海洋强国相比，还存在一定的差距，在部分重要工程技术领域差距较大。为了更好地支撑国家海洋强国战略目标的实施，需要不断地准确评估与国际先进之间的差距，深入了解、分析和判断我国海洋工程与科技发展中存在的重大问题。

一、国内外海洋工程与科技差距分析　▶

（一）整体差距分析

海洋探测、运载、能源、生物、环境和海陆关联等"6 个重要工程领域"50 个关键技术方向差距雷达图分析表明，我国海洋工程与科技整体水平落后于发达国家，整体差距在 10 年左右（图 1-2-1 和图 1-2-2）。其中：①仅有 8% 的关键技术方向达到国际领先水平或先进水平，具体为海上稠油高效开发、近海边际油田开发、近海滩涂养殖、涉海桥隧工程；②差距在 5 年以内的占 22%，具体为近海能源工程技术装备、船舶制造技术、海洋港口工程、绿色船舶技术、水合物室内研究、陆基海水养殖、海洋生物制品、船舶基础共性技术、船舶设计技术、海洋药物、海岛开发工程；③差距在 5~10 年的占 32%，具体为海洋固体矿产探测与微生物、海洋油气资源勘察与评价、近海生物资源养护、水产品质量安全、海洋环境预报预警、海陆关联空间开发、海水淡化与综合利用、深水油气工程装备、深远海养殖、船舶深海技术、深水油气工程技术、海岛保护工程、海洋防灾减灾、海洋可再生能源、无人潜水器、水产品加工与流通；④差距在 10~20 年的占 32%，具体为水合物试采、海洋环境监测工程、涉海工程规划、涉海安全管理、海洋环境风险应急、船舶配套技术、远洋渔业、海洋垃圾污染控制工程、海域污染控制工程、海洋生态修复工程、海洋保护区建设工程、大型涉海工程环境保护工程、深水边际油田开发、海洋探测仪器、海洋观测网、海洋环境监测设备；⑤差距在 20 年以上的占 6%，具体为陆源污染控制工程、深海探测通用技术、深海采矿技术与装备。这些差距主要体现在海洋工程与装备关键技术的现代化水平和产业化程度上。

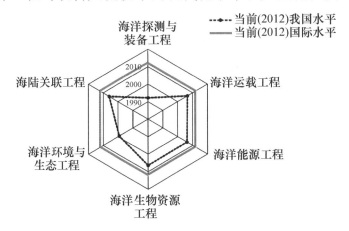

图 1-2-1　我国海洋"6 个重要工程领域"与国际先进水平的差距分析

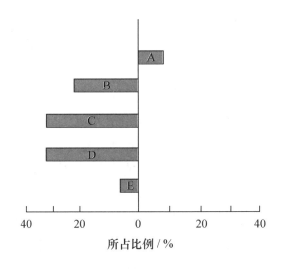

图 1-2-2　我国海洋重要工程领域 50 个关键技术
方向与世界先进水平的差距分析

（A：4 个方向达到国际领先水平或先进水平，占 8%；B：11 个方向差距在
5 年以内，占 22%；C：16 个方向差距在 5~10 年，占 32%；D：16 个方
向差距在 10~20 年，占 32%；E：3 个方向差距在 20 年以上，占 6%）

（二）各重要工程领域差距分析

1. 海洋探测核心器件自主程度低，探测装备体系不全、可靠性差，大型观测基础设施建设落后，深海探测能力差距大

我国海洋探测技术与装备经过多年的发展，已有了突破性的进展，但总体水平与世界先进水平相比，仍存在较大差距（图 1 - 2 - 3）。雷达图中蓝色折线代表当前国际上海洋探测与装备工程相关技术发展的最高水平，黑色折线表示我国相关技术所处水平，图中每格表示 10 年的差距。

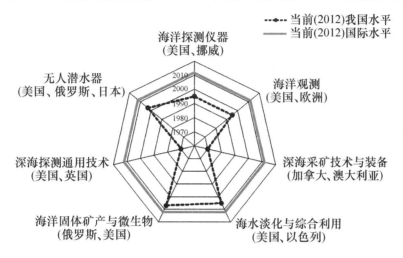

图 1 - 2 - 3 我国海洋探测技术和装备水平与国际先进水平的比较

具体来说，在深海固体矿产探测与海洋可再生资源利用方面，基本上保持与国际上同步发展水平，不过受制于海底探测基础理论、探测技术、调查和评价方法研究基础薄弱，致使深海资源评价技术存在发展"瓶颈"。在海洋观测仪器、水下潜器与海洋观测网方面，整体落后国际先进水平 10 年以上。海洋传感器、观测装备仪器与设备研究相对落后，在探测与作业范围和精度，使用的长期稳定性和可靠性等方面与国际先进水平差距还很大。我国目前正在建设海洋观测网系统，关键技术处于探索研发阶段。深海探测通用技术和深海采矿技术与装备方面，起步晚、发展慢，目前仅处于国际上 20 世纪 70 年代的水平。深海探测通用技术大多处于样机阶段，没有形成标准化和系列化的深海探测通用技术产品，关键通用部件或设备主要依靠外购。深海采矿系统与装备尚处于试验研究阶段，需要进行海试，与国际上已经开展的海上试开采技术相比，差距尚大。

海洋仪器与探测装备产业具有投资需求量小、周期长、风险高等特点，我国海洋探测仪器与装备产业缺乏长期稳定的激励政策，使得企业参与其中的动力不足；各部门研究机构低水平重复研究，一方面造成研究资源的浪费，另一方面造成研究力量分散、重大科学技术问题难以有效组织力量集中攻关；大型海洋探测装备参与研制部门过多，后期保障和维护困难，造成研制部门与用户脱节，现有探测装备闲置多，利用率偏低，没有形成技术与科学相互促进；基础平台建设薄弱，目前还没有可投入应用的海上试验场，造成中试环节的缺位，制约海洋传感器和海洋探测装备等相关技术的发展。国外在海洋仪器探测装备方面从研究、开发、生产到服务已形成一套完整的社会分工体系，能够很好地将科研成果转化为产品，通过产品产生的利益来促进科研的发展，形成了良性循环；而国内科学研究机构和产业部门之间联系不紧密，尚没有从事产品研发的专业化公司，无法形成协调一致的产业化互动机制，很多研究成果难以真正形成生产力，致使工程化和实用化的进程缓慢，产业化举步维艰，远远不能满足海洋科学研究及海洋开发利用的需求。

2. 高端海洋运载装备设计能力弱，新一代产品关键技术研发落后，关键配套依赖进口，整体上尚未改变跟仿发展模式

尽管我国海洋运载装备技术水平取得了巨大的进步，但是与世界先进水平相比还有比较大的差距。在配套技术方面，差距非常大；基础共性技术处于相对落后的状态；在设计技术、绿色技术和深海技术方面，也有较大的差距；在制造技术上，我国处于世界前列，但与日本和韩国相比仍然存在着一定的差距（图1-2-4）。

具体来说，这些差距主要表现为我国海洋运载装备的自主设计能力不强，高技术高附加值装备的设计水平落后，很多高端装备的设计严重依赖国外；核心关键配套产品多为引进专利许可生产，船舶配套的本土化率偏低，高端船舶配套始终落后，配套体系不健全；生产组织管理水平不高，建造效率和工艺水平都有待提高。绿色海洋运载装备技术缺乏系统研究。我国在船舶性能和结构数据库、船舶性能和结构的综合优化设计、船舶结构直接设计计算方法等基础共性技术方面都存在着巨大的差距，由此导致我国缺少国际标准话语权，引领产业未来发展能力较弱。

在装备方面，我国渔船装备整体水平落后，安全、环保隐患日益突出，

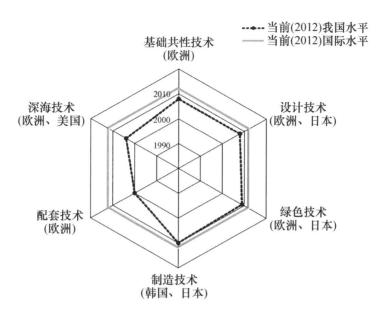

图1-2-4　我国海洋运载装备技术水平与国际先进水平的比较

近海渔业装备无序发展，远洋渔业装备研发严重落后，远洋渔业高端装备依赖进口。海上执法与保障力量分散，海上执法装备难以满足我国全海域覆盖的执法要求，装备更新换代速度慢，持续发展能力弱，装备技术水平不能满足当前迫切需求，海上特种执法装备总体与世界先进水平差距较大。海洋科考装备能力无法全面支撑海洋科技竞争的需求，与世界海洋强国相比存在巨大差距。海洋调查船建设不成体系，远洋科考船匮乏老旧，海洋科考装备工业能力相对落后，潜器技术与国外存在明显差距，关键设备依赖进口。

　　这些差距的产生主要是与我国海洋运载装备科技的发展长期以来重产品、轻标准，重总装、轻配套，重市场、轻基础的发展途径有关。我国海洋运载装备的发展始终存在着创新能力薄弱的问题。新船型开发始终步日、韩后尘，设计理念和新技术应用方面差距巨大，一些高附加值船舶设计建造尚为空白，新概念、安全环保产品研发力度较弱，技术储备不足，处于模仿和跟随状态。对技术标准的研究和品牌建设等软实力建设始终缺乏应有的重视。只关注市场急需的产品研发，追求短期利益，缺乏全面性、系统性和前瞻性的基础研究，导致船型创新开发的关键技术储备明显不足。始终处于对国际海事新规范、新规则、新标准的被动接受和应对上，缺乏积极应对意识和主导能力，受制于发达国家的技术垄断和专利限制，致使在取得自有知识产权时具有巨大障碍，在国际上缺乏话语权。

3. 深水能源勘探程度低、深水工程技术和重大装备自主研制程度低、核心装备依赖进口，天然气水合物勘探试采技术落后

经过30多年的发展，我国海洋能源工程技术及装备技术水平取得了很大的进步，形成了300米水深以浅油气勘探开发工程技术体系，建立300米水深以浅海上工程重大装备及配套作业技术体系，同时我国海上稠油油田高效开发技术处于世界领先水平，近海边际油气田开发技术和工程装备接近世界先进水平，但我国在深水油气田勘探开发工程技术及装备方面与国外存在很大的差距（图1-2-5）。

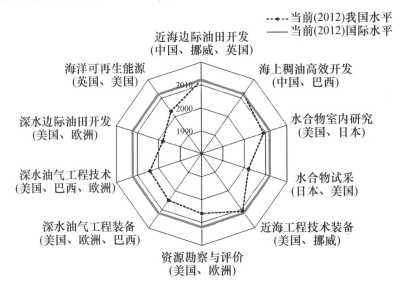

图1-2-5 我国海洋能源工程技术水平与国际先进水平的比较

在海洋能源勘探方面：主要表现为我国深水盆地勘探综合评价技术基本依赖国外技术，具体表现在缺少高精度地震采集技术，如宽方位（WAZ）拖缆数据采集技术、多方位（MAZ）拖缆采集技术、富方位（RAZ）海洋拖缆数据采集、多波多分量地震数据采集技术等；深水崎岖海底和深部复杂地质条件下的地震处理与成像技术有待提高；同时，复杂储层预测描述技术不足；特殊/复杂油气藏处理解释技术仍需要攻关。

在海洋能源工程技术方面：我国深水工程技术远远落后于世界发达水平，同时我国"南台北冰"的复杂海况、高黏高凝高含二氧化碳油气特性使

我国海洋油气田开发面临更大的挑战，目前我国虽建立了先进的深水工程试验系统，但模拟和分析评价技术还处于跟进模仿阶段；我国深水钻井、深水平台、流动安全工程、海底管道等工程技术还处于 300 水深范围内，还没有深水平台自主设计能力，在用的水下生产设备全部依赖进口，而国外开发水深已达 2 743 米，已形成深水工程技术规范和标准体系。

在海洋深水工程装备和工程设施方面：虽然"海洋石油 981"、"海洋石油 720"、"海洋石油 201"、"海洋石油 708"等深水工程重大装备的建成使我国具备了 3 000 米深水钻井、深水勘察、深水起重铺管、深水工程地质调查等方面的作业装备，但与国外相比，我国海上施工作业、钻探、生产和应急救援装备与国外先进技术相比无论总体性能、绝对数量、配套装备、综合作业能力方面都有很大差距，而且这些深水工程装备的设计无一不掌握在国外少数厂家手中，其上部大型设备几乎全部进口；在深水油气工程设施的设计和建设能力方面，我国尚不具备 500 米以上深海设施的设计能力，不具备深海工程设施的建造总包和海上安装经验，难以在激烈的国际竞争中抢得先机，在应急救援方面几乎是空白。

在海洋天然气水合物勘探开发方面：我国在天然气水合物室内机理、开采模拟分析方面基本达到世界先进水平，但与国际上一些先期开展天然气水合物调查研究国家相比还有很大差距，表现为海域调查研究程度较低，资源分布状况不清，除神狐、琼东南海域局部地区实施钻探外，其他海域均未钻探；技术方法和装备整体落后，我国所采用的地震勘探和地球化学技术较为单一，不能履行综合系统化地开展全方位多层次的立体观测，水合物钻探船、保压取芯、ROV、海底原位调查测试等主要技术和装备尚属空白，试开采技术研究和工程实施还未提到议事日程。

这些差距的产生主要是与我国海洋能源开发高风险、高技术、高成本相关。1982 年，中国海洋石油总公司成立，标志着海洋石油开发进入了新时期，由对外合作到核心技术自主创新，海洋石油在创新中不断发展，但同时发展带来了重产量、轻研发，重应用、轻基础等问题。海上关键生产、作业设备依赖进口、科技投入有限、跟进国外先进技术，引进集成欧美等先进设计理念和技术再创新成为大多数技术国产化的模式，原始创新驱动力不足。海洋能源工程标准规范一直处于被动接受美国石油协会、国际标准化组织等新规范、新标准，缺乏主导意识和能力，在国际海洋工程领域上缺乏话语权。

4. 海洋生物资源开发与利用起步晚，基础研究不系统，环境和资源保护意识不够，关键工程技术与装备落后

我国海洋生物资源利用和工程总体上，除在海洋捕捞业和海水养殖业规模的资源利用和近海滩涂养殖技术处在世界前列之外，其他与世界先进水平存在较大差距，特别是开发工程装备上差距明显（图1-2-6）。

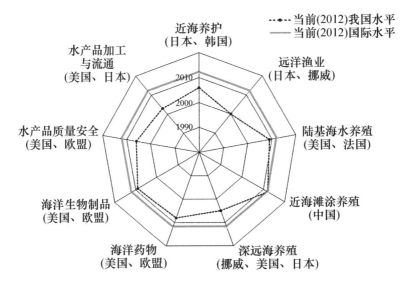

图1-2-6 我国海洋生物资源工程水平与国际先进水平的比较

主要差距表现在：渔业资源监测调查不够，缺乏定期调查资料和长期生产统计数据的积累，近海及远洋渔业资源分布与渔场变动规律不明，难以为渔业管理提供有效支持，在国际渔业资源的竞争中也处于劣势。近海渔船装备整体水平落后，船型杂乱，性能优化度低，远洋渔船主要依赖进口国外二手设备，捕捞装备及技术水平落后，关键技术及装备受制于国外，这些都制约我国海洋捕捞业的可持续发展。在海水养殖业迅速发展的同时，存在以下问题：养殖区域布局不合理，海域环境污染严重，病害严重，流行病学调查和病原鉴定能力薄弱，养殖育种材料的收集、整理、筛选等研究仍缺乏系统性、长期性和科学性。工厂化养殖总体发展水平仍处于初级发展阶段，全封闭工厂化循环水养殖工厂比例极低，深海网箱装备结构尚未定型，新型专用网箱材料技术有待突破，深海网箱抗风浪、抗流性能及结构安全研究理论与国际先进水平仍有差距。由于起步较晚，在一些海洋

生物资源高值化利用（海洋药物、海洋生物制品等）的相关应用基础研究薄弱，海洋生物基因资源及耐热、耐压、适冷等特殊基因资源的开发利用能力缺乏，基因资源保护数量和质量都有明显差距。深海技术发展滞后，在深海微生物采集、分离、生物多样性调查等基础和应用基础研究方面尚未取得实质性的突破，产业化开发利用尚未深入开展。海洋水产品安全风险评估技术尚处于起步阶段，质量安全风险评估体系还没有完全构建，食品加工技术性法律法规缺乏相应的法律责任规定，执法部门的责任权利不够明确，造成"有法难依，违法难究"的情况。

虽然我国海洋生物资源工程与科技发展有了较大进展，取得了一些重要成绩，但与环境友好型和可持续发展的要求相比仍有许多不相适应的地方，主要问题可以归纳成"两个落后"，"四个不够"。我国海洋生物资源工程与科技起步晚，前期科研和资金投入少，基础和工程研究落后；创新成果少，系统性差，关键技术装备落后。在发展中，盲目扩大规模，资源调查与评估不够；过度开发利用，生态和资源保护不够；产业存在隐患，可持续发展能力不够；政府管理重叠，国家整体规划布局不够。另外，我国海洋生物资源工程和科技的发展存在借用技术多，核心技术少；探索研究多，系统研究少；集成创新多，原始创新少的"三多三少"状况。

5. 海洋环境污染控制和生态保护基础薄弱，海洋环境监测网络不健全，设备自主程度低，预报预警和风险应急能力不足

尽管近几十年来我国海洋环境与生态保护工程和技术水平取得了很大进展，但与世界先进水平相比仍有很大差距。主要体现在我国海洋经济的迅猛发展与近海环境与生态之间的矛盾日益凸显，沿海地区海洋开发和区域经济发展中的不平衡、不协调、不可持续问题突出。产业布局和结构不尽合理、环境基础设施不完善、环境监管能力不足，制约科学发展的体制机制障碍依然较多（图1-2-7）。

在海洋环境污染控制工程方面，虽然我国积极参加联合国环境署发起的"保护海洋环境免受陆源污染全球行动计划"（GPA），致力于陆源污染防治以改善海洋环境，但我国陆源污染控制缺乏陆海统筹、综合管理机制，监管困难；污水处理厂脱氮除磷能力不足，尚未实施营养物质排放总量控制，陆域农业污染控制效果不佳，城市面源控制尚未系统开展，海水养殖污染未得到有效控制，仅初步开展了海洋垃圾污染监测，尚未全面开展海

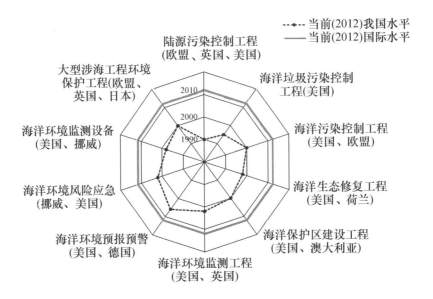

图 1 - 2 - 7　我国海洋环境与生态工程水平与国际先进水平的比较

洋垃圾污染控制，滨海和海上油气开采、储运的环境风险防范不力。

在海洋生态保护工程和技术方面，我国海洋保护区建设与管理能力明显落后于国际先进水平，海洋保护区面积比例极低，且分布不均衡，导致部分重要海洋生境和珍稀海洋生物未能得到有效保护。此外，近几十年来我国滨海湿地受损严重，实施的大型综合性海洋生态修复与建设工程较少，相应的海洋生态保护制度和标准不完善。

在重大涉海工程的环境保护方面，涉海工程的技术水平、环境准入、环境监管等方面均存在不足。主要体现在海洋油气田开发工程监管不力，溢油管理制度不完善；沿海重化工产业环境准入门槛低，环境风险高；围填海工程缺乏科学规划，监督执法体系不完善；核电开发工程安全形势不乐观，科技研发需要加强。

在海洋环境管理保障工程方面，我国的海洋环境监测网络不健全，远海监测能力不足，连续自动观测能力薄弱；海洋生态环境监测技术只能满足常规海洋有机污染的检测，一些新型污染因子缺乏检测方法；海洋浮游生物图像识别技术研究远远落后于发达国家；海洋生态与环境监测的质量控制和质量保证薄弱。海洋环境监测技术与设备存在诸多"瓶颈"，国产化程度极低，除台站和锚系浮标以外，海洋仪器设备几乎全部依赖进口。海洋环境预测预报体系建设起步较晚，业务化系统的规模、能力以及实际预报保障总体水平接近国外发达国家 20 世纪 90 年代初期的水平。海洋生态环境风险应急能力与国外差距较大，应急物资储备的空间布局不尽合理，海上溢油回收等技术设备落后。

6. 海陆关联工程发展的协调性、系统性不强，各层次、各领域工程发展不平衡，支撑陆海统筹发展能力不足

目前我国尚未建立针对涉海重大工程的规划体系，中央应对地方海陆关联工程竞争性开发的调控手段还比较薄弱。一些领域已经出现过剩的苗头，而服务民生的工程仍有待加强。海洋开发活动过度集中于海岸带和近岸海域，海陆关联工程发展总体上表现出"海岸带和近海开发趋于饱和，深远海开发不足"的状况。一些重要工程领域的关键技术还比较薄弱，海洋人工岛技术、近海生态环境修复工程技术等与国际先进水平还存在较大差距。部分工程对海洋生态环境的负面影响已经开始显现（图 1-2-8）。具体来看，我国海陆关联工程发展中存在的问题主要有以下几方面。

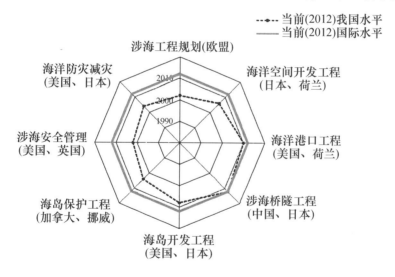

图 1-2-8　我国海陆关联工程水平与国际先进水平的比较

（1）沿海产业与涉海工程布局协调性较差，涉海重大工程在一定程度上存在功能重复、布局散乱等问题，对沿海地区可持续发展造成了不利影响。海洋空间开发布局不科学，海岸带开发趋于饱和，对近岸海域生态环境带来较大压力，而深远海空间开发工程发展滞后。

（2）海岛开发与保护的总体水平亟待提高。海岛开发基础设施不完善，

海岛供水、供电、交通、市政等公共设施建设相对滞后。缺乏海岛生态环境保护技术和经验，海岛生态环境保护工程投入不足。深远海岛礁工程发展不能满足国家海洋权益维护的需求。

（3）港口建设发展较快，但综合配套相对薄弱。港口发展空间不足，问题比较突出，影响港口长期竞争力。海陆联运集疏体系不完善，铁路、公路和水路运输协调发展的格局尚未形成。港口规划和经营管理水平不高，以分工合作为主要特点的区域化港口体系尚未形成。离岸深水港建设还不能满足未来发展的需要。

（4）沿海防灾能力总体上仍比较低，防灾减灾任务更加艰巨。沿海重大工程防灾减灾科技基础性工作薄弱，综合防灾减灾关键技术研发与推广不够，灾害风险评估体系不完善，沿海重大工程防灾减灾经验相对不足。

总体来说，当前国内的涉海工程规划体系、涉海安全管理、海洋防灾减灾、海岛保护工程相对落后，仍处在或略高于国际 2000 年的发展水平；海洋空间开发工程、海岛开发工程与当前国际领先水相差 5～10 年，只有涉海桥隧工程、海洋港口工程接近或达到国际先进水平。

二、制约我国海洋工程与科技发展的主要问题 ▶

（一）海洋强国战略的国家级顶层设计与整体规划滞后，制约着海洋工程与科技的前瞻性战略安排

海洋是一个超级综合领域，我国从事海洋发展的力量较多。落实国家"建设海洋强国"的战略部署，客观上需要进行顶层设计、统筹规划与统一协调指导。目前，国家成立了海洋委员会，目的就是对涉海事业进行统筹规划与指导。但应当看到，由于海洋事业的庞大和复杂性，不同区域、行业、单位和群体在涉海发展中的利益纠葛，规划与政策措施的制定与实施面临相当大的挑战。

从现阶段看，由于历史原因，涉海发展的管理比较分散，分别隶属于不同的国家部委、地方政府、产业行业和专业领域，由大量不同的科技与经济规划和计划指导、引领或支持。尤其是近年来，各沿海省（自治区、直辖市）、各行业和各专业领域在涉海发展上都取得了较大的进展，并分别进行了大量的涉海规划，设立了大量涉海重点工程项目，制定了大量海洋产业政策措施。从整体上看，由于政出多门，大量规划和项目已批复或正

在执行中，造成现阶段战略与政策统筹落实困难。

从长远看，国家发展对非沿海区域的海洋经济、科技、军事领域的发展需求尚未得到充分论证，国家面向深远海的发展思路还不明晰，深远海在国家"海洋强国"战略中的地位与作用等还需要进一步研究和达成共识。这在客观上制约着海洋强国战略的前瞻性部署，有可能会影响未来几十年的国家整体发展和全球竞争。

（二）海洋产业的战略地位和作用重视不够，新兴产业发展缓慢，对产业结构升级的牵引力不足

海洋产业整体技术含量高、发展潜力大、带动性强，大量产业领域直接参与国际空间与资源占有和利用的竞争，以及国际市场的竞争，对我国维护和拓展国际战略利益有重大贡献和支撑，是国家战略性新兴产业应当重点支持的领域。由于海洋经济活动往往不仅是经济行为，而是有重要的战略作用，系国家战略行为。因此，各国普遍把海洋作为国家经济和科技发展的战略方向和国际未来主要竞争方向。

我国已把海洋能源与资源开发、海水综合利用等多个方面作为国家战略性新兴产业予以重点支持，对相关领域的科技与经济发展起到了重要推动作用。但至今国家海洋战略性新兴产业整体发展方向尚不明确，不利于充分发挥海洋产业对我国全球利益拓展的支撑与保障作用。

从技术和产业政策导向的角度看，由于海洋发展的高技术特性，即使是人们普遍认为属于传统产业的海洋渔业、船舶与海洋工程制造业这样的产业，国外都已进入了绿色、大规模、深远海、高技术时代，实现了从所谓的"传统"产业向战略性高技术新兴产业转变，这种发展战略与策略上的差异将使我国面临产业发展上的战略方向"代差"和装备技术"代差"。因此，仅将少数领域列入战略性新兴产业，不利于集聚海洋领域的资源和力量，不利于全面转变和升级海洋经济产业结构，将拖慢我国实现"海洋强国"战略目标的节奏。

（三）全国性海洋科技创新体系尚未形成，核心技术创新能力不够，工程技术发展速度难以满足海洋强国战略需求

海洋发展具有技术依赖度高的特点。海洋强国战略需要由强大有竞争力的先进科技引领和支持，要想成为海洋强国，我国海洋科技必须进入先

进国家行列，否则只能是大而不强。这意味着，未来几十年，我们一方面必须要迎头赶上，补上过去几十年、上百年形成的科技差距；另一方面必须加快创新，从当前以研仿跟踪为主转变为以自主创新为主，甚至占领世界海洋科技发展的前沿。

受限于现有体制机制，我国现在海洋领域的科技发展，没有形成完整科学的体系安排，全国力量统筹不足，存在散乱和重复现象；基础科技投入总量小，不能适应追赶、超越国际先进的科技发展要求；在海洋多个领域还没有建立国家实验室、国家重点实验室、工程实验室和工程技术平台，整体能力不能适应海洋科技发展要求；基础科技平台建设重复现象多、统筹利用不足，没有形成能够带动海洋科技整体发展、集聚创新要素的海洋科技创新平台和创新平台网络；基础科技数据资源的积累和利用缺乏全国性统筹，没有建立共建共享机制，不适应信息化、大数据的集约发展要求；科技发展的前瞻性安排不足，跟仿严重，创新稀缺，发展速度难以支撑海洋强国战略的实现。

此外，在日益全球化的今天，国家海洋产业能否健康持续发展决定于国际间海洋科技水平及成果转化效率的竞争。我国海洋产业虽然已有较大规模，且在部分行业有了一定的国际竞争力，但与世界海洋强国相比，产业技术水平整体较低，科技与产业的交链不够紧密，成果转化速度慢、数量少。尤其近些年来，我国科研领域的产业化发展虽然在加快科技成果转化，实现科技创新发展方面起了重要作用，但由于随之带来的国家基础性公益性定位缺失、缺乏合理的利益分享机制等方面的种种原因，大多数科研院所钟情于自身经济规模的扩张，走上"小而全"、"大而全"的发展道路。这同时也使原有企业体系面临创新发展上的更大问题，创新环节中企业的主体地位在一定程度上异化，整体发展效率降低。

（四）标准与知识产权工作还未成为企事业单位的主动作为，制约了海洋发展的国际竞争力

由于我国是计划经济体制下形成的标准与管理机制，标准工作主要由政府组织进行，企业在国际标准竞争上主动性不强。在海洋领域，不仅科技发展普遍落后于国外，相关科研单位和企业在主动参与国际标准规范竞争上也没有形成主动意识，政府和行业在管理和推动标准工作上还缺乏成熟有效的市场化经验，造成科技创新转化成相关标准的速度慢，成为国际

标准的更是稀缺，行业标准整体老化，市场适应性差，对海洋产业发展的规范、带动、引导力度弱。

在国家知识产权战略的推动下，海洋领域知识产权意识有了大幅度的加强，成果和专利数量不断增长，推广转化力度不断加强。但整体上看，成果与专利的数量增长较快、质量提高较慢，推广转化受行业分割、地域归属、企业属性等的影响还较严重。

由于支持自主创新科技成果迅速转化为国际化的知识产权和标准规范还未得到足够重视，将拖慢海洋领域参与国际竞争的步伐。

（五）绿色发展形势严峻，综合统筹力度不足

我国陆域庞大，人口众多，经济体量（GDP）也大，海岸线长度与国土面积相比相对较小（岸线系数比较小），海域相对封闭，受陆域排污影响大，海洋经济绿色安全发展的难度比世界同等国家要大得多。尽管与世界海洋强国比，我国海洋经济规模和密度还相对较小，质量和竞争力较差，但当前的绿色安全发展形势已相当严峻。

从管理角度看，海洋的绿色发展是全局性的问题，必须在国家层面上进行陆海综合统筹。目前，"生态优先"、"绿色发展"的理念还没有真正成为国家海洋领域发展的主导思想，海洋生态文明建设还没有贯穿于海洋经济建设和科技发展的全过程，相关强制性政策措施不多；海洋领域的绿色发展至今尚未形成国家级综合统筹的理论、法规、规划和工作体系；陆域污染对海洋生态的影响极大，涉海经济活动集中监管困难、陆上流域综合管理推进艰难，尤其在地方争相发展的形势下，市地统筹、省际统筹、陆海统筹的难度相当大，国家级综合管理力度不足。

从科技角度看，应用于海洋工程装备的绿色、低碳、节能减排等技术发展滞后，与国外差距巨大；海洋统筹监管、生态维护与恢复技术与方法研究薄弱；海洋生态产品开发不足、投入不够。

第三章　中国发展海洋工程与科技的战略需求

　　党的十八大明确提出了到 2020 年全面建成小康社会的战略目标，同时也提出了"提高海洋资源开发能力，发展海洋经济，保护海洋生态环境，坚决维护海洋权益，建设海洋强国"，这既是新时期海洋工作的指导方针，同时为海洋事业的发展提出了更为广泛和新的要求。2013 年 7 月 30 日，习近平总书记在主持中共中央政治局第八次集体学习时指出，"21 世纪，人类进入了大规模开发利用海洋的时期。海洋在国家经济发展格局和对外开放中的作用更加重要，在维护国家主权、安全、发展利益中的地位更加突出，在国家生态文明建设中的角色更加显著，在国际政治、经济、军事、科技竞争中的战略地位也明显上升"。这些重要论述清楚地表达了海洋在当今国家和社会发展中的现实作用和战略意义。

　　海洋工程与科技是建设海洋强国的重要基础和保障，是海洋强国建设的驱动力，也是实施海洋强国战略的迫切需要。本章从应对国际发展新形势、提高海洋开发能力、发展现代海洋产业、服务和保障民生等 4 个方面阐述了抢占海洋战略制高点、保障国家资源安全、推进海洋经济社会持续发展和建设海洋生态文明对海洋工程与科技发展提出的重大战略需求。

一、发展海洋工程与科技是应对国际发展新形势，抢占海洋战略制高点和维护国家海洋权益的迫切需要

　　海洋是国土、准国土和公土，是人类可持续发展的宝贵财富和战略空间。当今世界进入了深度、高效和立体开发利用海洋的时代，利用和控制全球海洋战略通道发展经济、拓展战略利益和实现海洋的战略利用成为世界强国的共识。21 世纪以来，先后有 20 多个国家发布海洋战略和政策，加强对海洋的控制、占有和利用，以期在维护各自海洋利益的争夺中占据先机。国际海洋事务围绕着创设国际海洋法律新规则、抢占海洋科技"制高点"、开展海洋合作等问题发生变化。世界海洋工程和科技的快速发展将引

发海洋竞争格局、国家财富获取方式和海洋经济发展方式的重大变革。

（1）国际金融危机影响深远，全球科技进入新一轮的密集创新时代，世界主要国家纷纷加大海洋科技投入，强化海洋科技关键技术研发部署，大力发展海洋生物利用、海水综合利用、海洋可再生能、深海资源勘探开发等高技术产业，形成绿色、低碳发展能力，抢占海洋战略性新兴产业发展的先机和主动权。作为战略性高技术，深海高技术的发展和突破也带动了战略性海洋新兴产业的发展，并将成为新一轮全球经济危机复苏中竞争的战略制高点。

（2）由于海洋开发技术的不断进步，特别是深海高技术的迅猛发展，正在改变着某些沿海国家的发展模式，如挪威、文莱、越南、巴西等已发展成为世界深水油气开发国和石油出口国，国家获取海洋财富能力和国际竞争力显著增强。世界海洋大国在深入开发利用传统海洋资源的同时，将依靠科技创新探索战略新资源，开发利用海洋能源，拓展发展空间。

（3）以外大陆架划界申请、公海保护区设立和国际海底区域新资源申请为主要特征的第二轮"蓝色圈地"运动正在兴起，公海不自由将成为必然的趋势。以宣示存在和实际占领为手段，强化对南北极的战略争夺，海洋空间竞争日趋激烈。目前已有 49 个国家向联合国提交了外大陆架划界案，所主张的外大陆架总面积超过 2 500 万平方千米，相当于沿海国所主张的大陆架面积增长了 1/4。进入 21 世纪，深海生物基因资源成为"新宠"。关于深海生物基因资源采探及国际海底区域环境保护等方面法律制度的构建已经成为国际社会共同关注的焦点，相关规则正在酝酿和制定过程中。对国际海域资源和空间的真正占有和利用取决于相应的深海技术和工程装备。

（4）海洋学已发展为研究海洋盆地和全球进程的科学，必须依赖全球海洋观测和监测。全球气候变化、海上溢油、海啸及其影响等正成为全球性海洋灾害，海洋开发面临着新的挑战和风险。2010 年墨西哥湾溢油和 2011 年渤海溢油，以及日本海啸造成的核泄漏都为海洋开发敲响了警钟。这些关系全球变化、关系海洋生态安全和人类健康等重大问题将是未来海洋科学研究的重点和热点，都需要相应的工程设备和科技的支撑，民生科技将得到快速发展。

（5）国际海洋事务的变化也提供了新的合作和发展机遇。2012 年，联合国提出了以发展"蓝绿经济"为核心的海洋发展之路。保护海洋环境、支撑绿色经济、改善海洋行政管理以及增强可持续利用海洋的能力，已成为当代海洋发展的重要内容。

中国正处于与世界经济同步转型的进程中，已经成为深度融入全球和区域一体化、高度依赖海洋的经济体系。深远海资源和空间的开发利用将影响国家安全和国家利益。公海、大洋和极地空间与资源将支撑我国 21 世纪的发展，海上通道的安全和畅通是关系对外贸易、能源和资源运输的重要保障，海外基地的布局对于拓展和保护我国全球政治经济利益也将起到关键作用，国家利益边疆已深入深远海。今后的国家边疆，将出现立体发展的趋势。党的十八大强调要关注海洋、太空、网络空间安全，这对维护国家安全提出了新的要求。必须站在中华民族伟大复兴的高度，将深远海的战略利益区纳为新的战略边疆，维护不断拓展的我国海洋战略利益。

中国在深海大洋已经有广泛的国家利益，商船队遍及世界各大洋，海军也已经走向深海大洋。世界强国有一条共同经验，商船和军舰活动到哪里，海洋调查研究就应该拓展到哪里，海洋学服务就应该提供到哪里，这就要求海洋调查研究从近海走向深海大洋。也就是我们的海洋利益拓展到哪，我们的技术装备能力保障到哪，海洋技术装备发展也必须从近海走向深远海。

海上通道安全是中国海洋安全问题的"瓶颈"问题。中国向海面临着多条"岛链"的封锁，世界上用于国际航行的主要海峡，都处于传统海洋大国的控制之下。特别是，在中国海军舰船难以正常进出的西太平洋争议海区、关键海峡通道等军事敏感区，中国还有许多资料空白区。为此，发展自主、无人海洋探测平台，获取和利用关键海域和主要海上通道的海洋环境信息，对提高海洋环境保障能力，维护国家安全和提高国家持续稳定发展具有重大战略意义。

海洋工程与装备是进行海洋开发、控制、综合管理的基础，集中体现着国家海洋竞争力，同时海洋工程装备技术水平在一定程度上标志着国家国防能力和科技水平。建设海洋强国，走向深海大洋、维护国家权益和利益离不开海洋工程与装备的快速发展，同时其发展还需要有明确的战略高度。

二、发展海洋工程与科技是提高海洋开发能力，保障国家资源安全的迫切需要

资源安全是保障国家经济安全的重要基础。改革开放 30 多年来，中国经济快速发展，在 21 世纪头 10 年的世界排序连进 4 位，2010 年成为世界第二大经济体。利用"两种市场"、"两种资源"，实施"大进大出"是我国经济的基本格局，而且随着经济社会的深入发展，这种格局还将进一步深化。我国经济对各类自然资源的消费和需求呈现持续增加态势。到 2020 年我国对金属资源类，如锰、铅、镍、铜、锌、钴、铂等矿产需求对外依存度都将超过 50% 以上；对于能源类，如天然气的需求量对外依赖度超过 50%，而石油将超过 70%。这将会成为我国国民经济发展的一个制约因素，另一方面也影响到国家安全。海洋是能源、生物资源、水资源、空间资源和金属矿产资源基地，因此，海洋作为接替新资源基地的经济和战略意义十分突出。

海洋是经济全球化和区域经济一体化背景下的中国经济安全的生命线。在当前我国全面建设小康社会、转变经济发展方式的关键时刻，面对陆地和近岸海域资源环境约束不断加重，经济对外依存度不断提高的严峻形势，国家应陆海统筹、全面部署国土开发战略，在高效开发利用陆地国土资源的同时，加大加快海洋开发利用。

（一）勘探开发深海矿产资源，提高战略金属储备，迫切需要大力发展海洋工程和科技

锰、钴、镍等金属资源是我国的战略资源。深海多金属结核、富钴结壳和热液硫化物分布区无疑已成为人类社会未来发展极其重要的战略资源储备地。随着陆地资源的日趋减少与科学技术的发展，合理勘探、开发深海多金属结核、富钴结壳和热液硫化物资源已成为未来世界经济、政治、军事竞争和实现人类深海采矿梦想的重要内容。海底热液硫化物是海底热液活动的产物之一，记录着热液活动的部分历史，富含铜、锌、金、银等有用的金属元素，一般产处水深为 1 000 ~ 3 500 米，是极具开发远景的潜在资源。进行热液硫化物资源调查研究，了解热液活动区的深部结构，不仅能够缓解人类社会发展对矿产资源的需求，还可以很好地了解现代海底热液活动的形成机制、演化历史及其成矿规律等基本问题，掌握海底热液循

环的发生机理及流体流动途径，为深入认识和勘探开发利用陆地上的古代海底热液硫化物提供新的视角，是当今国际上开展调查发现新的热液活动区、长期监测热液活动、发展用于热液活动调查研究的高新技术等工作必要的研究基础和知识源泉。深海热液活动及其硫化物、生物分布区与近岸海底资源分布区一样已成为国际高度关注的海洋区域之一。深海还蕴藏着丰富的多金属结核和富钴结壳资源。其中，多金属结核分布于太平洋、大西洋和印度洋水深4 000～5 500米的海底，富含铜、镍、钴、锰等金属元素，其资源总量远远高出陆地的相应储量。而富钴结壳富含钴、镍、锰、铂、稀土等金属，主要分布在水深为800～3 500米的海山上部斜坡上，其厚度一般数厘米（较厚的结壳，其厚度可超过12厘米）。富钴结壳中的钴含量高达2%～3%，是多金属结核钴平均含量的8倍以上，较陆地原生钴矿高出几十倍，仅就海底富钴结壳的钴含量而言，陆地上尚未发现产出规模和钴富集程度相当的矿床。另外，海洋中生存着至少100万种人类不知道的生物，海洋深处埋藏着无数的稀有资源，有待于未来科学家们的探索发现，包括深海低温环境生物、深海高温环境生物和海底"第三生物圈"的生物等。世界海洋大国都在研究深海生物高技术，已经形成几十亿美元的开发利用，是一个颇具潜力的战略性新兴产业发展领域，但是，它对工程装备和技术有很高的要求。

(二) 开发利用海洋深水油气资源和海洋可再生能源，需要大力发展海洋工程和科技

全球石油可采资源量4 138亿吨，我国石油可采资源量为150亿吨，占世界石油资源量的3.6%，；全球天然气可采资源量436万亿立方米，我国天然气可采资源量为12万亿立方米，占世界天然气资源量的2.8%。由于我国人口众多，油气资源人均占有量严重不足，如：世界人均占有石油可采资源68吨，我国人均占有石油可采资源12吨；世界人均占有天然气可采资源7万立方米，我国人均占有天然气可采资源1万立方米。随着国民经济的持续快速增长，能源供需矛盾日益突出。2012年，我国原油净进口量达到2.71亿吨，而当年全国石油产量为2.07亿吨，石油对外依存度达56.7%。相关研究表明，全球资源需求的高峰将出现在2020年，我国资源需求的高峰也将出现在2020—2030年。我国海域管辖面积近300万平方千米，已圈定大中型油气盆地26个，石油地质资源量为350亿～400亿吨。

"十一五"期间石油增量70%来自海洋，海洋石油已经成为我国石油工业主要增长点。为了缓解能源危机和紧张局面，需要加大海洋油气资源的开发力度，但目前我国海洋油气资源开发主要集中在近海，因此需要大力勘探开发深水油气资源，需要高端工程装备和技术支撑。

目前我国现有的深水工程技术水平和装备能力远远不能适应深水油气勘探和开发的需要，我国的深水工程技术水平还落后于发达国家。目前世界海洋油气开发已超过2 000米水深，装备能力已达3 000米水深，而我国海洋油气开发以350米以浅水域为主，较深水域开发刚刚开始。一方面，目前深水核心技术仅掌握在少数几个国家手中，引进中存在技术壁垒；另一方面我国南海特有的强热带风暴、内波等灾害环境以及我国复杂原油物性及油气藏特性本身就是世界石油领域面临的难题，这就决定了我国深水油气田勘探开发工程将面临更多的挑战，只有通过核心技术自主研发、尽快突破深水油气田勘探开发关键技术，我国才能获得深水油气资源勘探开发的主动权。与此同时，我国近海探明的原油储量中，有13亿吨属于边际油田；2012年年底，渤海海上累计发现原油地质储量49亿吨，其中33.5亿吨为稠油，占68.5%。近海边际油气田和稠油油田需要高效、低成本创新技术。

我国海域天然气水合物资源调查研究程度较低、天然气水合物藏的地质认识薄弱、我国天然气水合物开采技术研究还处于室内模拟系统和模拟分析方法的建立阶段。需结合潜在资源区域、富集区、试验开采区情况进行开展针对性模拟研究技术深化以及配套试验开采工程配套技术储备性研究。急需开展试验开采技术前期研究和研究开发相关的关键技术，跟进国际先进水平，找准制约目标实现的关键问题，加大科技投入，锁定富集区域，开展试验开采模拟和概念设计技术研究，逐步形成全面系统的海域天然气水合物开采模拟和试验开采技术储备。

随着世界经济的发展，人口的增加，社会生活水平的不断提高，各国对能源的需求迅速增长。在当前的世界能源结构中，石油、天然气、煤炭等化石燃料占主体。由于这些燃料是不可再生的，也由于大面积开采造成的环境问题和燃烧带来的污染问题愈来愈严重，已引起各国的高度重视。从能源长远发展战略来看，人类必须寻求一条发展洁净能源的道路。开发利用新能源和可再生能源成为21世纪能源发展战略的基本选择，而海洋可再生能源具有美好的前景。长期以来，我国海洋可再生能源开发利用技术主要以跟踪国外先进技术为主，在潮汐能、潮流能、波浪能、生物质能等方面都开展了较为全面的技术研究，取得了一些试验性的成果，部分技术达到了小规模示范应用条件，但相关技术还未突破，示范应用进展缓慢。与国外相比存在较为明显差距，主要体现在海洋能基础理论和方法研究不足，研究队伍力量十分有限；海洋可再生能源电站环境评价方法研究基本处于空白；发电技术种类相对较少，创新力度明显不足；海洋可再生能源示范工程规模偏小等方面。

三、发展海洋工程与科技是发展现代海洋产业，推进海洋经济持续健康发展的迫切需要

　　近 10 年来，我国海洋经济呈现出又好又快发展的局面，海洋经济综合实力显著增强，在国民经济中的地位日益提高，海洋产业结构不断优化，海洋经济布局逐渐形成。"十一五"期间，海洋经济保持平稳较快速度发展，年均增速 13%，全国海洋总产值占 GDP 的比重在 9.5%～10% 之间，海洋经济对国民经济的贡献不仅仅是增长点，已经成为国民经济的新领域，海洋产业发展处于从增长点向主导产业方向迈进的关键阶段。但是，目前我国海洋经济构成以传统产业为主，新兴产业比重较低，存在着关键技术受制于人，产业核心竞争力不强，区域海洋经济发展同质同构等突出问题。因此，沿海产业结构调整对海洋高新技术的需求越来越迫切，亟须大力发展海洋工程和海洋科技，引领现代海洋产业的发展，推进海洋经济和沿海区域开发的可持续发展。

（一）传统海洋产业转型升级需要依靠科技进步

　　我国的传统海洋产业主要包括海洋交通运输业、海洋渔业、海洋造船业、海洋矿业、海洋盐业、海洋化工业等。由于生产方式相对落后、粗放、生产规模相对环境容量过大、过重，造成对海洋环境的污染严重等多重原因，造成这些传统海洋产业在整体上表现出增长率下降、效益降低的情况。传统产业要想继续生存发展，就面临着重新调整发展思路，改变不合理的增长方式，依靠科技进步和高技术，拓展开发领域，优化资源利用，推进传统海洋产业的升级换代，迈上现代化的可持续发展轨道。

（二）培育和壮大海洋战略性新兴产业必须大力发展海洋工程

　　战略性海洋新兴产业体现了一个国家在未来海洋利用方面的潜力，直

接关系到一个国家能否在 21 世纪的蓝色经济时代占领世界经济科技的制高点，掌握发展先机和竞争主动权。当前，世界范围内的海洋开发活动正在全面推进，越来越多的国家调整战略、制定政策法律和发展规划，把大力培育催生海洋新兴产业作为推动经济发展模式转变和增加就业的动力之一。目前，海洋领域科技的突破已经在海水淡化、海水综合利用、海洋可再生和新型能源发电、海洋监测检测仪器设备制造、海洋健康养殖模式等多领域显露出其巨大的产业前景，有些已经进入规模化生产阶段。海洋油气资源勘探、海洋天然产物开发、海洋制造工程技术、海洋仪器装备研发，特别是海洋国防装备产业呈现出前所未有的发展态势。全人类未来的战略性资源，如深海油气藏、多金属结核、海底可燃冰、海底热液硫化物矿床、深海生物基因资源，从早期的科学探索，逐渐转变为今天的产业发展。未来海洋新兴产业将在淡水、能源、矿产、健康食品等方面获得突破，形成一系列新产业、新产品、新企业。战略性新兴产业是"十二五"期间国民经济发展的重点领域，海洋将是培育和发展战略性新兴产业的主战场之一。大力发展海洋工程装备和海洋高技术，特别是海洋生物育种和健康养殖技术、海洋医药和功能食品技术、高端船舶与海洋工程装备制造技术、海洋可再生能源利用、海水淡化和综合利用和深海资源开发技术等，并通过科技兴海行动计划，大力促进海洋科技成果转化，将加大海洋高新技术的产业化推进力度，使新兴海洋产业凭借技术含量高、附加值高和对自然资源依赖程度低的特点，为全国海洋经济的进一步发展释放巨大的能量，推动全国海洋经济向更高层次迈进。适时发展多金属结核、多金属硫化物、钴结核采矿业以及深海生物基因产业等一系列战略新兴产业，也将进一步提升海洋经济对国民经济和社会发展的贡献。

（三）区域海洋经济协调发展需要发展海陆关联工程

当前，我国确立了西部大开发、振兴东北老工业基地、促进中部地区崛起、鼓励东部地区率先发展的区域发展总体战略。东部率先发展迫切需要加强战略性的海洋高新技术项目的研究开发，以新的理论和新的方法来延长海洋经济的产业链，鼓励海洋科技的源头创新，探索出一条资源消耗低、环境污染少、科技含量高、经济效益好，并且使涉海人力资源优势能够得到充分发挥的新型海洋产业工业化发展模式。为此，需要积极统筹，慎密布局，推动海陆关联工程的发展，增强现代海洋产业发展的驱动力。

四、发展海洋工程与科技是服务和保障民生，建设海洋生态文明的必然选择 ▶

全面建成小康社会，服务和保障民生，提高人民生活的福祉是国民经济社会发展"十二五"规划的重要内容和指标。随着海洋在国民经济社会发展中的战略地位的提升，海洋在提供食物来源与保障食品安全、提供多种生态服务、防灾减灾等服务和保障民生方面，将起到越来越重要的作用。

（一）海洋生物资源持续、高效、多功能利用，保障海洋食品安全，迫切需要海洋工程和海洋科技的支撑和保障

随着科学技术的进步，海洋生物资源已经成为各国重要的食物来源和战略后备基地。在可持续发展的观念下，海洋渔业资源是一种"可再生"的重要战略性资源，是人类未来生存和发展的物质宝库。联合国粮农组织通过的《京都宣言》，特别强调了发展渔业对保障世界粮食安全的重要作用，目前渔业为世界提供了 15% 以上的动物蛋白。我国人多地少，2030 年我国人口达到峰值时，对水产品的需求将增加 2 000 万吨，海洋渔业资源的开发和利用将为粮食安全和提供有潜在价值的生物资源起到重要的作用。目前，我国近海渔业捕捞资源衰退，近海渔业资源可持续利用是我国发展战略的必然要求。急需发展近海渔业资源养护技术，包括负责任捕捞技术、近海渔业资源监测技术、增殖放流技术和海洋牧场构建技术（包括人工鱼礁）等。

远洋渔业是指在公海海域获取海洋渔业资源的活动，是海洋经济的重要组成部分，是一种资源型战略性产业。随着近海传统重要经济种类资源严重衰退，获取公海大洋渔业资源，发展远洋渔业是我国经济社会发展的战略需求。目前，我国每年 100 多万吨的远洋渔业产量，如以养殖同样数量水产品所需饲料粮为标准折算，则相当 400 万吨粮食；如以蛋白质含量折算，则相当于 125 万吨猪肉。因此，远洋渔业为我国国民提供了重要的食物，从海外运回水产品就相当于为我国增加了土地资源、水资源，意味扩大了我国对自然资源的拥有。

海水养殖是人类主动、定向利用国土水域资源的重要途径，已经成为对粮食安全、国民经济和贸易平衡做出重要贡献的产业。我国海水养殖的种类主要包括贝类、藻类、虾蟹类、鱼类四大类，产量位居世界首位，是

世界上唯一养殖产量超过捕捞产量的渔业国家。海水养殖不仅现在是，而且将来仍然是人们利用海洋生物资源以保障食物安全的一个越来越重要的途径。但是，为了保障海水养殖业健康持续发展，迫切需要高效利用有限的水资源与土地资源，大幅度提高单位水体的产量，提高养殖操作自动化程度；大力发展深海离岸大型网箱养殖，开拓外海空间；发展现代育种技术研究与运用；研究开发与普及高效环保的人工配合饲料，转变直接投喂小杂鱼、饲料原料的传统养殖模式。开展疫苗创制与应用转变传统的病害防治模式，寓防于养。

食品作为人类赖以生存和发展的物质基础，由于工业发展及环境污染，食品安全已成为一个全球性的焦点问题，受到各国政府及消费者的关注。目前，我国海洋食品质量安全与加工工程技术面临的问题包括：检测技术方法不够完整，现有的技术标准内容落后；风险评估尚处在需要大量实践的阶段；缺乏对海洋食品安全快速反应系统的研究；对国内监测数据系统的汇集和科学评析不够；生产加工全程质量控制体系不健全；冷链物流设备老化、自动化程度低。因此需要有新的发展，保障海洋食品安全，"让人民群众吃上绿色、安全、放心的海产品"。

（二）随着小康社会建设的不断深入，人民群众对优美洁净的海洋生态环境的需求越来越迫切

目前，我国近海海洋环境恶化趋势尚未得到根本遏制，局部海域甚至出现逐年加重的势头，这给沿海地区经济社会可持续发展以及人民群众的生产生活都造成了巨大威胁。随着人们生活水平的提高和环境意识的增强，对洁净优美的海洋环境有了越来越强烈的期待。随着沿海各地海洋经济的持续发展，各类经济、产业要素和人口正在加速向沿海聚集，海洋开发利用活动日趋活跃，高度依赖海洋的开放型经济形态正在进一步深化，这都对我们提升海洋环境保障工作的覆盖面、针对性和精细化程度提出了新的更高的要求。我国是多发海洋灾害的国家之一，特别是飓风和风暴潮危害巨大。每年因海洋灾害造成巨大的人员伤亡和经济损失。灾害预测预警系统的发展和灾害防治技术的进步可有效减轻海洋灾害的危害程度。因此，掌握和预测海洋动力环境变化规律，建立近海生态环境监控、监测网络，是提高灾害性极端气候事件以及海洋生态系统变化预警能力的关键。如何在开发利用海洋资源、发展现代海洋产业体系，提高海洋开发、控制的同

时，保护海洋和海岸带生态环境，维护海洋生态系统健康，保障中国海洋资源可持续利用，是我们面临的问题。需要通过海洋生态和环境工程建设，改变我国海洋环境现状，缓解海域生态压力，维护海洋生态健康，提高海洋环境安全保障能力和抵御海洋灾害能力，这是海洋经济可持续发展对海洋生态与环境工程的战略需求。

党的十八大将生态文明建设纳入中国特色社会主义事业总体布局，明确提出建设资源节约型、环境友好型"美丽中国"的发展目标。要求把生态文明建设放在突出地位，融入经济建设、政治建设。海洋生态文明是我国建设生态文明不可或缺的组成部分，建设美丽中国离不开美丽海洋。建设海洋生态文明将以人与海洋和谐共生、良性循环为主题，以海洋资源综合开发和海洋经济科学发展为核心，以强化海洋国土意识和建设海洋生态文化为先导，以保护海洋生态环境为基础，以海洋生态科技和海洋综合管理制度创新为动力，整体推进海岛和海洋生产与生活方式转变的一种生态文明形态。在建设海洋生态文明的进程中，采取工程技术手段，控制海洋环境污染，改善海洋生态，探索沿海地区工业化、城镇化过程中符合生态文明理念的新的发展模式，是建设海洋生态文明不可或缺的内容。

第四章　世界海洋工程与科技发展趋势与启示

21 世纪是海洋世纪，世界各国尤其是临海发达国家，在过去几十年快速发展的基础上，更加重视海洋探测、海洋运载、海洋能源、海洋生物资源、海洋环境与生态、海陆关联等工程技术的发展。面向 2030 年的世界海洋工程与科技发展趋势是：海洋意识普遍增强，海洋开发成为各海洋国家的国家发展战略；海洋开发技术不断创新，人类利用海洋的步伐将全面推进；海洋环境重要性被高度认识，海洋保护、监测和预警措施明显加强；海洋管理理念逐渐成熟，但管理的矛盾将会更加复杂化、多元化。世界海洋发展的态势，为中国海洋工程与科技发展提供了重要启示。

一、世界海洋经济发展基本情况　

人类社会的海洋经济活动已有几千年的历史。早期的海洋经济活动仅局限于"兴渔盐之利，行舟楫之便"。自 20 世纪 60 年代开始，世界各国尤其是临海国家将海洋开发作为基本国策，竞相制定海洋"开发规划"和"战略计划"。如 1960 年法国总统戴高乐提出"向海洋进军"的口号，美国制定《海洋战略发展计划》，英国颁布《海洋科技发展战略》，日本提出《海洋开发推进计划》，韩国则把海洋作为其民族的"生活海、生产海、生命海"。

在新技术革命的推动下，世界海洋经济的发展突飞猛进。有资料显示，20 世纪 60 年代末，世界海洋经济年产值仅 130 亿美元，70 年代初为 1 100 亿美元，1980 年为 3 400 亿美元，1992 年为 6 700 亿美元，2001 年达到 13 000 亿美元。在 30 多年里，海洋产值每 10 年就翻一番，增长速度远远高于同期 GDP 的增长。海洋经济在世界经济中的比重，1970 年占 2%，1990 年占 5%，目前已达到 10% 左右，预计到 2050 年，这一数值将上升到 20%。

2001 年，联合国正式文件中首次提出了"21 世纪是海洋世纪"。事实上，许多海洋发达国家在 20 世纪的后半期即开始关注海洋经济的发展。随着海洋科学和海洋工程的发展，沿海各国开发利用海洋的规模日益扩大，例如：美国海洋经济年产值在 20 世纪 70 年代初仅约 300 亿美元，80 年代投资了 1 000 亿美元开发海洋经济，到 90 年代初海洋经济年产值已达 3 500 亿美元，占世界海洋经济年产值的近 1/3；挪威通过开发海洋石油，一举摘掉了穷国的帽子，成为北欧富国之一。目前，世界上 75% 的大城市、70% 的工业资本和人口集中在距海岸 100 千米的海岸带地区，全球海洋经济产业中，主要包括四大支柱产业：①海洋石油工业。全球海上石油的探明储量为 200 亿吨以上，天然气储量 80 万亿立方米。100 多个国家和地区从事海上石油勘探与开发，投入开发的经费每年达 850 亿美元。近年，海上石油产量约 13 亿吨，占世界油气总产量的 40%，产值约 3 000 亿美元。21 世纪中叶海洋油气产量将超过陆地油气产量。②滨海旅游业。据世界旅游组织统计，滨海旅游业收入占全球旅游业总收入的 1/2，每年约为 2 500 亿美元，比 10 年前增加了 3 倍。全世界 40 大旅游目的地中有 37 个是沿海国家或地区，沿海 37 个国家的旅游年总收入达 3 572.8 亿美元，占全球旅游总收入的 81%。③海洋渔业。传统的海洋渔业已发展为捕捞—养殖—加工并举的工业化渔业生产。近 10 年来，全世界海洋渔获量每年达 8 500 余万吨，产值约 2 000 亿美元，而水产养殖业发展迅猛。据联合国粮农组织（FAO）数据，2011 年世界水产养殖产量已达 6 270 余万吨，占世界渔业总产量的 40.1%，产值达 1 300 亿美元。④海洋交通运输业。全世界较大海港 2 000 多个，国际货运的 90% 以上通过海上运输完成。据统计，世界集装箱港口年吞吐量约为 1.5 亿标准箱，海运年收入 1 500 亿美元。美国、日本、韩国、越南等重要海洋国家海洋经济发展现状见专栏 1-4-1 至专栏 1-4-4。

另外，随着科学技术的不断发展和经济全球化，极地的开发和争夺也在世界各国悄然地展开。北极蕴藏着丰富的石油、天然气、矿物和渔业资源。全球变暖正在使北极地区冰面以每 10 年 9% 左右的速度消失，使得在北极开发资源已不再是遥远的梦想。根据美国地质调查局的报告，人类目前尚未发现的石油和天然气资源中大约有 25% 分布在北极地区，数量高达 100 亿吨左右，北极很可能会成为下一个中东。此外，未来的北极还可能成为国际航运的热门海域。未来 10 多年里，北冰洋内可能出现"通航大道"。专家认为，如果冰层融化持续加速，从欧洲开往亚洲的船只将不必远走巴拿马运河，而可以沿北冰洋海岸，穿越白令海峡，抵达亚洲。开辟北极航线是人类500年来的梦想，由于距离更短，通过这条航线的运输成本要比传统航线低4成，北极也将会成为人类消夏的好去处。根据已有的地质数据，在南极大陆及周边海床，煤、铁和石油的储量均为世界第一。南极还是地球上最大的天然淡水库，占整个地球表面淡水储量的72%。南极区域的水道航运前景也是抢滩南极的国家的另一个目标所在，如果未来的航线能纵贯南美和欧洲，那么有航运权的国家无疑将获得丰厚收益。

专栏1-4-1　美国海洋经济发展现状

美国是当今世界的海洋大国，拥有22 680千米以上的海岸线，海洋科技发展与海洋管理一直处于世界领先地位。丰富的海洋资源为美国提供了丰富的食物、工业原料、医疗保健新药，对美国国家安全、经济发展、社会进步起到重要的保障作用。

美国的海洋产业主要有海洋油气、海洋渔业、海洋风电、海水淡化、滨海旅游、海洋药物等。

美国沿海海域石油和天然气储量丰富，领海海域内埋藏的石油资源可采量约为1 150亿桶。目前，美国海洋石油和天然气年产量分别为5 000万吨和1 300亿立方米，年创产值200亿～260亿美元。海洋原油生产能力占美国总原油生产能力的22%，海洋天然气占27%。

美国渔业资源占世界渔业资源总量的20%。但美国重视本国渔业资源的保护，因此大量的水产品主要靠进口。美国是世界上最大的水产品进口国和第四大水产品出口国。2007年的水产品进、出口额分别为136.32亿美元和44.37亿美元。

旅游业是美国最大的就业产业，也是该国第二大GDP贡献产业，每年产值超过700亿美元，其中滨海旅游收入占旅游总收入的85%，每年创造产值约580亿美元，其中75亿美元是来自国际旅游。

美国国土两侧的太平洋和大西洋沿岸风力资源丰富，如果将这些风力全部充分利用于风力发电，可生产1 900千兆瓦电力。美国大约25%的工业冷却用水直接取自海洋，年用水量约1 000亿吨。美国也很重视海洋药物的研制，目前已经发现和研制了1 000多种新的合成药物，对治疗癌症、炎症和细菌感染均有特殊疗效。

专栏 1-4-2　日本海洋经济发展现状

日本是一个群岛国家，海洋资源丰富，陆地资源匮乏，因此，日本的经济和社会生活高度依赖海洋，历届政府的国策和经济发展目标都与海洋息息相关。

目前日本已形成近 20 种海洋产业，其中滨海旅游业、港口及运输业、海洋渔业和海洋油气业这 4 种海洋产业约占海洋产业总产值的 70%。

滨海旅游是日本重要的海洋产业。日本四面环海，海岸线为 3.2 万千米，是世界上海岸线最长的国家之一。日本将旅游业置于战略产业地位，沿海旅游事业迅速发展。

海洋渔业也是日本重要的海洋产业。2007 年，日本水产养殖产量 76.58 万吨，世界上排名第九。但由于其水产养殖品价值较高，为 31.73 亿美元，排名世界第五。日本是世界上第二大水产品进口国，水产品进、出口额分别为 131.84 亿美元和 16.63 亿美元。

海洋油气业是日本海洋经济的重要支柱之一，在经济发展中占有重要地位。但日本 99% 的油气依赖国外进口。近年来，日本海洋油气业的发展呈现出开采、进口、储备齐头并进的态势。为解决油气需求，在 1989 年，日本就提出建立国家石油储备 500 亿升的目标。至 2006 年年底，日本政府拥有的石油储备量可供全国消费 92 天，民间储备的可供 79 天，加上流通库存，日本已拥有全国半年以上的石油储备。

日本工业冷却水用量的 60% 来自海水，每年高达 3 000 亿吨。日本拥有丰富的波浪能资源，沿海的波浪可利用能量约 200 亿瓦。至今，日本已建造 1 500 多座海浪发电装置。

日本也非常重视海洋生物药物的研究。据悉，日本海洋生物技术研究所及日本海洋科学技术中心每年用于海洋药物研究开发的经费约为 1 亿美元。

专栏 1-4-3　韩国海洋经济发展现状

韩国是一个三面环海的半岛之国，其管辖海域面积为 44.4 万平方千米，是其陆地面积的 4.5 倍，海岸线超过 1.1 万千米。

韩国的海洋开发是随着 20 世纪 60 年代中期经济崛起开始发展的。80 年代初，韩国制定了第二次国家综合开发计划，将海洋开发作为重点，提出海洋资源开发的基本方向。韩国的海洋渔业、造船业和海洋建筑业均居世界前 10 名。海洋经济产值占国内经济总产值的 10%。

　　韩国海水养殖业始于 1960 年，并于 1998 开始了"海洋牧场计划"。近十几年来，海水养殖业在数量及质量上有很大提高。目前，韩国海水养殖产量约占韩国渔业总产量的 40%。2007 年韩国是第九大水产品进口国，进口额为 30.9 亿美元，水产养殖产量为 60.61 万吨，世界排名十二，产值为 15.77 亿美元，排名第十。

　　在造船业方面，韩国将先进的信息化技术融入造船工业，抢占绿色智能、高附加值船舶市场份额，确保造船业世界第一。2010 年 3 月，韩国知识经济部宣布，将制订造船产业中长期发展战略规划。大致目标是在 2015 年之前推出减排低碳燃料、与 IT 技术相结合、由电力推动的新一代"绿色智能型船舶"（Green-Smart Ship）。同时称，今后 10 年内，韩国政府将为开发环保"绿色"船舶投入 3 000 亿韩元（约合 2.66 亿美元）。

　　韩国的海洋旅游资源非常丰富。韩国的岛屿总共 3 167 个，游客数大约每年 10 万人次。2006 年开始每年召开"渔村体验大赛"，促进滨海旅游业的发展。海洋度假村是另一种旅游形式，是以海洋为背景，集居住、疗养、观光、休闲活动等功能为一体的地方。

　　在海洋电力工业方面，韩国正在通过建设潮汐发电站和风力发电站来开发各种无公害清洁能源。2004 年韩国 25.2 万千瓦的始华潮汐电站开工建设，2007 年，韩国 100 万千瓦的江华岛潮汐电站动工。

　　在海水淡化装置的制造方面，韩国于 20 世纪 80 年代初起步，目前已经向中东出口若干套日产万吨级蒸馏法海水淡化装置。

　　随着对海洋环境价值认识的提高，韩国开始重视海洋开发与保护的协调发展。为实现 21 世纪成为第五大海洋强国，韩国提出了三大基本目标：创造有生命力的海洋国土，发展以高科技为基础的海洋产业，保持海洋资源的可持续开发。

专栏 1-4-4　越南重视海洋经济的发展

　　越南国土面积小、人口众多，陆地自然资源消耗大、生存发展条件有限。但与此同时，越南三面环海，海岸线长达 3 260 千米，海岸系数为世界平均水平的 6 倍。全国 63 个省、直辖市中，有 28 个省、直辖市临海，其面积约占越南国土总面积的 42%，其人口约占全国总人口的 45%。

　　近些年来，越南高度重视发展海洋经济，不断加大对海洋经济的投入。

海洋经济在越南国民经济中的比重和地位不断上升。1993年越共七大出台了"关于最近数年发展海上经济任务"的决议，首次提出把越南建设成为一个海洋经济强国。2001年越共九大提出要"大力向海洋进军，做海洋的主人"。

目前，越南海洋经济发展已经初具规模，正步入加速发展时期。海洋渔业、海洋交通运输业、海洋船舶工业、海洋油气业和滨海旅游业等成为越南经济的主要支柱产业。越南水产量居世界第六位，水产品年出口额为49亿美元。石油是越南的第一大经济支柱，占国民经济总产值的30%，其中大部分来自海上油田。越南目前有20家造船厂和14家相关企业，与世界30多家船业公司建立合作关系，大量采用国外先进技术和设备。越南已经能够制造5万吨级散货轮、10万吨级油轮、1016个标准集装箱级货轮。越南正努力实现到2015年成为第五个造船大国的目标，至2020年将再投资建设3个造船中心、3个船舶维修中心。

为发展海洋经济，越南已出台落实多项措施。在沿海经济方面，一是拓宽沿海经济投资、融资渠道，促进投资社会化和投资形式的多样化，以推动沿海各省海洋基础设施完善升级、临海工业区、经济区建设发展，推进沿海各省经济社会各项事业进步。二是发挥沿海各地区比较优势，有侧重地建设海洋经济只能更新，北方沿海省份以北部湾经济区建设为重点；中部沿海各省以云峰国际中转港建设为重点；南部以富国岛国际交通中心、国家及地区海岛生态旅游建设为重点。三是鼓励沿海农民从事渔业捕捞养殖等海上经营活动。四是提高海洋自然灾害预警、海洋救援救护能力，确保海洋经济各项活动的安全。

在海洋开发、利用和管理方面，一是制定海洋开发、利用与管理的总体战略。二是明确至2020年海洋经济的发展方向和任务，制定落实相关政策、措施。三是加强中央及地方各级海洋行政管理机构建设，明确各级有关部门在海洋开发、利用和管理中的工作职责。四是提高海洋科研与应用水平，加强海洋科技和经营管理人力资源建设。

但是，目前越南海洋经济发展仍存在一些问题和困难，如海洋经济发展政策措施仍缺乏具体落实，海洋资源开发管理体制不完善；海洋经济基础设施和技术设备落后，国家投入不足或滞后；海洋科技总体水平低、新兴海洋产业尚未形成规模，海洋经济发展所需的人力资源素质不高；抵御自然灾害的能力较弱等。

二、世界海洋工程与科技重要领域发展的主要特点 ▶

（一）海洋探测工程技术已发展到一个新的时期

海洋探测工程装备是进行海洋开发、控制、综合管理的基础，集中体现着一个国家海洋的竞争力，同时海洋工程装备技术水平在一定程度上标志着一个国家综合国力和科技水平。

1. 发达国家海洋探测装备产业链已基本建立

海洋探测技术朝着模块化、标准化、通用化方向发展。在通用传感器方面，美国、日本、加拿大和德国等已经研制出全海深绝对流速剖面仪及深海高精度海流计、多电极盐度传感器、快速响应温度传感器、湍流剪切传感器、多参数水质测量仪等，并已形成系列化产品。在专用传感器方面，适应于 AUV、ROV、水下滑翔机和拖曳等运动平台的温度、盐度、湍流、pH、营养盐、溶解氧等传感器已推出系列化产品。在水下水密接插件方面，已经出现满足不同水深、电压、电流的电气、光纤水密接插件产品；在水下导航与定位方面，IXsea 公司推出了满足水面、水下 3 000 米、6 000 米分别用于水面舰船、潜艇、ROV、AUV 等不同用途的多种型号水下导航产品；在浮力材料方面，市场上已出现满足不同水深的，用于不同用途，包括水下潜器、遥控潜器脐带缆、水下声学专用的浮力材料；在 ROV 作业工具方面，已出现的水下结构物清洗、切割打磨、岩石破碎、钻眼攻丝等专门作业工具；水下高能量密度电池也实现了模块化，无需耐压密封舱就可以直接在水中使用。这一切为海洋探测装备的产业化提供了基础。

2. 国际上无人潜水器产业化已基本形成

经过半个多世纪的发展，ROV 广泛应用于海洋观测和开发作业的各个领域，已形成产业规模。当前，国际上 ROV 的型号已经达 250 余种，从质量几千克的小型观测 ROV 到超过 20 吨的大型作业型 ROV，有超过 400 家厂商提供各种 ROV 整机、零部件以及服务。潜水器及其配套的作业装备、通用技术及其设备已形成产业，有诸多专业提供各类技术、装备和服务的生产厂商，已形成了完整的产业链。在 AUV 方面，多个系列产品面向市场，如美国 Bulefin 机器人公司推出了 4 款 Bluefin 系列 AUV 产品，挪威康斯伯格公司推出了两个系列 8 款 AUV 产品，其中 Remus 系列 5 款，Hugin 系列 3

款 AUV 产品。西屋电气公司预测，未来 10 年全世界将有 1 144 台 AUV 需求，乐观估计市场额将达到 40 亿美元。

3. 海底固体矿产资源勘查有较大进展

进入 21 世纪，"国际海底区域"活动从面向多金属结核单一资源扩展到面向富钴结壳，热液硫化物等多种资源发展。根据深海矿产资源的赋存特性和社会需求，富钴结壳和多金属硫化物被认为将早于多金属结核而进行商业开采。因此面向富钴结壳和多金属硫化物的深海采矿技术，已成为一些国家的研究热点，尤其是多金属硫化物资源，由于其成矿相对集中，水深浅，大多位于相关国家专属经济区等优点，已进入商业化开采前预研阶段。澳大利亚的两家公司在多个西南太平洋国家专属经济区内申请了 100 多万平方千米的硫化物勘探区，开展了大量针对海底多金属硫化物的勘探，并宣布已与 Technip 等世界著名海洋工程公司合作提出采矿系统方案，签订采矿系统开发制造合同。有关富钴结壳和多金属硫化物的开采技术研究基本上是在多金属结核采矿系统研究基础上进行拓展，主要集中在针对富钴结壳和多金属硫化物特殊赋存状态，进行资源评价、采集技术和行走技术研究。到目前为止，一些国家已基本完成了富钴结壳矿区申请的勘探工作，将要陆续提出矿区申请，从而引发新一轮圈占国际海底区域资源的"蓝色圈地运动"。

(二) 海洋运载装备发展出现了一个新的局面

1. 世界海洋运载装备发展进入新"三国"时代

世界海洋运载装备发展形成了"欧美"、"日韩"和"中国"新三极。欧美处于海洋运载装备产业链的高端，以高端产品研发设计和技术创新为制胜点，投入产出比不断提高。欧洲掌握着海洋运载装备的关键核心技术和标准制定的话语权，拥有高端的品牌优势和完备的服务体系，特别是主导着世界船舶配套核心技术的发展。成套装备方面，以豪华游船、客滚船、特种工程船等高附加值船舶为主要产品。

日韩在设计、制造、营销、配套装备等方面表现了超强的综合能力，特别是在总装制造方面已经具有了强大的实力，随着相关技术和管理经验的不断成熟，建造效率大大提高，产品结构不断优化。目前韩国主要船厂已完成产品结构向高端的转移，并开始逐步涉足高端装备的研发设计。

中国在产业规模上已经成为世界大国，正在向强国迈进的过程当中。近 10 年内，中国的船舶研发能力显著增强，具有设计制造大多数船型的能力，生产效率也大幅提高。然而，中国目前面临着总装造船产能严重过剩、船舶产业资源过于分散，集中度低等问题，且仍处于中低端产品总装建造阶段，设计研发能力薄弱，高端设备建造力量不足。中国海洋运输装备产业实现由大到强的转变，急需产业升级。

2. 绿色船舶技术不断提高

目前，世界船舶节能技术正向减阻降耗技术、节能推进技术、节能动力技术等多方向发展。从高效节能船型开发、到低排放高效动力推进装置的研发，再到环保及轻质材料的研制，可谓面面俱到，全方位打造着未来的新型节能船舶。新型能源推进船舶（电动机航行船、燃料电池推进船、LNG 燃料船、风帆柴油机混合动力船等）、高效节能船型、低排放高效动力装置、轻质材料、余热余能利用装置等不断涌现，新一代节能/减排/低噪声的绿色船舶动力、配套机电设备、船舶环保设备与材料纷纷面世。

船舶的温室气体减排实际上主要处理 3 个问题：①国际贸易的快速发展推动着船舶日益大型化，船舶功率不断加大，传统设计理念追求"多拉快跑"，并不关注节能减排；②快速攀升的大型船舶，犹如一座座工厂在大海上航行并排放大量二氧化碳，促使航运界反思船舶大型化、大功率发展方向是否正确，思考其平衡点何在；③开发应用船用可再生能源及清洁能源，尚未得到应有的重视。国际上推动远洋运输船舶减排的潮流已不可逆转。

对新造船能效指数起决定性作用的主要参数有航速、船舶装载量或总吨位、为达到该航速需要的安装功率，三者相互制约。采用新节能技术是优化 EEDI 指数的一种重要措施。对新造船舶实施 EEDI 及排放量基线的强制性控制要求，不仅提高了船舶的设计标准和水平，也会相应增加建造成本，对我国船舶工业构成了严峻的挑战。

3. 深海运载与作业装备技术方兴未艾

21 世纪以来，国际间以开发和占有海洋资源为核心的海洋维权斗争愈演愈烈，与之相伴的深海技术实力的较量也日益凸显。深海运载与作业装备技术作为开发海洋、利用海洋、保护海洋的重要技术基础，近年来得到了快速发展。目前，深海运载与作业技术装备朝着实用化、综合技术体系化方向发展, 功能日益完善。新型深海运载作业平台不断涌现, 作业深度不断加深。发展多功能、实用化深海遥控潜水器、自治水下潜水器、载人潜水器和配套作业工具, 实现装备之间的相互支持、联合作业、安全救助, 能够顺利完成水下调查、搜索、采样、维修、施工、救捞等任务, 已成为国际深海运载与作业技术的发展趋势。

(三) 海洋能源开发利用已成为各海洋国家发展的重要支柱

1. 海洋深水油气开发已成为世界石油工业重要的接替区

近20年来, 世界范围的深水油气田勘探开发成果层出不穷。目前全球超过1亿吨储量的油田中, 60%来自于海上, 其中50%来自于深海。高风险、高投入、高科技是深水油气田开发的主要特点。20世纪80年代以来世界各大石油国均投入大量的人力、物力、财力, 制定了深水技术中长期发展规划, 开展了持续的深水工程技术及装备的系统研究, 如巴西的PRO-CAP1000、PROCAP2000、PROCAP3000系列研究计划, 欧洲的 "海神计划"、美国的 "海王星计划"。截止到2011年4月的最新统计资料, 全球范围内共有钻井平台801座, 其中深水钻井装置主要集中在国外大型钻井公司, 如Transocean公司拥有深水钻井平台58座, Diamond offshore公司22座, ENSCO公司20座, Noble Drilling公司18座。这些钻井平台主要活跃在美国墨西哥湾、巴西、北海、西非和澳大利亚海域。

2. 深水油气田的开发模式日渐丰富

深水油气田开发水深和输送距离不断增加, 新型的多功能的深水浮式设施不断涌现, 浮式生产储油装置 (FPSO)、张力腿平台 (TLP)、深水多功能半潜式平台 (Semi-FPS)、深吃水立柱式平台 (SPAR) 等各种类型的深水浮式平台和水下生产设施已经成为深水油气田开发的主要装备。从2001年起, 墨西哥湾深水区的产量已超过浅水区, 墨西哥湾、巴西、西非已经成为世界深水开发的主要区域。根据《OFFSHORE》报道, 到报道时为止, 以上这些区域已建成了240多座深水浮式平台、6 000多套水下井口装置。各国石油公司已把目光投向了3 000米水深的深水海域。目前, 制约深水海域油气开发工程的技术主要包括: 深水钻完井、深水平台、水下生产系统、深水海底管线和立管以及深水流动安全等关键技术。

3. 海洋可再生能源开发取得较大进展

目前世界上近 30 个沿海国家正在开发海洋可再生能源，部分国家已经实现了商业化运行。海洋可再生能源包括潮汐能、波浪能、潮流能、海洋温差能、盐差能以及海洋生物质能等。

在所有海洋可再生能源技术中，潮汐能发电技术是最成熟的技术。目前世界上已经有多座潮汐电站实现商业化运行，如韩国始华湖潮汐电站（254 兆瓦）、法国朗斯潮汐电站（240 兆瓦）、加拿大芬迪湾安纳波利斯潮汐试验电站（20 兆瓦）等。但潮汐发电对环境存在潜在的负面影响，另外工程建设需要巨额投资。波浪能发电是继潮汐发电之后，发展最快的技术。目前世界上已有日本、英国、美国、挪威等国家和地区在海上研建了 50 多个波浪能发电装置。潮流能发电也是近几年来发展较快的海洋可再生能源发电技术。以英国为代表的欧洲国家掌握的潮流能发电技术代表着国际最高水平。海洋温差能资源主要集中于低纬度地区，温差能应用技术的研究也主要集中在温差能资源丰富的地区和国家如美国、日本、法国与印度等。利用盐差能发电虽有很好的发展前景，但目前面临的主要问题是设备投资成本高，装置能效低。2008 年，Statkraft 公司在挪威的 Buskerud 建成世界上第一座盐差能发电站。近年来，以海洋微藻为主的海洋生物质能开发利用技术研究逐渐成为发达国家的研究热点。微藻富含多种脂质，硅藻的脂质含量高达 70%～85%，世界上有近 10 万种硅藻。全球石油俱乐部评估，1 公顷微藻年产 96 000 升生物柴油，而 1 公顷大豆只能生产 446 升柴油。2007 年 9 月，美国 Vertigro 过程公司在得州 El Paso 的海藻研发中心正式启动商业运营，开始大量生产快速生长的海藻，并以此作为原料，用于生物燃料的生产。目前，Vertigro 公司已与葡萄牙和南非的合作伙伴签约，将海藻的工业化生产推向商业化应用。

（四）海洋生物资源开发一直是世界各国竞争的热点

由于人类社会发展面临着食品短缺、食物安全等现实问题，海洋生物资源开发一直是世界各国的重要发展领域和竞争热点。

1. 远洋渔业取得新的突破

世界发达国家都相当重视发展远洋渔业，特别是大洋性渔业。传统的远洋渔业主要包括金枪鱼延绳钓、金枪鱼围网、大型拖网、鱿鱼钓、秋刀鱼灯光敷网等作业方式。近年来，南极磷虾资源开发利用成为国际远洋渔业的一个热点。南极磷虾的试捕勘察始于20世纪60年代初期，70年代中期即进入大规模商业开发。1982年产量历史最高，达近53万吨，其中93%由苏联捕获。1991年之后，随着苏联的解体，磷虾产量急剧下降，年产量在10万吨左右波动，其中约80%由日本捕获。近年来，在捕捞技术取得突破后，磷虾渔业正在进入第二轮发展高潮。挪威和俄罗斯采用泵吸技术，捕获的磷虾由吸泵经传输管道送至船上，使得磷虾捕捞省去了传统的起放网生产作业程序，大大提高了磷虾渔获的质量（专栏1-4-5）。目前，该渔业又呈上升趋势，2010年达到21万吨，新一轮磷虾开发高潮正在形成。目前，出于对磷虾渔业快速发展的预期以及对南极变暖的担心，CCAMLR（南极海洋生物资源保护条约国）中的生态与环境保护派极力推动加强对磷虾资源的保护，针对磷虾渔业的管理措施越来越严格，同时要求捕捞国承担更多的科学研究责任与义务。

专栏1-4-5　挪威南极磷虾渔业的快速发展

挪威在南极磷虾开发与利用方面是一个比较成功的典范，使该国在短时间内迅速成为世界第一磷虾捕捞大国。挪威对南极磷虾开发成功的经验是遵从"产业开发，科技先行"的指导思想，采取了以坚实科学研究为支撑的负责任的磷虾渔业发展战略。

在进入南极磷虾渔业之前，挪威科学家首先开展了磷虾作为大西洋鲑饲料成分的安全性研究，证实了磷虾开发不会影响大西洋鲑的食用安全。针对南极磷虾渔场路途遥远、捕捞成本高，以传统捕捞技术提供初级磷虾产品的生产模式成本高等问题，做了两项重要的技术储备。一是"水下连续泵吸捕捞"专利技术；二是磷虾油精炼加工技术。前者保证了其磷虾渔业的生产效率与产品质量，后者大大提高了磷虾产品的高附加值。此外，挪威企业还投巨资对渔船进行了彻底改造，使其成为集捕捞与高附加值产品加工于一体的磷虾专业捕捞加工船，保障了磷虾渔业的经济效益。

事实上，挪威的磷虾资源开发是分两步完成的。在确保其磷虾渔业的可行性之前，为不引起国际社会过多的关注，挪威渔船首先通过悬挂瓦努阿图国旗的方式于2004年进入南极磷虾渔业。经两年的经验积累之后，于2006年正式以挪威渔船的名义开展磷虾捕捞，随即于2007年成为南极磷虾第一捕捞大国。2010年挪威的磷虾产量已达12万吨，占各国磷虾总产量的56%。

2. 水产增养殖业成为海洋经济新的增长点

长期以来，由于人类对海洋生物资源掠夺性地开发，造成了海洋生物资源严重衰退。20世纪90年代以来，全世界17个重点渔区中已有13个渔区处于资源枯竭或产量急剧下降状态。目前，国际社会对海洋生物资源增殖放流给予了高度重视。日本、美国、俄罗斯、挪威、西班牙、法国、英国、德国等先后开展了增殖放流工作，某些放流鱼类回捕率高达20%，人工放流群体在捕捞群体中所占的比例逐年增加。在近海建立"海洋牧场"也已经成为世界发达国家发展渔业、保护资源的主攻方向之一。通过人工鱼礁投放、海洋环境改良、人工增殖放流和聚引自然鱼群，从而提高海域生产力。各国均把海洋牧场作为振兴海洋渔业经济的战略对策，投入大量资金，开展人工育苗放流，恢复渔场基础生产力，取得了显著成效（专栏1-4-6）。

专栏1-4-6 日本人工鱼礁与海洋牧场建设

日本在20世纪50年代以前就开始利用废旧船作为人工鱼礁。1950年日本全国沉放10 000只小型渔船建设人工鱼礁渔场，从1951年开始用混凝土制作人工鱼礁，从1954年开始日本政府有计划地投资建设人工鱼礁。进入70年代以后，由于世界沿岸国家相继提出划定200海里专属经济区，迫使日本加速了人工鱼礁的建设进程。1975年以前在近海沿岸设置人工鱼礁5 000余座，体积336万立方米，投资304亿日元。1975年日本颁布了《沿岸渔场整修开发法》，对日本渔业产生重大影响，使人工鱼礁的建设以法律的形式确定下来，保障了产业的持久发展。从1976年起，每年投入相当于33亿人民币建设人工鱼礁，截止到2000年共投入了相当于人民币830亿元。2000年后，日本年投入沿海人工鱼礁建设资金为600亿日元。

据统计，自1959—1982年的23年中，日本沿岸和近海渔业年产量从473万吨增加到780万吨。在世界渔业资源利用受到限制的情况下继续增加捕捞产量，主要是依靠建设沿岸渔场，其中海洋牧场起的作用最大。人工鱼礁的建设造就了日本富饶的海洋，海洋生态环境一度遭受严重破坏的濑户内海，在有计划进行人工鱼礁投放和海洋环境治理以后，已变为名副其实的"海洋牧场"。据估算，日本近岸海域单位面积的资源量为我国海域单位面积资源量的13倍。

与此同时，水产养殖业得到了越来越多国家的重视。在过去几十年间，水产养殖业持续发展，产量从20世纪50年代的不到100万吨，发展到2011年的6 270万吨。2011年的产量比2010年又上升了6.2%，产值约1 300亿美元。目前，世界水产养殖产量占到了世界渔业总产量的40.1%。

3. 海洋生物的代谢产物有望成为新型药物和生物制品的重要源泉

由于海洋生物的次生代谢产物复杂、独特的化学结构及其特异、高效的生物活性，引起了化学家、生物学家及药理学家的广泛关注和极大兴趣。因此，海洋生物资源已成为寻找和发现创新药物和新型生物制品的重要源泉。

国际上最早开发成功的海洋药物便是著名的头孢菌素（俗称先锋霉素），它是1948年从海洋污泥中分离到的海洋真菌顶头孢霉产生的，以后发展成系列的头孢类抗生素。目前头孢菌素类抗生素已成为全球对抗感染性疾病的主力药物，年市场600亿美元以上，约占所有抗生素用量的一半。目前，世界上已经从海葵、海绵、海洋腔肠动物、海洋被囊动物、海洋棘皮动物和海洋微生物中分离和鉴定了20 000多个新型化合物，它们的主要活性表现在抗肿瘤、抗菌、抗病毒、抗凝血、镇痛、抗炎和抗心血管疾病等方面。1998—2008年间，国际上共有592个具有抗肿瘤和细胞毒活性、666个具有其他多种活性（抗菌、抗病毒、抗凝血、抗炎、抗虫等活性，以及作用于心血管、内分泌、免疫和神经系统等）的海洋活性化合物正在进行成药性评价和/或临床前研究，有望从中产生一批具有开发前景的候选药物。

当前，国际海洋生物制品研发的热点主要集中在海洋生物酶、功能材料、绿色农用制剂，以及保健食品、日用化学品等方面，并促进新兴朝阳产业的形成。酶制剂广泛应用于工业、农业、食品、能源、环境保护、生物医药和材料等众多领域。欧、美及日本等发达国家每年投入多达100亿美元资金，用于海洋生物酶领域的研究与开发。迄今为止，已从海洋微生物中筛选得到140多种酶，其中新酶达到20余种。海洋生物酶已成为发达国家寻求新型酶制剂产品的重要来源。海洋生物是功能材料的极佳原料，美国强生公司、英国施乐辉公司等均投入巨资开展生物相容性海洋生物医用材料产品的开发，主要产品有创伤止血材料、组织损伤修复材料、组织工程材料（如皮肤、骨组织、角膜组织、神经组织、血管等），目前尚处于研究开发阶段的有运载缓释材料，如自组装药物缓释材料、凝胶缓释载体、基因载体等。海洋寡糖及寡肽是一种海洋绿色农用制剂，通过激活植物的防御系统达到植物抗病害目的，是第一类全新生物农药。美国一种商品名为 Elexa® 的壳聚糖产品，经美国 EPA 批准用于黄瓜、葡萄、马铃薯、草莓和番茄病害防治。日本、韩国等国家在海洋饲用抗生素替代物方面的研究取得了较大的进展，已将壳寡糖、褐藻寡糖、岩藻多糖等作为饲用抗生素的替代物。

4. 海洋生物作为新型的保健食品来源已日益受到重视

随着科学技术的发展和人们生活水平的提高，健康将成为 21 世纪人类的第一追求。而海洋保健食品被誉为 21 世纪的食品，备受人们青睐，其研究也越来越引起人们的关注。当前有关海洋保健食品研究活跃的领域有：①膳食纤维：具有预防与消化道、心血管及内分泌系统有关的多种疾病，如海藻酸、卡拉胶、琼胶等。②牛磺酸：海洋生物牡蛎、鲍鱼、鱿鱼、章鱼、海蜇、蛤蜊、海胆、鳗鱼等含有丰富的牛磺酸。它不仅被用于抗智力衰退、抗疲劳、抗动脉粥样硬化、抗心律失常、改善充血性心力衰竭等老年保健食品上，而且已应用到儿童保健食品中。③磷脂质和鱼油不饱和脂肪酸：从海洋生物中提取的磷脂有很强的降血糖的作用，对肝脏疾病和癌症有效，类似干扰素作用。艾滋病患者治疗时加必需脂肪酸，可增强机体的免疫能力。④活性多糖：具有抗癌活性，提高机体免疫能力、降血糖等特殊生理活性。海藻硫酸多糖能防止病毒与靶细胞的结合，能干扰 HIV 病毒吸附和渗入细胞，并可与 HIV 形成无感染能力的多糖 - 病毒复合物，改善机体的免疫系统，抑制 HIV 的复制而发挥抗 HIV 的作用。⑤维生素：B - 胡萝卜素的最好天然产源是盐泽杜氏藻。盐泽杜氏藻是一种单细胞藻类，在适宜的环境条件下它能大量积累 B - 胡萝卜素，最高可达干重的 10% 左右。它具有抗氧化和延缓衰老的功效。鱼类中含有丰富的维生素 E。维生素 E 是一种强氧化剂，可清除自由基、增强人体免疫功能。还有维生素 A、D 等对人体具有重要的生理调节作用。⑥矿物元素：海洋生物中含有丰富的、比例适当的矿物质，如碘、锌、硒、铁、钙和铜等。碘与甲状腺肿、铁与造血功能、硒与免疫功能、锌与智力发育、钙与骨质代谢有密切关系。尤其是海藻中生物活性碘，极易被人体吸收，可有效防止碘缺乏病。⑦肽、蛋白质和氨基酸：海洋生物毛蚶、蛤蜊、贻贝、扇贝、鲍鱼、鳗鱼等含有丰富的活性肽、蛋白质和氨基酸。肽与蛋白质具有抗肿瘤活性。

保健食品代表了当代食品的发展趋势，在国际上发展相当迅速，已逐渐成为世界饮食工业发展的新潮流。海洋生物资源活性成分和生理作用是陆生生物难以比拟的，充分利用海洋生物中的有效成分，将其进行深加工制成风味独特、保健功效显著的保健食品是今后食品工业开发研究的重要课题。今后海洋保健食品的发展趋势是：①从生理活性物质的研究出发研制新型保健食品；②发挥生物学、生物化学、医药学、分子生物学、遗传学等多学科的协同作用，针对常见病、多发病和疑难病症的不同人群设计效果明确的海洋保健食品；③应用现代高技术新工艺尽可能地保留海洋生物的天然特性和营养成分；④研制开发技术含量高、高品位、高质量、高效益的海洋保健食品。随着对海洋特殊环境和海洋生物中具有生理活性的海洋资源的认识逐步加深，海洋功能性食品的发展前景将越来越广阔。

（五）海洋污染控制和防范受到国际社会的高度关注

目前，海洋污染问题越来越严重，对海洋生态系统健康造成了很大影响，从而引起了国际社会的高度重视。

1. 海洋溢油事故处理

近年来，海洋溢油事故频发，也引起了国际社会的普遍关注。面对这些海上突发性的污染事故，有关国家均建立了相应的应急体系，主要包括：①利用卫星和航空遥感图片快速识别溢油环境敏感资源；②敏感资源时空分布的快速数值化；③GIS环境敏感资源图与溢油模型快速动态耦合；④溢油污染快速评估与风险预警。发达国家地面应急反应中心装备有决策支持系统、报警系统、溢油漂移预报系统、各种油品化学成分及危害数据库、清污救助材料/设备性能及存货数据库、地理信息系统、溢油应急反应能力评估系统、污染损害评估系统、大屏幕显示综合指挥系统等，采用无线通信系统技术实现地面溢油应急反应中心与海巡飞机和海上作业船舶之间的可视化信息通信，依据海巡飞机的报告，快速生成救助、清除方案，指挥清污船快速准确地进行多项海上溢油清污技术的集成式清污作业。

2. 海洋生态修复管理

对已经遭到破坏的海岸带及近岸海域生态系统，发达国家普遍采用了以自然修复为主、辅以人工修复的方式，本质上是尊重自然的表现，结合保护区的某些管理措施，限制人为干扰，使得自然生态系统得以休养生息，恢复其结构与功能。如荷兰鹿特丹港口围垦区的生态重建就是在这种理念指导下，在既定围垦区的邻近海域划出 250 平方千米的生态保护区，并在港池的外海侧建设给游人休闲的沙丘海滨，还在邻近海岸带修整了 750 公顷的休闲自然保护区，从而在最大程度上实现人与自然和谐发展。

在生态修复手段上，特别注重对受损生态系统栖息地的物理结构改善，以及生态系统关键生物种群（特别是绿色植物）的恢复。如美国在 Loyola 海岸带的生态恢复工程，主要包括海滩养护，向海滩填加填充物并与抛石固定，在岸边坡地种植乡土植物以抵御潮水的冲刷。其中种植在新土壤上的植物可以逐渐增加土壤的有机质和无机质含量，能提高土壤颗粒的凝结力，减缓被侵蚀的速率。天然纤维编织物可以保护原有充填沙免受侵蚀，土工织物则用来固定土壤并可以与抛石护岸相连。例如，作为因战争需要而被高度改造的美国太平洋约翰斯顿环礁，高强度的人类活动使得原本作为鸟类保护区的岛礁几乎面目全非，为了有效保护海鸟，许多灌木和树木被有意识地种植，为海鸟提供额外的筑巢栖息地；仅仅通过植被恢复，这一重要的鸟类迁徙中途停靠点就得以维持。

3. 海洋垃圾治理

由于海洋垃圾治理成本高昂，因此海洋垃圾收集、处理需要从国家层面制定有效措施。2011 年，美国国家海洋与大气管理局（NOAA）和联合国环境署（UNEP）联合发布了"檀香山战略"（Honolulu Strategy），提出了各国在防治、监控、管理海洋垃圾方面应遵循的一般指导原则。其中包括：控制陆源生活、生产垃圾，削减入海通量；实施河道清扫、拦截工程，防止垃圾入海；使用环境友好和可生物降解的替代性材料，在源头上减少和控制垃圾进入海洋；实施海洋垃圾监控、收集、循环利用的系统工程等。韩国国土、运输和海事部启动了一个全国性的海洋垃圾污染控制工程，包括 4 个方面：海洋垃圾的削减，深水区海洋垃圾的监测，海洋垃圾的收集以及海洋垃圾的处理（循环利用）。在此工程的实施中，韩国发明了多种工程技术手段，如在海面上建立了漂浮型的垃圾拦截坝，安装深海海底渔具监测设施，制造和使用多功能海洋垃圾回收船舶，发明了直接利用废弃物生产燃油的工艺，研究出了多聚苯乙烯浮标的处理技术，建立了直接热融处理系统来处理废弃的玻璃纤维强化型塑料容器，发明了特殊的海洋垃圾焚烧技术等。

（六）海陆关联工程与技术在现代海洋经济发展中发挥越来越重要的作用

进入 21 世纪以来，发达国家沿海产业发展与工程建设进入一个新的时期。各国纷纷采用了基于海岸带综合管理的思想和方法，以海洋空间规划为工具，提高了沿海产业发展与工程布局的系统性和协调性。国际海陆关联工程与技术发展主要呈现出以下特点。

1. 以大型深水港为核心的物流体系十分发达

以荷兰鹿特丹为例，该地区以鹿特丹港为枢纽，建成了四通八达的海陆疏运网络：高速公路与欧洲的公路网直接连接，覆盖了欧洲各主要市场；铁路网与欧洲各主要工业地区相连，直达班列开往许多欧洲城市；水上内河航运网络与欧洲水网直接联系。鹿特丹港已成为储、运、销一体化的国际物流中心，通过保税仓库和货物分拨配送中心进行储运和再加工，再通过海陆物流体系将货物运出。依托发达的集疏运网络，优化临港经济发展模式。

2. 跨海大桥正在向着大型化和深水化方向发展

跨海大桥的作用在于打通受海洋阻隔而产生的陆地交通"瓶颈"，从而大幅提升区域交通物流效率，推动经济社会的加快发展。在这方面，日本濑户内海大桥建设特别具有代表性。濑户内海大桥通车后，驾车或者乘坐火车穿越大桥只需大约 20 分钟，而在大桥建成之前，渡船摆渡则需要大约 1 个小时。

3. 海底隧道发展迅速

据不完全统计，国外近百年来已建的跨海和海峡交通隧道已逾百座，国外著名的跨海隧道有：日本青函海峡隧道、英法英吉利海峡隧道、日本东京湾水下隧道、丹麦斯特贝尔海峡隧道、挪威的莱尔多隧道等。这些隧道对连接海陆交通发挥了重要作用。

4. 海岛开发带动了海洋经济的发展

海岛开发是很多国家推动海岛经济发展的重要途径。从 20 世纪末开始，美国就实施了包括"海岛纳入联邦贸易行动项目"等的一系列行动。通过给予海岛宽松的税收政策促进海岛对外开放，以吸引投资者、发展新产业和创造就业机会，从而推动了美国海岛经济和社会的发展；印度尼西亚出台了包括减税在内的一系列优惠政策，对外资开放 100 个岛屿，建成了一批国际知名海岛旅游和度假产业基地；从 1980 年起，马尔代夫依靠国外资金的援助，制定了海岛开发计划，并根据不同岛屿的具体情况，拟订了不同的政策措施和相应的开发时间、规模和方式。事实证明，马尔代夫颇具特色的海岛开发模式取得了极大成功，被称为海岛开发的"马尔代夫模式"。

5. 沿海防灾减灾工程技术发展受到高度关注

在防灾减灾工程技术方面，美国、日本、加拿大、英国、澳大利亚等国走在前面。除了在地震、海啸等方面开展工程技术工作外，近年来沿海核电安全成为防灾减灾的重要方面。目前，全世界正在运行的核电机组共 442 台，总装机容量为 3.70 亿千瓦。1979 年美国发生三里岛核电站事故及 1986 年苏联发生切尔诺贝利核电站事故以后，国际社会强烈要求进一步提高核电的安全性。2011 年日本福岛核电站事故发生后，世界主要核电国家及机构对核电安全更给予了高度关注。欧盟要求欧洲核电厂营运单位进行自我评估，到目前为止，德国、法国和英国等都完成了"压力测试"国家报告。美国核管会《21 世纪提高反应堆安全的建议》建议要求有关核电站再次评估和升级每个运行机组抵抗地震和洪水灾害的系统、部件和建筑物，加强预防和缓解地震引起的火灾和洪水的能力。

三、面向 2030 年的世界海洋工程与科技发展趋势　▶

（一）海洋意识普遍增强，海洋开发成为各海洋国家的国家发展战略

《联合国海洋法公约》的生效，使世界经济政治格局发生了重大变化，国际社会普遍认识到海洋是人类生存与发展的资源宝库和最后空间，也是全球经济发展的新的增长点。因此，发达国家把海洋开发作为国家战略加以实施。

美国 1999 年提出了"21 世纪海洋发展战略"。从沿海旅游、沿海社区、水产养殖、生物工程、近海石油与天然气、海洋探测、海洋观测、海洋研究等 11 个方面制定未来发展的重点。核心原则是维持海洋经济利益、加强全球规模的安全保障、保护海洋资源和实行海洋探测 4 个方面。2000 年美

国颁布《海洋法令》，2004 年发布《21 世纪海洋蓝图—关于美国海洋政策的报告》及《美国海洋行动计划》。

日本是最早制定海洋经济发展战略的国家之一。1961 年，日本成立海洋科学技术审议会并提出了发展海洋科学技术的指导计划。在 70 年代中期又提出海洋开发的基本设想和战略方针。1980 年，日本海洋产值占国民生产总值的比重就达到了 10.6%。他们一直把加速海洋产业的发展，作为国家的战略方向，期待对海洋所具有的矿物、生物、能源、空间等资源的开发利用，能够维持日本的社会经济需求。2007 年，日本国会通过《海洋基本法》，设立首相直接领导的海洋政策本部及海洋政策担当大臣。

加拿大在 1997 年颁布《海洋法》，2002 年出台《加拿大海洋战略》，2005 年颁布《加拿大海洋行动计划》。为了实现国家的海洋战略目标，政府制定了具体措施，包括加深对海洋的研究；保护海洋生物的多样性；加强对海洋环境的保护；加强海运和海事安全；加强对海洋的综合规划；振兴海洋产业；加强对公众，特别是青少年的教育，增强全社会的海洋保护意识观念。

1999 年澳大利亚成立国家海洋办公室，负责制定国家和地区的海洋计划，提出要使海洋产业成为有国际竞争力的大产业，同时保持海洋生态的可持续性，并确定海洋生物工程、替代能源开发、海底矿物资源开发等为海洋经济急需发展的产业。提出改良所有渔业的加工技术，增加产品的附加值。同时在海洋油气开发、造船、观光等方面提出具体的发展措施。

1996 年韩国组建海洋水产部，统管除海上缉私外的全部海洋事务，2000 年颁布韩国海洋开发战略《海洋政策—海洋韩国 21 世纪》，目标是使韩国成为 21 世纪世界一流的海洋强国。确定韩国海洋经济发展战略是实现"世界化、未来化、实用化、地方化"四化。具体目标是：创造尖端海洋产业；创造海洋文化空间；将韩国在世界海洋市场的占有率从目前的 2% 提升到 4%；成为世界第五位的全球海洋储运强国；成为海洋水产大国；具有实用化技术的海洋强国；成为人类与海洋生态系统共存的典型海洋国家。

欧盟为保持现有的经济实力，并为在高技术领域内增强与美、日等发达国家的竞争力，制定了"尤里卡计划"。其中海洋计划（EUROMAR）的目标主要是，加强企业界和科技界在开发海洋仪器和方法中的作用，提高欧洲海洋工业的生产能力和在世界市场上的竞争能力。目前已经取得了一定的经济效益。2005 年欧盟委员会通过《综合性海洋政策》及《第一阶段海洋行动计划》。

（二）海洋开发技术不断创新，人类利用海洋的步伐将全面推进

目前，全球科技进入新一轮的密集创新时代，海洋工程与科技向着大科学、高技术体系方向发展，呈现出以下发展趋势。

1. 绿色化

所谓"绿色"，主要是指工程的"环保、能效、安全、舒适"等方面的综合考量。"绿色"现已成为海洋运载装备行业最大的热门话题和机遇挑战。进入 21 世纪以来，国际海事界的环保意识越来越强，国际海事组织（IMO）先后出台了一系列涉及减少和控制船舶污染的国际公约。随着这些新公约、新规则的相继实施，将国际海事的环保要求提高到一个新层次，要求航运业更多地使用绿色环保型船舶，要求造船业更多地建造绿色环保型船舶。标准的提高必然带来技术的更新。目前，欧、日、韩为了巩固其技术优势，纷纷开展绿色环保新船型研发，同时根据其技术的发展进一步推动船舶技术标准，大有建立绿色技术壁垒之势。

作为老牌造船大国，日本已经将绿色环保船舶技术作为今后的战略重点，运用这一领域的技术优势来提高产业门槛和自身话语权。日本近年来发展造船业的主要战略是：发挥精细化造船等先进技术优势，加大节能环保新船型、新装备研发力度，加强海洋探测装备开发。2009 年 5 月，日本制定了为期 4 年的短期科研计划和中长期科研战略。短期科研计划以"提高柴油机效率、废热回收"为主要方向，重点内容是开发大型低速柴油机的燃烧优化技术、开发小型柴油机的高效废热回收系统、开发小型双燃料柴油机。中长期战略方面，日本制定了推动船舶减排的 40 年分 3 个阶段的科研计划：第一阶段（2009—2020 年）实现单个船舶减排 30% 的目标；第二阶段（2021—2040 年）实现新建船舶减排 60% 的目标；第三阶段（2041—2050 年）以建造零排放船舶为最终目标，至少减排 80%。

2011 年 2 月，韩国知识经济部也发表声明称，今后 10 年内，韩国政府将为开发环保"绿色"船舶投入 3 000 亿韩元（约合 2.66 亿美元）。3 000 亿韩元中的 2/3 将由政府提供，其余的由私营机构提供。

2. 集成化

随着海洋科技水平的不断提高，海洋工程装备逐渐向多功能、集成化

方向发展。例如,海洋探测将实现立体化、实时化和网络化。一些发达国家的海洋立体监视监测能力正在覆盖全球,海洋环境预报能力已触及世界海洋的各个海域。海洋遥感遥测、自动观测、水声探测和探查技术,以及卫星、飞机、船舶、潜器、浮标、岸站等制造技术,相互连接形成立体、实时的海洋环境观测及监测系统,不仅可以对现有状态进行精确描述,而且可以对未来海洋环境进行持续的预测。对海洋观测研究而言,不仅要从空中和陆上观海,更要巡海、入海开展调查和探测,形成立体观测网络。各国纷纷开发研究海洋技术集成,建立各种监测网络,如全球海洋观测系统、全球海洋实时观测计划以及全球综合地球观测系统等的实施,为海洋研究所需的全球、区域和国家尺度的长期观测、监测与信息网络的建设提供了可能。海洋的立体观测网络建设将成为未来海洋科技发展的关键。

欧、美、日等国在研制开发多种海底观测网络技术和装备的基础上,投入巨资建立海底观测网络。目前,国际上多个小型海底观测网络(如 VE-NUS 和 MARS 等)已投入运行。同时,一些大型的海底观测网络计划(如 NEPTUNE,OOI,ESONET 等)也正在紧锣密鼓地实施中。多数海底观测网络都是作为更大的海洋立体监测系统的组成部分,由海底观测系统来对海洋进行观测,补充和增强现有的海洋立体监测系统。海底观测网络整体的发展趋势主要体现在两个方面:从系统规模来说,新的海底观测系统规划的建设规模越来越大,逐步由点式海底观测站向网络式海底观测系统发展;从系统选址看,海底观测系统建设的地点将逐步完成对重要海域的覆盖,从而为海底地震、海啸观测预警报、海洋物理科学研究及军事应用等提供越来越充足的支持。

3. 智能化

电子技术、信息技术和物联网技术的飞速发展,带动了海洋工程装备自动化控制系统朝着分布型、网络型、智能型系统方向推进,实现智能控制、卫星通信导航、船岸信息直接交流等目标。

随着人类对物联网技术的认知度越来越高,构建智能海上运载装备的条件也不断成熟。应用物联网体系的智能船舶可实现船舶及船用设备全生命周期内的实时在线运行维护管理。一艘船舶在几十年的生命周期里,其关键设备和系统以及船舶本身的售后服务难度大、技术复杂,如果将船舶及船上的关键设备按照物联网系统进行智能化处理,借助于现代宽带卫星通信技术，岸上的运营维护管理人员即可实时在线对整船或者某一关键设备进行监控，实现在线管理，而且通过物联网和电子商务系统协同，可以实现全球范围的高效供应链管理。此外，当全船设备和系统完成了智能化和网络化工程后，物联网将会使船舶无人驾驶变为现实。无人驾驶船舶比有人驾驶船舶更具优势，在适应枯燥、恶劣工作环境方面，机器比人更具灵敏性、耐久性和稳定性。此外，由于海上作业的特殊性，诸如海水腐蚀、振动、外界环境气候、高精度测量、高防爆要求等，使对测控系统的要求越来越高，尤其是在一些化学品船、散货船、游艇、油船、以及海上石油钻台和军舰上，自动化、智能化装备更受欢迎。长远来看，无人设备的持续运维成本可能会更低。

4. 深远化

人类走向深海和远海的步伐逐渐加快，相应的海上装备也呈现深远化的发展趋势。随着海洋科学的不断发展，各国海洋科学考察活动不断向深海领域推进，深海潜器作业深度不断增加，日本无人遥控潜航器目前已具备下潜到 10 000 米以上的深海进行作业的能力。新发展的深海潜器可更好地应用于海洋矿物与生物资源、海洋能源开发、海洋环境测量等多方面科学考察活动。

与此同时，美、英、俄等国均已提出深海空间站构想，美国准备发展深海空间站计划，英国计划开发"水下星球大战"系统，俄罗斯提出了开发新一代的深海空间站装备体系。美国、俄罗斯、日本等国还在现役潜艇的基础上，通过新研、改装等多种技术途径，发展新型的深海研究潜艇，探索水下作业、负载携带等技术。

随着海上油气开采从浅海向深海扩展，深水油气田的开发规模和水深不断增加，深水海洋工程技术和装备飞速发展，人类开发海洋资源的进程不断加快，深水已经成为世界石油工业的主要增长点。近 20 年来，世界范围的深水油气田勘探开发成果层出不穷，深水已发现 29 个超过 5 亿桶的大型油气田；全球超过 1 亿吨储量的油田 60% 来自于海上，其中 50% 在深水。

适合于深水作业要求的大型海洋工程船舶以及水下装备如深海潜器、水下钻井设备等受到了国际海洋石油界的关注，国际上有数家著名的公司正注重于深水海洋工程船舶、深水潜器等作业技术的探索和研究，适应深远海支持和作业的海洋工程船和深水水下装备将成为未来需求的重点。

（三）海洋环境重要性被高度认识，海洋保护、监测和预警措施明显加强

人类对海洋的观念从过去的一味索取转为以实现海洋的可持续发展。在开发利用海洋的同时，人类认识到应把海洋作为生命支持系统加以保护。海洋环境与生态监测、预测和风险防范能力建设日趋完善，成为各国发展海洋环境管控硬实力的体现。

1. 海洋生态与环境监测

世界各沿海发达国家，已纷纷建立或正在建立各种海洋生态环境监测站。日本已经组成了一个海洋监测网络，在日本沿海建立了18个海洋生态监测/研究定位站。一些国际组织也组织发起了若干海洋生态环境监测的计划或项目，如政府间海洋委员会发起了全球海洋观测系统（GOOS）项目，其中包括了几个重要的海洋生态监测方面的计划——海洋健康（HOTO）、海洋生物资源（LMR）和海岸带海洋观测系统（COOS）。

实施海洋生态环境监测及预警的总体目标是集成锚泊浮标网、岸基/平台基海洋监测站、巡航飞机、监测船及其他可利用的监测手段，组成海洋环境立体监测系统，在沿海建立一个区域性海洋灾害立体监测和预报预警信息服务体系，能实时或准实时、长期、连续、准确地完成沿海区域内海洋动力、生态要素的监测，完成数据的采集通信、分析处理及数据管理，提供风暴潮、赤潮、海浪、海冰、溢油等海洋灾害的监测和预警信息，制作用于防灾减灾、海洋开发、海洋环保的实测、预报、预警、评价等信息产品，有效地向决策部门和用户提供多种形式的信息服务。为沿海地区及时准确地预测海洋灾害、有效地进行防灾减灾提供技术支撑和决策依据，保障人民生命财产安全、保护海洋环境、促进经济社会发展。

从总体上看，国际上海洋监测技术和海洋监测系统向高效率、立体化、数字化、全球化方向发展，目标是形成全球联网的立体监测系统。已发展起来的包括卫星遥感、浮标阵列、海洋监测站、水下剖面、海底有缆网络和科学考察船的全球化监测网络，作为数字海洋的技术支持体系，提供全球性的实时或准实时的基础信息和信息产品服务。

2. 海洋环境预警预报

在海洋环境预警预报方面，欧、美、日等发达国家应用大型计算机，

使用数据同化和数值预报技术，建立了现代化的海洋环境预警预报业务系统。有的还开发了基于地理信息系统（GIS）的综合评价分析系统，通过对自然环境、社会经济活动的综合分析，定量评估海洋灾害对社会、经济和环境的影响，制定防御对策，并提供相关动态可视化分析产品。产品涉及海洋服务和公共安全、海洋生物资源、公共健康和生态系统健康等。例如：美国国家海洋与大气管理局（NOAA）建立的美国东海岸海洋预报系统（The East Coast Ocean Forecast System）对美国东海岸近海温度、盐度等环境变量进行实时预报，并以此为据，进一步开展富营养化、有害藻类暴发、近海污染等灾害事件的综合评估和预报。但是，海洋环境的评估和预警预报系统十分依赖于地理环境的特殊性，某一海域的系统一般不能照搬到其他海域，只有进行大量的实地分析与调研，才能建立起可信的区域环境评估和预警预报系统。

3. 海洋防灾减灾

21 世纪以来，国际社会防灾减灾领域的科技发展呈现出一些新的趋势。①对防灾减灾战略做出重大调整，由减轻灾害转向灾害风险管理、由单一减灾转向综合防灾减灾、由区域减灾转向全球联合减灾。提高公众对自然灾害风险的认识成为防灾减灾工作的重点之一。②强化自然灾害的预测预报研究，关注海洋灾害对工程灾害链的形成过程，重视灾害发生的机理和规律研究，加强早期识别、预测预报、风险评估等方面的科技支撑能力建设。③构建灾害监测预警技术体系，利用空间信息技术，建设灾害预测预警系统，实现监测手段现代化、预警方法科学化和信息传输实时化。④加强灾害风险评估技术研究，制定风险评估技术标准和规范，应用计算机、遥感、空间信息等技术，建立灾害损失与灾害风险评估模型，完善综合灾害风险管理系统。

（四）海洋管理理念逐渐成熟，但管理的矛盾将会更加复杂化和多元化

以《联合国海洋法公约》为代表的国际海洋管理制度已经建立，世界各沿海国家都将在此基础上进一步建立和完善本国的海洋管理制度。21 世纪海洋管理的范围由近海扩展到大洋，由一国管理扩展到全球合作；管理内容由各种海洋开发利用活动扩展到自然生态系统；管理方式在强调利用法律手段的同时，更多地使用培训和宣传教育手段。在适应海洋管理模式

变化的同时，海洋管理理念逐渐成熟，但管理的矛盾将会更加复杂化和多元化。

1. 新一轮海上"蓝色圈地"运动正在掀起

在新的国际海洋法律制度下，积极发展海洋高新技术，提高海洋领域的国际竞争能力，从海洋中获得更多的资源和更大的利益已成为沿海各国的国家发展战略。新的海洋法使总面积 3.6 亿平方千米的海洋被分为国家管辖海域、公海和国际海底三类区域，其中国际海底由国际海底管理局代表全人类进行管理。近年来，提出外大陆架划界主张，沿海各国将目光投向了 200 海里专属经济区以外的外大陆架，掀起了新一轮"蓝色圈地"运动。2008 年澳大利亚外大陆架划界方案得到联合国大陆架界限委员会批准，新增管辖海域面积 250 万平方千米。目前，俄罗斯、英国、法国等国已经向联合国大陆架界限委员会提交了 200 海里以外的外大陆架划界申请案，日本和南海周边国家也正在积极准备。

随着沿海国家对海洋权益的日益重视和争夺，我国与周边海上邻国间的海域划界、岛屿主权归属等矛盾将会更加复杂化、多元化。中国地理覆盖面积大，海上邻国众多，而这些海上邻国都主张建立 200 海里专属经济区权利，从而形成部分海域权利主张重叠，海洋划界存在诸多争议，而且面临着岛礁被侵占、资源被掠夺的严峻现实。

从 2001 年至今，美、日等国不断派出海洋监视船和测量船等多种特种任务船舶，在我国管辖海域布放各种海洋水下环境和声学观测设备，实施大面积综合调查和监视，非法进行海洋环境测量、情报侦察等活动，搜集我国周边海洋环境资料和相关信息。美军 5 艘海洋监视船全部部署于我国海区，在我沿海专属经济区内设置多个重点区域，实施不间断监视，包括青岛东南 100～130 海里、舟山—宁波以东 100～200 海里、台湾西南至东沙群岛、海南岛以东至川山群岛以南以及台湾东部沿海等。仅 2009 年，美"鲍迪奇"号、"萨姆纳"号、"无暇"号等测量船到我国管辖海域的海洋监视、测量达 300 余艘次，我国海监船和海监飞机发现并确认的达 80 余艘次。因此，面对国际政治经济形势的发展和我国海洋维权斗争日趋复杂，我国迫切需要发展有效的海洋目标探测装备，以大力提升海洋维权执法能力。同时，要大力发展海洋工程与装备，对有争议的海区进行调查，从科学角度支持国家领土诉求。

2. 生态系统水平的海洋管理理念将成为世界海洋管理的主流思想

20 世纪 90 年代后期，海洋生态系统水平的管理理念（Ecosystem Based Management）被引入海洋管理领域。其核心思想是将人类社会和经济的需要纳入生态系统中，协调生态、社会和经济目标，将人类的活动和自然的维护综合起来，维持生态系统健康的结构和功能，在此基础上使社会和经济目标得以持续，既实现生态系统的持续发展，又实现经济和社会的持续发展。目前，生态系统水平的管理理念已经成为世界环境资源管理的主流思想。

2008 年，欧洲议会和欧洲理事会制定了旨在海洋环境保护方面采取共同行动的框架指令——《欧盟海洋战略框架指令》。要求成员国必须采用生态系统水平的管理方法，掌握和了解海洋环境状况以及人类给海洋环境造成的影响，制定并实施为实现上述目标服务的有效措施。

2010 年 7 月 19 日，美国总统奥巴马签署行政令，宣布出台管理海洋、海岸带和五大湖区的国家政策。将以生态系统水平的管理作为海洋、海岸和五大湖全面管理的基本原则，实施全面、综合的海岸和海洋空间规划与管理，提高应对变化与挑战的能力。行政令还提出在全国范围内开展海岸带和海洋空间规划，并将其作为推进生态系统水平的海洋管理的重要途径加以落实。这一政策表明美国海洋管理的理念和方式已经有了根本转变，体现了美国以全面综合的方式解决环境保护、经济活动、开发利用冲突等问题以及可持续利用海洋海岸带资源的国家海洋战略。

加拿大政府制定的《21 世纪海洋战略》提出了"四个目标"：把现行的各种各样的海洋管理方法改为相互配合的综合的管理方法；促进海洋管理和研究机构相互协作，加强各机构的责任性和运营能力；保护好海洋环境，最大限度地利用海洋经济的潜能，确保海洋的可持续开发；力争使加拿大在海洋管理和海洋环境保护方面处于世界领先地位。

日本海洋政策研究财团于 2005 年 11 月向政府提交了《海洋与日本：21 世纪海洋政策建议》，提出了日本海洋立国的总体目标，论述了制订海洋政策大纲、海洋基本法以及建立并完善海洋综合管理体制的必要性和紧迫性，提出海岸带管理应采用全方位综合管理模式，加强政策实施主体间的合作，统筹考虑和集中解决问题，实行行业信息共享和向社会公开信息，制订新的法律制度，进一步构建海岸带综合管理系统。

3. 海岸带综合开发将成为海洋开发大战略的重要部分

不少发达国家在海洋经济的开发过程中，将海洋资源开发与海岸带城市规划发展综合考虑。在海洋资源的开发利用过程中，逐步形成海岸城市带。

日本在第二次世界大战前就曾提出"国土规划"概念，战后为充分利用其海洋资源，自 1950 年公布《国土综合开发法》以作为基本法，进而确立了以"太平洋海岸带"为重心的方案。先后经过 4 次国土综合整治计划的实施，形成了由东京、名古屋、大阪、神户等临岸城市构成的"太平洋海岸城市带"。四大城市为中心的城市圈，面积仅占国土的 6.6%，却集中了全国人口的 41.2%，产值的 47.9%。为最大限度地节约土地资源，充分开发聚集于海岸且日益增加的人口的生活空间，还计划在 21 世纪于太平洋海岸带建造大的人工岛 5 座，其中在东京南面建立一座 25 平方千米的海上城市，可容纳 100 万人口。以海岸城市为中心的海岸经济带，是日本国土开发与海洋资源综合利用的成功经验。

1972 年美国颁布了《海岸带管理法》，规定领海线内海洋资源由各州政府管理，领海线外海洋资源由联邦政府管理，各州基本参与了海洋开发与管理，并制定有地方法律和实施计划。这对于美国西海岸开发与建设具有重大意义。欧洲学者西格弗里德说：在美国日益成长为太平洋大国的过程中，西海岸是"连接远东的一个世界边疆"。随着"阳光地带"加州的崛起，产生了旧金山硅谷高科技区，还形成了以洛杉矶为中心的美国第二大经济中心。西海岸城市带成了当今美国最为活跃的增长带，带动了举世瞩目的太平洋热。

韩国从 20 世纪 70 年代开始强化临海工业带建设，明确濒临黄海的西海岸为开发重心，投资 320 多亿美元，建设 120 余项大规模工程。政府成立海洋部以指导海运、造船、水产、港湾工程等四大海洋支柱产业的发展。

四、发达国家海洋发展对我国的几点启示 ▶

海洋是全球生命支持系统的基本组成部分，是资源的宝库，是环境的重要调节器。沿海国家和地区的经济社会发展越来越多地倚重于海洋，海洋经济已成为当今世界经济的新领域。国外海洋发展的态势，对中国的海洋事业发展提供了重要启示。

（一）强化全民海洋意识，提升海洋在国家发展战略中的地位

海洋已经成为当今国际社会共同关注的热点，海洋经济已经成为世界经济增长的新领域，海洋与民族盛衰密切相关已成为世界性共识。发达国家把海洋开发作为国家战略加以实施，是其全球战略的重要组成部分，形成了许多新的海洋观，如海洋经济观、海洋政治观、海洋科技观等。开发方式正由传统的单项开发向现代的综合开发转变，开发海域从领海、毗邻区向专属经济区、公海推进，开发内容由资源的低层次利用向精深加工领域拓展。

中华民族要走向世界，实现和平崛起，必须彻底改变重陆轻海的传统意识，牢固树立新的海洋价值观、海洋国土观、海洋经济观。为此，我们要向全民灌输海洋意识，普及海洋知识，宣传海洋文化，在宏观层面制定国家总体海洋发展战略，明确国家海洋产业、海洋区域发展的目标和任务，形成有资金、政策、法律、管理支撑的海洋开发战略体系。

（二）加强海洋科技创新，提升海洋资源开发能力

发达国家海洋经济的繁荣，除了政策引导以及雄厚的资金支持外，一个重要的原因是海洋科学与高新技术领域不断创新和研发，强化海洋科技的支撑作用。目前，全球科技进入新一轮的密集创新时代，海洋工程与科技向着大科学、高技术体系方向发展，积极推动海洋工程技术集成化、智能化、绿色化和深远化发展，提升海洋资源开发能力。例如，欧洲、美国及日本等发达国家投入巨资建立海底观测网络，海洋的立体观测网络建设将成为未来海洋科技发展的关键；随着人类对物联网技术的认知度越来越高，构建智能和绿色海上运载装备的条件也不断成熟，发达国家利用技术优势来提高产业门槛和自身话语权；发达国家走向深海和远海的步伐逐渐加快，相应的海上装备也呈现深远化的发展趋势。此外，国外海洋技术进步的成功经验还表明，现代科技的多学科交叉、渗透和融合，研究手段日益的立体化、自动化和信息化是海洋工程与技术发展的重要方向。

我们必须创新海洋科技发展战略与计划，加大海洋科技资金多元投入，建立国家海洋科技重大问题的协调机制，积极参与国际重大海洋科学研究计划，建立海洋科技开发和服务体系。加快海洋探测工程、海洋运载工程、

海洋能源工程、海洋生物资源工程、海洋环境保护工程、海陆关联工程等重要领域的科技创新和高新技术发展，力争有突破性进展，促进海洋科技成果产业化进程。我国还应借鉴发达国家海洋经济发展成功的经验，大力培育海洋工程与科技的高端人才。

(三) 大力发展海洋新兴产业，优化传统产业，推进海洋产业现代化进程

在海洋经济体系中，海洋产业结构层次的高低及布局是否合理决定着海洋经济整体素质和实力，也决定其能否实现稳定而快速的增长。发达国家十分重视海洋油气、矿采、海洋旅游等新兴产业的发展，重视高新技术的应用和研发，这些产业在海洋产业中已占有很大的比重。同时，也十分重视传统优势产业和重点产业的发展和优化，提高其工程技术水平，带动整个海洋经济的发展。例如，通过技术升级和创新推动海洋运输和海洋渔业的现代化发展。因此，高度重视海洋工程与技术应用和发展，鼓励科研与企业合作研发，是发达国家推动海洋现代发展的一项重要措施和经验。

我国海洋工业基础薄弱，工程装备落后，高新技术发展起步较晚。所以，要积极转变海洋经济发展方式，促进海洋产业结构调整，优化海洋产业布局，大力培育海洋支柱产业，不断扩大海洋产业群，建设各具特色的海洋经济区，实现海洋产业又好又快发展。而更为重要的是，要大力发展海洋工程装备高新技术，用先进技术提高产业技术基础，改造传统产业，优化产业结构。以高新技术为核心，引导和扶持海洋生物、海洋能源、海水利用、海洋制造与工程、海洋物流等新兴海洋产业的发展，提高海洋产业的高技术含量和工程装备水平，全面推进海洋产业现代化进程。

(四) 健全综合管理体制，建立协调发展机制

海洋管理是一项复杂的系统工程，许多国家均实行了有效的海洋综合管理模式。如美国不断完善海洋管理体系，制定和调整海洋管理政策，确定以生态保护为基础的新管理目标；法国是最早对海洋实施集中管理的国家之一，拥有专职的海洋管理职能机构和协调统一的海上执法力量。近年来，来自中央政府、地方机构、贸易联盟、商业和非政府组织的代表，共同商讨海洋管理问题，确定了渔业可持续发展、港口建设和可再生能源等

一系列重点项目，并取得了显著进展；澳大利亚在其海洋产业发展战略中，将海洋产业由分散化管理转为综合管理，不仅消除了以前各部门分头管理时产生的职责界定模糊等问题，而且加强了各部门和不同涉海产业间的合作，把海洋管理的计划、政策和决策置于一个整体的框架下。

我国与许多国家一样，涉海部门众多，存在着管理分散、资源浪费、协调配合差等问题。如何加强完善海洋综合管理体制，进一步理顺中央与地方各有关部门的关系，使所有涉及的部门，既要尽职尽责、严格执法，又应相互协同和配合？在这个问题上，有不少国际经验可以借鉴。只有健全综合管理体制，建立协调发展机制，我国的海洋事业才能健康发展。

（五）加强资源环境保护，保障海洋经济可持续发展

加强海洋生物和生态环境养护建设，已成为世界各国海洋管理的重点。纵观国际海洋经济的发展历程，许多国家的海洋经济增长大都走了"先污染、后治理"之路。这种经济增长不仅付出了沉重的治理代价，而且造成了海洋资源过度开发、海洋灾害频频发生、生态环境的污染破坏及生物多样性的锐减等。

随着我国国民经济的迅速发展和海洋开发力度的提高，陆源污染物入海量剧增，海上活动自身污染加重，部分沿岸海域的海洋生态环境已遭到严重威胁，导致赤潮灾害频发，渔业资源严重衰退。合理利用海洋资源，建立可持续的海洋经济体系已迫在眉睫。我们必须坚持科学发展观，提倡海洋经济发展与环境保护协调，遏制海洋污染，防御海洋灾害，加强海洋生态环境的修复工作，建立良性海洋生态系，以保障海洋资源为人类永续利用。

专栏 1-4-7　美国切萨皮克海湾的 TMDL 方案对我国的启示

切萨皮克湾（Chesapeake Bay）是美国 130 个海湾中最大的一个，位于美国东海岸的马里兰州和弗吉尼亚州；流域分布特拉华州、马里兰州、弗吉尼亚州、纽约州、宾夕法尼亚州、西弗吉尼亚州 6 个州；整个海湾长 314 千米，水域面积 5 720 平方千米，流域面积 16.6 万平方千米，人口 1 500 余万。整个海湾流域中包括 150 多条支流，海湾和支流岸线累计达 1.3 万千米。然而城市化进程给切萨皮克湾带来了一系列环境问题，主要

是由氮、磷造成的富营养化和有毒污染，致使水质下降、捕捞业和养殖业受损。同时，由于大量沉积物进入湾内，造成湾水浑浊，并限制了海草所需光线的穿透。切萨皮克湾的大部分流域和潮水因为过量的氮、磷和沉积物被列为受损水质，处于富营养化状态。这些污染物会导致藻类大量繁殖，创建"死亡地带"，造成那里的鱼类和贝类无法生存，底部的水生生物死亡，导致水质急剧恶化。

1980 年，马里兰州、宾夕法尼亚州、弗吉尼亚州组成切萨皮克湾管理委员会，负责切萨皮克湾的环境保护工作。1983 年，委员会与美国环保署共同签署了《切萨皮克湾协议》，1987 年和 2000 年，《切萨皮克湾协议》重签。首次重签将该计划侧重减少海水污染扩大为包括河口和流域及汇水地区的管理，再次重签后计划执行的领域和目标进一步拓宽，成为以保护切萨皮克湾生态系统为目的的一项综合性计划。《2000 年切萨皮克湾协议》的工作领域进一步确定为生物资源的保护和恢复；重要生境的保护和恢复；水质的保护和恢复；土地的有效利用；有效的管理和公众参与，并为每一个领域设立了具有时限的目标。为了实现该协议所确定的目标，切萨皮克湾保护计划制定了一套监测营养盐和沉积物污染总量的框架和方法，对所有来自河流和大气的非点源污染进行监测，并根据监测结果将需要减少的营养盐和沉积物的总量分配到每一个主要河口，甚至分配到每一个沿河州，即需要开发切萨皮克湾氮、磷含量控制的日最大允许负荷（TMDL）计划。

总结美国切萨皮克湾 TMDL 计划的形成过程，对我国主要有 4 点启示：

（1）切萨皮克湾从开始认识到海湾的水质问题到制定 TMDL 计划，历经了 50 余年，前期进行了大量的研究，并达成多个协议。这说明要在大尺度海湾制订总量控制计划是一个长期而复杂的过程，需要大量的前期研究，积累丰富的成果，并经各方反复协调，才能制订出一个各方接受的、可实施的 TMDL 计划。

（2）切萨皮克湾的 TMDL 计划虽然立足于流域，但污染物总量分配的削减仍然需要落实到各行政单元上，因此，行政单元是实现 TMDL 计划的重要执行者。立足行政单元是制订和实施 TMDL 计划的基础。

（3）TMDL 需广泛吸收公众参与。公众既是切萨皮克湾的 TMDL 制定的推动者，也是重要的参与者，广泛吸引公众参与是实施 TMDL 不可或缺的重要因素。

（4）从 1985—2009 年，历经 24 年，切萨皮克湾负荷得到了大幅度的削减，例如总氮削减了 34%。但 2008 年大部分水质指标和生物指标功能区达标率不足 30%，部分指标达标率甚至不到 10%。这说明为实现功能区达标，污染物削减的任务非常繁重，这也充分揭示了海域水质改善的艰巨性和长期性。

第五章 中国海洋工程与科技发展战略和任务

进入 21 世纪，党和国家高度重视海洋的发展，提出了系统的发展战略（专栏 1 – 5 – 1）。党的十八大明确了"建设海洋强国"的战略思想，习近平总书记在主持中共中央政治局 2013 年第八次集体学习时强调"要进一步关心海洋、认识海洋、经略海洋，推动我国海洋强国建设不断取得新成就"。本章在这些战略思想指导下，在中国海洋工程与海洋科技发展现状、中国海洋工程与科技发展的主要差距与问题、中国发展海洋工程与科技的战略需求和世界海洋工程与科技发展趋势与启示等方面研究的基础上，深入研究了我国海洋工程与科技发展的战略和任务。

专栏 1 – 5 – 1：进入 21 世纪以来党和国家关于海洋发展的战略思想

2002 年，党的十六大提出了"实施海洋开发"。

2007 年，党的十七大指出要"发展海洋产业"。

2009 年，胡锦涛总书记在山东考察时强调，要大力发展海洋经济，科学开发海洋资源，培育海洋优势产业。

2010 年，胡锦涛总书记在两院大会讲话中指出："大力发展空间和海洋科学技术。要提高海洋探测及应用研究能力和海洋资源开发利用能力，使我国海洋科技水平进入世界前列，增强我国海洋能力拓展，支撑我国海洋事业发展，保护和利用海洋"。

2012 年，党的十八大提出了"建设海洋强国"战略。

2013 年，习近平总书记在主持中共中央政治局就建设海洋强国研究进行第八次集体学习时强调"建设海洋强国是中国特色社会主义事业的重要组成部分"，"要提高海洋资源开发能力，着力推动海洋经济向质量效益型转变"，"要保护海洋生态环境，着力推动海洋开发方式向循环利用型转变"，"要发展海洋科学技术，着力推动海洋科技向创新引领型转变"，"要维护国家海洋权益，着力推动海洋维权向统筹兼顾型转变"。

一、发展原则、定位与思路 ▶

（一）发展原则

1. 坚持"陆海统筹"

发展海洋工程与科技，要按照海洋资源、环境相均衡，经济、社会和生态效益相统一的发展理念，坚持"陆海统筹"的战略原则，全面提升海陆并重、开发与保护并重的意识，彻底扭转"重陆轻海"、"以陆定海"的项目布局决策惯例，通过精细化、立体化规划海域（海面、水体、海底）的区域功能，协调海陆工程关系，实施海陆复合型整体空间规划，实现工程项目与科技发展的海陆统筹布局，统筹兼顾沿海、近海、远洋、极地等开发特点与沿海经济发展多层次的需求，科学规划与实施海陆关联工程建设，构建我国具有强大科技支撑和政策保障的国家海陆关联工程体系。要控制海洋开发利用强度，调整空间结构，促进海洋工程与科技发展的空间集约高效发展。统筹兼顾海陆关联工程实施的经济效益、社会效益与环境效益。

2. 坚持"超前部署"

加快海洋工程与科技发展速度，全面提升我国海洋产业战略地位。加大科技支持力度，超前部署一批国家海洋工程装备与科技的重大专项，大力发展战略高技术。突破一批海洋工程装备与科技重大技术"瓶颈"，加快海洋工程装备与新技术、新产品、新工艺的研发应用。加强技术集成和商业模式创新，完善一批海洋工程装备与科技创新评价标准、激励机制、转化机制。实施知识产权战略，加强知识产权保护，促进一批海洋工程装备与创新资源高效配置和综合集成。

3. 坚持"创新驱动"

海洋工程与科技创新是提高我国海洋经济发展和建设海洋强国的战略支撑，必须列入国家发展战略。要坚持创新驱动发展，以全球视野谋划和推动海洋工程与科技创新，要加快提高原始创新、集成创新和引进消化吸收再创新能力，更加注重协同创新。要加快国家海洋工程与科技创新体系建设，着力构建以企业为主体，市场为导向，产、学、研相结合的海洋工程与科技创产业化运作体系。要加快完善知识创新体系，强化基础研究、前沿技术研究、社会公益技术研究，提高海洋工程与科技创新研究水平和成果转化能力，抢占世界海洋工程与科技创新发展的战略制高点。

4. 坚持"生态文明"

建设生态文明，是党的十八大提出的战略要求。面对我国海洋资源约束趋紧、环境污染严重、生态系统退化的严峻形势，必须树立尊重自然、顺应自然、保护自然的海洋"生态优先"理念，坚持科学规划、环境友好、"用护"结合，坚持节约优先、保护优先的原则，加强生态修复，坚持推进绿色发展、循环发展、低碳发展，从源头上扭转生态环境恶化趋势，把海洋生态文明建设放在海洋工程与科技发展的突出地位，融入到海洋发展的全过程。

5. 坚持"军民融合"

面对我国的海洋安全形势正在发生复杂深刻的变化，海洋领土、海洋权益维护形势日益严峻的局面，发展海洋工程与科技，开展海洋探测、资源开发、环境保护以及海洋管理等，必须坚持"军民融合"的原则，必须以国家核心安全需求为导向，坚持与海洋经济建设、国防建设发展相结合的原则，必须坚持走中国特色"军民融合"式发展的道路。坚持"军民融合"的海洋工程与科技发展原则，对国家海洋安全和国民经济、社会发展有着极为重要的战略意义。

（二）发展定位

1. 总体定位

海洋工程与科技日益渗透到经济发展、社会进步和国家安全的各个领域，建设海洋强国离不开海洋工程与科技的大力发展，海洋强国必须拥有先进的海洋工程与科学技术。因此，大力发展海洋工程与科技是为了推进海洋强国建设，是促进国家海洋科学进步、海洋资源开发、海洋生态文明建设、海洋权益维护的坚实基础和根本保障，进而对实现全面建成小康社会目标和实现中华民族伟大复兴都具有重大而深远的意义。

2. 海洋工程与科技各重要领域发展定位

（1）海洋探测与装备工程领域：在"自主创新、支撑发展、引领未来"

的方针指导下，坚持以国家需求和科学目标带动技术提升，大力发展具有自主知识产权的海洋探测技术与装备，推动产业化进程，提高我国在深海国际竞争中的技术支撑与能力保障，为向更深、更远的海洋进军打下基础。

（2）海洋运载工程领域：为我国探索海洋世界、开发海洋资源、支撑海洋运输、拓展海洋空间和维护海洋权益提供先进可靠的、覆盖全海域与深海的运载工程装备，推动我国装备与工程产业的升级，实现海洋运载装备总装制造、动力与配套制造产业链的均衡发展，为建设海洋强国提供装备实力保障。

（3）海洋能源工程领域：以国家海洋大开发战略为引领，以国家能源需求为目标，大力发展海洋能源工程核心技术和重大装备，加大近海稠油、边际油田高效开发，稳步推进中深水油气资源勘探开发进程，探索海域天然气水合物目标勘探与试开采的核心技术，保障国家能源安全和海洋权益，为走向世界深水大洋做好技术储备。

（4）海洋生物资源工程领域：紧紧围绕国民经济发展的重大需求，坚持可持续发展和创新驱动发展，突破海洋生物资源可持续利用和高效开发的核心关键技术，为多层面开发利用海洋生物资源和多方位推动海洋生物产业发展提供工程与科技支撑，保障国家食物安全，维护国家海洋权益。

（5）海洋环境与生态工程领域：围绕"建设海洋强国"和"大力推进生态文明建设"的国家发展战略部署，坚持"保护优先、预防为主"的方针，通过海洋环境和生态工程建设与相关产业的发展，提高我国海洋环境和生态保护水平，坚持"在发展中保护、在保护中发展"的思路，为建设美丽中国，实现海洋强国提供生态安全保障。

（6）海陆关联工程领域：海陆关联工程建设着眼于海洋强国战略，以陆海统筹为根本原则，国家海洋权益维护为导向，海洋资源开发为目的，海洋环境保护为基础，科技创新支撑为手段，依托陆域工程建设，发挥海陆关联工程的桥梁作用，全面提升国家海洋工程保障能力，实现海陆经济的持续协调发展。

（三）发展思路

1. 总体思路

围绕"建设海洋强国"的战略目标，大力发展海洋工程建设与科技。

坚持"陆海统筹、超前部署、创新驱动、生态文明、军民融合"的发展原则，从"认知海洋、使用海洋、保护海洋、管理海洋（简称知海、用海、护海和管海）"四大方面展开重点研究、建设和开发。

发展海洋工程与科技，要立足于增加国家战略资源储备，拓展国家战略发展空间。推动深远海工程与科技发展，以确立中国在深远海和大洋事务中的强国地位为战略目标，实现立足太平洋、开拓印度洋、挺进大西洋、进军南北极的大海洋战略布局，全面参与国际海洋事务，为维护全人类共同继承的财产做出更大的贡献。

发展海洋工程与科技，以加快现代化发展为基线，科技创新为支撑，加大资源勘查力度，加快深远海装备技术研发与应用步伐，推进现代海洋产业发展进程，全面提高我国"知海、用海、护海和管海"的工程与科技能力，为建设现代化海洋强国奠定坚实的基础。

2. 海洋工程与科技各重要领域发展思路

（1）海洋探测与装备工程领域：坚持"寓军于民，军民兼用"的原则，发展海洋探测技术与装备，支持国家领土主权诉求，提供军事海洋环境信息获取保障，加强海洋维权执法装备能力。构建立体化海洋观测网，揭示海洋动力过程，加强海洋灾害预警能力。发展深海矿产资源探测技术与装备，提升深海矿产资源勘查、开采、选冶能力，保障国家资源战略安全。发展海底及深部探测技术，推进海洋地质、地球物理和极端微生物等多学科发展，揭示生命起源重大科学问题。积极开展海洋可再生能源综合开发与利用，缓解东部沿海城市及海岛能源和淡水供应紧张的问题。

（2）海洋运载工程领域：倡导自主创新、引领绿色技术、拓展海洋空间、打造自主品牌。即：从增强我国海洋运载装备产业的创新能力，加强技术创新、集成创新、模式创新等，提高自主研发能力，建立核心技术体系，赶超先进海洋国家；顺应人类社会发展进入生态文明阶段的历史趋势，紧随绿色革命的大潮，围绕绿色技术这条主线，打造我国先进的绿色海洋运载装备体系，引领国际海洋运载装备的绿色技术方向；紧随人类海上活动向深远海发展的趋势，结合我国海域特别是南海的具体情况开发适应深远海资源开发的海洋运载装备及突破相关的关键技术；要摆脱我国海洋运载装备工业只注重产品制造，轻视技术开发和品牌建设的状况，打造众多的具有自主知识产权的品牌船型和船舶动力设备及其他船用设备，大幅提高我国船舶工业的综合竞争力。

我国海洋运载装备与科技发展遵循"四大战略原则"，即：兼顾原则，是指短期发展要结合长期发展，民用装备的发展要兼顾军用的考虑；均衡原则，是指完善产业链，全面发展产业的各个链条；重点原则，是指将发展重点放在我国发展基础好、市场前景大或者战略意义重大的领域，集中优势力量进行攻关；带动原则，是指带动我国科技水平和装备制造业以及相关上下游产业的提高。

（3）海洋能源工程领域：服务国家能源战略，统筹海洋能源科技体系。以海洋能源开发利用为导向，针对我国海上油气和非常规油气资源勘探开发生产实践中面临的南台（风）北冰、复杂油气藏特性等挑战和需求，实现海上油气勘探开发工程创新技术体系由 300 米水深到 3 000 米的跨越发展；坚持创新原则，形成特色技术。坚持"自主创新"与"引进集成创新"相结合的原则，力争在海洋能源勘探开发技术领域有所突破，形成适合我国海洋能源特色的海上稠油、深水油气和天然气水合物资源等勘探开发技术系列；加强科技攻关，构建产、学、研、用科技成果转化平台。加强海洋能源工程技术攻关，注重标志性、带动性、前瞻性、创新性技术产、学、研、用转化机制的建立，着力解决生产所急需解决的近海稠油、边际油田高效开发技术难题，加大加快制约深水能源开发的技术"瓶颈"攻关和重大装备的研制，着眼于长远发展，为海洋能源工程开发技术做好技术支撑和前瞻性技术储备。

（4）海洋生物资源工程领域：从群体资源、遗传资源和产物资源 3 个层面上，对海洋生物资源开发利用实施"养护、拓展、高技术"三大发展战略，推动海洋生物资源工程与科技的发展。①养护战略：养护和合理利用近海生物资源及其环境，推动资源增殖和生态养护工程建设，提高伏季休渔管理质量；②拓展战略：积极发展水产养殖业，开发利用远洋渔业资源，探索极深海生物新资源，提高海洋食品质量和安全水平；③高技术战略：发展海洋生物高技术，促进养护和拓展战略的技术升级，深化海洋生物资源开发利用的层次。

大力推进海洋生物产业进步，实施多方位的发展。建设环境友好型海水养殖业，精选养殖品类，质量优先，数量保障，鼓励由浅海向深远海的发展；建设近海资源养护型捕捞业，推动资源增殖和生态养护工程建设，提高近海资源养护技术水平，实施渔船升级改造和渔港多元化功能改造；提升远洋渔业开发能力和远洋渔船及装备的研制水平，大力开发极地远洋渔业新资源（如南极磷虾）；大力开发具有海洋资源特色、拥有自主知识产权和良好市场前景的海洋创新药物和高值化海洋生物制品；健全海洋食品安全法律法规，建立全过程监管、应急机制等食品安全支撑体系，强化海洋食品生产和供应链的安全性与系统性，确保海洋食品的质量安全。

（5）海洋环境与生态工程领域：深入贯彻落实科学发展观，以维护海洋生态系统健康、保持海洋生物多样性和保护人类健康为宗旨，以改善海洋环境质量和保障生态安全为目标，以提高技术创新能力和推动产业化为核心，坚持"陆海统筹、河海兼顾"的原则，构建海洋环境污染控制和生态保护工程体系。建设海洋污染防治工程、生态保护工程和海洋环境管理与保障工程，增强对海洋环境的管控能力，探索资源持续利用、经济持续发展和生态环境良好的海洋环境保护新道路，为建设美丽中国提供强大动力。

（6）海陆关联工程领域：围绕海洋强国发展战略，创新驱动发展，以海洋资源开发和海洋权益维护为导向，海洋生态环境维护为基础，充分借鉴国内外陆域工程建设和海洋开发保护的经验和教训，清醒认识我国涉海工程建设所面临的发展挑战和历史自然条件，统筹兼顾沿海、近海、远洋开发特点与沿海经济发展多层次的需求，科学规划与实施海陆关联工程建设，构建具有强大科技支撑和政策保障的国家海陆关联工程体系。

二、战略目标

（一）总体目标

以建设海洋工程技术强国为核心，加快海洋探测、海洋运载、海洋能源、海洋生物资源、海洋环境与生态、海陆关联等重要工程与科技领域的创新发展，全面提高海洋资源开发能力，拓展海洋发展领域和空间，为到2050年把我国建设成为一个海洋科技先进、海洋经济发达、海洋生态安全、海洋综合实力强大的海洋强国提供坚实的基础和根本保障。

加大实施创新驱动发展战略力度，打通海洋工程科技和海洋经济发展之间的通道，优化海洋产业结构，培育和壮大海洋新兴产业，着力推动海洋经济向质量效益型转变，大幅度提高海洋生物、海洋能源及矿业、海水综合利用、海洋装备装备与工程、海洋物流和海洋旅游等现代海洋产业（专栏 1 – 5 – 2）发展对经济增长的贡献率，使现代海洋产业成为国民经济新的增长点和支柱产业。

专栏 1 – 5 – 2　主要海洋产业分类与归并（1）

根据国家海洋局《中国海洋经济统计公报》，2012 年全国海洋生产总值为 50 087 亿元，占国内生产总值的 9.6%。其中：海洋产业增加值为 29 397 亿元，占海洋生产总值的 58.7%；海洋相关产业增加值为 20 690 亿元，占海洋生产总值的 41.3%。

《公报》根据两大领域、两大部类分类法*，按生产活动的性质及其产品属性将海洋产业分为两类：主要海洋产业（物质资料生产），其增加值为 20 575 亿元，占海洋产业增加值的 70.0%，占海洋生产总值的 41.1%；海洋科研教育管理服务业（非物质资料生产），其增加值为 8 822 亿元，占海洋产业增加值的 30.0%，占海洋生产总值的 17.6%。

按国标名词解释**，主要海洋产业包括海洋渔业、海洋油气业、海洋矿业、海洋盐业、海洋化工业、海洋生物医药业、海洋电力业、海水利用业、海洋船舶工业、海洋工程建筑业、海洋交通运输业、滨海旅游业等 12 个产业类别（各类别的解释详见国标**）。按 2012 年产值计，滨海旅游业、海洋交通运输业、海洋渔业、海洋油气业、海洋船舶工业和海洋工程建筑业等 6 个产业规模较大，其增加值占主要海洋产业增加值的 94.3%；而海洋化工业、海洋生物医药业、海洋盐业、海洋电力业、海洋矿业、海水利用业等 6 个产业规模相对较小，其增加值仅占主要海洋产业增加值的 5.7%。若在两大领域、两大部类分类法的基础上，按资源利用、装备制造和物流服务等生产特性，可将主要海洋产业的 12 个类别归并为海洋生物、海洋能源及矿业、海水综合利用、海洋装备制造与工程、海洋物流、海洋旅游六大产业。这种少而精的归并划分，便于陆海统筹，也有利于培育海洋战略性新兴产业，推动现代海洋产业发展。

专栏 1 – 5 –2　主要海洋产业分类与归并（2）

12 个类别归并后的六大产业构成***如下：

海洋生物产业：增加值占主要海洋产业增加值的 18.6%，由海洋渔业和海洋生物医药业两个类别组成。海洋渔业，以海洋生物为生产对象，包括海水养殖、海洋捕捞和水产品加工流通等活动,其增加值占主要海洋产业增加值的17.8%;海洋生物医药业,指以海洋生物为原料或提取有效成分,进行海洋药品与海洋保健品的生产加工及制造活动,其增加值占主要海洋产业增加值的0.8%,是新兴的海洋生物产业。

海洋能源及矿业产业:增加值占主要海洋产业增加值的8.2%,由海洋油气业、海洋可再生能源业(海洋电力业)和海洋矿业三个类别组成。海洋油气业,指在海洋中勘探、开采、输送、加工原油和天然气的生产活动,其增加值占主要海洋产业增加值的7.6%;海洋可再生能源业,指在沿海地区利用海洋能、海洋风能进行的电力生产活动,其增加值占主要海洋产业增加值的0.3%;海洋矿业,指海滨砂矿、海滨土砂石、海滨地热、煤矿开采和深海采矿等采选活动,其增加值占主要海洋产业增加值的0.3%。

海水综合利用产业:增加值占主要海洋产业增加值的4.3%,由海洋化工业、海洋盐业和海水利用业3个类别组成。海洋化工业,指海盐、海水、海藻及海洋石油等化工产品生产活动,其增加值占主要海洋产业增加值的3.8%;海洋盐业,指利用海水生产以氯化钠为主要成分的盐产品的活动,其增加值占主要海洋产业增加值的0.4%;海水利用业,指对海水的直接利用和海水淡化活动,其增加值占主要海洋产业增加值的0.1%。

海洋装备制造与工程产业:增加值占主要海洋产业增加值的11.7%,目前由海洋船舶工业和海洋工程建筑业两个类别组成。海洋船舶工业,指以金属或非金属为主要材料,制造海洋船舶、海上固定及浮动装置的活动,以及对海洋船舶的修理及拆卸活动,其增加值占主要海洋产业增加值的6.5%;海洋工程建筑业,指在海上、海底和海岸所进行的用于海洋生产、交通、娱乐、防护等用途的建筑工程施工及其准备活动,其增加值占主要海洋产业增加值的5.2%。与陆地相比,海洋工程建筑业更多体现工程特性,而深远海高端海洋工程装备制造又是该产业中颇具潜力的新兴产业发展方向。

海洋物流产业:增加值占主要海洋产业增加值的23.3%。主要包括海洋交通运输业和港口物流服务业,是指以船舶为主要工具从事海洋运输以及为海洋运输提供服务的活动,包括远洋旅客运输、沿海旅客运输、远洋货物运输、沿海货物运输、水上运输辅助活动、管道运输业、装卸搬运及其他运输服务活动。近年随着新型港口建设,现代物流服务业发展较快。

海洋旅游产业：增加值占主要海洋产业增加值的33.9%。主要指滨海旅游业，包括以海岸带、海岛及海洋各种自然景观、人文景观为依托的旅游经营、服务活动。与发达国家海洋旅游业相比，我国海上观光游览、休闲游钓等活动目前较少。

专栏1-5-2　主要海洋产业分类与归并（3）

按六大产业和12个产业类别划分的2012年我国主要海洋产业增加值构成对比如下图。若按生产特性划分，三大类产业增加值占主要海洋产业增加值的比例分别为资源利用31.1%、装备制造11.7%、物流服务57.2%；若按生产活动发展顺序划分，三次产业增加值占主要海洋产业增加值比例分别为第一产业17.8%，第二产业25.0%，第三产业57.2%。两者第三部分相同，而第一部分和第二部分因分类内涵不同而产生差异。

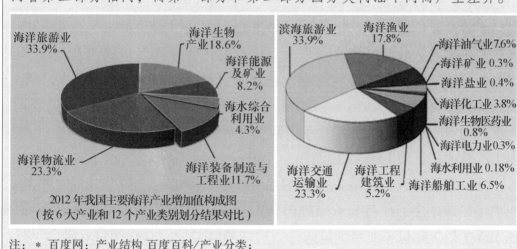

2012年我国主要海洋产业增加值构成图
（按6大产业和12个产业类别划分结果对比）

注：　＊　百度网：产业结构 百度百科/产业分类；
　　＊＊《海洋及相关产业分类》（GB/T 20794-2006）；
　＊＊＊基本数据采自《2012年中国海洋经济统计公报》.

（二）阶段目标

1. 2020年，进入海洋工程与科技创新国家行列

科技贡献目标：海洋工程各重要领域创新能力显著提升，建立国家海洋工程技术创新体系，实现科技进步贡献率达60%以上，科技成果转化率达50%以上，我国海洋工程与科技整体水平接近发达国家。

支撑产业目标：形成比较完整的科研开发、总装制造、设备供应、技术服务等现代产业发展体系，基本掌握主力海洋工程装备的研发制造技术，工程装备关键系统和设备的配套率达到50%以上，新兴产业的比重达70%，高技术主导产业比重提高到45%以上，支撑海洋生产总值年均增长8%、占国内生产总值比重达12%以上。

持续发展目标：建立以企业为主体，产、学、研、用结合的技术创新体系，形成一批具有自主知识产权的国际知名品牌，绿色制造技术得到普遍应用，单位工业增加值能耗和物耗降低15%，污染物排放降低20%。

2. 2030年，实现海洋工程技术强国建设基本目标

科技贡献目标：海洋工程各重要领域创新能力全面提升，国家工程技术创新体系完备，实现科技进步贡献率达70%以上，科技成果转化率达60%以上，我国海洋工程与科技整体水平达国际先进。

支撑产业目标：建立完善的海洋工程与科研开发、制造、供应、服务现代产业体系，掌握可能改变当前和未来海洋资源开发模式的新型海洋工程装备与技术，大幅度提高前瞻性技术开发能力，海洋工程装备关键系统和设备的配套率达70%以上，新兴产业的比重达80%，高技术主导产业比重提高到60%以上，支撑海洋生产总值位居世界前茅、年均增长7%、占国内生产总值比重的14%以上。

持续发展目标：建成以企业为主体、产、学、研、用结合的技术创新体系，掌握海洋工程与装备领域的核心技术，行业产品质量安全指标达国际先进水平，单位工业增加值能耗和物耗降低15%，污染物排放降低20%。

（三）海洋工程与科技各重要领域目标

1. 海洋探测与装备工程领域

力争通过20年左右的时间，使我国海洋探测技术与工程装备的总体水平达到国际先进，部分领域达到国际领先，为建设海洋强国提供支撑。突破海洋通用技术和海洋装备核心零部件，使海洋装备由当前的集成创新转变为核心技术创新，形成海洋资源勘查设备研发、生产、试验与应用的产业链，实现深海固体矿产资源商业化试开采。构建立体化海洋观测网络，建成全海域数字海洋系统，提高环境保障与灾害预警能力。建成海上公共试验场，健全海洋仪器设备标准化评价体系，海洋仪器与装备实现规范化。人才和队伍与

国内发展相适应,形成一批具有国际影响力的高层次人才和团队。

2. 海洋运载工程领域

以绿色船舶技术和深远海运载与工程装备技术为重点,统筹民用开发与海洋维权、运输能力与综合制海的装备制造能力,以占领科技制高点、提高产业的内涵质量为出发点,分别实现阶段性目标。

在 2020 年之前,大幅缩小海洋运载装备基础共性技术与世界先进水平的差距,建成体系完整的海洋渔业装备产业链,完善大型远洋渔船装备体系,初步形成覆盖全海域海上执法装备体系,形成完整的海洋科考装备体系,全面形成深海科研领域的装备优势。

到 2030 年,形成世界上最完备的海洋运载装备综合保障体系,拥有世界上最优秀的海洋运载装备研发、创新体系,成为世界海洋运载装备强国。

3. 海洋能源工程领域

力争通过 20 年的时间,实现我国海洋能源开发由浅水到深水、由常规油气到非常规油气、由国内到国外发展的重点跨越,使我国海洋能源勘探开发工程技术与工程装备的总体水平达到国际先进,部分领域达到国际领先,为建设海洋强国、保障国家能源安全提供支撑。

2020 年,近海稠油高效开发技术达到世界领先水平,深水工程技术和装备进身世界先进行列,建立 3 000 米深水油田勘探开发工程设计技术、试验技术装备和标准体系,海域天然气水合物勘查取得突破性进展。

2030 年,初步建立自主的深水油气田勘探开发技术体系、检测技术体系,部分深水工程技术和装备部分达到世界领先水平,形成一批具有国际影响力的高层次人才和创新团队,建成南海大庆和稠油大庆(各 5 000 万吨油气当量),具备海上天然气水合物试开采技术能力和装备。带动我国海洋能源大开发并形成配套支柱型产业。

海洋可再生能源成为我国偏远岛屿的主要能源,产业化逐步成熟。海水淡化规模达到 620 万米^3/日,对海岛新增供水量的贡献率达到 55% 以上,对沿海缺水地区新增工业供水量的贡献率达到 20% 以上。

4. 海洋生物资源工程领域

通过 20 年海洋生物资源工程与科技创新发展,实现海洋生物产业"可持续、安全发展、现代工程化"三大战略发展目标。即:可持续,推行绿色、低碳和碳汇渔业的发展新理念，实行生态系统水平的管理，实现海洋生物资源及其产业的可持续发展；安全发展，遵循海洋生物资源可持续开发的原则，实现资源安全、生态安全、质量安全、生产安全；现代工程化发展，加快海洋生物资源开发利用机械化、自动化、信息化发展步伐，实现海洋生物产业标准化、规模化的现代发展。

2020 年，我国海水养殖规模和总量继续保持世界第一，海水养殖产量突破 2 000 万吨；系统开展主要大洋渔业资源的科学调查，形成 2 000～3 000 艘符合过洋作业要求的现代化渔船，1 000 艘有国际竞争力的大洋性捕捞船队；对近海衰退渔业资源和水域环境实行生态修复，部分衰退种群得到一定程度的恢复；形成我国海洋药物与生物制品产业规模，产值达到 100 亿元；突破一批海洋食品保鲜与加工的关键技术和产业核心技术，海洋水产品资源加工转化率达到 70%。

2030 年，海水养殖总量超过 3 000 万吨，深远海养殖业占整个海水养殖产量的比例超过 10% 以上；实现远洋渔业资源的科学监测评估，初步形成远洋渔业产业链；近海渔业资源养护取得明显效果，近海渔业资源开发利用实现良性循环；发展并壮大我国海洋药物与生物制品产业群，产值达到 500 亿元；建立以加工带动渔业发展的新型海洋农业产业发展模式，水产品加工企业基本实现机械化。

5. 海洋环境与生态工程领域

通过开展海洋污染控制工程、生态保护工程和海洋环境管理与保障工程三大类工程技术示范与建设，海洋环境与工程技术创新能力得到明显提高，海洋环境与生态工程相关高新技术产业得到发展，海洋环境质量明显改善，海洋生态服务功能得到有效维护，实现沿海地区资源与环境协调发展，建成与海洋强国相适应的海洋环境与生态状况。

到 2020 年，形成海洋污染控制工程技术体系，入海污染物排放得到有效控制。开展我国海洋生态保护工程建设，建成我国海洋保护区网络，形成较为全面、适用的海洋生态修复与建设工程技术体系，海洋生态系统健康状况保持稳定。海洋生态环境监测与海洋环境风险应急设备技术创新能力得到提升，形成较为完善的区域海洋环境监测生态环境预报体系。我国在全球海洋健康指数 OHI 的评分达到全球平均分水平。

到 2030 年，建立陆 – 海协调的海洋环境保护机制，实施陆海统筹的海洋环境管理措施。实施流域营养物质管理，氮、磷营养物质入海量得到有效控制，近岸海域富营养化、重金属、持久性有机物等危害人体健康的环境问题得到有效遏制。海洋生态系统健康状况明显改善，生态系统结构稳定，健康状况良好；实现沿海地区资源和环境协调发展。海洋生态环境监测设备技术创新达到国际先进水平，产业化体系完备；近岸海域生态环境立体监测网络能够覆盖近海和部分远海区域；海洋生态环境风险的综合管控能力达到国际先进水平，海洋环境风险应急设备产业化体系完备。我国在全球海洋健康指数 OHI 的评分达到发达国家平均分水平。

6. 海陆关联工程领域

根据全面建设小康社会和海洋强国战略的要求，实现阶段性目标。

2020 年，初步建立全国性、多层次的海陆关联工程规划体系。涉海重大工程规划框架基本形成，涉海产业布局进一步优化，沿海重要交通基础设施建设取得阶段性进展，重点海岛开发与保护工程发挥示范性作用，南海岛礁权益维护和资源开发取得一定成效，沿海核电站等重大设施防灾减灾体系建设启动。

2030 年，海陆关联工程规划体系进一步优化，对陆海统筹的推进作用进一步凸显。面向深海大洋开发的信息化、工程化网络基本建立，在深海远洋资源开发中发挥重要作用。涉海产业布局持续优化，涉海重大工程建设有序推进，海岛开发与保护工程在全国范围内由点及面向纵深推进，海陆物流体系基本形成，沿海重大设施安全和防灾减灾水平全面提高。

三、战略任务与发展重点 ▶

（一）战略任务

1. 加快发展深远海和大洋调查探测工程技术与装备，提高"知海"的能力与水平

强化海洋调查与探测，发展系列化海洋探测装备，提高深远海和大洋、极地海洋生物资源调查、矿产资源勘查、开采等技术，提升我国开展国际海域资源调查与开发的技术保障水平；积极发展深远海和大洋、极地通用技术，突破海洋调查、探测工程技术与装备开发"瓶颈"；构建海、陆、空一体化的海洋立体观测系统，促进海洋综合管理能力和建立海洋灾害实时

预警系统。

明确国家海洋工程技术创新体系建设方向，突出海洋科技创新驱动发展重点，探索海洋科技创新新机制和新模式，进一步推进国家海洋知识创新体系建设，大力发展海洋高新技术，积极构建不同层次的海洋技术产业战略联盟；建设一批海洋国家重点实验室和创新平台，稳定海洋公益创新体系的队伍和研究应用体系；形成相互促进、相互合作、具有区域特点的联合研究基地，加快发展海洋服务保障技术，建立公共海上试验场与海洋仪器设备标准化体系等，提高海洋认知能力，促进深远海能力的拓展。提高我国海洋科技的整体创新能力和国际竞争力。

2. 加快发展深远海及极地资源开发利用工程装备与技术，提高"用海"的能力与水平

选择一批重大海洋运载、海洋能源、海洋生物资源、海洋环境与生态、海陆关联等领域工程技术与装备实施重点突破。

以绿色船舶技术和深远海运载与工程装备技术为重点，占领科技制高点和提高产业的内涵质量为基点，统筹民用开发与海洋维权、运输能力与综合制海，形成完备的海洋科考、渔业资源开发、海洋油气资源开发、海上运输、海上执法及海上综合保障装备体系，推动我国海洋经济强国建设，提高保卫海洋安全和保护海外利益的能力，为有效维护以南海为重点的海洋权益提供有力的装备保障。

加大深水油气资源开发力度，突破海洋深水能源勘探开发核心技术，初步建立具有自主知识产权的深水能源勘探开发技术体系，实现深水油气田勘探开发技术由 300 米到 3 000 米水深的重点跨越，初步具备自主开发深水大型油气田的工程技术能力，推进以"三一模式"和"蜜蜂模式"为主的近海边际油气田开发技术，探索深水边际油气田开发新技术，加快中深水、深水简易平台、简易水下设施研制和开发力度；建立以海上稠油注聚开发技术体系，实现稳油控水、开展深度调剖技术、适度防沙技术研究，进一步提高油田采收率；建立为 3 000 米水深作业装备为主体的深水工程作业船队，全面提升我国深水油气田开发技术能力和装备水平。加快建立南海军民融合的深远海补给基地建设；稳步推进海域天然气水合物目标勘探和试采；建立较为完善的天然气水合物地球物理勘探和试验开采实验研究基地。

坚持海洋生物资源开发利用的"养护、拓展、高技术"三大发展战略和海洋生物产业发展的"可持续、安全发展、现代工程化"三大战略目标，加大极地公海生物资源开发力度，积极发展深远海水产养殖，对海洋渔业资源、海洋微生物资源和海洋生物基因资源深入研究开发，实现海洋生物技术和海洋资源开发利用技术的创新与突破。

加强海洋战略高技术研发，加强海洋企业创新能力建设，培育海洋战略性新兴产业基地建设，促进成果转化。大幅度提高海洋经济规模、促进结构调整、增强海洋综合力量，全面提高深远海和大洋、极地资源开发与生产能力，提升海洋产业的战略地位。

3. 统筹协调陆海经济与生态文明建设，提高"护海"的能力与水平

遵循"陆海统筹、河海兼顾"的原则，加强陆源污染管理，强化海域和海岛海洋环境管理，规范海洋资源开发利用活动，加强海洋生态文明建设。

进行"从山顶到海洋"的全过程防治体系建设；以海洋生态系统结构和服务功能保护为主要任务，实施海洋生态保护工程；以提高海洋环境与生态工程技术水平和创新能力为核心，实施海洋环境与生态科技工程；以提升海洋环境保护监测、监管、风险应急能力为核心，实施海洋环境管理与保障工程。通过实施海洋环境和生态工程，为发展绿色海洋经济，构建海洋经济发展与海洋环境保护协调发展的新模式，开创资源可持续利用、经济可持续发展和生态环境良好的局面提供技术支撑和工程保障。规范海洋工程与科技开发秩序，转变海洋经济发展方式，提高海洋防灾减灾能力，努力促进海洋经济与生态环境的协调发展，建设海洋生态文明。

4. 坚持全球视野，积极参与国际海洋事务，提高"管海"的能力与水平

加强海洋综合管理的力度，从国家海洋资源、海洋环境和海洋权益的整体利益出发，通过方针、政策、法规、区划、规划的制定和实施以及组织协调、综合平衡有关产业部门和沿海地区在开发利用海洋中的关系，以达到合理开发海洋资源，保护海洋环境，维护我国海洋权益，促进海洋经济持续、稳定、协调发展的目的。坚持自主创新与技术引进相结合，加快海洋工程科技成果转化，促进海洋工程科技的跨越式发展。逐步推进从沿海到深海大洋，从大洋到极地，从示范试点到全面铺开，从单一工程到复

合工程的海陆关联工程体系建设。重点在沿海产业涉海工程布局、海陆物流联运工程、海岛开发与保护工程、沿海重大防灾减灾工程等领域强化海陆关联工程建设。提高海洋工程装备与产业升级和结构调整，提高国际竞争力。

坚持全球视野，创新发展思路，积极利用全球海洋资源，积极参与国际海洋事务和国际海洋工程与科技计划的管理、交流与合作。提高我国"管海"的能力与水平，全面推进海洋强国战略的实施。

（二）发展重点

1. 海洋探测与装备工程领域

（1）进一步强化海洋综合观测和资源探测技术。①构建海洋观测网，突破近海与深远海环境观测关键技术，形成实时、快速观测能力，深化海洋管理技术，拓展海洋综合管理能力；发展水下移动观测系统，在敏感海域和重要国际海上通道实时海洋环境观测与预报报警技术。②开展大洋海底多参数勘查技术、深海取样技术、深海原位观测技术、多金属硫化物三维勘查技术，提升海底固体矿产综合评价技术，建立资源分布、储量理论预测体系，重点突破深海固体矿产资源开采总体技术、水下采集、行走技术与输运技术、水面支持系统等关键技术；开展深海极端环境生物获取工具与培养技术、深海生态长期观测系统及微生物原位培养系统等研究，为深海生态学研究和深海生物资源开发提供支持。

（2）积极发展通用技术和探测装备。①开展深海材料技术、能源供给技术、水下探测、定位、导航和通信技术、深海装备加工制造工艺技术、深海技术装备配套及其基础件技术等研究，建立健全海洋装备产业链。②开展水下声、光、电、磁等海洋观测传感器核心技术研究，突破海洋装备核心部件严重依赖进口的局面。开展新型水下潜器研制，朝着航程更远、作业时间更长、可靠性更高、功能更强的方向发展。加快水下遥控潜水器、自治潜水器、水下滑翔机等技术较成熟的海洋探测装备从工程样机到产品化过度，推进产业化进程。

（3）建立国家海上公共试验场和仪器设备标准化体系。①建设资源共享、要素完整、军民兼用的海上海洋仪器设备标定示范试验场和海洋能综合海上试验场，完善海洋仪器设备产品环境试验检测平台，形成满足海洋科学研究和工程技术试验的标准和示范。②建立海洋仪器设备计量性能评价体系、海洋仪器设备环境适应性评价体系与海洋标准物质体系，加强计量检测资源整合和海洋仪器设备科技成果鉴定，推动我国海洋科技全面快速发展。

（4）重点突破一批海洋可再生能源与海水淡化与综合利用关键技术。①开展重点海区海洋可再生能源资源详查，为开发做准备；突破海洋可再生能源发电装置在高效转换、高效储能、高可靠性和低成本建造等方面的技术"瓶颈"；实施包括万千瓦级大型潮汐电站、海岛多能互补示范电站、海洋可再生能源并网示范电站在内的海洋可再生能源示范工程建设。②开发高效智能化的大型反渗透、低温多效海水淡化成套技术和装备，在重点海岛建立海水淡化与综合利用示范工程。突破超大型海水循环冷却技术和装备，研发大生活用海水高效预处理和后处理技术和装备；研发高效节能的海水制盐并联产钾溴镁锂等化学资源的理论、技术与装备，并进行产业化示范。

2. 海洋运载工程领域

（1）加快绿色船舶动力与配套工程装备技术研发。重点突破高效燃烧、排放和振动噪声控制技术、高增压技术、多种燃料发动机技术、电力和混合推进系统技术、船舶动力总能利用技术、关键制造和工艺技术。完成一个系列大功率自主品牌气体燃料（柴油/LNG）中速发动机系列机型开发，使海洋运载装备产业从"注重造外壳"型向"注重造内脏"型转变。

（2）加快特种船舶工程装备技术发展。重点发展深海钻井船关键技术，大洋渔业船舶与装备关键技术，海上救捞作业船和深潜救助打捞作业技术及配套装备，新型游艇、大型海洋船舶发动机技术，完善相关标准体系，为提高特种船舶及工程装备制造能力提供技术支撑。

（3）开发深海空间站等深海运载工程装备与技术。为掌握深海资源的海底开发前沿技术，加快开展深海科学研究，开发建立深海空间站等深海运载工程与装备以及作业技术等。

（4）建立完善的海洋学、运输、渔业等科考装备体系。①形成近海、深远海、大洋和极地级的综合调查船、专业调查船和特种调查船组成的完备海洋科考船体系，提升我国海洋科考水平和海洋调查能力。②加快发展绿色船舶技术，形成世界领先的高效节能、超低排放的海洋运输装备系统。建立具有完全知识产权开发和建造高附加值高技术船舶的能力。③形成由中小型渔业装备、大型远洋渔业装备、远洋渔业综合补给加工仓储船等优化组合、交叉发展的立体式海洋装备体系。

（5）壮大海洋执法装备体系，加快创建现代综合保障基地。加速研发水下安保运载与作业装备，建立一批海底安全保障平台，创建海上现代综合保障基地，整合、统一海上执法管理部门，为海上科考、渔业开发、油气开采、海洋运输、海上执法和海上军事行动提供有力保障。

3. 海洋能源工程领域

（1）重点突破深水能源勘探开发核心技术。加大深水能源勘探开发工程技术研究力度，建立具有自主知识产权的深水能源勘探开发技术体系。包括深水勘探技术、深水工程设计技术、配套实验基地和装备制造基地，实现深水油气田勘探开发技术由 300～3 000 米水深的重点跨越，为我国深水油气田的开发利用提供技术支撑和保障。

（2）加快发展经济高效海上边际油田开发工程技术。推进以"三一模式"和"蜜蜂模式"为主的近海边际油气田开发技术，探索深水边际油气田开发新技术，包括中深水简易平台建造、小型 FPSO 应用相关技术、水下储油移动采储设施、简易水下生产设施。加快中深水、深水简易平台以及简易水下设施研制和开发力度。

（3）建立海上稠油油田高效开发技术体系。建立以海上稠油注聚开发等一系列技术体系，开展海上油田早期注聚技术、多枝导流适度出砂稠油开发技术、高性能长效聚合物驱油剂合成技术、海上丛式井网整体加密综合调整技术、海上油田开发地震技术、多元热流体海上热采技术等新技术探索，为建成海上"稠油大庆"提供强有力的技术支撑。

（4）建立世界一流的深水工程作业船队。在现有深水半潜式钻井平台、深水铺管船、深水勘察船、深水物探船、深水钻井船的基础上，完成多功能自动定位船、5 万吨半潜式自航工程船、1 500 米深水钻井船（prospector）、750 米深水钻井船（promoter）的建造，并开展 28 000 吨起重铺管船、FLNG、FDPSO 等的设计建造，建立 3 000 米水深作业装备为主体的深水工程作业船队，全面提升我国深水油气田开发技术能力和装备水平。

（5）稳步推进海域天然气水合物目标勘探和试采。建立较为完善天然气水合物地球物理勘探和试验开采实验研究基地，圈定天然气水合物藏分布区，对成矿区带和天然气藏进行资源评价，锁定富集区，规避风险、促成试采，为实现天然气水合物的商业开发提供技术支撑。

（6）逐步建立海上应急救援技术装备。加快开展海上应急救援装备研制，包括载人潜器、重装潜水服、遥控水下机器人（ROV）、智能作业机器人（AUV）、应急求援装备以及生命维持系统的研发，加快应急救援技术研究，建立应急救援技术与装备体系。

（7）加快建设军民融合的深远海综合补给基地。坚持军民融合、统筹规划的发展思路，加快南海岛礁和岛屿建设，有利保障军民深远海补给。尽快启动南沙海域岸基支持的选址与建设。

4. 海洋生物资源工程领域

（1）建立完善的海水养殖工程技术与装备体系。建设环境友好型水产养殖业，发展多营养层次的新生产模式，实施养殖容量规划管理，加快海水养殖工程装备机械化、信息化和知能化发展，实现我国海水养殖的可持续健康发展。

（2）加强近海生物资源养护和管理。建设资源养护型近海捕捞业，减小捕捞压力，进一步加强近海渔业监管，积极开展近海生物资源养护活动，科学规划资源增殖放流，实施生态系统水平的渔业管理，建设功能多元化的现代渔港体系和南海渔业补给基地。

（3）加快极地远洋渔业开发利用工程技术与装备研发。重点加快南极磷虾资源开发利用关键技术与装备研发，开展资源调查和预测，提高生产效率和产出效益，培育高附加值的新生物产业链，促进我国第二远洋渔业的发展。积极拓展大洋性远洋渔业和过洋性远洋渔业，加快远洋捕捞渔船、装备和助渔仪器的现代升级和更新，提高远洋渔业开发技术水平和资源调查能力。

（4）开发一批具有资源特色和自主知识产权的海洋药物与生物制品工程技术。建设高技术密集型海洋新生物产业，利用海洋特有的生物资源，开发一批具有资源特色和自主知识产权、有竞争力的海洋新药，形成并壮大工业/医药/生物技术用酶、医用功能材料、绿色农用生物制剂等新型海洋生物制品产业。

（5）建成具有国际先进水平的海洋食品质量安全与加工流通工程技术体系。建设海洋食品全产业链安全供给的宏观管理技术支撑体系，保障我国的海洋食品质量安全，发展海洋水产品加工副产物综合利用、海洋食品功效因子开发与功能食品制造，建成具有国际先进水平的海洋食品加工流通体系。

5. 海洋环境与生态工程领域

（1）有效控制陆源污染，实施陆海一体化控制工程。积极推进重点海域营养物质排海总量控制，进行污染物排海状况及重点海域环境容量评估，按照海域—流域—区域控制体系，推动海洋环境管理与流域环境管理的衔接，对跨区域、跨国界海洋污染问题建立区域间协调机制。积极建设生态农业、循环农业和低碳农业示范区，推进农村废弃物资源化利用，控制农业面源污染物排放和入海量。在沿海地区建设绿色基础设施，完善城市雨污管网建设，强化城镇开发区规划指导，控制城市面源污染入海。

（2）沿海地区划定"生态红线"，正确引导海岸带开发利用活动。在近岸海域重要生态功能区和敏感区划定"生态红线"，防止对产卵场、索饵场、越冬场和洄游通道等重要生物栖息繁衍场所的破坏。加强陆海生态过渡带建设，增加自然海湾和岸线保护比例，合理利用岸线资源；严格控制围填海规模，完善行业规范。规范海岸带采矿采砂活动，避免盲目扩张占用滨海湿地和岸线资源。

（3）分区分类推进河口、海湾海洋生态修复工程建设。加大河口、海湾生态保护力度，开展河口、海湾生态环境综合治理。积极修复已经破坏的海岸带湿地。实施海湾生态修复与建设工程，修复鸟类栖息地、河口产卵场等重要自然生境；在围填海工程较为集中的区域，建设生态修复工程。加强滨海区域生态防护工程建设，因地制宜建立海岸生态隔离带或生态缓冲区，削减和控制氮、磷污染物的入海量，缓减台风、风暴潮对堤岸及近岸海域的破坏。

（4）加强重大涉海工程环境监管，推动优化布局及技术创新。开发油气田生产废水及废弃泥浆减量化的清洁生产技术，开发油气泄漏检测预警技术及装置，提高溢油事故的处置能力。优化沿海重化工产业宏观布局，改进沿海重化工产业生产工艺。加强陆上重化工项目涉及有毒、有害污染物的预处理技术及原位回用技术研究，提高园区的污水控制水平。严格控制围填海工程建设，减少围填海对生态系统的影响，实现海洋空间资源的可持续利用。改造或建设一批核安全技术研发中心，提高研发能力，确保核电开发工程安全。

（5）进一步加大海洋环境监测与风险防控能力建设。加快我国海洋生态环境监测技术发展，逐步掌握海洋生态环境监测技术和监测设备核心部件研发制造技术，加快海洋环境监测设备产业化进程。加强全天候、立体化数据采集系统的能力建设，建立错层次、多功能、全覆盖的海洋监视、监测与观测的网络结构，形成多种技术和专业数据库组成的监测数据传输和监测信息整合系统。建立海洋溢油及化学品泄漏等突发性海洋生态环境灾害重点风险源、重点船舶运输路线等监控技术体系，完善海洋生态环境灾害监控预警及应急机制；建立海洋溢油以及处置物质储备基地，建立由陆岸应急车辆、海洋应急专业船舶和直升机构成的海、陆、空立体快速应急反应体系；构建海洋生态环境风险管理信息服务平台，提高应急指挥的实效性和科学性。

6. 海陆关联工程领域

（1）加快构建层次分明的沿海产业涉海工程区划。协调和提升现有沿海产业发展与布局规划。在整合已有陆地、海域功能区划中产业规划的基础上，制定和修编主要海洋产业和涉海产业规划，规划建设北部、东部、南部海洋经济区，使其纳入海岸带和海洋空间规划的协调范畴。构建层次分明的海陆关联工程规划与建设体系。学习借鉴深空探测基地建设全国布局经验，优先建设深远海勘探开发和极地科考相关重大工程项目；建立具有针对性和前瞻性的海陆工程服务体系；慎重审批和严格控制内陆迁海及用海项目，建立强制性限制机制。

（2）加快重大海陆联运物流工程建设步伐。①有序推进主要货类运输系统专业化码头的建设，深化和完善港口布局规划。加大港口结构调整的力度，加强公共基础设施建设，提升港口专业化水平和公共服务能力。②重点推进深水港建设。加大深水港陆域面积，增加深水泊位数量，提高港口整体通过能力。着力突破深水港建设的关键技术，积累大型深水港建设的工程技术经验。③大力推进长江口等河口深水航道整治工程，实施其他分汊河道的航道治理工程，突破深水航道整治关键技术，实现关键装备的自主研发生产。④加快重大跨海通道建设进程。着力推动琼州海峡跨海通道、渤海跨海通道以及台湾海峡跨海通道建设。推进跨海通道技术研究。

（3）全面构建海岛开发与保护工程规制体系。①建立海岛工程建设规制体系，促进海岛综合开发与保护工程建设标准的制度化和规范化。②设立国家海岛建设基金，全面推进海岛基础设施建设工程。制定全国海岛基础设施建设规划，以陆岛交通工程和海岛水电供给工程为重点，加快推进港口关联工程、桥隧关联工程、空港关联工程以及岛内配套工程建设，大力支持海岛新能源利用技术和海岛淡水供给技术的开发。③实施海岛生态修复和环境保护试点工程，大力扶持海岛污水处理工程、垃圾处理工程、节能环保工程、海岛自然保护区建设工程。以南海岛礁海防基础设施建设为核心，有序推进海岛防御工程、海洋权益维护工程，以及海洋资源开发基地建设，构建以海岛为节点的国家海洋权益维护保障工程体系。

（4）加快构建沿海重大工程安全和防灾减灾标准体系。①以预防、减轻灾害和事故的不利影响为目标，制定沿海重大工程安全和防灾减灾规划，高标准建设沿海安全和防灾减灾工程，构建沿海重大工程安全和防灾减灾标准体系。②提高重大工程的综合抗灾能力。加强工程灾害科学研究，促进工程技术在防灾减灾体系建设中的应用。建立与我国经济社会发展相适应的综合防灾减灾体系。

四、发展路线图

（一）海洋工程与科技总体发展路线图

以建设海洋强国为目标，构建我国海洋工程技术强国体系，在海洋探测与装备工程、海洋运载工程、海洋能源工程、海洋生物资源工程、海洋环境与生态工程、海陆关联工程等6个重要领域突破一批关键技术，提高海洋工程设备的核心竞争力，全面推进现代海洋产业发展进程，2030年实现海洋工程技术强国建设基本目标（图1-5-1）。

（二）海洋工程与科技各重要领域发展路线图

1. 海洋探测与装备工程领域

以建设海洋工程技术强国为目标，分阶段构建海洋探测技术与装备工程体系。在海洋观测网方面建成若干个区域性海洋观测网，形成全球大洋观测网，最终构建智能化的海洋观测与决策系统；在海洋探测与作业装备方面，突破海洋通用核心技术，发展系列化探测与作业装备，建立海洋固体矿产探采体系，形成海洋仪器装备产业化，完成深海固体矿产的工业性试开采，最

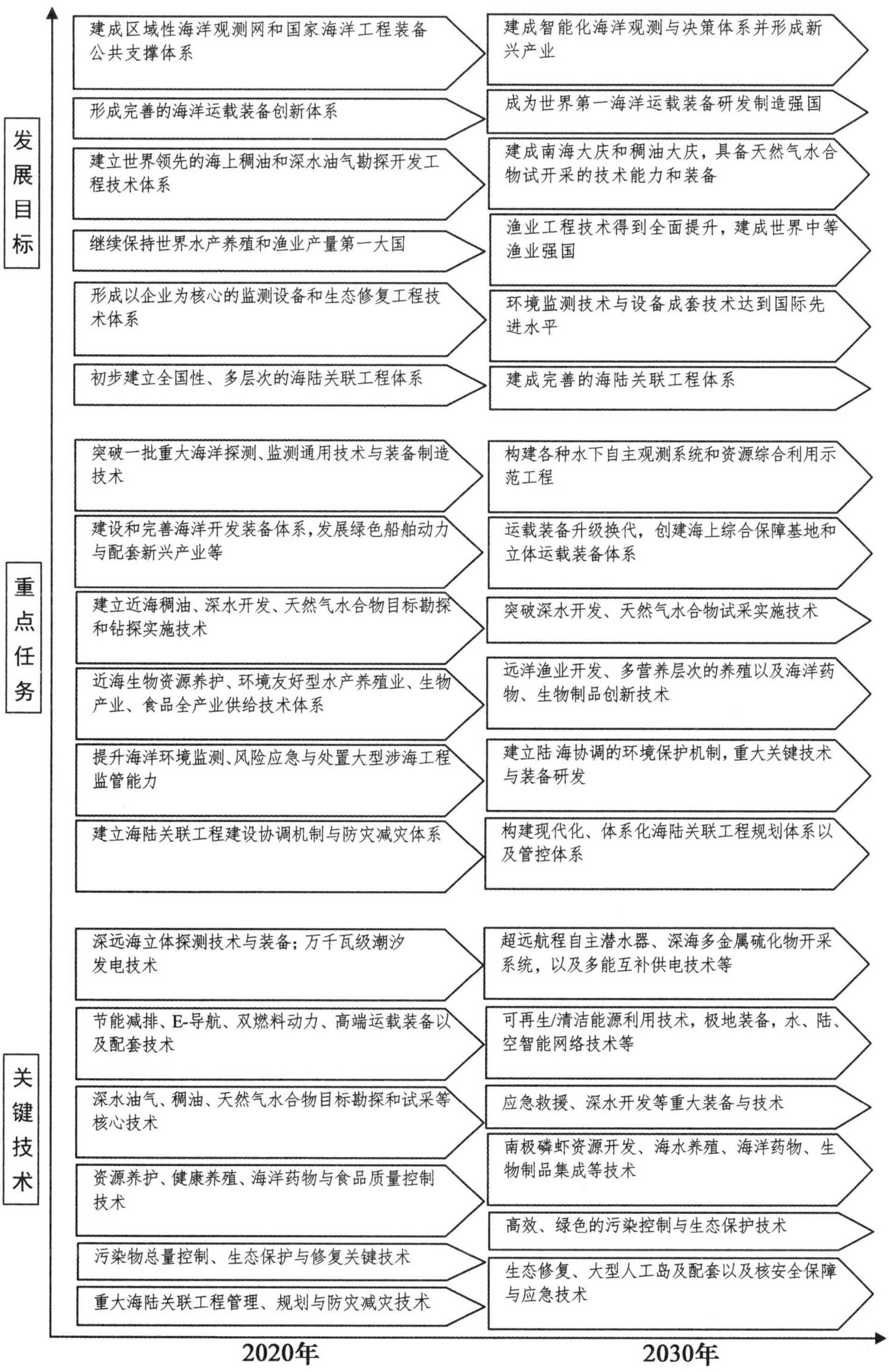

发展目标	建成区域性海洋观测网和国家海洋工程装备公共支撑体系	建成智能化海洋观测与决策体系并形成新兴产业
	形成完善的海洋运载装备创新体系	成为世界第一海洋运载装备研制造强国
	建立世界领先的海上稠油和深水油气勘探开发工程技术体系	建成南海大庆和稠油大庆,具备天然气水合物试开采的技术能力和装备
	继续保持世界水产养殖和渔业产量第一大国	渔业工程技术得到全面提升,建成世界中等渔业强国
	形成以企业为核心的监测设备和生态修复工程技术体系	环境监测技术与设备成套技术达到国际先进水平
	初步建立全国性、多层次的海陆关联工程体系	建成完善的海陆关联工程体系

重点任务	突破一批重大海洋探测、监测通用技术与装备制造技术	构建各种水下自主观测系统和资源综合利用示范工程
	建设和完善海洋开发装备体系,发展绿色船舶动力与配套新兴产业等	运载装备升级换代,创建海上综合保障基地和立体运载装备体系
	建立近海稠油、深水开发、天然气水合物目标勘探和钻探实施技术	突破深水开发、天然气水合物试采实施技术
	近海生物资源养护、环境友好型水产养殖业、生物产业、食品全产业供给技术体系	远洋渔业开发、多营养层次的养殖以及海洋药物、生物制品创新技术
	提升海洋环境监测、风险应急与处置大型涉海工程监管能力	建立陆海协调的环境保护机制,重大关键技术与装备研发
	建立海陆关联工程建设协调机制与防灾减灾体系	构建现代化、体系化海陆关联工程规划体系以及管控体系

关键技术	深远海立体探测技术与装备;万千瓦级潮汐发电技术	超远航程自主潜水器、深海多金属硫化物开采系统,以及多能互补供电技术等
	节能减排、E-导航、双燃料动力、高端运载装备以及配套技术	可再生/清洁能源利用技术,极地装备,水、陆、空智能网络技术等
	深水油气、稠油、天然气水合物目标勘探和试采等核心技术	应急救援、深水开发等重大装备与技术
	资源养护、健康养殖、海洋药物与食品质量控制技术	南极磷虾资源开发、海水养殖、海洋药物、生物制品集成等技术
	污染物总量控制、生态保护与修复关键技术	高效、绿色的污染控制与生态保护技术
	重大海陆关联工程管理、规划与防灾减灾技术	生态修复、大型人工岛及配套以及核安全保障与应急技术

2020年　　　　　2030年

图1-5-1　中国海洋工程与科技总体发展路线

123

终形成海洋装备生产、资源开发利用的海洋战略新兴产业和建成要素完整、资源共享的海洋仪器设备公共支撑体系。通过相关专项的实施，最终建成与海洋大国地位相称的海洋探测与装备工程技术体系（图1-5-2）。

2. 海洋运载工程领域

以成为世界第一海洋运载装备强国为最终目标，循序渐进地建立支撑我国实现海洋强国总目标的海洋运载装备体系。以深海空间站重大工程为依托，重点突破以绿色、深海等为主的关键技术。建立完善的海洋科学考察装备体系、海洋开发装备体系、海上运输装备体系、海上执法装备体系、渔业装备体系，形成世界上最完备的海上综合保障体系和最优秀的海洋运载装备研发和创新体系。发展海洋运载装备全产业链，特别是绿色船舶动力与配套设备产业，实现与总装制造产业的同步发展（图1-5-3）。

3. 海洋能源工程领域

以深水油气勘探技术、深水油气开发工程技术、海上稠油高效开发技术、海上天然气水合物目标勘探与试采技术、深水环境立体监测及风险评价技术、深水施工作业与应急救援技术等"六大任务"为重点，突破各项关键技术。2020年建立深水工程重大作业装备体系及作业船队，逐步建立深水油气田勘探开发工程、近海稠油高效开发、海域天然气水合物目标勘探技术体系，2030年前建成一支深水工程作业船队及配套作业支持系统、近海稠油高效开发、深水气田示范工程、天然气水合物试采3个示范工程（试勘探情况确定），并建立2~3个深水远程补给基地，并形成专业齐备的海洋能源工程配套支撑产业（图1-5-4）。

4. 海洋生物资源工程领域

以海洋生物产业"可持续、安全发展、现代工程化"发展为目标，从群体资源、遗传资源、产物资源3个层面上构建海洋生物资源工程体系，突破一批关键技术与装备。在海水养殖发展、近海资源养护、远洋渔业拓展、海洋药物和生物制品开发、海洋生物资源加工和海产品质量安全等方面，2020年进入海洋生物产业强国初级阶段，2030年建成中等海洋生物产业强国，实现海水养殖世界强国建设目标（图1-5-5）。

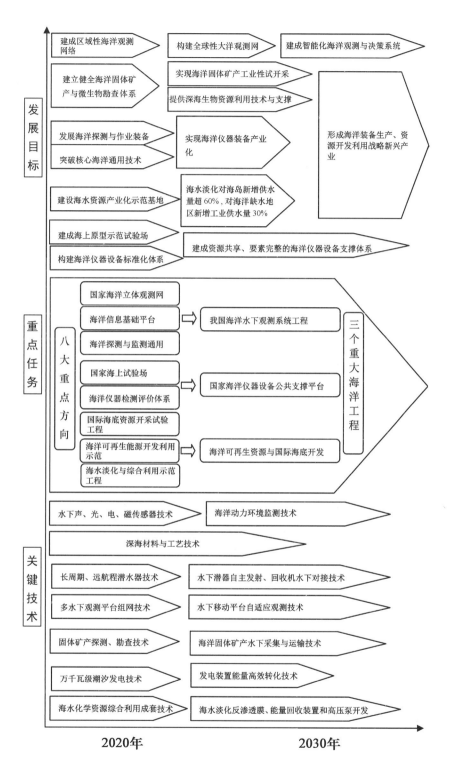

图 1-5-2 中国海洋探测与装备工程领域发展路线

图 1-5-3 中国海洋运载工程领域发展路线

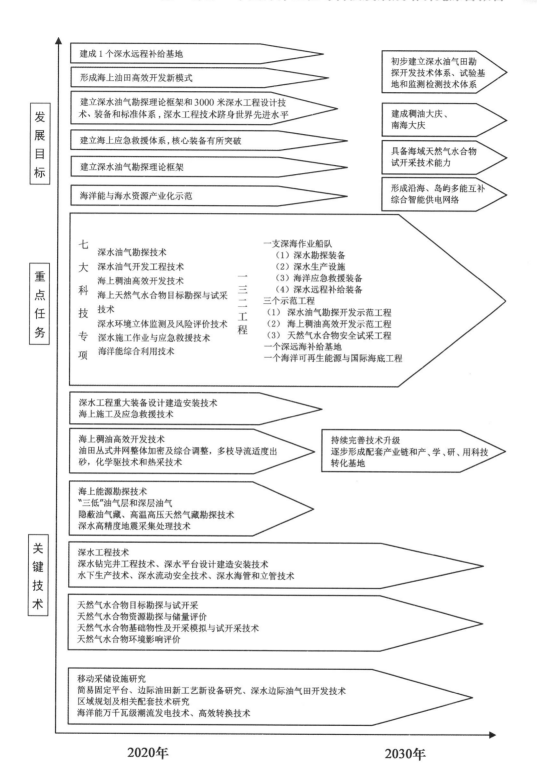

图 1-5-4 中国海洋能源工程领域发展路线

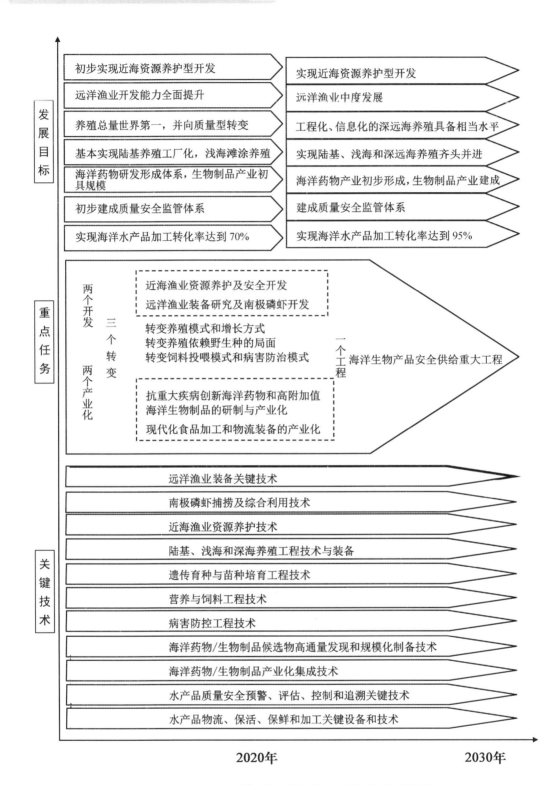

图 1-5-5 中国海洋生物资源工程领域发展路线

5. 海洋环境与生态工程领域

以建设海洋强国和生态文明为目标，围绕"控制海洋环境污染，改善海洋生态，防范海洋风险，提升海洋管控能力"4个方面，分阶段地开展海洋环境与生态保护工程体系的建设。在近期（2020年），以削减制陆源污染物，维护海洋生态健康状况，提升环境监管与风险控制能力为主。在中期（2030年），建立陆－海协调的海洋环境保护机制，形成海洋环境与生态工程成套技术体系与产业体系，海洋环境质量与生态状况明显改善，海洋环境监管技术和手段处于国际先进水平，海洋经济、资源和环境协调发展（图1－5－6）。

6. 海陆关联工程领域

在2015年以前全面启动综合性海陆关联工程体系建设，2020年初步建成国家海陆关联工程体系，2030年海陆关联工程体系布局进一步优化、功能进一步完善，为陆海统筹发展提供工程技术支撑。通过政策扶持和科技创新，以生态系统的海岸带综合管理技术、GIS的海域空间规划技术、智能网络的物流信息平台技术、海洋可再生能源利用技术、海岛生态修复技术以及沿海核安全保障与应急技术、海洋灾害防灾减灾等关键技术为突破口，以建立海岸带与近海空间规划体系、现代海陆物流联运体系、综合性海岛开发与保护体系、区域海洋安全与防灾减灾体系等为主要手段，全面推进国家海陆关联工程体系建设，加速海洋强国建设进程（图1－5－7）。

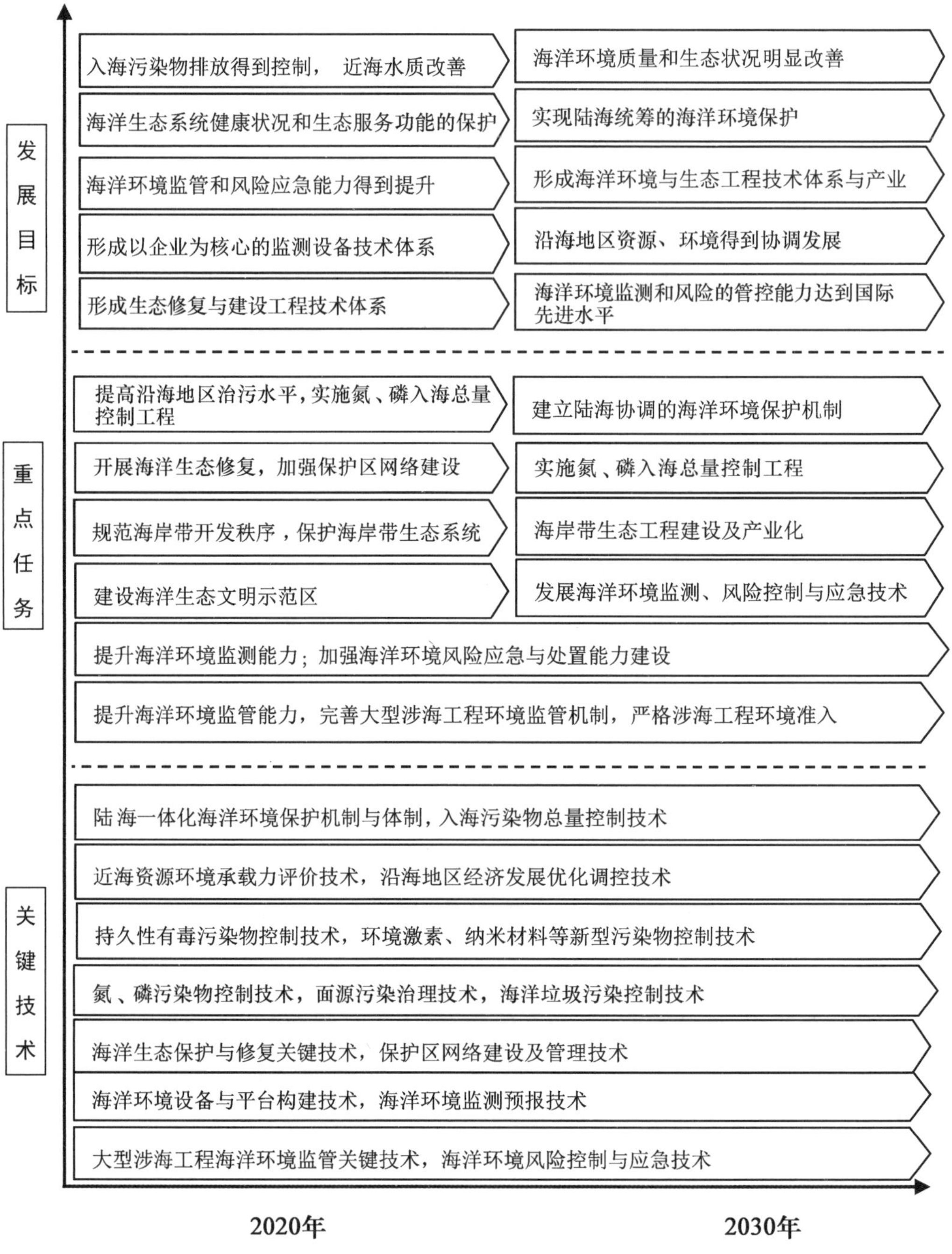

图 1-5-6　中国海洋环境与生态工程领域发展路线

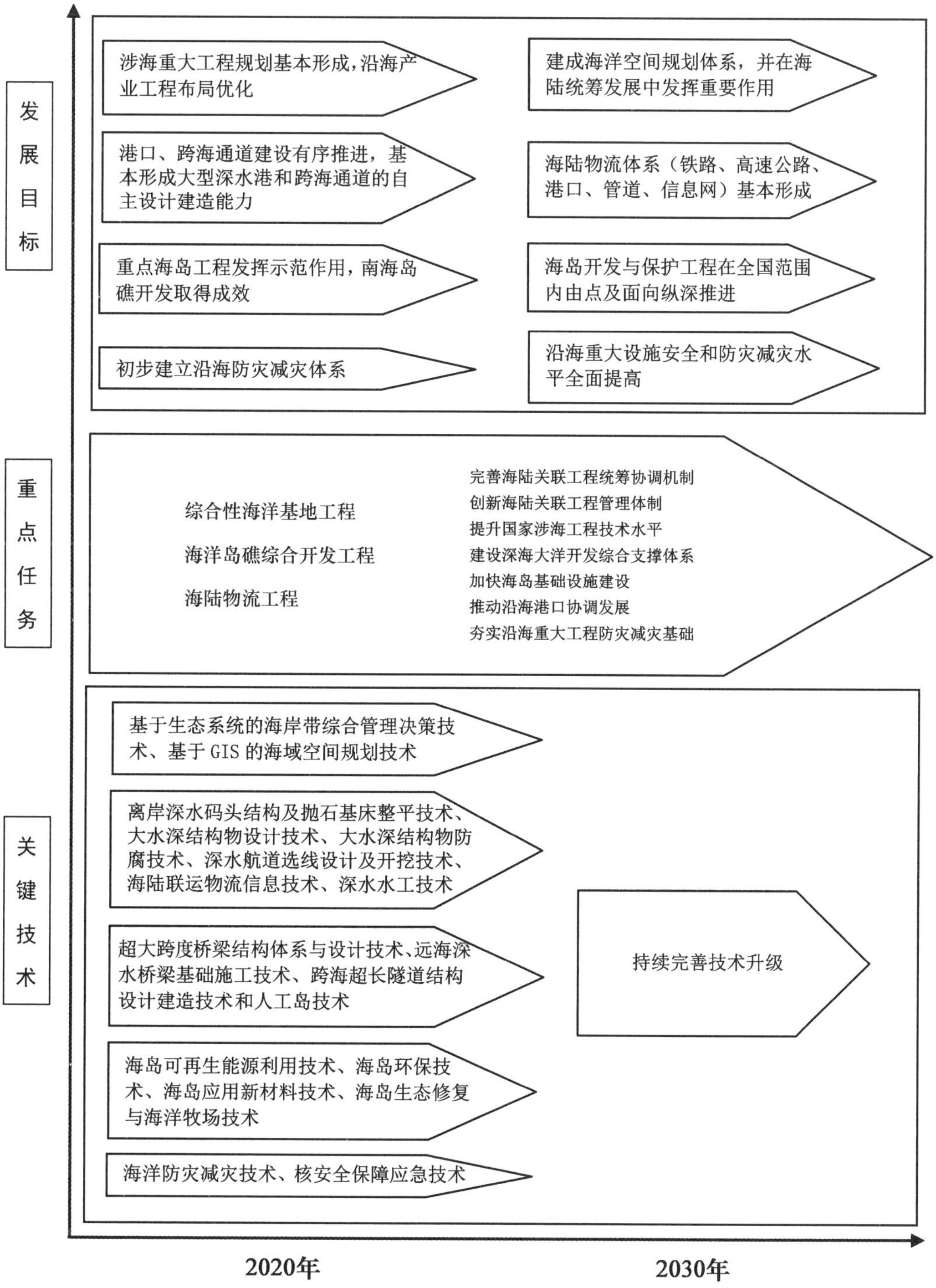

发展目标

涉海重大工程规划基本形成,沿海产业工程布局优化

建成海洋空间规划体系,并在海陆统筹发展中发挥重要作用

港口、跨海通道建设有序推进,基本形成大型深水港和跨海通道的自主设计建造能力

海陆物流体系(铁路、高速公路、港口、管道、信息网)基本形成

重点海岛工程发挥示范作用,南海岛礁开发取得成效

海岛开发与保护工程在全国范围内由点及面向纵深推进

初步建立沿海防灾减灾体系

沿海重大设施安全和防灾减灾水平全面提高

重点任务

综合性海洋基地工程

海洋岛礁综合开发工程

海陆物流工程

完善海陆关联工程统筹协调机制
创新海陆关联工程管理体制
提升国家涉海工程技术水平
建设深海大洋开发综合支撑体系
加快海岛基础设施建设
推动沿海港口协调发展
夯实沿海重大工程防灾减灾基础

关键技术

基于生态系统的海岸带综合管理决策技术、基于 GIS 的海域空间规划技术

离岸深水码头结构及抛石基床整平技术、大水深结构物设计技术、大水深结构物防腐技术、深水航道选线设计及开挖技术、海陆联运物流信息技术、深水水工技术

超大跨度桥梁结构体系与设计技术、远海深水桥梁基础施工技术、跨海超长隧道结构设计建造技术和人工岛技术

持续完善技术升级

海岛可再生能源利用技术、海岛环保技术、海岛应用新材料技术、海岛生态修复与海洋牧场技术

海洋防灾减灾技术、核安全保障应急技术

2020年　　　　　　2030年

图 1-5-7　中国海陆关联工程领域发展路线

第六章 推进中国海洋工程与
科技发展的重大建议

开发海洋，建设海洋强国，是我们的历史任务。依靠海洋工程与科技，"认知海洋、使用海洋、养护海洋、管理海洋"是建设海洋强国的基本策略。大力推进海洋工程与科技创新，是建设海洋强国的发展大计。从根本上说，建设海洋强国，动力在于国家的战略决策，依靠的是海洋工程与科技的发展。因此，面对目前我国建设海洋强国的迫切需求与海洋发展能力落后的突出矛盾，必须在国家层面做好战略规划，用非常规的思路和措施谋划跨越式发展。建设海洋强国必须建设海洋工程技术强国，首先需要大幅度的加快海洋工程与科技发展进程，全面提升现代海洋产业的战略地位。

为了实现建设海洋工程技术强国的发展目标，完成海洋工程与科技发展的根本任务，实施海洋工程科技创新和现代海洋产业发展推进等重大专项计划，势在必行，意义重大。其中：海洋工程科技创新项目，以支撑国家需求和现代海洋产业发展为出发点，创新为本，科技先行，发展高技术，不断提高海洋产业的核心竞争力；现代海洋产业发展推进计划，以海洋科技创新为动力，引领海洋实体经济的模式创建和跨越式发展。

重大专项计划的实施，将从建设海洋强国的战略构想出发，紧紧围绕维护国家海洋权益、保障海洋环境安全、可持续开发和保护海洋资源、拓展海洋发展空间、壮大海洋经济的战略需求，以提高我国在海洋国际竞争中的技术支撑与保障能力为目标，以形成海洋工程能力、开发海洋工程装备和产品、促进海洋经济发展为主线，兼顾现实应用需求与长远战略布局，全面提升海洋产业的战略性地位，为我国从海洋大国向海洋强国的跨越式转变打下坚实的工程与科技基础，全面推进海洋强国战略的实施。

一、实施海洋工程科技创新重大科技项目

（一）需求分析

海洋工程科技是强海固疆的驱动力，是发展海洋产业的助推器。建设海洋强国，首先必须建设海洋工程科技强国。面对全球海洋权益和海洋产业日益激烈的国际竞争以及日益广泛的海洋国际合作，发展海洋工程科技，提高海洋工程技术的国际竞争力是时不我待的历史任务。

建设海洋强国，最根本的是要依赖海洋科学技术的发展。我们的科学技术尚未对开发海洋做好充分准备，面临的海洋工程和海洋产业的发展既是机遇，也是挑战。应当按照习近平总书记的要求，发展海洋科学技术，着力推动海洋科技向创新引领型转变，依靠科技进步和创新，努力突破制约海洋经济发展和海洋生态保护的科技"瓶颈"，搞好海洋科技创新总体规划，坚持有所为有所不为，重点在深水、绿色、安全的海洋高技术领域取得突破，尤其要推进海洋经济转型过程中急需的核心技术和关键共性技术的研究开发。为此，我们必须坚持"需求主导、统筹规划、自主创新、重点突破、优化配置、集聚发展"的基本原则，选择海洋工程科技的关键方向，设置海洋科技专项，动员和组织全国优势科技力量，突破一批具有重大支撑和引领作用的海洋工程前沿技术，形成具有自主核心技术的特色产业和产品，抢占国际竞争的制高点，以创新引领型的海洋工程科技推动海洋强国的建设。

（二）基本思路

以建设海洋强国为基本目标，国家经济社会发展和维护国家海洋权益的需求为导向，实施海洋水下观测系统与工程、海洋绿色运载装备工程、深水油气勘探开发工程、海洋生物资源开发工程、海洋环境与生态保护工程、海洋岛礁现代开发工程等海洋工程科技创新重大专项，突破一批对于发展海洋经济、保护海洋生态环境和维护我国海洋权益有重要战略意义和应用价值的关键技术，构建海洋工程科技发展平台，全面提升我国海洋工程科技水平，为"认知海洋、使用海洋、养护海洋、管理海洋"提供强有力的工程科技支撑，为发展海洋经济奠定坚实的科学技术基础。

（三）主要任务

1. 水下观测系统工程

必要性

海洋观测是进行海洋开发、控制、综合管理的基础，是做好"知海、用海、护海、管海"的根本保证，构建海洋水下观测与应用综合体系在维护国家海洋权益与保障国家海洋安全、促进海洋经济可持续发展、建设海洋生态文明、促进海洋科学进步方面具有巨大战略需求。

当前世界海洋强国，已拥有较为健全的海洋水下观测体系。强大的观测支撑系统，是发展水下观测体系的根本保障。在这些观测支撑体系保障下，水下观测网络由基于海底光缆的静态观测向移动观测发展，由小范围内单一目的专业观测网朝着区域性多目标观测体系，最终朝着综合性海洋观测体系发展。

我国海洋水下观测体系尚未形成。虽然近年在海洋观测仪器、海洋观测平台方面有了较大进步，但还不足以支撑海洋观测体系的构建。在海洋观测网方面，我们尚在起步阶段，缺乏国家层面的顶层设计和规划，没有明确的长期科学目标。因此，迫切需要开展我国海洋水下观测体系建设。

发展目标

紧密围绕我国发展海洋经济、建设海洋强国的战略目标，建立国家海洋水下观测体系。①逐步整合、建成覆盖我国管辖海域、大洋及南北两极水下观测体系，实现多尺度、全方位、多要素、全天候、全自动的立体同步观测。②研发国际海底矿产和生物资源的探测、勘查、观测、取样和开采等的关键技术与装备，突破矿区及其附近海域的环境监测与评价、资源评价和长期观测所需关键技术，为国际海底资源的探测、评价和开发利用提供准确的技术手段。③构建我国水下观测支撑系统，包括建成海上公共试验场、健全海洋装备产业链、形成完善的海洋仪器设备检测评价体系等，为构建水下观测系统提供保障。

重点任务

1）海洋观测系统建设

（1）近海海洋观测系统建设。开展我国近海海洋观测系统顶层设计，制定基于天基、岸基、水面、水体、海底全方位的海洋立体观测体系。根据不同目标和需求，对观测区域的区块划分、观测网络布局及功能定位，构建区域性观测网。制定海洋观测技术标准化规范，为下一步由各区域观测网构建综合性观测系统做出前景规划。

（2）深远海观测系统建设。开展全球关键海域（关键航道、关键海峡等）的海洋环境参数观测，包括海底信息、物理海洋信息、海洋生物信息等，为国家海洋安全提供信息保障；开展国际海底重要矿区等重点海区的地质、物理海洋、海洋化学和生物环境参数常态化观测，建立资源调查与环境评价体系；针对南北极的气候变化和极地矿产、生物资源推进研究。

（3）水下移动观测系统建设。建立由水下自主潜器组成的水下无人机动测量系统，实现对海洋环境要素的观测，包括海底地形、地貌、海流、海水温度/盐度、水下障碍物、海洋重力、海洋磁力等，完成重点海域的精细化测量；同时，能够对动态海洋现象和目标实现自适应观测。

（4）数字海洋工程建设。海洋数据资源建设开展海洋资源规划，对数据资料进行整合处理，建设国家数据中心及分节点；开展敏感区域精细化调查和我国海洋带精细化调查，推进国内外业务化数据获取与更新，提升业务化资料处理、产品制作与服务能力；建设国家海洋资料交换中心。

2）国际海底开发工程

（1）洋中脊热液区的固体资源勘探系统。开发电、磁、震、钻、化学传感器等地质、地球物理和地球化学三维勘查技术，发展可大范围探测深海热液硫化物矿区的先进深海物探方法；研制开发深海物探系统。结合GIS、地质、地球物理、水文和化学等参数，建立热液硫化物资源综合评价技术体系。

（2）洋中脊热液硫化物矿区的采矿系统。开展深海多金属硫化物开采系统及其关键技术研究，制定深海多金属硫化物开采技术方案，突破洋中脊热液区的硫化物开采、采集、输运、水面支持等相关技术，研究采矿作业环境影响试验和资源综合评价；研制热液硫化物工业性试开采系统，开展工业性试开采系统的集成，在西南印度洋中脊热液硫化物矿区进行试开采。

（3）洋中脊极端生物资源技术。开展深海生物与基因多样性调查，建立国家深海生物资源中心。加强深海基因资源的应用基础研究，建立深海生物技术产业化中试基地，重点实现深海环境与微环境原位检测技术、生物样品深海保真采集技术、极端微生物培养保藏技术突破。

（4）洋中脊的环境监测、评价与长期观测技术以西南印度洋中脊为重点试验区，开展环境监测与评价技术的研究，构建热液区及其邻近海域立体环境监测系统，建立我国首个西南印度洋热液区域深海长期观测系统，开展环境影响参照区选划和硫化物矿开采环境影响评估。

3）海洋观测支撑系统建设

（1）海洋通用技术与装备。开展水下声、光、电、磁等海洋观测传感器核心技术研究，突破海洋装备核心部件严重依赖进口的局面；开展新型水下潜器研制，朝着航程更远、作业时间更长、可靠性更高、功能更强的方向发展；加快海洋探测仪器与装备从工程样机到产品化过度，推进产业化进程。

（2）海上试验场建设。开展浅海及深海海上试验场场区建设，包括由试验场区试验平台及观测监测平台建设、通信与监控系统建设、海洋环境数据库建设、岸基支持系统建设等，逐步形成科学合理、功能齐全、体系完备、服务公益、资源共享、军民兼用海上试验场区，为发展海洋观测新科学与新技术的研究提供保障。

（3）海洋仪器设备检测评价体系。研究建立海洋仪器设备计量性能评价体系，建立海洋仪器设备环境适应性评价体系，研究建立海洋标准物质体系，加强计量检测资源整合和海洋仪器设备科技成果鉴定，研究建立海洋仪器设备标准体系，推动我国海洋仪器设备全面快速发展。

2. 海洋绿色运载装备工程

必要性

近年来，国际上对于海洋运载装备节能减排、环保安全等方面的关注程度越来越高，世界造船强国纷纷加紧生态运载装备及技术的研发，国际海事新规则、建造新规范不断出台。可以预见，未来海洋科技的竞争就是海洋装备的竞争，而海洋运载装备的竞争终将归结为绿色装备的竞争。海洋绿色运载装备的研发是未来我国船舶工业可持续发展和提升国际竞争力的重中之重。

目前，我国在海洋绿色运载装备研发方面相对欧、日、韩等国还存在不小的差距，在相关基础技术的研发上缺乏积累，面对国际新规则新规范的变化基本还处在被动接受的地位，在国际规则、规范的制定过程中缺少话语权，与我国世界造船大国的地位极不匹配。大力发展节能环保的绿色船型、动力设备和配套设备，是促进我国海洋运载装备工业健康持续发展的重要保障。

发展目标

以国际主流趋势和先进技术为发展方向，集中力量攻克海洋绿色运载装备相关的船型设计技术、节能减排的动力及推进技术、绿色环保配套设备等核心技术，逐步形成海洋绿色运载装备自主设计制造能力，为提高我国船舶工业的国际竞争力、培育绿色船舶及海洋工程装备新兴产业、实现海洋经济发展方式的升级与转型奠定技术基础。

重点任务

（1）绿色船型开发。主要包括超级节能环保油船示范工程；半潜、滚装重吊超级节能多用途船工程和生态环保型支线集装箱船等。

（2）绿色动力系统开发。主要包括船用大功率双燃料发动机开发；高效、超低排放、高可靠性船用大功率柴油机的研制和 LNG 燃料系统专项研究。

（3）绿色配套设备开发。主要包括新型高效节能发电机组；低功耗、安静型叶片泵与容织泵；高效低噪声风机、空调与冷冻系统；船舶主动力系统余热余能利用装置；新型节能与洁净舱室设备；高效压载水处理系统；不含 TBT 的防污与减阻涂料和表面处理；船用垃圾与废水洁净处理等的开发和研究工作。

3. 深海能源综合开发工程

必要性

深海是世界海洋能源开发主战场和科技创新的前沿，也是保障我国国家安全、能源安全、海洋权益的战略领域。积极发展海洋高新技术，占领深海技术的制高点，开发海洋空间及资源，从深海获得更大的利益是世界各国的重点发展战略，也是我国必须面对的历史使命。

我国深海区蕴藏着丰富的油气资源，呈现了天然气水合物资源的广阔前景，同时我国深水能源的开发也具有高技术、高风险、高投入、高敏感等特点。南海海域总面积约 350 万平方千米，"九段线"内海域面积为 200 万平方千米，我国传统疆界内石油地质储量为 164 亿吨、天然气地质资源量为 14 万亿立方米，油当量资源量约占中国总资源量的 23%，其中 70% 储存在水深 300 米以深的深水海域，同时我国在南海已经圈定 11 个天然气水合物潜在资源区域，远景资源量为 680 亿吨油当量，因此加快南海深水能源开发对缓解我国能源供需矛盾具有重要意义；同时，周边国家越南、菲律宾、马来西亚、文莱等竞争态势严峻，目前周边国家在南沙海域累计完成探井 1 390 口、开发井 2007 口；已发现油气田 283 个，年产达 5 000 万吨，对我国传统疆界内的油气资源盗采严重。再者，南海战略位置十分重要，既是太平洋和印度洋海运的要冲，又是优良的渔场，在我国交通、国防和资源开发上都具有十分重要的地位。

海域划界是主权之争，主权的背后是资源问题。海洋是世界各国在未来争相瓜分的现实地理空间，在瓜分海洋这人类最后一块共同领域的争斗中，"下五洋捉鳖"具有不亚于"上九天揽月"的重要战略意义。高技术是深海油气和天然气水合物开发的根本保障，虽然我国已经建成了"海洋石油 981"、"海洋石油 201"、"海洋石油 720"、"海洋石油 708"等 3 000 米深水工程重大装备，但距离国际先进深水工程技术差距还很大，国外已经投产油气田最大水深 2 743 米、我国"荔湾 3−1"气田建成投产后最大水深 1 480 米。同时南海热带风暴、内波、砂脊砂坡、陆坡区域复杂工程地质风险将使深水工程设施面临更为巨大的挑战。因此自主研发成套的深海能源开发工程技术装备对大规模开发利用海洋资源、有效缓解日益突出的油气资源短缺压力，并使海洋产业特别是深海技术产业逐步成为我国国民经济的支柱产业，维护海洋权益具有重要的战略意义。

发展目标

围绕深水油气、天然气水合物资源勘探开发所面临深水复杂圈闭构造和低位扇沉积识别、深水钻完井、深水工程技术和重大装备研制等技术挑战，以深水能源开发需求为牵引，以重大科技专项、重大装备与示范工程一体化科技攻关策略为主线，实施"132 工程"：即建立 1 支深海船队（深水勘探装备、深水生产设施、海洋应急救援装备、深水远程补给装备）、建立 3 个深海远程军民共建基地（扩建永兴岛，建立美济礁、永暑礁、黄岩岛综合补给基地），形成辐射南海、东海的中远程补给基地，实施 1 个深水油气勘探开发示范工程和 1 个天然气水合物钻探取样、试采工程，加大深水油气田的勘探开发力度，力争建设"南海大庆"；稳步推进海域天然气水合物目标勘探、钻探取样、试采关键技术、装备研究。建立产、学、研、用一体化科技创新思路和科技成果转化机制，带动深水油气开发上下游产业链发展，形成海域天然气水合物钻探取样、试开采技术研发体系，为国防安全、能源安全提供强有力的保障。

重点任务

1）深水油气勘探开发工程

（1）深水油气勘探。重点发展深水高精度地震采集技术和装备、高信噪比与高分辨率处理以及崎岖海底地震资料成像处理技术、高温高压井勘探技术等关键技术。

（2）深水油气开发工程。突破深水钻完井、深水浮式平台、深水水下生产设施、深水流动安全保障和海底管道立管关键技术，包括设计技术、试验技术、建造安装与调试技术以及运行管理技术。

（3）深水环境立体监测及风险评价。重点研究海洋立体监测系统、海底观测技术、内波等复杂动力环境系统、深水陆坡区域工程地质调查以及工程地质灾害的评价技术。

（4）深水施工作业及应急救援。重点研究深水钻完井作业技术、海底管道铺设技术、水下设施安装、更换与维护技术以及包括常压潜水、重型作业技术、深潜救生、溢油处理、海上突发事故处理技术等应急救援。

（5）深水工程重大装备研制及配套作业。重点研究深水地球物理勘探船、深水勘察船、深水钻完船、深水铺管作业船以及配套作业支持系统，为走向深水大洋做好装备和作业技术支撑。

（6）深海远程军民共建基地。军民融合、寓军于民，针对深水能源开发、国家权益保障，建立 3 个深海远程军民共建基地（扩建永兴岛，建立美济礁、永暑礁、黄岩岛综合补给基地），形成辐射南海、东海的中远程补给基地，为维护海洋权益、服务能源开发和科学研究提供支持和保障。

2）深海天然气水合物目标勘探与试采关键技术

（1）海域天然气水合物目标勘探与资源评价技术。在海域天然气水合物重点成矿区带实施以综合地质、地球物理、地球化学、钻探等为主的水合物资源勘察技术研究，重点突破天然气水合物勘探技术、天然气水合物地质与地化识别技术、南海天然气水合物勘探目标研究。

（2）海域水合物钻探取心技术。依托深水勘察船和深水钻井装置，开展海域天然气水合物裸眼取心和探井取心工艺、取样装置、样品处理、测试分析装置研制，条件成熟时，实施海域水合物取心。

（3）天然气水合物试采工程关键技术。重点突破天然气水合物室内开采模拟和现场实施技术研究，重点解决水合物试采布井模式、钻完井、排水采气、水合物试采配套设施、水合物试开采过程安全监测等核心技术，具备海域天然气水合物试验开采技术能力，为海上试采做好技术储备。

（4）海域天然气水合物钻探和试采工程示范。结合海域水合物勘探进展，实施海域水合物钻探取样，根据样品分析结果，确定有利试采区域，条件成熟，实施海域试验开采技术验证，为商业开发做好技术储备。

4. 海洋生物资源开发工程

必要性

海洋生物资源是一种可持续利用的再生性资源，是海洋生物繁茂芜杂、自行增殖和不断更新的特殊资源，包括群体资源、遗传资源和产物资源。海洋生物资源与海水化学资源、海洋动力资源和大多数海底矿产资源不同，其主要特点是通过生物个体和亚群的繁殖、发育、生长和新老替代，使资源不断更新，种群不断获得补充，并通过一定的自我调节能力而达到数量上的相对稳定。

海洋生物种类占全球物种 80% 以上，是食品、蛋白质和药品原料的重要来源。我国在海洋生物资源开发利用方面具有独特的优势，随着科学技术的进步，海洋生物资源将成为我国重要的食物与药物资源和战略后备资源。

科学合理开发、利用和保护海洋生物资源是我国在保障食物安全、推动经济发展、形成战略性新兴产业、维护国家权益和社会稳定等方面的重要战略需求，直接关系到我国海洋强国战略的实现，关系到生态文明建设的成功，关系到小康社会的最终建成。

发展目标

海洋生物资源开发与利用的发展方向是进一步提高使我国海洋生物经济总体实力，增强海洋生物资源开发利用可持续发展能力，保护浅海生物资源，加快向深远海的发展，多层次开发海洋生物资源，全面推进海洋强国战略的实施。"可持续发展、安全发展、现代工程化发展"是我国海洋生物资源工程与科技发展的三大战略目标。①可持续发展：推行绿色、低碳和碳汇渔业的发展新理念，实行生态系统水平的管理，实现海洋生物资源及其产业的可持续发展。②安全发展：遵循海洋生物资源可持续开发的原则，实现资源安全、生态安全、生产安全、质量安全、食物安全。③现代工程化发展：提高海洋生物资源开发利用的机械化、自动化、信息化水平，加快实现海洋生物产业标准化和规模化。

通过大力发展海洋生物资源工程与科技，培育和发展海洋生物资源战略性新兴产业，提升产业核心竞争力。到 2020 年，我国进入海洋生物强国初级阶段，2030 年建设成为中等海洋生物强国，2050 年成为世界海洋生物强国。

重点任务

1）蓝色海洋食物保障工程

（1）海水养殖工程与装备。实现我国海水养殖的可持续健康发展，由世界第一水产养殖大国质变为世界第一水产养殖强国，改变消耗资源、片面追求产量和规模扩张、不重视质量安全和生态环境的粗放增长方式，向经济、环境和生态效益并重的可持续发展模式转化。加快优良品种、品系选育和普及，改变主要依赖养殖野生种的局面。转变饲料投喂模式，普及应用高效环保的人工配合饲料，改变鱼类配合饲料高度依赖鱼粉的局面。转变大量使用抗生素和化学药物的病害防治模式，推广应用免疫预防和生态控制的新技术。转变养殖模式，提高单位水体的产量，提高养殖操作自动化程度，由近及远地开拓外海空间，发展深海网箱养殖，建立深远海标准化养殖平台。

（2）近海渔业资源养护工程。近海渔业资源养护工程的重点是发展近海渔业资源评估与预报技术，建设休渔与保护区，扩大渔业资源增殖放流，建设海洋牧场，以及研发和推广应用以玻璃钢渔船为主的现代化近海渔船。

（3）南极磷虾资源开发与远洋渔业工程。南极磷虾资源开发的主要任务是建立南极磷虾渔业信息数字化预报系统，提高南极磷虾捕捞生产效率和磷虾渔获质量，发展南极磷虾深加工和高值综合利用技术，培育集产、学、研、加工、储运、流通企业紧密连接产业链。远洋渔业工程的重点是开拓大洋性渔业，研发信息化、数字化和系统化的远洋捕捞装备和助渔仪器，建造远洋渔业专业科学调查船。作为工程开发的基础性建设，科学规划与建设功能多元化的渔港体系，研发海洋岛礁（人工岛）渔港建设工程技术，建设南海渔港与补给基地，发展现代化渔港建设工程。

（4）海洋食品质量安全与加工流通工程。瞄准海洋食品质量安全及加工流通技术领域的国际前沿，针对影响海洋食品质量安全和加工流通的关键和共性技术，在基础研究、技术突破和行业推广"三个环节"上实现跨越式发展。质量安全方面，构建海洋食品全产业安全供给的宏观管理技术支撑体系，包括产品和环境中危害因素的检测技术、产品和环境危害蓄积及代谢规律的研究技术、产品和环境中危害风险程度的评估技术、产品生产和环境中控制危害的工艺技术，创建主要产品全程监管和控制质量安全标准体系，取得一批具有创新性和自主知识产权的成果。加工流通方面，开发营养方便海洋食品新产品和海洋水产品精准化加工新装备，发展海洋水产品加工副产物综合利用、海洋食品功效因子开发与功能食品制造、海洋生物资源及其制品的保活保鲜、冷藏流通链和物流保障、信息标识与溯源等一系列技术，建成具有国际先进水平的海洋食品加工流通体系。

2）海洋药物与生物制品开发工程

海洋药物与生物制品开发的重点任务是开发和利用海洋特有的生物资源，发展一批关键技术，研制拥有自主知识产权的海洋创新药物和新型海洋生物制品，建立和发展海洋药物和生物制品的新型产业系统。

（1）海洋药物研发关键技术。通过高通量和高内涵筛选技术和新靶点的发现，开发一批具有资源特色和自主知识产权、结构新颖、靶点明确、作用机制清晰、安全有效，且与已有上市药物相比有较强竞争力的海洋新药，形成海洋药物新兴产业。初步完成我国海洋药物研发体系建设。海洋药物完成20种左右海洋候选药物的临床前研究，其中10种以上获得临床研究批文。

（2）海洋生物制品开发关键技术。利用现代生物技术综合和高效利用海洋生物资源，开发具有市场前景的新型海洋生物制品，形成并壮大工业/医药/生物技术用酶、医用功能材料、绿色农用生物制剂等产业。基本形成海洋生物制品的产业化技术体系，完成20种以上的海洋生物酶中试工艺研究，海洋生物功能材料建立自主知识产权的海洋生物功能材料开发技术体系，5种以上系列海水养殖疫苗产品并进入产业化，完成10种以上抗生素替代的饲用海洋生物制剂研发并实现产业化，完成5种以上海洋植物抗病、抗旱、抗寒制剂及10种以上海洋生物肥料的研发并实现产业化。

5. 海洋环境与生态保护工程

必要性

海洋环境与生态保护是建设海洋强国的重要内容。习近平总书记2013年7月30日在中央政治局第八次集体学习时强调，"要保护海洋生态环境，着力推动海洋开发方式向循环利用型转变。要下决心采取措施，全力遏制海洋生态环境不断恶化趋势"，"要从源头上有效控制陆源污染物入海排放，加快建立海洋生态补偿和生态损害赔偿制度，开展海洋修复工程，推进海洋自然保护区建设"。

河口是河流与海洋交汇的水域区，是世界上生物多样性作为丰富的区域之一，拥有独特的生态系统。同时河口区也是人类高强度开发的地带，生态敏感性强，生态系统极为脆弱。我国海洋环境污染物有85%以上来自陆源，其中绝大部分来自河流输入，经河口进入海洋。因此，流域自然变化和人类活动以河流为纽带，对河口及其毗邻海域产生深刻影响。在过去的几十年中，流域社会经济迅猛发展，城市区域快速扩展，农药化肥大量使用，土地利用急速变化，这些变化过程中产生的大量污染物通过河流输送到海洋，对河口和近海的环境与生态产生了深刻的影响，导致河口及毗邻区出现生态系统平衡被破坏、生态系统服务功能退化，各类环境问题和生态灾害不断凸显，如海水入侵、海岸侵蚀、河口湿地萎缩、生物资源退化、近海富营养化、有害藻类暴发等，已经对沿海地区的经济社会发展及海洋生态环境安全构成了严峻的威胁与挑战。因此，为实现从源头上控制陆源污染物，亟待以河口区域为切入点，一方面推进陆海统筹的污染控制，减轻海洋环境压力；另一方面，在河口区采取针对性的保护措施，恢复河口生态环境，支撑河口地区社会经济可持续发展。

建设海洋生态文明是推动我国海洋强国建设和推进生态文明建设的重要举措，是国家生态文明建设的关键领域和重要组成部分。建设海洋生态文明，有利于在坚持科学发展、资源节约、环境保护的开发理念下，积极探索海洋资源综合开发利用的有效途径，最大程度地提高海洋资源利用与配置效率，保障和促进海洋事业的全面、协调和可持续发展，为提高海洋对国民经济的持久支撑能力发挥积极作用。这对于促进海洋经济发展方式的转变，提高海洋资源开发、环境和生态保护、综合管控能力和应对气候变化的适应能力，实现沿海地区的可持续发展，具有重要的战略意义。

发展目标

通过实施河口环境保护工程，推进全国河口区生态环境的调查，明确我国河口的总体环境状况和普遍环境问题；实施陆－海一体化污染物总量控制，筛选确定一批优先试点河口，推进陆－海统筹的污染控制，从源头上控制陆源污染物排放；制定和实施有针对性的管理措施和保护与修复工程，恢复河口生态环境，维护河口生态系统健康，减轻海洋环境压力，支撑河口地区社会经济可持续发展。

建立沿海地区经济社会与海洋生态、环境承载力相协调的科学发展模式，树立绿色、低碳发展理念，加快构建资源节约、环境友好的生产方式和消费模式，建立人－海和谐的海洋经济发展模式和区域发展模式。通过海洋生态文明建设，入海污染物排放得到有效控制，海洋环境质量明显改善，海洋生态系统服务功能得到有效维护，海洋资源开发利用能力和效率得到大幅提高，海洋开发格局和时序得到进一步优化，形成节约集约利用海洋资源和有效保护海洋生态环境的发展方式，显著提升对缓解我国能源与水资源短缺的贡献。

重点任务

1）河口环境保护工程

（1）河口生态环境状况调查与评估。调查河口生态环境、资源禀赋及资源开发利用情况，建设河口区生态环境监测网络。建立描述包括有毒污染物、营养物、自然资源在内的河口区数据库。识别河口的自然资源价值及资源利用情况；建立河口的生态环境评价指标体系和技术方法，进行河口生态系统健康评价，进行河口的健康状况、退化原因诊断和未来状况发展趋势预测。

（2）实施河口区入海污染物总量控制。针对河口及其邻近海域主要环境问题及其原因，将整个河口——它的化学、物理、生物特性以及它的经济、娱乐和美学价值——作为一个完整的系统来考虑，以流域为单位，制定河口综合性保护和管理计划，实施河口区入海污染物总量控制。建立陆海一体化总量控制实施机制，推动排污许可制度的实施，明确减排责任主体，将污染物总量控制的责任落实到地方政府和企业。建立海域污染物总量控制实施效果核查制度，建立入海污染物总量考核办法，明确考核责任单位、考核对象、考核程序、考核目标、评分体系和公众参与制度，将海域污染物总量考核制度化、规范化。完善相关环境立法，健全监督和监管机制，为总量控制的实施提供有效法律和政策支撑。

（3）建设河口生态环境保护与修复工程。基于近岸海域生态调查结果，提出对生态敏感区、珍稀物种、资源及其生境等的保护要求。在近岸海域重要生态功能区和敏感区划定生态红线。针对河口及其邻近海域主要生态退化问题及其原因，因地制宜地进行河口生态环境保护与修复工程建设，积极修复已经破坏的海岸带湿地，修复鸟类栖息地、河口产卵场等重要自然生境。针对围填海工程较为集中的河口区域，建设河口生态修复工程。针对岸线变化，规范海岸带采矿采砂活动，制止各类破坏芦苇湿地、红树林、珊瑚礁、生态公益林、沿海防护林、挤占海岸线的行为，建设岸线修复工程。

（4）建设河口区生态环境监测网络。建设全天候、全覆盖、立体化、多要素、多手段的河口生态综合监测网络，形成由岸基监测站、船舶、海基自动监测站、航天航空遥感等多种手段的监测能力，形成由卫星传送、无线传输、地面网络传输等多种技术和专业数据库组成的监测数据传输和监测信息整合系统，实现对河口区入海河流水质和通量、河口区水环境、生态系统、大型工程运行情况、赤潮/绿潮等生态灾害的高频次、全覆盖监测，加强重金属、新型持久性有机污染物、环境激素、放射性，以及大气沉降污染物等的分析监测能力。对河口行动计划实施过程中的关键参数进行观测，对实施效果进行评估，并将评估结果反馈到河口生态环境保护计划，以便随时做出修正。

2）海洋生态文明建设工程

以辽宁辽东湾、山东胶州湾、浙江舟山、福建沿海为先行示范区，开展海洋生态文明示范区建设。

（1）调整产业结构与转变发展方式。依据沿海地区海域和陆域资源禀赋、环境容量和生态承载能力，科学规划产业布局，优化产业结构，加强产业结构布局的宏观调控和经济发展方式的转型，形成分工合理、资源高效、环境优化的沿海产业发展新格局。构筑现代海洋产业体系，改造升级传统产业，积极发展海洋服务业，培育壮大海洋战略性新兴产业，发展循环经济和低碳经济，用生态文明理念指导和促进滨海旅游业、海洋文化产业等服务产业的发展，引导国民的海洋绿色消费。严格控制高能耗、高水耗、重污染、高风险产业的发展，淘汰落后产能、压缩过剩产能，实施区域产能总量控制。

（2）管控污染物入海，改善海洋环境质量。坚持陆海统筹，加强近岸海域、陆域和流域环境协同综合整治。建立和实施主要污染物排海总量控制制度，推进沿海地区开展重点海域排污总量控制试点，制定实施海洋环境排污总量控制规划、污染物排海标准，削减主要污染物入海总量。加快沿海地区污染治理基础设施建设，加强入海直排口污染控制，限期治理超标入海排放的排污口，优化排污口布局，实施集中深海排放。加强滩涂和近海水产养殖污染整治，加强船舶、港口、海洋石油勘探开发活动的污染防治和海洋倾倒废弃物的管理，治理海上漂浮垃圾，强化海洋倾废监督管理。逐步减少入海污染物总量，有效改善海洋环境质量。

（3）强化海洋生态保护与建设，保障海洋生态安全。加大海洋生态环境保护力度，建立海洋生态环境安全风险防范体系，保障海洋环境和生态安全。大力推进海洋保护区建设，强化海洋保护区规范化建设，加强对典型生态系统的保护。建立实施海洋生态保护"红线制度"，严格控制围填海规模，保护自然岸线和滨海湿地。加大沿海和近海生态功能恢复、海洋种质资源保护区建设和海洋生物资源养护力度，积极开展海洋生物增殖放流，加强我国特有海洋物种及其栖息地保护。在岸线、近岸海域、典型海岛、重要河口和海湾区域对受损典型生态系统进行修复，实施岸线整治与生态景观的修复。加强海洋生物多样性保护与管理，防治外来物种。加强水资源合理调配，保障河流入海生态水量。有效开展海洋生态灾害防治与应急处置，积极推动重点海域生态综合治理。健全完善沿海及海上主要环境风险源和环境敏感点风险防控体系和海洋环境监测、监视、预警体系。

6. 海洋岛礁现代开发工程

必要性

海岛具有重要的地位和价值。①海岛作为海上的陆地，是特殊的海洋资源和环境的复合区域，兼备丰富的海陆资源，是实施陆海统筹、开发海洋的前沿基地。②海岛及其周围海域蕴含丰富的海洋能，利用风能、潮汐能等进行海洋可再生能源生产，可为海岛自身及周边海区甚至大陆地区提供电力供给。③一些海岛拥有深水岸线，靠近国际航线，是建设深水港口的宝贵资源，依托海岛建设港口，可发展为交通枢纽、物流中心和资源配置枢纽。④岛屿在海洋权益维护中的作用愈加重要，海岛是划分内水、领海及其他管辖海域的重要标志，与毗邻海域共同构成国家领土的重要组成部分。在我国管辖海域内，尤其是对有争议的海岛，亟须通过实际开发和保护彰显主权、维护国家权益。

综上，海岛对全面打造现代海洋经济体系具有重要的支撑作用，开发海岛空间、保护海岛生态环境以及发展海岛经济具有良好的经济和社会意义，发展前景广阔。随着我国沿海地区空间资源的日趋紧张，开发和建设海岛，以海岛为依托发展海洋经济，将在国家和区域经济社会发展中拥有日益突出的战略地位。

发展目标

围绕促进海岛可持续发展，加强海岛综合管理体制机制建设，完善海岛开发保护法规和规划体系，强化海洋和海岛综合执法体系，着力保障海岛权益和海岛安全，优化海岛生产生活基础环境，提升海岛开发保护科技创新能力，实施一批重大海岛开发保护工程项目，积极维护海岛生态环境，坚持保护型开发海岛资源，使海岛在经济社会发展、海洋安全和海洋权益维护、海洋科学研究、特殊生态环境与社会文化价值保护中发挥重要的载体作用。

2020年，基本建立海洋和海岛综合管理体制，有效实施海岛开发与保护规划体系，建成一批涉及海岛经济社会发展、海洋安全和权益维护、海洋科学研究、海岛生态环境保护等的重大海岛开发保护工程项目，海岛保护区网络建设与管理卓有成效，应对海岛开发保护的科技创新能力不断增强，海岛开发保护进入科学有序轨道，一批重点海岛建设成为海岛经济社会发展和生态文明建设示范区。

2030年，形成完善、可持续的海岛开发保护科技支撑体系，海岛管理体制与制度完善高效，海岛开发保护有序进行，一批重点工程建设加快推进，海岛生态环境保持良性循环，环境质量明显改善，形成与生态环境协调一致的海岛产业体系，海岛在保障海洋安全和海洋权益中的作用明显提升。海岛成为我国促进海洋经济可持续发展、维护海洋权益、开展科学研究、保护海洋生态环境及区域社会进步的战略空间载体。

重点任务

（1）海岛生态保护工程。保护海岛生态资源多样性和物种资源多样性，提高海岛抵御风险能力，增加其水源涵养量、土壤保有量、风浪抵抗力。主要任务包括：增加海岛开发与保护基础工程投入，有效改善海岛居民基本生活条件，避免海岛生态环境出现人为污染和破坏；建立海岛管理人员培训机制，提高海岛管理人员文化素质水平，确保海岛走向环境友好型发展道路；以典型海岛为例，建立海岛生态保护示范区，实施海岛生态保护工程，切实推进海岛生态保护工作的进行；加强教育宣传工作，使绿色发展、生态发展观念深入人心。

（2）海岛淡水资源工程。有效保护海岛淡水资源、合理获取淡水补给以及对淡水资源进行有效利用，保障海岛居民生活用水，逐步解决生产用水需求。主要任务包括：建立健全海岛淡水资源管理制度，实施海岛水源涵养工程，严格控制海岛地下水开采；提高现有蓄水工程的复蓄系数，将尚未利用的较大集雨面积的降水通过隧洞、环山水渠等工程引入水库，提高地下水资源的利用率；发挥海岛现有水厂作用，加大配水管网改造，减少损耗，提高供水保证率和水质水量；适时兴建陆域引水工程；发展海水淡化工程，建设海水淡化产业示范岛，对淡化水给予财政补贴；兴建海岛污水净化处理设施，实现处理水多次利用。

（3）海岛新能源工程。充分开发利用海岛能源，适时建设远岸岛的陆供岛电力工程，保障海岛居民用电需求，改善海岛居民生活生产条件。主要任务有：展开"海岛新能源普查"专项调查，做好新能源监测选址工作，摸清各岛新能源蕴含情况，为海岛新能源大规模利用做好准备工作；选取合适地址，建设海岛新能源开发利用实验基地，如海上风能试验场、海流能试验场、海浪能试验场等；具有丰富新型能源且基础设施接入较好的海岛，重点开发利用新能源，优化能源利用结构，降低对传统能源的依赖性；选取代表性偏远海岛作为示范基地，建设海岛独立电力能源供应系统。根据海岛资源的特点，以风、光、浪、流等新能源作为主要电力能源供应方式，满足海岛居民用电需求；优化、改造现有供电网络，完善电力供应服务系统。

（4）海岛防灾减灾工程。建设海岛灾害监测预报体系，提升海岛灾害预报水平；建设海岛减灾抗灾设施，确保海岛开发与保护工程可持续发挥重要作用；提升海岛居民防灾减灾知识认知度，减少海岛灾害人员和物资损失。主要任务是：在海岛及其周边海域建设海洋观测站，对海洋及海岛进行监测，并制定完善的监测预报体系；实施海岛防风、防潮、防浪工程，加强海岛避风港、防波堤、海堤等设施建设；完善海岛排涝设施建设，防止海岛山洪和山体滑坡等地质灾害的发生；加强海岛相关排灾减灾科学研究，加快相关研究成果转化；选择典型海岛建设海岛防灾综合实验区，开展多层次海岛防灾教育，提高海岛居民防灾抗灾意识。

（5）海岛旅游工程。对不同海岛的旅游资源进行调查摸底，制定基于生态系统的海岛旅游发展规划，创新投入机制，促进海岛旅游资源的深度开发，提升海岛旅游品质，加强旅游业在海岛经济社会发展中的重要作用。依托一批具有较好经济社会发展基础的海岛，进一步改善人居环境，提升整体形象和品位，尽快形成具有鲜明特色和文化品位的海岛风貌。利用海岛得天独厚的地理位置、建港条件和丰富的自然人文景观因地制宜地重点发展旅游业。依托高效生态渔业，大力发展包含运动、娱乐、餐饮、观光等形式的休闲渔业。兴建国际邮轮码头工程，以海南国际旅游岛依托，在三亚港、海口港兴建国际邮轮码头，完善配套设施，提高服务水平。通过海岛旅游工程建设，提升海岛旅游品位和档次，以海岛旅游为核心整合区域旅游资源，把特色旅游业发展成为海岛经济重要支柱产业。

二、实施现代海洋产业发展推进计划 ▶

（一）必要性

现代海洋产业发展具有战略性、成长性、高科技驱动性和经济拉动性等重要的特征。"十一五"期间，我国海洋经济进入战略转型和快速增长并重的新发展阶段，主要表现为在海洋高新技术支撑下，一些对海洋经济以至国民经济可持续发展具有重要战略意义的海洋新兴产业开始形成并获得较快发展。"十二五"期间，作为战略性新兴产业重要组成部分的海洋战略性新兴产业，在很大程度上关系着在我国经济版图上具有比较优势的东部沿海地区经济结构的成功转型和增长方式的顺利转变。近年来，我国战略性海洋新兴产业发展规模逐年增大，年均增速在20%以上。到2020年，我国海洋战略性新兴产业增加值对国民经济贡献将提高1~2个百分点，培育成熟壮大3~5个战略性海洋新兴产业。到2030年，国家海洋高技术产业基地将成为国家产业结构升级和区域经济发展的重要引擎。

习近平总书记指出，要提高海洋资源开发能力，着力推动海洋经济向质量效益型转变。发达的海洋经济是建设海洋强国的重要支撑。要提高海洋开发能力，扩大海洋开发领域，让海洋经济成为国民经济发展新的增长点。要加强海洋产业规划和指导，优化海洋产业结构，提高海洋经济增长质量，培育壮大海洋战略性新兴产业，提高海洋产业对经济增长的贡献率，努力使海洋产业成为国民经济的支柱产业。因此，我们必须以国民经济支柱产业和战略性新兴产业的定位规划海洋产业的发展，提升海洋产业的战略地位，带动沿海区域经济结构调整，推动海洋经济向质量效益型转变，推动海洋开发方式向循环利用型转变。实施现代海洋产业发展计划将会进一步促进海洋高新技术发展，推进海洋战略性新兴产业的成长和壮大，支撑建设海洋强国伟大战略的实施。

（二）基本思路

以国家经济社会发展和维护国家海洋权益的需求为导向，全面落实建设创新型国家战略。以建设海洋强国为目标，以推动海洋经济向质量效益型转变为主线，以提高海洋产业对经济增长的贡献率为重点，强化海洋战略性新兴产业定位，发展海洋高技术，贯彻加快转化、引导产业、支撑经济、协调发展的方针，促进海洋产业和沿海经济结构优化和发展方式的转变，构建现代海洋产业体系。坚持走"依海富国、以海强国、人海和谐、合作共赢"的发展道路，全面提升我国海洋资源开发能力、海洋环境与生态保护能力以及抵御自然灾害能力，加强国家和区域海洋管理与安全保障，扎实推进海洋强国建设。

（三）主要任务

进行综合海洋战略性新兴产业国内外发展趋势及我国的产业基础、技术储备和市场前景综合判断。在我国的现阶段，具有发展和培育前景的现代海洋产业主要是海洋生物产业、海洋能源及矿产产业、海水综合利用产业、海洋装备制造与工程产业、海洋物流产业和海洋旅游业（专栏1–5–2）。

1. 海洋生物产业

海洋生物产业，是指与开发和利用海洋这一地理单元有关的生物资源而形成的产业群体，包括海水养殖、海洋捕捞、资源增殖业和海洋水产品加工等活动的海洋渔业，以及以海洋生物为原料和工具进行海洋药品与海洋制品的生产加工及制造活动的海洋生物医药业。

发展意义

21 世纪人类社会面临人口增加和老龄化、资源匮乏、能源短缺和环境恶化等诸多问题的严峻挑战。随着陆地资源的日益减少，世界海洋大国和强国竞相开发海洋生物这个潜力巨大的资源宝库。发展海洋生物产业是建设海洋强国的核心组成部分。

海洋生物产业的健康发展对保障国家食物安全有重要的意义。水产品是优质蛋白质食品，根据 2012 年的统计数据，海水养殖和海洋捕捞每年为我国提供超过 3 033 万吨的水产品，占我国主要动物性农产品产量的 1/5 以上。到 2030 年前后全国人口将达到 15 亿，我国水产品需求将相应增加 2 000 万吨以上，其中海洋水产品是一个重要的增长源。海水健康养殖和负责任的海洋捕捞的可持续发展，将对改善国民食物结构和保障国家食物安全做出重要贡献。

发展海洋生物产业对推动国民经济的持续健康发展有重要的意义。2012 年我国海洋生物经济占海洋产业生产总值的 18.6%，仅次于滨海旅游业和海洋交通运输业。海洋生物开发具有科技、经济与社会三重价值。以海洋药物和生物制品业为代表的海洋生物新产业是高附加值、高效益和价值放大效应极大的产业，具有如下显著特征：①增长率高，成为新的经济增长点；②产业链条拉长，产业前景广阔；③功能价值逐步放大，经济、社会效益显著。

海洋生物产业的健康发展对生态文明和美丽中国的建设具有重要意义。海洋牧场和人工鱼礁的建设有利于生态保护和修复，低碳和无公害的海水健康养殖和水产品的精深加工有利于环境保护、资源循环利用和食品质量安全保障，海洋药物的开发将为人类健康问题提供新的解决途径。

发展目标

在未来 15～20 年，我国海洋生物产业将形成以海洋渔业（养殖和捕捞）为龙头、海洋安全食品加工和资源循环利用产业为发动机、海洋生物新产业（以海洋药物和生物制品业为代表）为助推剂的特色鲜明的产业发展模式和增长能力。根据区域特点，合理布局产业结构，重点培育具有国际竞争力的龙头企业，扶持一批富有创新活力的高科技企业，形成海洋生物资源循环利用的全产业链，建设产业聚集区，突破一批核心关键技术，提升企业独立创新和集团创新的能力，显著增强海洋生物产业对国民经济和社会发展的贡献。

到 2020 年：推进负责任的海洋捕捞，产量达到 1 500 万吨，产值突破 2 300 亿元；海水养殖产量超过 1 800 万吨，产值突破 3 000 亿元；海洋药物与生物制品逐步产业化，产值接近 100 亿元；海洋食品资源加工转化率达到 70% 以上。

到 2030 年：实现全覆盖的负责任海洋捕捞，产量达到 2 000 万吨，产值超过 4 000 亿元；我国由世界海水养殖第一大国向第一强国发展，海水养殖产量超过 3 000 万吨，产值接近 7 000 亿元；海洋药物与生物制品形成产业群，产值达到 1 000 亿元；建立起以加工带动渔业发展的新型海洋农业发展模式。

重点任务

（1）大力发展环境友好型海水养殖，保障供给和食物安全。大力发展海水养殖是我国建设小康社会的刚性需求，是保障食物安全的战略重点。未来 20 年必须保持现有海水养殖产业的发展增速，稳定养殖种类，加快海水养殖技术与装备的升级换代，提高养殖产品质量，逐步引导海水养殖产业向质量效益型增长方式的转变，实现低碳养殖、生态养殖和环境友好型养殖，发展新的生产模式，拓展新的养殖空间。

（2）积极发展资源养护型捕捞业，保障可持续发展。加强近海渔业管理，控制捕捞力量，大力推动资源增殖业发展，建立科学规范的增殖渔业管理体系，制定统一的放流增殖规范及效果评价标准，实现生态系统水平的增殖放流。实施规模化人工鱼礁投放、海底植被恢复、生物屏障营造，推进海洋牧场建设。

（3）加快开发极地渔业，促进大洋渔业的新发展。加大发展极地渔业力度，推进海洋新生物产业发展。加快渔船及装备升级和更新，巩固我国在中东大西洋的西非近岸海域、南亚和东南亚海域和东南太平洋智利海域的渔业规模，持续发展远洋鱿钓渔业和大洋性金枪鱼渔业。

（4）创新海洋药物和生物制品，培育新生物产业。建立和完善海洋药物和生物制品研发技术平台，开发一批海洋新药，形成海洋药物新兴产业。集成海洋生物酶制剂、海洋生物功能材料和海洋绿色农用生物制剂研发技术，形成工业用酶、医用功能材料、绿色农用生物制剂等产业，发展并壮大我国海洋生物制品新兴产业群。

（5）适应市场消费需求，壮大和提升海洋食品加工业。开发大宗海洋食品资源的规模化、机械化、标准化、低能耗加工技术体系，促进传统海洋食品产业升级。以产品为主导，大力开发营养、健康、方便的即食及预调理等新型海洋食品，引导海洋食品消费模式的转变；以企业为主体，初步建成布局合理、功能完善、管理规范、标准健全的海洋食品冷链物流体系，显著降低海洋食品的流通腐损率；以政府为主导，建立和完善顺向可预警、逆向可追溯的海洋食品全产业链监管技术体系，实现海洋食品的安全供给。

2. 海洋能源及矿产产业

海洋能源及矿产产业是指在海洋中勘探、开采、输送、加工石油天然气和固体矿产等的生产活动，以及在沿海地区利用海洋能、海洋风能进行的电力生产活动。

发展意义

深海洋底蕴藏着丰富的资源，将成为人类未来重要的能源和矿产基地。据中国工程院《中国可持续发展油气资源战略研究报告》，到 2020 年我国石油需求量将达 4.3 亿 ~4.5 亿吨，对外依存度将进一步提高。石油供应安全被提高到非常重要的高度，已经成为国家三大经济安全问题之一。目前我国海洋油气资源开发主要集中在近海 300 米水深以内，因此在加大近海稠油、边际油气田等开发力度的同时，开辟海洋油气勘探新区和新领域，特别是加快深海油气资源的勘探开发力度是当前面临的主要任务。2050 年石油天然气将占能源结构 40%，保障我国石油供应，实现能源与环境的和谐发展，已经成为保障国家能源安全的重要战略。同时深水大洋海底的固体矿产开发潜力巨大。

海洋可再生能源具有蕴藏量大、可持续利用、绿色清洁、能量变化有规律性和可预见性的特点。作为可再生能源的重要组成，海洋可再生能源正在各国的能源战略中扮演越来越重要的角色。我国海洋可再生能源资源十分丰富，沿岸及近海区域理论装机容量超过 18 亿千瓦。但目前海洋可再生能源在我国能源消费中的比重还很低，发展海洋可再生能源产业的前景广阔。

发展目标

以国家海洋大开发战略为引领，以满足国家能源和矿产需求为目标，大力发展海洋能源和矿产工程核心技术和重大装备，全面掌握海洋可再生能源资源开发利用的关键技术，加大近海稠油、边际油气田高效开发力度，稳步推进中深水油气和海洋固体矿产勘探开发进程，实现海洋可再生能源的商业化和规模化，形成比较完善的能源开发和技术装备开发生产体系和服务体系，保障国家能源安全和海洋权益，为走向世界深水大洋做好技术储备。

至 2020 年，实现 3 000 米深水油气田开发工程研究、试验分析及设计能力，逐步建立我国深水油气田开发工程技术体系，逐步形成深水油气开发工程技术标准体系，实现深水工程设计由 1 500 米到 3 000 米的重点跨越；实现近岸百千瓦级波浪能和潮流能发电装置的产业化和海洋风电规模化生产，建设千千瓦级的波浪能、潮流能发电场；海岛多能互补电站可靠运行，实现 10 万千瓦潮汐、潮流发电及百万千瓦海上风电的并网，建成百千瓦级潮流能、波浪能发电装置海上试验场。至 2030 年，实现水深 3 000 米深远海油气田自主开发和装备国产化，进入独立自主开发深水油气田海洋世界强国；深海采矿装备实现定型，完成海上工业性试开采；初步解决有人居住海岛的用电，使海洋可再生能源并网达到 100 万千瓦，离岸风电并网1 000 万千瓦，完成 5 个温差能海上试验电站的研建。总装机容量达到 1 100 万千瓦以上。

重点任务

（1）加快海上边际油气田开发。推进以"三一模式"和"蜜蜂模式"为主的近海边际油气田开发技术，探索深水边际油气田开发新技术，包括中深水简易平台建造，小型 FPSO 应用相关技术，水下储油移动采储设施，简易水下生产设施。

（2）建设"海上稠油大庆"。建立以海上稠油注聚开发为主的技术体系，开展稳油控水、深度调剖技术、适度防沙等技术研究，同时进行海上油田早期注聚技术、多枝导流适度出砂稠油开发技术、高性能长效聚合物驱油剂合成技术，海上丛式井网整体加密综合调整技术，海上油田开发地震技术，多元热流体海上热采等技术探索，实现海上稠油油田高效开发，2030 年建成"海上稠油大庆"。

（3）勘探开发深水能源。目前深水技术仍然是制约我国海上油气开发的核心技术。力争到 2020 年，突破海洋深水能源勘探开发核心技术，初步建立具有自主知识产权的深水能源勘探开发技术体系，实现深水油气田勘探开发技术由 300 米到 3 000 米水深的重点跨越，初步具备自主开发深水大型油气田的工程技术能力和配套产业基础，为我国深水油气田的开发和安全运行提供技术支撑和保障。

（4）组建深水工程作业船队和深远海补给基地。到 2020 年建立以 3 000 米水深作业装备为主体的深水工程作业船队，全面提升我国深水油气田开发技术能力和装备水平。军民融合、统筹规划，加快南海岛礁和岛屿建设，有力保障军民深远海补给。尽快启动南沙海域岸基支持的选址与建设。逐步建成停靠和燃油补给线路：深圳市—永兴岛—美济礁。逐步建立海上应急救援技术装备。载人潜器、重装潜水服，遥控水下机器人，智能作业机器人，应急求援装备以及生命维持系统。

（5）开展海域天然气水合物目标勘探和试采。建立较为完善的天然气水合物地球物理勘探和试验开采实验研究基地，圈定天然气水合物藏分布区，对成矿区带和天然气藏进行资源评价，锁定富集区，规避风险、促成试采。通过实施钻探提供 1～2 个天然气水合物新能源后备基地，2018—2020 年，具备海上天然气水合物试验性开采技术能力，研制集成天然气水合物探测技术体系，开展试采技术和风险评价研究，规避风险、促成试采，为实现天然气水合物的商业开发提供技术支撑。重点领域包括：海域天然气水合物探测与资源评价，海上天然气水合物试采工程，天然气水合物环境效应。

（6）综合开发利用海洋可再生能源。开展万千瓦级环境友好型低水头大容量潮汐水轮发电机组和兆瓦级潮流发电机组的研制，研究解决发电机组低成本建造、潮汐电站综合利用、提高电站效益，降低电站发电成本等问题，推进我国万千瓦级潮汐能示范电站建设。开展潮汐能、潮流能、波浪能等海洋能与风能、太阳能等其他可再生能源多能互补关键技术研究，推动多能互补独立电站的技术示范，选择在资源条件较好，能源需求突出的海岛开展技术示范，建设海岛多能互补电力系统示范工程。

（7）开发海洋固体矿产。以多金属硫化物为目标，开展深海多金属硫化物开采系统及其关键技术研究，制定深海多金属硫化物开采技术方案，突破洋中脊热液区的硫化物开采、采集、输运、水面支持等相关技术，研究采矿作业环境影响试验和资源综合评价；研制多金属硫化物工业性试开采系统，开展工业性试开采系统的集成，在西南印度洋中脊多金属硫化物矿区进行试开采。

4. 海水综合利用产业

海水是取之不尽的天然资源。海水中包括水和氯化钠在内的各种化学成分，对于我国的工业和农业发展以及干旱地区生态环境改善具有重要的战略意义。海水是一种战略资源。海水综合利用产业是指对海水的直接利用和海水淡化活动，利用海水生产以氯化钠为主要成分的盐产品的活动，以及海盐化工、海水化工等化工产品生产活动。

发展意义

海水淡化和海水直接利用是解决当今水资源匮乏的重要手段，海洋化学资源利用工业是为工农业以及国防安全提供重要原料的保障。海水综合利用产业是解决水和化学矿产资源危机的战略途径之一，在海洋经济活动中占有重要地位，是建设海洋强国战略的重要组成部分。

我国海水淡化技术经济日趋合理，已建成海水淡化工程规模约24万吨/日。近年来，建成了28 000吨/时海水循环冷却示范工程和46万平方米大生活用海水示范小区及配套300兆瓦机组海水脱硫示范工程。我国海盐产量达3 000万吨，浓海水提溴生产能力为15万吨，已建成国际上首个万吨级海水提钾工程。纵观海水综合利用产业发展现状，我国海水综合利用技术取得了较大的进步和发展，并形成了规模产业，但与国外相比，无论是在关键材料和器件的自主核心技术以及大型化装备方面，还是在产业规模方面均存在较大差距，急需进一步提升。

发展目标

针对制约我国海水综合利用产业发展的自主关键材料、大型化成套装备和产业配套政策等关键问题，通过开展关键材料、产业化成套技术与装备的自主研发工作，突破核心技术和大型化组器的国产化，强化产业化技术支撑体系；通过实施大规模海水综合利用示范工程，建立产业技术转移中心和装备制造基地，构筑较完善的政策和法规体系，培育海水综合利用新兴产业。

2020年实现海水综合利用关键材料和技术装备的国产化，海水淡化总产能达200万~300万吨/日、年直接利用海水1 000亿吨，并实现100万吨海水提钾、10万吨海水提溴、150万吨海水提镁、500万吨海水制液体盐的规模，海水提锂、提铀等技术开发达到中试规模，形成发电、供热、海水淡化与综合利用相结合的生态产业链。2030 年实现 800 万～1 000 万吨/日海水淡化、3 000 亿吨/年海水直接利用、300 万吨海水提钾、20 万吨海水提溴、400 万吨海水提镁材料和 2 000 万吨海水提盐等，形成 1 500 亿～2 000 亿元的海水综合利用新兴产业。

重点任务

海水综合利用产业发展的主要任务包括研究和开发海水淡化、海水直接利用和海水综合利用的关键新材料、新工艺和技术装备，并建立产业化基地和相应的大型示范工程。

（1）海水淡化和海水直接利用。在海水淡化领域，发展高性能海水反渗透膜和组器、能量回收和高压泵以及低温多效海水淡化关键技术研究与应用。对水电联产、热法与膜法的耦合，以及发电、供热、综合利用、海水淡化与盐、碱等联产生态产业链进行工厂示范。在海水直接利用领域，开展海水冷却塔、热交换器和绿色水处理药剂等技术的产业化集成应用，大生活海水环境友好关键技术研发，海水烟气脱硫技术装备研发与应用，以及海水软化技术装备研发与应用。

（2）海水化学资源综合利用。海水综合利用涉及海水制盐及提取钾、溴、镁、锂、铀等化学品及其深加工，以及相应的生产工艺技术和成套大型装备等。主要技术及其产业化内容包括沸石离子筛法海水提钾新工艺技术和大型装备，高回收率提溴新工艺及设备，硫钾镁肥和阻燃氢氧化镁新工艺技术及设备，钾、溴和镁高端产品的研究开发，海水提锂和铀等微量元素和战略物资的新材料、新技术和工艺等。

（3）海水综合利用示范工程。在天津、青岛、北京、秦皇岛等淡水缺乏且已有淡化利用海水的地区，加强自主知识产权海水取水与预处理、海水淡化、海水直接利用和海水综合利用产业链相关的成套装备和产品研发，建立产业化研究开发平台和大型工程示范，建立大规模（5 万～10 万吨级）和超大规模（10 万～100 万吨级）海水冷却、海水淡化、浓海水制盐和提取钾、溴、镁示范工程，发展海水综合利用产业。以海水淡化和综合利用为核心内容的产业基地建设可选择天津、北京、青岛、秦皇岛等地。

4. 海洋装备制造与工程产业

海洋装备制造与工程产业是指以金属或非金属为主要材料，制造海洋船舶、港口、海上固定及浮动装置与仪器的活动，以及在海上、海底和海岸所进行的用于海洋生产和防护等用途的工程施工及设备安装。

发展意义

海洋装备制造与工程产业是拓展海洋空间，发展海洋经济，有效利用海洋资源，维护国家海洋权益，把我国建设成为海洋强国的前提和基础。海洋装备制造与工程产业是战略性新兴产业的重要方向，也是高端装备制造业的重要组成部分，具有知识技术密集、资本密集、劳动力密集，物资资源消耗少，成长潜力大，综合效益好、带动性强、军民结合等特点。海洋装备制造与工程产业处于海洋产业价值链的核心环节。

大力发展海洋装备制造与工程产业对于开发利用各种海洋资源，提高我国海洋产业综合竞争力，带动相关产业发展，维护海洋权益，保卫国家安全，保障经济安全，统筹国民经济和国防建设、贯彻落实军民融合发展思想，推进国民经济转型升级，建设海洋强国具有十分重要的战略意义。

发展目标

根据我国海洋装备制造与工程产业的基础和发展需求，我国海洋装备制造与工程产业的发展目标为：到 2020 年，我国海洋装备制造与工程产业的国际竞争力大幅提高，综合能力跨入世界先进水平行列，力争全球市场份额达到 40% 左右。总装制造领域达到世界领先水平，大幅缩短核心配套装备制造领域与世界领先水平的差距，力争在核心关键技术上取得全面突破，将差距缩短到 5 年之内，初步形成以产、学、研、用相结合的产业创新体系。海洋装备制造业对我国装备制造业的产值贡献率在 2010 年的基础上提高 20 个百分点。到 2030 年，我国海洋装备制造与工程产业的创新能力和产业发展水平达到世界领先水平。产业体系完备均衡，能够为我国海洋经济发展提供全门类的世界上最先进、综合效益最高的装备，产值贡献率在 2020 年的基础上提高 20 个百分点，为实现我国海洋强国的目标提供强有力的支撑。在国际市场上的份额达到 60% 左右，成为世界海洋装备制造与工程业强国。

重点任务

（1）优化产业布局，调整产能，解决产能结构性过剩问题。大力进行产业结构调整，使我国海洋装备制造产业的结构更趋于合理。鼓励大型骨干海洋装备制造产业进行兼并重组，优化资源配置，提高产业集中度。鼓励上下游企业构建战略联盟，进行产业链整合。

（2）实施品牌战略。培育一批综合经济技术指标领先，引领市场潮流的国际知名品牌产品。大力发展节能环保型的海洋运载装备。大幅提高高端产品在产品结构中的比重。努力提高海洋运载装备的配套工业能力，使本土化配套率稳步上升。

（3）推进科技进步，提高创新能力。依托重大工程和创新专项，建设海洋装备制造产业的创新平台。引导和支持官、产、学、研联合研发，支持鼓励上下游相关产业共同组建研发机构。突破海洋运载装备的基础共性及核心关键技术。提升装备集成能力和项目总承包能力。健全完善的海洋装备制造产业的技术标准体系。

5. 海洋物流产业

海洋物流产业是指以船舶、跨海桥梁和海底隧道为主要工具从事海洋运输以及为海洋运输提供服务的物流相关活动，包括海洋运输、物流信息服务与管理、港口建设与运行管理等。

发展意义

海洋物流产业是现代物流产业的重要组成部分，是涉海运输、仓储、装卸、加工、配送、信息的综合体，对于发展和完善涉海供应链，为经济发展提供一体化、综合化的服务体系，具有重要的支撑作用。近年来，随着我国开放型经济水平不断提高，海洋物流产业对我国经济发展、产业结构优化的促进作用日益明显。我国国际贸易货物运输总量的90%依靠海上运输，出口商品中的电器及电子产品、机械设备、服装等3个最大类别，以及石油、铁矿石等重要资源的进口，绝大部分由海运完成。海洋物流产业对区域经济发展的推动愈加明显。依托重要港口，沿海地区开发建设了一批重要临港产业区和城市新区，已经成为沿海经济发展的重要增长极。因此，大力发展海洋物流产业，不仅是建设海洋强国的必然要求，同时也是实施海洋强国战略不可或缺的重要内容。

发展目标

针对我国涉海物流体系中存在的薄弱环节，以增强系统性、优化产业链、提高综合效益为主要目标，大力推进海洋物流体系标准化、信息化、集约化、绿色化建设，以标准化打通物流"瓶颈"、以信息化提高物流效率、以集约化降低物流成本、以绿色化减轻环境影响，发挥海洋物流在涉海生产要素聚集和产业发展中的龙头和纽带作用，把海洋物流产业打造成为现代服务业新的增长点，成为带动经济结构战略性调整和区域经济发展的重要动力。

2020年，初步建立海洋运载、港口、集疏运体系的标准化体系，实现各体系重要环节的标准衔接；全面提高港口信息化水平，带动海洋运输和港口集疏运信息化加快发展；提高海洋物流效率，降低单位能耗和主要污染物排放。

2030年，实现海陆物流标准体系总体衔接，基本消除物流"瓶颈"；基本建立以港口为核心的海洋物流信息体系，广泛应用海洋物流信息技术；提高海洋航运和港口经营的效益，临港产业良性发展；大量应用绿色船舶、绿色港口技术，海洋物流节能环保水平位居世界前列。

重点任务

（1）建立海洋物流标准体系。针对我国海洋运载、港口、集疏运等领域标准体系不健全，各系统标准兼容性差的实际，加强海洋物流标准体系建设。以港口为枢纽，重点在通用设备、信息共享、运载规格、通行标准等方面，强化海洋运输与内河、公路、铁路、管道等联运方式的衔接与协调，提高海陆物流效率。

（2）完善海洋物流信息系统。以信息化为重点发展现代海洋物流业。加强物联网等信息技术在海洋物流体系中的运用，强化港口的信息枢纽作用，以港口信息化带动海洋运输和陆地集疏运体系的信息化，打造综合信息平台，实现各运输系统的重要信息共享，提高综合物流效率。

（3）加强深水港建设。强化现代化深水港作为海洋物流业关键枢纽的基础性地位，以深水港建设带动海洋物流业基础设施水平的整体提升。把握国际海洋航运发展趋势，在"离岸深水港建设关键技术研究与工程应用"重大专项成果的基础上，重点从海洋动力环境与深水港规划布置、海工建筑物耐久性与寿命预测、波浪作用下软土地基强度弱化规律与新型港工结构设计方法、深水大浪条件下外海施工技术与装备等几个方面加强技术应用。推进上海洋山港、天津港、青岛董家口港等几个大型深水港建设，在深水港工程实践中检验和发展深水港技术，使我国深水港建设理论与实践达到国际领先水平。

（4）积极建设跨海大通道。岛屿开发和离岸深水港建设对跨海通道发展提出了新的需求，使跨海通道日益成为海洋物流网络中重要的基础设施。围绕跨海通道高耐久结构工程建设需要，针对复杂海洋环境与远海深水施工的特点，重点突破超长跨越桥梁、海底超长隧道、大型海上人工岛等建设的核心技术，提升跨海大型结构工程建设质量和耐久性。积极发展跨海大型结构工程综合防灾减灾理论、技术及装备，超大跨海桥梁结构体系与设计技术，远海深水桥梁基础施工技术及装备，跨海超长隧道结构体系、建造技术及装备，海上人工岛适宜结构体系、修筑技术及装备。

（5）治理和完善河口深水航道。对大江大河河口区域进行疏浚，建设高等级深水航道，打通海洋与内河物流的"瓶颈"。在长江口深水航道治理的基础上，继续加强对河口深水航道技术的探索，重点发展航道治理模拟技术，复杂自然条件下深水海港及航道工程建设技术，港口基础设施耐久性关键技术，港口码头健康检测评估、修复加固和改造技术，渠化河段航道与枢纽下游近坝段航道整治技术，航道整治建筑物新型结构技术等。

6. 海洋旅游产业

海洋旅游产业是以海岸带、海岛及海洋各种自然景观、人文景观为依托的旅游经营和服务活动，包括海洋观光游览、休闲娱乐、度假住宿、体育运动等活动。本项研究所指的海洋旅游产业也包括海洋旅游开发活动，以及支撑海洋旅游开发的基础设施建设、文化产业发展和综合管理活动。

发展意义

海洋旅游产业具有经济贡献率高、产业关联性强、环境影响小、就业促进作用大等特点。联合国《21世纪议程》中建议，沿海国家应当探索、扩大依靠海洋资源开发休闲和旅游活动的潜力。据统计，旅游消费支出每增加一个单位，可带动国民收入扩大2.03倍；旅游业每增加一个就业岗位，可带动1.5~2.8个间接就业岗位。近年来，我国海洋旅游产业一直保持较快发展，已经成为海洋经济的支柱产业和海洋现代服务业的重点发展领域。因此，大力发展海洋旅游产业，是加快转变海洋经济发展方式，实现海洋经济持续健康发展的客观要求，对于建设海洋强国具有重大意义。

发展目标

适应海洋旅游产业国际化、多样化、大众化的发展趋势，积极参与海洋旅游全球竞争与合作，针对我国海洋旅游产业发展的薄弱环节，以提升产业层次、丰富产品内容、降低环境影响、构建安保体系，提高服务水平为目标，加强基础设施建设，整合旅游资源，优化产业布局，创新旅游产品，大力发展海岛旅游、邮轮游艇、海洋运动、休闲渔业等新兴旅游产业，使海洋旅游产业成长为沿海现代服务业发展的重要增长点，成为优化区域经济结构、推动可持续发展的新动力。

2020 年，海洋旅游产业经济效益进一步提升，环境影响降低，布局更加优化。沿海区域旅游资源、旅游产品良性竞争机制基本建立，建成一批世界一流的海岛休闲度假旅游胜地。海洋旅游产业新兴领域健康发展，空间载体从海岸带向深海大洋延伸。初步形成具有鲜明中国特点和较强国际竞争力的现代海洋旅游产业。

2030 年，海洋旅游产业成为沿海经济发展和就业增长的重要动力。海洋旅游基础设施完善，旅游资源开发科学充分，空间布局合理均衡，海洋旅游与海洋文化深度融合。海岛旅游、邮轮游艇、海洋运动等新兴海洋旅游经济达到国际领先水平。海洋旅游安全保障体系基本建成，应急救援系统适应旅游业健康发展的要求。建成经济效益、社会效益与生态效益良性互动的现代海洋旅游产业。

重点任务

（1）积极发展邮轮经济。针对邮轮经济基础设施薄弱的现状，加快发展沿海港口旅游服务功能，科学规划和有序推进邮轮母港建设，鼓励大连、天津、青岛、上海、厦门、深圳、北海、三亚等港口城市发展邮轮配套产业和相关基础设施。适应国际邮轮经济发展大型化、大众化、年轻化的发展趋势，开发既具有国际化水平又符合我国消费特点的邮轮旅游产品，依托管辖海域旅游资源培育新兴邮轮市场。发展邮轮建造业，提升造船规模与水平，形成大型高端邮轮自主设计建设能力。

（2）加快发展游艇旅游及相关产业。发挥游艇旅游集运动、航海、娱乐、休闲、社交于一体的综合性旅游产品优势，把游艇旅游发展为海上旅游的重要形式和载体。科学预测游艇旅游发展趋势，加快游艇码头规划建设。加大对游艇制造业的引导和支持，提高技术和管理水平，推动形成游艇制造产业聚集，满足不同类型游艇市场需求。发展游艇销售、培训、系泊、俱乐部经营等相关服务业，带动关联产业加快发展。规划建设适合游艇旅游需求的旅游产品，拓展游艇旅游在公关联谊、社交商务、旅游探亲、家庭聚会、海上居住等方面的作用。

（3）以休闲渔业改造提升传统渔业。发展休闲渔业，强化海洋渔业资源和滨海旅游资源的有机融合。通过赋予捕捞、垂钓活动以旅游、观光、休闲等新内涵，使休闲渔业成为集生产、休闲、运动、娱乐于一体的新型海洋产业，拓展渔业发展空间，提高渔业资源利用效率和效益。加大对休闲渔业发展的政策支持，促进近海捕捞能力向休闲渔业转化。加强近海生态环境建设，实施海洋生态环境整治工程，加强人工鱼礁建设。针对我国特点发展以养殖水产品为消费对象的休闲渔业，丰富休闲渔业内涵。加强沿海渔业社区基础设施建设，以渔港、渔村、渔民为特色打造滨海渔业旅游度假基地。通过发展休闲渔业促进传统渔业转型升级，支持渔民转产增收。

（4）科学开发海岛旅游资源。发挥海岛独特旅游资源优势，把旅游业作为海岛经济的支柱产业。加强海岛基础设施建设，完善供水、供电、交通、市政等基础设施。把海岛生态文明建设摆在突出位置，将良好生态环境作为旅游开发和一切经济活动的前提。促进海岛旅游与邮轮游艇、海上运动、海洋海岛生物观赏等新兴海洋旅游活动相结合，根据海岛特点科学制定旅游开发规划，打造海岛旅游特色优势。深度挖掘海岛以涉海文物、遗址、建筑等为代表的历史文化和以生活习俗、神话传说、节日庆典等为特色的民俗文化，以海岛文化建设促进海岛旅游发展。加快建设海南国际旅游岛。

（5）积极培育海洋运动产业。满足海洋旅游多样化、专业化市场需求，积极发展帆船、赛艇、潜水、冲浪及相关的游乐、休闲活动。加强海洋运动细分市场培育，根据各地旅游资源与消费群体的特点，因地制宜规划建设专业化海洋运动基地。延伸海洋运动产业链条，大力发展装备制造、销售、培训等上下游产业。鼓励有条件的地方举办海洋运动竞技比赛及大众娱乐活动。

三、保障措施建议

发展海洋工程装备和海洋科技是建设海洋强国的重要基础和保障，也是推动海洋强国建设不断取得新成就的必要途径。大力发展海洋工程与海洋科技，必须建设硬实力、提升软实力、培育创新力，必须采取有效措施和政策，保证海洋工程和科技发展战略与任务的有效实施。

（一）制定和实施专项规划，加快海洋工程与科技发展

围绕建设海洋强国这一战略目标，以提高海洋资源开发能力、发展海洋经济、保护海洋生态环境、坚决维护国家海洋权益为主线，以海洋科技创新为牵引，制定和实施国家海洋工程科技与产业发展规划。建议该发展规划以专项规划的形式由国务院下发，科技部、发展和改革委员会、财政部会同有关部门组织实施。

国家海洋工程科技与产业发展规划是指导国家海洋工程科技与产业发展的宏观指导性规划，规划期 2015—2030 年。规划要着力推动海洋经济向质量效益型转变，推动海洋开发方式向循环利用型转变，推动海洋科技向创新引领型转变，推动海洋维权向统筹兼顾型转变。坚持有所为和有所不为，重点在深水、绿色、安全的海洋高技术领域取得突破和跨越式发展，尤其要推进急需的核心技术和关键共性技术的研究开发。

发展规划要与海洋强国建设的阶段性目标相协调，分阶段确定海洋工程装备发展目标和重点任务，统筹规划、合理部署海洋工程装备和海洋科技发展。解决海洋工程装备和科技发展过程的"碎片化"及零散化，突出不可替代性，突出核心竞争力，避免重复布局和同质化竞争。要加强产业统筹规划和政策导向，对产能建设、行业协作、产业布局、创新发展等重要领域和关键环节发挥政府宏观引导和协调作用，统筹现有设施和新建能力。要会同相关部门制定海洋产业发展行动计划等重大任务的部门分工方案，加强规划与国家相关科技专项等的衔接，强化规划阶段性目标和任务的统筹指导。

（二）提升现代海洋产业的战略地位，加快海洋经济发展步伐

现代海洋产业整体技术含量高、发展潜力大、带动性和战略性强，大量产业领域直接参与国际空间与资源占有和利用的竞争，以及国际市场的竞争，对国家维护和拓展国际战略利益有重大贡献和支撑。世界各海洋发达国家和新兴经济体普遍把海洋作为国家经济和科技发展的战略方向和国际未来主要竞争方向，是国家战略性新兴产业重点支持的领域。

我国虽已将海洋工程装备等产业列入战略性新兴产业重点领域，但海洋领域多数颇有发展潜力的产业尚未包括。例如，由于海洋发展的高技术特性，即使是人们普遍认为属于传统产业的海洋渔业、船舶制造和海洋工

程建筑这样的产业，国外都已进入了绿色、深远海、高技术和规模化的发展时代，从所谓的"传统"产业向战略性高技术产业转变。这种发展战略与策略上的差异，将使我国海洋产业发展面临战略方向的"代差"和工程技术与装备的"代差"。这种态势，不仅不利于推动海洋强国建设不断取得新成就，同时也会对现代海洋产业发展带来严重的后果，使我国海洋工程与科技整体水平落后于发达国家的局面难以根本改变。为此，需要以更高的战略定位，将现代海洋产业整体上升为战略性新兴产业，进一步集聚资源和力量，全面提高海洋领域的科技发展驱动力，全面推动海洋经济结构升级和现代海洋产业发展，从而加快实现"海洋强国"战略目标。

海洋探测工程、海洋能源工程、海洋运载工程、海洋生物资源工程、海洋环境与生态工程和海陆关联工程等是支撑海洋产业发展的核心工程技术体系，与之相关的产业包括：海洋生物产业、海洋能源及矿业产业、海水综合利用产业、海洋制造与工程产业、海洋物流产业以及海洋环保产业等。应将这两大领域全部列入《战略性新兴产业重点产品和服务指导目录》中，由《战略性新兴产业发展专项资金》专项支持。在海洋产业创业投资计划、海洋领域产、学、研协同创新、海洋高技术平台建设等方面加大支持力度，促进重大关键技术突破和产业化，引导产业链协同创新和沿海区域集聚发展。

（三）建设海洋工程科技创新体系，提高驱动发展能力

通过大力推动人才管理机制和工程科技创新实践活动，加快海洋高水平人才队伍建设。

（1）在国家和部门各类人才培养计划中应高度重视海洋工程与科技高层次骨干人才的培养，造就一批高水平的海洋工程科技战略科学家，推动深远海领域优秀创新人才群体的形成与发展。积极引进世界海洋工程与科技前沿、勇于创新的技术带头人以及能够组织重大科技攻关项目的专家，同时，营造有利于鼓励创新的研究环境，推动优秀创新人才群体和创新团队的形成与发展。

要完善海洋科技创新人才管理机制，包括形成一套科学合理的人才选拔和任用机制，以及政府、大学、企业密切合作形成的人才培训和终身教育机制；形成人才市场调节机制、人才竞争机制、公平与多样化的分配机制；形成公开、公正的人才考评机制，建立将工作表现与工作业绩相结合

的有效的考评方法。

（2）整合优化现有海洋重点工程与科技实验室资源和布局，以海洋国家实验室建设为中心，构建国家海洋科技创新体系，加强重点海洋工程研发、设计中心建设，提升和完善海洋工程相关的基地和设施现代化水平。

通过重大项目实施和创新能力建设，加快海洋高水平学术带头人和创新团队培养。在包括973计划、863计划、"国家支撑计划"、国家自然科学基金项目、国家实验室，国家重点实验室、国家工程实验室、国家工程技术平台和创新群体等在内的科技计划实施和创新能力建设中，突出海洋工程与科技高水平学术带头人和创新团队培养。同时，通过联合攻关、协同创新和产业联盟实施，培养成果转化专家和科技型企业家。

（3）加强知识产权和标准建设，完善科技成果转化机制。掌控和保护海洋工程知识产权，制定和实施海洋技术标准，加强海洋技术标准体系建设。动员和引导社会力量参与海洋工程和科技成果的转化，营造良好的海洋科技创新和科技成果转化环境，积极支持海洋工程与科技各领域的相关企业组建产业联盟，推动我国海洋工程与科技的产、学、研、用密切结合。

（4）加强全球国际合作，促进海洋高端工程技术人才培养。全球科技合作已经造就了自下而上的跨越国界的全球科技网络，同时，全球的海洋科技发展呈现多样化趋势，合作更加紧密。借鉴和引进发达国家海洋技术，对重点项目和重大工程进行国际联合攻关。推动国际海洋工程装备技术转移，鼓励境外企业和研究开发、设计机构在我国设立合资、合作研发机构。通过加强全球海洋合作，加快海洋高端工程技术人才的培养。

（四）加大对海洋工程装备和科技发展的财税支持

海洋工程装备和科技研发是一项高风险、高投入、高产出的领域，需要国家持续、不断地投入支持，需要采取多种财税支持措施。

（1）在整合现有政策资源、充分利用现有资金渠道的基础上，建立稳定的财政投入增长机制，设立海洋工程装备和科技发展专项资金。着力支持相关的重大基础研究计划、重大关键技术研发、重大产业创新发展工程、重大创新成果产业化、重大应用示范工程和创新能力平台建设等。突出重点，进行倾斜支持，尤其是与国家权益、安全维护和与资源空间拓展密切相关的深远海工程开发和科技，政府要持续加大资金投入。以商业合同的方式，向海洋高科技企业直接投入研发经费。对代表未来长远需求方向的技术和产品，具有明确战略性的新兴产业发展，国家要给予更多支持。

（2）采用税收激励政策，对于从事海洋高新技术产业的企业实施更为优惠的税收激励政策。加大政府采购对海洋自主创新技术和设备的支持力度，完善政府采购技术标准和产品目录，对重要海洋技术创新产品实施政府采购，对于需要研究开发的重大海洋技术创新产品或技术实行政府定购制度。鼓励和支持金融机构加快金融产品和服务方式创新，有效拓宽海洋工程装备制造企业融资渠道。

附录：论海洋强国战略

海洋在国家和民族兴衰史中扮演重要角色。纵观历史，向海则国兴，闭海则国弱。21世纪，人类社会进入大力开发海洋资源和充分利用海洋战略空间的新阶段，为应对新的法律制度和海洋新秩序所带来的机遇与挑战，美国、英国和日本等海洋强国纷纷制定或调整海洋战略，在新一轮国际海洋竞争中抢占先机。我国是一个陆地大国，也是一个海洋大国，在陆地资源日趋紧张的今天，海洋空间和海洋资源是中国社会经济现代化和可持续发展的重要基础和主要出路，关系到国家崛起和民族复兴。按照《联合国海洋法公约》的规定，全球海洋的36%划归沿海国家管辖，我国拥有领海、毗连区、专属经济区和大陆架等管辖海域的面积约300万平方千米，这意味着中国有权在相当于陆地国土1/3的管辖海域内行使主权或主权权利。

海洋事业要发展，需要有国家海洋战略。我国东南沿海海域辽阔，港湾星罗棋布，环境条件优越，海洋资源丰富，在接替和补充陆地空间和资源不足等方面潜力巨大。在这样的国土特征下，党中央、国务院历来重视发展海洋事业，2003年，国务院发布《全国海洋经济发展规划纲要》，提出"建设海洋强国"的战略目标。2011年，《中华人民共和国国民经济和社会发展第十二个五年规划纲要》明确提出要"制定和实施海洋发展战略"。2012年党的十八大召开，这是我国进入新的历史时期一次重要的会议。十八大报告从战略高度对海洋事业发展做出了全面部署，明确指出要"建设海洋强国"。这说明党和国家把海洋的重要性提到了前所未有的战略高度，也表明海洋战略已被提升为国家大战略。建设海洋强国是促进中国从地区性大国向全球性大国迈进、从海洋大国向海洋强国转变的必由之路。中国正处在走向海洋、建设海洋强国的战略机遇期，要以创新性思路和科学方法深入研究海洋战略问题，为推进海洋强国建设提供理论基础和参考依据。

一、战略理论及对海洋战略的探讨 ▶

（一）战略的一般定义和内涵

1. 战略的概念和含义

"战略"一词译自英文的 strategy，源自希腊语 strategia。公元前 580 年前后东罗马毛莱求斯皇帝为其将领撰写了一本教科书，名为《Strategition》，其意是为将之道，或称统帅的艺术，与"战略"概念异名同义①。古今中外，"战略"一词在人类的实践和理论中不断被赋予新的涵义。

中国古代最先出现的兵略、谋略、韬略及方略，就是"战略"的最初称谓。西汉时期的任宏在校勘兵书时，将兵书区分为兵权谋、兵形势、兵阴阳、兵技巧四类，其中兵权谋就是讲战略和谋略的。西晋初期文学家司马彪撰著《战略》一书，是最早提出"战略"这一概念的。普鲁士军事家克劳塞维茨（1780—1831 年）在《战争论》中提出："战略是为了达到战争目的而对战斗的运用。"《世界大百科全书》认为，战略"是为了实现特定目标而运用力量的科学与策略。"《辞源》对战略所下的定义是"作战的谋略"。在《辞海》中"战略"一词有 3 种含义：第一是据敌对双方在政治、经济、自然和军事上的客观实际引出的对战争的筹划和指导；第二是各种战争策略或使用战争策略的事例；第三是指国家、政党和企业集团等在一定时期决定全局的谋略。

苏联《军语译义辞典》对战略所下的定义为：军事学术的最高领域，它是为一定阶级谋利益的武装斗争——战争规律的科学知识体系。美国《陆海军辞典》中说：战略为最有利的使军队和兵器而制订的大规模的计划的科学和方法。中国人民解放军《战略学》对战略所下定义为：战略是指导战争全局的规划。它是战争指导者运用战争的力量和手段达成战争目的的一种艺术。②

台湾学者钮先钟先生在《国家战略概论》中说："概括言之，从传统的意识来解释，所谓战略的含意大致可以分为以下几点：①战略是一种只和高级军官有关的学问，此即所谓将道；②战略是一种艺术，不是科学，这

---

① 纪爱云. 2008. 试论 21 世纪中国海洋战略的构建. 石家庄：河北师范大学.
② 杨金森. 2006. 中国海洋战略研究文集. 北京：海洋出版社.

是它与战术（factics）和后勤（lohistics）不同的地方，后二者都是比较具有科学化的趋势；③战略是只和战争发生关系。"

从战略概念的发展可以看出，战略原本是军事领域的用语，是筹划和指导战争的艺术，自从战争出现以后，战略就已经存在了。因此，可以说军事领域中的战略是研究整个武装斗争的领导和进行战争的方法，指导战争全局的计划和策略。尽管古今中外对"战略"含义的阐述不尽相同，但就其在筹划与指导一定历史时期的国家或政治、军事集团运用其军事力量，达成政治目的，为其国家利益或政治、军事集团利益服务这一点上是相同的。

2. 战略的分类和构成要素

随着社会的发展，社会各领域借用战略概念研究重大问题的规律，解决问题的策略、方法和艺术，形成了战略本意之外更广泛的涵义和概念体系，最典型的如国家战略。国家战略是指筹划和指导国家各个领域全局活动的方略，又称为大战略，意指运用国家全部力量的指导艺术。美国柯林斯在《大战略》中说："战略这个词的原意是统帅艺术，但是现在这个词的含义却远远超出了这个范围。战略不再是单纯的军事，也不仅仅限于武装斗争。目前，不但有军人，而且有非军人在国家一级研究战略问题。""战略可分为应付国际和国内问题的全面政治战略；对外和对内的经济战略以及国家军事战略等。"①美国把国家战略定义为："在平时和战时使用军事力量的同时，发展和使用国家的政治、经济和心理力量，以实现国家目标的艺术和科学。"②

"台湾学者"钮先钟对战略概念体系的认识是：在国家战略之下，每一个特殊的领域之中都应有一个分类战略，也就是分别称之为政治战略、经济战略、心理战略、军事战略等……此种分类战略的任务是在某一特殊领域内分配工作并协调各种不同的活动。王堂英等在《对战略概念系统结构层次的一种构想》中，提出了我国战略概念体系的构想，其中国家战略为最高层次，二级层次为政治战略、经济战略、国防战略、科技战略和社会战略。每一个二级战略领域之下，还可以有更下一级战略。

---

① ［美］约翰·柯林斯著，中国人民解放军军事科学院编译. 大战略. 1978. 北京：战士出版社.

② 孟祥君. 2006. 中国国家海洋战略构建研究. 陕西：电子科技大学.

关于战略的基本要素，美国的马克斯韦尔·泰勒上将1981年有一段论述：战略总是由目标、方法和手段几个方面组成的。我们可以用一个公式来表示这一概念：战略＝目的（追求的目标）＋途径（行动方案）＋手段（实现某些目标的工具）。各个领域的战略都可以包括这几方面的基本要素。[①]

这个公式具有很广泛的普遍性，制定军事战略可以用这个公式，制定社会和经济发展战略也可以利用这个公式。联合国的《21世纪议程》实际上是一份战略问题的文件，它在制定各领域的战略时，都有目标、行动领域、能力建设，这正是战略问题的基本要素。《21世纪议程》中的有"依据"一项，这是制定战略之前的情况分析，也是必要的。所以，从战略研究的角度，战略的基本要素也可包括以下4项：依据、战略目标、行动方案、实现目标的手段和条件。

（二）海洋战略的概念及发展

1. 海洋战略及与国家战略的关系

随着时代的进步，社会各领域借用战略概念来研究重大问题的发展规律。战略与海洋事务相结合，将战略理论应用于海洋领域，便形成了海洋战略。长期以来，诸多专家学者对海洋战略进行了论述和探讨。

朱利安·科贝特是与马汉同时代并在西方海军理论界与之齐名的英国海洋战略学家和历史学家。在整理和分析英国历史资料的基础上，朱利安·科贝特归纳和演绎出了一种"具有海洋国家特色"的军事战略理论，涉及国家大战略、有限战争和海陆联合作战等重大军事战略理论问题，对西方海军战略思想的发展产生过重大而深远的影响。其理论的主要内容包括3个方面：一是海洋战略的核心是"确定海陆军在战争计划中的相互关系"；二是海洋战略从属于国家大战略，并为海军战略提供指导；三是海洋战略的中心目标是争夺、保卫和使用制海权。[②]

杨金森对于海洋战略理论体系做了详细的论述。他认为海洋战略是国家大战略的组成部分，将海洋战略的概念定义为：国家海洋战略是国家领导人、政府首脑、涉海部门领导人处理海洋事物的策略、方法和艺术，包

---

① 杨金森．2006．中国海洋战略研究文集．北京：海洋出版社．
② 杨金森．1996．把建设海洋经济强国作为跨世纪国家战略．中国科技论坛．

括海洋权益问题、海洋开发与保护问题、海洋科技问题等的国家目标、行动方案、实现上述目标的方案和手段等。海洋战略体系可分为4个主要的二级战略：以扩大管辖海域为核心的海洋政治战略；以建设海洋经济强国为中心的海洋经济发展战略；以近海防御为主的海洋防卫战略；高技术与常规技术相结合的海洋科技战略。

孟祥君认为，国家海洋战略是国家用于筹划和指导海洋开发、利用、管理、安全、保护、捍卫的全局性战略；是涉及海洋经济、海洋政治、海洋外交、海洋军事、海洋权益、海洋技术诸方面方针、政策的综合性战略；是正确处理陆地与海洋发展关系，迎接海洋新时代宏伟目标的指导性战略。海洋战略有广义和狭义之分：广义的海洋战略是一个国际性的概念，是人类利用海洋来生存和发展的战略。狭义的海洋战略包括两层意思：一是运用政治及军事手段（并不一定是战争）取得对关系国家利益海域的地缘优势以及对该地域的实际控制权；二是对该海域资源的开发利用以及担负该海域维持秩序、援助遇险船只等责任。

海洋是人类生存发展的源泉，海洋事务是国际事务的重要领域，是国家的大战略问题。研究认为，海洋战略从属于国家战略，是国家统揽海上方向建设与斗争全局的总方针和处理国家海洋事务的总策略。海洋战略是国家大战略的重要组成部分，包括海洋领土和主权、海洋安全、海洋军事、海洋经济、海洋科技、海洋法制、海洋文化等诸多方面，这些内涵互相关联，需要统筹协调，并有机联系于其他相关领域的战略。

从历史发展经验来看，海洋与国家强盛之间有着密切的联系。世界强国都是海洋强国：世界史上19个强国，都是当时的海洋强国。在当今世界多极化和经济全球化的格局下，通过走向海洋而成为世界强国更是一条强国富民的必由之路。

2. 对海洋强国战略的探讨

"海洋强国战略"既是国家凭借海洋自然地理条件和物质基础、通过合理开发利用海洋来实现国家富强的一种战略，又是指发展强大的海上综合力量、能够利用海洋获得更多的海洋利益，从而使其国家成为比其他国家更发达的国家。不同时代的任何国家，走向海洋，争夺海洋霸权，都是为了开发和利用海洋，从海洋中获得比其他国家更多的国家利益，这也是世界各国海洋战略的核心。

海洋强国战略是一个综合概念。在对海洋战略的探讨中，国内外学者更多的是将海洋战略与海洋强国战略联系起来，即从依海强国、以海富国、建设海洋强国的角度来研究和探讨海洋战略问题。

19 世纪末 A. T. 马亨在《1661—1783 年海洋强国的影响》中，把海洋强国战略目标和国力联系起来。近代海权论的奠基人、美国海军军官马汉认为，任何一个国家，要想成为强国，必须首先控制海洋，控制海洋就控制了世界财富，进而统治世界。马汉的《海权论》奠定了美国海洋霸主的理论基础。西奥多·罗斯福总统实践了马汉的海洋战略，用半个世纪的时间登上了世界第一海军强国的宝座，为其实现世界霸权奠定了基础。

国内研究文献中，1973 年首次出现"海上强国"一词，强调和表示一国海上军事力量的强弱。杨金森提出应当把建设海洋经济强国作为跨世纪的国家战略。吴克勤认为，海洋强国是一个国家综合实力的体现，应该从经济、科学技术、教育与人才培养及社会指标等进行评价。[1] 高之国界定海洋强国概念应包括海洋经济强国、海洋科技强国、海洋军事强国和国际事务强国 4 个方面。[2] 王诗成从海洋与国家经济、军事、社会进步等方面之间的关系进行了阐述，指出 21 世纪我国的海洋战略应分 2001—2015 年、2016—2030 年、2031—2045 年 3 个阶段进行，其主要衡量指标为海洋经济占国民经济总产值的比重，到 21 世纪中叶海洋经济总产值达到国民生产总产值的 1/4，对于实施手段，主要包括海洋开发战略、海洋科技发展战略、海洋管理战略等手段。[3]

另外有专家和学者对于海洋强国战略给予相关研究和定义。王曙光从中西方的发展历史详细论述了建设海洋强国的根本原因，并指出海洋强国 3 个方面的内涵：①海洋经济发达；②海洋军力强大；③海洋管理有力。

海洋强国的建设应着力于以下 6 个方面：①必须大力发展海洋经济；②建立强大的海军；③强化海洋行政管理；④建立海洋行政执法队伍；⑤大力发展海洋科技、教育；⑥全面提高全民族的海洋意识。[4]

---

[1] 吴克勤 . 1998. 国际海洋年与海洋强国 . 海洋信息，（04）.
[2] 高之国 . 2000. 关于 21 世纪我国海洋发展战略的新思维 . 资源产业，（1）.
[3] 王诗成 . 1997. 21 世纪海洋战略（一）. 齐鲁渔业，14（5）.
[4] 王曙光 . 2006. 论建设海洋强国 . 中国海洋大学"论建设海洋强国"报告会 .

尤子平认为，在当今世界多极化和经济全球化的格局下，必须通过海洋强国而走向世界强国。中国和平发展面临以海洋为背景的诸多挑战和风险，海洋战略环境严峻。他认为，海洋战略是国家整体战略的重要组成部分。海洋战略包括海洋领土和主权、海洋安全、海洋军事、海洋经济、海洋科技、海洋法制、海洋文化等诸方面，这些内涵互相关联，需要统筹协调，并有机联系于其他相关的领域战略，因此，只有通过对海洋战略的全面和深化的研究，提出对策，实践落实，才能加速海洋事业的整体推进。[1] 陆儒德在其"实施海洋强国战略的若干问题研究"中指出了建设海洋强国要关注 8 个方面的问题：①建设海洋强国应在国家战略上切实体现；②建立现代海权，保证海洋事业顺利发展；③海洋权益必须充分维护；④应科技兴海，开拓海洋开发新局面；⑤完善法制建设，依法维护国家海洋权益；⑥强化海洋管理；⑦建立海洋国土概念，确立海陆整体疆域观；⑧建立与海洋强国相适应的现代海军。[2] 刘新华和秦仪认为，必须以海权资源、海洋战略和海洋能力为切入点转换海权形成机理的探寻维度。基于海权资源、海洋战略和海洋能力的现代海权理论的内在形成机理是：国家通过动态的海军和海洋战略整合静态的海权基础资源，不断创新，实现着国家控制海洋、利用海洋、由海向陆的能力，促进国家繁荣昌盛。并最终形成在海洋中现实的、随时可用的强制能力。[3]

因此，"海洋强国战略"的内涵可以有两种不同范畴的理解。一方面，它可以理解成国家凭借海洋自然地理条件和物质基础、通过合理开发利用海洋来实现国家富强的一种战略。该战略实施的主要任务可以概括为：保障海洋可持续利用，发展海洋经济，促进国家社会经济发展综合实力和竞争力的提升；建立强大的国防，保卫疆土和主权权利不受侵犯。另一方面，"海洋强国战略"可以理解为国家在一定的发展阶段发展状态的概念化描述，是指比较而言具有强大的海洋综合实力、能够利用海洋获得比大多数国家更多的海洋利益，从而使其国家成为比其他国家更发达的国家，这样的国家就可以被称为这个时代的海洋强国。

---

① 尤子平 . 2005. 深化海洋强国战略的研究与实践 . 舰船科学技术，27（1）.
② 陆儒德 . 2002. 实施海洋强国战略的若干问题 . 海洋开发与管理，19（1）.
③ 刘新华，秦仪 . 2004. 现代海权与国家海洋战略 . 社会科学，（3）.

3. 海洋强国战略特征分析

综上所述，"海洋强国"也就是指海洋综合实力强大的国家。国家海洋综合实力是指国家以一定的海洋自然地理条件为基础，开展海洋调查研究、实施海洋综合开发与管理、维护国家海上安全以及参与国际海洋事务等方面能力的综合。决定一个国家是否是海洋强国的因素是多方面的，结合国内多数学者的观点，一般应具备雄厚的海洋自然物质基础和良好的海洋环境质量、较高的海洋开发能力和海洋经济发展水平、较强的海洋科技创新能力和科技发展实力、完善的海洋综合管理能力、强大的海洋综合防卫力量等条件。这些方面共同构成了国家海洋综合实力的核心内容和海洋强国的显著特征。它具有如下4个基本特点。

（1）战略性和宏观性。国家海洋综合实力也可以称之为"海洋国力"，如同国家综合国力一样，是一个战略层面上的概念。对于我国而言，海洋综合实力的战略意义尤其突出，它关系到国家的生存与发展，是我国能否在世界强国之林中立于不败之地的决定性因素。我国进行海上综合力量建设是海洋强国战略思想的体现和必然要求，其核心目的是加强对海洋安全的控制和对海洋经济的促进，并通过运用海洋综合力量来贯彻整个国家意志，最大限度地维护国家利益和海洋权益，促进国家的发展与强大。

（2）整体性和系统性。国家海洋综合实力并不是某一种力量和因素，而是多种力量和因素的综合，这种综合不是其构成要素的简单加和，而是各要素相互关联、相互作用所构成的具有一定结构特征和运行规律的系统，其整体功能状况或水平不仅决定于其各要素的状况和水平，更决定于不同要素之间的结构关系及其耦合机制。在强调整体性的同时，国家海洋综合实力的发展也应该重视在几项根本性的或具有本国特色和优势的重点力量上的集中突破。

（3）动态性和开放性。作为一种综合力量系统，国家海洋综合实力是其本身各要素间相互作用及其与外部交流的运动过程中逐步形成并发展壮大的，体现出系统的动态性和开放性特征。一个国家海洋综合实力的发展不仅是本国强大的需要，还将对世界海洋事业的发展做出贡献。因此，国家之间在竞争中合作、合作中竞争，是未来海洋综合实力发展的基本趋势与特征。

（4）鲜明的价值取向性。国家海洋综合实力如何为国家利益和目标的实现服务，是一个必须确定价值取向的问题。国家海洋综合实力体系的结构、发展方向和重点与整个国家的整体利益和战略目标定位有很大关系。即不同的国家战略意志决定着国家海洋综合实力建设具有不同的价值取向。一些西方大国海洋综合实力的发展往往带有谋求海上霸权、推行强权政治的倾向，因而海军建设在其中具有突出重要的地位，控制制海权、海上争霸、海外扩张、干涉国际事务和别国内政是其海洋综合实力发展的几个基本特征。与西方国家不同，我国建设海洋强国，发展海洋综合实力的目的在于提高自己的基本国力、保持稳定局面、维护国家主权独立和领土完整；尽管也强调强大的海军威慑力量的重要性，但同时更注重海洋经济、科技、军事、政治、外交等多种力量的综合发展。

（三）海洋强国构成要素与指标体系

分析和评价国家海洋综合实力建设状况，除了进行定性描述和分析之外，更重要的是需要对其进行定量评价。所谓定量评价就是要寻找或建立一个度量标尺，通过它去衡量国家海洋综合实力建设的状况，进而比较精确地刻画国家海洋强国的总体水平和发展态势，分析与世界海洋强国的差距，探索增强和提升我国海洋综合实力的途径。

1. 构成要素

具体来说，国家海洋综合实力由以下 8 个领域、近 30 个方面指标组成，这些方面也将是对一个国家是否为海洋强国进行判断和评价的基本内容：①国家的海洋战略，包括全民族的海洋意识、政府的海洋政策、国家支持海洋事业发展的总体能力。②海洋地理环境和资源，包括海岸线长度，海域面积，海洋的区位，海洋资源。③海洋自然力，包括海洋水文，海洋气象，海底地形。④海洋调查研究能力，包括船只，科技人员，仪器设备，近海和大洋调查研究能力。⑤海洋水文气象保障能力，包括海洋环境监测，海洋预报，海洋信息服务。⑥海洋开发能力，包括产业种类和规划，开发装备数量和水平（包括造船能力），产业就业人数，海洋产业产值。⑦海洋防卫能力，包括海洋军事力量，海洋防卫运输能力，海洋防卫动员体制。⑧海洋管理能力，包括管理法规，管理队伍，管理机制等。

2. 指标体系

对一个国家是否是海洋强国进行全面系统的评价，必须借助海洋综合实力评价指标体系。它的建立旨在以比较简明的方式全面反应被评价国家海洋综合实力的变化过程，是国家海上力量综合评价的核心和关键环节。它不是一些指标的随意堆积和简单组合，而是根据某些原则建立起来并能反映一个国家海洋综合实力建设总体状况的指标集合。我们认为，国家海洋综合实力评价指标体系的建立应该遵循以下 4 个基本原则。

（1）科学性和合理性原则。指标体系应当充分反映和体现国家海洋综合实力的内涵，从科学角度系统而准确地把握其实质，尤其要仔细研究各要素所表征的国家海洋综合实力发展的内在规律，以保证所选择的指标能够准确反映国家海洋综合实力的水平和发展变化特征。

（2）概括性和系统性原则。国家海洋综合实力是国家处理一切涉海事务的综合能力，它是一个综合性概念，因而"综合"是国家海上力量分析和评价的基本方法。这就要求评价指标体系应该相对比较完备，能够基本反映国家海洋综合实力的主要方面和主要特征。在相对完备的前提下，指标的数量又不宜过大，要尽可能地压缩，以便于操作为限。

（3）实用性和可行性原则。从理论上说．可以设计出一个理想的指标体系来完整地描述海洋综合实力，但在实际操作中往往会因为不能获得数据支持而无法实现。因此，指标的选择要适度，既要与当前发展现实相适应，又要使资料来源有可行性。此外，为了便于操作，应尽可能减少难于量化或定性指标的数量。

（4）可靠性和可比性原则。统计指标资料来源的可靠性决定着研究结果是否真实可信以及能够使用的范围，这是设计指标体系必须予以考虑的重要环节。可靠性要求各项指标（包括定性指标）应当有一定的量化手段和计算方法与之对应，而且这些方法要科学严谨，并力求简单、便于掌握。同时，指标的设计还应当考虑到可比性，不仅要尽量参考国家综合国力评价指标体系的框架结构，而且要考虑到与国外相关指标内容与计算方法的可比性。

根据以上原则，将国家海洋综合实力划分为海洋自然力、海洋经济力、海洋科技力、海洋防卫力、政府调控力、海洋生态力和外交力等大类，形成了国家海洋综合实力评价指标体系的基本框架（表1）。

表1 "国家海洋综合实力评价指标体系"基本框架

目标层（CMP）	指标层（B）		因子层（C）
	名称	内涵	
国家海上力量	海洋自然力	海洋自然地理条件和资源基础，代表国家海洋综合实力建设的基础实体	海域面积；海岸线长度及岸线系数；海岛数量与面积；宜港海湾和河口数及宜港指数；海洋生物资源量；海洋矿产资源量；海洋油气资源（含天然气水合物）量；海洋能资源量；海洋自然力的军事影响指数等
	海洋经济力	国家在一定时期海洋经济发展的整体能力，是国家海洋综合实力的核心部分	海洋经济总量及其占GDP的比重；海洋经济密度（单位海岸线和单位海域面积的海洋经济总量）；海洋经济增长速度；海洋经济结构指数；海洋就业结构及就业贡献率指数；海洋经济效益指数；海洋经济集约化指数；海洋经济自然成本指数，海洋贸易指数等
	海洋科技力	国家海洋科技发展水平及科技创新能力，是海洋综合实力建设的主要动力	海洋教育能力（海洋教育投入、海洋教育规模）；海洋科技成果数；海洋科技人员；海洋科技投入与产出；海洋科技进步综合评价指数；海洋科技贡献率，海洋调查研究技术装备水平指数；海洋预报能力指数；海洋监测能力指数；海洋信息服务能力指数等
	海洋防卫力	国家保卫领土主权、维护海洋权益和保障海上安全的能力，是一种以"威慑力量"存在的海上力量	海洋军事力量（海洋常规军事人员，海洋后备军事人员，海洋军事支出；海军武器装备水平）；海洋防卫运输能力指数；海洋防卫作战能力指数；海洋防卫动员能力指数等
	政府调控力	国家对海洋事务的宏观调控与驾驭能力，反映政府对海洋综合实力各要素的组织与协调能力，即政府的管理质量	国家海洋政策（战略、规划、环境政策、科技政策、产业政策等）综合评价指数；海洋管理能力指数（海洋管理体制与机构，海洋管理和海上执法队伍，海洋立法与法律法规，海洋管理设施、装备、基地建设等基础能力）
	海洋生态力	国家海洋生态系统的综合服务能力，是海洋可持续利用的基础和保障	生态系统健康；生态系统服务功能及价值；海洋环境质量评价；海洋自然保护区面积；生态环境保护投入等
	涉海外交力	国家在涉海外交和国际海洋事务中的影响力	对国际海洋组织的参与；对国际海洋热点问题的介入能力等

3. 评价模型

目前，国内外学者在多指标体系的分析评价中，多采用层次分析法作为基本工具。层次分析法（The Analytic Hierarchy Process，简称 AHP）是运筹学家、匹兹堡大学教授（T. L. Saaty）于 20 世纪 70 年代中期提出的一种统计分析方法。它是一种能将定性分析和定量分析相结合，将人的主观判断用数量形式表达和处理的系统分析方法。它可以把一个由相互联系、相互制约的众多因素构成的复杂系统加以量化。通过把所要解决的问题或要达到的目标及其影响因素划分为相互联系的有序层次，根据对客观现实的分析，对每一层次的各元素的相对重要性给予定量表述，并依据因素间的相互关联影响及隶属关系，按不同层次聚集组合，形成一个多层次的分析结构模型。它从决策分析发展而来，是分析多目标、多准则的复杂大系统的有力工具。

根据国家海洋综合实力体系的系统性和复杂性特点，我们设想以层次分析法作为海洋强国评价的基本测算方法，同时在计算过程中，可以根据具体指标测算的实际要求结合采用其他数理统计方法。

国家海洋综合实力评价模型的构建必须处理好两个基本问题：①是不同类指标之间的可比性问题；②不同指标的重要性程度问题。根据以上指标体系，在对多个指标进行综合集成时，软指标和硬指标的处理方式应该有所不同。对于前者，如国家海洋政策、海洋管理体制与结构等，可以采用专家问卷调查的评定方法；对于后者，可以采用综合指数法得到具有可比性的数据。不同层次指标权重的确定，主要采用主观法，即通过专家咨询和充分的讨论，对同一层级指标进行重要性排序，再根据国际、国内形势的需要确定不同重要程度指标的具体权数。

根据层次分析法的基本原理，我们设想采用逐层加权求和的方式来计算国家海洋综合实力的水平。具体模型如下：

$$CMP = \sum_{i=1}^{n} K_i \times B_i$$

式中，CMP 为国家海洋综合实力指数；B_i 为第 I 类指标的综合指数；K_i 为第 I 类指标的权重；n 为指标类别个数。

$$B_i = \sum_{i=1}^{m} F_i \times C_i$$

式中，B_i 为第 I 类指标的综合指数；C_i 为第 I 个指标因子的量化值；F_i 为第 I 个指标因子的权重；m 为指标因子的个数。

CMP 为在 0～100 之间的连续变化值，是国家海洋综合实力在海洋自然力、海洋经济力、海洋科技力、海洋防卫力、政府调控力、海洋生态力和国家涉海外交力等综合影响下的数值表现。CMP 值越大，国家海洋综合实力越强，反之则越弱。

（四）世界主要沿海国家海洋综合实力测评

1. 海洋综合实力测评及排序

在上述理论基础上，中国海洋大学殷克东教授对世界各主要海洋强国综合实力进行了测评[①]，他选取了美国、加拿大、澳大利亚、英国、中国、日本、韩国、挪威 8 个国家进行综合实力比较，按照科学性、系统性等原则，以可持续发展理论、国际竞争力理论、区域经济理论等相关理论为指导，借鉴综合国力、小康社会等相关评价指标，设计构建了包括海洋经济综合实力、海洋科技综合水平、海洋产业国际竞争力、海洋资源环境可持续发展能力等一级指标为主的海洋强国指标体系。结合国内外专家对各国海洋综合实力的分析研究，利用专家打分的方式对 8 个世界主要海洋国家的海洋经济、海洋科技、海洋资源、海洋可持续发展以及海洋事务调控管理等主要综合实力影响因素进行打分，通过计算，最终整理出各个国家的海洋综合实力分数及排序（表2）。

表2　8个主要沿海国家海洋综合实力分值及排序

国家		美国	日本	加拿大	韩国	澳大利亚	挪威	英国	中国
海洋经济	得分	86	90	39	52	37	44	57	68
	排序	2	1	7	5	8	6	4	3
海洋科技	得分	88	74	52	90	38	32	57	42
	排序	2	3	5	1	7	8	4	6
海洋资源	得分	80	50	70	45	52	63	40	88
	排序	2	6	3	7	5	4	8	1
海洋可持续发展	得分	84	54	44	64	42	38	70	47
	排序	1	4	6	3	7	8	2	5

① 殷克东，等 . 2012. 中国海洋综合实力测评研究·宏观经济，2（4）.

国家		美国	日本	加拿大	韩国	澳大利亚	挪威	英国	中国
海洋事务管理	得分	90	60	44	44	45	40	67	57
	排序	1	3	6	7	5	8	2	4
总得分		86.86	73.02	48.82	69.80	40.00	38.82	57.63	54.26
总排序		1	2	6	3	7	8	4	5

通过测评模型的分析我们可以看到，上述 8 个海洋国家的海洋综合实力排序为：美国、日本、韩国、英国、中国、加拿大、澳大利亚、挪威。美国仍是世界第一大海洋综合实力强国，日本、韩国借自身先进的海洋经济和海洋科技分别位列世界第二位和第三位，中国排名第五位。

近年来，国家海洋局海洋发展战略研究所的杨金森研究员领导的课题组开展了海洋强国战略研究。该课题组根据海洋强国的综合国力、海上武装力量、海洋软实力即国家海洋战略、海洋开发利用能力、海洋研究和保障能力、地理条件等方面的关键标志，对世界海洋强国了做初步分析和估算，其关键标志及排序见表 3。

表 3　目前世界海洋强国关键标志排序（未注明的项目是作者的估计）

国家	综合国力		海洋战略	武装力量		开发能力			保障能力		地理条件	
	综合国力①	年增长率②		航空母舰	核潜艇	商船规模③	渔船规模	油气装备	科研船队	保障能力	岸线长度④	管辖海域⑤
美国	1（8639）	0.43	1	1	1	5		1	1	1	3	1
俄罗斯	3（3092）	2.20	2	4	2	4	3	2	2	2	1	3
英国	2（4188）	0.75	3	3	3	6		3	5	3	6	7
法国	4（4319）	0.31	4	2	5	8		4	6	4	7	4
日本	7（4986）	0.26	7			1	2	5	3	5	2	2
德国	5（4139）	0.48	8			3		6	6	6	3	8
印度	8（1650）	1.79	5	5	6	7		8	8	8	5	6
中国	6（3119）	2.89	6	6	3	2	1	6	7	7	4	5

资料来源：①中国社会科学院 . 2006：全球政治与安全报告 .

②理纯 . 国力方程 .

③2008 年中国海洋统计年鉴 .

④⑤莫杰 . 地球科学探索 .

从表3可以看出，由于不同的研究者选取的指标及权重值有所不同，所得出的数据也有差异，但中国在测评的国家中的排序为第6，与海洋大学课题组测评结果大致相当，目前虽然是世界主要海洋大国，但海洋综合实力一般，离海洋强国还有较大差距。

2. 中国海洋综合实力分析

通过对世界主要沿海国家海洋综合实力测评结果分析，美国的综合国力、经济总量、海上力量等，均远胜于其他国家，到2030年，仍将是海上最强势的国家；俄罗斯的综合国力排序不高，但是，可能拥有更多中型航空母舰，10艘以上战略核潜艇，海洋渔业、海洋科研能力也很强，而且，俄罗斯有十分强烈的海洋强国愿望，可以排在美国之后列为一等。

法国已经拥有中型航空母舰和战略核潜艇，其他海上力量也很强，是中等类海洋强国。英国目前有轻型航空母舰和战略核潜艇，今后也有可能建造中型航空母舰、新型战略核潜艇，其他海上力量也不会削弱。印度早已确立了建设海洋强国的国家战略，也是有中型航空母舰和核潜艇的国家，并且正在考虑自己建造航空母舰，其他海上力量也会发展。

综合来看，估计到2020年，世界海洋强国可能包括：美国、俄罗斯、英国、法国、中国、印度、德国、日本、巴西、韩国等。德国和日本因为不拥有海上核力量，巴西和韩国比不上中国，所以我国可能上升到海洋强国的中等地位。

中国进入中等海洋强国的主要依据和条件：① 2020年以后，中国的综合国力排序将上升到第4位或第三位[①]，GDP总量世界第一，这是经济实力基础。②中国已经形成了完整的船舶工业体系，拥有技术力量雄厚的船舶科研设计机构、船舶生产企业和比较完善的船舶配套体系，形成了包括基础理论、船舶总体、动力、机电、材料、工艺、通信、导航、雷达、水声、光学、电子对抗、指挥控制、火控、舰炮和水中兵器等门类齐全、专业配

---

① 综合国力是指一个主权国家生存与发展所拥有的全部力量，即物质力、精神力和协同力这三者的聚合力，既包括各种现实的力量，也包括各种潜在的力量。因此，选取的指标具有不确定性，不同的指标数据将导致测算结果出现较大差异。据社科院2009年发布的《2010国际形势黄皮书》对11个国家从领土与自然资源、人口、经济、军事、科技等5个直接要素，以及社会发展、可持续性、安全与国内政治、国际贡献4个影响要素进行综合国力分析评估，中国排在第七位。但据2008年美国发布的《第十次全球综合国力排名》，中国的综合国力在美、日、德之后，位居世界第四。

套的科研、设计、试验机构，以及造船、造机、仪表生产、武器装备研制等生产基地，具备了建设海洋强国的前提条件。③中国海军规模大，拥有中型航空母舰、更多的战略核潜艇，成为强大的远海防御型海军。④商船队、渔船队、海洋科研船队规模是世界最大的，涉海劳动力超过3 500 万，这也是海上物质力量的重要组成部分。⑤海洋经济产业门类、产量、产值，都优于其他中等海洋强国。

日本和德国综合国力比较强，造船和油气开发装备制造能力强，海洋科研能力也很强，但是，他们不能拥有海上核力量。

未来10 年是中国海洋事业发展的重要时期，要把海洋事业作为国家战略的一个重大领域，全面开展海洋强国建设，各项涉海事业持续协调发展，实现海洋事业发展的历史性跨越，努力提升海洋综合实力，进一步缩小与世界海洋强国的差距，尽快进入中等海洋强国行列。

二、美、英、日等国海洋战略及启示　▶

（一）美国的海洋战略

美国的发展和强大与海洋息息相关。美国走向海洋的最初目的，是将海洋当作保护其国土安全的"护城河"。当美国经济实力超过老牌海洋大国以后，马汉的海权论为美国走上称霸海洋的道路奠定了理论基础，并很快形成了统治海洋的国家战略。经过两次世界大战和冷战后，美国成为世界第一海洋强国。①

"二战"结束后，美国的海洋发展思路由海权战略逐渐向海洋战略转变，侧重点也从海洋军事、海上安全向海洋资源开发、生态环境保护、海洋科学研究等方面倾斜。随着以《联合国海洋法公约》为代表的现代国际海洋法律秩序的确立，以及"和平与发展"成为世界主旋律，美国逐渐把保障通航自由和海上航运安全、保障海洋经济和能源与资源供给、提供海洋环境保护能力、应对海上突发事件、防止海洋生态灾害、海上非传统安全等作为国家安全和战略的重要领域。

美国历来把海洋开发战略作为国家的长期发展战略，美国海洋强国战略思想源于马汉的"海权论"，为争夺海洋控制权，各届政府都明确将海洋

---

① 杨金森. 2007. 海洋强国兴衰史略. 北京：海洋出版社，217.

战略纳入国家整体战略之中，并使其在国家战略决策中处于优先地位。20世纪60年代以来，美国政府发表了一系列"海洋宣言"，同时也制定了一系列"海洋战略"。21世纪以来，美国更新了海洋战略，2004年制定了《21世纪的海洋事业蓝图》。同年，又通过《海洋行动计划》，对落实《21世纪海洋事业蓝图》提出了具体的措施，并对美国政府未来几年的海洋发展战略做出了全面部署。2007年，美国发布"2006年美国海洋政策报告"，制定了新的国家海洋研究战略。同年公布的《21世纪海上力量合作战略》被视为美国自20世纪80年代以来提出的相对完整的海上力量发展战略。该战略着重强调了海上力量应如何赢得未来战争，是美国海军根据冷战后形势对马汉"制海权"理论的创新和发展。

贝拉克·奥巴马总统上台后，美国又进一步将海洋发展战略提升到新的高度。2009年6月12日，奥巴马总统通过白宫新闻办公室宣布了关于制订美国首个国家海洋政策及其实施战略的备忘录。在备忘录发布后，成立了部际间海洋政策特别工作组并确定了任务：提高国家的管理能力，以维护海洋、海岸与大湖区的健康和提高其对环境变化造成的影响的适应能力和可持续发展能力，为当代和子孙后代创造更多的福祉。2010年7月19日，奥巴马颁布了13547号行政命令《国家海洋政策》。根据《国家海洋政策》，成立了由环境质量委员会、科技政策局、国家海洋与大气管理局等27个联邦机构组成的美国国家海洋委员会。经过两年多工作，2013年4月，美国白宫国家海洋委员会正式公布了《国家海洋政策执行计划》（以下简称《执行计划》）。《执行计划》列举了联邦政府机构依据应用科学原则和国家公共投入政策应采取的6个方面措施：①提供更好的海洋环境和灾害预测；②共享更多和更高质量的有关风暴潮和海平面上升的数据资源；③支持区域和地方政府在考虑自身权益的前提下自愿性地参与联邦政府海洋保护与发展计划；④要减少联邦政府批准其涉海产业和相关纳税者有关申请所耗费的时间与资金；⑤要恢复重要的海洋生物栖息地；⑥提高科学预测极地自然条件和防止其对人类社会发展产生消极影响的能力。《执行计划》明确了为实现《国家海洋政策》的目标需要采取的具体行动，目的在于使相关联邦机构的海洋决策和行动合理化、高效化，更有利于维护健康的海洋环境，促进海洋资源的有效利用，同时保障国家安全，创造更多的就业岗位和商业机会，保证经济的持续增长。① 《执行计划》鼓励州和地方政府参与美国联邦政府的海洋决策。

综观该《执行计划》，可以发现其中有 3 个亮点。①强调科技支撑作用。《执行计划》用了专门一章的篇幅强调科技与信息的重要性，指出强有力的科技与制造能力可以帮助政府机构在做出对海洋环境有影响的决定时采取最佳行动，同时也有助于提高国家的竞争力。②关注北极海洋环境。《执行计划》要求联邦机构改善现有的通信系统，保证轮船、飞机与海岸电台之间的有效沟通，以降低发生海难事故和环境污染事故的可能性。同时联邦机构应建立合作机制，以及时应对可能在北极地区发生的灾难事故。③重视国际合作交流。《执行计划》敦促美国尽早加入《联合国海洋法公约》，认为其有利于保障美国军用船舶和民用船舶的航行权利和航行自由，扩大国家海洋经济利益。②

（二）英国海洋战略的发展

早期英国把海洋当做阻挡外敌入侵的"城墙"。英国逐步成为富强国家之后，海洋成为聚敛财富的通道，海军则是推行海上扩张国策的基本工具。19 世纪后半叶，英国的海上霸主地位开始受到挑战。进入 21 世纪以来，英国有关政府部门、科技界、海洋保护组织和广大公众开始呼吁制订综合性海洋政策。由于国民经济和社会发展的需要，英国将海洋发展战略的重点逐步转向海洋科技和海洋经济领域，并以法律的形式制定综合海洋政策。2009 年 11 月的《英国海洋法》，是英国海洋政策制度化、法律化的具体体现。

《英国海洋法》是一部综合性海洋法律，由 11 大部分共 325 条组成，概括而言，有以下主要特点：①既有宏观的指导性条款，也包含一些比较微观的实施措施，可操作性强。②可持续发展原则贯彻始终。③重视和强调综合管理与协调，依靠综合管理来统筹处理海洋事务。④注重生物多样性保护。⑤强调公开、透明，鼓励公众参与决策与管理。

为了扭转目前英国的分散式海洋管理局面，《英国海洋法》建立了战略

---

① 中国海洋信息网，海洋在线：伊宁，美国正式发布《国家海洋政策执行计划》，2013 年 11 月 20 日登录．

② 中国海洋信息网，海洋在线：朱晓勤，评论：美《执行计划》三大亮点值得关注，2013 年 11 月 20 日登录．

性海洋规划体系。该体系的第一阶段工作是编制海洋政策。确立海洋综合管理方法，确定海洋保护与利用的短期与长期目标；第二阶段制订一系列海洋规划与计划，以帮助各涉海领域落实海洋政策。

海洋科技发展战略是英国海洋战略的重要组成部分。《2025 海洋研究计划》（Oceans 2025）是由英国政府资助、解决关键战略科学目标的一个中期研究计划，主要包括 10 个研究主题和 3 个机构建设内容。10 个研究主题包括气候、海洋环流和海平面、海洋生物地球化学循环、大陆架和海岸带过程、生物多样性和生态系统功能等。2011 年 4 月制定的《英国海洋科学战略（2010—2025）》（《UK Marine Science Strategy》)[①]，旨在促进政府、企业、非政府组织以及其他部门支持英国海洋科学发展和海洋部门间合作。该报告描述了英国海洋科学战略的需求、目标、实施以及运行机制，并对英国 2010—2025 年的海洋科学战略进行了展望。

海洋产业对英国经济和社会发展意义重大。2011 年 9 月发布《英国海洋产业增长战略》是英国第一个海洋产业增长战略报告，明确提出了未来重点发展的四大海洋产业：海洋休闲产业、装备产业、商贸产业和海洋可再生能源产业。报告提出了英国海洋产业增长的三大战略原则：①必须能够帮助英国海洋产业有效地应对全球市场机会；②必须能够使海洋产业相关公司扩大其市场份额；③必须能够帮助英国经济发展的平稳增长和再平衡。

（三）我周边国家的海洋战略

1. 日本

日本是一个典型的海洋国家，走向海洋有其独特的政治、经济和社会背景。日本海洋意识的发展经历了海洋屏障意识、海国论、耀武于海外思想和海洋利益线理论等几个阶段。

日本的经济和社会发展高度依赖海洋，开发利用海洋的意识强烈，已经形成了全面开发利用海洋的各种政策。2007 年 4 月 20 日，日本国会通过《海洋基本法》和《海洋建筑物安全水域设定法》。基本法规定，政府负责全面、有计划地实施海洋政策，制定海洋基本计划，每 5 年修改海洋基本计划。基本法规定要"实现和平、积极开发利用海洋与保全海洋环境之间的

---

① http：//www.defra.gov.uk/publications/files/pb13347 - mscc - strategy - 100129.pdf

和谐——新海洋立国",建立国家战略指挥中枢"综合海洋政策本部"(海洋本部)。在此基础上,内阁(海洋本部)按照基本法的规定,构建海洋法律体系,要求各相关的涉海政府部门之间必须制定处理海洋事务的联系程序。此外,海洋本部制定的方针、基本计划,内阁和安全保障会议审议通过的《防卫计划大纲》等也具有法律效力。2010 年,民主党两届内阁基本完成构建海洋法律体系的工作。海洋法律体系对日本各级政府及国民的制约是实施海洋战略的根本保障,一元化的海洋领导体制则是高效推进海洋战略的制度保障。2012 年 2 月 28 日,野田内阁通过《海上保安厅法》、《领海等外国船舶航行法》的修改法案,提交国会审议。这是日本政府针对与邻国之间的领土和海洋争端,加强实际控制的法律举措。2013 年 4 月,日本政府通过了作为日本今后 5 年海洋政策方针的海洋基本计划,并将根据这一计划推进海洋资源开发并加强日本周边海域的警戒监视体制。

研究认为,近年来日本主要从 4 个方面推进海洋战略:①关于海洋资源尤其是海底资源及其开采技术的调查研发;②为圈占专属经济区及大陆架,对基点海岛进行调查和测量;③增强"圈海"实力和加强体制建设,调整军力布局,增加海上自卫队及海上保安厅的飞机、舰艇等硬件配置;④开展多方面的国际海洋合作,试图主导区域海洋秩序,针对中国目的明显——从所有与中国存在领土主权及海洋权益之争的声索国、日本的盟友及准盟友中"借力",从而达到配合美国重返亚太战略,围堵和牵制中国的目的,以塑造有利于实现其海洋战略的外部环境。[①]

2. 越南

越南是中国的近邻。作为一个沿海国家,越南一直比较关注海洋。特别是近年来,根据国际国内形势的变化,越南不断调整和制定适应形势发展需要的海洋战略和规划。越南的海洋战略历来是以增强海洋综合实力,建设海洋强国为主轴,海洋安全和海洋经济则是两大重点内容。2007 年 1 月,越共十届四中全会讨论了越共中央政治局《2020 年的海洋战略》提案,做出"关于 2020 年越南海洋战略的决议",强调了"100 万平方千米"的海洋对越南重大的"经济、国防和安全意义",明确了建立"海上强国"的目标。

---

① 李秀石. 2012. 日本海洋战略对我国的影响与挑战. 人民论坛·学术前沿.

"2020 年海洋战略"是一个综合性的国家海洋大战略，既重视发展海洋经济，又包括海洋防卫战略、海洋政治战略。越共会后发布的公报说，在建设和保卫祖国的事业中，海洋具有十分重要的作用和地位，与经济社会的发展、保障国家的国防、安全和环保密切相关、影响巨大。越南的目标是要力争成为一个海洋强国，能牢固保卫越南在海上的主权，维护国家的稳定与发展；同时力争到 2020 年使海洋经济约占 GDP 的 53%~55%，占全国出口额的 55%~60%，较好地解决社会问题，较大程度改善海洋和沿海地区人民生活。越南海洋战略是一个以海上扩张为基础、以海洋经济为先导、以海洋强国为目标的具有国家大战略性质的战略。这一战略的实施，无疑会对他国利益包括中国的利益及安全产生影响。①

近年来，越南走向海洋的步伐不断加快。2012 年 5 月的越南第十三届国会第三次会议审议通过了《越南海洋法》。这是一部综合性、具有基本法性质的法律，在以往越南海洋立法的基础上，对保卫其主权和海洋权益做出更为系统的规定，该法内容涉及中国西沙群岛和南沙群岛，严重侵犯了中国的领土主权和海洋权益。

《越南海洋法》的出台，是越南加紧推进既定海上战略的重要步骤和必然结果。该法将越南至 2020 年海洋战略的主要内容纳入立法，对发展海洋经济、加强海洋管理和保护等做出全面规定，将发展海洋经济的原则、重点产业、规划等以法律形式确定下来，强调了发展海洋经济与保卫国家海洋主权、国防安全和安全秩序的关系，将油气和矿产资源勘探开发、港口和运输业、旅游、水产、科研、人力资源等六大产业作为其国家重点优先发展的海洋经济产业，"优惠、鼓励投资发展海岛经济和海上活动"。越南今后可根据该法规定的海洋经济发展方向和重点，进一步加大对中国岛礁权益、海上资源的侵害力度。②

3. 韩国

韩国陆地面积及自然资源匮乏，因此高度重视海洋的开发和利用，将海洋视为其民族"未来生活海、生产海、生命海"③。韩国的海洋政策在 20 世纪 60 年代之前较为单一，主要集中在传统的沿海渔业及防御方面。20 世

① 王芳.2009.越南海洋发展战略及对我国的影响.经济要参，1869（59）.
② 疏震娅.2012.越南执意为西沙和南沙立法 严重侵犯中国主权.中国海洋报，2122.
③ 陈应珍.2002.韩国建设世界海洋强国的战略和措施.海洋信息，（3）：25.

纪 90 年代以后，韩国制定了宏大的"西海岸开发计划"（1989 年）以及《海洋开发计划》（1996—2005 年）等，致力于海洋资源开发、生态环境保护、海岸带管理、海洋科学研究和高技术开发的一体化[①]。

韩国将海洋资源的合理开发利用作为其海洋发展战略的基本内容。2004 年制定的《海洋韩国 21 世纪》（Ocean Korea 21，OK21），作为新时期国家海洋政策，确立了将韩国建设成世界第五大海洋强国的目标。提出要通过蓝色革命，大力维护和扩展国家海洋权益，依靠振兴和发展海洋产业，使韩国从陆地型国家发展为海洋型国家。

2010 年 12 月，韩国出台了第二个中长期海洋发展规划，即《海洋与水产发展基本计划（2011—2020）》，延续了第一个计划目标即到 2020 年将韩国建设成世界第五大海洋强国的目标。第二个计划提出了加强保护及管理海洋环境的可持续发展、发展海洋新兴产业及升级传统海洋产业、积极应对海洋新秩序、努力扩大海洋领域的三大目标。为有效达到上述目标，该计划分别设定了由 222 个年具体计划组成的 5 个特定目标，即，①实现健康、安全的海洋利用与管理；②发展海洋科技，创造新的发展动力；③培育展望未来的高品格的海洋文化及旅游产业；④促进与东亚经济发展相适应的港航产业的先进化；⑤加强海洋管辖权，确保全球化的海洋领土。

为适应不同时期的海洋开发需求，韩国在海洋管理机构方面不断调整。1996 年成立了海洋水产部，对全国的海洋事务进行集中管理。2008 年 2 月，韩国撤销海洋水产部，成立国土、交通与海洋事务部，将渔业并入农业部，成立食品、农业、森林和渔业部。在此一轮机构调整后，韩国海岸警备队成为国土、交通与海洋事务部的一个相对独立的机构[②]。

韩国海洋管理从最初的分散管理体制，到 1996 年建立统一的海洋政策机构——海洋水产部，再到 2008 年成立的国土、交通与海洋事务部的发展轨迹，充分显现出韩国综合性和整体性的海洋国土意识不断增强。

（四）世界海洋强国的经验与启示

由于其所处的历史、地理环境不同，世界强国的海洋战略都有其各自

---

① 殷克东，等. 2009. 世界主要海洋强国的发展战略与演变. 经济师，（4）：9.

② 韩国土地、交通和海洋事务部网站，http：//english. mltm. go. kr/USR/WPGE0201/m_ 18272/DTL. jsp；及食品、农业、森林和渔业部网站，http：//english. mifaff. go. kr/USR/WPGE0201/m_ 374/DTL. jsp

的特点，如英国海洋强国的崛起源于其对海外财富的崛起，美国成为海洋强国有其独特的地理、移民和政治优势，同时又有"一战"、"二战"的历史机遇等。虽然不同国家走向海洋强国有其不同的战略路径，但是究其背后的原因，可以得出一些共性的结论和特征，如海洋战略的核心目标始终是谋求国家利益，海洋力量的核心是海军，海洋强国兴衰的决定性因素是综合国力，建设海洋强国必须有坚实的政治经济基础和先进的科学技术支撑等，总结分析这些战略特点可以为中国提供有益的经验与借鉴。

1. 走向海洋是成为世界强国的前提，中国必须走向海洋

自国家出现之后，沿海国家的生存发展就与海洋息息相关，世界强国的共同经验就是他们都选择了走向海洋的国家战略。2500 年前，古希腊哲学家说：谁控制了海洋，谁就控制了世界。15 世纪英国人认为：谁控制了海洋，谁就控制了世界贸易，控制了世界财富。19 世纪美国人认为：所有帝国的兴衰，决定性的因素在于是否控制了海洋。在新的历史时期，世界强国仍然十分重视海洋，坚持实施海洋强国战略。世界海洋强国在开发和利用海洋的过程中，普遍认识到国家海洋政策和法律的重要性，制订高规格的海洋发展战略和政策（如美国的《21 世纪海洋事业蓝图》），或者不断建立健全国内海洋法律体系（如英国的《海洋法》和日本的《海洋基本法》）。在可预见的期间内，日本仍将继续沿着"海洋立国"的国家战略轨道前进。

中国在全球海洋上有广泛的战略利益，同时面临严峻的海洋安全威胁，中国已经发展成为依赖海洋通道的外向型经济大国，必须走向海洋，成为海洋强国，才有可能分享和维护海洋利益，实现民族复兴。

2. 海洋基本法与国家海洋战略密切相关，中国迫切需要制定海洋基本法

海洋基本法与国家海洋战略有着非常密切的关系，国家海洋战略与基本政策对形成和制定法律也起着重要的作用。我国周边的日本、越南等国都已相继出台综合性海洋法，明确海洋基本政策，统领国家海洋事务。海洋基本法实质上是以法律形式对其国家海洋战略的对内包装和对外宣示，是把党的政策和国家战略法律化，是以法律形式将党的十八大提出的建设海洋强国的战略决策以及实现这一目标的四方面任务明确和固定下来。

我国"十二五"规划纲要，明确提出要制定和实施海洋发展战略，中

国目前正在研究制定国家海洋发展战略，在综合管理和整合协调方面存在立法空白，缺少一部有效统管我国所辖海域的海洋基本法。加快制定海洋基本法可以为国家海洋战略的制定实施提供强有力的法律依据及保障。随着涉海活动范围在深度和广度上的不断加大，我国海洋事务日益扩展，面临着越来越复杂的局面。理顺现有海洋法律关系，弥补重要制度的缺失，健全和完善与建设海洋强国配套的法律体系，制定一部明确我国海洋政策和海洋战略、确定我国在海洋事务方面基本立场的海洋基本法，已成为当务之急。

3. 综合协调的海洋管理体制是建设海洋强国的重要保障，中国有必要进一步深化和加强海洋管理体制改革

设置什么样的海洋行政管理体制，是沿海国家都很重视的问题。国外管理海洋事务的体制有多种模式，世界上各沿海国的海洋管理体制大多是分散的，需要建立综合协调的海洋管理机构或机制来保障管理的效率。美国、俄罗斯等海洋大国，与中国类似，海洋事务都涉及 10 个以上的部门，他们的办法是，建立海洋政策决策协调机制，如日本设在内阁官房的综合海洋政策本部，对统一协调国家涉海事务发挥关键作用。美国总统办公室下的海洋政策办公室，国会的海洋政策机构。美国新的海洋政策要求加强联邦政府各部门间的横向协调，以及联邦政府、州政府和地方政府间的纵向协调。中国也有必要建立这种海洋政策机构。

中国历次政府机构调整都要涉及海洋管理体制问题。在 2008 年国务院的机构设置中，涉海部门包括国土资源部、农业部、交通运输部、环境保护部、能源部、国家旅游局、公安部、海关、国防部、中国气象局等，并以了国家海洋局作为专职海洋工作部门，工作职责也有所加强。2013 年，"两会"提出《国务院机构改革和职能转变方案》，做出重新组建国家海洋局的决定。国家海洋局以中国海警局名义开展海上维权执法，并设立国家海洋委员会，由国家海洋局承担国家海洋委员会的具体工作。这说明了国家对海洋工作的高度重视，海洋管理体制的改革必将对海洋事业发展起到极大的促进作用。要坚决贯彻落实好中央和全国人大的改革部署和要求，在国家海洋委员会的统筹协调下，大胆尝试机制创新，提升海洋工作统筹协调能力，进一步强化海洋综合管理，从政策制定、规划运筹、战略实施等方面综合施策，把海洋强国建设的各项任务落实到位。国务院各部门应

根据职责、结合实际制定相关规划；沿海各省、市、自治区要将海洋事业纳入社会经济发展规划，做好中央和地方各项规划的统筹和衔接。制定财政投入、税收激励、金融支持等方面的配套措施，为海洋强国建设提供强有力的政策保障和物质支持。

在未来 10 年，有必要根据国家行政管理体制改革的新进展和海洋管理的新形势，进一步完善海洋工作机构，形成更加科学的管理体制。

4. 海洋科技是新时期海洋竞争的制高点，中国应继续发挥海洋科技的支撑引领作用

人类对海洋的探索和开发的每一次进步都离不开海洋科技的发展，从世界范围看，一个国家海洋科技水平的高低决定其海洋实力的强弱[1]。海洋领域内的竞争，归根到底是科技的竞争，海洋科技竞争的焦点在于海洋高新技术。发展和利用海洋高新技术，成为世界新技术革命的重要内容，受到许多国家的高度重视。目前，世界上有 100 多个国家把开发海洋定为基本国策，竞相制定各类海洋科技开发规划，把发展海洋科技摆在向海洋进军的首要位置。美国高度重视海洋科技对于海洋事业的引领作用，在 2007 年发布了《规划美国今后十年海洋科学事业：海洋研究优先计划和实施战略》，对其后 10 年的海洋科学事业的发展进行了规划。从英国的海洋战略发展轨迹看，海洋科技发展战略也是英国海洋战略的重要组成部分。

中国已制定和实施国家海洋科学技术发展规划纲要，在建设海洋强国的进程中，必须坚持科技先行，发挥海洋科技的支撑引领作用，进一步优化配置海洋科技资源，壮大海洋科技人才队伍，完善海洋科技创新体系，增强自主创新能力，使海洋科技成为支撑和引领海洋事业快速发展的重要力量。为发挥海洋科技的支撑引领作用，应尽快研究提出保障海洋强国建设的重大专项工程，强力推动海洋领域基础性、前瞻性、关键性和战略性技术研发，快速提升和拓展走向深远海的能力，例如，重大海洋科学研究计划、深海工程及装备技术专项、深海基地建设工程等一系列国家重大海洋专项工程。

---

① 王诗成.2003. 蓝色的挑战——海洋国家利益战略思考. 青岛：中国海洋大学出版社，171 - 186.

三、中国海洋战略研究

（一）海洋的战略地位

1. 海洋的战略价值

海洋总面积 3.6 亿平方千米，占地球表面积的 70.8%，是人类生存发展的重要空间和物质基础，海洋领域是国际上普遍重视的重要领域，建设海洋强国是我国的大战略问题。

（1）海洋是"国土"和"公土"。《联合国海洋法公约》规定，领海、专属经济区、大陆架（总面积约 1.09 亿平方千米，约占海洋面积的 30%）是沿海国家的管辖海域，其中，领海是水体覆盖的宝贵国土，专属经济区、大陆架正在向国土化方向发展。公海和国际海底区域（2.5 亿平方千米余）是世界各国都可以利用的"公土"。中国有近 300 万平方千米管辖海域，是宝贵的生产生活空间；中国是世界人口最多的国家，应该更多地开发利用公海和国际海底区域及其资源。

（2）海洋是富饶的资源宝库。海洋是富饶而未充分开发的资源宝库，可持续发展的财富来源。开发利用海洋形成的海洋产业超过 20 个，海洋经济产值超过世界 GDP 总量的 4%，成为新的经济领域和增长点。2008 年联合国秘书长说：海洋和沿海生态系统以及各种海洋用途，为全世界数十亿人口提供粮食、能源、运输和就业，以此维持他们的生活。人类对海洋的调查研究不断取得新的成就，发现新的可开发资源。目前正在探索开发的新领域包括：发展海水直接利用、海水淡化、海水化学元素提取、深海水利用等海水利用产业；探索开发海洋砂矿、海底油气、海洋磷灰岩矿、多金属硫化物、多金属结核、钴结壳、天然气水合物等海底矿产资源及深海生物资源等。

（3）海洋是融入世界的大通道。地球上的海洋是连在一起的，海洋是各国融入世界的大通道，经济全球化离不开海洋。《共产党宣言》认为，"世界市场"形成之后，世界性的生产和消费，各民族的相互往来，都与"交通的极其便利"密不可分，其中主要是全球海上交通。世界各国都十分重视争夺海洋，大国的政治家、战略家都从战略全局上关注海洋。在新的经济全球化形势下，国家之间的经济贸易往来更加频繁，更需要利用海洋通道。海洋通道出问题，就会严重影响经济发展。

（4）海洋是国际竞争的重要舞台。海洋历来是国际政治、经济和军事斗争的重要舞台。海洋划界争端、海洋油气资源争端、渔业资源争端、深海矿产资源勘探开发以及深海生物资源利用的竞争，十分激烈，甚至引起局部地区争夺海岛主权、争夺管辖海域、争夺经济资源的海上战争；海洋还是沿海国家防御外来入侵的前沿，强国进攻其他国家的通道；争夺海洋的力量由单纯的武装力量发展到政治外交力量、经济开发能力和海洋科技力量与军事力量相结合的综合海上力量。

2. 海洋与人类社会发展的关系

14 世纪以前，海洋的作用主要是沿海地区的民众利用海洋发展渔业、盐业和沿岸交通，即中国古代所说的"兴渔盐之利，通舟楫之便"，保证沿海地区居民生存和发展。

自 15 世纪开始，海洋成为海洋强国掠夺海外财富的通道。15 世纪以后资本主义逐步发展起来。资本主义的发展离不开海洋。《共产党宣言》中所说的"世界市场"，世界性的生产和消费，各民族的相互往来和依赖，都与"交通的极其便利"密不可分，其中主要是全球海上交通。所以，资本主义国家都很重视争夺海洋，15 世纪以后，葡萄牙、西班牙、荷兰、英国、法国、美国、德国、日本、俄国（苏联）又先后成为海洋强国，并利用海洋发展成为世界强国。

20 世纪 50 年代以后，海洋油气资源逐步得到开发，海洋渔业产量从 2 000 万吨扩大到 1 亿吨，其他海洋资源也得到开发利用，海洋资源本身已经成为人类社会发展的财富。

20 世纪 90 年代以后，人类对海洋的价值有了新的认识，海洋既是交通的通道，又是地球环境的重要组成部分和调节器，还是可持续发展的宝贵财富，21 世纪成为海洋世纪。随着时代的发展，海洋对人类社会发展作用和价值逐步向多元化方向发展，战略地位更加重要。因此，更多的大国政治家、战略家从战略全局上关注海洋，制定新的国家海洋政策，把建设海洋强国作为立国的根本大计。

（二）中国海洋战略的发展

上述战略理论及海洋战略内涵的探讨表明，海洋战略是国家大战略的组成部分，国家海洋战略是国家领导人、政府首脑、涉海部门领导人处理海洋事物的策略、方法和艺术，包括海洋权益问题、海洋开发与保护问题、海洋科技问题的国家目标、行动方案、实现上述目标的方案和手段等。海洋发展战略和海洋安全战略共同构成了国家海洋战略。中国历史发展过程有三大海洋战略：①清代中期之前拓展海疆；②近代史开始之后保卫海防；③改革开放之后重返海洋。走向世界，就必须建设海洋强国。特别是新中国成立后，国家重视海洋事业的发展，海洋政策与海洋战略研究工作一直在探索之中，同时出台了各种战略及政策性文件。不同时期海洋战略的引领对海洋事业蓬勃发展起到了至关重要的作用。

1. 第一阶段：以海洋防卫为重点

新中国成立初到改革开放前这一时期，中国的海洋观念和政策主要体现在重视海防方面。为了保障国家的安全和政权的稳定，早在新中国成立前，我党就已经深刻认识到建设海军的重要性，已经将海上战场的筹划提到议事日程。1949年1月8日，中共中央政治局在《目前形势和党在1949年的任务》的决议中，就明确提出要"争取组成一支能够使用的空军，及一支保卫沿海沿江的海军"。新中国成立之初，由于当时复杂的国际国内环境，当时党和国家的重要任务之一就是要抵御侵略、保卫大陆安全。党和国家领导人认为，海洋是国防的重要屏障，建设强大的海军和海上钢铁长城是主要战略任务。1953年12月4日，在中共中央政治局扩大会议上，毛泽东对海军建设总方针、总任务做了完整和系统的阐述："为了准备力量，反对帝国主义从海上来的侵略，我们必须在一个较长时期内，根据工业发展的情况和财政的情况，有计划地逐步地建设一支强大的海军"。这一指示规定了海军的近期工作和长远任务，指明了建设强大海军的大体步骤和基本条件。

这一时期制定和实行了一些相关规定，其重要目的是维护中国的领土主权和海上安全。例如，为了表明中国维护国家主权和领土完整的严正立场，1958年9月中国政府发表了《关于领海的声明》，初步建立了中国的领海制度。可以看出，这一时期，中国政府的海洋观念和海洋政策集中体现在中国政府深切认识到建设海防的重要性，它标志了新中国领导人的海洋观和新中国海权思想的萌芽。

2. 第二阶段：大力发展海洋经济

改革开放以后，社会、经济、科技等多方面都在迅猛发展，海洋事业也步入快速发展的历史新阶段。随着中国政府工作重心向经济的转移，特别是海洋产业和涉海行业的迅速发展，在适应国情的海洋政策的引领下，中国的海洋经济取得了令人瞩目的大发展。与新中国成立之初的海洋防卫策略相比，在这一阶段，海洋观念和海洋政策有了很大的调整和完善。党和国家领导人从战略的高度重视海洋，江泽民同志等曾先后做出"振兴海业，繁荣经济"、"管好用好海洋，振兴沿海经济"等重要指示。这一时期，为了保障海洋经济的迅速发展，搁置争议、友好协商、双边谈判、推动合作成为中国解决海洋权益争端的主要政策，为海洋经济大发展创造了良好的政治氛围和基础条件。

1978年，中国制定了"查清中国海、进军三大洋、登上南极洲"的海洋科技发展战略规划；分别制定和出台了《全国海洋开发规划》（1995年）、《中国海洋政策》（1998年）白皮书等政策性文件。为保证中国经济社会的可持续发展，国务院组织制定了《中国21世纪议程》，制定了包括人口、经济、社会、资源、环境、军事、外交等内容的国家可持续发展战略。以此为依据，国家发展和改革委员会、科技部、农业部、国土资源部、水利部、环境保护部、国家林业局等多个部门组织研究和编制了相关战略规划及政策性文件，《中国海洋21世纪议程》就是在此背景下编制并出台的。这个议程是《中国21世纪议程》在海洋领域的深化和具体体现，可作为海洋事业可持续发展的战略指南。

3. 第三阶段：全面开发利用与保护海洋

21世纪是全面开发利用海洋的新时代。世界各海洋大国以及我周边海上邻国纷纷出台面向21世纪的海洋战略和政策。在这种宏观发展背景下，党中央、国务院对海洋工作先后做出了一系列重要指示，为全面推动海洋事业发展指明了方向。国家在海洋法制建设和战略规划方面开展了大量工作，先后颁布了《中华人民共和国海域使用管理法》、《中华人民共和国海岛保护法》、批准了《全国海洋功能区划》、《全国海洋经济发展规划纲要》、《国家海洋事业发展规划纲要》等，拥有了依法治海、发展海洋经济的基本保证。

2011 年，《中华人民共和国国民经济和社会发展第十二个五年规划纲要》第十四章，用 500 余字的篇幅对海洋事业的发展提出了明确的要求；2012 年 3 月，温家宝总理在政府工作报告中将"制定和实施海洋发展战略，促进海洋经济发展"纳入 2012 年加快转变经济发展方式的工作重点。11月，党的十八大从战略高度对海洋事业发展做出了全面部署，明确指出要"建设海洋强国"。2013 年 3 月，国务院总理温家宝在政府工作报告中对海洋工作提出了"加强海洋综合管理，发展海洋经济，提高海洋资源开发能力，保护海洋生态环境，维护国家海洋权益"的具体要求。7 月 30 日，中共中央总书记习近平在主持中共中央政治局第八次集体学习时强调，建设海洋强国是中国特色社会主义事业的重要组成部分。

在当今世界多极化和经济全球化的格局下，走向海洋是中国 21 世纪可持续发展的现实需求。目前，中国正处于和平崛起战略机遇期的关键阶段，从安全形势、经济发展、权益拓展和历史经验等方面出发，走向海洋，依海富国，以海强国，建设海洋强国对于目前处于崛起阶段的中国来说是必要的战略选择。

（三）建设海洋强国的必要性与可行性

1. 走向海洋的必要性

中国走向海洋的历史发展过程分 3 个阶段：①清代中期之前拓展海疆；②近代史开始之后保卫海防；③改革开放之后重返海洋。走向世界，就必须建设海洋强国。21 世纪，中国已经是融入全球体系的大国，走向海洋是中国可持续发展和国家安全的现实需求。

（1）维护海洋安全和战略利益需求。中国是陆海兼备的发展中国家，在全球海洋上有广泛的战略利益，包括国家管辖海域的海洋权益，利用全球通道的利益，开发公海生物资源的利益，分享国际海底财富的利益，海洋安全利益，海洋科学研究利益等。中国海洋经济总量已占 GDP 的 10% 左右。世界航运市场 19% 的大宗货物运往中国，22% 的出口集装箱来自中国，中国商船队的航迹遍布世界 1 200 多个港口。目前，中国对外原油依存度已达到 55%，预计到 2020 年石油的对外依存度可能会达到 65%～70%，到 2030 年时，可能会达到 70%～75%。[①] 中国进口石油的运输有 90% 都是走海

---

① 中国经济网，2011 年 9 月 1 日，中国科学院预测科学研究中心研究员范英.

运的。中国已经成为依赖海洋通道的外向型经济大国。

（2）面临潜在的军事威胁和海洋权益争端威胁。中国海域被三道岛链封锁，美国、日本、韩国、澳大利亚等结成海上同盟，并与周边其他国家配合，构建了海上军事围堵线，面临潜在的军事危机。维护海洋权益涉及岛礁主权、海域划界和资源争端等问题。其中，南海形势已经出现了周边国家岛礁开发建设难于控制、油气资源开发难于控制、抓扣我渔船渔民难于控制、大国介入难于控制的危机局面，已经成为一场战略博弈，赶不走、打不得、拖不起，并随时可能引发政治、外交和军事冲突。

（3）缓解资源环境压力和国家建成小康社会的需求。中国人口已超过13亿，占世界人口的22%，人均陆地面积0.008平方千米，仅为世界平均水平的1/4，耕地面积占世界人均水平的7%；淡水资源人均年占有量为2 300立方米，仅为世界平均水平的1/4，且分布极不均衡。预计到2030年中国人口将达到16亿，粮食需求量将增加1.6亿吨。据预测，全球资源需求的高峰将出现在2020年，中国资源需求的高峰也将出现在2020—2030年。中国社会经济的可持续发展承受的资源环境压力越来越大。

（4）古今经验与历史教训。纵观古今中外历史，不难发现强国的兴衰变迁无不与海洋有关。世界强国大多是通过塑造海洋强国，发展海洋综合实力，夺取制海权，进而开辟通商口岸、占有国际资源、实现资本输出，获取海外利益，从而一跃崛起。由此造就了15世纪葡萄牙、16世纪西班牙、17世纪荷兰、18世纪和19世纪英国、20世纪美国等海上霸权国家。自1840年鸦片战争以来，中国近代遭受列强入侵全部来自海上。屈辱历史证明，中国的自强与崛起必须走海洋强国之路。

（5）国际发展趋势与时代潮流。21世纪，人类社会进入开发海洋资源和利用海洋战略空间的新阶段，更多的大国政治家、战略家从战略全局上关注海洋，制定新的国家海洋政策。加拿大2002年制定了国家海洋战略，被联合国秘书长列为全球海洋综合管理的典范；2007年，日本国会通过了《海洋基本法》，确立"海洋立国"战略；2007年，越南提出了《到2020年的海洋战略》，2012年5月又出台了《越南海洋法》，加紧推进既定海上战略。美国是海洋强国，尤为重视海洋战略与政策制定工作，2007年公布的《21世纪海上力量合作战略》，着重强调了海上力量应如何赢得未来战争，是美国海军根据冷战后形势对马汉"制海权"理论的创新和发展。世界大国及相关国家亚太战略和政策的调整，不可避免地影响到这一地区的海洋形势，对我海洋事务产生深远影响。

2. 建设海洋强国的基础和条件

从现阶段中国海洋发展形势与特点来看，目前已具备了建设海洋强国的基础和条件。

（1）国际环境趋于良性。第二次世界大战之后，世界历史进入和平与发展时代，战后60多年没有发生海洋强国之间的大规模战争。特别是在后冷战时期，和平与发展成为世界主潮流，使中国有了较为有利的外部环境和不断积累物质基础的机会，出现了可以采取和平模式建设海洋强国的历史环境，为中国和平崛起的海洋强国之路提供了可能。

（2）国际舆论格局悄然变化。一方面，非西方世界逐渐觉醒并对西方的主导地位形成挑战。越来越多的非西方国家对西方所鼓吹的价值观有了更加全面的认识，它们在国际舞台上越来越倾向于根据自身的利益和问题的是非曲直来做出评判，这在一定程度上弱化了西方某些舆论对中国进行的"软遏制"。另一方面，西方世界也进入一个分化组合的阶段。西方世界虽然具有相同的价值观，但是在具体问题上却存在不同的利益诉求。随着中国与这些国家各项合作的开展，它们在对中国的态度上也出现了一些差异。

（3）海洋国家间竞争与合作并存。在当今和平与发展的后海权时代，世界海洋国家间竞争与合作并存。美国、俄罗斯、中国、英国、法国、印度、德国和日本等国在海上武装力量发展、海洋资源开发利用、海上通道控制与利用、海洋科学技术研发与利用等领域展开激烈竞争。同时，经济全球化、环境和气候变化等全球性问题的存在使合作成为各国的必然选择。中国坚持和平崛起政策，与国际社会共同应对气候、环境、经济和政治等领域的全球性问题。

（4）我国处在重要战略机遇期。世界经济目前还处于金融危机后的缓慢复苏之中，我国存在利用国内外各种有利条件和要素组合优势、较快实现跨越式发展的历史机遇。由于我们的城镇化、工业化进程还没有完成，市场潜力巨大，经济发展的基本面和长期向好的趋势没有改变。在未来的发展阶段，我国将在经济社会发展的全过程、全领域，全力推进发展方式转变，推动经济结构、产业结构调整优化、转型升级。从长远来看，我国可能在较长的时间内保持比较快的增长，还将会继续引领世界经济增长。根据综合国力增长速度测算，2020—2030 年，中国的综合国力排序可能上升到第四位或第三位。21 世纪中叶，中国的国内生产总值可能上升到世界第一位，综合国力世界第二位，为中国走向海洋、建设海洋强国奠定综合国力基础。

（5）海洋资源环境条件优越。中国是濒临西北太平洋的沿海大国，大陆海岸线长达 18 000 余千米，领海、专属经济区和大陆架等管辖海域广阔，海洋环境条件优越，海洋资源丰富，具备走向海洋的地理条件。中国大陆海岸有 400 余千米深水岸线，160 多处港湾资源；在 130 余万平方千米海域沉积盆地中，已经发现 20 多个含油气盆地、120 多个含油气构造，石油地质资源量 126 亿吨（期望值），近海天然气地质资源量 5.1 万亿立方米（期望值）。在南海北部陆坡区圈出的天然气水合物远景区中，天然气水合物资源量达 185 亿吨。近海潮汐、波浪、温差、盐度差、海流可开发资源 4.41 亿千瓦，以及蕴藏量极大的海上风力资源。在太平洋国际海底区域拥有 7.5 万平方千米多金属结核矿区，蕴藏着超过 5 亿吨多金属结核的专属勘探和优先开发的矿区资源。2020 年之前将获得钴结壳矿区。

（6）国家海洋综合实力日益壮大。中国的海洋事业已经有一定的基础，"十一五"期间我国海洋生产总值翻了一番，年均增长速度超过了 13.5%，海洋经济已经成为国民经济的重要组成部分和新的增长点。海洋综合管理能力和海洋维权执法能力逐步提升，海洋科技创新能力明显增强，参与和处理国际海洋事务的能力不断提高。中国的海洋科学研究和考察工作已经进入三大洋和南北极地区；建立了海洋监测网、海洋环境预报系统、海洋信息服务系统，海洋防灾减灾能力逐步提高；中国已经形成了比较完整的船舶工业体系，拥有技术力量雄厚的船舶科研设计机构、船舶生产企业和比较完善的船舶配套体系。中国的海运船队、渔业船队、科研船队和海洋执法队伍，规模都很大；中国已有一支正在不断壮大的海军，为建设海洋强国奠定了坚实的基础。

（7）拥有良好的政策环境。国家重视海洋的发展，党中央做出了实施海洋开发、发展海洋产业的战略部署，党的十八大做出"建设海洋强国"的战略部署，习近平总书记在第八次中央政治局集体学习时的讲话中指出，"建设海洋强国是中国特色社会主义事业的重要组成部分"，为国家整体筹划海洋事务提供了战略指导，为我们走向海洋、拓展海洋发展空间创造了良好的政策环境。2013 年"两会"的《国务院机构改革和职能转变方案》提出了重新组建国家海洋局。国家海洋局以中国海警局名义开展海上维权执法，并设立国家海洋委员会，由国家海洋局承担国家海洋委员会的具体工作。这说明了国家对海洋工作的高度重视，海洋管理体制的改革必将对海洋事业发展起到极大的促进作用。

综上所述，中国作为正在崛起的大国，在海洋上有着广泛的战略利益，丰富的海洋自然资源和巨大的生态系统服务价值是国家经济社会发展的重要基础和保障。中国已经具备了大规模开发利用海洋、向大海寻求发展空间、为解决国家 21 世纪的粮食问题、水资源问题和能源安全问题做出贡献的经济技术能力。随着我国参与经济全球化和区域经济一体化程度不断加深，海洋越来越多地涉及我国的战略利益，牵动着我国的经济命脉，影响着我国的安全和社会稳定。以海洋作为自然资源开发的后备战略基地，不断加快海洋开发步伐，是实施国家可持续发展战略的必然选择。

3. 建设海洋强国面临挑战与不确定因素

虽然目前国际环境总体和平，但局部战争与动荡并存，存在一系列不确定因素。中国建设海洋强国不可避免地会冲击现有国际海洋秩序，改变力量对比。世界强国和周边国家对中国迅速崛起必然心存恐慌和疑惧，会多方遏制和围堵。中国面临着"一霸多强，众小觊觎"的严峻战略态势，海洋强国在海洋政治、海洋安全、海洋利用等方面全方位影响国际海洋事务，并通过国际舆论进行干扰和牵制。我国建设海洋强国的最大阻力来自美国。美国奉行全球性海洋战略，在亚太地区部署军事基地体系和构设中国周边的"无形邻国"。另外，俄罗斯有着较强的海军实力，在亚太地区也有重要的战略利益，近年正在实施重返大洋战略。印度不仅在印度洋拥有地缘优势，还实施"东向"战略，把其战略触角伸向太平洋。

从国内来看，建设海洋强国涉及国家社会经济发展的方方面面，是一项复杂的系统工程。中国是地理不利国家，所有的海域均为封闭或半封闭海，被重重岛链所环绕。中国陆地国土面积与海岸线长度的比值很低，存在严重的海洋空间"瓶颈"，不利于全面走向海洋。自古以来，中国治国思想就是大陆思想，民众习惯于"安土乐业"，至今对海洋价值的认识还比较肤浅，还有很多人甚至只是局限在渔盐之利和舟楫之便上，海洋意识还有待进一步提升。从综合国力来看，据中国社会科学院对 11 个国家的分析评估，中国排在第七位。未来 10 年是中国发展的关键时期，面临着"中等收入陷阱"的新挑战。中国海洋经济的很多领域仍然是数量扩张的粗放型发展方式，海洋资源环境承载力压力极大。这些问题势必成为走向海洋不可忽视的制约因素和严峻挑战。中国建设海洋强国任重而道远。

四、海洋强国的战略目标 ▶

围绕党的十八大报告提出的"海洋强国"战略目标，积极推进中国特色海洋强国建设。树立大海洋思想，充分利用世界海洋空间、开发世界海洋资源、创造美丽海洋生态环境。把海洋纳入国家战略区域规划重点，优化开发海岸带和邻近海域，加强海岛保护与生态建设，有重点开发大陆架和专属经济区，加大极地和国际海底区域资源调查与勘探力度。研究认为，建设海洋强国应循序渐进，分阶段进行，每个阶段设定相应的目标和任务，到 21 世纪中叶最终实现"海洋强国"的战略目标。

（一）和平建设海洋强国及特点

综观历史，西方的海洋强国是以马汉的"海权论"为理论基础，崇尚海洋霸权。中国是拥有"和谐"文化的文明古国，在当前和平与发展的时代背景下，中国建设海洋强国不可能重蹈马汉"海权论"的覆辙，要借鉴西方海洋强国发展的经验，但不可能走过去的海上霸权道路，必须要有中国特色海洋强国的理论基础和发展模式。

1. 基本思路与理论依据

中国是一个爱好和平的国家，拥有和谐文化的优良传统，确立了建设"和谐世界"的战略思想，中国应坚持和谐海洋观，树立坚定不移地走向海洋的战略意志，创立和平建设海洋强国的新模式。中国建设"海洋强国"的基本思路是：遵循和平发展方针政策，以科学发展观为指导思想，以促进中华民族复兴为根本目的，坚持和平走向海洋，全面发展海洋事业。以发展海洋经济和确保海防安全为中心任务，谋求公平合理的海洋利益。建设海洋经济发达、海洋科技先进、海洋环境健康、海上力量强大、海洋安全稳定的"强而不霸"的新型海洋强国。

理论依据一：和谐文化的优良传统。和谐文化是以和谐的内涵为理论基础的文化体系，是当今世界最先进的思想文化，是创建和谐社会与创建和谐世界的前提条件。中国拥有和谐文化的优良传统，在新形势下，中国已确立了建设"和谐世界"的战略思想。坚定不移地走和平发展道路，努力寻求基于和平的多种途径和手段，维护世界和平、实现和谐海洋。

理论依据二：和平发展的法律基础。《中华人民共和国宪法》规定："中国坚持独立自主的对外政策，坚持互相尊重主权和领土完整、互不侵犯、互不干涉内政、平等互利、和平共处的五项原则。宪法是国家的根本大法，是一切国家机关和个人的最高行为准则，具有最高的法律效力。中国还制定了《中华人民共和国领海与毗连区法》、《中华人民共和国专属经济区和大陆架法》等海洋法律。中国将遵循《联合国宪章》、《联合国海洋法公约》以及其他公认的国际关系准则，谋求共同安全和共同发展。

理论依据三：中国和平发展的大政方针。2011 年《中国的和平发展》白皮书明确提出了中国和平发展的总体目标，指出，中国的发展要打破"国强必霸"模式，坚持和平发展道路，"和平发展"已经上升为中国的国家意志。《中国的和平发展》白皮书明确了新时期国家发展的大政方针，这是我们研究制定海洋发展战略的重要依据和指南。坚持和平发展方针政策，把"和谐"理念引入海洋，努力建设"和谐海洋"。

理论依据四：科学发展观要义。和平与发展时代并不平静，建设海洋强国必须有坚定的战略意志，不怕说三道四，不怕遏制打压，像当年搞核工程那样，坚定不移走下去。科学发展观的第一要义是发展，建设海洋强国既要坚持"和谐"更要强调"发展"，这才符合科学发展观的精神。中国海洋事业在许多方面落后于发达国家，只有发展才能缩小差距，迎头赶上，实现海洋领域的崛起。中国进军海洋会引起西方的关注和担忧，这是因为中国长期被界定为一个陆地国家，但我们是陆海兼备的发展中人口大国，重返海洋只是迟到的归于正途，不必在意外界的叫嚣和干扰，要树立坚定不移地走向海洋的战略意志。

2. 新型海洋强国之路的特点

（1）建设新型海洋强国是宏观的、高度集中的战略运筹，与中国和平发展、构建和谐世界的国家战略高度一致。中国建设海洋强国不仅是为了维护国家利益，也是为了维护世界和平。它体现了中国特色社会主义的核心价值观，以马克思主义世界观为指导，以实现公平正义为目标，把中国国家利益与人类共同利益辩证统一起来。

（2）以保障国家海上安全和国家经济利益为基本目标，强调对海上军事力量和准军事力量的有限运用，尤其强调发展和平时期海上军事力量的战略运用方式，强调提高海洋开发能力，优先发展海洋经济，提升开发和利用海洋资源的能力。

（3）坚持走和平发展道路，但决不能放弃我们的正当权益，决不能牺牲国家的核心利益。海上力量的发展和使用，是防御性的、自卫性的，是以维护中国的国家统一、领土完整和国家权益为目的。在岛屿主权等重大原则性问题上，必须立场鲜明，行动有力。否则，和平发展就偏离了正确的方向。[①]

（二）确定战略目标与布局

建设海洋强国是一个长期而艰巨的战略任务，应加强组织领导，制定海洋发展战略和政策，不断提高海洋综合管理能力，围绕党的十八大提出的"两个一百年"的奋斗目标，分阶段、有步骤地推进海洋强国建设，到本世纪中叶实现海洋强国的战略目标。海洋经济规模较大、结构合理、海洋经济为国民经济做出更大贡献；海洋综合力量强大，能够保证领海和岛屿领土主权不丧失、专属经济区和大陆架主权权利和管辖权不受侵犯、全球海上航线安全；在东亚地区海洋事务中享有引导权、全球海洋事务享有重要的发言权。

在战略布局上，要树立大海洋思想，充分利用世界海洋空间、开发世界海洋资源、保护海洋生态环境。要把海洋作为国家战略区域布局重点，优化开发海岸带和邻近海域，加强海岛保护与生态建设，有重点开发大陆架和专属经济区，加大极地和国际海底区域资源调查与勘探力度。

（三）明确战略领域和任务

海洋强国的基本特征是：海洋经济发达，海洋科技创新强劲，海洋生态环境优美，海防力量强大。中国特色的海洋强国建设应全面推动海洋事业科学发展，从发展海洋经济、保护海洋生态环境、发展海洋科学技术和维护国家海洋权益等方面部署任务。建设海洋强国必须着力做好以下几项任务。

（1）提高海洋资源开发能力，扩大海洋开发领域，着力推动海洋经济

---

① 张炜 . 2012. 中国特色海权理论发展历程综述 . 学术前沿，（7）：34.

向质量效益型转变。要加强海洋产业规划和指导，优化海洋产业结构，提高海洋经济增长质量，培育壮大海洋战略性新兴产业，提高海洋产业对经济增长的贡献率，努力使海洋产业成为国民经济的支柱产业。

（2）保护海洋生态环境，全力遏制海洋生态环境不断恶化趋势，着力推动海洋开发方式向循环利用型转变。要把海洋生态文明建设纳入海洋开发总布局之中，坚持开发和保护并重、污染防治和生态修复并举，科学合理地开发利用海洋资源，维护海洋自然再生产能力。要从源头上有效控制陆源污染物入海排放，加快建立海洋生态补偿和生态损害赔偿制度，开展海洋修复工程，推进海洋自然保护区建设。

（3）发展海洋科学技术，着力推动海洋科技向创新引领型转变。要依靠科技进步和创新，努力突破制约海洋经济发展和海洋生态保护的科技"瓶颈"。要搞好海洋科技创新总体规划，重点在深水、绿色、安全的海洋高技术领域取得突破。尤其要推进海洋经济转型过程中急需的核心技术和关键共性技术的研究开发。

（4）坚决维护国家海洋权益，着力推动海洋维权向统筹兼顾型转变。要统筹维稳和维权两个大局，坚持维护国家主权、安全、发展利益相统一，维护海洋权益和提升综合国力相匹配。要做好应对各种复杂局面的准备，提高海洋维权能力，坚决维护我国海洋权益。①

（四）对策措施与建议

建设海洋强国，是实现国家和平发展与保障国家海上安全的过程和手段。海洋综合实力是海洋强国目标能否实现的关键因素，包括硬实力和软实力。建设海洋强国是一个长期而艰巨的战略任务，必须牢牢树立战略机遇意识，善于创造机遇、抓住机遇和利用机遇，不断加强海洋综合力量建设。

1. 加强组织实施

（1）编制建设海洋强国的战略规划。建设海洋强国涉及经济、政治、军事、科技、法律、文化等各项事务，需要组织力量研究中国建设海洋强

---

① 参照"习近平在中共中央政治局第八次集体学习时强调 进一步关心海洋认识海洋经略海洋推动海洋强国建设不断取得新成就". 国家海洋局网站，http：//www. soa. gov. cn/xw/hyyw＿ 90/201308/t20130801＿ 26776. html。2013 年 8 月 1 日登录。

国的理论和模式，和平建设海洋强国的可能性和具体途径，国家海上综合力量构成和统筹规划等。在此基础上，研究拟定建设海洋强国的战略规划，由党中央做出政治决策，动员全国力量，全面开展海洋强国建设。要像发展航天事业一样发展海洋事业，举全国之力开展海洋强国建设。

（2）强化综合管理。贯彻落实中央的改革部署和要求，在国家海洋委员会的统筹协调下，进一步强化海洋综合管理，从政策制定、规划运筹、战略实施等方面综合施策，把海洋强国建设的各项任务落实到位。国务院各部门根据职责、结合实际制定相关规划。沿海各省、市、自治区要将海洋事业纳入社会经济发展规划。做好各项规划的统筹和衔接。制定财政投入、税收激励、金融支持等方面的配套措施，为海洋强国建设提供政策保障。

2. 制定和实施海洋基本法

制定和实施海洋基本法，确立中国是一个海洋国家的法律地位，将海洋强国战略提升为国家意志，可以为拓展海洋事务和海洋权益提供法理依据。制定海洋基本法的过程，同时也是推动建设海洋强国的过程，对于维护我国的海洋权益和国家安全，促进资源、环境、经济协调发展具有重要意义。建议：尽快制定和实施中华人民共和国海洋基本法，以立法形式把建设海洋强国战略固定下来。通过制定国家海洋基本法，以明确国家海洋基本政策，理顺法律关系、消除法律冲突、弥补重要制度的缺失。对内有效规制我国的所辖海域，实现海洋的综合利用和可持续发展，对外维护我国的海洋安全和权益，在国际海洋事务中发挥重要作用。

3. 设立重大海洋科技工程与专项计划

世界强国必须是海洋强国，海洋强国必须有先进的海洋科学技术。深海已经是国际竞争的第六维战略空间，有几个国家已经把具备深海军事探测、攻击和救助能力，成为与陆、海、空、天、电并列的第六维作战空间，以及深海铺设管道、电缆、输送石油、深海开发固体矿产资源、深海生物基因资源的能力。中国要想成为新时代的世界强国，应该像上天一样搞深海工程，进入"第六维空间"。因此，建议把深海科技工程列入国家重大科技专项工程。办法是：把发展深海工程列入国家计划，用深海工程带动，整合科研、教育、企业、国防等方面的资源和力量，其中特别要引导"陆上"相关力量下海。目标是：发展系列深海技术装备，形成进入 90% 以上海底区域的能力，包括发展深海海洋学、深海声学、材料科学、深海医学等科学，深海探测技术、运载技术、作业技术等技术，以及深海油气资源勘探开发装备、电缆管道铺设装备、深海生物基因开发装备、深海探测和攻击、救生装备等深海装备发展。

4. 开展深入细致的理论体系构建及基础研究工作

围绕着建设海洋强国的战略目标，有许多理论性和重大问题需要以创新性思路和科学方法进行深入研究。在理论方面，针对什么是中国特色的海洋强国之路，需要研究包括马汉海权论的时代背景和理论特点？中国特色海洋强国的特征？目前国际环境对走向海洋的主要影响及特点？研究和反思中国传统文化与海洋观对于走向海洋的现实意义？研究构建中国国情下的海洋强国理论？和平方式建设海洋强国的可行性？等等。在强国综合测评等基础研究方面，目前的研究水平还不能使我们对国家海洋综合实力的实质有一个透彻而深刻的认识，因而难以完整、准确、清晰地理解国家海洋综合实力的各个方面，所以某些指标就很难准确提出和设定，或者某些指标的提出和设计并非具有坚实的科学基础。为此，建议设立专门性研究项目，开展深入细致的理论体系构建及基础研究工作，完善海洋强国建设理论支撑体系。主要包括：①国家海洋综合实力建设理论体系和实践发展研究；②全球发展大势，世界海洋事务发展趋势，认清中国海洋发展战略的国际环境和方向；③既要研究国家对海洋的战略需求，又要分析国家支撑海洋强国建设的保障能力；④在国内外海洋强国兴衰研究基础上，探索国际国内新形势下的新型海洋强国之路；⑤研究海洋发展的战略目标、任务、部署和措施；⑥研究建设海洋强国的成本和风险。

5. 提升全民族海洋意识

实现小康社会战略目标和民族复兴大业，必须提升全民族的海洋意识，加强宣传教育，推进海洋文化建设，增强海洋软实力。

（1）加强宣传教育，全面提升全民海洋意识。建设海洋强国必须有全民族的海洋意识做支撑，包括国土和公土意识、海洋富国意识、靖海安邦意识等。①加强海洋知识教育，包括中小学的海洋基础知识教育，大学海洋科学教育，开展海洋经济、海洋科学技术、海洋生态环境保护和管理、海洋法律知识的普及教育。②建立海洋综合人才和专家的培养机制，制定全国一盘棋的高端人才培养策略和实施方案。③强化舆论宣传，以适当形式强化向有关政府部门宣传，使得各级领导和决策层更加重视海洋，把海洋意识转变为战略和政策；向新闻媒体和全国民众宣传，形成认知海洋、支持走向海洋、建设海洋强国的民族意识。

（2）加强文化建设。①要继续弘扬"协和万邦"的传统文化，从历史的角度阐明中华民族是热爱和平的民族，拉近中国与世界的关系，构建和谐海洋舆论环境，为建设海洋强国创造有利的外部条件。②要大力弘扬"海洋文化"，将国内文化建设的内涵和主旨从"黄土文化"、"大陆思想"转向"海陆双强"，实现从"内陆文化"到"海洋文化"的历史性跨越。③要构建一个适应中国政治经济和社会发展需要，能够超越不同利益群体、凝聚和平衡不同力量、具有感召力和认同感的海洋核心价值观。

6. 积极塑造和引导国际舆论

针对国际舆论对中国建设海洋强国产生的影响，从提升国际话语权的战略定位入手，多方面把握中国在国际海洋事务中的话语权，积极主动参与到国际舆论传播过程中来，扭转当前被动局面。中国的发展和成就，不是某些敌对国家炒作的"威胁"，而是世界各国发展的巨大机遇和新动力。既要树立"中国应当对人类做出较大的贡献"的理念，塑造"负责任大国"形象，更要适时展示国家力量，表达维护海洋权益的决心，多角度阐释我国建设海洋强国与走和平发展道路的关系，强调"中国贡献论"。

五、结语

人类对海洋的利用自古有之，在经济全球化、世界多极化的21世纪，海洋对人类社会发展作用和价值逐步向多元化方向发展，海洋已成为国际政治、经济、军事、外交领域合作与竞争的重要舞台。海洋在国家经济发展及维护国家主权、安全、发展利益中的地位更加突出。世界各国高度重视海洋，制定和调整海洋战略与政策，以获取更多海洋利益。中国是陆海兼备的发展中国家，在海洋上拥有广泛的战略利益，国家发展对海洋资源、空间及安全的依赖程度大幅提高。借鉴和学习国外海洋发展的经验，重视海洋事业的发展，加快走向海洋的步伐。

党的十八大明确提出要"海洋强国"的战略目标。在和平发展的时代背景下，建设海洋强国是促进建成小康社会和实现民族伟大复兴的必由之路。只有建设成为海洋强国，才有能力维护国家的领土主权、海洋权益和国家安全，才能为国家经济和社会发展提供必要的保障。

纵观全局，中国海洋事业总体上进入了历史上最好的发展时期，正面临着建设海洋强国的战略机遇期。中国在和平发展的大政方针指引下，坚持走依海富国、以海强国、人海和谐、合作共赢的发展道路，探索和平建设海洋强国的新模式。按照党的十八大的部署，进一步关心海洋、认识海洋、经略海洋，加强组织实施，明确战略领域和任务，分阶段、有步骤地推进符合世界发展潮流和中国特色的海洋强国建设。

主要参考文献

陈国钧,曾凡明.2001.现代舰船轮机工程[M].长沙:国防科技大学出版社.

封锡盛,李一平.徐红丽.2011.下一代海洋机器人——写在人类创造下潜深度世界记录
  10912米50周年之际[J].机器人,33(1):113-118.

冯明志.2006.我国船舶大功率柴油机现状与发展趋势[J].船舶动力装置.

高之国,贾宇,吴继陆,等.2013.中国海洋发展报告(2013)[M].北京:海洋出版社.

国家发展和改革委员会.2007.核电中长期发展规划(2005—2020)[Z].

国家海洋局.2011.2010年海岛管理公报[Z].

国家海洋局.2013.中国海洋经济发展报告[M].北京:经济科学出版社.

国家海洋局.全国科技兴海规划纲要(2008—2015年).

国土资源部.全国矿产资源规划(2008—2015年).

国务院.国家中长期科学和技术发展规划纲要(2006—2020年).

国务院.全国海洋经济发展"十二五"规划.2012年9月.

海洋经济可持续发展研究课题组.2012.我国海洋经济可持续发展战略蓝皮书[M].北
  京:海洋出版社.

贾大山.2008.2000—2010年沿海港口建设投资与适应性特点[J].中国港口,(3):1-3.

金东寒.2007.船用大功率柴油机价格走势分析及预测[J].柴油机.

金翔龙.2006.二十一世纪海洋开发利用与海洋经济发展的展望[J].科学中国人,11:
  13-17.

李季芳.2010.美国水产品供应链管理的经验与启示[J].中国流通经济,24(11):
  67-60.

李继龙,王国伟,杨文波,等.2009.国外渔业资源增殖放流状况及其对我国的启示[J].
  中国渔业经济,27(3):111-123.

刘佳,李双建.2011.世界主要沿海国家海洋规划发展对我国的启示[J].海洋开发与管理,(3):1-5.

马悦,张元兴.2012.海水养殖鱼类疫苗开发市场分析[J].水产前沿,(5):55-59.

农业部渔业局.2001—2012.中国渔业统计年鉴[M].北京:中国农业出版社.

唐启升,等.2013.中国养殖业可持续发展战略研究:水产养殖卷[M].北京:中国农业出版社.

王芳.2012.对实施陆海统筹的认识和思考[J].中国发展,(3):36-39.

王晓民,孙竹贤.2010.世界海洋矿产资源研究现状与开发前景[J].世界有色金属,(6):21-25.

新华(青岛)国际海洋资讯中心等.2013.2013新华海洋发展指数报告[Z].

杨懿,朱善庆,史国光.2013.2012年沿海港口基本建设回顾[J].中国港口,(1):9-10.

于保华.海洋强国战略各国纵览[N].中国海洋报,2013-09-30、10-10,21,31.

于宜法,王殿昌,等.2008.中国海洋事业发展政策研究[M].青岛:中国海洋大学出版社.

赵殿栋.2009.高精度地震勘探技术发展回顾与展望[J].石油物探,48(5):425-435.

赵兴武.2008.大力发展增殖放流,努力建设现代渔业[J].中国水产,(4):3-4.

中国工程院.2013.中国海洋工程与科技发展战略[C]//第140场中国工程科技论坛论文集.北京:高等教育出版社.

中国海洋年鉴编辑委员会.2011—2012,中国海洋年鉴[M].北京:海洋出版社.

中国石油集团经济技术研究院.2009.国外油气技术研发动态[J].7.

中国食品工业协会.2011.中国食品工业年鉴2011[M].北京:中国年鉴出版社.

FAO Fisheries and Aquaculture Department. the Global Aquaculture Production Statistics for the year 2011. ftp://ftp. fao. org/FI/news/Global Aquaculture Production Statistics 2011. pdf

Mathiesen A M. 2010—2012.世界渔业和水产养殖状况2008—2010[M].联合国粮食与农业组织.

第二部分
中国海洋工程与科技
发展战略研究
重点领域报告

重点领域一：中国海洋探测与装备工程发展战略研究

第一章 我国海洋探测与装备工程发展战略需求

建设海洋强国是国家战略。党的十八大报告审时度势提出了"提高海洋资源开发能力，发展海洋经济，保护海洋生态环境，坚决维护国家海洋权益，建设海洋强国"的宏伟目标。2013 年 7 月 30 日，中共中央政治局就海洋强国建设专题进行第八次集体学习，习近平总书记强调指出"建设海洋强国是中国特色社会主义事业的重要组成部分"。

海洋探测与装备工程是建设海洋强国的重要支撑。随着全球经济一体化进程加速发展，资源短缺、人口膨胀、环境恶化等问题给人类社会可持续发展带来严重困扰，世界各国纷纷将目光投向海洋。作为地球上的资源宝库、生命摇篮和环境调节器，海洋可接替陆地为人类提供可持续发展的各类物质资源。向广阔的海洋拓展生存发展空间，已成为世界主要大国的战略抉择。我国亦不例外，海洋经济发展、海洋生态文明建设和海洋科学研究呈现较好势头，但随着海上竞争的加剧，我国面临的海洋安全形势日趋复杂严峻，海洋强国面临着一系列新问题和新挑战，急需加强认知海洋、管控海洋、开发海洋和海上防御能力建设，以提高维护国家海洋安全的综合能力。海洋探测与装备工程是进行海洋开发、控制、综合管理的基础，是做好"知海、用海、护海、管海"的根本保证，建设一个海洋安全局面良好、海洋经济发达、海洋生态文明、海洋科技先进的综合性海洋强国离不开海洋探测与装备工程的强力支撑。同时，作为战略性海洋新兴产业的重要组成部分，海洋探测技术与装备集中体现了国家的海洋科技能力，在一定程度上标志着国家综合国力和科技水平。因此，发展海洋探测与装备工程对建设海洋强国具有极其重要的战略意义。

一、捍卫国家海洋安全 ▶

随着沿海各国对海洋权益的日益重视，竞相扩张自己的管辖海域，外大陆架划界全面展开，海洋国土主权争端日益激烈。我国海上邻国众多，与部分国家存在海域划界和岛屿主权争端，致使海上维权形势严峻，海洋权益受到损害。同时，面对复杂多变的世界政治经济形势，我国的海疆防御以及维护海上战略通道安全的能力明显不足。

（一）维护国家领土主权

我国与周边海上邻国间的海洋划界矛盾突出，岛屿主权争端加剧。我国地理覆盖面积大，海上邻国众多，而这些海上邻国都主张建立 200 海里专属经济区，从而形成部分海域权利主张重叠，海洋划界存在诸多争议。

此外，近年来各沿海国在加强 200 海里专属经济区和大陆架划界与管理的同时，将目光投向了 200 海里专属经济区以外的外大陆架，提出外大陆架划界主张，掀起了新一轮"蓝色圈地"运动。目前，俄罗斯、英国、法国等国已经向联合国大陆架界限委员会提交了 200 海里以外的外大陆架划界申请案，日本、美国和南海周边国家也正积极准备。2008 年澳大利亚外大陆架划界方案得到联合国大陆架界限委员会批准，新增管辖海域面积 250 万平方千米。2012 年 12 月 14 日，我国政府向联合国提交了"中华人民共和国东海部分海域 200 海里以外大陆架划界案"。

毋庸置疑，未来谁能够拥有和控制更广阔的海洋，谁就掌握了更多的资源和生存空间。随着沿海国家对海洋权益的日益重视和争夺，我国与周边海上邻国间的海域划界、岛屿主权归属等矛盾将会更加复杂化、多元化。发展海洋工程与装备，对这些区域进行调查，从科学角度支持国家领土诉求。

（二）提升海洋维权执法能力

近年来，随着亚太地缘政治经济形势的发展演变，我国海上维权形势日趋复杂。特别是在我国东海大陆架、南海发现大量石油、天然气储量后，有关国家不断派出勘察作业船只到与我争端海域进行海洋勘探测量活动，安装布放水下探测装置，调查海底矿产资源储量以及海况资料等；个别海洋霸权国家常年派出海洋监视船、测量船等特种任务船舶，在我国周边海域甚至我国管辖海域秘密布放各种海洋环境和声学观测设备，实施大面积综合调查和监视，进行海洋环境测量、情报侦察等活动，搜集我国周边海洋环境资料和军事情报信息，对我国海洋安全构成严重威胁；此外，随着"海上丝绸之路"的发掘，国际上有些海洋冒险家，偷偷潜入我管辖海域进行沉船探测，非法打捞，盗取我国古代沉船文物到国际上拍卖，牟取暴利，损害了我国家利益。因此发展海洋探测技术与装备，对危害我国海洋安全的各类海上不法行为进行监控、调查、取证，将大幅提升我国海洋维权执法能力。

（三）增强海上防御能力

近年来，随着我周边海洋权益争端的不断加剧，我周边各国不断加强水下攻防能力建设，水下军备竞赛呈现加温势头。未来西太平洋海域，将成为全球范围内潜艇数量最多的海域，我所面临的水下安全形势更加严峻。公开消息显示，西太平洋海域已成为各方军演次数最多、最频繁的海域，规模也逐年增大。海上安全事件或突发事件的可能性大大增加。同世界主要海洋强国相比，长期以来，水下防御能力一直是我海上防御体系中的"短板"，不明国籍潜艇或水下无人平台已多次闯入我国领海，甚至抵近我沿海和港口，使我国家安全面临极大威胁。可以预见，对未来海上战争胜败中水下力量将发挥不可估量的作用。有效应对水下威胁必须从和平时期做起，提升水下观测能力，感知水下安全态势，做到知己知彼、有备无患。发展实用有效的水下目标探测技术装备，是建设军民兼用的水下观测/监测系统的基础，对增强海上防御能力，确保国家水下安全具有重要意义。

（四）确保海上航道安全

《国民经济与社会发展"十二五"规划纲要》在推进海洋经济发展的论述中，明确要求保障海上运输通道安全，维护我国海洋权益。在交通航运方面，应该首先发展海底地形测绘及碍航定置作业技术装备，定期对航道探测、清理、疏浚，排除水下障碍物，如水下网桩、绳索、暗礁、沉船、沉石、水雷（或其他爆炸物）等；其次，发展水下沉船探测技术装备，对水下沉船尤其是古代沉船残骸，进行探摸、考证、发掘；此外，还需要发展海上救生与打捞技术装备，对我管辖海区内的失事船舶进行位置确认、探摸、破损点确定、救援等。在保障国际航道安全方面，近年来我国积极参与国际海洋事务，通过进行远洋护航，提升了我国对海上战略通道的安全保障能力，但也暴露出了我国对相关海域缺乏全面、详细的海情海况资料的问题。为此，发展自主、无人水下探测平台，获取和利用关键海域和主要海上通道的海洋环境信息，对提高海洋环境保障能力，维护国家安全和确保国家持续稳定发展具有重大战略意义。

二、促进海洋开发与海洋经济发展

我国是海洋大国，近年来海洋经济产值连年上升，已成为国民经济新的增长点，推动国家和地方经济发展的重要动力之一（图 2 - 1 - 1）。作为海洋经济的组成部分，海洋固体矿产资源、深海生物基因、海洋可再生能源、海水资源等，是海洋新兴产业，发展潜力巨大，势必成为推动国民经济快速增长的重要动力之一。

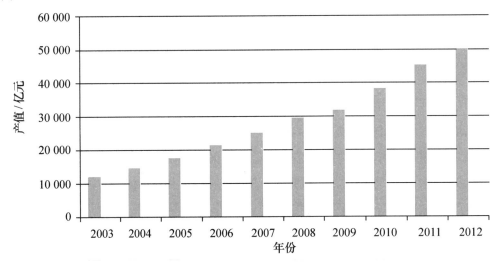

图 2 - 1 - 1　2003—2012 年我国海洋产业产值

（一）拓展海洋固体矿产资源

我国部分支柱性矿产储量，如铜、锰、镍、钴等，在世界上所占比例偏低（图 2 - 1 - 2）。随着我国进入工业化快速发展阶段，矿产资源的消耗正以惊人速度增长，已成为世界上最大的矿产进口国，部分有色金属的对外依存度已超过 50%。未来 20 年将是我国矿产资源生产和消费的高峰，对国外资源的依赖度将会越来越高，届时在我国45种主要矿产中，有19种矿产将出现不同程度的短缺，其中11种为国民经济支柱性矿产，铁矿石的对外依存度在40%左右，铜和钾的对外依存度仍将保持在70%左右。这种状况势必会影响我国经济发展的速度，同时会威胁到国家资源战略安全（图2-1-3）。

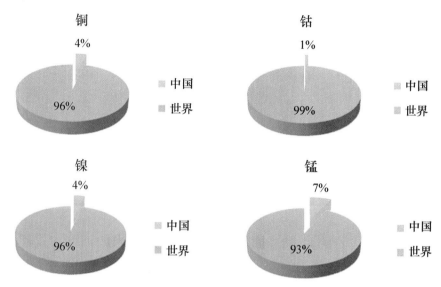

图2-1-2　2013年我国部分金属矿产储量占世界储量百分比

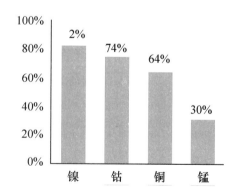

图2-1-3　2008年我国部分矿产对外依存度

深海大洋蕴藏着丰富的固体矿产资源，有前景的矿产类型有海底多金属结核、富钴结壳、多金属硫化物、天然气水合物等，具有很好的商业开发前景。海底多金属结核、富钴结壳和热液硫化物分布区无疑已成为人类社会未来发展极其重要的战略资源储备地。据不完全统计，部分矿产资源海洋中的储量是陆地储量的数倍（图2-1-4），具有巨大的商业价值。以多金属结核为例，仅太平洋海底具有商业开发潜力资源总量就多达700亿吨，产值将超过10万亿美元。

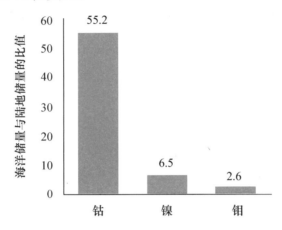

图2-1-4 部分矿产海陆储量比值

《联合国海洋法公约》将总面积3.61亿平方千米的海洋划分为200海里专属经济区、外大陆架和国际海底区域三类区域，沿海国对专属经济区的资源有主权权利，对外大陆架的海底资源具有管辖权。国际海底区域面积约2.517亿平方千米，占地球表面积的49%，由依据《联合国海洋法公约》成立的国际海底管理局代表全人类进行管理。目前有165个国家及其联盟已成为国际海底管理局成员。国际海底赋存多金属结核、富钴结壳和多金属硫化物，随着国际市场对金属的需求将逐渐增大，很可能使国际海底在未来10年内进入开发阶段。2012年国际海底管理局第18届会议已核准基里巴斯马拉瓦研究和勘探有限公司多金属结核、法国海洋开发研究所和韩国政府多金属硫化物等3份勘探矿区申请，但尚未与申请者签订勘探合同。2013年7月举行的国际海底管理局第19届会议是国际海底工作从勘探向开发"转段"过程中的一次重要会议。本届会上，新矿区申请数量明显增加，争夺激烈；开发规章的讨论渐趋深入，秘书处和法技委加快工作步伐；在海底商业开发前景的刺激下，国际海底管理局内部各种利益冲突日益凸显，各种新问题新挑战不断出现。2013年国际海底管理局第19届会议上，陆续又核准了中国大洋矿产资源研究协会和日本国家石油、天然气和金属公司分别提出的两份富钴铁锰结壳勘探矿区申请。截至2013年4月，国际海底管理局已核准19项勘探矿区申请，已签订14份勘探合同，还有5

份合同待签。已签订合同的区域覆盖大约 100 万平方千米的海底，其中 12 份合同涉及多金属结核勘探，两份合同涉及多金属硫化物勘探。随着陆地资源的日趋减少与科学技术的发展，合理勘探、开发海底矿产资源已成为未来世界经济、政治、军事竞争和实现人类深海采矿梦想的重要内容。

从更深远的意义看，海底矿产资源研究开发的重要目的之一在于开发利用这些资源，而要真正获取这些资源，必须依靠相应的技术和装备。随着陆地资源的逐渐枯竭，将资源的开采转移到海外，保持在采矿技术和装备方面的优势已成为发达国家矿业发展的战略。美国国家研究委员会在有关矿业及经济的报告中指出：没有任何一个国家的矿产资源供给可以完全自给自足，而采矿技术和装备的进步已成为保障矿物供应和平抑物价的关键；由于资源的不断枯竭等原因，美国应当减少在本土的采矿，而更多依靠采矿技术来满足矿产消费需求和提高生活水平。因此，发展深海固体矿产探采装备，探查与获取国际海底战略资源，对保障国家资源战略安全具有重大意义。

（二）探测深海生物基因资源

海洋生物资源的开发和利用已成为各海洋大国竞争的焦点之一，其中深海基因资源已成为深海资源开发利用的热点。在广阔的国际海底，有多种特殊的深海生态环境，形成了深海海盆生物群、深海热液喷口生物群和深海海山生物群等。在人类极少涉足的深海环境中生物多样性丰富，是无可替代的生物基因资源库，是人类未来最大的天然药物和生物催化剂来源，也是研究生命起源及演化的良好科学素材。在陆地生物资源已被比较充分利用的今天，对深海生物及其基因资源的采集和研究将为生物制药、绿色化工、污染治理、绿色农业等生物工程技术的发展提供新的途径与生物材料。由于深海生物人工培养上的难度，基因资源的获取与应用显得格外重要。特别是深海极端基因资源的研究，对于揭示生命起源的奥秘，探究海洋生物与海洋环境相互作用下特有的生命过程和生命机制，发挥在工业、医药、环保、农业和军事等方面的用途，具有十分重要的意义。此外，深海热液喷口等区域的环境与地球早期环境类似，不仅是观察地球深部结构的窗口，也被认为是探索生命起源奥秘的最佳场所。

当前，欧、美发达国家拥有装备精良的深海生物调查设备，并积累了上千次深海作业的经验，获得了大量调查资料，拟提高深海勘探的技术标准，限制其他国家采样，而发展中国家则大多认为国际海底基因资源为全人类的共同遗产，坚持利益共享。这两种态度均不符合我国的利益，制定代表国家利益、面向国家战略需求的深海生物及其基因资源探测与研究计划，提升我国在海洋权益中的话语权、拓展国家海洋战略发展空间迫在眉睫。

（三）开发海洋可再生能源

据国际能源署预测，我国石油需求量将在 2020 年达到高峰，对外依存度将超过 60%；到 2035 年，天然气进口量将达到 53%，煤炭需求量达到当前国际市场上所有交易煤炭量的总和。一方面这些燃料是不可再生的；另一方面由于大面积开采造成的环境问题和燃烧带来的污染问题愈来愈严重，已引起各国的高度重视。随着全球范围内能源危机的冲击和环境保护及经济持续发展的要求，从能源长远发展战略来看，人类必须寻求一条发展洁净能源的道路。

开发利用新能源和可再生能源成为 21 世纪能源发展战略的基本选择，而海洋可再生能源具有美好的前景。据"908 专项"调查显示，我国海洋可再生资源理论蕴藏量约 16.7 亿千瓦，技术可开发量达 6 亿千瓦，相当于 27 个三峡水电站的装机容量，或者 98 个大亚湾核电站。为缓解能源压力，调整能源结构，服务沿海和岛屿经济社会发展，作为一项国家能源发展战略，大力开发海洋可再生能源是必然的选择。

此外，目前我国大多数有人居住海岛没有电力供应，沿海城镇和乡村主要依靠水电和火电，由于电力的不足，制约了沿海乡村经济社会的发展。海洋可再生能源作为一种储量丰富、绿色清洁的能源，在为沿海地区提供能源供应上具有得天独厚的优势。

（四）综合利用海水资源

在地球上，除了固体的岩石和熔融的岩浆以外，海水可能是矿物物质最大的载荷体。海水的平均盐度为 35，全球海水中所含固体矿物物质达 5×10^{16} 吨，它们铺在陆地上将使地面增高 150 米。海水中（溶解）含量最高的前 11 位矿物物质依次是氯化物、硫酸盐、碳酸氢盐、溴化物、硼酸盐、氟化物、钠、镁、钙、钾、锶等，它们的含量从 $(0.001 \sim 18.98) \times 10^{-3}$，氯化物最高 (18.98×10^{-3})，其次是钠 (10.556×10^{-3}) 和硫酸盐 (2.649×10^{-3})。

我国是世界上 13 个最贫水的国家之一，淡水资源总量名列世界第六，但人均占有量仅为世界平均值的 1/4，位居世界第 109 位。全国 660 多个城市中，有 400 多个城市缺水，其中 108 个为严重缺水城市。据有关专家预测，就全国情况而言，到 2030 年全国年缺水量将达到 1 207 亿立方米。淡水资源短缺乃至水危机已成为制约我国经济社会可持续发展的"瓶颈"之一。向大海要水资源，发展海水淡化与综合利用技术，是解决我国沿海（近海）地区淡水资源短缺的现实选择，具有重大的现实意义和战略意义。

三、建设海洋生态文明

海洋是地球上最重要的生命支持系统，海洋生态系统的状况对整个人类的生活质量乃至生存状态起着举足轻重的作用。建设美丽中国，建设海洋强国必须注重海洋生态文明建设，走人 – 海和谐的可持续发展道路，建设海洋生态文明示范区，保护海洋生态环境，预防和控制海洋污染，保护和节约岸线资源，提高海洋防灾减灾能力，这些都需要进一步加强海洋环境观测、海洋生态监测能力建设，发展专业化、业务化的海洋探测技术与装备。

（一）建设海洋生态文明示范区

开展海洋生态文明示范区建设，积极探索沿海地区经济社会与海洋生态环境相协调的科学发展模式，是推动我国海洋生态文明建设的重要举措。加快推进海洋生态文明示范区建设，对于保护和节约利用岸线资源，促进海洋经济发展方式转变，提高海洋资源开发、环境保护、综合管理的管控能力和应对气候变化的适应能力，推动我国沿海地区经济社会和谐、持续、健康发展都具有重要的战略意义。今后 10～15 年，应在总结"十二五"期间海洋生态文明示范区建设先进经验的基础上，全面加快推进区域型海洋生态文明示范区建设，力争覆盖我国周边大部分沿海海域。要建立实施海洋生态评价制度和海洋生态"红线制度"，控制开发强度，积极开展海洋修复工程，推进海洋保护区规范化建设等。为此，应根据需要发展相应的海洋探测技术与装备，构建示范区海洋信息感知系统，确保海洋生态文明示范区建设顺利进行。

（二）预防和控制海洋污染

沿海社会经济发达，工业化程度较高，随着经济建设的快速发展，沿岸水域承受的环境压力越来越大。《中国海洋环境质量公报》指出，2010 年近岸局部海域水质符合劣四类海水水质标准，面积约 4.8 万平方千米，主要超标物质是无机氮、活性磷酸盐和石油类，主要污染区域分布在黄海北部近岸、辽东湾、渤海湾、莱州湾、长江口、杭州湾、珠江口和部分大中城市近岸海域。此外，对开展的 18 个海洋生态监控区的河口、海湾、滩涂湿地、红树林、珊瑚礁和海草床生态系统开展的监测显示，处于健康、亚健康和不健康状态的海洋生态监控区分别占 14%、76% 和 10%。这些都严重制约了我国沿海社会经济的可持续发展。如何改善海洋生态环境，预防和控制海洋污染，使之健康发展是我国面临的紧迫课题。积极发展污染和生态环境监测技术，构建完善的监测体系，提高监测能力，加大近海调查研究强度，了解海洋环境现状及其变化趋势，则是解决问题的关键所在。

(三) 提高海洋防灾减灾能力

海岸带经济在我国占有举足轻重的地位。其中，全国 50% 的钢铁、85% 的乙烯、50% 的水泥和陶瓷以及 80% 的轻纺工业企业分布在沿海地区。随着全球气候变暖和海平面上升加剧，海洋灾害频发，台风、风暴潮、海啸、海冰、赤潮、海岸侵蚀、海水入侵等灾害给沿海地区经济与社会发展带来严重影响 (图 2-1-5 和图 2-1-6)。此外，我国地处西北太平洋活动大陆边缘，是地震等海洋灾害多发区域，海洋地质灾害已成为对我国沿海和海洋经济、社会可持续发展的主要制约或影响因素，迫切需要通过海底岩石圈动力学探测、监测和研究，提高海洋地质灾害的预报预警能力和维护经济社会可持续发展的环境保障能力。

灾害监测与预测预警系统的发展和灾害防治技术的进步可有效减轻海洋灾害的危害程度。海洋动力环境变化规律的掌握和预测，是提高我国气候预测和灾害极端气候事件预警能力的关键，特别是对飓风、风暴潮等主要海洋灾害的预测预报能力。随着海洋和海岸带经济社会的快速发展，对海洋灾害预警预报服务的需求随之出现，并且快速增长，要求也更高，尤其是精细化和个性化要求日益强烈。

(四) 应对和评估海洋气候变化

气候变化是各国面临的紧迫问题，海洋对气候影响巨大。海洋是全球气候系统中的一个重要环节，它通过与大气的能量物质交换和水循环等作

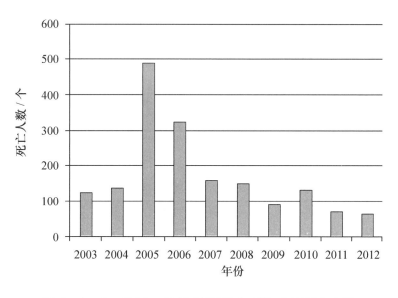

图 2 - 1 - 5　2003—2012 年海洋灾害造成的死亡人数

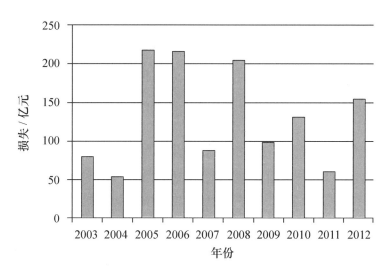

图 2 - 1 - 6　2003—2012 年海洋灾害造成的损失

用在调节和稳定气候上发挥着决定性作用。大气层的水分有 80% 以上来自海洋，海洋上表层 3 米的海水所含的热量相当于整个大气层所含热量的总和，海洋从低纬度区向极地方向输送的热量与大气环流相当。另外，海洋中的碳储量占地球系统的 93%，海洋每年从大气中吸收的二氧化碳约占全球二氧化碳年排放量的 1/3，海洋碳库的源汇争论仍有待深入。应对海洋气候变化，应强化海平面变化监测和影响评估工作，做好海洋气候预测，推进警戒潮位核定，适时启动全国海岸侵蚀监测与评估；加强海洋碳吸收能力及变化趋势评估研究，适时启动我国海洋酸化监测体系建设。

四、推动海洋科学研究进步

海洋不仅是地球气候的调节器、生命的发源地和多种资源的宝库，也是地球科学和海洋科学新理论的诞生地。海洋科学是一门主要以观测为最基本要求的学科，海洋技术的发展是推动海洋科学发展的原动力，现代海洋科学发展的历程是海洋观测技术不断发展的缩影。发展深海探测、运载和作业综合技术与装备，将为海洋科学研究提供有效的手段，极大地推动我国海洋科学事业的发展。

（一）实现海洋观测内容和能力的提升

海洋探测技术的发展，使得海洋观测的整体性、系统性更强，呈现从单一学科观测向多学科综合交叉融合观测的发展趋势，已进入水文环流、海洋地球化学循环和海洋生态观测并重的阶段。海洋科学研究因此也开始向纵深方向发展，从过去对海洋现象的描述向对海洋变化过程、机理的研究转变，从定性描述发展到定量的准确预报。这有利于人类更加深入和准确的了解、认识海洋。

未来，海洋立体观测系统将不断构建与完善，包括从空中开展遥感观测的卫星、航空飞机，表面观测的固定观测站、船载观测和浮标观测，水中及水底观测的潜标、声呐、无人潜水器和海底基观测及海底钻探等，将会提供更多高质量的立体、连续、实时、长期的海洋数据，对于海洋科学的发展和重大海洋科学问题的解决将产生巨大的效应，有利于形成海洋大科学整体研究思想，获得新的发现与成果。

（二）促进深海环境与生命科学研究的发展

深海分别占海洋和地球面积的 92.4% 和 65.4%，资源和生物多样性丰富，是 21 世纪人类认识自然的重点区域。然而对于海底深部生物圈而言，目前仅意识到其存在，还不清楚其基本特征及在地球系统中的地位及作用。同样，对于热液/冷泉等极端环境中的生命现象，人类也缺乏足够的知识和了解，更不清楚海底深部生物圈与极端环境中生物活动的资源意义，以及其是否蕴涵生命本质及生命起源的答案等问题。

通过不断发展的深潜技术、无人潜水器移动观测、海底固定观测和精确定位、原位实时高分辨率探测、海底钻探技术等，将有效地促进深海环境与生命科学研究。了解深海生物多样性，刻画深海生物地球化学过程，掌握深海特殊生态系统关键过程及其资源环境效应，探索生命起源，开发海底油气和战略矿产资源以及基因、活性物质等新型生物资源，为开发深海资源、利用深海空间、发展深海产业提供科技支撑。

（三）推动重大海洋观测计划和海洋研究计划的实施

从 WCRP、IGBP 等国际性研究计划的组织开始，近 30 年时间，海洋科学研究在一系列重大研究计划的实施中得到跨越发展。而随着观测技术的发展以及地球系统科学概念的深入应用，在海洋科学研究中综合多学科的要素观测已经或正在取代各个学科以往独立分散的观测。

目前，海洋科学研究使人类对海洋的认识逐渐丰富。但总的来说，对这一最有望支持人类可持续发展的重要区域还知之甚少，有关海洋环流与气候变化、全球变化与海洋碳循环、深海环境与生命过程、洋底动力学、海洋与海岸带生态系统、极地科学等均有待更深入的研究。海洋科学的深入研究越来越依赖于长期的连续观测、探测和试验资料的积累与分析。精确定位、原位实时高分辨率探测、深钻和超深钻等探测技术的发展将有助于地球和生命的起源、全球变化、海底固体矿产资源与能源的成因和分布规律等理论问题研究的突破。

海洋观测由岸基观测、船基观测扩展到海基观测、空基观测、天基观测相结合的空－天－海洋一体化观测，正在向数字化、网络化方向迅猛发展，并逐渐发展成覆盖全球海洋和重点海域的立体观测网络。这有利于更加综合性的重大海洋观测计划与海洋研究计划的实施，针对全球变化研究的海洋观测和研究计划的国际合作计划将会得到进一步的发展和创新，诸如 WCRP、IGBP 等类的新综合性研究计划还将不断涌现。

第二章 我国海洋探测与装备工程发展现状

海洋探测技术与工程装备主要包括海洋探测传感器、海洋观测平台、海洋观测网技术、海洋固体矿产资源探测技术与装备、深海矿产开采装备、海洋通用技术、深海微生物探测技术与装备、海洋可再生能源与海水综合利用装备等。经过多年的发展，大多数海洋仪器与装备经历了从无到有、从性能一般到可靠的过程，技术上有所突破，但总体上与国际上相比还有一定的差距。

一、海洋探测传感器取得长足发展 ▶

传感器及其技术是海洋环境探测的关键部件和关键技术，也是制约我国海洋探测技术发展的"瓶颈"。"九五"以来，在 863 等国家相关科技计划的支持下，经过 3 个五年计划的实施，我国在海洋环境探测传感器研究方面突破了一批关键技术，研发了一批仪器设备，部分传感器已经在海洋动力环境参数获取与生态监测、海底环境调查以及资源探查等方面发挥作用。

（一）海洋动力环境参数获取与生态监测的传感器

我国海洋动力环境参数获取传感器技术得到了长足发展。温盐传感器已形成系列产品，完成了海洋剪切流测量传感器样机研制，突破了高精度 CTD 测量、海流剖面测量及海面流场测量等关键技术，开发了高精度 6 000 米 CTD 剖面仪、船用宽带多普勒海流剖面测量仪、相控阵海流剖面测量仪、声学多普勒海流剖面仪以及投弃式海流剖面仪等高技术成果，并初步实现了产品开发，支持了我国区域性海洋环境立体监测系统的建设，提高了灾害性海洋环境的预报和海上作业的环境保障能力。此外，开发了包括溶解氧、营养盐等一批生态环境监测传感器试验样机，包括定型鉴定了两种溶解氧传感器，开发了两种 pH 测量传感器，完成了氧化还原电位和浊度传感器研制等。

（二）海底环境调查与资源探测传感器

通过国家相关科技计划支持，在海底环境调查与资源探测技术方面取得长足进步。突破了侧扫声呐、合成孔径成像声呐、相控阵三维声学摄像声呐、超宽频海底剖面仪、海底地震仪等一大批的关键技术，开发了一批仪器设备。其中，由我国研制成功的 HQP 等系列浅地层剖面仪已应用于我国近海工程。此外，研发了适用于大洋主要固体矿产资源成矿环境探测低温高压化学传感器和 pH、H_2、H_2S 高温高压传感器系列及其检测校正平台。

二、海洋观测平台取得进展并呈现多样化　▶

当前，我国的海洋观测平台呈现多样化，从卫星和航空遥感到水下与水下观测平台；从被动观测平台，如浮标、潜标等到移动、自主观测平台水下潜水器，如水下自治潜水器（Autonomous Underwater Vehicle，AUV）、遥控潜器（Remote Operated Vehicle，ROV）、载人潜器（Human Occupied Vehicle，HOV）等。在观测平台种类上，基本实现了与国际上保持一致。

（一）卫星和航空遥感

我国于 20 世纪 80 年代开始开展海洋卫星遥感探测，从 2002 年起先后发射了海洋水色卫星"HY-1A"、"HY-1B"，2011 年 8 月又成功发射了海洋动力环境卫星"海洋二号"（HY-2），并已业务化应用。继"HY-2"卫星之后，我国还将加快"HY-1"后续卫星、"HY-2"后续业务卫星、海洋雷达卫星（"海洋三号"）立项研制，为海洋灾害监测预报、海监维权执法等提供长期、连续、稳定的支撑与服务。目前，海洋监测监视卫星（HY-3）已纳入国家航天技术发展规划。另外，在海洋遥感数据融合/同化技术方面也取得了长足的进步。

"十五"、"十一五"期间，在国家科技计划支持下，国内海洋航空遥感能力正在不断增强，并取得了很好的应用，主要搭载平台为有人机和无人机。搭载多种探测仪器的航空遥感监测平台具有离岸应急和机动的监测能力、良好的分辨率、较大的空间覆盖面积及较高的检测效率，在海岸带环境和资源监测、赤潮和溢油等突发事件的应急监测、监视方面发挥了不可替代的作用。

（二）浮标与潜标

我国从 20 世纪 80 年代初开始研制锚系资料浮标，1985 年开始建设我国的海洋水文气象浮标网。在浮标技术方面，发展了自持式探测漂流浮标、实时数据传输潜标、光学浮标、锚系浮标、极区水文气象观测浮标等观测技术，与传感器、控制系统、通信系统相结合，形成了能满足海洋探测不同需要的观测/监测系统。

我国从 20 世纪 80 年代以来，先后开展了浅海潜标、千米潜标和深海 4 000 米潜标系统的技术研究，已掌握了系统设计、制造、布放、回收等技术，并成功地应用于专项海洋环境观测和中日联合黑潮调查。近年来，在国家相关科技计划的资助下，又发展了具有实时数据传输能力和连续剖面观测能力的潜标系统技术，提高了潜标系统的实用性。

（三）拖曳式观测装备

在拖曳式生态环境要素剖面测量技术方面，研制了拖曳式剖面监测平台系统，用于 200 米水深以内生态环境要素的剖面测量，其轨迹为锯齿波，测量数据能够实时采集并传输至船上的数据记录器，传输距离大于 1 000 米。研制了 6 000 米深海拖曳观测系统，用于多金属结核的精细调查，利用图像压缩技术突破了万米同轴电缆电视信号传输难题。

（四）遥控潜水器

遥控潜水器（ROV）在海洋探测中的应用主要集中在定点观测和海底作业方面，如传感器的布放与回收、热液烟囱的取样、海底观测网的安装等。我国在"八五"至"十一五"期间在 ROV 技术的研究、开发和应用方面做出了卓有成效的工作，成功地研制出重量从几十千克到十几吨，工作深度从几十米到 3 500 米的各种 ROV，如我国第一台中型 ROV 产品"RECON-IV-SIA300"、作业型 ROV 8A4、海潜 Ⅱ 强作业型 ROV、SJT-10 ROV、CI-STAR 型海缆埋设型 ROV、"海龙 Ⅱ" ROV（图 1 - 1 - 7）以及正在研发的 4 500 米 ROV 等。目前，我国在遥控潜水器技术水平、设计能力、总体集成和应用等方面与国际水平相齐；但是国外 20 世纪 80 年代已逐渐形成面向海上石油工业的 ROV 产业，而我国 ROV 产品化进展缓慢，专业研发公司刚具雏形。

图 2 – 1 – 7 "海龙 Ⅱ" ROV

（五）自治潜水器

自治潜水器（AUV）与遥控潜水器最大的区别是不携带脐带电缆，可自主执行使命任务，具有作业范围大、功能多样（能浅能深、可远可近、亦单亦群、可主可辅）等特点，适用于大范围海洋环境精细测量、海底微地貌调查。在自治潜水器技术方面，我国先后研制成功下潜深度 1 000 米的"探索者"号和下潜深度 6 000 米的 CR-01、CR-02 AUV（图 2 – 1 – 8）。CR-01 AUV 分别于 1995 年和 1997 年两次参加中国大洋协会组织的太平洋科学考察（即对太平洋我国保留区进行多金属结核的调查），并圆满完成了考察使命，为最终在联合国确定我国保留区提供了大量的科学数据，使我国成为世界上少数拥有 6 000 米级别的自治潜水器的国家之一。我国还具有研制长航程自治潜水器的能力，续航能力达到数百千米。"十二五"期间正在开展 4 500 米 AUV 的研制以及其他小型、智能化 AUV 的研究。

（六）载人潜水器

载人潜水器（HOV）为海洋科学家提供了一种可以深入海底、直接观察海洋现象并开展科学试验的平台。在载人潜水器（HOV）技术方面，"蛟龙"号（图 2 – 1 – 9）实现了我国载人潜水器零的突破，2012 年 7 月圆满

图 2 - 1 - 8　CR-02 AUV

完成了 7 000 米级海试，2013 年成功开展了试验性应用，用于海底资源勘查和深海科学研究。另外，我国已启动 4 500 米载人潜水器多项关键技术的研究，力争实现 4 500 米载人潜水器的国产化。

图 2 - 1 - 9　"蛟龙"号 HOV

（七）水下滑翔机

水下滑翔机作为将浮标、潜标和潜水器技术相结合的新概念无人潜水器，由于具备数千千米的航程和数月的续航时间被公认为是最有前景的新型海洋环境测量平台。当前，我国水下滑翔机技术取得突破性进展（图 2 - 1 - 10）。"十一五"期间国内相关单位开展了总体设计技术、低功耗控制技术、通信技术、航行控制技术、参数采样技术等关键技术研究，目前已完成了试验样机研制，并进行了初步海上试验。

图 2 – 1 – 10　国产水下滑翔机

三、深海通用技术刚刚起步

深海通用技术是支撑海洋探测与装备工程发展的基础支撑和相关配套技术，涉及深海浮力材料、水密接插件、水密电缆、深海潜水器作业工具与通用部件、深海液压动力源和深海电机等诸多方面。我国深海通用技术研究起步较晚，整体水平相对落后，特别是在产品化、产业化方面与国外有较大差距。

（一）作业工具

水下作业工具涉及较广，如在水下进行切割、钻孔、打磨、清刷和拆装螺母等作业所需的工具等。无人潜水器在海洋探测中常用的作业工具是机械手。我国先后研制出轻型五功能液压开关机械手、六功能主从伺服液压机械手和五功能重型液压开关手，并装备在多台无人潜水器上使用。具有工具自动换接功能的五自由度水下机械手也研制成功，用于 SIWR-II 型遥控潜水器，可以完成夹持工件、剪切软缆等工作。近年来，小型水下电动机械手的研究工作也取得了一定的成果，HUST-8FSA 型水下机械手可应用于水下、化学等有害环境中，能完成取样、检查、装卸等比较复杂的作业任务。

（二）深海动力源

深海动力源也是深海通用技术之一。通常，深海动力源有 3 种驱动方式，分别为电力驱动、气压驱动和液压驱动。其中液压驱动是目前国际上研究和使用较多的一种，也是未来水下作业工具动力源的发展方向。国内多家科研机构联合研制了与各自项目配套的液压动力源，均采用压力补偿方式。此外，相关企业也开展了高端液压元件和系统的研制工作，通过在精密核心液压零部件上的突破，成功研发了深海3000米节能型集成液压源、深海节能型柱塞泵和比例控制阀等。

我国在深海电机方面也已有较大发展，"十一五"期间在863计划的支持下，联合研制出4000米深海电机、7000米载人潜水器高压海水泵驱动电机，技术水平达到了国际先进水平，并且开发出多种规格水下永磁电机用于深海装备。

（三）水下电缆和连接器

水下电缆种类繁多，根据用途有通信缆、铠装缆、承重缆、管道检测缆、视频缆等。其中，海底光电复合缆是海底观测网的基础设施，主要负责给海底观测传感器供电，并将其采集数据的传输上岸。"十一五"和"十二五"期间我国在海底光电复合缆设计与制造方面开展了深入研究，深海光电复合缆、湿插拔接口技术等取得突破性进展。在水密接插件方面，相关单位已开发出多款无人潜水器配套使用的产品，并具备小批量生产能力。

四、海洋观测网开始小型示范试验研究 ▶

我国目前尚没有建立真正意义的海洋观测网，但已开始探索性地进行小规模示范建设。总的来说，我国的海洋观测网络还缺乏科学、系统的设计。

（一）近岸立体示范系统

通过集成863相关观测装备，在台湾海峡建成一个多平台观测系统组成的区域性海洋环境立体观测和信息服务系统；利用863计划发展的船载快速监测系统、航空遥感应用系统、水下无人自动监测站、生态浮标、无人机遥感应用系统等监测手段进行集成，"十五"开始建立了渤海海洋生态环境海空准实时综合监测系统，形成了一个能实时（或准实时）的监测海洋生态环境状况与动态变化、提供实时监测数据和综合信息的监测示范系统。随后，又以上海为中心，建立了覆盖长江三角洲濒临海域的区域性海洋环境立体监测和信息服务示范系统，以广州为中心，在珠江口海域建立了海洋生态环境监测示范试验系统。

（二）近海区域立体观测示范系统

中国科学院在黄海（獐子岛）、东海（舟山）、西沙永兴岛和南沙永暑礁各建一个长期观测浮（潜）标网，与现有的国家近海生态环境监测站——胶州湾生态系统研究站、大亚湾海洋生物综合实验站、海南热带海洋生物实验站，并和海洋考察船的断面观测一起，共同构建成点、线、面结合，空间、水面、水体、海底一体化，多要素同步观测，兼有全面调查与专项研究功能的开放性近海海洋观测研究网络，以期推动我国的海洋科学立体观测和研究的发展；国家海洋局在我国近海有实施 17 条长期断面观测，遥感飞机和海洋卫星观测方面也已进行多年。

（三）海底观测网络建设

在海底观测网方面，就相关技术我国逐步开展了积极探索。在接驳盒技术、供电技术、海底观测组网技术等方面都取得了一定成果。东海小衢山建成，目前正在运行的以太阳能供电的 1 千米海底光缆观测站，是我国开展有缆海底观测的有益尝试。2013 年 5 月 11 日建成并投入运行的三亚海底观测示范系统，是我国相对具备较为完整功能的海底观测示范系统。该系统由岸基站、2 千米长光电缆、1 个主接驳盒和 1 个次接驳盒、3 套观测设备、1 个声学网关节点与 3 个观测节点构成，具有扩展功能（图 2 - 1 - 11）。系统在高压直流输配电技术、远程直流高压供电技术、水下可插拔连接器应用技术、网络传输与信息融合技术、低功耗高性能水声通信节点、稳健的网络协议、水声通信网与主干网协同机制等核心技术方面取得了突破，对加快建设我国长期海底观测系统、全面提升我国海洋观测能力和设备研发水平具有重大意义。

五、固体矿产资源探测技术初步实现系统体系化　▶

海底固体资源探测技术是探知、了解与勘探矿产资源的必要手段，探测技术的发展状况代表了一个国家对海底固体资源掌控的能力。

（一）以船舶为平台的探测技术体系

我国深海矿产资源勘探活动始于 20 世纪 70 年代末期。1978 年 4 月，

(a) 主接驳盒水池试验　　　　　　　　(b) 次接驳盒布放

图 2-1-11　水下接驳技术

我国"向阳红 05"号考察船在进行太平洋特定海区综合调查过程中，首次从 4 784 米水深的地质取样中获取到多金属结核。1981 年，针对联合国第三次海洋法会议期间围绕先驱投资者资格的斗争，我国政府声明我国已具备了国际海底先驱投资者的资格。

以"大洋一号"为调查平台，我国海底矿产资源勘查技术主要包括高精度多波束测深系统、长程超短基线定位系统、6 000 米水深高分辨率测深侧扫声呐系统、超宽频海底剖面仪、富钴结壳浅钻、彩色数字摄像系统和电视抓斗、大洋固体矿产资源成矿环境及海底异常条件探测系统、海底热液保真取样器技术等，并以"大洋一号"科考船为平台，进行了矿产资源探测技术系统集成，构成了一个相对完整的大洋固体矿产资源立体探测体系。

我国于 2008 年下水运行"海洋六号"，随着工作的开展，也正逐步形成对国际海底固体矿产资源和我国天然气水合物的综合探测技术体系。2013 年下水的"向阳红 10 号"，以及后续的各类远洋调查船舶，都将以调查船为平台，打造成一个综合的海洋探测技术体系。

（二）多类型固体矿产体系的探测能力

海底固体矿产资源并非单一，需要去发现与探索，目前已发现的包括多金属结核、富钴结壳、多金属硫化、深海磷矿以及天然气水合物等。我国于"八五"开始多金属结核的探测，经过两个五年计划，于 1999 年完成太洋 CC 区 7.5 万平方千米在多金属结核矿区圈定工作。

进入 21 世纪，中国大洋矿产资源研究开发协会根据国际海底形势和国家长远利益，及时研究并经国家同意，确立了我国 21 世纪大洋工作方针，即"持续开展深海勘查、大力发展深海技术、适时建立深海产业"。加大了富钴结壳、多金属硫化物资源调查的力度，调查范围涉及太平洋、印度洋、大西洋，实现了我国大洋工作由勘探开发单一的多金属结核资源扩展、调整为开发利用"区域"内多种资源，调查范围由太平洋向三大洋的战略转移。从 2001 年开始，我国开展完成了太平洋海山富钴结壳资源 7 个航次的调查，目前基本圈定满足商业开发规模所需资源量要求的富钴结壳矿区，完成了向联合国海底管理局提出矿区申请的技术准备工作。2013 年 7 月 19日国际海底管理局核准了中国大洋矿产资源研究开发协会提出的 3 000 平方千米的西太平洋富钴结壳矿区勘探申请。

2005—2012 年，我国在国际海底区域先后主持实施了 6 个航次的硫化物调查，取得了包括在东太平洋海隆、大西洋中脊、西南印度洋中脊等地区的大量热液硫化物、热液沉积、热液生物等样品，发现了多处热液异常区和热液异常点。先后在三大洋洋中脊新发现 35 处海底热液区，约占世界30 年发现的 1/10。不仅实现了中国人在该领域"零"的突破，而且创造了世界上在超慢速扩张脊上发现正在活动的海底黑烟囱等多个国际首次发现，3 个区域为我国科学家进行深海科学研究提供了独特的平台和引领世界的机遇。

（三）建立中国大洋勘查技术与深海科学研究开发基地

深海固体矿产资源探测的技术与科学永远是一个相辅相成的方向，为维护我国在国际海底区域资源研究开发活动中的根本权益，保证"区域"资源勘查任务的完成和满足深海勘查工作的长远要求，提高我国大洋矿产资源调查和研究能力及海洋高新技术的研发，2003 年中国大洋矿产资源研究开发协会办公室依托国家海洋局第二海洋研究所，建立了中国大洋勘查技术与深海科学研究开发基地。以该基地为平台，联合全国优势力量，已形成了一支全国性的深海固体矿产研究、探测和技术研发的综合团队。以深海矿产资源调查与评价为核心，以高新技术集成应用为支撑，已负责完成了 8 个航次的大洋固体矿产资源调查任务，带动了 ROV、AUV、深海钻机、电法探测和深海摄像等一系列的探测技术装备研发，最大程度上保障了我国深海资源的权益。

六、深海生物资源探测已经起步 ▶

深海极端环境生物资源及其基因资源开发技术是国际前沿技术，我国正在开展这一领域的研究，并在资源调查、获取与应用潜力评估等方面取得了明显进展。

（一）深海微生物与基因资源调查进展

我国从"九五"末期开始启动深海生物及其基因资源的研究。以"大洋一号"科学考察船为依托，自主建立和发展了深海保真采样设备、深海环境模拟与微生物培养平台，通过多个中国大洋航次、中美联合热液航次和国际合作交流获取了 7 000 米水深以内的太平洋、大西洋和印度洋样品，分离培养出了一系列嗜极微生物。利用宏基因组学、蛋白质组学以及现代测序技术，开展了部分深海环境生物样品与部分微生物菌株的组学分析，尝试了海洋微生物遗传表达体系的构建，为未来深海基因资源的深入挖掘奠定了一定的基础。

（二）中国大洋生物基因资源研究开发基地建设

当前，国内组建了中国大洋生物基因资源研究开发基地，建立了中国大洋生物样品馆、深海微生物资源库，并在深海微生物菌种库的基础上，整合了国内海洋微生物资源，建立了中国海洋微生物菌种保藏中心（图 2 - 1 - 12）。目前库藏微生物资源共有 1.5 万多株，菌种资源约 16 万份。此外，开展了深海微生物多样性分析、活性物质筛选与功能基因研究等。

图 2 - 1 - 12　深海微生物菌种库（大型液氮冻存系统）

（三）深海生物资源开发利用

在海洋 863、大洋及海洋公益性项目等的支持下，开展了深海微生物小分子活性物质的研究。开展了深海活性物质与新药筛选技术研究；从事深海真菌、细菌、放线菌中发现了新的重要的代谢产物，但尚未发现重大应用前景的深海天然产物。

在深海微生物酶资源方面也开展了卓有成效的工作，例如在深海低温蛋白酶结构与功能，以及热液口高温酶等极端微生物基因资源等方面。此外，在深海微生物多糖、深海微生物表面活性剂等筛选与功能研究方面也开展了研究。还在深海微生物环保、农业等领域中的应用开发开展了大量工作，包括污染物降解、生物农药与健康养殖以及生物冶金等方面开了一系列工作。

七、海洋可再生能源开发技术逐步走向成熟 ▶

20 世纪 60 年代，我国开始发展海洋可再生能源技术。经过 50 年的发展，我国海洋可再生能源的开发利用取得了很大的进步。

（一）潮汐能

我国潮汐能开发技术研究起步较早，具有一定的技术积累，已具备低水头大容量潮汐水轮机组研制能力。我国陆续开展了多座潮汐能电站建设。江厦潮汐电站已正常运行 30 余年，首台机组于 1980 年并网发电，1985 年 5 台机组全部并网发电，2007 年又利用原有的预留机坑建成了 6 号机，总装容量达到 3 900 千瓦，截止到 2012 年已累计发电超过 17 853 万千瓦·时（图 2 – 1 – 13）。

（二）波浪能

我国波浪能发电技术研究已有 30 多年的历史，相继开发了装机容量从 3～100 千瓦不等的多种形式的波浪能发电系统。并先后研建了 100 千瓦振荡水柱式和 30 千瓦摆式波浪能发电试验电站。目前，在国家财政支持下，我国已启动了多项装机容量在百千瓦级的波浪能发电装置研制工作，并以此为基础在广东、山东等地区建设多能互补独立示范电站，为解决海岛能源供给问题提供了有力的示范与引导作用。

图 2 - 1 - 13　浙江江厦潮汐发电站

（三）潮流能

在潮流能方面，自 20 世纪 90 年代以来，我国进行了包括导流罩增强型潮流能发电装置、柔性叶片潮流能发电装置以及小型潮流能发电装置在内的多种类型的潮流能发电系统的研制工作，并陆续建成装机容量 70 千瓦的"万向 - Ⅰ"漂浮式潮流能电站，装机容量 40 千瓦的"万向 - Ⅱ"座底式潮流发电装置，装机容量 150 千瓦的"海能 Ⅰ"潮流能电站。目前，我国在浙江舟山启动了潮流能示范电站建设工作。

（四）海洋温差和盐差能

我国从 20 世纪 80 年代开始海洋温差能的开发研究。1985 年，开始对"雾滴提升循环"装置进行研究。"十一五"期间，在国家科技支撑计划经费的支持下，开展了温差发电的基础性试验研究，在青岛黄岛电场温排水口建设了 15 千瓦温差能发电装置。

我国盐差能实验室研究开始于 1979 年，并在 1985 年采用半渗透膜法开展了功率为 0.9 ~ 1.2 瓦的盐差能发电原理性实验，目前此项研究还处于初步理论研究阶段。

（五）海洋生物质能

我国在海洋生物质能的开发利用方面已取得了较大进展。2008 年，我国在深圳的海洋生物产业园启动了海洋微藻生物能源研发项目，主要是利用废气中的二氧化碳养殖硅藻，再利用硅藻油脂生产燃料。同年，在生物柴油生产关键技术及创新材料研究项目中，在实验室取得了海藻榨柴油的初步成果，培育出的富油微藻最高含油比已经达到 68%，生物柴油的获得率达到 98% 以上，甘油纯度达到分析纯标准。

八、海水淡化与综合利用已进入产业化示范阶段　▶

我国海水淡化与综合利用事业起步于 20 世纪 60 年代。经过多年发展，海水淡化、海水循环冷却等技术取得重大突破与进展，技术基本成熟、建成多个千吨级和万吨级示范工程。截至目前，全国海水淡化已建成工程规模约 77 万吨/日，年海水冷却用水量约 840 亿立方米，主要用于解决沿海城市工业用水和海岛生活饮用水。海水淡化吨水成本已达到 5 元/吨左右，接近国际水平，具备规模化应用和产业化发展的基本条件。

(一) 海水淡化

近年来，我国海水淡化事业得到了较快发展，技术基本成熟，掌握了低温多效和反渗透海水淡化技术。

在低温多效海水淡化方面，"九五"期间，开展了蒸馏法海水淡化技术的研究和探索。"十五"期间，攻克了千吨级低温多效海水淡化技术，2004年，在山东青岛黄岛电厂建成了具有自主知识产权的 3 000 吨/日低温多效蒸馏海水淡化装置，这是我国第一个低温多效海水淡化工程（图 2 - 1 - 14）。"十一五"期间，自主设计制造了 4 台（套）3 000 吨/日和 2 台（套）4 500 吨/日低温多效海水淡化装置出口印度尼西亚；同时，开展了万吨级低温多效海水淡化工程技术研究，在对进口装备消化吸收的基础上建成了河北国华沧东电厂 1.25 万吨/日低温多效海水淡化工程。目前，我国最大低温多效海水淡化工程为天津北疆电厂 20 万吨/日低温多效海水淡化工程，采用以色列 IDE 公司技术。

在反渗透海水淡化方面，"九五"期间，自 1997 年在浙江嵊泗建成了我国第一座 500 吨/日反渗透海水淡化工程后，又相继在山东长岛、浙江嵊泗和大连长海等地完成了多个 1 000 吨/日反渗透海水淡化示范工程。"十五"期间，完成了山东荣成 5 000 吨/日反渗透海水淡化示范工程。"十一五"期间，我国自主研发完成浙江六横 1 万吨/日反渗透海水淡化示范工程，除反渗透膜外，基本实现国产化（图 2 - 1 - 15）。目前，我国最大反渗透海水淡化工程为天津新泉 10 万吨/日反渗透海水淡化工程，采用新加坡凯发公司技术。

图 2 - 1 - 14　青岛黄岛电厂 3 000 吨/日低温
多效海水淡化示范工程

图 2 - 1 - 15　浙江六横 1 万吨/日反渗透海水淡化示范工程

（二）海水直接利用

海水直接利用主要包括：海水直流冷却、海水循环冷却和大生活用海水。

在海水直流冷却方面，海水直流冷却技术在我国应用历史悠久，近年来在沿海电力、石化等行业得到广泛应用，年利用海水量逐年上升，已达到 840 亿立方米以上。

在海水循环冷却方面，经过"八五"、"九五"、"十五"、"十一五"科技攻关，突破海水缓蚀剂、阻垢分散剂、菌藻杀生剂和海水冷却塔等关键技术，相继建成天津碱厂2 500吨/时海水循环冷却示范工程、深圳福华德电厂28 000吨/时海水循环冷却示范工程和浙江国华宁海电厂10万吨/时海水循环冷却示范工程，实现了具有自主知识产权的千吨级、万吨级和10万吨级海水循环冷却技术产业化应用（图2-1-16）。

图2-1-16　浙江宁海电厂2×10万吨/时
海水循环冷却示范工程

在大生活用海水技术方面，自20世纪50年代末开始，我国香港地区开始大规模应用大生活用海水技术，已较好地解决了海水净化、管道防腐、海洋生物附着、系统测漏以及污水处理等技术问题，年冲厕海水使用量2.7亿立方米。在我国大陆地区，经过"九五"、"十五"、"十一五"科技攻关取得进展，在大生活用海水技术方面，突破了海水净化、污海水后处理等关键技术，形成了新型海水净化絮凝剂、大生活用海水生态塘处理技术、大生活用海水水质标准等多项成果。2007年，在青岛胶南海之韵小区建成了46万平方米大生活用海水示范工程。

（三）海水化学资源利用

在海水化学资源利用方面，我国主要开展海水提取钾、溴、镁等研究。在海水提钾方面，除了少量的萃取法、离子交换法等研究外，主要集中在天然沸石法海水提钾研究；相继开展了高效钾离子筛制备、沸石法海水提取硫酸钾、硝酸钾产业化工程研究等，并建成万吨级示范工程。在海水提溴方面，我国溴素生产企业主要采用空气吹出法，且年生产能力多在1 000吨左右；在溴素生产工艺上，近年来在空气吹出提溴工艺改进、气态膜法和超重力法提溴方面也开展了有益的探索，均取得了较好进展。在海水提镁方面，攻克海水提镁关键技术，建成万吨级浓海水制取膏状氢氧化镁示范工程、硼酸镁晶须中试装置等。

九、深海采矿装备尚处在试验研究阶段 ▶

我国深海固体矿产资源开采技术研究始于20世纪90年代初，针对海底多金属结核、富钴结壳、多金属硫化物、天然气水合物等深海固体矿产资源的开采技术进行了不同程度的研究。

（一）多金属结核开采技术研究

"八五"期间，对深海多金属结核的集矿与扬矿机理、工艺和装备技术原型等进行了研究。"九五"期间，完成了海底集矿机、扬矿泵及测控系统的设计与研制，并于2001年在云南抚仙湖进行了部分水下系统的135米水深湖试（图1-1-17）。"十五"期间，我国深海采矿技术研究以1 000米海试为目标，完成了"1 000米海试采矿系统总体设计"和集矿、扬矿、水声、测检等水下部分的详细设计、研制了两级高比转速深潜模型泵、采用虚拟样机技术对1 000米海试系统动力学特性进行了较为系统的分析。"十一五"期间完成了230米水深的模拟结核矿井提升试验，扬矿系统虚拟实验研究等工作（图2-1-18）。

（二）富钴结壳开采技术研究

"十五"开始，结合国际海底区域活动发展趋势，我国开展了海底富钴结壳采掘技术和行驶技术研究，研制了富钴结壳采集模型机，进行了截齿螺旋滚筒切削破碎、振动掘削破碎、机械水力复合式破碎3种采集方法实验研究和履带式、轮式、步行式、ROV式4种行走方式实验研究。

（三）多金属硫化物开采技术研究

2011年11月中国与国际海底管理局签订了《国际海底多金属硫化物矿区勘探合同》，但对多金属硫化物的研究目前主要处于调查、取样阶段，其开采技术的研究还没有大规模启动。仅开展了多金属热液硫化靶区的开采原理样机的研制，提出了两种开采车概念设计模型。

图 2 - 1 - 17 我国深海采矿部分系统 135 米湖试（2001 年）

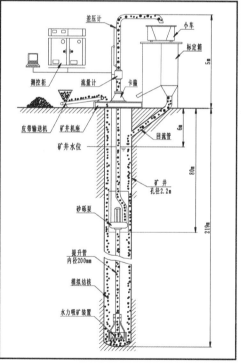

图 2 - 1 - 18 230 米水深的模拟结核矿井提升试验

（四）天然气水合物开采技术研究

"十一五"开始，对天然气水合物勘探开发关键技术进行了立项研究，分别从天然气水合物的海底热流原位探测技术、天然气水合物模拟开采技术研究、天然气水合物流体地球化学现场快速探测技术、天然气水合物成藏条件实验模拟技术、天然气水合物矿体的三维地震与海底高频地震联合探测技术、天然气水合物钻探取心关键技术和天然气水合物的海底电磁探测技术等7个方面进行了重点研究，为我国天然气水合物试开采提供了技术储备。

第三章 世界海洋探测与装备工程发展现状与趋势

一、世界海洋工程与科技发展现状

（一）海洋探测传感器及深海通用技术已实现了产品化与商业化

海洋环境传感器是海洋观测的核心仪器设备，研制稳定，高灵敏度和精确度的传感器是海洋探测与监测技术发展的重要内容。伴随着海洋监测系统的拓展，在深海环境和生态环境长期连续观测的需求下，美国、日本、加拿大和德国等国家已研制出全海深绝对流速剖面仪及深海高精度海流计、多电极盐度传感器、快速响应温度传感器、湍流剪切传感器、多参数水质测量仪等，并已形成商品。同时伴随海洋观测平台技术的发展，与运动平台自动补偿的各类环境监测传感器也取得较大进展，美国等国家目前已研制适应于 AUV、ROV 水下滑翔机和拖曳等运动平台的温度、盐度、湍流、pH、营养盐、溶解氧等传感器。

随着海洋探测装备的发展，深海通用技术已实现了产品化与商业化。在深海浮力材料方面，美、日、俄等国家从 20 世纪 60 年代末开始研制高强度固体浮力材料，以用于大洋深海海底的开发事业。美国 Flotec 公司能够提供 6 000 米水深浮力材料产品，可以应用于水下管线、ROV、海洋观测仪器等各种用途；日本在研制无人潜水器的过程中对固体浮力材料也开展了研发，目前已可以为万米级潜水器提供浮力材料；俄罗斯研制出用于 6 000 米水深固体浮力材料，密度为 0.7 克/厘米^3、耐压 70 兆帕。在水密接插件方面，美国 Marsh & Marine 公司早在 20 世纪 50 年代初推出橡胶模压产品；60 年代后期，为配合"深海开发技术计划（DOTP）"，研制成功了 1 800 米的大功率水下电力及信号接插件。目前，西方各国研制、生产、销售水密接插件的著名厂商有 30 多家，产品系列超过 100 种。在水下机械手方面，国外水下作业型机械手的研究中，美国、法国、日本和俄罗斯的水平比较高，所研制的水下机械手大部分是运用于 ROV、载人潜水器及深海作业型水下工作站上。在深海液压动力源方面，美国佩里（PERRY）公司是全球潜水器最大生产厂家和深海动力装置的重要提供商。该公司先后开发出深海3 000 米级不同功率的液压动力源，其中5 千瓦低功率液压源应用于 ROV 液压泵站系统及自驱式水下工具，如深海钻；55 千瓦以上液压源可满足较大型深海液压系统与装置的驱动要求，如无缆水下机器人、海底埋缆系统、大功率 ROV 工作站等。

（二）海洋观测平台已实现系列化与产品化

1. 遥控潜水器（ROV）

在遥控潜水器方面，根据美国大学与国家海洋实验室联合系统（University-National Oceanographic Laboratory System，UNOLS）的报告，目前国际上商用的 ROV 系统基本工作在3 000 米以浅，应用于3 500 米以深的深海作业和探测 ROV 必须具有专业化设计，只有少数机构拥有。世界上第一台全海深工作的 ROV 曾经是日本海洋科技中心（Japan Agency for Marine-earth Science and Technology，JAMSTEC）投资45 亿日元研制的 KAIKO 号 ROV，1994 年就曾到达11 000 米海底进行近海底板块俯冲情况调查，但2003 年在海上作业时由于中性缆断裂而造成 ROV 本体丢失，后来 JAMSTEC 在原系统基础上又开发了一套潜深7 000 米的 KAIKO 7000 ROV。美国伍兹霍尔海洋研究所（Woods Hole Oceanographic Institution，WHOI）2007 年成功开发了"海神"号（Nereus）混合型潜水器（HROV），最大工作水深为11 000 米，具有 AUV 和 ROV 两种模式（图2 – 1 – 19）。该系统于2009 年5 月31 日成功地下潜到马里亚纳海沟10 902 米水深，是世界上第三套工作水深达到11 000 米的潜水器系统。该项技术成功结合了 AUV 和 ROV 的技术特长，弥补了 AUV 系统无法定点观测作业、而 ROV 系统开发运行成本高的不足，已成为国际无人潜水器技术发展的一个重要方向。

强作业型 ROV 是海上水下作业必不可少的装备之一，得到越来越广泛的应用。以水下生产系统为例，最具代表性的有：英国的 Argyll 油田水下站和美国的 Exxon 油田水下生产系统，它们已应用 ROV 进行水下调节、更换部件和维修设备。世界上最大型的 ROV 系统当属 UT1 TRENCHER 系统（图2 – 1 – 20），它是一套喷冲式海底管道挖沟埋设系统，主尺度 7.8 米 × 7.8

图 2 - 1 - 19　美国"海神"号 HROV

图 2 - 1 - 20　世界上最大的 ROV 系统——UT1 TRENCHER

米×5.6 米，空气中重量达 60 吨，最大作业水深 1 500 米，最大功率 2
兆瓦。

2. 自治潜水器

在 AUV 方面，为了满足海洋资源调查与勘探以及海洋科学研究的需要，
欧、美和日本等发达国家开展了大量的自治潜水器研究工作，已经开发出
多种用于深海资源调查的 AUV，包括大、中、小型 AUV，这些调查设备已
经在深海资源调查中发挥了重要作用。美国伍兹霍尔海洋研究所在 1992 年

研制成功大深度自治潜水器 ABE。2007 年 2 月 25 日 ABE 的第 200 次下潜为我国科学家首次在西南印度洋脊发现了海底热液活动区，并对热液喷口进行了精确定位。为了提高海洋调查能力和潜水器技术的水平，美国伍兹霍尔海洋研究所研制了 ABE 的替代品 Sentry AUV，2008 年完成海上试验并已开展应用（图 2 - 1 - 21）。针对洋中脊海底热液活动调查，日本三井造船公司与东京大学联合开发了潜深 4 000 米的 r2D4 AUV，其重量约为 1 600 千克，最大航程 60 千米。挪威康斯伯格公司开发了 HUGIN 系列 AUV，作业水深从 1 000 ~ 4 500 米，HUGIN AUV 可用于高质量海洋测绘、航道调查、快速环境评估等。

图 2 - 1 - 21　Sentry AUV

小型 AUV 由于其作业成本较低、安全性好，还可以形成小型化 AUV 编队，完成现有装备体系无法完成的任务，因此市场需求广泛，得到了世界各国的高度重视。其中，最具代表性的是挪威康斯伯格公司的 REMUS 系列和美国 BLUEFIN 公司的 Bluefin 系列 AUV，其重量从 30 余千克至数百千克，最大航速大于 5 节，带有多种传感器，具有自主航行能力，可搭载水下 TV、成像声呐、侧扫声呐、CTD 传感器等设备完成水下目标探测和海洋环境数据采集等任务。

3. 载人潜水器

在载人潜水器方面，国际上载人潜水器的发展趋势可以归纳为向覆盖不同的深度、更好的作业性能、更高的可靠性和经济性方向发展。美、日等海洋大国对潜水器的深度定位是浅、中、深全部覆盖，不同深度采用不同潜水器进行作业。其中，法国有两艘：3 000 米和 6 000 米；日本两艘：2 000 米和 6 500 米；俄罗斯 4 艘 6 000 米；美国两艘 1000 米、两艘 2 000 米、1 艘 4 500 米。目前国际上使用时间最长、频率最高的载人潜水器是美国的"阿尔文"号（Alvin），1964 年建造完成，至今已完成超过 4 400 次的下潜作业（图 2 - 1 - 22）。

图 2 - 1 - 22　Alvin 号载人潜水器

日本深海技术协会结合日本未来深海科研的需要，提出了载人潜水器研发计划，分别是 11 000 米（全海深）、6 500 米、4 500 米、2 000 米和 500 米。2011 年美国自然科学基金资助"阿尔文"号进行升级改造，目前已完成第一阶段目标：观察窗由 3 个增加到 5 个、增加乘员舒适性、更换新的照明和成像系统、更换浮力材料、增强指挥控制系统等。第二阶段改造目标是将最大作业深度提高到 6 500 米，增加作业时间至 8 ~ 12 小时。

4. 水下滑翔机

经过多年的研究，美国先后成功研制出了 Spray、Slocum 和 Seaglider 水下滑翔机（图 2 - 1 - 23）。水下滑翔机是一种无外挂推进器、依靠改变自身浮力驱动、周期性浮出水面进行数据上传和使命更新的新型水下测量平台，航行距离在 2 000 ~ 7 000 千米之间，续航能力为 200 ~ 300 天，巡航速度为 0.3 ~ 0.45 米/秒，负载能力为 5 千克左右。

现有水下滑翔机的不足之在于滑翔速度小，机动性差。为此，美国开

a. Spray 水下滑翔机　　　b. Slocum 水下滑翔机　　　c. Seaglider 水下滑翔机

图 2 - 1 - 23　美国研制出的水下滑翔机

展了大型水下滑翔机 X-Ray 的研制，这种水下滑翔机重达几吨，最大滑翔速度可达 3 节，可以有效地抵制海流对载体运动造成的影响（图 2 - 1 - 24 a）。法国开展了混合型水下滑翔机 Sterne 的研究，这种水下滑翔机带有外挂的推进器，不仅可以做滑翔运动，还可以做水平巡航运动，依靠浮力驱动时滑翔速度最高可达 2.5 节，依靠推进器做水平巡航时，速度可达 3.5 节（图 2 - 1 - 24 b）。

a. X-Ray 水下滑翔机　　　　b. Sterne 水下滑翔机

图 2 - 1 - 24　改进型的水下滑翔机

（三）海底观测网朝着深远海、多平台、实时与综合性等方面发展

1. 随着海洋技术的进步，各种专业性海洋观测网应运而生，部分实现了业务化运行

作为一个地震多发国家，日本在海底地震观测方面一直走在世界前列。早在 20 世纪 70 年代，日本就开始了基于海底有缆地震观测，截至 1996 年，在日本地震调查研究推进本部（Headquarters for Earthquake Research Promotion）的建议下在 5 个区域新增了有缆地震观测设备，使得有缆观测数量达到 8 个，构建了海底地震观测体系。2002 年，IEEE 海洋工程学会日本分会组建了水下有缆观测技术委员会，并于 2003 年提出了"先进实时区域性海底观测网（Advanced Real-Time Earth Monitoring Network in the Area，ARE-NA）"（图 1 - 1 - 25）规划技术白皮书，总体上可归纳为 6 点：①用类似mesh 网的方式在海底铺设长达 3 600 千米的线缆；②每隔 50 千米设计一个节点，共计 66 个；③整个网络具有很强的鲁棒性；④拥有光宽带传输系统，可以传输高清电视图像；⑤系统具备可扩展性；⑥网络中的传感器具有可替换性。这个规划并未付诸实施，取而代之的是"地震和海啸高密度海底观测网络（Dense Ocean-floor Network for Earthquakes and Tsunamis，DONSET）"（图 2 - 1 - 26）。DONSET 计划分为两个阶段实施，第一阶段自2006 年开始实施，设计寿命 30 年，主干缆 300 千米，5 个科学节点，20 个观测站，每个观测点之间仅相隔 15 ~ 20 千米。2011 年 7 月已安装完毕，8月份开始提供数据以供地震预测。DONET2（the second phase of DONET）与DONET 相比观测的区域更大，观测节点更多，骨干缆 450 千米，7 个科学节点，29 个观测点，计划 2013 年开始启动建设，2015 年投入运行。

图 2 - 1 - 25　日本规划中的 ARENA 观测网

在近岸海洋生态监测方面，美国的新泽西陆架观测系统（The New Jersey Shelf Observing System，NJSOS）是典型代表。NJSOS 起源于 20 世纪90 年代早中期的"15 米深长期观测站（Long-term Ecosystem Observatory at 15 meters，LEO-15）"，当时只有 3 千米×3 千米；经过 90 年代后期扩展为

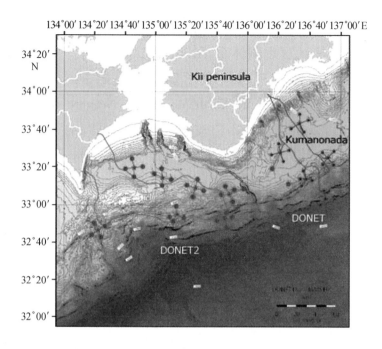

图 2 – 1 – 26　日本建设中的 DONET 观测网

"近岸预测技术试验（The Coastal Predictive Skill Experiments，CPSE）"，观测区域达到 30 千米×30 千米；最终扩展成陆架规模的 300 千米×300 千米，拥有多种观测平台，包括卫星、岸基雷达、船载拖体、水下滑翔机等（图 2 – 1 – 27）。LEO-15 多年来连续记录了海水与沉积物的沿岸和跨陆架运动，记录多种生物地球化学过程；CPSE 则是揭示海岸上升流区在三维空间里的演变，了解其与沿岸地形的相互作用，以及对浮游生物分布和对溶解氧的影响。NJSOS 计划将 CPSE 验证的观测方法推向陆架，实现常年观测，拟定了十大科学目标，在基础研究的同时包括应用目标，如重金属等污染物流向、鱼类幼体和沉积物的去向、赤潮和海底低氧的预测机制等。这一战略，是第一次正确地解决一小片海洋，然后在空间上成功拓展。

　　构建水下监测网，确保国家海洋安全是另一个重要的发展方向。海洋浅水区由于声场复杂，加上来自商业船只、渔船等造成高噪声，以及受海洋生物、天气影响较大，给水下反潜带来很大的挑战。为此，美国海军研究局（Office of Navy Research，ONR）启动了"持久性近岸水下监测网络（Persistent Littoral Undersea Surveillance Network，PLUSNet）"项目，由固定在海底的灵敏水听器、电磁传感器以及移动的传感器平台，如水下滑翔机

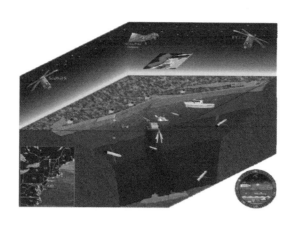

图 2 - 1 - 27　新泽西陆架观测系统

和 AUV 等组成，固定观测设备与移动观测平台之间能够双向通信，组成半自主控制的海底观测系统（图 2 - 1 - 28）。该系统旨在利用移动平台自适应的处理和加强对浅水区，尤其是西太平洋地区的低噪声柴电潜艇进行侦察、分类、定位和跟踪（detection, classification, localization and tracking , DCLT））。2006 年，PLUSNet 在美国蒙特利湾（Monterey Bay）进行了海上试验，试验中使用的水下移动观测平台包括 Bluefin-21 AUV、Seahorse AUV、Seaglidr、Slocum Glider 和 XRay Glider 等。虽然 2005 年对 PLUSNet 的投入经费进行削减，但是美国海军还是希望能够在 2015 年实现运行。

图 2 - 1 - 28　持久性近岸水下监测网络

2. 具有环境自适应能力的移动观测网是当前发展的新方向

从 1997 年开始，由美国海军研究局资助的"自主海洋采样网络（Autonomous Ocean Sampling Network, AOSN）"利用多种不同类型的观测平台搭载不同的传感器，能够在同一时刻测量不同区域和不同深度的海洋参数（图 2-1-29）。2003 年 8 月，在加利福尼亚蒙特利湾进行了 AOSN-II 实验，观测平台除了传统的观测船、锚系浮标、坐底观测平台外，还包括 12 个 Slocum 水下滑翔机、5 个 Spray 水下滑翔机、Dorado AUV、Remus AUV 和 Aries UUV 等，分别搭载 CTD、叶绿素、荧光计等传感器对 Monterey 海湾海水上升涌进行了 40 天调查试验。试验中，水下滑翔机组成的移动观测网能够根据海洋环境的实时变化对海水等温线动态跟踪。

在 AOSN 的基础上，美国海军又开展了"自适应采样与预报（Adaptive Sampling and Prediction, ASAP）"研究，该项目的一个重要目标就是研究如何利用多个水下滑翔机进行高效的海洋参数采样（图 2-1-30）。2006 年 8 月在蒙特利湾实验中应用 4 个 Spray 水下滑翔机和 6 个 Slocum 水下滑翔机，对蒙特利湾西北部寒流周期上升涌进行了调查。在调查过程中，一方面，水下滑翔机获得观测数据近实时的发送至监控中心，经过数据同化后作为海洋预报模型进行下一时刻的预报初值和边界条件；另一方面，预报的结果被用来指导水下滑翔机下一时刻的采样，形成自适应观测与预报系统。水下滑翔机获取的数据具有更好的观测质量，提高了研究人员对海洋现象的认识和理解，并提高了对海洋现象的预报能力，充分显示了应用多水下滑翔机作为分布式的、移动的、可重构的海洋参数自主采样网络在海洋环境参数采样中具有的优势。

图 2-1-29　自主海洋采样网络

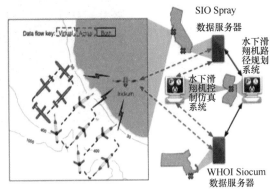

图 2-1-30　自适应采样与预报系统

3. 多目标区域观测网

东北太平洋时间序列海底网（North-East Pacific Time-series Undersea Network Experiments，NEPTUNE）是全球第一个区域性光缆连接的洋底观测试验系统。NEPTUNE 是美国于 1998 年启动的海底网络计划，目标是用联网观测系统覆盖整个胡安·德·夫卡板块，成为地球科学上划时代的创举。整个观测网络由美国和加拿大共同构建，计划公用 2 000 千米的光纤电缆，覆盖面积达 20 万平方千米，包括 6 个节点（目前已使用的为 5 个），分别为 Folger Passage、Barkley Canyon、ODP1027、ODP889、Middle Valley 和 Endeavour，将上千个海底观测设备组网，对水层、海底和地壳进行长期连续实时观测。由于美国经济的不景气，NEPTUNE 美国部分遭到搁浅，直到 2009 年才启动，加拿大部分 2009 年底正式建成，并投入运行。NEPTUNE 加拿大部分由 800 千米的水下光缆将水下各种观测仪器设备，将深海物理、化学、生物、地质的实时观测数据连续地传回实验室，并通过互联网向世界各国的用户终端。NEPTUNE 加拿大部分的建成是海洋科学里程碑式的进展，能为今后海洋科学家提供海洋突发事件和长时间序列研究的海洋量数据，应用于广泛的研究领域。

4. 多个区域海洋观测系统构建综合性海洋观测体系

从海洋科学研究的前沿出发，在美国国家科学基金会的支持下，形成了海底观测网联合计划（Ocean Observation Initiative，OOI）。OOI 主要由以 NEPTUNE 为主的区域海洋观测网、以大西洋先锋 Pioneer 观测阵列和太平洋长久 Endurance 观测阵列为主的近海观测网和以阿拉斯加湾、Irminger 海、南大洋和阿根廷盆地为主的全球观测网组成，拟通过 25 ~ 30 年的海洋观测，来研究气候变化、海洋环流和生态系统动力学、大气 – 海洋物质交换、海底过程以及板块级地球动力学。同时，美国国家海洋与大气管理局制定了跨政府部门的综合海洋观测系统（Integrated Ocean Observing System，IOOS），综合了美国 11 个区域观测网，组成一个全局性的观测系统，为政府管理、科学研究和公众服务提供数据。

（四）海底固体矿产资源探测以国家需求为主导

海底矿产资源探测历来都是服务于国家的战略需求，尤其是深海战略性资源，具有科学、经济和政治上的综合价值，体现着一个海洋大国和海洋强国的权益和义务。

1. 太平洋多金属结核 CC 区掀起了世界各国对海底固体矿产资源探测的第一浪潮

国际社会早期对"区域"资源的勘探，主要集中在多金属结核方面。1873 年英国"挑战者"号科学考察船在进行环球考察时在大西洋首先发现了多金属结核，但直到 20 世纪 60 年代，由于美国学者 Mero 指出其潜在经济价值，加上战后经济复苏，金属价格上涨，人们才注意到多金属结核的经济潜力。此后，以美国公司为主体的一些跨国财团开展了大规模的海上探矿活动。从 1962 年开始，美国肯尼科特铜业公司、萨玛公司、深海探险公司和海洋资源公司在东太平洋海盆进行多金属结核资源调查、勘探和采矿试验。1972 年 Horn 在纽约主持召开了第一次国际多金属结核主题研讨会，发表了《世界锰结核分布图》和《大洋锰、铁、铜、钴和镍含量分布图》。提出北太平洋北纬 6°30′—20°，西经 110°—180°之间的地区为多金属结核富集带，叫做"银河带"，简称 CC 区。1975 年，美国国家海洋与大气管理局在东太平洋 CC 区实施"深海采矿环境研究计划"，作为成果出版了《太平洋锰结核区海洋地质学与海洋学》。到 20 世纪 70 年代末，第一代具有商业开发远景的多金属结核矿区基本确定，其开采技术研究也取得重大进展。

苏联 1987 年第一个向联合国提出多金属结核矿区申请。对太平洋多金属 CC 区的探测、勘探与区域圈定，掀起了世界各国对海底固体矿产资源探测的第一浪潮，世界多个国家都圈定本国的权益区，并与国际海底管理局签订了勘探合同。但由于深海采矿前景不明朗，跨国公司放缓了"区域"活动的步伐，以政府资助的实体为主的活动逐步取代了跨国财团的活动。

2. 国际海底矿产资源探测走向制度化和多样化

海底固体矿产资源勘查与利用已上升为世界海洋强国的国家战略，各发达国家将国际海底矿产资源探测从单一的多金属硫化物探测走向多样化，拓展到富钴结壳、多金属硫化物以及深海磷矿等。发达国家利用对国际海底管理局的主导权，制订各种矿产资源勘探的规章制度，利用国际规则来保障各国在国际海底矿产资源权益上的最大化。俄罗斯 1998 年率先向国际海底管理局提出制订深海资源法律制度的动议。国际海底管理局理事会于

2000 年、2010 年和 2013 年分别通过《"区域"内多金属结核探矿和勘探规章》、《"区域"内多金属硫化物探矿和勘探规章》和《"区域"内富钴结壳探矿和勘探规章》。同时，沿海各国也制定出详细的深海研究计划。2000 年 6 月美国总统克林顿发布海洋勘探长期战略及措施，提出最大程度地从海洋中获得各种利益，启动了美国海洋勘探新纪元。日本启动的"深海研究计划"投资力度达 21.5 亿美元，同时，投入巨资支持日本海洋科学技术中心发展，该中心开发的无人遥控潜水器工作深度已达 11 000 米。日本对天然气水合物开发技术的储备与发展，使其有可能在 21 世纪成为第一个进行天然气水合物开发的国家。印度的深海采矿活动完全由政府出资支持，1996—2000 年间在天然气水合物调查与技术开发方面投入了大量资金。韩国等也加大了深海资源勘查的投资力度，于 1998 年成功研制了 6 000 米 AUV，在太平洋有关国家海域进行热液硫化物和富钴结壳矿区的选区调查。

3. 国际商业勘探使多金属硫化物矿区纷争加剧

鹦鹉螺矿业公司（Nautilus Minerals Niugini Limited）于 2005 年率先对巴布亚新几内亚专属经济区内的硫化物资源进行了商业勘探。截止到 2011 年 12 月，鹦鹉螺矿业公司已经获得汤加、斐济、所罗门群岛、新西兰和瓦努阿图等南太平洋岛国专属经济区内超过 49 万平方千米的硫化物勘探区，其中包括约 20 万平方千米的授权区和 29 万平方千米的申请区。海底硫化物资源的商业勘探在一定程度上推动了国际海底区域内硫化物资源调查的发展。2010 年 5 月，国际海底管理局通过了国际海底区域内的《"区域"内多金属硫化物探矿和勘探规章》，引起各国对多金属硫化物矿区勘探权的争相申请。2011 年，国际海底管理局第 17 次会议相继核准了中国关于西南印度洋脊的 1 万平方千米和俄罗斯关于北大西洋洋脊的 1 万平方千米硫化物矿区申请。2012 年，韩国和法国成为第二批申请国际海底硫化物资源勘探权的国家，其申请区分别位于中印度洋洋脊和北大西洋中脊。

（五）深海生物探测与研究方兴未艾

1. 深海基因资源重要性受到国际社会的广泛关注

近几年来，国际社会对国际海域遗传资源普遍重视。无论发达国家还是发展中国家，都认识到了管辖之外的海洋遗传资源的重大潜在应用价值。其中特别是深海极端环境中的生物资源，如深海热液口生态系统及其所蕴藏的特殊生物资源引起了国际社会的高度关注。

美国、日本等发达国家凭借强大的经济实力的后盾，加上数十年深海调查经验和实力，坚持先入为主、自由采探，即"自由进入"原则，并主张知识产权的保护。相反，发展中国家主张"人类共同遗产"原则，坚持利益共享，并支持限制开发。为此，联合国会员大会成立了"国家管辖以外海域的海洋生物多样性工作组（Working Group on Marine Biodiversity Beyond Areas of National Jurisdiction）"，每两年召开一次会议，讨论海洋生物多样性保护与基因资源的权益归属。

2. 发达国家深海生物勘探与观测的技术装备

在深海生物勘探与深部生物圈观测方面，美国、日本、法国等国家技术领先。自1977年美国"阿尔文"号最先在太平洋深海热液区发现了完全不依赖于光合作用的生态系统后，地球生命极限不断被打破。深海钻探发现，海底下1 626米的地球内部也有微生物存在。

美国、法国、德国、日本等国家在深海生物保压取样、深海微生物原位实验与深海生态系统模拟与大型生物培养方面具有良好的调查技术装备和调查经验（图2-1-31）。欧盟海洋科学和技术计划支持研制的保压取样器，最大工作水深为3 500米。美国研制的深海热液保压取样器，最大工作水深为4 000米，采用耐腐蚀的钛合金制作，可采集最高温度达400℃的热

a. 深海微生物环境采样装置　　　　　　　b. 深海微生物原位富集培养设备

图2-1-31　国外研制的深海生物调查设备

液样品。目前，美国、日本、法国等在深海生物技术方面拥有先进技术。

3. 深海生物基因资源的发掘和利用

在海洋生物基因资源（MGRs）的开发利用方面，美国、日本、法国等在深海生物技术方面占据主动，政府、企业以及私人财团投入了大量资金。已经有超过 18 000 个天然产物和 4 900 个专利与海洋生物基因有关，人类对 MGRs 知识产权的拥有量每年在以 12% 的速度快速增长，说明 MGRs 不再是一个应用远景，而是一类现实的可商业利用的重要生物资源。基因组测序技术与生物信息技术的发展，大大加速了海洋微生物基因资源的发现与发掘速度。2004 年 Craig Venter 一次报告的海洋生物新基因数就超过原国际基因数据库的总和；在 2004—2008 年间，美国的一个私人基金 Gordon and Betty Moore 就为 53 个海洋微生物基因组测序项目投入总计约 1.3 亿美元。新一轮的深海微生物研究计划正在酝酿中。此外，地球"深部生物圈"的发现推动地学和生命科学的融合，形成了新的学科交叉。

（六）海洋可再生能源产业初露端倪

目前世界上共有近 30 个沿海国家在开发海洋可再生能源，部分国家已经实现了商业化运行。

1. 潮汐能开发

潮汐能发电技术主要是基于建筑拦潮坝，利用潮水涨落的水能推动水轮发电机组发电。在所有海洋可再生能源技术中，潮汐坝是最成熟的技术，目前世界上已经有多座潮汐电站实现商业化运行，如韩国始华湖潮汐电站（25.4 万千瓦）、法国朗斯潮汐电站（24 万千瓦）、加拿大芬迪湾安纳波利斯潮汐试验电站（2 万千瓦）等。还有一些新的建设和可行性研究正在进行。但由于潮汐发电对环境存在潜在的负面影响，工程建设需要巨额投资，规模化潮汐能电站建设受到一定制约。

2. 波浪能开发

波浪能发电是继潮汐发电之后，发展最快的技术。目前世界上已有日本、英国、美国、挪威等国家和地区在海上研建了 50 多个波浪能发电装置。其结构形式、工作原理多种多样，包括振荡水柱式（OWC）、筏式、浮子式、蛙式、摆式、收缩波道式、点吸收式等技术形式。目前欧洲的波浪能发电技术整体居于领先地位，特别是近几年来，欧洲国家在此方面取得了很多进展。英国 Pelamis（海蛇）公司开发的 Pelamis 筏式波浪能装置，单机装机容量已达 750 千瓦，初步具备商业化运行能力。2008 年，Pelamis 公司与葡萄牙公司合作，建设了总装机容量达 2 250 千瓦（3×750 千瓦）波浪能电站，目前，该公司研发的第二代 Pelamis 技术——P2 Pelamis 已经在欧洲海洋能中心（EMEC）开展了海上试验。Power Buoy 点吸收式波浪能装置由美国海洋能源技术公司研制，并得到美国海军支持以用于为水下侦听系统长期供电。该公司最新研制的 Mark3 Power Buoy 波浪能装置已完成海试，最大发电功率达到 866 千瓦。

3. 潮流能开发

潮流能发电也是近几年来发展较快的海洋可再生能源发电技术，以英国为代表的欧洲国家掌握的潮流能发电技术代表着国际最高水平。英国 MCT 公司研制的 SeaGen 系列机组已经达到了兆瓦级的水平。目前，英国、美国、加拿大、韩国等国家，已有较大规模的项目在实施当中，未来几年将会有数个 10 兆瓦级电站建成。英国 Marine Current Turbine 公司是目前世界上在潮流发电领域取得最大成就的单位之一。该公司设计了世界上第一台大型水平轴式潮流能发电样机——300 千瓦的"Seaflow"，并于 2003 年在 Devon 郡北部成功进行了海上试验运行。该公司第二阶段商业规模的 1 200 千瓦的 Seagen 样机也于 2008 年在北爱尔兰 Strangford 湾成功进行了试运行，最大发电功率达到 1 200 千瓦。

4. 海洋温差能开发

海洋温差能发电有 3 种方式：开放式、封闭式和混合式。温差能资源主要集中于低纬度地区，温差能应用技术的研究也就主要集中在温差能资源丰富的地区，如美国、日本、法国与印度等，并得到了国家计划的支持。1979 年，美国在夏威夷海域建成世界上第一座海洋温差发电系统，平均输出功率 48.7 千瓦；1980 年，在该海域建造了 1 兆瓦闭式试验装置；1993 年，在该海域建成了最大发电功率 255 千瓦的岸式温差能开放式循环发电试验装置。1980—1985 年，日本政府和电力公司共同出资，建成了 3 座离岸式海洋温差试验电站。

5. 盐差能开发

目前提取盐差能主要有 3 种方法：①渗透压能法（PRO）——利用淡

水与盐水之间的渗透压力差为动力，推动水轮机发电；②反电渗析法（RED）——阴阳离子渗透膜将浓、淡盐水隔开，利用阴阳离子的定向渗透在整个溶液中产生的电流；③蒸汽压能法（VPD）——利用淡水与盐水之间蒸汽压差为动力，推动风扇发电。渗透压能法和反电渗析法有很好的发展前景，目前面临的主要问题是设备投资成本高，装置能效低。蒸汽压能法装置太过庞大、昂贵，这种方法还停留在研究阶段。2008 年，Statkraft 公司在挪威的 Buskerud 建成世界上第一座盐差能发电站。2012 年，日本佐贺大学与日本横河电机等单位合作，在冲绳建成最大发电功率 50 千瓦的温差能示范试验电站并投入试运行。

6. 海洋生物质能开发

近年来，以海洋微藻为主的海洋生物质能开发利用技术研究逐渐成为发达海洋国家的研究热点。微藻富含多种脂质，硅藻的脂质含量高达 70%~85%，世界上有近 10 万种硅藻。全球石油俱乐部评估，1 公顷微藻年产96 000 升生物柴油，而 1 公顷大豆只能生产 446 升柴油。

2007 年 9 月，美国 Vertigro 过程公司在得克萨斯州 El Paso 的海藻研发中心正式启动商业运营，开始大量生产快速生长的海藻，并以此作为原料，用于生物燃料的生产。目前，Vertigro 过程公司已与葡萄牙和南非的合作伙伴签约，将海藻的工业化生产推向商业化应用。

（七）海水淡化与综合利用已产业化且发展迅速

目前，海水淡化与综合利用技术在解决全球范围内淡水短缺问题上发挥着越来越重要的作用，已经形成产业。

1. 海水淡化

国际上最先采用海水淡化技术的是阿联酋、科威特等中东石油国家，北非、欧洲、中北美洲、东南亚一带的国家海水淡化技术应用程度也很高，一些海岛地区用水几乎完全依赖于海水淡化。据国际脱盐协会统计，截至2011 年年底，世界范围内海水淡化总装机容量约为 7 740 万吨/日，解决了2 亿多人的用水问题。当前，国际上已商业化应用的海水淡化的技术主要有：多级闪蒸、低温多效和反渗透，且随着技术的进步与发展，海水淡化单机规模呈现大型化趋势，已达到万吨级水平。世界上最大的多级闪蒸、低温多效和反渗透海水淡化单机规模分别为 7.9 万吨/日、3.6 万吨/日和

1.5 万吨/日，且近几年新建的海水淡化工程大多在日产几十万吨的规模。目前，世界上最大的多级闪蒸海水淡化厂建于沙特阿拉伯，日产淡水 88 万吨；最大的低温多效海水淡化厂也建于沙特阿拉伯，日产淡水 80 万吨；最大的反渗透海水淡化厂建于以色列，日产淡水 37 万吨。

2. 海水直接利用

海水直流冷却技术有近百年的发展历史，技术已基本成熟。目前，国际上大多数沿海国家和地区都普遍应用海水作为工业冷却水，其用量已超过 7 000 亿立方米。无公害和环境友好化是海水直流冷却技术的发展趋势。在海水循环冷却技术方面，自 20 世纪 70 年代比利时哈蒙（HAMON）公司建造了第一座自然通风海水冷却塔起，经过 30 多年的发展，国外海水循环冷却技术已进入大规模应用阶段，产业格局基本形成，市场范围不断扩大，已建成了数十座自然通风和上百座机械通风大型海水冷却塔。目前，世界上最大的单套系统海水循环量已达 15 万吨/时。

3. 海水化学资源利用

在海水化学资源利用方面，目前，全世界每年从海洋中提取海盐 6 000 万吨、镁及氧化镁 260 余万吨、溴素 50 万吨。美国仅溴系列产品就达 100 多种。以色列从死海中提取多种化学元素并进行深加工，主要产品包括钾肥、溴素及其系列产品、磷化工产品等，实现年产值 10 多亿美元。

（八）深海采矿装备与系统已初步具备商业开发能力

1. 20 世纪 70 年代国外多金属结核采矿系统海试情况

国际上大规模的深海固体矿产资源开采技术研究始于 20 世纪 50 年代末对多金属结核开采技术的研究，出现过多种技术原型和样机。1972 年，日本对连续绳斗法进行采矿试验。1979 年，法国对穿梭艇式采矿系统进行研究开发。这两种方法都由于技术方面的原因而终止了研究。目前比较成功的是由一些以美国公司为主的跨国财团提出的气力（水气）管道提升式系统，由海底采矿机，长输送管道和水面支撑系统构成。具有代表性的是 OMI（Ocean Management Inc）1978 在太平洋克拉里昂——克里帕顿地区进行 5 200 米水深采矿试验。此次海试进行了 4 个航段，从海底采集了 800 吨多金属结核，产量达每小时 40 吨，被认为验证了深海多金属结核采集的技术可行性。

可以认为，美国等西方发达国家已基本完成了深海多金属结核采矿的技术原型及中试研究，一旦时机成熟，便能组织工业性试验并投入商业开采。

2. 近年来印度、韩国和日本的深海采矿系统研究及计划

进入 20 世纪 90 年代后，"国际海底区域"活动开始在有关国际法律制度下进行。对各先驱投资者而言，发展深海采矿技术既是自身的需求又是应承担的义务。

印度拥有一个预算庞大的深海资源开发研究计划，在采矿技术研究方面，采取与德国 Siegen 大学合作的方式进行，于 2006 年在印度洋进行 500 米水深的扬矿试验（图 2-1-32）。

图 2-1-32　印度 500 米海试（2006 年）

日本 20 世纪 60—70 年代便致力于深海采矿技术研究。在此基础上，1997 年在北太平洋进行了 2 000 米水深的海试，该系统采用的是拖曳式集矿机。鉴于对国际稀土市场的过度依赖，日本政府决定支持《海洋可再生能源与矿物资源开发计划》。计划显示，日本将从 2009 年度开始对其周边海域的石油天然气等能源资源以及稀土等矿物资源进行调查，主要调查其分布情况和储量，并在 10 年以内完成调查的基础上进行正式的开采。

韩国的研究由其国家"深海采矿技术开发与深海环境保护"项目支持，多金属结核采矿采用 OMA 系统为原型的管道输送系统，自 2000 年开始，进行了一系列的试验，2013 年 7 月 19 日，韩国海洋科学技术院（KIOST）在

韩国浦项东南130千米海域成功开展了 MineRo 号采矿机器人海底1 380米锰结核采矿实验（图2-1-33）。基于试验结果，韩国计划在2015年完成2 000米深海底采集多金属结核的商业开采技术。

图2-1-33 韩国采矿机器人海底1 380米锰结核采矿试验（2013年）

3. 国外深海富钴结壳和多金属硫化物开采技术研究情况

20世纪后期，"国际海底区域"活动从多金属结核单一资源向富钴结壳、热液硫化物等多种资源扩展。近年来，澳大利亚的鹦鹉螺矿业和海王星矿业两家公司在多个西南太平洋国家专属经济区内申请了100多万平方千米的勘探区，开展了大量针对海底多金属硫化物的勘探。2006年，鹦鹉螺矿业公司进行了一次海底多金属硫化物的原位切削采集试验，试验通过在一个 ROV 上加装旋轮式切削刀盘、泵、旋流器和储料仓等在海底进行了原位海底多金属硫化物切削及采集试验，从海底采集了大约15吨矿石，证明了用这种开采方案和设备的技术可行性。2008年，海王星矿业公司针对目前深海岩心取样达不到大洋洲联合矿石储量委员会资源评价取样要求的问题，提出了一个命名为"三叉戟计划"的方案，该方案计划在勘探矿区进行一个25%商业开采能力的试开采，测试和验证矿物开采和提升方案，并为资源评价提供大规模的矿样。2011年1月，巴布亚新几内亚政府将世界上第一个深海采矿租约发给鹦鹉螺矿业公司，由该公司开发俾斯麦海域的 Solwara 1号项目。鹦鹉螺矿业公司打算开采在海底约1 600米深处的高品位铜矿和金矿，计划年生产量超过130万吨矿石，分别含有约80 000吨铜和

15 万 ~20 万盎司黄金。

二、面向 2030 年的世界海洋探测与装备工程发展趋势 ▶

（一）国家需求导向更加突出

海洋科技服务于经济、社会发展和国家权益的国家需求目标更为突出和强化，国家需求成为未来海洋科技发展的强大动力。各国不断加大海洋科技投入，制定海洋科技发展战略，发展海洋高技术，促进国家社会经济发展。各国通过深海探测对国际海底的竞争方兴未艾，美国、日本、俄罗斯、法国、英国等许多国家都把海洋资源的开发和利用定为重要战略任务，竞相制定海洋科技开发规划、战略计划，优先发展深海高新技术，以加快本国海洋开发的进程。当前，围绕北极海域的权益争夺日趋白热化，在东海海域的摩擦也不断升级，主要原因是看到了这些海域的巨大经济价值和战略地位。

（二）深海探测仪器与装备朝着实用化发展，功能日益完善

海洋通用技术作为水下探测装备的核心部件和关键技术，朝着模块化、标准化、通用化发展。当前，在水下水密接插件方面，已经出现满足不同水深、电压、电流的电气、光纤水密接插件产品；在水下导航与定位方面，IXsea 公司推出了满足水面、水下 3 000 米、6 000 米分别用于水面舰船、潜艇、ROV、AUV 等不同用途的多种型号水下导航产品；在浮力材料方面，市场上已出现满足不同水深的，用于不同用途，包括无人潜水器、遥控潜水器脐带缆、水下声学专用的浮力材料；在 ROV 作业工具方面，已出现的水下结构物清洗、切割打磨、岩石破碎、钻眼攻丝等专门作业工具；水下高能量密度电池也实现了模块化，无需耐压密封舱就可以直接在水中使用。

海洋探测技术装备朝着多样化、多功能等方面发展。当前，用于水文观测的主要有遥感卫星、岸基雷达、潜标、锚定浮标、漂流浮标、Agro 浮标等。尤其是由 Argo 浮标组成的全球性观测网，收集全球海洋上层的海水温、盐度剖面资料，以提高气候预报的精度，有效防御全球日益严重的气候灾害给人类造成的威胁，被誉为"海洋观测手段的一场革命"。在物理海洋探测方面，主要有电、磁、声、光、震等探测平台对海洋地形、地貌、地质及重磁场进行探测。物理海洋探测平台朝着多功能化发展，将浅地层

剖面仪、侧扫声呐、摄像系统等组成深海拖体，对海底进行探测。同时，海洋生态探测平台将荧光计、浊度计、硝酸盐传感器、浮游生物计数器及采样器、底质取样器等集成于一体，形成海底化学原位探测与采样装备。

（三）无人潜水器产业雏形出现，新技术不断涌现

经过半个多世纪的发展，ROV 已形成产业规模，并广泛应用于海洋观测和开发作业的各个领域。当前，国际上 ROV 的型号已经达 250 余种，从质量几千克的小型观测 ROV 到超过 20 吨的大型作业型 ROV，有超过 400 家厂商提供各种 ROV 整机、零部件以及服务。遥控潜水器及其配套的作业装备、通用部件已形成完整产业链，有诸多专业提供各类技术、装备和服务的生产厂商。在 AUV 方面，技术趋于成熟，已有 AUV 产品上市。当前，多个系列 AUV 产品面向市场，如美国 Bulefin 机器人公司推出了 4 款 Bluefin 系列 AUV 产品，挪威康斯伯格公司推出了两个系列 8 款 AUV 产品，其中 Remus 系列 5 款，Hugin 系列 3 款。西屋电气公司预测，未来 10 年全世界将有 1 144 台 AUV 需求，乐观估计市场额将达到 40 亿美元。

随着无人潜水器日趋成熟，基于无人潜水器的海洋探测新技术不断涌现。应用小型 AUV、水下滑翔机组成自适应采样网络对区域性海洋环境进行监测是当前研究热点之一，已有一些系统（如前述的 NJSOS 等）投入示范性应用。AUV 可以携带水体采样装置按照预定算法跟踪温跃层并采集水体样本，或者在漏油事故后自主追踪油液直至找到源头。混合型潜水器结合了 AUV 和 ROV 的技术特长，既可以定点观测作业，也可以在一定范围内走航，在北极冰下、深海热液等极端环境考察与探测中有应用优势。总之，无人潜水器符合海洋探测装备无人化、智能化的发展方向，无人潜水器与海洋探测应用的结合也愈加紧密。

（四）立体化、持续化的实时海洋观测将成为常态化

海洋观测正在从单点观测向观测网络方向发展。单点观测海洋观测只能够获得局部的、时空不连续的海洋数据，对海洋规律的认识不够全面，难以深入。由多种海洋观测平台组成的观测网能长期、实时、连续地获取所观测海区海洋环境信息，为认识海洋变化规律，提高对海洋环境和气候变化的预测能力提供实测数据支撑。海洋观测网络整体的发展趋势主要体现在两个方面：从系统规模来说，新的海底观测系统规划的建设规模也越

来越大，逐步由点式海底观测站向网络式海底观测系统发展；从系统选址看，海底观测系统建设的地点将逐步完成对重要海域的覆盖，从而为海底地震、海啸观测预警报、海洋物理科学研究及军事应用等提供越来越充足的支持。

海洋立体观测将成为常态化。遥感卫星、岸基雷达、潜标、锚定浮标、漂流浮标、Argo 浮标、无人潜水器等观测平台与海底观测网相互连接形成立体、实时的海洋环境观测及监测系统，不仅可以对当前状态进行精确描述，而且可以对未来海洋环境进行持续的预测。各国纷纷开发研究海洋技术集成，建立各种专业性海洋观测网络，如日本的海底地震监测网、美国深海实验网、新泽西生态观测网、军事观测网等，并在此基础上构建全局海洋观测网，在大尺度上实现常态化观测，来研究气候变化、海洋环流和生态系统动力学、大气 – 海洋物质交换、海底过程，以及板块级地球动力学。

（五）深海海底战略资源勘查技术趋于成熟，已进入商业化开采前预研
阶段

深海矿产资源勘查技术向着大深度、近海底和原位方向发展，精确勘探识别、原位测量、保真取样、快速有效的资源评价等技术已成为发展重点。多金属结核、软泥状热液硫化物的开采已完成技术储备，块状热液硫化物的开采已有技术积累。深海微生物的保真取样和分离培养技术不断完善，热液冷泉等特殊生态系统的研究正在揭示深海特有的生命规律，深海微生物及其基因资源的开发利用，初步展现了其在医药、农业、环境、工业等方面的广泛应用前景。

进入 21 世纪，"国际海底区域"活动从面向多金属结核单一资源扩展到面向富钴结壳、热液硫化物等多种资源发展。面向富钴结壳和多金属硫化物的深海采矿技术，已成为一些国家的研究热点，尤其是多金属硫化物资源，由于其成矿相对集中、水深浅、大多位于相关国家专属经济区等优点，被认为将早于多金属结核而进行商业开采，已进入商业化开采前预研阶段。到目前为止，有关富钴结壳和多金属硫化物的开采技术研究基本上是在多金属结核采矿系统研究基础上进行拓展，主要集中在针对富钴结壳和多金属硫化物特殊赋存状态，进行资源评价、采集技术和行走技术研究。

（六）海洋可再生能源开发利用技术将成为未来焦点之一

面对节能减排、应对全球气候变化的巨大压力，海洋可再生能源作为战略能源地位已逐步得到国际社会的认同。以英、美为代表的发达国家和以印度、巴西为代表的发展中国家，纷纷将海洋可再生能源提升为战略性储备能源，纷纷出台相关规划和政策，引导私有资本投入海洋可再生能源领域，推动海洋可再生能源产业化发展，企图垄断未来能源市场，新一轮能源技术竞争局面已初步形成。

（七）海水淡化与综合利用技术日趋成熟，未来国际市场潜力巨大

水是基础性自然资源和战略性经济资源，与粮食、石油并列为 21 世纪三大战略资源。海水利用是解决全球水资源短缺问题的重要途径，且随着全球人口的增加和水资源的短缺以及海水淡化技术成本的下降，国际海水淡化与综合利用市场潜力巨大。2010 年，全球的海水淡化工程的总投资已达 300 多亿美元，且每年以 20%～30% 的速度递增。2015 年预计将达到近 600 亿美元。国际上海水淡化与综合利用经过多年的发展，技术日趋成熟，环境日趋友好，成本逐步降低，应用地区和范围日益广泛，正在出现大规模加速发展的趋势。特别是其中的海水淡化技术已成为部分沿海国家和地区的主要水源，全世界约有 3% 的人口靠海水淡化提供饮用水。在中东地区和一些岛屿地区，淡化水在当地经济和社会发展中发挥了重要作用，已成为其基本水源。

第四章　我国海洋探测与装备工程面临的主要问题

中国在海洋探测与装备工程经过近 20 年的发展，技术上有了长足进步，但总体水平与世界先进水平相比，仍存在较大差距，与建设海洋强国的目标要求还不相适应。

一、国内外海洋探测与装备工程发展现状比较　▶

我国海洋探测技术与装备经过多年的发展，已有了突破性的进展，但总体水平与世界先进水平相比，仍存在较大差距（图 2 – 1 – 34）。图 2 – 1 – 34 中，黑色折线代表当前国际上海洋探测与装备工程相关技术发展的最高水平，蓝色线表示我国相关技术所处水平，图中每格表示 10 年的差距。

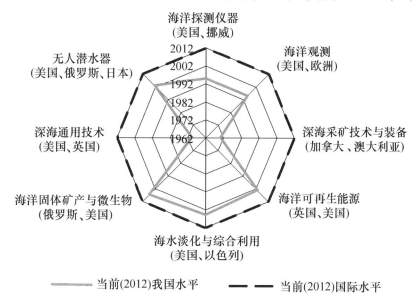

图 2 – 1 – 34　国内外发展比较雷达图

具体来说，在深海固体矿产探测与海洋可再生资源利用方面，基本上保持与国际上同步发展水平，不过受制于海底探测基础理论、探测技术、调查和评价方法研究基础薄弱，致使深海资源评价技术存在发展"瓶颈"。在海水淡化与综合利用方面，基础材料、关键设备研发等方面相对落后，整体上与国际先进水有 5～10 年的差距。在海洋探测仪器、无人潜水器与海洋观测网方面，整体落后国际先进水平 10 年以上。海洋传感器、观测装备仪器与设备研究相对落后，在探测与作业范围和精度，使用的长期稳定性和可靠性等方面与国际先进水平差距还很大；同时，我国目前正在建设海洋观测网系统，关键技术处于探索研发阶段。深海通用技术和深海采矿技术与装备方面，起步晚、发展慢，目前仅处于国际上 70 年代的水平。深海通用技术大多处于样机阶段，没有形成标准化和系列化的深海通用技术产品，关键通用部件或设备主要依靠外购；深海采矿系统与装备尚处于试验研究阶段，需要进行海试，与国际上已经开展的海上试开采技术相比，差距尚大。

二、海洋探测与装备工程当前面临的问题 ▶

（一）海洋探测技术与装备基础研究薄弱

1. 基础研究相对薄弱

在海洋观测网方面，技术起步较晚，尚有很多技术"瓶颈"和难题，包括低功耗的海底观测仪器、移动观测平台与固定观测平台的联合组网技术等。当前的研究主要还处在观测网的硬件设施建设上面，而对观测网建成后的后续研究尚未开展，譬如如何利用海洋观测网获得更好的数据来研究和揭示海洋现象、如何整合多个局部的海洋观测网络形成全国性、甚至更大范围的观测网络问题等。

海底探测基础研究薄弱。在海底固体矿产探测方面，缺乏系列化探测装备，虽然在国际海底发现了 30 多处海底热液喷口，但对海底热液喷口的精确定位能力不足，而且受制于海底探测基础理论、调查和评价方法研究基础薄弱，致使深海资源评价技术存在发展"瓶颈"。尤其是在深海矿产资源开采关键技术方面，国外 20 世纪 70 年代末便完成了 5 000 米水深的深海采矿试验，我国 2001 年才进行 135 米深的湖试，而且湖试中实际上对其采集和行走技术的验证并不充分。同时，我国对富钴结壳和海底多金属硫化物矿的采矿方法和装备的研究还仅处于起步阶段。在深海生物基因资源研究方面，与发达国家之间的差距较大，特别是在深海生态观测、精确采样、培养技术与极端微生物资源获取方面；在生物多样性调查方面，我国主要集中在东太平洋多金属结核合同区与西太平洋海山结壳调查区开展了底栖多样性调查，在其他国际海域仅进行了少数几个航段，而且缺乏深海长期生态观测的技术手段。

2. 基础平台建设薄弱

缺乏技术装备试验或标定测试的公用平台和公共试验场。与发达国家相比，我国基础平台建设比较薄弱，目前还没有可投入应用的海洋环境探测、监测技术海上试验场，给探测监测仪器性能测试与检测检验带来了困难，制约了海洋环境监测、探测工程技术走向业务化和实现产业化的进程；缺少海洋环境探测、监测工程技术发展的技术支撑保障基地，影响着我国海洋探测、观测工程技术资源的凝聚与整合。

（二）海洋传感器与通用技术相对落后

海洋传感器与通用技术制约了我国海洋探测与作业水平提高。传感器是海洋探测装备的灵魂，虽然我国在海底探测装备集成方面有了突破性的进展，但是在核心传感器方面严重依赖进口。另外，在深海通用技术与材料方面，如浮力材料、能源供给、线缆与水密连接件、液压控制技术、水下驱动与推进单元、信号无线传输等，在探测与作业范围、精度，集成化程度和功率，操作的灵活性、精确性和方便性，使用的长期稳定性和可靠性等方面，差距都还很大。这种情况制约着我国深海探测与作业装备的发展，继而影响资源勘查和开发利用活动的开展，限制了我国深海海上作业的整体水平的提高。

海洋传感器与通用技术阻碍了海洋装备产业化进展。海洋传感器与通用技术处于海洋装备产业链的上游，由于当前国外厂商处于垄断地位，提高了我国海洋装备集成的成本，造成国产海洋装备的可靠性不如国外产品的同时在价格上相比也没有明显的优势，使得国内用户不愿意购买及使用国产海洋装备，再加上缺少供海洋仪器设备试用的公共试验场，从而产业化进程举步维艰。

（三）海洋可再生资源开发利用装备缺乏核心技术

我国海洋可再生能源研究虽然起步较早，但缺乏对核心技术的掌握，整体技术水平较低，海洋可再生能源装备在能量转换效率和可靠性方面，以及有关设备制造能力和生产能力与国际先进水平相比存在一定差距。同时，缺少专门从事海洋可再生能源开发利用的研发机构，从事相关技术研究的科研人员力量较为分散，没有形成合力，创新力度明显不足。

海水淡化与综合利用方面缺少自主核心技术，工程装备国产化水平低，设备制造与配套能力较弱，基础化工原材料和关键设备主要依赖于进口。目前，海水淡化产品水多限于企业自用，对外供水以及为民用供水的较少；且与自来水相比，缺乏科学合理的水价体系和运行机制，市场竞争力较差。

（四）海洋探测装备工程化程度和利用率低

研发相对封闭，与用户需求驱动、成品产业化、构建产业链和商品市场化严重脱节。尽管经过10多年的努力我国的潜水器技术有了突破性的进展，特别是在7 000米载人潜水器、"海龙Ⅱ"型3 500米 ROV、6 000米 AUV 的研制过程中，通过引进、消化和吸收，掌握了一批潜水器关键技术。但是与世界先进国家相比，我国的海洋探测装备技术还处于发展阶段，在工程化、产业化方面有较大差距。我国从事潜水器产品相关服务的公司多位国外产品代理商，大多没有和潜水器技术研究单位组成有效的产品化机制。国外海洋探测装备的发展从研究、开发、生产到服务已形成一套完整的社会分工体系，通过产品产生的利益来促进科研的发展，形成了良性循环；而国内科学研究机构和产业部门之间联系不紧密，尚没有从事产品研发的专业化公司，无法形成协调一致的产业化互动机制，很多研究成果难以真正形成生产力，致使工程化和实用化的进程缓慢，产业化举步维艰，远远不能满足海洋科学研究及海洋开发利用的需求。

同时，由于研究部门分散，大型海洋探测装备参与研制部门过多，探测装备后期保障和维护困难。探测装备研制部门与用户脱节，现有探测装备长期闲置，利用率偏低，技术与科学相互促进能力不足。

（五）体制机制不适应发展需求

急需制定海洋探测技术与装备工程系统发展的国家规划。目前，我国在海洋探测技术与装备方面还没有出台国家层面的发展规划，缺乏顶层设计。各部门独立制定发展规划，部分方面重叠，甚至出现在低层次方面重复性建设严重，不利于长远发展。

　　缺乏海洋探测技术与装备工程的国家或行业技术标准。在海洋探测技术与工程装备方面，尚没有制定国家统一标准。这样，一方面不利于研发成果向产品转化，不利于产业化进程；另一方面，工程样机技术水平参差不齐，数据接口与格式互不兼容，难以获取高质量可靠的海洋数据。

　　科学研究机构和产业部门之间的关系联系不紧密，致使很多研究成果难以真正形成生产力。研发力量大多集中在高校及科研院所，未能将技术研发与市场机制有效结合。国外有很多技术成熟的产品和专业的生产公司，他们能够很好地将科研成果转化为产品，通过产品产生的利益来促进科研的发展，形成了良性循环。这一问题在我国现阶段体现得尤为突出，国内缺乏专门从事深海通用技术产品的企业。

　　海洋探测仪器与装备产业缺乏长期稳定的激励政策。海洋仪器与探测装备产业具有投资周期长、风险高、需求量小等特点，而国家尚无出台具有针对性的激励措施，企业参与的动力不足。

第五章 我国海洋探测与装备工程发展的战略定位、目标与重点

一、战略定位与发展思路

在"创新驱动、支撑发展、引领未来"的方针指导下，以服务于捍卫国家海洋安全、海洋资源开发、海洋生态文明建设、海洋科学进步为主线，坚持以国家需求和科学目标带动技术，大力发展具有自主知识产权的海洋探测技术与装备，推动产业化进程，提高我国在深海国际竞争中的技术支撑与能力保障，为向更深、更远的海洋进军打下基础，拓展战略生存发展空间。

(一) 满足捍卫国家海洋安全的战略需求

海洋安全是国家安全的重要组成部分。维护海洋权益，保障海洋安全是海洋工程与科技发展的重点方向。坚持军民统筹，发展海洋探测技术与装备，支持国家领土主权诉求，提供海洋军事信息获取保障，加强海洋维权执法能力，形成具有区域性主导地位的海洋强国，提高国际海洋事务话语权，维护和拓展国家海洋权益。

(二) 满足推动社会与经济发展的战略需求

海洋产业已成为推动社会与经济发展的重要动力之一。海洋新兴产业快速发展依赖于海洋工程科技的重大突破，以提升海洋科技对海洋经济增长的贡献率。发展深海矿产和微生物资源探测技术与装备，提升深海矿产资源勘查、开采、选冶能力，保障国家资源战略安全；积极开展海洋可再生能源综合开发与利用，解决东部能源供给紧张及海岛能源供给；推进海水淡化与综合利用技术研发与应用，解决我国沿海及海岛地区水资源短缺问题，发展海水淡化与综合利用装备制造业、打造产业链条，培育海洋经济新的增长点。

(三) 满足促进海洋科学进步的战略需求

观测是海洋科学研究的基础，探测技术与装备是进行海洋观测的保障。

海洋探测装备的发展对地球系统科学理论的创新和发展具有举足轻重的作用。发展海底深钻技术，促进对地球深部结构及物质组成的认识，推进海洋地质、地球物理和极端微生物等多学科的发展；构建立体观测网络，揭示海洋动力过程；开展深海热液喷口活动区域生物多样性观测与研究，揭示现代海底成矿过程和生命起源环境。

二、战略目标

（一）总体目标

力争通过 40 年左右的发展，海洋探测技术与工程装备总体水平达到国际先进，部分领域达到国际领先，为建设海洋强国提供技术支撑。突破海洋通用技术和海洋装备核心零部件，使海洋装备由当前的集成创新转变为核心技术创新，装备国产化率不低于 80%，形成海洋资源勘查设备研发、生产、试验与应用的产业链，具备深海固体矿产资源商业化开采能力；构建立体化海洋观测网络，建成全海域数字海洋系统，提高环境保障与灾害预警能力；提高深海生物勘探能力，实现深海生态长时间观测以及精细观测与采样；海洋可再生能源成为我国偏远岛屿的主要能源，产业化逐步成熟；海水淡化规模达到 860 万米^3／日，对海岛新增供水量的贡献率达到 55% 以上，对沿海缺水地区新增工业供水量的贡献率达到 20% 以上；建成海上公共试验场，健全海洋仪器设备标准化评价体系，海洋仪器与装备实现规范化；人才队伍与产业发展相适应，形成一批具有国际影响力的高层次人才和团队。

（二）分阶段目标

到 2020 年，我国海洋探测技术与工程装备水平达到初等海洋强国水平。海洋通用技术初步形成产业链，海洋探测装备突破核心技术，实现满足全海深、系列化探测能力；加强对海洋新型固体矿产资源的探知能力，深海固体矿产资源开采装备完成原理样机研制与海试，深海生物基因资源获取、资源潜力评估方面获得突破性进展；建成区域性、示范性海洋观测网络，实现对海洋灾害有效预警；建设集技术研发、工程示范、装备制造、试验检测于一体的综合海洋可再生能源产业化示范基地；海水淡化规模达到 360 万米^3／日，海水淡化原材料、装备制造自主创新率达到 80% 以上；建成资源共享、要素完整、军民兼用的海上原型示范试验场（图 2－1－35）。

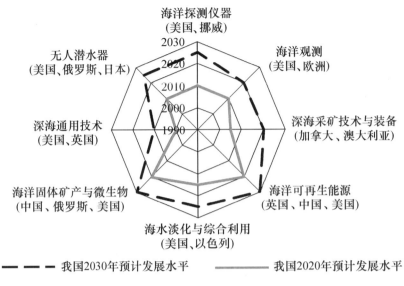

图2-1-35 我国海洋探测与装备工程分阶段发展雷达图

到2030年，我国海洋探测技术与工程装备水平达到世界中等海洋强国水平。建立健全海洋装备体系产业链，实现海洋探测与作业装备产业化；海洋矿产资源勘查水平满足国内需求，实现对外提供服务；建立深海生物资源产业化体系与促进机制，初步实现产业化；深海采矿装备实现定型，完成海上工业性试开采；建成综合性海洋观测网，实现常态化业务运行；建成世界一流的海洋公共服务平台，满足国家战略决策与海洋综合管理的需求；建成万千瓦级海洋可再生能源综合示范工程，面向海洋可再生能源资源丰富、能源需求突出的沿海或海岛地区推广应用，形成多能互补电力系统示范工程；海水淡化规模达到600万米^3／日，对海岛新增供水量的贡献率达到60%以上，对沿海缺水地区新增工业供水量的贡献率达到30%以上；建成可业务化运行的海上综合试验场，以及波浪能、潮流能实型海上试验场，建立健全海洋仪器设备标准体系。

预计到2050年，我国海洋探测技术与工程装备水平达到世界海洋强国水平。

三、战略任务与重点 ▶

（一）总体任务

坚持"深化近海、强化远海、拓展能力、支撑发展"的海洋科技发展方向，以促进海洋经济发展转变为主线，提高海洋工程科技在海洋经济中的贡献率。构建陆－海－空－天水下一体化的海洋立体观测系统，促进海洋综合管理能力和建立海洋灾害实时预警系统；发展系列化海洋探测装备，提高深海矿产资源勘查、开采等技术，提升我国开展国际海域资源调查与开发的技术保障水平；发展深海通用技术，突破海洋探测装备开发"瓶颈"；建立海洋可再生能源示范工程和自主海水淡化与综合利用示范工程，缓解沿海和边缘海岛的用电、用水困境；建立公共海上试验场与海洋仪器设备标准化体系，服务于我国海洋科学研究、技术试验验证以及海洋仪器设备及海洋装备的测试检验。

（二）近期重点任务

1. 强化海洋观测与探测技术，提高海洋认知能力

（1）海洋综合观测技术。构建海洋观测网，突破近海与深远海环境观测关键技术，形成实时、快速观测能力；深化海洋管理技术，拓展海洋综合管理能力；发展水下机动观测系统，在敏感海域和重要国际海上通道实时进行目标态势感知和海洋环境观测与预报，保障国家海洋权益。

（2）深海矿产与生物资源探测技术。研发国际海底矿产和生物资源的探测、勘查、观测、取样和开采等关键技术与装备，建立深海热液区的资源探测与评价技术体系、深海环境与生物长期监测与评价技术体系，构建深海矿产与生物资源开发利用技术体系。

2. 发展海洋通用技术与探测装备，拓展海洋探测能力

（1）深海探测与监测通用技术与专用材料。开展深海材料技术、能源供给技术、水下探测、定位、导航和通信技术、深海装备加工制造工艺技术等研究，建立健全海洋装备产业链。

（2）海洋探测仪器与装备。开展水下声、光、电、磁、化学、水文等海洋观测传感器核心技术研究，突破海洋装备核心部件严重依赖进口的局面；开展新型无人潜水器研制，朝着航程更远、作业时间更长、可靠性更高、功能更强的方向发展；加快水下遥控潜水器、自治潜水器、水下滑翔机等技术较成熟的海洋探测装备从工程样机到产品化过度，推进产业化进程。

3. 完善科技基础条件，提升海洋自主创新能力

（1）国家海上公共试验场建设。建成资源共享、要素完整、军民兼用的海上综合试验场，提供海上公共综合试验平台，获取长期连续的海洋环境数

据，形成要素完整的长序列数据库，提供测试与评价服务，进行业务化运行。

（2）海洋仪器设备标准化体系。规范和完善我国海洋标准化、计量、质量技术监督工作，加强计量检测资源整合和海洋仪器设备科技成果鉴定，形成完善的海洋仪器设备检测评价体系，为我国海洋探测与装备工程产业体系化和规模化发展提供制度保障。

4. 突破海洋资源开发关键技术，培育战略新兴产业

（1）海洋矿产资源。加大深海矿产资源勘查、开采、选冶等技术装备的研发力度，重点突破深海固体矿产资源开采总体技术、水下采集、行走技术与输运技术、水面支持系统等关键技术，完成原理样机研制与海试。

（2）海洋可再生能源。开展重点海区海洋可再生能源资源详查，为开发做准备；突破海洋可再生能源发电装置在高效转换、高效储能、高可靠性、低成本建造等方面的技术瓶颈；实施包括万千瓦级大型潮汐电站、海岛多能互补示范电站、海洋可再生能源并网示范电站在内的海洋可再生能源示范工程建设。

（3）海水淡化与综合利用。开发自主大型反渗透、低温多效海水淡化成套技术和装备，突破国产化反渗透膜、能量回收装置等技术"瓶颈"，在重点沿海城市和海岛建立示范工程；突破超大型海水循环冷却技术和装备，研发大生活用海水高效预处理、后处理技术和装备；研发高效节能的海水化学资源综合利用成套技术装备研发和产业化示范。构建我国自主海水淡化与综合利用技术、装备、标准和管理体系，培育新的海洋经济增长点，保障沿海经济社会的可持续发展。

四、发展线路图 ▶

以建设海洋强国为最终目标，按照"三步走"的方式在 2020 年、2030 年和 2050 年分阶段构建海洋探测技术与装备工程体系。

在海洋观测网方面建成若干个区域性海洋观测网，形成全球大洋观测网，最终构建智能化的海洋观测与决策系统；在海洋探测与作业装备方面，突破海洋通用核心技术，发展系列化探测与作业装备，建立海洋固体矿产探采体系，形成海洋仪器装备产业化，完成深海固体矿产的工业性试开采，最终形成海洋装备生产、资源开发利用的海洋战略新兴产业；建成要素完整、资源共享的海洋仪器设备公共支撑体系。通过相关专项的实施，突破海洋探测与

作业装备、海洋环境探测与监测和海洋资源勘查与利用等相关关键技术，建成与海洋大国地位相称的海洋探测与装备工程技术体系（图2-1-36）。

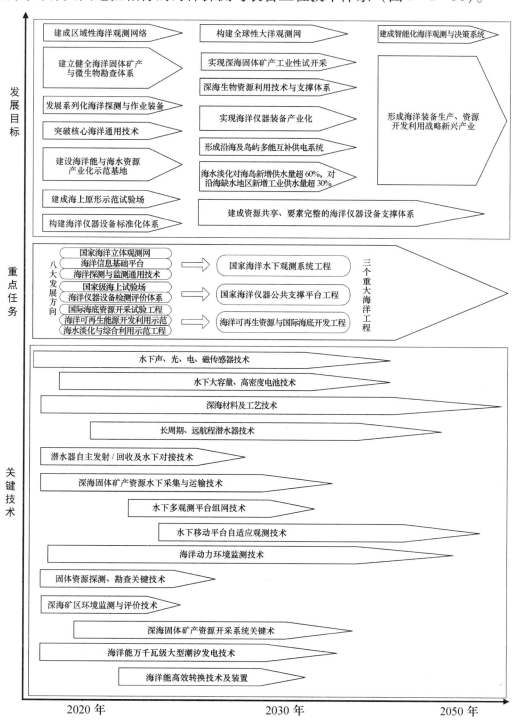

图2-1-36　我国海洋探测与装备工程发展路线

第六章 保障措施与政策建议

一、经费保障

（一）加大投入，重点支持海洋观测网建设与海洋探测技术发展

构建海洋观测网，开展海洋监测与探测，一方面推动海洋科学的进步；另一方面为政府实施海洋管理、海洋减灾防灾等提供决策支持；开展深海探测技术，探采国际海底战略资源，拓展国家发展战略空间，属于公益性、基础性的海洋科技研究与能力建设，国家应该加大投入，保证顺利实施。

（二）财政扶持，鼓励海洋可再生资源产业发展

海水淡化与综合利用和海洋可再生能源的开发利用目前处于发展的初级阶段，由于技术发展尚不完全成熟，并且受到规模限制造成成本较高，市场推广难。自主大型海水淡化与综合利用工程建设、运营经验不足，大型自主关键设备亟待工程验证。总的来说，海洋可再生资源具有储量巨大，加上绿色可再生的特点，前景非常可观。因此，国家应该在制定产业发展规划的同时，积极应用财政、金融、税收政策加以扶持与引导，同时鼓励社会多种融资渠道筹措资金为海洋可再生资源开发利用产业的发展提供强有力的资金保障。

（三）成立国家层面海洋开发与风险投资基金，鼓励海洋仪器设备研发

海洋仪器与装备研发通常面临着周期长、耗资大、需求量小等特殊性，在市场尚未成熟之前，考虑到投资风险，企业参与的积极性不高。建议成立国家层面的海洋开发与风险投资基金，基金来源可采取政府拨款、国内外募捐、企业赞助等多种形式。基金主要用于资助海洋仪器与装备研究成果转化，创办海洋高科技企业。

二、条件保障

（一）建立海上仪器装备国家公共试验平台

建立国家公共试验平台，实行企业化、业务化运作，提供能够长期、连续、实时、多学科、同步、综合观测要求的试验平台和设施。建设资源共享、要素完整、军民兼用的海上试验场，为我国海洋仪器及海洋模型的研发与检验提供服务；建造能够支撑多种类型、大型海洋装备的综合试验船，为国内从事海洋观测装备产业研究的科研机构、中小企业提供海洋试验条件。

（二）建立海洋仪器设备共享管理平台

统筹开发、利用现有国内海洋探测装备，对以往采购的国有资产利用率低的，开展有偿租赁服务，使海洋探测工程装备的租赁业务常态化，企业化。对国家资助研发的海洋仪器装备，要实现共享，真正用于海洋科学研究。一方面解决目前设备利用率低下，甚至很多设备买来没有开封就项目结题、长期放置导致失效的问题；另一方面解决某些用户有真正需求而没有能力购买大型海洋仪器装备的问题。

（三）成立国家级海洋装备工程研究与推广应用中心

选择具有较强研发实力的企业和研究开发机构，统筹布局，有重点、分阶段建设一批国家重点实验室、国家工程中心、企业技术中心，积极推进产、学、研结合，强化深海高技术产业化基地建设，推进深海高技术的产业化进程。

（四）建立国家深海生物资源中心

在 15～20 年内，建成我国集深海生物多样性调查、深海生物资源勘探及深海基因资源开发利用的国家深海生物资源中心。建设内容包括生物样品库、微生物菌种库、基因资源库以及深海天然产物化学库建设，并建立深海生物资源共享服务体系、实现资源共享。国家深海生物资源储藏平台对深海战略资源的可持续性发展和资源战略储备具有重要意义，为我国参与国际海底生物资源竞争提供平台支撑。

三、机制保障

（一）制定海洋探测技术与装备工程系统发展的国家规划

制定相关标准与规范，积极推动海洋高技术装备研制的标准化与规范化，强化规范化的海上试验与观测研究。积极推进产、学、研结合，强化海洋高技术产业化基地建设，推动海洋技术产业联盟建设，发挥企业在成果转化过程中的主体作用。制定长期稳定的激励政策，扶持我国海洋高技术和装备制造业的发展，尤其对深海固体矿产勘探开发等高风险性的产业活动给予税收政策的倾斜和支持，鼓励企业走向深水和海外，推动我国海洋高技术产业的发展与壮大。

（二）扶持深海高技术中小企业，健全海洋装备产业链条

我国当前海洋装备主要集中在装备集成创新层面，核心部件几乎完全依赖进口，产业链的上游完全被国外公司控制。全面总结掌握国内海洋领域企业的布局和产业链情况，总体布局，扶持、培育、孵化相关企业，引导、筹备一些企业填补相关的空白，实现"定点打击"，解决目前海洋探测工程领域很多产业链薄弱、脱节的现象。在海洋基础传感器、海洋动力和生态仪器、海洋声学产品、海洋观测集成系统产品、水下运动观测平台、通用辅助材料及核心部件等方面各培育 3～5 家企业，健全海洋装备产业链条，培育海洋战略新兴产业。

四、人才保障

（一）加强海洋领域基础研究队伍建设

目前我国海洋科技人员的数量和整体水平远不能适应海洋事业发展的要求。尽管如此，还面临着人才流失严重、现有人才利用率低下的问题。诸多情况表明，我国海洋科研队伍文化技术结构不合理，已成为实施 21 世纪中国海洋战略的重大障碍。因此，加速培养海洋跨世纪人才，实施海洋人才战略就成了一个十分紧迫的战略任务。

（二）完善海洋领域人才梯队建设

在海洋科技人才的教育中，应注重高中低档教育合理分配，形成科研

与生产人员比例合理的人才培养体系。同时，针对当前高级技能人才匮乏的现状，应该综合利用国家教育资源积极恢复中等专业技术教育和职业教育，培养技术熟练的技能劳动者，弥补由于高等教育扩张导致的中等专业技术教育断代，专业技能人才断代现象。

（三）健全海洋领域人才机制建设

在国家层面，应建立有利于海洋人才工程战略的硬环境，制定有利于人才脱颖而出的政策。其次，完善人才流动机制，实现人才资源的合理配置，破除人才部门所有和单位所有的观念，打破人才流动中的不同所有制和不同身份的界限，促进人才合理流动。对于人才引进方面，多渠道引进国外智力资源，重点引进一批能够带动一个产业、一个学科发展的高层次留学人员，同时对于国内人才与引进人才也应该同等对待。

第七章 重大海洋探测装备工程与科技专项建议

一、国家海洋水下观测系统工程

（一）需求分析

1. 保障和促进海洋经济可持续发展需要海洋水下观测体系的技术支撑

发展海洋经济，提高海上生产活动的效率、效益和安全，开发海洋资源，拓展海洋战略发展空间，迫切需要加强基础海洋环境要素的观测能力、加大对海洋资源的勘查勘测力度、提供高质量的海洋观测及环境预警报产品服务，这些需求的满足，依赖海洋水下观测体系。同时，在开发利用海洋资源、发展海洋经济，构建现代化海洋产业的同时，防治海洋环境污染，维护海洋生态，同样需要完善的海洋观测监测体系，实时了解海洋生态环境现状及变化趋势，及时展开防治与治理。

2. 维护海洋权益，保障国家海洋安全迫切需要海洋水下观测体系提供海洋环境信息保障

我国与周边海上邻国间的海域划界矛盾突出，海域划界存在诸多争议；由于我国海上执法力量相对薄弱，部分岛、礁受到其他国家蚕食甚至长期霸占，尤其是近期的南海黄岩岛、东海钓鱼岛事件，将岛屿争端推向了新的高度；我国边远海域及无人岛、礁管理任务繁重；国际航行的主要海峡都处于传统海洋大国的控制之下，海上通道安全成了我国海上补给的软肋；水下威胁事关国家海洋安全。因此，迫切需要构建海洋水下观测体系，对敏感海域进行调查和研究，提高海洋环境保障和态势感知能力。

3. 提升海洋灾害防治与预警能力迫切需要建设海洋水下观测体系

南海与热带西太平洋等是袭击我国台风的主要生成源区，每年因风暴

潮灾害对我国沿海地区造成了重大经济损失。另外，我国地处西北太平洋活动大陆边缘，是地震、海啸等海洋灾害多发区域，海洋地质灾害已成为对我国沿海和海洋经济、社会可持续发展的主要制约或影响因素。因此，迫切需要构建水下观测体系，通过海底岩石圈动力学探测、监测和研究，提高海洋地质灾害的预报预警能力和维护经济社会可持续发展的环境保障能力。

4. 进一步提升海洋科学研究需要建立海洋水下观测体系

海洋科学是一门基于观测与发现推动的科学，海洋观测技术的发展是推动海洋科学发展的源动力。20 世纪，由于深海探测技术的发展，人类确立了全球板块运动理论，发现了深海热液循环和极端生物种群，带来了地球科学和生命科学的重大革命。至今，大量资料积累展现在我们面前的是一个软流圈 – 岩石圈 – 水圈 – 生物圈等多个圈层间存在复杂物质和能量传输、交换、循环的海底世界，而各圈层又存在各自的动力系统，这些系统最终都受洋底构造动力系统控制，显示出地球科学领域中洋底动力学的重要性。构建海底观测网络，作为第三个观测平台，获取长期、高分辨率的水下原位数据，将会有力地促进海洋科学研究。

（二）总体目标

紧密围绕我国发展海洋经济、建设海洋强国的战略目标，逐步建成覆盖我国管辖海域、大洋及南北两极水下观测体系，实现多尺度、全方位、多要素、全天候、全自动的立体同步观测，满足国家在海洋经济发展、海洋权益维护、海洋安全、海洋防灾减灾和海洋生态保护、海洋科学研究等方面的战略需求，为实现我国从世界海洋大国到世界海洋强国的转变提供技术保证。

（三）主要任务

1. 建立国家海洋综合立体观测网

1）区域长期立体观测系统

（1）近岸观测台站建设。以现有海洋站点为基础，按照每个沿海县（区）规划一个以上海洋观测站点的基本原则，在我国近岸共建设 250 个以上海洋站点，对水文气象实现全要素观测。加强对南海海域的观测，在部分岛礁建立无人值守的海洋水文气象自动观测站。

（2）构建海上多平台、多参数观测系统。利用 Argo 浮标、漂流浮标、潜标、海床基、海啸浮标、水质浮标及水下移动设备，形成对我国河口、近海海水水质、动力环境、生态环境、海平面变化以及赤潮、海啸灾害的实时同步监测。

（3）区域海底长期观测网建设。利用海底光电复合缆，连接多种海洋观测仪器与设备，包括 ADCP、CTD、OBS，以及声学、电磁、光学、声呐阵等传感器，对海底地壳深部、海底表面、海水水体及海面的物理、化学、地质、生物等学科参数进行长期、综合、实时观测，为海洋生态环境监测与预测、海洋灾害预警预报、海洋科学理论研究提供试验平台和技术支撑。

2）公海长期观测系统

（1）西太平洋观测系统。在西太平洋重点海域布放浮标、深海潜标，形成中国大洋浮标网，并实施定期综合性观测断面，结合卫星遥感观测，跟踪黑潮、黑潮延伸体、琉球海流、热带西边界流。

（2）印度洋观测系统。在可建站国家建设岸基综合观测站，在印度洋重点海域布放深海浮标、深海潜标，形成中国印度洋浮标网，增加断面观测；利用卫星遥感观测，实时获取印度洋海洋环境资料，为我国在印度洋的战略"出海口"战略安全和航行保障提供支持和服务。

3）水下移动观测系统

建立由多种无人潜水器组成的水下无人机动测量系统，实现对海洋环境要素的观测，包括海底地形地貌、海流、海水温度/盐度、水下障碍物、海洋重力、海洋磁力等，完成重点海域的精细化测量；同时，能够对动态海洋现象和目标实现自适应观测。

4）观测网辅助系统

构建保障维护系统，包括日常检修、设备维护等。搭建数据传输网络，以专线网络、无线网络、卫星网络为依托，实现各种海洋观测信息的有效传输。构建数据管理系统，实现数据高速传输，海量数据汇总、处理和存储，数据共享分发与多功能可视化系统，以及三维海洋实景实时再现与展示等。

2. 建设海洋信息基础平台

（1）海洋数据资源建设。开展海洋数据资料整合，建设国家海洋数据中心及分节点；推进业务化数据获取与更新，提升业务化资料处理、产品制作与服务能力；建设国家海洋资料交换中心。

（2）海洋空间信息资源开发。开展数字海洋多维信息基础平台研发，加强数字海洋空间信息组织与加载，实现数字海洋多维信息可视化。

（3）数字海洋应用服务。开展数字海洋应用服务建设，包括海洋数据共享服务，海洋空间信息服务，特色专题应用系统服务，海洋科研应用服务，社会公众服务等。

（4）数字海洋运行与保障。加强数字海洋运行与保障，包括安全保障体系建设，基础支撑环境的运行与维护，业务化运行保障与机制等。

3. 深海探测与监测通用技术

（1）深海装备通用材料与工艺技术。发展深海装备通用材料，包括大深度低密度浮力材料、防腐、耐压、高强度、轻量化新型材料等；提高深海装备加工制造工艺技术，包括抗压结构与高压密封技术、水下焊接与切割技术、常温和透光海水环境下的防腐蚀和防生物污损问题等。

（2）深海装备关键零部件研发。突破深海装备驱动系统关键技术，包括新型深海电机、深海推进器、深水液压泵与阀件等；掌握深海能源供给核心技术，包括长效高密度电池、燃料电池、小型核能电池等，解决水下电力传输、分配、养护、管理等技术；研制可满足长期使用、低功耗、高灵敏度深海通用传感器，包括深海照明与摄像器件、声学换能器、声学多普勒和声相关等水声测速装备、声学定位装备等；研制大深度水密接插件、水密光缆/电缆。

二、国家海洋仪器装备公共支撑平台工程 ▶

（一）需求分析

1. 海洋科技成果转化需要公共支撑系统

近十几年来，我国大力发展海洋高新技术研发，涌现出了大量的海洋高新技术成果，然而，由于中试环节的缺位，严重制约了海洋高新技术成果的有效转化，很多成果无法从实验室走向市场。同时，海洋探测装备科技成果转化为产品，需要建立专业的计量标准体系，对仪器设备的计量性能进行检定或校准，制定相应的产品标准，建立相应检测方法标准和质量监管体系，对仪器设备的产品质量进行检测和监管，促进仪器设备科技成果的产业化进程。海上公共支撑体系的建成将极大程度地推动我国具有自主知识产权的海洋高新技术产品脱颖而出、占领国内市场并参与国际竞争，对我国海洋高新技术成果的转化，促进我国海洋战略性新兴产业的发展，实现科技兴海战略具有重要意义。

2. 海洋科学与工程技术研究需要公共支撑系统

建设国家海上试验场，着眼于我国海上试验的需求，包括海洋传感器、海洋探测装备、海洋可再生能源开发利用装置，逐步形成科学合理、功能齐全、体系完备、服务公益、资源共享、军民兼用的海上试验场区，旨在发展海洋观测新科学及新技术，提供连续海洋环境参数观测信息，以满足基础科学、技术问题和理论的研究需要。同时，为我国海洋仪器设备的研发与检验、为国外海洋调查设备提供测试比对靶区，服务于海洋可再生能源开发利用装置检测、海洋科学研究、技术研发、理论创新及产品评价。建立海洋仪器设备检测评价体系，确保这些仪器设备所复现的量值能够溯源至国家基准或社会公用计量标准，保障海洋综合管理数据测量的准确性，是国家重大海洋决策、公众海洋信息发布、国际海洋纠纷处理的基础保障。

（二）总体目标

建成资源共享、要素完整、军民融合、业务化运行的海上试验场和海上公共综合试验平台；进一步规范和完善我国海洋仪器设备标准化、计量、质量技术监督工作，形成国家级的海洋仪器设备检测评价体系；从而建成完善的国家海洋仪器设备公共支撑体系，为我国海洋探测与装备工程产业体系化和规模化发展，提高国内市场占有率，提高产品国际竞争力提供基础支撑。

（三）主要任务

1. 国家级海上试验场建设工程

（1）浅海综合功能海上试验场。着眼于满足我国近海海上试验的需求，开展我国浅海综合功能海上试验场建设，逐步形成科学合理、功能齐全、体系完备、服务公益、资源共享、军民兼用的浅海试验场区，为我国海洋仪器设备及海洋模型的研发与检验、为国外海洋调查设备提供测试比对靶区、海洋高科技成果的转化及海洋科学研究提供科学、有效的技术保障。

（2）深海试验场。针对以海洋地质、地球物理和大洋调查为主的深海仪器设备和模型进行设计，开展我国深海海上试验场建设。为深海海洋仪器设备及海洋模型的研发与检验、为国内外海洋调查设备提供测试比对靶区、为海洋高科技成果的转化、为海洋科学研究及海洋可再生能源的开发等提供安全可靠、军民兼用的深海试验场以及相应条件和技术保障。

（3）海洋能海上试验场。开展我国海洋能海上试验场建设，为海洋能发电装置的研发、测试提供实海况试验的平台，解决装置实海况试验前期对试验海域的海洋能源、水文气象环境、地质等调查周期长，装置海底基础建设成本高等问题，推动海洋能发电装置从工程样机走向规模产业化应用，促进海洋能技术的研发和产业化发展。

（4）海上试验场示范运行。开展海上试验场示范运行，确保浅海、深海及海洋可再生能源海上试验场各观测监测仪器、试验平台、发电装置及通信与监控系统的正常运行，根据各监视观测平台的最新监测数据对数据库需求进行实时更新和补充。选取在国内使用广泛、利用率高的深浅海仪器设备、海洋可再生能源发电装置等进行试验、测试，并对其性能进行评价。

2. 国家级海洋仪器设备检测评价体系

（1）海洋仪器设备计量性能评价体系。建立覆盖海洋水文、海洋化学、海洋气象、海洋地质及地球物理、海洋资源等领域海洋仪器设备计量检测评价体系，重点建立海流测量仪器、海底地形/地貌测量仪器及船载导航设备计量标准装置，加强现有的计量基标准的升级改造，将其向极值量、动态量和多参数综合量等扩展。

（2）海洋仪器设备环境适应性评价体系。面向国内外各类涉海仪器，立足国产研发仪器和国防战略需求，建立深远海、极地等特殊海洋环境的模拟试验平台，并拓展相关联带检测项目，提供全面的实验室综合模拟试验服务；同时依托相关试验平台，联合国内高校、科研机构等，建立我国专业海洋仪器设备环境检测中心和研发中心，开展进口海洋仪器质量评价。

（3）海洋标准物质体系建设。建立海洋标准物质研制中心，参考国外海洋标准物质分类或国内其他行业标准物质体系框架，针对海洋调查、海洋科学研究和海洋工程建设对准确测量的要求，研究我国海洋标准物质分类方法，建立科学、完善、合理的海洋标准物质体系。

（4）海洋仪器设备标准体系建设。开展海洋仪器设备标准体系建设，加快海洋仪器设备设计、生产、制造、贮运、检测和使用等各个环节标准的研制速度；建立标准化与科技创新和产业发展协同机制，引导产、学、研各方面通过原始创新、集成创新或引进消化吸收再创新，推进具有自主知识产权的海洋仪器设备标准的研究、制定及优先采用，将我国具有技术优势的海洋仪器设备标准转化为区域或国际标准。

（5）海洋仪器设备科技成果鉴定体系建设。建立海洋仪器设备科技成果鉴定中心，开展海洋仪器设备科技成果的鉴定工作，严格、规范对新研制设备开展第三方独立检验，考核其计量性能和环境适应性；建立海洋仪器设备科技成果鉴定流程及标准，为海洋仪器设备科技成果的鉴定提供有效依据。

三、海洋可再生资源与国际海底开发工程

（一）需求分析

1. 支持海洋可再生资源开发利用技术研发，加速成果转化需要

开展技术示范是海洋可再生资源装置从工程样机走向规模化应用的关键环节。当前，我国在海洋可再生资源开发利用方面已经建立了部分示范工程，但受投资限制，示范工程规模，无论是海洋可再生能源还是海水淡化与综合利用，与欧、美等发达国家相比都存在一定差距。示范规模大小对于提高运行效率、降低成本、实现技术实用化具有十分重要的意义。由于规模上的限制，制约了规模化相关技术的发展及成熟，造成商业化和产业化进程缓慢。

2. 保障沿海地区能源供给安全，缓解水资源危机，支撑海岛保护开发，维护海洋权益需要

开发我国东部沿海地区海洋可再生资源将为沿海社会经济的发展提供必要的能源补充。海水淡化与综合利用是破解我国沿海地区水资源短缺困局、保障水资源安全供给的重要途径，多能互补的海岛独立供电系统是海岛能源供给的最佳选择。利用丰富的海洋可再生能源，建设发电和海水淡化综合系统，提供充足、稳定、低廉的能源和淡水，建设宜居可守海岛，维护主权和海洋权益。加大海洋可再生能源示范工程和海水淡化与综合利用示范工程建设力度，扩大示范规模，可有效缓解我国尤其是沿海地区的

能源紧缺、水资源危机，对优化能源结构，保障我国能源安全以及社会、经济的可持续发展具有重要意义。

3. 严峻的国际海底资源形势需要

2011 年 11 月，我国在西南印度洋国际海底区域获得 1 万平方千米的专属勘探权的多金属硫化资源矿区。目前我们面临的任务是如何开展深入的研究洋中脊多金属硫化物勘查矿区的平面和三维分布特征、评价合同区的矿床价值、环境基线的特征、生物资源的分布、海洋环境的污染及其他危害、矿区的深部分布和矿床开采的可行性等，完成我国对国际海底管理局的勘探合同。2013 年 7 月，我国在西太平洋获得专属勘探权的富钴结壳矿区。我国需要进一步深化对三大洋、南北极等相关资源的调查研究，为申请新的国际海底资源开发区做好准备。

4. 培育新兴战略产业需要

海洋可再生能源和海水资源开发利用是新兴高技术产业，加大示范工程建设，扩大示范规模，是推动海洋可再生能源和海水资源开发利用产业发展的必由之路。通过海洋可再生资源开发利用示范工程，促进全国海洋可再生能源产业集聚，建立国家海洋可再生能源产业基地。通过海水淡化与综合利用示范工程，攻克大型化、成套化海水淡化与综合利用核心技术、关键设备研发及装备制造，全面提升我国海水淡化与综合利用整体技术水平和核心竞争力，实现自主技术的规模示范和推广应用。同时，国际海底蕴藏着丰富的固体矿产资源和生物资源，具有良好的商业开发前景。发展深海探测装备与装备工程，探查与占有国际海底战略资源，一方面维护我国海洋主权和权益、保证能源和资源安全；另一方面形成战略新兴产业，成为我国经济新的增长点。

（二）总体目标

围绕海洋可再生能源和海水淡化与综合利用示范工程建设，重点开展万千瓦级潮汐能示范电站、海岛独立电力系统示范工程、万吨级海水淡化示范工程、海水综合利用示范工程建设，形成集技术研发、工程示范、装备制造、试验检测于一体的海洋可再生资源产业化示范基地。研发国际海底矿产和生物资源的探测、勘查、观测、取样和开采等的关键技术与装备，突破矿区及其附近海域的环境监测与评价、资源评价和长期观测所需关键技术；开展长期观测和深海采矿等系统研发，为国际海底资源的探测、评价和开发利用提供准确的技术手段，为维护我国国际海底的权益提供技术支撑。

（三）主要任务

1. 海洋可再生能源开发利用示范工程

（1）国家级海洋可再生能源示范基地。开展波浪能开发利用示范基地和潮流能开发利用示范基地建设，吸引研究机构及企业入驻，打造成集技术研发、装备制造、海上测试以及工程示范为一体的国家级海洋可再生能源示范基地，开展技术的转化和培育，孵化出符合我国资源状况并能够规模化生产的实用装备，并实现商品化应用。

（2）万千瓦级潮汐能示范电站。开展万千瓦级环境友好型低水头大容量潮汐水轮发电机组和兆瓦级潮流发电机组的研制，研究解决发电机组低成本建造、潮汐电站综合利用、提高电站效益，降低电站发电成本等问题，并进行技术示范，推进我国万千瓦级潮汐能示范电站建设。

（3）海岛海洋能多能互补电力系统关键技术研究与示范工程。开展潮汐能、潮流能、波浪能等海洋能与风能、太阳能等其他可再生能源多能互补关键技术研究，推动多能互补独立电站的技术示范，探索独立电站的建设及运行管理模式，研究独立电站的能量互补特性，攻克高效能量转换、能量调节、能量储存、不稳定能源组合供电、电能输送、防腐蚀等关键技术，并结合海水淡化，选择在资源条件较好，能源需求突出海岛开展技术示范，建设海岛多能互补电力系统示范工程。

2. 海水淡化与综合利用示范工程

（1）7万吨/日自主创新低温多效海水淡化规模示范工程。攻克低温多效蒸馏海水淡化节能工艺技术、廉价海水淡化专用材料开发、蒸发器等关键装备设计及制造技术，开展中小型装备标准化定型及制造和大型装备研发制造；开展排放处置技术、浓缩液减量技术等浓盐水处置技术研究；建成7万吨/日自主创新低温多效海水淡化规模示范工程。

（2）5万吨/日以国产能量回收和国产膜为主的反渗透海水淡化规模示范工程。开展大型反渗透海水淡化膜及组件、国产高压泵、能量回收装置的开发，实现反渗透膜、高压泵和能量回收装置国产化生产；研究反渗透海水淡化装备测试评价技术，建设开发海水淡化综合试验平台；建成 5 万吨/日以国产能量回收和国产膜为主的反渗透海水淡化规模示范工程。

（3）大型海水循环冷却环境友好化技术研究及产业化示范。开展环境友好化海水循环冷却技术研究；开展海水预处理、海水循环冷却、海水淡化水处理药剂研发，并实现产业化生产，建立我国海水利用水处理药剂研发生产基地。

（4）大生活用海水环境友好关键技术研发与产业化示范。开展环境友好海水净化技术、大生活用海水处理技术优化及新工艺等研究，完成大生活用海水装备产品定型，进行大生活用海水技术装备产业化示范。

（5）海水化学资源综合利用成套技术装备研发与产业化。探索浓海水综合利用关键技术，实施海水提钾大型成套技术和装备开发与产业化、浓海水提取多品种氢氧化镁及镁系物高效节能技术研发、膜法提溴新工艺关键技术与装备开发，以及浓海水综合利用产业化关键技术研究与装备开发等。

3. 国际海底资源勘探、开采与利用工程

（1）国际海底资源勘探系统。针对目前我国的多金属结核、富钴结壳和多金属硫化物的资源特点和不同勘探阶段的需求，有针对性地开发电、磁、震、钻、化学传感器等地质、地球物理和地球化学勘查技术，重点开展近底三维勘查技术，发展可大范围探测深海物探方法、水下自治探测系统和钻探系统等；结合 GIS、地质、地球物理、水文和化学等参数，建立热液硫化物资源综合评价技术体系。

（2）洋中脊多金属硫化物矿区的采矿系统。根据目前的国际海底资源开发的形势，多金属硫化物可能是最先开发利用深海矿物资源。要想在后继的国际竞争中获得应得的利益，维护我国的国际海底资源权益，一定要走在国际前列，有重点、有步骤地开展针对深海资源的采矿系统。以多金属硫化物为一期目标，开展深海多金属硫化物开采系统及其关键技术研究，制定深海多金属硫化物开采技术方案，突破洋中脊热液区的硫化物开采、采集、输运、水面支持等相关技术，研究采矿作业环境影响试验和资源综合评价；研制多金属硫化物工业性试开采系统，开展工业性试开采系统的集成，在西南印度洋中脊多金属硫化物矿区进行试开采。

（3）洋中脊极端生物资源技术。开展深海尤其是洋中脊生物与基因多

样性调查，建立国家深海生物资源中心。加强深海基因资源的应用基础研究，建立深海生物技术产业化中试基地，重点实现深海环境与微环境原位检测技术、生物样品深海保真采集技术、极端微生物培养保藏技术突破。

（4）洋中脊的环境监测、评价与长期观测技术。以西南印度洋中脊为重点试验区，开展环境监测与评价技术的研究，构建热液区及其邻近海域立体环境监测系统，建立我国首个西南印度洋热液区域深海长期观测系统，开展环境影响参照区选划和硫化物矿开采环境影响评估。

主要参考文献

曹学鹏,王晓娟,邓斌,等.2010.深海液压动力源发展现状及关键技术[J].海洋通报,29（4）:466 – 471.

崔维成,等.2012.蛟龙号载人潜水器的7000米级海上试验[J].船舶力学,16（10）:1131 – 1143.

封锡盛,李一平,徐红丽.2011.下一代海洋机器人——写在人类创造下潜深度世界记录10912米50周年之际[J].机器人,33（1）:113 – 118.

国家海洋局.2010年中国海洋经济统计公报[EB/OL].http://www.soa.gov.cn/zwgk/hygb/zghyjjtjgb/201211/t20121105_5603.html.

国家海洋局.中国海洋环境质量公报[EB/OL].http://www.soa.gov.cn/zwgk/hygb/.

国家海洋局.中国海洋灾害公报[EB/OL].[2012 – 12 – 25].http://www.soa.gov.cn/zwgk/hygb/.

国土资源部.全国矿产资源规划（2008—2015年）[EB/OL].http://www.mlr.gov.cn/xwdt/zytz/200901/t20090107_113776.htm.

侯纯扬.2012.中国近海海洋——海水资源开发利用[M].北京:海洋出版社.

金翔龙.2006.二十一世纪海洋开发利用与海洋经济发展的展望[J].科学中国人,11:13 – 17

李一平,燕奎臣.2003."CR-02"自治水下机器人在定点调查中的应用[J].机器人,25（4）:359 – 362.

李智刚,高云龙,刘子俊.2004.海潜II型遥控潜水器在海洋石油行业中的应用[C]//救捞专业委员会2004年学术交流论文集.198 – 201.

美国地质调查局（USGS）.[EB/OL]http://minerals.usgs.gov/minerals/pubs/commodity

彭慧,封锡盛.1995."探索者"号自治式无缆水下机器人控制软件体系结构[J].机器人,17（3）:177 – 183.

"十五"采矿海试系统总师组.2004.大洋多金属结核中试采矿系统1000海上试验总体

系统技术设计[R].

唐达生,阳宁,等.2011.深海采矿扬矿模拟系统的试验研究[J].中南大学学报(自然科学版),42(suppl.2):214-220.

王晓民,孙竹贤.2010.世界海洋矿产资源研究现状与开发前景[J].世界有色金属,(6):21-25.

晏勇,马培荪,王道炎,等.2005.深海ROV及其作业系统综述[J].机器人,27(1):82-89.

中国大洋协会.2001.大洋多金属结核中试开采系统"九五"综合湖试[R].

中国大洋协会.2006.进军大洋十五年[M].北京:海洋出版社.

朱心科,俞建成,王晓辉.2011.能耗最优的水下滑翔机路径规划[J].机器人,33(3):360-365.

A Technical Report on the Advanced Real-time Earth Monitoring Network in the Area.

Andrew D Bowen, Dana R Yoerger, Louis L Whitcomb, et al. 2004. Exploring the Deepest Depths: Preliminary Design of a Novel Light-Tethered Hybrid ROV for Global Science in Extreme Environments. Journal of the Marine Technology Society, 38(2): 92-101.

Arrieta J M, Arnaud-Haond S, Duarte C M. 2010. What lies underneath: conserving the oceans' genetic resources[C]. Proc Natl Acad Sci, USA, 107: 18 318-18 324.

Bluefin Robotics. Bluen Robotics: 15 Years of Developing Subsea Vehicles. [EB/OL]. http://www.bluefinrobotics.com/news-and-downloads/downloads/

Deepak C R, Ramji S, Ramesh N R. 2007. Development and testing of underwater mining systems for long term operations using flexible riser concept[C]. Proceedings of The Seventh 2007 ISOPE Ocean Mining (and Gas Hydrates) Symposium, 166-170.

Eriksen C, Osse J, Light D, et al. 2001. Seaglider: a long-rang autonomous underwater vehicle for oceanographic research [J]. IEEE Journal of Oceanic Engineering, 26(4): 424-436.

Glenn S M, Schofield O. 2003. Observing the oceans from the COOL room: Our history, experience, and opinions. Oceanography, 16:37-52.

JAMSTEC. Dense Ocean-floor Network for Earthquakes and Tsunamis- DONSET [OL]. http://www.jamstec.go.jp/donet/e/

Kongsberg Maritime. Autonomous underwater vehicle-HUGIN AUV [OL]. http://www.km.kongsberg.com/ks/web/nokbg0240.nsf/AllWeb/B3F87A63D8E419E5C1256A68004E946C? OpenDocument

Kongsberg Maritime. Autonomous underwater vehicles-REMUS AUVs [OL]. http://www.km.kongsberg.com/ks/web/nokbg0240.nsf/AllWeb/D5682F98CBFBC05AC1257497002976E4? OpenDocument.

Moitie R，Seube N. 2001. Guidance and control of an autonomous underwater glider. In Proc. 12th Int. Symposium on Unmanned Untethered Submersible Tech. ，Durham，NH.

Monterey Bay 2006 field experiments［OL］. // http://www. mbari. org/mb2006/

Rudnick D L, et al. 2004. Underwater gliders for ocean research［J］. Mar Technol Soc J,38 (1)：48 −59.

Sherman J, Davis E, Owens B, et al. 2001. The autonomous underwater glider "Spray" ［J］. IEEE Journal of Oceanic Engineering, 26(4)：437 −446.

Stephen W. Autonomous Underwater Gliders［OL］. http://www. geo − prose. com/ ALPS/white _papers/eriksen. pdf

Tamaki Ura, Kensaku Tamaki, etc. 2007. Dives of AUV "r2D4" to Rift Valley of Central Indian Mid-Ocean Ridge System［C］. IEEE,1 −6.

Taylor S M. 2009. Transformative ocean science through the VENUS and NETPUNE Canada ocean observing systems［J］. Nuclear instruments and methods in physics research A,602:63 −67.

The International Seabed Authority (ISA). 2008. Workshop on polymetallic nodule mining technology-current status and Challenges ahead［R］.

The World AUV Gamechanger Report 2008—2017［R］. Douglas-Westwood Limited, 2007.

Tichet C, Nguyen H K, Yaakoubi SE, et al. 2011. Commercial product exploitation from marine microbial biodiversity：some legal and IP issues［J］. Microb Biotechnol, (3)：507 −513.

UNOLS. Ocean Observatories Initiative Facilities Needs from UNOLS ［EB/OL］. http:// www. unols. org/publications/index. html

Webb C, Simonetti J, Jones P. 2001. SLOCUM ：An underwater glider propelled by environmental energy［J］. IEEE Journal of Oceanic Engineering, 26(4)：447 −452.

WI/IDA. IDA Desalination Yearbook 2012—2013 ［OL］. http://desalyearbook. com, 2012 − 10 −08.

Woods Hole Oceanographic Institution. Human Occupied Vehicle Alvin ［OL］. http:// www. whoi. edu/page. do? pid =8422

Woods Hole Oceanographic Institution. sentry ［EL］. http://www. whoi. edu/ fileserver. do? id =56044&pt =10&p =39047

Yamada H, Yamazaki T. 1998. Japan's ocean test of the nodule mining system［J］. Proceedings of the International Offshore and Polar Engineering Conference, (1):13 −19.

Zhang Y, et al. 2011. A Peak-Capture Algorithm Used on an Autonomous Underwater Vehicle in the 2010 Gulf of Mexico Oil Spill Response Scientific Survey［J］. Journal of Field Robotics,28(4):484 – 496.

主要执笔人

金翔龙　国家海洋局第二海洋研究所　　中国工程院院士
朱心科　国家海洋局第二海洋研究所　　助理研究员
于凯本　国家深海基地管理中心　　　　助理研究员
周建平　国家海洋局第二海洋研究所　　副研究员
李　艳　国家海洋局第二海洋研究所　　副研究员
殷建平　中国科学院南海海洋研究所　　副研究员
王　冀　国家海洋技术中心　　　　　　研究员
刘淑静　国家海洋局海水淡化与综合利用研究所　研究员
徐红丽　中国科学院沈阳自动化研究所　副研究员
邵宗泽　国家海洋局第三海洋研究所　　研究员
司建文　国家海洋标准计量中心　　　　研究员
齐　赛　61195 部队　　　　　　　　　副研究员

重点领域二：中国海洋运载工程与科技发展战略研究

海洋运载装备是指以开发和利用海洋资源，维护海洋权益为目的的运输与作业装备，是认知海洋、开发海洋、利用海洋、维护海洋权益的基础和保障。现代海上运载装备类型众多，按照用途和功能可以分为两大类。一类是以运输为目的的民用商船及装备；另一类是为完成特定海上任务以作业为主要用途的特种船舶及装备。本报告根据这两大类对海上运载装备与科技发展进行分析和研究，主要包括海洋运输装备、海洋渔船装备、海洋科考装备、海上执法装备以及相应配套设备等。海洋工程装备另设课题，故在本报告中不重点阐述。

第一章　中国海洋运载工程与科技的战略需求

21 世纪是海洋的世纪。在陆、海、空、天四大空间中，海洋是支撑世界经济全球化的主动脉；是远未充分开发的资源宝库；是世界军事与经济竞争的重要领域；是维护国土安全和国家权益的主战场。我国陆域经济发展面临自然禀赋与环境保护的双重压力，向海洋要资源、向海洋要空间已成为缓解我国当前及未来陆域资源紧张矛盾的战略方向。因此，海洋运载装备与科技是我国社会经济发展的重要保障。

一、海洋运载装备与科技是我国提升海洋空间拓展能力的基础 ▷

我国是海洋大国，但目前还不是海洋强国。除了专属的海域外，在公海、极地和国际海底区域等人类公共的海洋区域也存在着大量的资源，越来越引起诸多海洋大国的高度重视。海洋资源的开发和争夺也越来越呈现"经常化"、"拓展化"和"冲突化"的趋势。先进的海洋运载装备是增强海洋能力拓展，支撑海洋事业发展，支撑新世纪以海底深潜、海底观测和深海钻探为三大主要方向的"地球系统科学"研究的必要条件。为在国际海底"蓝色圈地运动"中取得应有的份额，拓展海洋空间，有效开发海洋油气资源及矿产资源，必须依赖先进的海洋运载装备。发展海洋运载装备和科技是我国提升海洋空间拓展能力的迫切需求。

二、海洋运载装备与科技是发展海洋经济和建设海洋强国的前提 ▷

发展海洋经济，开发油气资源、矿产资源、生物资源以及空间资源都需要相应的海洋运载装备；为恢复与发展西沙群岛、中沙群岛和南沙群岛渔业生产规模与效益，拓展远洋渔业，增大海洋经济开发规模，迫切需要先进的海洋渔船装备；我国经济发展的重要战略性物资的进口，如石油、天然气、矿石、粮食都需要从海路上运输，我国工业生产成品的出口也大都通过海运来完成。此外，海上旅游，大陆及各岛屿之间的交通都需要大量的运输船。因此，大力发展海洋运载装备是发展海洋经济和建设海洋科学强国的前提条件和基础。

三、海洋运载装备与科技是保障国家安全、维护海洋权益的保证 ▷

我国拥有 1.8 万千米的海岸线，300 多万平方千米的海疆，其中有 1/3 的海洋国土与周边国家存在争议，约有 1/4 面临被瓜分的危险。当前，南海局势日益紧张，周边国家大肆侵犯我国海洋权益。在最近一段时期的海洋争端中，我国以海上正常渔业与资源开发为主体，以政府执法维权强制力量为保障，坚持采取联合行动，取得了良好成效。经验表明，这种以正常生产经营活动维护我国海上权益，展示海上存在与主权的方式，是非常有效的。在这种"和平"的海上权益争夺中，相关海洋运载装备与科技的优势是保证获得成功的关键，因此对于处理我国与周边国家海洋权益争端，发展海洋运载装备与科技对保障国家安全、维护海洋权益具有重要的战略意义。

四、海洋运载装备与科技是我国产业结构调整和发展战略新兴产业的重要途径 ▷

海洋运载装备产业是综合性和带动性极强的产业，是劳动、资金、技术密集型产业，在设计方法、加工工艺、加工设备、测量监控、质量保证、企业经营管理等生产全程都渗透着高新技术。海洋运载装备与机电、钢铁、化工、航运、海洋资源勘采等上下游产业存在广泛而密切的联系，是我国发展先进制造业重要的组成部分。海洋工程、生物工程、医药工程等战略性新兴产业的快速发展都需要相应的海洋运载装备来实现。

五、海洋运载装备与科技是贯彻落实军民融合发展思路的重要抓手

在诸多国防工业部门中，船舶工业军民结合的特征最为突出，海洋民船与渔业船队素来具有发展国民经济和加强国防建设的双重作用。海洋运载装备产业是典型的军民结合产业，技术可共用，装备平战结合，平时可完成侦查和探测任务，战时可迅速动员支持军事行动。寓军于民是许多国家发展船舶工业的战略选择，发展海洋运载装备和科技是统筹国民经济和国防建设，贯彻落实军民融合发展思路的重要战略举措。

第二章 中国海洋运载工程与科技的发展现状

经过几十年的发展，我国海洋运载装备与科技已经发展到了比较高的水平，有能力为我国的海洋运输、渔业发展、海上维权、海上资源开发和探知海洋等活动提供大多数门类的高质量的装备。

我国具备较高的常规海洋运载装备的设计和制造能力，部分产品已接近或达到世界先进水平，虽然在高端装备领域与世界先进水平差距仍然明显，但是经过不断的努力，部分领域已取得了较大的进展，比如 LNG 船的制造等。

一、中国海洋运输装备与科技发展现状 ▶

我国海洋运输装备工业从起步之初就走了一条国际化的道路。产品面向国际市场，直接参与国际竞争，是我国最早走向世界的装备制造业之一。经过几十年的发展，我国船舶工业成就巨大，主要表现在经济规模迅速扩大和技术实力不断增强。

（一）世界第一的产业规模

中国船舶工业自进入 21 世纪以来发展迅猛，目前产业规模已经达到世界第一。截止到 2012 年年底，我国已投产的 1 万吨以上的造船坞（台）共计 562 座，其中 30 万吨级以上的造船坞 32 座，总建造能力接近 8 000 万载重吨的水平。

1. 造船产量连续多年稳居世界第一

自进入 21 世纪以来，我国船舶工业呈现了加速发展之势。2008 年中国造船完工量超越日本成为世界第二，2009 年新接与手持订单量均为世界第一，当年的全国造船完工量 4 243 万载重吨，同比增长 47%；2010 年造船三大指标全面超越韩国，成为世界第一造船大国，全年的造船完工量为 6 560 万载重吨，2011 年，全国新船完工交付再创新纪录，达到 7 696.1 万载重吨。受经济危机的影响，2012 年，全国新船完工量出现下滑，但仍然达到 6 439.6 万载重吨。

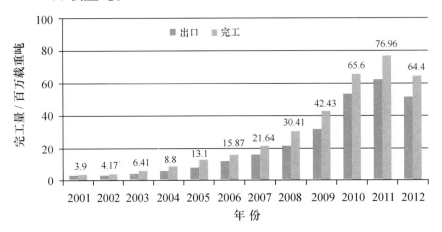

图 2-2-1　进入 21 世纪以来我国历年新造船舶的完工量

数据来源：中国船舶工业年鉴

2. 造船工业总产值大幅上升

自 21 世纪以来，船舶工业总产值持续上升。2009 年，全国规模以上船舶工业企业完成工业总产值 5 484 亿元，同比增长 28.7%。2010 年增长到 6 799 亿元，2011 年达到 7 706.7 亿元。2012 年全国船舶工业企业完成工业总产值 7 903 亿元，是 2001 年 455 亿元的 17.4 倍，12 年间年均复合增长率接近 30%。

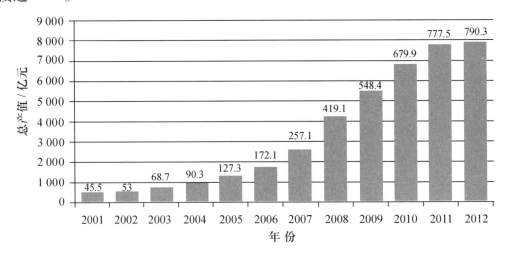

图 2-2-2　进入 21 世纪以来船舶工业总产值

数据来源：中国船舶工业年鉴

3. 船舶出口规模迅速扩大

船舶出口也呈持续增之势。2009 年，全国船舶出口 3 438 万载重吨，占全国总完工吨位的 73.9%。2010 年，船舶出口为 5 300 万载重吨，占总完工量的 81.3%。2011 年，船舶出口为 6 255 万载重吨，占全国总完工量的 80.3%。2012 年，船舶出口 5 123.9 万载重吨，占全国总完工量的 79.6%。

4. 船舶配套产业产值持续增长

"十一五"期间，在高速发展的船舶市场带动下，国内船舶配套业得到较快发展，经济规模持续快速增长。国内配套业总产值从 2006 年的 249.8 亿元上升至 2011 年的 921.3 亿元，2012 年，船舶配套总产值超过了千亿元大关，达到了 1 130 亿元，年复合增长率达到 28.6%（图 2 - 2 - 3）。

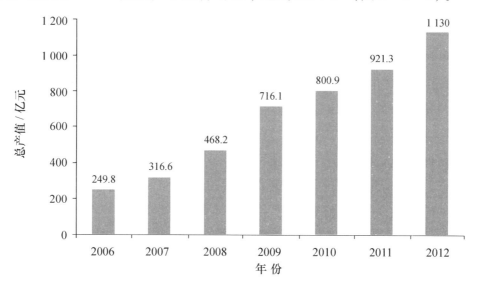

图 2 - 2 - 3　2006—2011 年我国船舶配套业工业总产值情况

数据来源：中国船舶工业年鉴

经过"十一五"的发展，我国主要船用配套产品产能显著提升，基本实现产量翻番。与 2006 年的产量相比，2010 年国内船用低、中、高速柴油机、船用起重机、锚绞机、舵机等均实现较大幅度增长（表 2 - 2 - 1）。其中船用锚绞机产量增长最快，2010 年较 2006 年增长 328%；有船舶心脏之称的船用低速柴油机 2010 年产量较 2006 年提高了 157%。2011 年，国内船用低速机产量达到 569 万千瓦，2012 年有所下滑，为 472 万千瓦。

表 2 - 2 - 1　主要船用设备产量变化情况　　　　　　　　　台

产品名称	年份			
	2006	2010	2011	2012
船用低速柴油机	228	586	467	388
船用中速柴油机	8 145	16 258	14 619	13 381
船用高速柴油机	4 927	12 684	7 595	19 330
装卸机械	333	1 018	1 361	1 313
锚泊机械	765	3 271	3 637	2 783
舵机	206	427	399	402

(二) 日益增强的开发能力

我国船舶工业经过 60 多年的建设和发展，建立了一支科研设施完整、配套、科技实力较强的船舶工程研究与设计力量，形成了相对完整的产业体系。我国于 20 世纪 70—80 年代引进了近 50 项船用配套设备许可证专利技术，国家安排了"出口船、远洋船设备国产化"的 12 条专项计划，大大推动了我国船用配套业的发展，为 80 年代末国产船用配套设备装船率大幅度提高发挥了重要作用。

改革开放 30 多年以来，加强了自主知识产权的船型技术开发和共性基础技术的研究攻关，船舶装备产品结构不断升级换代。全面掌握了三大主流船型的系统化设计技术，形成了一批标准化、系列化船型；基本掌握了一些高技术船舶和海洋工程装备，例如超大型矿砂船、液化石油气（LPG）船、液化天然气（LNG）船、超大型浮式生产储油装置（FPSO）设计的关键技术。

"十一五"以来，国家加强了船舶配套设备研发支持力度，部分船舶配套企业也加强了自主投入，通过自主创新、联合研发或引进、消化、吸收再创新等方式，在船舶动力系统及装置、甲板机械、舱室机械、船舶通信、导航、自动控制系统等领域的产品研发及关键技术上取得重要突破。

在船用低、中速柴油机领域，具备了制造超大缸径低速主机的技术能力，完成中速柴油机的国产化研制，并已批量生产。

低速机方面，大型骨干企业已具备大部分零部件的"二次研发"能力，基本实现从"技术引进"到"设计优化"的转变，初步具备建立船用动力研发基础平台的条件，攻克了船用低速柴油机曲轴等多项关键二轮配套技术。中速机方面，基本具备自主研发高性能船舶中速柴油机的能力。2011年，自主品牌船用中速柴油机 6CS21/32 研制成功，并取得中国船级社证书，正式推向市场，其排放可满足国际海事组织 IMO Tier Ⅱ 排放要求，并低于限制值 15% 以上。

甲板、舱室机械也取得了重大突破，多项自主研制成果填补了国内空白，达到国际先进水平。甲板机械方面，已掌握超大型油轮、矿砂船和集装箱船的甲板机械自主制造关键技术，自主研发了海洋平台起重机、超大型锚绞机等。拥有转叶式舵机、大型低压拖缆机、大型起重机等一批新产品的自主知识产权。在舱室机械方面，具备了污水处理装置、碟式油水分离机、遥控碟阀、压载水处理装置、渔船尾气制冷机等产品的自主研发能力，产品达到国际先进水平。

通信、导航及船舶自动化领域。已完成综合船桥系统关键技术研究，初步掌握综合船桥系统集成设计技术；开展了船舶机舱自动化系统关键技术研究并取得一定突破。推出了最新的"桥楼值班报警系统（BNWAS）"、"船舶操舵控制系统（SCS）"、"电罗经（GYRO）"、"电子海图系统（EC-DIS /ECS）"和"全球海上遇险与安全系统（GMDSS）"等自主研发或技术合作的尖端系列产品，填补了国内多项空白。

综上所述，船舶科技与工业实力显著增强，生产技术管理水平得到提升，我国自 2008 年以来，已成为世界第一造船大国和海洋工程装备研发与生产的重要力量，促使世界船舶市场竞争格局发生了重大变化，赢得了世界造船市场的良好声誉。

（三）不断完善的产品谱系

在总装制造方面，能够建造除豪华游船等少数高技术船舶类型以外的几乎所有门类的船型。大连船厂的"阿芙拉"型油船，沪东船厂的"巴拿巴"型散货船，外高桥船厂的"好望角"型散货船，渤船重工、熔盛重工的超大型矿砂船等都在世界船舶市场上赫赫有名。

船用低速柴油机单机功率由 3 万马力提升至 6 万马力，智能型船用柴油机形成系列机型，达国际先进水平；船用低速柴油机多种关键零部件实现本土化，成熟机型本土化率达 80%；船用中高速柴油机配套产业链逐步完善，主要引进机型本土化率基本达到 80% 以上，部分机型达到 90%；低压船用发电机形成系列化产品，技术性能指标接近国际先进水平；船用舾装件产品基本实现国内自主配套；锚泊机械（含锚、锚链、锚绞机）、拖曳机械、舵机等甲板机械实现国内制造；船用电梯、泵、空压机、海水淡化装置、空调装置及冷藏设备、消防灭火装置等舱室设备国内制造能力均有所突破。船舶通信导航和自动化系统已掌握部分核心技术并成功装船。

二、中国渔船装备与科技发展现状

渔船是渔业生产的主要工具，也是渔业生产力发展水平的重要标志，是渔船科技发展水平的集中体现。

在数量上，我国已成为世界上渔船最多的国家。据统计，截至 2011 年年底，我国渔船总数 106.96 万艘，其中，海洋渔船 30.26 万艘（机动渔船 29.06 万艘，非机动渔船 1.2 万艘），内陆渔船 76.7 万艘。海洋机动渔船中，生产渔船 27.7 万艘（其中，捕捞渔船 20.17 万艘、养殖渔船 7.53 万艘），辅助船 1.36 万艘（图 2-2-4）。

在装备科技发展上，我国海洋渔船从发展至今，取得了一定的进步，呈现以下几个特点。

（一）近海渔船现代化程度不断提高

到 2011 年年底，我国海洋渔船中机动渔船占 96.03%，功率达 1 500 余万千瓦；木质渔船逐渐淘汰，2010 年登记检验的海洋渔船中，"钢质"渔船占海洋渔船的 19%，海洋渔船正从"木质时代"向"钢质时代"迈进；通导、渔探功能得到补强，渔用全球卫星导航仪（GPRS）、渔用无线电话、探渔测深仪、雷达、船舶自动识别系统（AIS）、以及高频、中/高频/单边带无线电装置等一系列先进的导航仪器正逐渐应用到渔业装备中。

我国正全面推进渔船装备现代化更新改造，在新船建造方面，国内首艘电力推进拖网渔船出厂，大型拖网渔船下水等，取得一定突破；在旧船改造方面，江苏省于 2012 年 4 月 28 日在南通举行"万艘海洋捕捞渔船更新改造"工程开工仪式，标志我国渔船更新改造进入实施阶段。

（二）近海渔船装备逐步向标准化方向发展

我国捕捞渔业属高危行业，渔船安全事故频繁发生，同时国际公约、规范也对我国渔船环保、节能提出更高的要求。面对渔船装备自身发展的

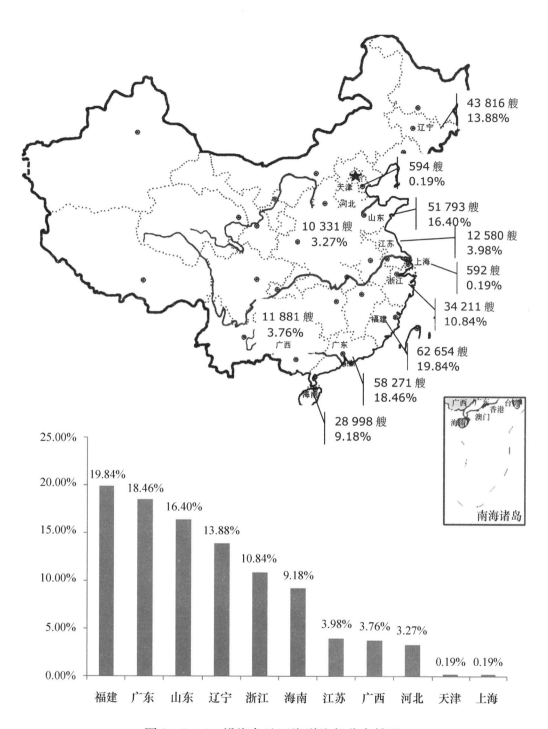

图 2 - 2 - 4　沿海各地区海洋渔船分布情况

需要以及外部要求的提高，渔业主管部门高度重视，纷纷出台政策，制定规划，全力推进渔船装备现代化更新改造。2011 年农业部渔业局出台《关于推进渔业节能减排工作的指导意见》，提到 2015 年建造一批标准化节能型玻璃钢、钢质渔船；2012 年 5 月 24 日，渔业船舶检验局推出"我国十大标准化渔船船型"，以引导渔民逐步提升社会渔船装备水平。与此同时，江苏、海南、广东等渔船大省结合各省的特点逐渐开展了标准化渔船研发和试点工程。2012 年下半年，由国家发改委牵头，农业部、科技部、工信部、交通部等各大部委参与，开展了我国海洋渔业联合调研活动，对我国渔船装备的发展提出了切实可行的措施。2013 年 2 月 6 日国务院《关于促进海洋渔业持续健康发展的若干意见》，提出加快渔船更新改造和渔业装备研发，此外各省、市、自治区渔业部门均在"十二五"渔业发展规划中，提到"实施渔船标准化改造，建设现代船队"等。我国近海渔船逐步向标准化方向发展。

（三）远洋渔船装备设计建造能力不断增强

我国远洋渔业起步较晚，远洋渔船与发达国家相比仍非常落后，但在国家的重视和支持下远洋渔船装备设计和建造能力在曲折中不断发展。我国远洋渔业从 1985 年开始，一直处于艰难发展时期，到 1995 年前后更是因为渔船装备设计研发无利可图，绝大多数渔船设计单位转做其他行业，而建造单位也仅限于"小打小闹"，多为中、小型渔船的低水平重复建设。此后，在国家重视和支持下经过近 20 年的艰苦创业，我国远洋渔船装备设计建造能力得到了较大进步。20 世纪 90 年代后期，我国成功自主设计建造了 30 艘金枪鱼延绳钓渔船，又在"十五"期间用了 2.8 亿元的中央补助，扶持远洋捕捞企业建造了 3 种船型共 72 艘远洋渔船。"十一五"、"十二五"期间我国共建造各类远洋渔船 840 余艘，对推动我国渔业走向远洋起到了巨大的作用。

（四）高端渔船装备研制刚刚起步

进入 21 世纪以来，国家逐渐在"十一五"863 计划以及高技术民船专项中设立专门的科研项目，以支持高技术远洋渔船装备的发展。我国至今还没有自行设计建造的大型拖网加工船。2010 年科技部正式立项支持大型拖网加工船及附属装备的研制，该项目正在研发过程中，研发、预研的成果将填补国内空白，为我国正式建造大型拖网加工船奠定了坚实的基础。

2012 年，我国已启动实施了总投资达 80 亿元的渔业船舶建造改造项目。

三、中国海上执法装备与科技发展现状 ▶

新中国成立以来，我国渔民、渔政、海监、海事等始终同人民海军站在一条战线上，站在维护海洋权益的最前沿；我国以渔政船、海事执法船等为核心的海上执法装备，从无到有，从弱到强，在数量和技术水平上均得到快速发展，为维护我国海洋权益做出了重大贡献。

（一）小吨位执法船数量众多，大吨位远洋执法船数量有限

我国海洋执法船种类齐全，数量众多，种类涉及探测船、巡逻船、公务船、作业船、救捞船、岛礁后勤保障船，总数量达数千艘，而且近几年随着远洋执法的需求，逐步开始建造大型的远洋执法船，目前拥有的数量接近 20 艘。

但总体来说，我国大部分执法船的排水量集中在 1 000 吨以下，2 000 吨以上的执法船仅 10 余艘，5 000 吨级以上海洋执法船基本上处于空白。

（二）海上特种执法装备正在开展研究

近年来，我国救捞装备发展较快，装备了一批性能较为先进的舰艇和飞机，建立了多海域的立体化搜寻网络。针对我国在南海维权执法的紧迫和长远需求，我国有必要为海洋执法巡航和环境监管提供海上浮式保障基地，为保护海洋国土和区域管控提供极大型海上浮式机场和海港。相关的科学问题和关键技术已在科技部和工信部的支持下开展研究。我国将可能在该领域取得世界前沿的应用成果。

四、中国海洋科学考察装备与科技发展现状 ▶

（一）海洋调查船经历了建造高峰和平稳期，正进入新的建造时期

表 2 - 2 - 2 列出了我国目前还在服役和正在建造的 20 艘海洋调查船的基本情况并参照欧美调查船分级理念按吨位规模进行了分级。我国海洋调查船在经历了 20 世纪 60 年代至 70 年代末的建造高峰期和 80—90 年代的平

稳期后，建造数量大幅减少，导致大部分调查船的船龄接近或超过 30 年，没有新的调查船可更换，出现部分调查船超期服役的情况。进入 21 世纪后，相关单位根据情况逐步开始建造一些海洋调查船。

表 2 - 2 - 2　我国目前海洋调查船基本情况表

序号	船名	船东单位	规模/吨	建造年份	级别	活动范围	使命任务	2011 年的船龄
1	业治铮	青岛海洋地质研究所	543	2004	近海级	近海	地质调查	7 年
2	润江 1 号	舟山润禾公司	660	2009	近海级	近海	综合调查	2 年
3	实验 2 号	中科院南海所	655	1979	近海级	近海	科学研究	超期
4	奋斗四	广州海洋地质调查局	655	1979	近海级	近海	地质调查	超期
5	奋斗五	广州海洋地质调查局	655	1979	近海级	近海	地质调查	超期
6	北斗号	中国水产科学研究院黄海水产研究所	980	1983	区域级	中远海	渔业调查	28 年
7	科学三	中科院海洋所	1 224	2006	区域级	中远海	科学研究	5 年
8	南锋	中国水产科学研究院南海水产研究所	1 537	2010	大洋级	中远洋	渔业调查	1 年
9	科学一	中科院海洋所	2 579	1980	大洋级	中远洋	科学研究	超期
10	实验 3 号	中科院南海所	2 579	1980	大洋级	中远洋	科学研究	超期
11	实验 1 号	中科院南海所	2 560	2008	大洋级	中远洋	声学环境	3 年
12	东方红 2	中国海洋大学	3 235	1995	大洋级	中远洋	教学/测量	16 年
13	向阳红 09	国家海洋局北海分局	2 952	1978	大洋级	大洋	载人潜器试验	超期
14	向阳红 14	国家海洋局南海分局	2 894	1978	大洋级	大洋	水文测量	超期
15	发现号	上海海洋地质调查局	2 824	1980	大洋级	大洋	石油物探	超期
16	发现 2 号	上海海洋地质调查局	2 822	1993	大洋级	大洋	石油物探	18 年
17	海洋四	广州海洋地质调查局	2 972	1978	大洋级	大洋	地质调查	超期
18	海洋六	广州海洋地质调查局	4 600	2009	全球级	大洋	水合物调查	2 年
19	大洋一	中国大洋协会	5 500	1984	全球级	大洋	综合资源环境	27 年
20	科学号	中科院海洋所	4 800	在建	全球级	大洋	科学研究	

注：近海级：≤750 吨；区域级：~1 500 吨；大洋级：~3 000 吨；全球级：≥4 500 吨.

（二）深海载人潜水器技术取得突破，深海空间站研发已取得重要进展

为赶超国际深海载人潜水器的先进水平，我国自 1993 年经过近 10 年调

研论证，在 2002 年正式将大深度载人潜水器列为"十五"863 计划重大专项。启动研制潜深 7 000 米"蛟龙"号深海载人潜水器，突破了诸多关键技术，研制工作进展顺利。2012 年"蛟龙"号成功到达了 7 062 米的深海，使我国深海载人潜水器技术取得突破性进展，部分技术指标处于世界前列。目前正在研制 4 500 米潜深载人潜水器，元器件与国产化程度将大为提高。

深海科学研究和资源开发所要求的深海装备技术不只是追求超大潜深，更关注本世纪研究与开发活动最活跃、效益更显著的 1 000~3 000 米深水域从事较长时间、较大功率的作业能力。这就需要发展"蛟龙"号一类载人潜水器的新一代深海装备——深海空间站技术。

在深海空间站方面，我国已于 2004 年开展了"深海装备重大科技工程"的论证，提出了深海空间站"一主两辅"的系统组成和发展思路，"深海空间站技术"已列入我国中长期科技发展规划。在科技部等部委的组织下，安排了相关课题的前期研究，提出了我国综合制海支撑装备的体系结构和发展思路。"十一五"期间，从基础研究渠道安排了深海空间站主站、穿梭运载器、水下探测与通信、水面保障平台等相关关键技术研究；在"海洋高技术"领域安排了两项 863 项目，对部分关键技术开展了研究。项目研究内容互相协调，形成了一个较为合理的结构布局。同时这些项目的研究成果也为深海空间站后续开发提供了基础和技术支撑。

（三）具有自主设计建造自主无人潜水器等深海作业装备的能力

我国从 20 世纪 70 年代开始开展潜水器研制工作，几十年来，紧跟世界先进水平，开发了多型 ROV 和 AUV 无人潜水器，使我国无人潜水器研制水平有了较大提高。我国研制的"CR"系列自主无人潜水器 AUV 及新型的测深侧扫声呐系统，能够进行直达 6 000 米深海的海底地形地貌探测和浅地层剖面探测；研制的 3 500 米水深的缆控作业型无人潜器 ROV 达到了国际同等水平，提高了其综合探测多种海洋资源与进行深海作业的能力。

第三章 世界海洋运载工程与科技发展现状与趋势

一、世界海洋运载工程与科技发展现状与主要特点 ▶

(一) 世界海洋运载工程与科技发展的现状

1. 绿色船舶技术发展迅速

实际上,船舶节能技术始终贯穿在船舶科技发展的过程当中。以 20 世纪 90 年代建造的三大主力船型与 70 年代建造的船舶相比,在同样航速下,VLCC 耗油量减少 65%,散货船减少 34%,集装箱船节油高达 67%。近几年,由于燃油价格不断攀升,节能技术得到了空前的重视。先进的海洋国家都将节能技术列为首要的科技攻关项目。

目前,世界船舶节能技术正向减阻降耗技术、节能推进技术、节能动力技术等多方向发展。从高效节能船型开发到低排放高效动力推进装置的研发,再到环保及轻质材料的研制,可谓面面俱到,全方位地打造着未来的新型节能船舶。新型能源推进船舶(电动机航行船、燃料电池推进船、LNG 燃料船、风帆柴油机混合动力船等)、高效节能船型、低排放高效动力装置、轻质材料、余热余能利用装置等不断涌现,新一代节能/减排/低噪声的绿色船舶动力、配套机电设备、船舶环保设备与材料纷纷面世。

随着近年来全球对碳减排的呼声日隆,国际海事新规则对船舶减排提出了新要求。关于新船能效指数(EEDI)的新规范在 2013 年 1 月 1 日正式生效。减排技术正在成为各国船舶制造企业拼杀的新技术领域。

对新造船能效指数起决定性作用的主要参数有航速、船舶装载量或总吨位。采用新节能技术是优化 EEDI 指数的一种重要措施。对新造船舶实施 EEDI 及排放量基线的强制性控制要求,不仅提高了船舶的设计标准和水平,也会相应增加建造成本,对我国船舶工业构成了严峻的挑战。

2. 深海运载与作业装备技术方兴未艾

21 世纪以来，国际间以开发和占有海洋资源为核心的海洋维权斗争愈演愈烈，与之相伴的深海技术实力的较量也日益凸显。深海运载与作业装备技术作为开发海洋、利用海洋、保护海洋的重要技术基础，近年来得到了快速发展。目前，深海运载与作业技术装备朝着实用化、综合技术体系化方向发展，功能日益完善。新型深海运载作业平台不断涌现，作业深度不断加深。发展多功能、实用化深海遥控潜水器、自治水下潜水器、载人潜水器和配套作业工具，实现装备之间的相互支持、联合作业、安全救助，能够顺利完成水下调查、搜索、采样、维修、施工、救捞等任务，已成为国际深海运载与作业技术的发展趋势。

3. 安全环保性能要求愈发严格

IMO、IACS 对海上安全性和环保性要求不断提高。如淘汰单壳油船规定，对氮氧化物和硫氧化物排放的规定、关于避碰、防触礁的规定以及压载水处理的规定等。国际海事组织（IMO）海上环境保护委员会在 2012 年 10 月 1 日伦敦召开的第 64 次会议上通过了经修订的《船上噪音等级规则》。会议还通过了新的 SOLAS Ⅱ-1/3-12 规则，要求新建船舶根据已通过的船上噪音等级规则，减少船上噪音并保护人员不受噪音伤害。规则规定了机舱、控制室、车间、起居舱室及其他船上空间的强制最大噪音级别限值。该规则将在 2014 年 7 月 1 日全面生效。因此，海上运载装备不断向安全、环保型发展。

4. 海洋运载装备自动化程度越来越高

发展自动化技术也是贯穿在海上运载装备科技发展的历程当中。比如，20 世纪 90 年代建造的先进船舶，船员数量一般不到 15 人，比 70 年代减少了 50% 左右。出现了一人桥楼、无人机舱等。海洋渔业强国高度重视渔机、渔具的研制和使用，如围网、拖网捕捞装备一般都采用先进的液压传动与电气自动控制技术，设备操作安全、灵活、自动化程度高。钓捕设备以高效的自动钓为主。船舶操控的全自动化发展、观测采样和资料处理等调查作业的信息化应用不仅显著提高了调查的质量，而且整体提升了海洋调查船的信息化。

5. 海洋运载装备愈发大型化

不管是船舶还是海洋平台或结构物以及相关装备都始终呈大型化发展趋势。这主要源于为了取得规模化经济优势。船东出于通过规模化效应来降低成本的考虑使船舶大型化的趋势更加明显。特别是在经济状况大不如前的情况下，船东之间的竞争主要来自于对成本的控制。也许船东就赢在那多拉的 1 000 吨货。这也就是为什么日本船厂孜孜不倦地开发浅吃水肥大型船的原因。比如，韩国并未止步于万箱集装箱船的规模。现已着手开发 2 万箱以上的集装箱船。一些海洋渔业发达国家大力发展大型，乃至超大型远洋渔船。如荷兰超大型艉滑道拖网渔船，船长达 140 米，鱼舱容积达 11 320 立方米，冻结渔获物达 300 吨/日。

6. 新型海上运载装备不断涌现

适应贸易结构变化、航道变化和功能需求变化，以及一些特殊需求，很多新型的海洋运载装备，包括一些革命性的概念船以及新型的海洋油气开发装备不断涌现。比如，巴拿马运河的拓宽催生了适应新运河尺寸的灵便"好望角"型散货船等新船型。为提高渔业效率，兼顾节能要求的 85.5 米的围网、中层拖网两用型渔船，用于捕捞并加工鲱鱼，日生产能力逾 200 吨，加工剩余物可在船上生产成鱼粉和鱼油。为适应海上天然气的开发需求，出现了"LNG-FPSO"、"FSRU"等新型海工装备。

7. 专用装备技术水平不断提高

海洋运载装备要实现很多海上或者海下的作业任务。为提高作业效率，降低作业强度，提高经济效益，船上专用装备的技术水平不断提高。发达渔业国家通过采用先进的捕捞设备、卫星遥感、超声波探测仪、电子网联等电子、信息技术设备，提高渔业捕捞效率。随着海洋高技术的进步，各种水下航行器如遥控潜水器（ROV）、自治水下潜水器（AUV）、综合拖体、水下滑翔机（GLID）和浮标、潜标等设备越来越多地作为观测平台应用于海洋科学考察活动，与科考船相配合，极大拓展了海洋科考能力，提高了考察效率。为应对未来海上更加复杂的环境，美国、日本等国加强海洋安全保障装备技术的开发和应用，海上运输装备的发展已经彻底抛弃了依靠海军退役舰艇的发展模式，转而引入先进战斗舰艇的设计理念和技术，专门发展适合低烈度任务需求的新型舰艇。在大型海上浮式保障平台的设计中，救捞装备呈现立体化、快速化的发展趋势。海洋环境监测装备的发展注重构建网络化的监测体系。此外，也非常重视海洋清污设备的研发与应用。在水下安保方面，随着水下威胁的多样化和高技术化，各国非常注重先进安保装备与技术的研发。

（二）世界海洋运载工程与科技发展的主要特点

1. 产业竞争主要集中在韩、中、日和欧洲

当前世界海洋运载装备发展形成了欧洲、日、韩和中国"新三极"。

欧洲处于海洋运载装备产业链的高端，以高端产品研发设计和技术创新为制胜点，投入产出比不断提高。欧洲掌握着海洋运载装备的关键核心技术和标准制定的话语权，拥有高端的品牌优势和完备的服务体系，特别是主导着世界船舶配套核心技术的发展。成套装备方面，以豪华游船、客滚船、特种工程船等高附加值船舶为主要产品。

日韩在设计、制造、营销、配套装备等方面表现了超强的综合能力，特别是在总装制造方面已经具有了强大的实力，随着相关技术和管理经验的不断成熟，建造效率大大提高，产品结构不断优化。目前韩国主要船厂已完成产品结构向高端的转移，并开始逐步涉足高端装备的研发设计。

中国在产业规模上已经成为世界大国，正在向强国迈进的过程当中。近10年来，中国的船舶研发能力显著增强，具有设计制造大多数船型的能力，生产效率也大幅提高。然而，中国目前面临着总装造船产能严重过剩、船舶产业资源过于分散、集中度低等问题，且仍处于中低端产品总装建造阶段，设计研发能力薄弱，高端设备建造力量不足。中国海洋运输装备产业实现由大到强的转变，急需产业升级。

2. 高度重视基础科研和前沿技术

坚实的基础共性技术是世界海洋运载装备技术不断发展的重要保障。目前世界船舶技术正经历着一场超越传统的更新与变革，船舶与其他海洋装备的面貌将发生根本性的改变，对海洋运载装备科技提出了几乎是无止境的需求。先进国家极度重视对海洋运载装备科技发展发挥决定作用的前沿技术和基础研究。

3. 普遍采用工业联盟的科研模式

以欧盟的 Hercules-β 项目为例。Hercules 是由欧洲发动机企业瓦锡兰和

MAN 发起，从 2002 年开始推进的长期战略性研发项目。第一期 Hercules 项目于 2004 年 3 月开始，研究周期 43 个月，于 2007 年 9 月结束，研究经费 3 192 万欧元，主要集中于仿真软件、测量技术等工具的开发，以及分析减少排放和燃油消耗的各种潜在路径等内容。

第二期 Hercules-β 于 2008 年 9 月 1 日开始，投资 2 500 万欧元，持续时间为 36 个月。项目主要目标是：到 2020 年，通过将船用柴油机的燃油消耗降低 10%，效率提高 60% 来大幅减少二氧化碳的排放。与此同时，将氮氧化物排放量减少 70%，可吸入微粒的排放量减少 50%。

Hercules-β 由 7 个任务包（WP—Workpackage）、13 个任务和 54 项子项目组成，研究内容涵盖了船用柴油机的所有领域。具体如下：

WP1——极限参数主机；

WP2——新概念燃烧；

WP3——智能、可调、多级涡轮增压器；

WP4——废气减排；

WP5——整体动力系统优化；

WP6——降低摩擦磨损，提高机械效率；

WP7——新型电子元件及控制系统。

该项目参与成员中，有 19 个工业界成员、10 所大学、4 个研究组织、2 家用户和 3 家船级社，共有 38 个，分别来自 13 个国家（欧盟国家 11 个：奥地利、丹麦、芬兰、法国、德国、希腊、意大利、荷兰、瑞典、英国、捷克。非欧盟国家 2 个：瑞士、挪威）。

由于渔业装备涉及海洋生物、船舶工业、电子信息以及经济学等多学科领域，随着科学技术的不断进步，新型海洋渔业装备的发展更加注重多学科领域的联合研发。如，欧盟提出旨在为欧洲的渔船节能进行潜在技术研究和渔法优化的研发计划。该项目基于收集的经济数据和对节能的潜在技术开发，并综合考虑油价的走势，通过重新设计渔具、渔法、优化推进方式、改进线型、加装球鼻艏，以及一些日常维护等手段达到降低作业能耗的目的。成员来自生物学、渔具技术、船舶结构和经济学等各学科领域的专家。

主要参与机构包括荷兰海洋资源与生态系统研究所、法国海洋开发研究所、荷兰应用科学研究机构、英国深海渔业管理委员会、荷兰农业经济研究院、爱尔兰海洋渔业局、荷兰经济与制度评估公司、意大利海洋科学研究所、农业和渔业研究所、食品和经济研究所、哥本哈根大学生命科学学院、意大利萨勒诺大学、渔业和水产养殖经济研究所等。

4. 成体系发展，满足不同层次的需要

为满足不同层次的需求，海洋运载装备的发展呈现出体系化发展的特点。美国根据调查船的大小将其分为全球级、大洋级、区域级和近岸级 4 个等级，并根据海洋研究的需求，有侧重地发展多功能大型海洋综合调查船，实现一船多用，出一次海完成多项任务，使调查船利用率最大化。此外，对极地资源的重视推动美国积极发展具有破冰能力的大型海洋调查船。为满足安保、警戒、执法、救捞、援助等多样化任务需求，美国、日本等国正在推动海洋安全保障装备体系化发展，统筹考虑天、空、水面、陆地等装备技术及一体化信息系统技术的发展，以形成配套完整的装备系列，并系统地进行技术研究和装备建设。

5. 注重海洋运载装备的军民结合

海洋交通运输力量在战时又是实行物资供给和兵员运输，赢得战争胜利的生力军。渔船装备同时在敌情观察等方面都发挥着重要作用。国外对海洋运载装备的军民结合相当重视。

美国在其颁布的《商船法》中许多条款涉及商船的军用等内容。比如第 1151 款规定对于新造船舶的申请，商务部长必须确定新船的计划和技术指标能满足战时和全国紧急状态下适用于国防或军事用途。第 1125 款规定：购买新船时，如果海军部长还没有向商务部长证明这种船舶既经济又能迅速改装成一艘海军或军事辅助船，或适合在战时或国家处于紧急状态时使用，商务部长就不能购买这种商船。德国根据英国马岛海战的经验，提出了"平战结合、军商结合"的方针，即在商船设计和建造中要注意建造一些符合战争需要、在短时间内可改装的商船，为此还制定了相关的法律，如《航海安全保证法》和《海上交通安全保证法》等。

早在"二战"结束后，美国就开始将部分军事造船工业转为发展海洋装备制造业。美国首先重视海洋渔业装备制造业的发展。美国将军事使用的玻璃钢技术推广到渔船上应用，在 20 世纪五六十年代美国就兴起了玻璃钢造船热，推动美国率先实现了中小型船舶玻璃钢化的国家。日本的海洋渔业装备

发展起步于 60 年代，美国占领日本后，很快推动日本将军事工业转为海洋装备制造业的发展，日本从 60 年代开始国家出台造船扶持政策，1966 年制定了国家"振兴海洋经济计划法"，开启了日本造船业的称霸之旅。

当前国外海洋安全保障装备的发展呈现出准军事化的发展态势，不仅排水量增加，而且配备了先进的电子设备与武器系统，与军用执法船相比也不逊色。美国的科考船很多都是由海军订造的，具备军事用途。

（三）各类运载装备与科技发展现状

1. 世界海洋运输装备与科技发展的现状

1）海洋运输装备智能化水平日益提高

海上运输与作业由于其行业的特殊性，诸如海水腐蚀、振动、外界环境气候、高精度测量、高防爆要求等，使得对测控系统的要求越来越高，在一些化学品船、散货船、游艇、油船以及海上石油平台和军舰显得尤为重要，因此自动化、智能化装备越来越受到欢迎。此外，一艘在海上航行或者作业的船舶作为海上网络的一个节点应该可以与其他船舶、海岸进行充分的信息交流达到智能航行和管理的目的。

随着电子技术、信息技术的飞速发展，海洋运输装备自动化控制系统正朝着分布型、网络型、智能型系统方向演进，将会使海上运输装备实现智能控制、卫星通信导航、船岸信息直接交流等目标。

2）基础共性技术研究向极端、非线性以及复杂环境领域发展

近年来，基础共性技术研究向极端、非线性以及复杂环境领域发展，其中在非线性水动力学、结构物非线性动力响应机理及数值方法研究、高速水下航行体复杂流动机理研究、基于 CFD 的数值模拟理论与方法研究、船舶与海洋结构物安全性与风险研究、船舶与海洋结构物数字化虚拟设计与制造理论及方法研究等关键领域都取得了重要进展，同时船舶与海洋结构物先进动力装置系统研究也不断向大型化、高参数密度、集成化、模块化、数字化和智能化、远程控制，以及可靠性高、维修（护）方便、环保和安全方向发展。

2. 世界渔船装备与科技发展现状

1）渔船船型向大型化发展

虽然近年来渔业发达国家为了缓解渔业资源过度开发的问题，大量缩

减渔船数量，但渔船功率却在不断增大，渔船船型向着大型化方向发展。据统计，日本注册渔船总数从 2005 年的 30.88 万艘下降至 2007 年的 29.66 万艘，但其总功率从 1 244 万千瓦上升至 1 284 万千瓦，平均功率从 40.3 千瓦增加到 43.3 千瓦。（图 2 - 2 - 5）越南发动机功率大于 90 马力（1 马力 =735.5 瓦）的外海渔船从 2006 年 21 232 艘增加到 25 376 艘，增长 6%。

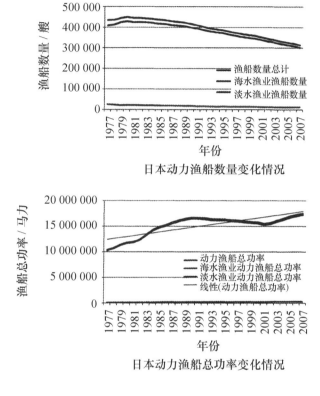

图 2 - 2 - 5　日本注册渔船数量及总功率变化情况

一些海洋渔业发达国也在大力发展大型乃至超大型远洋渔船。如荷兰 1999 年建造的两艘超大型艉滑道拖网渔船：一艘总长 140.8 米、宽 18.68 米、型深 12.845 米、吃水 8 米；另一艘总长 142.3 米，鱼舱容积达 11 320 立方米，冻结渔获物达 300 吨/日。两船作业海域为西非海域，渔场距基地港约为 2 000 海里。爱尔兰建造的总长 144 米艉滑道拖网渔船，主机功率达 7 200 千瓦，配备可调螺距的导管螺旋桨。荷兰建造了总长 125 米的艉滑道拖网渔船；挪威建造了总长 77.8 米大型艉滑道拖网渔船，航速达 17 节；葡萄牙建造长为 72 米艉滑道拖网渔船。除拖网渔船大型化外，金枪鱼围网渔船也向大型化发展，如西班牙建造的总长 116 米金枪鱼围网渔船，航速达 17 节，鱼舱容积达 3 250 立方米，其围网网具长 1 800 米、高 300 米，重量达 80 吨，还为俄罗斯建造 10 艘长 80 米的金枪鱼围网渔船。法国也曾建造过总长 107.5 米金枪鱼围网渔船

2）海洋渔船向专业化方向发展

当前，全球有超过 200 个国家从事捕捞渔业，拥有大约 430 万艘渔船，渔船尺度大小和作业渔法种类繁杂。联合国粮农组织按照渔业发展水平将捕捞渔业分为工业式捕捞、家庭式捕捞、休闲捕捞 3 种。工业式捕捞渔船的一个突出的特点是资金、技术密集，每艘船的造价都非常高，一般由大型渔业公司经营，这类渔船的主尺度大，并有各类现代化机械设备及先进的探鱼和导航设备，因此拥有非常高的生产效率，单位捕捞产量非常高，同时在国外发达渔业国家，工业捕捞渔船又包括加工渔船，专门用来生产鱼粉和鱼油，直接在船上进行初等加工以获取更高的经济效益；家庭式捕捞渔船一般主尺度较小，只在船上配备少量机械化设备，船型繁杂没有统一标准，只要求造价低，保证一般渔民能够负担得起，这类渔船一般是以家庭为单位从事生产，渔业活动的范围仅限于较短航程，满足当地对鱼产品的消费；休闲捕捞渔船是通过满足消费者体验捕钓的乐趣来获得收益，20 世纪 90 年代初，在西方迅速兴起，并形成产业，如日本、西欧和美国，对当地旅游经济的影响举足轻重，目前，休闲渔业也正在成为发展中国家渔业发展的增长点。

按联合国粮农组织对渔船的划分，可以认为一个国家工业式捕捞渔业越发达则国家经济水平越高。且随着国际上对海洋环境保护意识的逐渐增强和渔业配额制度的日益严格，可以预见手工捕捞和家庭捕捞模式将逐渐转产转业，或从事休闲捕捞或从事其他行业，未来的竞争环境将更有利于大型渔业集团，渔业捕捞产业将趋向于以工业捕捞为主的生产模式，产业集中度进一步提高，海洋捕捞产业将逐渐成为专业化捕捞队伍的舞台。

3）渔机渔具等专用装备技术水平发展迅速

世界各渔业国家通过出台相关政策，加强渔船装备研发力度，推动渔业装备发展。

海洋渔业发达国家相当注重海洋渔业资源保护，淘汰具有掠夺性捕捞的渔具渔法，优先发展选择性捕捞。如有些国家已经禁止使用拖网作业，

大力发展围网船和钓捕船进行中、上层鱼类资源开发，采用严格的配额制度合理利用海洋渔业资源。无论是大型渔船还是中、小型渔船一般都配备了先进的捕捞装备。围网、拖网捕捞装备一般都采用先进的液压传动与电气自动控制技术，设备操作安全、灵活自动化程度高。绞纲机拖力超过100吨，速度快、效率高。钓捕设备以自动钓为主。金枪鱼围网发端于美国，随后日本、韩国以及西班牙和法国也快速发展。金枪鱼围网渔船要求具有良好的快速性和操纵性，其中动力滑车的起网速度、理网机控制以及其他捕捞设备的操作协调性都比一般围网作业的要求高。例如美国 Marco 公司生产的动力滑车的起网速度达到90米/秒，如此高的起网速度必然要求动力滑车及其他捕捞设备具有良好的工作协调性。先进的延绳钓作业船匹配了全套自动化延绳钓装备，主要由运绳机、自动装饵机、自动投绳机、干线起绳机、支线起绳机等组成。日本和美国是主要的技术研发和制造国。欧洲在延绳钓机的研发上具有相当的水平，如挪威 Mustad Auto-line System 自动钓系统最多可配备6万把钓钩，并实现了自动起放钓。日本金枪鱼延绳钓作业方式及捕捞设备种类比较多，设备操作较复杂但设备布置灵活、自动化程度高。

此外，发达渔业国家在渔业发展过程中通过投入科研力量形成了各式各样对提高渔业捕捞效率行之有效的设备。主要包括：

- 通过卫星实现探渔（图2－2－6和图2－2－7）。

图2－2－6　渔场监控中心　　　　　图2－2－7　跟踪分析

- 电子海图应用（图2－2－8和图2－2－9）。

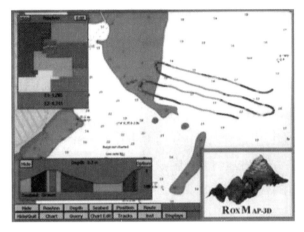

图2-2-8 电子海图　　　　　　图2-2-9 超声波探测仪

- 超声波探测仪：集鱼群探测、水深及海底特性测量的航海仪。
- 网位仪：配合拖网渔船，控制网具在水中张开情况，提高拖网捕捞效率（图2-2-10）。

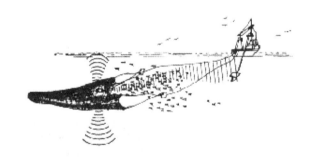

图2-2-10 网位仪

- 先进鱼泵：将鱼向船甲板上收入及由船上向码头输送的装置，自动化设备替代原来手工作业，降低了劳动强度，并且提高了处理鱼过程中鱼的质量保障（图2-2-11）。

3. 世界海洋执法装备与科技发展现状

1）海洋执法装备成体系发展

为满足安保、警戒、执法、救捞、援助等多样化任务需求，美国、日本等国正在推动海洋安全保障装备体系化发展，统筹考虑天、空、水面、水下、陆地等装备技术及一体化信息系统技术的发展，以形成配套完整的

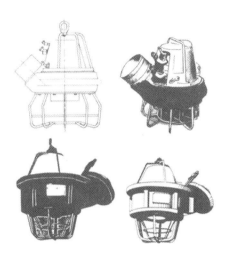

图 2 - 2 - 11　鱼泵

装备系列，并系统地进行技术研究和装备建设（表 2 - 2 - 3）。

表 2 - 2 - 3　美、日海上主要执法装备情况

国　家	装备情况
美国海岸警卫队	7 个级别巡逻船共 197 艘，以及各类快艇 1 400 余艘
日本海上保安厅	3 个级别 33 型巡逻船共 405 艘

美国海岸警卫队"综合深水系统"项目的目标是建立完整的装备体系，提出了发展 5 种水面舰艇，涵盖了大、中、小型舰艇。

2）海洋执法装备技术发展理念不断深化

为应对未来海上更加复杂的环境，美、日等国加强海洋执法装备技术的开发与应用，装备的发展已经彻底抛弃了依靠海军退役舰艇的发展模式，转而引入先进战斗舰艇的设计理念和技术，专门发展适合低烈度任务需求的新型舰艇。

美国海岸警卫队发展的装备体系及功能见图 2 - 2 - 12。其中国家安全舰（NSC），在动力系统、武器系统、火力控制系统、导弹防御系统、直升机、C4ISR 系统等方面与近海战斗舰存在相同之处，因此国家安全舰在整体性能水平上基本上与作战舰艇相当。

海洋执法装备也开始采用作战舰艇的一些先进配置。美国海岸警卫队的快速反应艇具备在尾部释放和回收特种作战小艇的能力。2008 年服役的

巡逻直升机　　巡逻机

替换为

小型高速巡逻快艇

FRC巡逻船

蛙人

"汉密尔顿"级巡逻船

新型国家安全舰

近岸高速拦截和追击　　近岸快速反应　　近岸巡逻警戒　　长期海上职守
水下突发事件处理

图 2 - 2 - 12　美国海岸警备队装备体系

"飞骒"级（HIDA）和正在建造的"波照间"（HATERUMA）级舰艇都采用喷水推进装置，速度都达到了 30 节，提高了舰艇的应急响应能力。

在水下安全保障方面，国外也非常注重先进执法装备与技术的研发。如西方国家纷纷加大了在开发浅水小型目标监视探测系统方面的投入，现在已经初见成效。如英国的 X-Type 水下监视系统和手持式蛙人侦察系统（DRS）、美国的高性能蛙人探测系统（Cerberus360）和 SM2000 水下监视系统、以色列的远距离蛙人探测声呐（DDS）以及波兰的 KIyl 系列水下监视系统等。

4. 世界海洋科考装备与科技发展现状

1）海洋强国成体系发展海洋调查船

目前全球共有 40 多个国家拥有海洋调查船。从海洋调查船的拥有数量来看，美国数量最多，位居第一。其次为俄罗斯，其他主要海洋调查船建造国家包括日本、挪威、德国、中国、英国、西班牙和荷兰等国。近年来，以美国为代表的海洋强国统筹规划、成体系发展海洋调查船。表 2 - 2 - 4 列出了世界主要新建或在建的海洋调查船。

表 2 - 2 - 4　世界主要新建/在建海洋调查船概况

国别	型号	出厂/交付时间	排水量（总吨位）/吨	外形尺寸 长（米）× 宽（米）	吃水/米
日本	"地球"号	2005 年建成	56 752（总吨位）	210×38	9.2（满载吃水）
日本	新"白濑"号	2009 年 5 月 20 日正式服役	12 700（标准排水量）	138×28	9.2
德国	"玛利亚·西碧拉·梅里安"号	2005 年建成	5 300（总吨位）	94.8×19.2	7（最大吃水）
英国	"詹姆士·库克"号	2006 年建成，2007 年 3 月投入使用	5 800（排水量）	89.5×18.6	5.5~5.7
韩国	"ARAON"号	2009 年底建成	6 950（标准排水量）	109.5×19	9.9
印度	"SAGAR NIDHI"号	2006 年建成	4 862（总吨位）	104.2×19.2	4.8（最大吃水）
法国	"普尔夸帕"号	2005 年投入使用	6 706（满载排水量）	107.6×20	6.9
西班牙	"Sarmiento de Gamboa"号	2007 年投入使用	2 979（总吨位）	70.5×15.5	4.6（最大吃水）
英国	"Prince. Madog"号	2001 年投入使用	390（总吨位）	34.9×8.5	3.5（最大吃水）
澳大利亚	"调查者"号	计划 2013 年服役	4 575	88.9×18.5	5.5
美国	"斯库里奥克"号	2012 年 10 月 13 日下水，计划于 2014 年投入使用	4 130（排水量）	79.7×15.85	5.94
美国	"莫里"号（T-AGS 66）	已于 2013 年 3 月下水，计划 2014 年服役	5 000（满载排水量）	108×18	5.8

国别	型号	出厂/交付时间	排水量（总吨位）/吨	外形尺寸 长（米）× 宽（米）	吃水/米
美国	"尼尔·阿姆斯特朗"号（AG-OR-27）	计划 2014 年服役	3 255（满载排水量）	72.54×15.24	4.57
美国	"萨利·莱德"号（AGOR-28）	计划 2015 年服役	3 255（满载排水量）	72.54×15.24	4.57
俄罗斯	"特列什尼科夫院士"号	已于 2011 年 3月 29 日下水	16 800（排水量）	133.6×23	8.5

2）海洋调查船向大型化和多功能化的方向发展

为完成更加复杂的海洋科考任务，新开发的海洋调查船配置了更多更为精良的船载探测设备，逐渐向多功能化、大型化方向发展。从近年来世界各国建造的新型海洋调查船来看，表 2－2－4 列出的 15 型新建调查船中，4000 吨以下的仅 4 艘，5000 吨以上的占一半，万吨级以上的船只也有 3 艘。随着这些船的大型化，有条件承载更多的装备，执行更多的使命任务。

3）冰区海洋调查船成为未来发展热点

极地区域蕴含着丰富的资源，越来越受到各国的高度重视，主要的海洋国家不断开发出具有极地航行能力的调查船，如近年来新服役或新建的美国"SIKULIAO"号、俄罗斯"特列什尼科夫院士"号、德国"MERIA S. MERIAN"号、日本新"白濑"号、韩国"ARAON"号等调查船，均具有破冰或冰区航行能力，可在两极地区进行科学考察。

4）沿海各国探索发展深海空间站，积极发展深海载人潜器

海洋科学考察不断向深海区域发展。海洋强国纷纷提出以深海空间站为中心的海洋科学考察运载装备体系。例如，美国在 2007 年提出了 1 000～2 000 吨级的大型深海空间站方案。2008 年美国休斯敦先进研究中心（HARC）开始研究海底钻探能源供应型深海空间站。俄罗斯"天青石"中央设计局在 1994—2006 年期间联合国内外多家单位研究并提出了新一代的海洋油气开发深海空间站装备体系，主要包括核动力水下钻井平台、核动力水下天然气转运平台、核动力水下作业平台和水面破冰保障平台。计划

在2011—2019年分三阶段耗资20亿美元完成首制装备体系的设计、建造与海试。英国朴次茅斯大学的科学家提出了一种水下星球大战系统，并进行了概念设计，该系统实际上是一座深海空间站，设计中全面考虑了主船体结构形式、人员配备、居住环境、动力需求、环境控制和生命保障、外部设备需求以及材料等问题，便于长期在水下进行科学观测。

除了提出深海空间站设想之外，国外一些国家还通过发展或改装深海研究潜艇的方式，开发出一系列深海潜器，成为深海移动空间站。例如，美国早在20世纪60年代研制了核动力小型深海移动空间站，服役了约20年，完成了大量深海资源勘探、海洋环境监测、海洋科学研究、救援和事故现场勘查等任务。2007年，美国还提出将"弗吉尼亚"级核潜艇改装成移动式深海空间站的设想，在潜艇的舯部加装了一个总长约14米、直径约10米的深海作业舱段，上层布置作业控制中心，下层布置作业潜器舱和有效载荷舱。俄罗斯也在20世纪90年代前后建成了2型小型深海移动空间站，用于海洋科学考察和研究。日本也在研制潜深从500~2 000米的移动式深海空间站，用于科学研究，该深海空间站可对海水和海底层取样，可进行电导率-温度-深度、流、磁性等测量，地质监测和海底测量，海底生物的监测与取样。

美国现役载人深潜器仅一艘"阿尔文"号。该深潜器于1964年开始使用，最大下潜深度为4 500米，是美国执行深海作业和进行深海研究最重要的作业工具，可以在深海海底执行地壳构造、海洋化学、生命的起源以及深海物质的组成等基础研究，以及海底绘图、海道测量等任务。2003年5月，美国伍兹霍尔海洋学研究所提出了新"阿尔文"号的设计方案，新"阿尔文"号载人潜器执行的任务与"阿尔文"号基本相同，但综合性能得到提升，更加适合执行深海作业任务。

日本一直以来非常重视载人潜器的发展，依靠其在船舶设计、制造、电子、材料等行业的先进水平，载人潜器的水平也居于世界领先地位。目前，日本在役的深海载人潜器为"深海2000"号和"深海6500"号，可对锰结核、热液矿床、钴积壳和水深达6 500米海洋的斜坡和大断层进行调查，并从地球物理角度对日本岛礁沿线所出现的地壳运动以及地震、海啸等进行研究。

5）各海洋强国大力开发无人潜器

无人潜器是进行海洋科学研究的重要工具，各海洋强国都投入大量的技术与人力开发无人潜器，辅助完成海底绘图、航道测量、水文观察等海洋调查等任务。如美国伍兹霍尔海洋研究所（WHOI）海洋学系统实验室开发的遥控环境监测单元（REMUS），用作低成本无人潜航器进行沿海监测和多无人潜航器勘测，该装置主要由国家海洋与大气管理局（NOAA）的国家水下研究项目（NURP）和海军研究办公室（ONR）的项目提供资金支持。此外，美国还开发了 Glider 系列无人潜航器、战场准备自主式无人潜航器（BPUAV）、重组式潜载无人潜器进行海洋探测与数据搜集，为海军提供可靠数据。日本作为资源匮乏国家，非常重视海洋资源探测与开发，大力发展能进行海底探测的新技术和新装备，例如研制了"浦岛"号远航程自主式潜航器和 MR-X1 型海洋机器人，仿生型潜航器，并设计下一代自主式潜航器。欧洲许多发达国家也开发了多型无人潜器进行海床探测和海底资源调查，如法国的"Alister"军民两用型自主无人潜器，可完成水下侦察、港口调查和环境评估等任务；德国研制的"DeepC"自主式无人潜航器，可执行海床勘探和海底资源调查等任务；挪威开发了"休金"系列无人潜器，执行海床绘图、成像和海底构造测量等调查任务，为挪威油气工业和渔业提供水下技术保障。

二、面向 2030 年的世界海洋运载工程与科技发展趋势 ▶

世界海洋运载装备呈现以"绿色船舶技术"为基础，以"综合集成"、"智能化"和"深远海"为主要发展趋势，通过采用先进技术，把"使用功能和性能要求"与"节约资源与保护环境的要求"紧密结合，在船舶设计、制造、使用与拆解的全周期中，节省资源和能源，减少或消除环境污染，保障生产和使用者健康安全，提供友好舒适环境。

（一）绿色化

世界海洋运载装备的"绿色化"应该是对装备"环保、能效、安全、舒适"方面的综合考量。"绿色"现已成为海洋运载装备行业最大的热门话题和机遇挑战。"绿色"船舶设计理念的转变应从过去单一讲求环保、注重安全向未来的注重"能效、减排、循环再利用、再生/清洁能源、本质安全、人居适宜"的全面绿色的新标准转变。

由于国际海事的新规则、新规范针对民用船舶有非常严格的规定。昂贵的燃油价格也使船东节能的动力十足。远洋渔船等其他作业船舶也越来越更加注重高效节能、安全环保。市场的力量、技术的进步、法规的完善、气候变化和全社会的环保压力都要求全球船舶在未来 10 年采用更加绿色的新技术和新概念。

1. 绿色技术成为海洋运输装备科技发展主线

海洋运输装备绿色技术在开始的设计阶段就体现出来，而配套设备的绿色技术是海洋运载装备绿色技术的重点。

1）设计技术

从船舶自身特性角度考虑，优化船舶的线型设计是降低船舶航行阻力最直接有效的方法，而船舶的线型是整个船舶设计过程中含金量最高的环节，既需要有丰富的设计经验为背景，也需要有先进的流场分析软件做辅助，同时还需要在成熟的水池中进行多次的拖模实验做保证。加之运用船体线型—螺旋桨匹配优化设计技术、高效螺旋桨、各种节能减阻及尾流能量回收技术来改善船舶阻力，提高推进效率。因此，在船体减阻降耗技术、装置以及船型方面，需要造船界深入进行低阻船型优化设计、计算流体动力学、性能预报与试验技术以及船舶纵倾减阻控制技术的研究。同时研究开发无压载/少压载船型，积极推广船体减阻涂层及复合材料应用技术也是绿色设计的重要一环。

2）配套设备技术

船舶动力系统方面，目前已经推出了节能减排技术的主机（如 LNG 双燃料柴油机、燃油添加剂、电子控制式气缸注油器等）、节能高效的推进系统（如柴油机–电力，太阳能–电力混合能源推进系统等）、清洁燃料推进系统（如气体燃料发动机）。

船舶推进系统的匹配程度也是影响船舶绿色性能的一个重要方面，为了避免不经济的匹配形式，需要对推进系统进行认真分析，这种分析具有很高的难度，国内外知名设备供应商、船企和研究院所一直以来致力于此领域的创新研究。

在船舶工作环境保障技术方面，需要完善船员舱室布置优化设计技术、船舶减小振动结构、材料、设备与振动预报技术研究，提高工作的适宜度。船上噪声规则的强制实施，对造船业的潜在影响如下：需要考虑声学设计；

设计、生产和管理成本可能提高；交船期可能因为声学设计、生产、检验和测量而延长；改善船舶的声学性能。

随着压载水公约、SOLAS V/19 修正案、船舶噪声防护等国际海事公约规范将不断生效实施，这也必将催生出许多新的船舶配套产品市场，如压载水处理系统、船用电子海图（ECDIS）和安静型船用设备等。

2. 渔船装备向高效节能和安全环保方向发展

随着世界安全、环保意识的不断增强，高效节能新型渔机、渔具以及铝合金等轻质材料将成为未来渔船装备发展的一个重要方向。

2011 年，全球动力系统供应商罗尔斯罗伊斯公司与两家挪威公司签订了两条柴电混合动力的大型拖网渔船建造合同。美国 Net 公司研发的 JFD 型 182 中层拖网 12 分钟捕捞渔获 940 吨。冰岛 Hampidijan 公司发明的自扩张拖网，由于不用网板从而减少了网具在水中的阻力，有助于增加渔获。挪威 Remoysea 集团公司采用三联网作业，其渔获量比本来双联网增加 30%～40%。欧洲还研制出有磁性渔网捕鱼技术，在同样水域可提高 20%～80% 捕捞效率。德国 Rofia 公司研制出一种网具在水中很快张开，从而能迅速地进行捕捞。此外，即将生效的《国际渔船安全公约》等国家公约也将对渔船的安全、环保等方面提出更高的要求，推动远洋渔船向高效节能、安全环保方向发展。

（二）集成化

随着海洋运载工程任务需求的不断增加，海洋运载装备逐渐向功能综合集成化方向发展。集成化包括两方面的涵义，一是设备集成；另外一个是功能集成。

1. 海洋执法船向综合化和信息化方向发展

执法船作为海上执法力量，需要应对大范围的海上执法区域，为执法的覆盖带来了很大的不利影响，为了提高执法效率，增加对出现事故的快速反应能力，海上执法船普遍开始装备较为先进的雷达、通信系统，如美国新一代的国家安全巡防舰，装备了 X/S 波段对海搜索雷达、EADS 三坐标对空搜索雷达、SPQ-9B 火控雷达、Mk46 电子-光学/红外传感器等系统，安装的雷达和通信系统比近海战斗舰的都强。

在战时，为了给海军的作战提供支持，与海军舰艇实现协同作战，或平时执法过程中借助海军的力量支持执法，执法船通常需要装备可与军舰 C4ISR 系统实现无缝对接的指控、通信设备，以提高与军舰的协同作战能力。

2. 海洋科考船向功能集成化发展

对海洋科考任务需求的不断增加，使海洋主要国家新开发的调查船配置了更多更为精良的船载探测设备，逐渐向多功能化、大型化方向发展。俄罗斯于 2011 年 3 月 29 日下水投入使用的"特列什尼科夫院士"号科考船，该船有 8 个现代实验室模块，可针对不同任务进行替换，船上装备大量现代化科考测量设备，可保障海洋学、地球物理学、气象学、海冰等大范围研究工作；日本 2009 年服役的新"白濑"号科考船将物资运输、装载直升机和海洋观测多种功能融为一体，配备新型海洋观测器、多载波段回声探测器，建有海洋、大气科学、地球物理和生物等多个实验室；英国 2007 年 3 月投入使用的"詹姆士·库克"号适用于多个海域的调查研究，船上设有 8 间集装箱型模块化实验室，分别从事不同领域研究，可根据不同研究任务在后甲板搭载相应模块。

（三）智能化

智能化包含两个层面的内容。一个是船本身的智能化，主要是自动化问题。另外一个是船舶作为海上与岸上组成的大网络上的一个节点，船与船之间和船与岸之间实现无障碍信息交流以达到智能航行的目的。日本等国正在开发智能船舶，以航行自动化为目标的"一人船舶"预计在 2015 年左右可以开发成功。

1. 物联网技术有望应用于超级智能船舶

目前，对物联网技术的认知度越来越高，包括智能城市、智能交通、智能家庭、智能工业、智能农业等，都在应用物联网概念。因此，围绕电气及通信导航建立物联网体系，构建智能海上运载装备的条件也已具备。未来将会出现搭载物联网的智能海上运载装备。

通过借鉴互联网的发展模式和利用其积淀下来的巨大技术资源，船舶行业目前已经初步具备了构建开放、标准船舶物联网体系的先决条件。一旦构建起船舶物联网体系，通过岸与船、船与船之间的对话，完成咨询、设备维护、故障诊断、船舶管理等业务活动，甚至可以实现船舶的无人驾驶，从而最大限度地提高船舶航行的安全性和经济性。

应用物联网体系的智能船舶可实现船舶及船用设备全生命周期内的实时在线运行维护管理。现代舰船离开船厂后，会航行在世界各大洋，一艘船舶在几十年的生命周期里，其关键设备和系统以及船舶本身的售后服务难度大、技术复杂，如果将船舶及船上的关键设备按照物联网系统进行智能化处理，借助于现代宽带卫星通信技术，岸上的运维管理人员即可实时在线对整船或者某一关键设备进行监控，实现在线管理，而且通过物联网和电子商务系统协同，可以实现全球范围的高效供应链管理。此外，当全船设备和系统完成了智能化和网络化工程后，物联网将会使船舶无人驾驶变为现实。无人驾驶船舶比有人驾驶船舶更具优势，在适应枯燥、恶劣工作环境方面，机器比人更具灵敏性、耐久性和稳定性；在应付放射性侵害和危险方面，无人驾驶船舶的政治和人员风险更低，完成任务的几率更高；长远来看，无人设备的持续运维成本可能会更低。

2. 远洋渔船向自动化和信息化方向发展

为提高捕捞效率，缓解劳动力资源日益短缺的问题，自动化、信息化装备和手段将得到越来越广泛的应用。

一些新型的远洋渔船配有全自动鱼类处理系统：鱼能被准确定位，去头吸内脏机能够精确有效地去除鱼头和鱼尾；鱼片机配有视觉系统，产能为300尾/分；配有鱼腹切割设备和刷洗系统。整条加工生产线无需操作人员，通过高度先进的视觉系统进行监视；加工废料被送往船上的鱼粉加工设备。据悉，一艘欧洲较先进的70米左右的中型拖网渔船，全船船员仅需9~12人，甲板渔捞设备操作仅需4人，而同样大小的我国渔船船员需60~80人。

此外，随着遥感技术、空间定位系统、信息技术、生物技术的应用，渔业发达国家通过建立渔场渔情分析速报、预报和渔业生产管理信息服务系统，及时快速地获取大范围高精度的渔场信息，提高远洋船队的捕捞生产效率。日、美、法等国已建立了海洋渔业卫星遥感信息服务应用系统，日本的海洋渔业卫星遥感信息服务应用系统以日本渔情信息服务中心为基地，通过与各种渔业团体、渔业企业的协作，建立了一个有效的业务化运行系统，为日本的远洋渔业发展起到了极大的推动作用。

3. 海洋科学考察装备发展呈现智能化趋势

网络化、自动化程度增强成为新建科考船的特征之一。新建科考船通过计算机中心控制室，实现全船智能网络集成，并通过卫星通信设备与其他科考船和岸基实验室的计算机系统联网，实现海上调查数据的实时卫星双向传输、处理和分析等。新建科考船采用计算机网络化设计，具有良好的操纵性能、动力定位性能，可实现各种采样过程自动化，且测量仪器设备的投放、回收受海况影响较小；此外，还可同时获取各学科测量数据与船舶运动姿态数据，增强现场数据采集的数量、质量和速度。

在新一代无人潜器上，也采用了最新的计算机技术和人工智能技术，具有足够高的智能化程度，能够和环境发生交互作用，以便在水中执行任务时，有效地探测和识别水下物体、取样、或完成各种人力无法胜任的水下工作。未来的无人潜器将能执行更为复杂的工作，在环境发生难以预料的变化时，还能够自行调整，克服障碍。此外，新一代无人潜器减少了通信和人员监控需求，采用导航帮助和通信中继可进行多个无人潜器协作作业，同时增加无人潜器对场景感知的水平。完全自主型无人潜器是未来无人水下航行体发展的必然趋势。

（四）深远化

人类走向深海和远海的步伐逐渐加快，相应的海上装备也呈现深远化的发展趋势。

1. 海洋科考和开发不断走向深远海

随着海洋科学的不断发展，各国海洋科学考察活动不断向深海领域推进，深海潜器作业深度不断增加。日本无人遥控潜航器目前已具备下潜到10 000米以上的深海进行作业的能力。新发展的深海潜器可更好地应用于海洋矿物与生物资源、海洋能源开发、海洋环境测量等多方面科学考察活动。

与此同时，美、英、俄等国均已提出深海空间站构想，美国准备发展深海空间站计划，英国计划开发水下星球大战系统，俄罗斯提出了开发新一代的深海空间站装备体系。美国、俄罗斯、日本等国还在现役潜艇的基础上，通过新研、改装等多种技术途径，发展新型的深海研究潜艇，探索水下作业、负载携带等技术。

随着海上油气开采从浅海向深海扩展，适合于深水作业要求的大型海洋工程船舶以及水下装备，如深海潜器、水下钻井设备等受到了国际海洋石油界的关注，国际上有数家著名的公司正注重于深水海洋工程船舶、深水潜器等作业技术的探索和研究，适应深远海支持和作业的海洋工程船和深水水下装备将成为未来需求的重点。

2. 国外注重水下执法装备的研发

在水下执法方面，国外也非常注重先进执法装备与技术的研发。如西方国家纷纷加大了在开发浅水小型目标监视探测系统方面的投入，现在已经初见成效。如英国的 X-Type 水下监视系统和手持式蛙人侦察系统（DRS）、以色列的远距离蛙人探测声呐（DDS）以及波兰的 KIyl 系列水下监视系统等，这些均从一定程度上提高了执法的自动化程度。

三、国外海洋运载装备与科技发展的典型案例分析 ▶

（一）欧洲：欧盟提出"LeaderSHIP2015"和 LeaderSHIP2020"欧盟造船计划

尽管欧洲三大造船指标已经全面下滑，但凭借其强大的技术优势，欧洲仍处在世界船舶工业的领先地位。究其原因，主要有以下两点：①实施技术发展战略，鼓励创新；②工业界联合开发，巩固船舶设计建造关键技术和配套产品领先地位。

在欧盟委员会的推动下，欧洲先后出台了一系列船舶技术研发政策，并开展了大量研发项目，如"LeaderSHIP2015"、"欧盟第六研发框架计划"（FP6）、"欧盟第七研发框架计划"（FP7）、欧洲突破船舶和造船技术研究项目（BESST）等。受益于这些政策和项目，欧洲船舶工业在船舶设计建造技术、船舶配套设备，如船舶动力设备、船舶控制设备等关键设备技术领域始终保持着世界先进水平和主导地位。在全球倡导低碳经济的大背景下，欧洲各国大力开展船舶绿色、环保技术研发，以期进一步巩固其优势地位。

"LeaderSHIP2015"欧盟造船计划 2003 年 11 月由欧盟委员会推出，其最主要的目标就是要巩固并进一步强化欧盟造船业在若干高价值船舶领域的地位，确保欧盟造船企业在产品和制造领域的领先地位，进一步改善欧盟造船业的产业结构。该计划指出的 8 个领域中，第四个领域就是促进安全和环保船舶的开发，内容包括以下几方面。

（1）现有的和未来的欧盟标准和规范应该得到切实执行，并将其"输出"到世界范围内。

（2）倡导建立一个更加透明、统一、有效和独立的船舶检验体系。

（3）巩固和增强欧洲修船能力是确保高水平交通安全和环境保护的重要手段。

（4）建立一个能够为欧盟委员会和欧洲海事安全机构（EMSA）提供技术支持的专家委员会。

2013 年年初，欧洲委员会及欧洲国家的造船海洋工业机构为了进一步提升欧洲造船、海洋、船配工业的技术竞争力，联合发布了新的"Leader-SHIP 2020"。

"LeaderSHIP 2020"计划包括扩大在欧盟国家的船舶配套产品的市场份额、加强新技术创新和竞争力、增大欧洲投资银行（EIB）金融扶持项目等内容，从而逐步提升欧洲造船、海洋、配套工业的技术竞争力。

（二）日本：40 年三阶段科研计划（2008—2020 年，2021—2040 年，2041—2050 年）

作为老牌造船大国，日本已经将绿色环保船舶技术作为今后的战略重点，运用这一领域的技术优势来提高产业门槛和自身话语权。日本近年来发展造船业的主要战略是：发挥精细化造船等先进技术优势，加大节能环保新船型、新装备的研发力度，加强海洋探测装备开发。

2009 年 5 月，日本制定了为期 4 年的短期科研计划和 2009—2020 年中长期科研战略。短期科研计划以"提高柴油机效率、废热回收"为主要方向，重点内容是开发大型低速柴油机的燃烧优化技术、开发小型柴油机的高效废热回收系统、开发小型双燃料柴油机。

目前，日本政府及各大造船企业普遍加大了绿色环保船舶技术的研发力度，掀起一轮绿色环保船舶技术研发热潮。中长期战略方面，日本制定了推动船舶减排的 40 年三阶段科研计划（2008—2020 年，2021—2040 年，2041—2050 年），目标是 2050 年前二氧化碳排放量比目前减少 50%，即 2050 年前必须将每吨·海里的二氧化碳排放量减少 80%。分三阶段：第一阶段（2009—2020 年）实现单个船舶减排 30% 的目标；第二阶段（2021—

2040 年）实现新建船舶减排 60% 的目标；第三阶段（2041—2050 年）以建造零排放船舶为最终目标，至少减排 80%。

（三）韩国：提出"绿色增长计划"

韩国将先进的信息化技术融入造船工业，抢占绿色智能、高附加值船舶市场份额，确保海洋产业、造船业世界第一。

2009 年 1 月，韩国政府先后公布了"新增长动力规划及发展战略"和"绿色能源技术开发战略路线图"，2009 年 7 月，韩国政府公布了"绿色增长国家战略及五年计划"，这几大文件构建了韩国"绿色增长战略"的框架。根据绿色增长战略，韩国政府提出了 6 个经济新增长点，其中就包括绿色交通系统。绿色交通系统最重要的内容之一就是开发 WISE（World-leading, Intelligent & luxury, Safe, Environment-friendly）船舶等高附加值船舶技术，具体措施包括：①开发下一代高附加值船舶 – 海洋设备及破冰船技术和核心零部件技术；②开发融合 IT 技术的未来型船舶及生产系统核心技术。

2010 年 3 月，韩国知识经济部宣布，将制订造船产业中长期发展战略规划。大致目标是在 2015 年之前推出减排低碳燃料、与 IT 技术相结合、由电力推动的新一代"绿色智能型船舶"（Green-Smart Ship）。战略规划的主要任务是要实现韩国造船产业革命式的飞跃，使船舶摆脱依赖柴油机提供动力和依赖石化燃料的传统概念，采用替代燃料和燃料电池等，同时将 IT 技术融入船舶建造、航行和运营管理过程中，实现造船产业绿色智能型转轨。初步的制订步骤是，通过"官研"联合的方式，由政府与有关研究机构进行具体研究，对可行性、要解决的关键技术难题、实施阶段和步骤等经过研究取得共识并做出结论，其后吸收主要造船企业参加，通过"官研产"联合，从生产的角度对规划方案提出意见。

2011 年 2 月，韩国知识经济部发表声明称，今后 10 年内，韩国政府将为开发环保"绿色"船舶投入 3 000 亿韩元（约合 2.66 亿美元）。3 000 亿韩元中的 2/3 由政府提供，其余的由私营机构提供。

事实证明，韩国的战略是非常英明的。在全球经济不振以及航运、造船市场供需严重失衡的作用下，常规船型需求锐减，船价大幅下跌。同时，世界能源结构的变化以及海上油气开发的方兴未艾使得新船市场出现了结构性的变化，高附加值船舶需要持续旺盛。凭借在高技术船舶领域的先发优势，韩国船企华丽转身，几乎垄断了 LNG 船及相关装备（如 LNG-FPSO、LNG-FSRU 等）、钻井船、超大型集装箱船等高端装备产品的市场。在订单成交额上远远超过以中低端船舶产品为主的中国船企，成为世界造船市场中真正的第一。

（四）美国："综合深水技术"

美国海岸警卫队"综合深水系统"项目的目标是建立完整的装备体系，提出了发展 5 种水面舰艇，涵盖了大、中、小型舰艇，其中国家安全舰的排水量为 4 000 吨级，用于在海上的长期值守，每年可在海上执行任务 230 天；近海巡逻舰的排水量为 3 000 吨，主要用于近海沿岸的警戒巡逻；快速反应艇的排水量为 300 吨级，主要用于近海沿岸重大突发事件的快速处理；拦截艇的排水量为 100 吨级，主要用于拦截与追击一些快艇。在其他装备上，还计划发展固定翼飞机、直升机和多型无人机，并建立可以融合这些装备的综合信息系统，充分发挥各种装备体系化的作战能力（表 2 - 2 - 5）。

表 2 - 2 - 5　美国"综合深水系统"计划发展的几型主要装备

国家安全舰	4000 吨级，海上长期值守，每年可执行任务 230 天
近海巡逻舰	3000 吨级，近海沿岸的警戒巡逻
快速反应艇	300 吨级，近海沿岸重大突发事件快速处理
拦截艇	100 吨级，主要用于拦截与追击一些快艇
其他装备	发展固定翼飞机、直升机和多型无人机，并建立可以融合这些装备的综合信息系统，充分发挥各种装备体系化的作战能力

1. "深水"任务

海岸警卫队要在"深水"环境中执行多种不同的任务。所谓"深水"环境，指的是距离海岸 50 英里范围内的濒岸水域。海岸警卫队在"深水"环境中要执行的任务包括：搜索和营救、毒品拦截、外国非法移民拦截、渔业执法、海上污染执法、驳运区域执法（比如说海上货物运输）、北方水域国际冰区巡逻（International Ice Patrol）、进入美国港口的外国船只的检查、海外海上拦截行动、海外港口安保和防卫、海外和平时期军事行动、与美国海军合作的一般防御行动。此外，海岸警卫队也可能参与近岸的作战行动。

2. "深水"采购计划的起源

20 世纪 90 年代末，海岸警卫队制定了"深水"采购计划。当时，海岸警卫队提出，它大部分能够在"深水"环境中执行任务的装备将在数年之内达到服役年限。当时，海岸警卫队拥有的此类装备包括：93 艘老旧的巡逻船和巡逻艇，207 架老旧的飞机。这些舰船和飞机不仅要配备大量的人员，操作和维护起来也越来越费钱，而且技术上逐渐落后，已经很难适应当时的"深水"任务。

3. "综合深水系统"项目实施

鉴于大部分舰艇都是 20 世纪六七十年代建造，已经很难适应当前的安全形势发展需求，美国海岸警卫队在 2002 年启动了一项为期 25 年耗资为 240 亿美元的"综合深水系统"项目，改装和替换海岸警卫队老化的舰艇和飞机，改进指控系统和后勤系统（图 2 – 2 – 13 和图 2 – 2 – 14）。其中，"综合深水系统"项目计划发展的舰艇主要有 8 艘国家安全舰、25 艘近海巡逻艇、58 艘快速响应艇、33 架远程拦截艇和 91 架短程拦截艇。计划发展的飞机主要有 6 架"HC-130J"飞机、16 架"HC-130H"飞机、36 架"Casa CN235-300"海上巡逻机、95 架升级型"MH-65C"多功能直升机、42 架"JH-60J"中程直升机，将升级至"MH-60T"直升机的标准、另有 45 架贝尔公司的"鹰眼"HV-911 垂直起降无人机和 4 架高空无人机。目前，美国

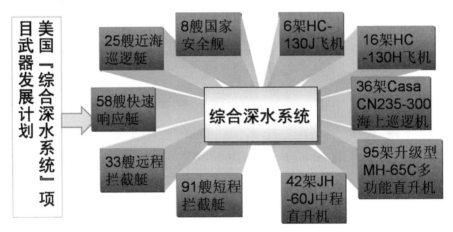

图 2 – 2 – 13　美国"综合深水系统"计划
发展的装备种类与数量

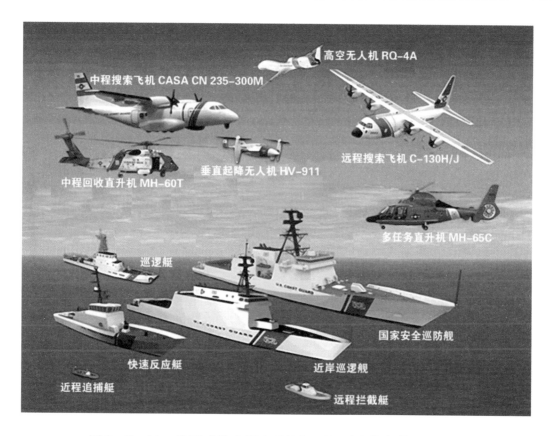

图 2 – 2 – 14　美国"综合深水系统"项目平台装备体系示意图

海岸警卫队发展的"传奇"级国家安全舰已经服役 3 艘，将逐步替代 1960
年代服役的 115 米长的"汉密尔顿"级巡逻舰。

第四章 中国海洋运载工程与科技面临的主要问题

我国海洋运载装备与科技的发展虽然取得了长足的进步，但是也积累了一些根本性的矛盾，暴露出一些影响我国海洋运载装备的主要"瓶颈"问题，如果这些问题不尽快解决，我国海洋运载装备产业的长远发展将受到极大的阻碍。

一、中国海洋运载装备与科技发展的主要差距 ▶

我国海洋运载装备与科技发展与世界强国相比存在着一些共同的差距。

（一）缺乏核心关键技术

自主技术少，模仿跟踪多。多类高技术高附加值船舶设计仍未摆脱依赖国外的局面。有些出口船舶基于国外图纸进行二次开发，独立的原创性设计尚待扩展；一些新型高端产品的设计与建造尚未涉足。主要船用设备依靠引进国外专利技术，缺乏自主的核心关键技术。

（二）关键配套能力薄弱

我国海洋运载装备关键配套产品缺乏长期持久性的跟踪技术引进，特别是未及时适应船舶大型化和高技术化的发展趋势，没有对配套设备进行高起点的有针对性的科研开发。目前，在船舶方面本土化设备平均装船率仍停留在30%～50%之间，基本解决了船用动力装置的国产化问题，初步解决了甲板机械的国产化问题，舱室设备的国产化问题远未解决，导航通信自动化系统的国产化问题根本没有解决；在海洋工程装备方面配套能力更加薄弱。

（三）高端产品总体设计能力偏低

与国际先进水平相比，我国在高端海洋运载装备方面总体设计能力不足，水平不高。尤其是大型船舶、高技术船舶和高端装备的概念设计、基本设计严重依赖外国公司，我国企业仅具备详细设计、生产设计和工艺设计的能力。

（四）系统集成能力较差

我国船用配套设备各门类各领域发展不均衡，低端配套设备过度竞争，高端配套设备依赖进口，船用配套设备总体发展水平不高。船用设备仍局限于单体供货，不适应国际船舶配套设备集成供货趋势，限制了市场开拓。

（五）自主知识产权的产品较少

尽管我国已具备规范化和系列化生产与建造国际市场上大多数主流船型和设备的能力，但缺少具有自主知识产权的国际认可的品牌产品。国际市场份额大的品牌设计方案主要来自欧美设计公司，性能指标十分先进，而且还在不断升级换代，而我国自主设计开发的产品还不能完全适应国内外需求，大大削弱了我国海洋运载装备产品的国际竞争力。

二、中国海洋运载装备与科技发展的重大问题 ▶

（一）科技创新能力不足

我国船舶科技创新能力较差。新船型开发中的设计理念与新技术应用程度与先进国家相比仍有差距。一些产品的研制处于模仿与跟随状态，在韩国推出万箱集装箱船时，中国还停留在 5 000 箱位集装箱船的技术攻关上；当我们刚刚能够承接万箱集装箱船时，韩国已经开始研发 2 万箱集装箱船。虽然一些高技术、高附加值船舶在个别船厂实现接单，但还没有实际交付纪录，由于我国整体水平在一些尖端双高产品领域的落后，还暂时不具备规模接单的条件。新概念、安全环保产品研发力度较弱，技术储备不足。科技创新能力的欠缺严重影响着运载装备发展的可持续性。

（二）前瞻性的技术开发欠缺

改革开放以来，我国基础科研取得了很大的进步，基础共性技术已有相当实力，试验能力达到了国际先进水平。但是综合来说，与先进国家相比还有一定的差距。我国一直缺乏对海洋运载装备设计理念、运动性能、载荷预报及结构响应等基础技术的系统性和深入性研究。

长期以来我国船舶工业比较重视特定领域、特定船型、特定工程的研制和实施。特别是在前些年造船市场较好的形势下，只关注市场急需的产品研发，呈现追求短期利益的特点。较少的资源投放在长期的、具有前瞻性、决定未来海上运载装备高度的基础科研和前瞻科研上。正是缺乏全面性、系统性和前瞻性的基础研究，导致船型创新开发的关键技术储备明显不足。

（三）标准建立和品牌建设重视不够

我国海洋运载装备制造产业一直注重产品建造这种有形的东西，对技术标准的研究和品牌建设这种无形的东西始终缺乏应有的重视。目前，欧洲和美国的大型公司、总包商和专业设计公司在海洋运载装备领域具有领先优势，并通过专利形成了相当程度的垄断。在国际技术导向与规则制定中缺乏与造船大国与强国相适应的话语权。

我国船舶工业始终处于对国际海事新规范、新规则、新标准的被动接受和应对上。缺乏主动适应、积极研究和主导制订的精神。失去标准的话语权，中国船舶工业将始终处于危险当中。

（四）产业链发展不均衡

我国船舶产业在产品制造上能力较强，但是在研发设计、产品品牌、供货模式和服务能力等方面与欧美、韩、日均存在较大差距。存在着设计体系不完整，服务体系不健全，配套发展落后等问题。

在产品设计上，很多的概念设计都来自于国外。同时，配套设备、专用装备的发展滞后于建造的发展。我国核心船舶配套设备基本采用引进许可证或与国外合作方式生产，缺乏自主技术，对引进技术消化又不够，对外依赖性较强。我国船舶配套本土化率仅能达到50%左右，相对日、韩85%以上的水平仍有较大差距。船舶配套产品缺乏全球维修服务网络，极大限制了整体船舶产业链的发展。产业链上价值量最高的环节恰恰是我国船舶产业最弱的方面（图2-2-15）。

（五）没有形成真正的产业大联盟

我国海洋运载装备的研发体系是封闭式的。很多单位在相同的领域进行着众多的重复性研究工作，研究力量分散，很难形成有创建性的和综合性的研究成果。另外，由于没有协调和统筹，多渠道的国家科研经费投向了很多重复的或者过时的研发项目，造成了大量宝贵的科研经费的浪费。

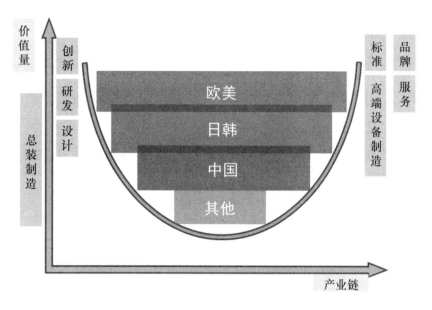

图 2 - 2 - 15　世界主要造船地区的产业链位置比较

由于机制的原因，上下游之间也难以形成产业联盟来进行海洋运载装备的联合研发工作。

（六）没有充分发挥军民融合的国家优势

海军装备研制生产过程，产生了大量先进的军工优势技术和产品，然而这些军工优势技术与产品并未有效地应用到海洋运载装备的研制和生产过程中。同时，渔船、远洋运输船舶等在设计与建造时没有考虑战争期间的军事动员性能，军民融合的国家优势没有充分发挥出来。

三、各类海洋运载装备与科技发展的主要问题

（一）我国海洋运输装备与科技发展的主要问题

尽管我国海上运输装备制造业发展迅速，造船产量已位居世界第一，但与世界同行相比仍然存在着不小的差距，持续发展面临着较大的挑战。主要表现在以下几个方面。

1. 高技术高附加值船舶的设计水平落后

当前，我国船舶工业自主开发设计的主流船型的性能参数与日、韩等先进水平相比还有一定差距，部分高技术、高附加值船舶仍未摆脱依赖国

外设计的局面，大型液化天然气船、大型汽车运输船、特种工程船舶等尚未形成自主设计研发能力，豪华邮轮、大型远洋渔船等产品尚属空白。

与常规船舶相比，高技术、高附加值船舶的技术含量高，需要依靠先进技术、技能、工艺、复杂劳动、创造性等要素设计和建造，有着同期同吨位同尺度常规船舶无法匹敌的高价位和高利润率，在未来全球船舶市场中将占据重要地位。而我国在高技术、高附加值船舶领域经验不足，无法抽取高附加值船舶的二次设计利润，极大地影响了我国船舶工业的国际竞争力，并且严重制约了我国船舶工业未来的持续发展。

2. 绿色船舶技术缺乏系统研究

1）船用节能技术的研究应用基础薄弱

船用节能技术通过多种渠道如材料优化、降低阻力、提高推进系统效率、无压载水等方式降低船舶能耗，在研发与减排、能效、强度、速度或载货灵活性相关的创新技术的同时，开发节能高效的整体化设计，针对船舶设计的新问题提出新型的解决方案。当前，国际上船舶节能减排的新概念、新原理、新方法、新技术、新装备纷纷涌现，气体减阻、组合推进、复合材料等新技术正在成为世界船用节能技术的发展趋势。而我国对船用节能减排的关键技术尚未全面开展研究，基础性技术统计数据有待广泛积累，船用节能技术的基础科学研究刚刚起步，并且缺乏研发高效节能、减振降噪、洁净减排的机电设备技术力量及制造企业，缺少相关新材料技术的支撑，研究规模甚小，创新能力薄弱。

2）减排技术落后

我国船舶工业企业对国际船舶能效设计指数（EEDI）新规约的绿色船舶设计技术的研究刚刚起步，其中很多技术受到国内综合工业节能减排技术水平低下的影响。据联合国开发计划署报告，目前我国约有70%的减排核心技术需要进口，实现低碳的成本巨大。

强制性能效设计公式的实施，将构成行业的技术高门槛，威胁发展中国家造船业的发展，我国船舶工业存在的上述问题，影响我国造船工业的市场竞争力。

3. 船舶配套的本土化率始终偏低

随着我国造船能力大幅跃升，国内配套能力虽然显著提升，但是仍难以满足造船需求。我国船舶配套产业的发展相对滞后于整个造船业的发展，急待改善。

最近十几年，大部分船用配套产品缺乏新一轮的跟踪技术引进，特别是未及时适应船舶大型化和高技术化的发展趋势，没有对配套设备进行高起点的有针对性的科研开发；只是基本解决了船用动力装置的国产化问题，初步解决了甲板机械的国产化问题，舱室设备的国产化问题远未解决，导航通信自动化系统的国产化问题根本没有解决。

目前本土化设备平均装船率仍在 30%~50% 之间。2010 年，我国船舶配套本土化率仅能达到 50% 左右，相对日、韩 85% 以上的水平仍有较大差距。除甲板机械、船用舾装件等配套设备本土化率超过 50%，其他船用设备本土化率水平普遍较低，船舶动力系统及装置本土化率 46%、电子电气设备本土化率 40%，舱室设备本土化率 21% 左右，通信、导航与自动控制系统本土化率仅 9%（图 2-2-16）。尾轴密封装置、船用电梯、装卸机械、泵、空压机、海水淡化装置、空调及冷藏设备、通信导航控制系统及电子电气设备等配套设备主要依赖进口。船用柴油机二轮配套能力仍显不足，增压器、电子调速器、油雾探测器、Alpha 注油器、电控模块、薄壁轴瓦、控制系统阀件等高端零部件仍然依赖进口。

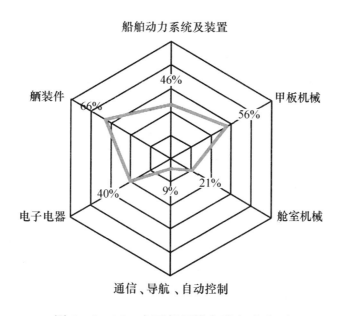

图 2-2-16　主要船用设备装船率水平

4. 高端船舶配套业始终落后

我国配套产业低端重复建设现象严重，高技术高附加值产品研制生产能力严重不足。全国众多的船舶配套产业园区产品同质性严重，甚至同一区域的多个产业园区也存在低端重复建设现象，导致结构性产能过剩与恶性竞争。国内船用低速机市场的成熟机型竞争激烈，而高端机型批量生产能力不足，双燃料柴油机、电力推进系统等新型动力制造能力仍是空白。在船舶通信、导航与自动控制系统等领域，国内技术虽有所突破，但产品水平有限，难以实现大量装船。

不仅常规船舶配套产品总体技术档次偏低，海工船的配套能力更弱，动力定位等通用核心配套设备和起重铺管等专用核心设备的配套能力严重落后，国内厂商基本不具备相关配套设备的设计和制造能力，严重制约了我国海工船整体建造能力水平，也不利于控制建造成本。

5. 船舶配套的自主技术始终不足

虽然通过"十一五"以来的发展，我国配套业技术水平在船舶动力、甲板机械、舱室机械、通信导航等各大领域均取得不同程度的发展和提高。但是，由于主要依靠引进许可证或与国外合作方式进行生产，导致技术上对外依赖性较强，核心二轮配套受制于人，自主技术开发能力与日韩等造船强国相比存在明显差距。如日本三菱重工自主开发了"UEC"型船用低速机，韩国低速机企业与专利商开展联合设计，建立了自己的研发测试平台，而我国船用低速机自主研发尚未起步，船用柴油机核心二轮配套仍依赖进口；甲板机械和舱室机械基础研究和技术储备不足，真正自主研发并具有知识产权的科研成果和产品不多，许多高技术高附加值产品为国外厂商所垄断，国内研制为空白；船用通信、导航设备均是按照欧美等发达国家产品进行仿制，并没有紧密跟上国内先进通信、导航技术的发展，大量高技术高附加值产品为国外厂商所垄断。同时，面对日益提高的技术门槛，我国船舶配套产品技术更新换代力不从心，企业发展十分被动。

大型船用配套设备集成技术和关键零部件的设计制造技术水平仍较落后。船用设备缺乏具有自主知识产权和品牌竞争力的产品。

（二）我国渔船装备与科技发展的主要问题

虽然我国渔业、渔船已取得了一定的发展，但渔船装备整体水平落后，安全、环保隐患日益突出，严重制约我国海洋捕捞业的可持续发展。有关专家认为，我国渔船及相关装备的技术状态与日本、韩国及欧、美渔业发达国家相比有三四十年的差距，甚至与我国现代化船舶水平也有 30 年的差距。

1. 近海渔业装备整体水平落后

据《全国海洋渔船安全技术状况报告》表明，通过对 2011 年全国检验海洋渔船 21.87 万艘，当前我国海洋渔船装备呈现"五多五少"的特点，即小型渔船多，大型渔船少；木质渔船多，钢质渔船少；老旧渔船多，新造渔船少；沿岸渔船多，远海渔船少；能耗投入多，效益产出少（图 2 - 2 - 17 和图 2 - 2 - 18）。

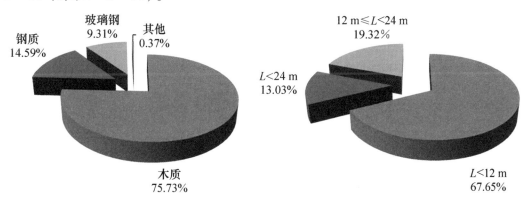

图 2 - 2 - 17　2011 年全国检验海洋渔船船长（L）情况及各类材质海洋渔船比例

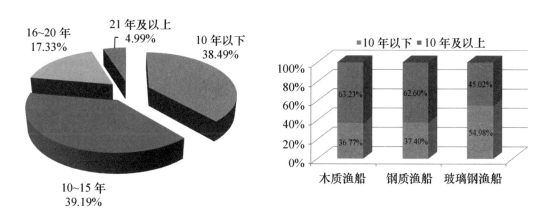

图 2 - 2 - 18　2011 年全国检验海洋渔船船龄情况及各类材质船龄情况

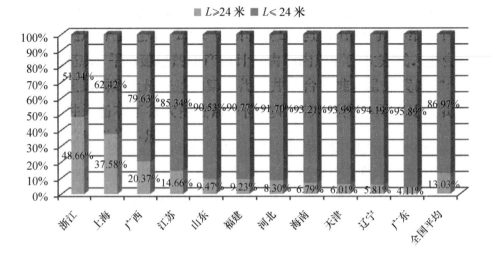

图 2 - 2 - 19　2011 年沿海各地区检验海洋渔船船长（L）分布情况

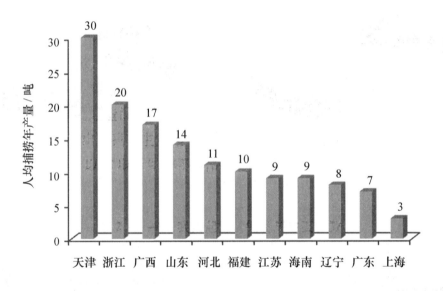

图 2 - 2 - 20　沿海各地区海洋渔船人均捕捞年产量

　　我国近海捕捞以群众性渔船为主，且小吨位渔船手工捕捞生产占大多数，捕捞机械化率低于80%，除大中型拖网和围网渔船配套比较完善的中高压捕捞机械外，其他中小型渔船捕捞机械仍然采用传统机械或简单的液压传动方式，传动效率低、安全性差。同样，我国远洋渔船大多也以手动控制为主，由于作业机械数量多，手工操作不断增加了船员的数量，也增加了作业危险性。国外远洋渔业装备基本是自动控制，效率高。国外

7 000～8 000 吨的拖网加工船上只需要 15～16 名船员，而我国类似渔船上的船员则超过 100 名。捕捞效率远低于发达国家，按每个捕捞渔民年产量计，欧洲平均为 24 吨，北美为 18 吨，而我国仅为 11 吨。

2. 近海渔业装备无序发展

从 20 世纪 90 年代渔业企业改制以后，由于渔船研究无利润可言，原从事渔船设计和研究的单位相继改行。目前，专门从事渔船性能和捕捞技术研究的设计部门和研究机构很少。设计渔船的技术力量被弱化，2000 年以后大部分设计的船型很少通过科学论证，渔船船型、捕捞方式的发展处于盲目发展阶段。我国渔船建造企业对外已形不成集群效应，对内专业化的人才储备、技术设计、自主研发等都受到极大削弱，渔船建造的科研基础全面动摇，创新和开发能力严重不足。

我国近海渔业装备作业类型传统，船型杂乱，主机配置差异大，性能低。从作业方式上看，我国海洋捕捞主要以拖网、钓具为主，围网等捕捞方式比较少（表 2 - 2 - 6）。据统计，2009 年我国国内捕捞按渔具分，拖网占 41%，钓具占 23%，而围网仅占 5%（图 2 - 2 - 21）。

表 2 - 2 - 6　按捕捞渔具分我国国内捕捞情况　　　　　　　　万吨

国内捕捞		2008 年	2009 年
按捕捞渔具分	拖网	555.5	566.9
	围网	76.6	75.6
	刺网	239.6	258.2
	张网	164	169.9
	钓具	348.7	310.9

船型是不同作业方式渔船综合性能优化的集中体现，由于我国渔船建造缺乏大型、专业化的设计生产企业，加上渔船标准化建设的滞后，造成任意建造、船型杂乱的状况。船型决定了渔船在航行和作业时的阻力性能和安全性能，经过科学研究和规范设计的船型与不合理的船型相比，阻力可降低 30%～50%。我国渔船建造秩序混乱，船厂听由船主的要求，而船主对渔船的适航性、安全性和经济性缺少全面了解，随意变更设计或施工图纸，而管理部门在受理发证审批时，标准化、规范化的依据不足。在全国换证数据库注

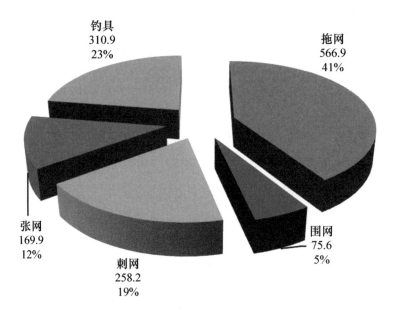

图 2-2-21　2009 年按捕捞渔具分我国国内捕捞产量（万吨）及比例

册的渔船中，以某省 2 367 艘 220 千瓦钢质拖网渔船为例，在总长 22.3～38.68 米范围内共有 248 种不同船长的船型；再如某海区作业的 12 艘 220 千瓦拖网渔船，各项船型参数大小不一，船总长从 29 米至 31.8 米，总吨位从 101 吨至 168 吨，建造的船型只有大致的范围，参数随意设定。

由于渔船建造的规范性差、优化度不够，我国渔船的主机配置、船机桨匹配方面存在着很大的差异，直接关系到航行的性能和经济性。如在东海区进行拖网作业 49 艘船长为（30±2）米的钢质渔船，主机功率从 202 千瓦至 397 千瓦不等，螺旋桨直径从 1.4 米至 1.8 米不同。拖网渔船在同一海区、相同作业方式、同样功率配备的条件下，船长和螺旋桨配置的随意性很大，船长变化范围为 2.9%～11.6%，螺旋桨直径变化为 7.9%～30.4%。

3. 远洋渔业装备研发严重落后

近一二十年国家在远洋渔船研发方面支持少，仅进行了少量的研发投入，由于资助设计建造的远洋渔船船型少，设计水平落后，总装集成能力差。我国远洋渔船速度较低，能耗大，燃油成本占 40%～50%，比国外先进国家相同功率的远洋渔船要高 15% 左右。我国自主设计建造的仅有深冷金枪鱼延绳钓船、大型远洋鱿鱼钓船，但其建造质量远远不如日本，且主要设备主要由日本引进。此外，由于远洋渔船装备复杂，建造集成度高，需要科学的系统集成。按国外同行分析，在大型鱿鱼钓船的制造上，相同尺度的鱿鱼钓船，在日本、韩国建造的可装载近 1 000 吨渔获，而我国建造的仅能装 500 余吨，影响生产能力。因此，我国虽为世界造船大国，但高附加值渔船建造少，船舶工业先进的设计、建造技术未能惠及远洋渔船。

设计建造能力按表 2 - 2 - 7 所示的评价指标衡量，我国高端船型自主研发能力仅属 2 级，远洋渔船设计能力仅处 2 级，建造能力属 3 级。与国外的差距见图 2 - 2 - 22。

表 2 - 2 - 7　远洋渔船装备研发设计建造能力评价指标

类别	1 级	2 级	3 级	4 级
高端船型自主研发能力	无自主研发能力	基本依赖技术引进，部分具备自主研发能力	基本具备自主研发技术	具备自主研发能力，研发水平达到国际领先
远洋渔船设计能力	完全引进设计	基本依赖国外设计，部分具备自主设计	大部分具备自主设计，且达到国际水平	具备自主设计，达到国际领先水平
远洋渔船建造能力	无建造能力	基本依赖技术支持，部分具备建造能力	大部分具备建造能力，且达到国际水平	具备自主建造能力，达到国际领先水平

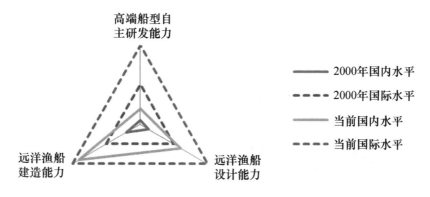

图 2 - 2 - 22　我国远洋渔船研发设计建造能力与国外的差距

4. 远洋渔业高端装备依赖进口

我国远洋渔船作业方式主要以传统的拖网作业为主，作业类型构成见图 2 - 2 - 23。从 2011 年中国渔业检验局登记的 1 625 艘远洋捕捞渔船情况看，拖网渔船占全部远洋渔船40.9%，且除12艘大型拖网加工渔船外，其余均为过洋性沿岸作业拖网渔船。鱿鱼钓船425艘，占28.22%；金枪鱼钓船361艘，其中，超低温金枪鱼钓船139艘，仅占全部远洋渔船的9.23%；中大型围网渔船只有12艘。

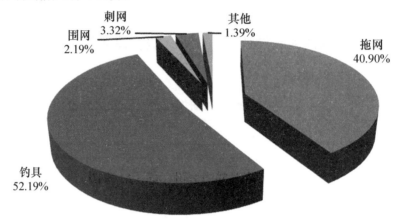

图2-2-23 远洋渔船作业类型

我国远洋渔船装备船型偏小，老龄化严重（图2-2-24）。我国远洋渔船中长度在24~45米之间的占82.47%，吨位在150~400吨之间的占58.23%。船龄10年及以上的远洋渔船占68.86%。我国现有远洋渔业主力船型为过洋型底拖网渔船、冷海水和常温金枪鱼延绳钓船、冰鲜金枪鱼延绳钓船等传统船型，占80%以上。

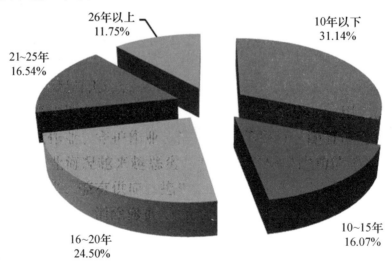

图2-2-24 远洋渔船船龄分布情况

国内较为先进的远洋渔船主要依赖进口国外旧船。现有远洋渔船中进口船有 186 艘，占全国远洋渔船的 12.35%，其中近 5 年进口 60 艘。进口旧船中超低温金枪鱼延绳钓船 87 艘、大型金枪鱼围网船 12 艘、大型拖网加工船 12 艘，船龄大多在 20 年以上。

我国远洋渔船动力及占整船价值量 1/3 左右的捕捞机械系统，如大型液压网机、液压动力源、液压捕捞集控系统等完全依赖进口，其次，助航探渔设备、仪器（声呐等）、大型拖网起网机设备、集鱼灯设备和钓机等渔捞设备、通信和定位监测设备等国内还无法自主生产，也多属引进。另外，某些设备虽国内已能建造，但在储备功率、稳定运行等方面与国外差距较大（表 2-2-8）。

表 2-2-8　远洋渔船配套技术发展评价指标

类别	1 级	2 级	3 级	4 级	我国当前水平
新型材料	无自主研发能力	基本依赖技术引进，部分具备自主研发能力	基本具备自主研发技术	具备自主研发能力，研发水平达到国际领先	1 级
动力系统	无自主研发制造能力	基本依赖技术引进，部分具备自主研发制造能力	基本具备自主研发制造能力	具备自主研发制造能力，研发水平达到国际领先	2 级
助渔设备	无自主研发制造能力	基本依赖技术引进，部分具备自主研发制造能力	基本具备自主研发制造能力	具备自主研发制造能力，研发水平达到国际领先	2 级
捕捞机械	无自主研发制造能力	基本依赖技术引进，部分具备自主研发制造能力	基本具备自主研发制造能力	具备自主研发制造能力，研发水平达到国际领先	2 级

5. 生产组织体系松散

我国渔船数量众多，拥有市场化发展的良好基础，但长久以来，我国渔船设计缺少科学认证，渔船建造则更是游离于船舶工业体系之外，导致生产组织松散，渔船多为沙滩建造，三无产品屡禁不止，使得我国渔船长期处于低水平重复建造阶段，建造及设计均难有提高（图 2-2-25）。

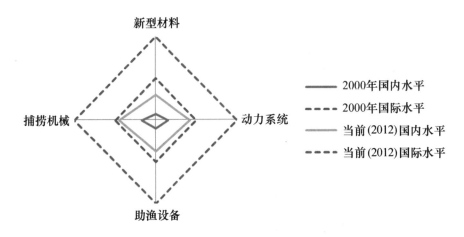

图 2 - 2 - 25 我国远洋渔船配套技术发展与国外的差距

（三）我国海洋执法装备与科技发展的主要问题

与海洋强国相比，我国海洋执法装备的设计建造能力还存在着不小的差距。我国海洋执法装备和科技的发展与海洋权益的需求还不能完全适应，主要体现在以下几个方面。

1. 海上执法装备难以满足我国全海域覆盖的执法要求

美国和日本海岸警卫队已经建立了涵盖大、中、小排水量的装备体系，以满足各种安全保障需要。而我国海洋保障装备在体系上还较为欠缺，舰艇的排水量普遍集中在 2 500 吨以下，极大地限制了我国舰艇的远洋能力，表现为没有形成港口或沿岸、近海、中远海全方位覆盖的体系；没有形成小型、中型、大型执法船配套的体系；没有形成各种类型执法船低速存在或监控、中速巡航或伴随、高速追击或拦截，能够适应多任务需求的体系。目前中国海上执法力量缺乏能长期在中远海活动的、具有高耐波性的执法船只；能执行高速机动任务的船只和能搭载执法直升机的船只较少。

我国目前 4 000 吨级以上的大型舰艇数量较少，不具备长期巡航和值守的能力。在 1 000 ~ 3 000 吨级的中型舰艇方面，尽管新建了几艘 3 000 吨级的舰艇，但数量也较少，总数不超过 10 艘，造成我国舰艇定期巡航的海域受到限制。尽管有一定数量的 100 吨级以下的小型舰艇，但普遍航速较慢，很难满足快速响应的要求，现有的舰艇也不能满足多种任务需求，也不能覆盖我国在南海主张管辖权的海域。

在装备规模上，我国作为一个海洋大国，海洋国土面积达到了 300 余万平方千米。但是我国主要的海洋安全保障部门，包括渔政、海关、海监、海事、海警等，虽然装备船舶数量较多，但是大部分都在排水量 500 吨以下，大中型执法船舶不足，难以进行中、远海的执法和安全保障，这使得很难做到对我国所有海域，特别是有争议海域的定期巡航，全面兼顾到所有主权海域。而美国的海洋国土面积约 340 万平方千米，其海岸警卫队装备的舰艇数量有 200 余艘，这还不包括各种辅助船舶，其中近 50 艘是 1 000 吨级以上的大、中型舰艇，可以进行远洋巡航以及长期的值守。日本的海洋国土面积约为 430 万平方千米，其海岸警卫队大、中型以上的舰艇就达到了近百艘，再加上其他舰艇，舰艇规模达到了近 400 艘，基本达到了每万平方千米海域配备 1 艘舰艇的水平。

2. 海洋执法装备持续发展能力弱

我国海洋安全保障装备普遍建造于 20 世纪六七十年代。在过去的近 30 年间，海洋安全保障装备的更新换代基本处于停滞状态。虽然近些年来随着国家对海洋安全的重视，海洋执法部门装备了一些新的舰艇，如排水量 3 000 吨级的"海巡 31"和排水量 3 980 吨的"海监 83"，但是新舰艇的补充数量依然较少，几乎没有成批量建造的，因而短期内难以从根本上改变我国海洋安全保障装备的整体格局。

3. 执法装备技术水平不能满足当前的需求

以前国力不足，海洋经济活动相对较少，加之长期以来受"陆权至上"思想的束缚，我们的海权意识薄弱，长期以来海洋安保力量的发展未能引起足够重视，经费支持力度较小，海洋安全保障装备的研发和建设严重滞后。虽然近些年来，随着我国经济的飞速发展以及国家对海上权益的逐渐重视，我国海军武器装备建设取得了重大的进展。但是相对于海军武器装备建设而言，国家对海洋安全保障装备建设的投入力度不足，造成海洋安全保障装备与技术的发展滞后，不能够满足当前紧迫的海上安保需求。

当前，我国海洋安全保障装备在舰艇技术水平和装备配备整体上也较为落后，主要表现在排水量偏小，续航能力差；速度低，快速响应能力差；电子设备落后，监测侦察范围小。更重要的一点是这些舰艇大部分按照民船的设计理念进行设计建造，在作战系统、武器配备、防御能力方面还存在不足，与军舰的协同能力也较差，已经很难适应当前维护海洋安全以及有可能发生低烈度对抗的需要。

4. 海上特种执法装备总体与世界先进水平差距较大

在救捞装备方面，随着近几年发展较快，装备了一批性能较为先进的设施设备，但总体上而言，与世界先进水平还有较大差距。我国的救捞设施设备不足，性能落后，应急反应和救助能力弱，56%的救助船舶都将达到报废年限，其中船龄 28 年以上的占到 44%；1/3 的巡逻船航速低于 15 节，船舶操纵性能差，抗风浪能力低，大、中、型船舶在六级海况下出动率不足 40%，我国沿海 50 海里范围内监管救助力量应急到达时间平均为 210 分钟，平均救捞时间 7.2 小时，分别为发达国家的 2 倍多和 5 倍多。当前我国缺少先进的自航半潜打捞船和深潜母船，至今尚不具备 60 米以上的深水沉船打捞能力，而发达国家的作业深度已达 500 米。

在海洋环境监测保障装备领域，我国起步较晚，发展缓慢，目前所使用的装备，无论是在处理能力、还是反应速度上与国外均存在较大差距。主要表现为海洋环境监测水平低，缺乏关键的监测设备；缺乏高效的溢油回收装备，油污清理效率低，海上溢油应急能力差；缺乏高效的垃圾清理装备，现在主要使用的清理方法是人工打捞。

我国水下安保系统有一定的发展，并有一定的应用，但水下防御体系是十分庞大的工程，水下安保技术涉及声学、光学、无线电等多学科的交叉融合与综合应用，对水下安保系统的研究起步较晚，诸多方面技术有待解决。我国对于水下机器人的研究与开发从 20 世纪 70 年代末才开始，相对于欧、美国家和日本，我国一直处于落后水平。

（四）我国海洋科考装备和科技发展的主要问题

世界上加速发展的海洋科学与技术将给未来全球科技与经济格局带来重要的影响，而我国海洋科考装备能力目前无法全面支撑海洋科技竞争的需求。与世界海洋强国相比，我国海洋科考运载装备仍然存在着巨大的差距。当前的技术水平见表 2 - 2 - 9。图 2 - 2 - 26 是我国海洋科考装备和科技与国外先进水平的对比雷达图。

表 2 - 2 - 9 我国海洋科学研究运载装备发展等级说明

类别	1 级	2 级	3 级	4 级	我国当前水平
自主研发能力	无自主研发能力	基本依赖技术引进，部分具备自主研发能力	基本具备自主研发技术	具备自主研发能力，研发水平达到国际领先	3 级
配套设备	完全引进技术	基本依赖技术引进，部分具备自主技术	大部分具备自主技术，且达到国际水平	具备自主技术，达到国际领先水平	2 级
装备规模	难以满足国内需求	基本满足国内需求	基本满足国内需求，并有出口	完全满足国内需求，并大量出口	1 级
装备体系	覆盖 25%	覆盖 50%	覆盖 75%	覆盖所有海洋科学研究的作业需求，覆盖 100%	2 级
管理体制	完善度 25%	完善度 50%	完善度 75%	非常完善，完善度 100%	1 级

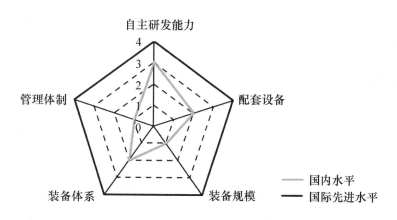

图 2 - 2 - 26 我国海洋科学研究运载装备发展现状与国际先进水平的对比

1. 海洋调查船建设不成体系

我国海洋调查船的设计建造缺乏顶层规划，各调查船使用单位都是根据自身海洋探测、研究的角度来提需求，缺乏一种协调机制对这些需求进行梳理、协调，导致各单位建造的海洋调查船功能重复、不成体系。这些海洋调查船分属国家海洋局、中国科学院、国土资源部、教育部等多个部门管理，由于体制的原因，一直无法实现调查船资源共享，造成部分调查船闲置，利用率仅为国外同类调查船的一半左右。

2. 远洋科考船匮乏老旧

海洋调查船是海洋科研能力建设最重要的平台，也是综合国力的体现。我国目前用于科学考察，尤其是远洋科学考察的主力船，仅有中国科学院的"科学1号"、"实验1"号和"实验3"号、国家海洋局的"大洋一号"和"雪龙"号，以及教育部的"东方红2"号、国土资源部的"海洋六号"等几艘海洋调查船，其余调查船均为中、近海小型调查船。

我国现有海洋调查船，如"向阳红"、"曙光"、"远望"系列等，均是在20世纪60—70年代末由我国自行研制，主要用于远洋遥感探测、海洋水声水文研究、海底矿物资源勘察、海洋生物资源采集、深海技术实验、海底重力、磁力参数及地热流量等科学调查分析。进入20世纪80年代之后，我国新建的调查船逐渐减少，仅建造了"延平2"号、"东方红2"号、"科学三号"、"海洋六号"和"实验1"号等调查船。由于许多船龄较老的调查船正逐渐退役，目前我国仅剩十几艘调查船。这些调查船中，仅"实验1"号采用了小水线面船型，其他船只均为常规单体船型，船型落后，种类较为单一。

3. 海洋科考装备工业能力相对落后

我国海洋调查船在经历了20世纪60—70年代的建造高峰期后，新建调查船数量开始逐渐减少，导致我国海洋调查船设计、建造缺乏持续性，调查船设计和建造单位的相关人才流失，能力严重弱化。与欧、美国家相比，我国海洋调查船设计建造的工业能力相对落后。

4. 潜器技术与国外存在明显差距

与国外无人潜器（ROV、AUV）技术相比，我国无人潜器装备与技术的研究缺乏规划，无论军用、民用无人潜器都未进行系统性地规划发展研究，各研究部门主要依据自身对所处行业的需求分析和对国外相关技术发展的了解，提出一些研究方向，造成对无人潜器装备和技术的研究缺乏系统性。在无人潜器平台自身所必需的传感器，如导航定位设备、通信设备等方面缺乏专门研究，造成无人潜器专用设备的发展远滞后于无人潜器总体集成技术的发展，从而使无人潜器的发展受到较大限制，其中水下运载平台的水声通信能力及导航定位精度远落后于国外水平；在能源动力技术方面，尤其是蓄电池比国外相应电池的能量小20%左右。

我国在深海载人潜器方面与国际先进水平相比，仍有一定的差距，一些关键设备还需要依靠进口，如大深度水下观察设备、大深度水声设备、大深度浮力材料和大深度液压动力源等。

第五章 中国海洋运载工程与科技 发展的战略定位、目标与重点

一、战略定位与发展思路 ▶

（一）战略定位

为我国探索海洋世界、开发海洋资源、支撑海洋运输、拓展海洋空间、维护海洋权益和保卫海洋国土提供先进可靠的装备；推动我国装备产业的升级；实现海洋运载装备总装制造、动力与配套装备制造产业链的均衡发展；为建设海洋强国提供装备实力保障。

（二）战略原则

我国海洋运载装备与科技发展遵循"四大战略原则"，即"兼顾原则"、"均衡原则"、"重点原则"和"带动原则"。

"兼顾原则"是指装备与科技的短期发展要结合长期发展，民用装备的发展兼顾军用的考虑。

"均衡原则"是指完善我国海洋运载装备产业链，全面发展产业的各个链条，克服以往不均衡发展的情况。

"重点原则"是指在我国海洋运载装备与科技发展中将重点放在我国发展基础好、市场前景大或者战略意义十分巨大的领域，集中优势力量进行攻关。

"带动原则"是指带动我国科技水平和装备制造业以及相关上下游产业的提高。

（三）发展思路

我国海洋运载装备与科技的发展应以发展"绿色技术"和"深海技术"为两个着力点，走自主创新的道路，应对国际造船与海运产业的绿色技术革命热潮，及严重影响我国经济发展和安全的海洋资源开发与核心利益保

护的两类严峻挑战。我国海洋运载装备科技发展的发展思路可以总结为：倡导自主创新、引领绿色技术、拓展海洋空间、打造自主品牌。

（1）倡导自主创新，就是从增强我国海洋运载装备产业的创新能力，加强技术创新、集成创新、模式创新等，提高自主研发能力，建立核心技术体系，赶超先进海洋国家。

（2）引领绿色技术，就是顺应人类社会发展进入生态文明阶段的历史趋势，紧随绿色革命的大潮，紧紧围绕绿色技术这条主线，打造我国先进的绿色海洋运载装备体系，引领国际海洋运载装备的绿色技术方向。

（3）拓展海洋空间，是指紧随人类海上活动向深远海发展的趋势，结合我国海域特别是南海的具体情况开发适应深远海资源开发的海洋运载装备和突破相关关键技术。

（4）打造自主品牌，是指要摆脱我国海洋运载装备工业只注重产品制造，轻视开发和品牌建设的状况。打造众多的具有自主知识产权的品牌船型和船舶动力设备及其他船用设备。大幅提高我国船舶工业的综合竞争力。

二、战略目标

（一）2020 年

以绿色船舶技术和深远海运载与工程装备技术为重点，统筹民用开发与海洋维权、运输能力与综合制海，以占领科技制高点、提高产业的内涵质量为基点。

基本实现高技术高附加值新型船舶和配套设备的自主开发设计能力；基础共性技术水平大幅提高，缩小与世界最高水平的差距，具备自主研发新型海洋运输装备的能力；掌握绿色海洋运输装备的核心研发技术。完成低、中、高速柴油机及气体机典型机型自主开发，部分机型形成批量生产能力。形成全系列的中国海洋运输装备的品牌产品。

到 2020 年全面实现近海渔船装备标准化，基本具备大型远洋渔业装备自主研发、设计能力、制造能力，初步形成海洋渔业装备产业链。

到 2020 年，基本完成海上执法船舶体系的建设工作，建成南海大型浮式保障基地，初步具备全海域定期巡航和重点海域值守的能力，形成与军事应用密切协同，覆盖水上和水下，近、中、远海不同层次的海上安全保障体系。

到 2020 年，通过开展具有世界先进水平的重大科技工程，带动海洋科学研究运载装备的全面进步；发展一批先进适用的海洋科考船及相关海洋科学研究设备；引导形成较完整、配套、专注的海洋科学研究运载装备设计、建造以及配套设备生产的工业能力。

（二）2030 年

形成比较完善的海洋运输装备与科技发展创新体系。船舶基础共性技术水平与世界水平同步；海洋运输装备的前沿科技水平进入世界前列。我国自主设计制造的绿色海洋运输装备在世界上发挥主导作用，能耗与减排率达到世界领先水平；使我国船舶动力与配套研发和制造能力超越日、韩和欧、美等世界一流强国，成为世界第一的船舶动力研发和制造强国（图 2 - 2 - 27）。

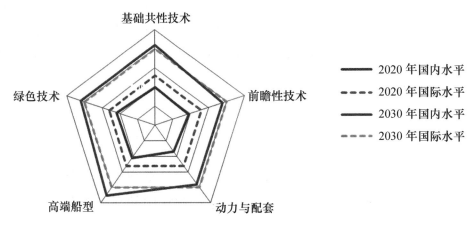

图 2 - 2 - 27　我国海洋运输装备与科技发展的战略目标对比

到 2030 年全面实现近海绿色节能渔业装备体系，完全具备新型远洋渔业装备体系研发、设计和制造能力，建成体系完整的海洋渔业装备产业链，实现渔业装备强国目标（图 2 - 2 - 28）。

到 2030 年，全面实现我国海洋执法装备与科技发展的整体战略规划，具备全天候、全海域保卫和长期值守的能力，技术先进的、潜、海、陆、空、天立体的海上安全保障体系全面建成，形成军民融合，能够有效维护我国全海域海洋权益的强大力量（图 2 - 2 - 29）。

到 2030 年，形成完整的海洋科学研究运载装备体系，深海空间站、常规科考船和部分科考设备达到或接近世界先进水平，全面形成深海科研领

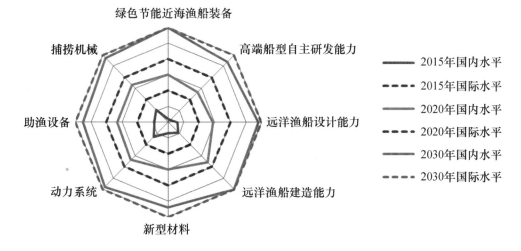

图 2 - 2 - 28　我国渔船装备与科技发展的战略目标对比

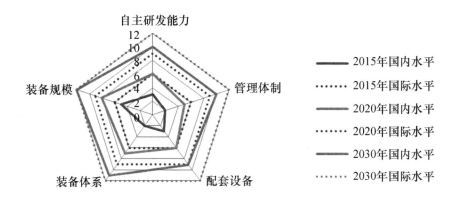

图 2 - 2 - 29　我国海上执法装备与科技发展的战略目标对比

域的装备优势。

（三）2050 年

　　到 2050 年，形成世界上最完备的海洋科考、渔业资源开发、海洋油气资源开发、海上运输、海上执法及海上综合保障装备体系，拥有世界上最为优秀的海洋运载装备研发体系和创新能力，为推动我国建成海洋经济强国、提高保卫海洋安全和保护海外利益的能力以及有效维护以南海为重点的海洋权益提供强有力的装备保障。成为世界第一海洋运载装备强国（图 2 - 2 - 30）。

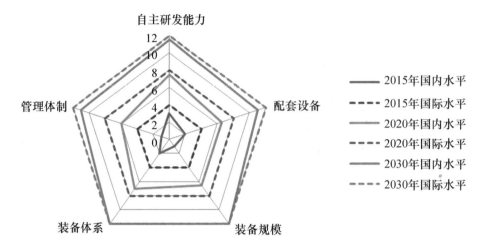

图 2 - 2 - 30　我国海洋科考装备与科技发展战略目标对比

三、战略任务与重点

(一) 总体任务

　　我国海洋运载装备的发展将围绕着"知海"、"用海"和"护海"三大方向、八大重点展开,形成海陆联动、军民结合的一体化海洋装备系统(图2-2-31),这需要强大的工业作为基础。

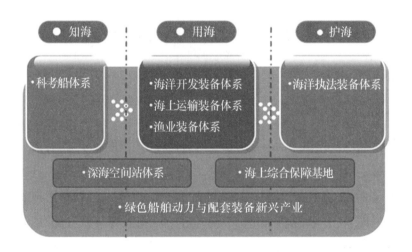

图 2 - 2 - 31　我国海洋运载装备发展的战略任务与重点

（二）近期重点任务

根据我国目前海洋运载装备的现状以及未来一段时期内我国社会经济及国防建设的实际需要，我国海洋运载装备应重点发展以下内容。

（1）建立和完善海洋科考装备体系，形成近海、远海、远洋和全球级的综合调查船、专业调查船和特种调查船组成的完备海洋科考船体系，提升我国海洋科考水平和海洋调查能力。

（2）建设和完善海洋开发装备体系，具备最先进的深海资源开发技术，优化海洋油气、矿产等资源开发装备的结构，形成采集、钻探、生产、输运等组成的海洋开发装修系统，为我国海洋油气开发向深远海发展提供有力支撑。

（3）提升海洋运输装备体系，顺应国际海洋运输装备发展趋势，发展绿色船舶技术。形成世界领先的高效节能、超低排放的海洋运输装备系统。完全具备开发和建造高附加值高技术船舶的能力。

（4）建设现代化渔业装备体系，形成由中小型渔业装备、大型远洋渔业装备、远洋渔业综合补给加工仓储船等优化组合、交叉发展的立体式海洋装备体系。

（5）创新开发深海空间站，为掌握深海资源的海底开发前沿技术、开展深海科学研究提供深海空间站这类新型的深海运载与工程作业技术与装备。

（6）整合与壮大海洋执法装备体系，建立统一的海上执法管理部门，加速研发水下安保运载与作业装备，建立海底安全保障平台。

（7）创建海上综合保障基地，为海上科考、渔业开发、油气开采、海上执法和海上军事行动提供有力保障。

（8）发展绿色船舶动力与配套装备新兴产业，重点突破高效燃烧、排放和振动噪声控制技术、高增压技术、多种燃料发动机技术、电力和混合推进系统技术、船舶动力总能利用技术、关键制造和工艺技术。完成一个系列大功率自主品牌气体燃料（柴油/LNG）中速发动机系列机型开发，使海洋运载装备产业从"注重造外壳"型向"注重造内脏"型转变。

四、发展路线图　

我国海洋运载装备与科技的发展路线见图 2 - 2 - 32。海洋运载装备工

发展目标	形成较完善的海洋运载装备创新体系	形成世界上最完备的海洋运载装备综合保障体系
	实现高技术高附加值船舶自主开发设计能力	
	掌握绿色海洋运载装备的核心研发技术	拥有世界上最优秀的海洋运载装备研发、创新体系
	具备全海域定期巡航和重点海域值守的能力	
	形成较完整的海洋科考装备工业能力	成为世界第一海洋运载装备强国
	基础共性技术水平与世界同步	为我国建设海洋强国和维护海洋权益提供世界上最强大的装备
	全面形成深海科研领域的装备优势	

重点任务

知海	用海	护海
科考船体系	海洋运输装备体系 海洋开发装备体系 渔业装备体系	海洋执法装备体系
深海空间站体系	海上综合保障基地	
绿色船舶动力与配套装备		

深海空间站工程

关键技术与装备

高能量密度的深海动力技术	突破模块化构型、混合动力推进、燃料电池、潜艇噪声模拟等技术
集成电动力推进技术	水、陆、空智能网络技术
高精度定位技术	无人机适配性技术
开放式可重构总体技术	水下安保系统人工智能技术
航行避障与自主规划技术	批量生产无人机系统技术
节能减排技术	超大型浮式基地总体设计与制造技术
具有自主品牌的中速柴油机	水下通信、组网目标自主探测识别技术
高速水声通信技术	新能源海洋运载装备
大型浮式基地的系泊、安全性技术	极地海洋运载装备
自主决策、布放、回收技术	超低排放船舶
全功能远洋渔船	海上执法装备标准化、系列化
低速智能柴油机	自主品牌的气体动力机
钻井船研发	
水下安保研制	
无人机研制	
4500 米深海载人潜器，发展水下远程自主运载巨型 UUV	1500 米、逗留时间 15 天以上、最大载员 12 人水下空间站

2020年　　　　　　2030年

图 2-2-32　我国海洋运载装备发展路线

程与科技发展的路线图描述了近期、中期、远期的发展目标，重点任务和需要重点攻关的关键技术与装备。该路线图以成为世界第一海洋运载装备强国为最终目标，围绕"知海、用海、护海"三大方向循序渐进地建立支撑我国实现海洋强国总目标的海洋运载装备体系。以强海固疆重大工程为依托，重点突破以绿色、深海等为主的关键技术；完成海上综合保障基地的建设；建立完善的海洋科考装备体系、海洋开发装备体系、海上运输装备体系、海洋执法装备体系、渔业装备体系。全产业链发展海洋运载装备产业，特别是绿色船舶动力与配套设备产业实现同步于总装制造产业的发展；形成世界上最完备的海上综合保障体系和最优秀的海洋运载装备研发和创新体系。

（一）海洋运输装备与科技发展路线图

海洋运输装备与科技发展的路线见图 2 – 2 – 33。

图 2 – 2 – 33　我国海洋运输装备与科技发展路线

近期（2015 年之前）拟要重点发展的装备方向有适应国际造船新标准

的主流船型的升级换代；提高双高船舶的设计建造能力；新航线、新航道船舶的开发；面向国内需求，发展内河运输船舶。拟突破的主要关键技术有主流船型优化设计及换代技术；LNG 双燃料动力船关键技术研究；超大型 LNG 船、超大型集装箱船、冰区船舶、无压载水的船舶等关键技术研究；降低新船能效设计指数的先进技术及评估软件研究；船舶减阻增效技术及高性能涂料的应用研究；基于海洋摩擦学的船舶与海洋结构物的可靠性研究等。

中期（2016—2020 年）的重点方向是低能耗船舶；绿色燃料船舶；电动船；极地级船舶；CNG 船。拟突破的关键技术有气泡润滑技术；气腔系统；混合材料；组合推进系统；混合动力技术；岸电技术；新型破冰船技术；北极救生船技术；冰区导航软件；冰负荷监控技术；海盗侦测与震慑技术；船联网技术。

远期（2020—2030 年）的重点方向是数字船舶；虚拟船舶；新能源船舶；可燃冰船。拟突破的关键技术有船舶－港口同步技术；整合船舶设计工具；模型化船机设计；模型化船体设计；e－导航技术；先进的气候导航系统；风能推进系统技术；核能商船的测试技术、扩散控制技术、放射性废物的储存技术；生物燃料动力技术；二氧化碳捕捉技术等。

（二）我国渔船装备发展路线图

1. 近海渔业装备

2013—2015 年：加快推进近海渔船"以小置大、以钢代木"工程，逐步开展标准化渔业装备研发工程（图 2 - 2 - 34）。

2016—2020 年：通过节能、环保装备的应用，全面开展标准化渔业装备优化、升级工程，全面提升我国近海渔业装备安全、环保、节能状况。

2021—2030 年：全面实现近海绿色节能渔业装备体系。

2. 中远海渔业装备

2013—2015 年：通过引进、消化、吸收、再创新，初步具备大型远洋渔业装备的自主研制、设计能力，基本具备大型远洋渔业装备自主建造能力。

2016—2020 年：基本具备大型远洋渔业装备自主研发、设计能力，基本具备新型材料、动力系统、助渔设备以及捕捞机械等材料、装备的研发、制造能力，完全具备大型远洋渔业装备自主建造能力，初步形成海洋渔业装备产业链。

2021—2030年：完全具备新型远洋渔业装备体系研发、设计、制造能力，建成体系完整的海洋渔业装备产业链，实现渔业装备强国目标。

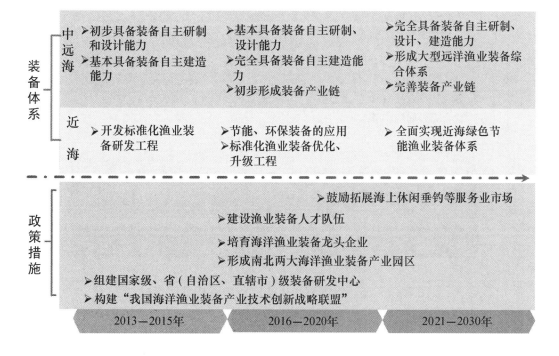

图2-2-34　我国渔船装备发展路线

（三）我国海洋执法装备发展路线图

2010—2020年：1000吨级、3000吨级、执法飞机的装备数量可覆盖大部分主要执法区域，开始发展海洋执法卫星，开展大型浮式保障基地、大型执法指挥舰、两栖岛礁执法舰、无人机系统的技术攻关工作。

2021—2030年：1000吨级、3000吨级、执法飞机的装备数量实现主要执法海域的全覆盖，无人机系统在舰艇执法中批量装备，大型浮式保障基地、大型执法指挥舰、两栖岛礁执法舰开始服役，海上执法指挥中心完成建设，形成完整的水下安保网络，情报指挥通信方面与海军形成沟通能力（图2-2-35）。

（四）我国海洋科研运载装备发展路线图

我国海洋科研运载装备的发展将通过近期（2010—2015年）、中期

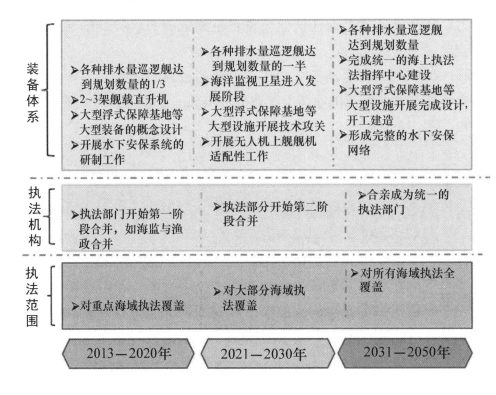

图 2 - 2 - 35　我国海洋执法装备与科技发展路线

（2016—2020 年）和远期（2021—2030 年）3 个阶段完成。

近期主要是构建跨部门合作机构，搭建共享平台，并根据近期国家远洋开发的需要和紧迫性，注重发展远洋调查船、载人深潜器以及相应的配套设备。建造 7 000 米和 4 500 米深海载人深潜器，并突破深海载人潜器及水下作业工具的部分关键技术。

中期主要在上一阶段的基础上，完善跨部门合作和共享平台的相关政策和机制，发展一批先进、适用的海洋科考船，并开展小型深海移动式空间站和大型深海空间站的研制工作。形成较完整、配套、专注的海洋科学研究运载装备设计、建造以及配套设备生产的工业能力。

远期则是在前两个阶段的基础上，使整个海洋科研运载装备体系趋于完善。建造潜深 1 000 米，2 500 吨级的军民两用基本型小核动力深海空间站。深海空间站、常规科考船和部分科考设备达到或接近世界先进水平，初步形成深海科研领域的装备优势。

我国海洋科学研究运载装备具体的发展路线见图 1 - 2 - 36。

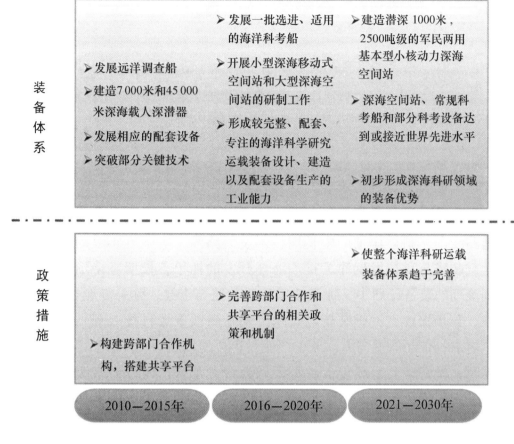

图 2 - 2 - 36 我国海洋科学研究运载装备发展路线

第六章 保障措施与政策建议

一、做好战略统筹，启动重大工程

统筹八大重点装备体系的发展，把战略研究转变为海洋运载装备与科技实施路线图。制订详细的中长期技术发展路线，实施五年滚动修订，把海洋运载装备与科技发展作为推动海洋开发的抓手，长期坚持不懈地实施落实到滚动的装备计划中。提供技术发展参照与指导，弥补专业规划不足，分阶段、分步骤攻克关键装备与技术。实施两项重大科技工程，结合南海的紧迫需求，带动船舶与海洋装备产业与科技的发展。

同时，做好海上运载装备的军民融合统筹工作。由政府牵头，军队参与，推进中国特色军民融合式发展，促进军用技术与民用技术在海洋运载装备建设中的融合，大力发展军民两用的运载装备。

二、自主创新驱动，实现转型升级

以自主创新为驱动，以发展"绿色、深海、智能化和综合集成"技术为着力点，进行结构调整和转型升级，在产能过剩的船舶工业群体和成长中的海洋装备制造业中，培育绿色船舶和海洋工程装备新兴产业，尤其要重视绿色动力/配套技术与产业的发展，实现从生产规模和制造吨位增长型发展道路向技术和效益增长型发展道路的转变、从海洋和造船大国向海洋和造船强国的过渡。

建议工信部和科技部将绿色海洋运载装备与技术作为重点支持对象，设立重大专项乃至重点工程，组织多行业，多部门进行联合攻关。

三、以南海开发为契机，实现陆海统筹发展

我国南海拥有丰富的海洋渔业、油气及矿产资源，未来南海将掀起海

洋开发的热潮。我国海洋运载装备的发展，应以南海开发的紧迫需求为契机，创造开放的环境，制定灵活的政策，建立新型远洋渔业体系，打造新型安保体系，形成完善的配套产业集群，推动造船产业实现升级，使之成为南海开发重要的工业基础和支撑力量。

建议由发改委、工信部牵头，会同科技部、财政部和商务部成立南海开发工作小组，制定以开发南海为目的海上装备体系建设的系列政策，包括税收优惠政策、科技项目投入计划等。

四、搭建高水平的创新研究平台　▶

统筹规划，把握重点和特点，在全国海洋运载工程领域的研究和工程单位建立一批高水平的研究基地，构筑学科创新研究平台。除船舶工业体系内各专业的紧密合作外，联合新材料、新能源等领域，建立开放式合作研发体系，最大限度地发挥行业内外科研资源的综合优势。另外，建立以企业为主体的"产、学、研、用"相结合的研发模式，鼓励造船界和航运界的联合，同时吸收科研院所，高等院校的积极参与，形成面向行业内外，"产、学、研、用"相结合的、开放式合作的协同创新研发体系。

建议国家对大联合研发的模式给予税收减免、优先立项等优惠政策。

五、加大海洋运载装备基础科技的投入力度　▶

基础科技是我国与欧、美国家最大的差距所在，是实现我国海洋运载装备自主创新的基础，也是未来我国海洋运载装备工业可持续发展和提升国际竞争力的重中之重。

（1）确立海洋运载装备基础科技研发的战略地位，制订国家层面的战略规划。战略规划一是要具有系统性，有利于技术水平的全面提升；二是要有明确的目标，对于目标要注重长、短期结合，使技术推进更具可操作性。

（2）强化政策引导，中央政策资金向高技术、高应用度的基础性研究倾斜；加大包括973计划、863计划、国家支撑计划、国家自然科学基金重点（大）项目、重点实验室、创新群体等对船舶共性基础技术研究的投入，并将重点研究内容列入国家重大研究计划指南。各级政府加大科研投入，重点支持船舶运载装备的基础科技研究项目。

（3）成立海洋运载装备领域高技术基础科研专项，重点支持和引导大型联合研发项目，充分发挥相关高校和船舶研究与设计单位的力量，尽快提升我国海洋运载装备基础研究水平。

六、加强标准研究和品牌能力建设 ▶

加强国际标准规范的研究，积极参与国际标准、规范的制定。重视品牌建设，逐步建立知识产权保护意识，建立保护机制。不断提升服务水平。

船舶工业是外向型的产业，应该学习日本将船舶标准的研究直接面向国际，统一由一个出口与国际对接。建议财政部给国家质检总局领导下的国家标准委员会设立船舶国际标准研究的专项经费，委托一家单位组织和实施船舶国际标准的研究以及参与国际标准组织下的活动和工作。保持经费支持力度，足够让全国的船舶行业专家有意愿投入到该项工作中。

第七章　重大海洋运载工程与科技专项建议

根据我国海洋运载装备的发展基础和世界海洋运载装备的发展趋势，以建设"海洋强国"为目标，打破过去单系统开发的立项模式，课题组提出了一个"深海空间站工程"和一个"海洋绿色运载装备科技专项"的建议。

一、深海空间站工程　　　　　　　　　　　　　　　　　▶

深海空间站工程以我国在南海的核心利益为立足点，以建设我国"海上大庆"为目标，奠定一系列基础条件，牵引和带动一大批船舶及海洋工程领域关键技术的突破，引领我国占领国际高端工程装备技术的制高点，带动海洋前沿技术和深海装备技术的发展。

（一）深海空间站工程的必要性与意义

党的十八大报告中明确提出了"提高海洋资源开发能力，发展海洋经济，保护海洋生态环境，坚决维护国家海洋权益，建设海洋强国"的战略目标。但是目前的现状是，我国南海的岛礁被大量非法侵占，南海的资源被大量非法开采，南海基础设施建设十分薄弱，南海生态环境受到严重威胁，南沙深海远程基地尚未建设，迫切需要建立一系列"海洋开发平台"来有力支撑并实现对南海的保护与开发。深海空间站工程是首要应进行的重点深海工程。

深海空间站是一类不受海面恶劣风浪环境制约，可长周期、全天候在深海域直接操控作业工具与装置，进行水下工程作业、资源探测与开发、海洋科学研究的载人深海运载装备。正如天际空间站是航天领域的核心技术一样，深海空间站代表了海洋领域的前沿核心技术，体现了一个国家的科技水平和经济实力。

深海空间站是由多种功能模块组成的可移动平台，如基本模块、动力模块、能源模块、生命保障模块、完成不同任务而集成的功能模块等等。

深海空间站将创建全新的操控作业环境条件，不受风浪条件影响，大幅度提高作业效率；大幅延长水下工作时间，作业可达数天至数十天；有效作业负载大，深海作业功能强，完成当前难以胜任的深海作业任务。可直接利用本体的功能，或操控无人潜器，进行大面积的海底环境、地理、地质、生物、矿物的科学考察，开展地球物理、海洋物理、海洋声场研究，实施海底资源开采工程作业、海底设备维修、失事潜艇救援、海底打捞作业等；还可用于进行大深度超安静型潜艇上采用的各类技术的验证试验。深海空间站将成为未来水下作业与生产的主导力量。

以高效率开发深海资源及开展深海科学研究、提高军事综合制海能力为目标，由"深海空间站"主站、"多功能深海作业潜器与工具"与"水面工作与保障船"辅助系统构成"一主两辅"的关键深远海装备体系。实施深海空间站工程是为在深海科学与工程领域赶超世界先进水平，实现"海洋强国梦"的战略举措。可解决我国深、远海水下作业的"瓶颈"；提升我国海洋装备科技创新能力；服务于海洋油气、可燃冰、矿产、生物基因开发等海洋产业的快速增长；促进上下游关联产业的发展；振奋民族精神，全面提升国民"海洋观"。

（二）深海空间站工程的重点内容和关键技术

1. 重点内容

突破超大潜深作业与居住型深海空间站的关键技术，研制出：工作潜深（1 000~2 000 米），排水量3 000 吨级，水下自持力60 天，载员30 人的深海空间站。具备载人自主航行、长周期自给及水下能源中继等基础功能，可集成若干专用模块（海洋资源的探测模块、水下钻（完）井模块、平台水下安装模块、水下检测/维护/维修模块），携带各类水下作业装备，实施深海探测与资源开发作业。主要包括：①海洋科学考察。可运载科研人员至海底，携带各类海洋科学考察工具与装备，开展海底地质环境的勘测与研究、海洋水体环境调查与研究、深海资源的考察与勘探。②深海作业。所形成的水下生产系统可实施近、远海水下资源（特别是油气资源）的开采与水下信息系统（军民共用）建设。③深海应急维修和指挥功能。将水下设施应急维修系统中的水下作业装备、工具运送到事故现场，作为现场指挥中心，指导水下作业。

因此，应瞄准 21 世纪世界海洋装备的前沿技术，通过 3 个阶段的攻关，逐步形成我国深远海装备研究、试验、设计、建造的技术体系，并进入世界前列。建成满足我国军、民需求的系列深、远海装备，从而占领深海装备技术的制高点，为国防建设、深海资源开发与海洋科学研究提供必要的装备，在深海建立科学探测、试验研究与工程施工的技术优势，并牵引相关高新技术与产业的创新进步。

2. 总体关键技术

- 新型低阻船型设计与试验技术；
- 大潜深艇体结构设计与试验技术；
- 高强度结构材料工艺技术；
- 高能量密度、可靠、长寿命能源与储能技术；
- 高功率密度、可靠的先进大功率发动机技术；
- 综合电力推进系统技术；
- 声隐身技术；
- 通海系统及设备承压密封设计与试验技术；
- 深潜试验室生命维持系统技术；
- 深潜试验室自持力综合保障系统；
- 深海平台与负载接口技术；
- 深潜试验室机械手遥控作业系统技术；
- 载人舱应急逃逸技术。

（三）预期目标

1. 工程目标

第一阶段（2012—2020 年）：完成潜深 1 500 米，排水量 250 吨级常规动力小型深海空间站的研制与海试；完成 5 000 吨级小水线面双体水面探测与保障船建造；完成部分配套水下作业潜器与装具的研制。建成的小型深海空间站、小水线面双体探测保障船、水下作业潜器与装具配套使用，将可直接用于支持我国南海 1 500 米深海油气田水下生产系统的安装与维修；用于海洋科学研究的原位探测与取样。

完成 300 米长装配式深远海极大型水面基地第一期建造。建成的极大型水面浮式基地，将可适应形势需要，随时布放于南沙群岛我方已占领或尚未占领的岛礁处，为深海空间站提供南海基地，同时体现实际存在和管控，并为资源开发和军民船舶远航提供补给保障码头。

第二阶段（2021—2025 年）：建成潜深 1 000 米（高强度钢）或 3 000 米（钛合金）、2500 吨级、水下连续作业 60 昼夜的军民两用小型核动力深海空间站及配套的作业潜器与装具；建成 8000 吨级水面支持保障船。主要用于海底观测、深海钻探、生物原位研究及领海探测网络建设；天然气水合物工业化试开采功能；水下网线屏蔽、大线侦察及目标捕获。

第三阶段（2026—2030 年）：建成潜深 3 000 米（钛合金）、5000 吨级、水下续航力 90 昼夜的作业型核动力深海空间站及系列化配套的作业潜器与装具。主要用于深海资源开发、海洋科学研究的水下重载作业以及能源供应；近海与远海固定探测系统网点与光电缆、海底无人作战装置的隐蔽布设、回收与维修作业。

2. 应用目标

深海油气、矿产及可燃冰资源开发的水下重载作业及能源供应；海底观测、深海钻探、深海原位研究；近海与远海固定探测系统、海底无人作战装置的隐蔽布设、回收与维修作业。

二、海洋绿色运载装备科技专项 ▶

（一）海洋绿色运载装备科技专项的必要性

近年来，国际上对于海洋运载装备节能减排、环保安全等方面的关注程度越来越高，世界造船强国纷纷加紧生态运载装备及技术的研发，国际海事新规则、建造新规范不断出台。可以预见，未来海洋科技的竞争就是海洋装备的竞争，而海洋运载装备的竞争终将归结为绿色装备的竞争。海洋绿色运载装备的研发是未来我国船舶工业可持续发展和提升国际竞争力的重中之重。

目前，我国在海洋绿色运载装备研发方面相对欧、日、韩等国还存在不小差距，在相关基础技术的研发上缺乏积累，面对国际新规则、新规范的变化基本还处在被动接受的地位，在国际规则、规范的制定过程中缺少话语权，与我国世界造船大国的地位极不匹配。大力发展节能环保的绿色船型、动力设备和配套设备，是促进我国海洋运载装备工业健康持续发展的重要保障。

（二）海洋绿色运载装备科技专项的重点内容和关键技术

1. 重点内容

（1）绿色船舶：①超级节能环保油船示范工程；②半潜、滚装重吊超级节能多用途船工程；③生态环保型支线集装箱船。

（2）绿色动力系统：①船用大功率双燃料发动机；②高效、超低排放、高可靠性船用大功率柴油机；③ LNG 燃料系统专项：LNG 燃料舱；船舶和海上设施双燃料发动机供气系统；LNG 燃料系统集成设计及制造；大型油船（SUEZ）的液化天然气（LNG）/重油双燃料动力；支线集装箱船的液化天然气（LNG）/柴油双燃料动力；液化天然气（LNG）储存供气系统。

（3）绿色配套设备：①新型高效节能发电机组；②低功耗、安静型叶片泵与容织泵；③高效低噪声风机、空调与冷冻系统；④船舶主动力系统余热余能利用装置；⑤新型节能与洁净舱室设备；⑥高效压载水处理系统；⑦不含 TBT 的防污与减阻涂料和表面处理；⑧船用垃圾与废水洁净处理等。

2. 关键技术

（1）船型优化节能技术：①低阻船体主尺度与线型设计技术；②船体上层建筑空气阻力优化技术；③船体航行纵倾优化技术；④低波浪失速船体线型设计技术；⑤降低空船重量的结构优化设计技术。

（2）降低船体摩擦阻力技术：①新型高性能降阻涂料技术；②船底空气润滑降阻技术。

（3）动力节能设计技术：①低油耗发动机技术；② NO_X 催化还原技术（SCR）；③硫清洗技术；④废热利用技术。

（4）船舶推进装置设计技术：①高效螺旋桨优化设计技术；② POD - CRP 组合推进装置设计技术；③螺旋桨/舵一体化设计技术；④螺旋桨/船艉优化匹配设计技术；⑤高效轮缘对转组合推进技术；⑥叠叶双桨对转推进技术。

（5）节能装置设计技术：①节能导管设计技术；②毂帽鳍设计技术；③舵球设计技术；④导流鳍设计技术；⑤组合节能装置设计技术。

（6）可再生/清洁能源利用技术：①双燃料发动机技术；②气体发动机技术；③风能助推技术；④新型风力发电机技术；⑤太阳能电池应用技术；

⑥核能推进技术；⑦ LNG 燃料船燃料供应系统/设备设计与制造技术。

（7）减振降噪与舒适性：①设备隔振技术；②高性能船用声学材料；③建造声学工艺与舾装管理；④声振主动控制技术；⑤舒适性舱室设计技术；⑥结构声学设计技术；⑦螺旋桨噪声控制技术。

（三）海洋绿色运载装备科技专项的预期目标

以国际主流趋势和先进技术为发展方向，集中力量攻克海洋绿色运载装备相关的船型设计技术、节能降耗动力及推进技术、绿色环保配套设备等核心技术，逐步形成海洋绿色运载装备自主设计制造能力，为提高我国船舶工业国际竞争力、培育绿色船舶及海洋工程装备新兴产业、实现海洋经济发展方式的升级与转型奠定技术基础。

主要参考文献

陈可文. 2003. 中国海洋经济学[M]. 北京:海洋出版社.

何育静. 2008. 我国船舶配套业国际竞争力分析[M]. 造船技术,(6):1-4.

蒋贵全,李彦庆. 2009. 技术创新与船舶工业竞争力[D]. 舰船科学技术,31(3):17-20.

李彦庆,等. 2003. 我国船舶工业竞争力及策略研究[J]. 舰船科学技术,25(4):61-63,66.

李耀臻,等. 2006. 海洋世纪与中国海洋发展战略研究[M]. 青岛:中国海洋大学出版社.

唐磊. 2011. 我国海洋船舶产业安全评价及预警机制研究[D]. 青岛:中国海洋大学.

中国船舶工业年鉴编辑委员会. 2002—2012. 中国船舶工业年鉴[M].

中国船舶工业行业协会. 2007. 船舶工业产业安全状况调查报告.

中国船舶工业行业协会. 2009. 我国船舶产业竞争力评价. 我国重点产业竞争力评价及战略性产业清单——船舶产业篇.

Roland Frank,Manzon Luciano,Kujala Pentti,et al. 2004. Advanced Joining Techniques in European Shipbuilding[J]. Journal of Ship Production, 20(3):200-210.

Ronald O'Rourke. 2012. Coast Guard Deepwater Acquisition Programs:Background, Oversight Issues, and Options for Congress. Congressional Research Service.

DNV. 2012. Technology outlook 2020. Research & Innovation Report.

European Science Foundation. 2007. European Ocean Research Fleets:Towards a Common Strategy and Enhanced Use[R].

Deborah Glickson,Eric Barron,Rana Fine. National Research Council. 2011. Critical Infrastructure for Ocean Research and Societal Needs in 2030[M]. Washington D C:The National Academy Press.

Koenig Philip C,Narita Hitoshi,Baba Koichi. 2003. Shipbuilding Productivity Rates of Change in East Asia, Journal of Ship Production, 19(1):32 – 37.

Robert Hassink,Dong-Ho Shin. South Korea's shipbuilding industry:From a couple of Cathedrals in the desert to an innovative cluster, Asian Journal of Technology Innovation, 13(2): 200.

主要执笔人

吴有生	中国船舶重工集团公司第702研究所	中国工程院院士、名誉所长
李彦庆	中国船舶重工集团公司第714研究所	研究员、所长
金东寒	中国船舶重工集团公司第711研究所	中国工程院院士、所长
张信学	中国船舶重工集团公司第714研究所	研究员、副所长
韩　光	中国船舶重工集团公司第714研究所	研究员、副总工程师
赵　峰	中国船舶重工集团公司第702研究所	研究员、副总工程师
黄平涛	中国船舶造船工程学会	研究员、理事长
马运义	中国船舶重工集团公司第701研究所	研究员、总工程师
范建新	中国船舶重工集团公司第711研究所	研究员、副总工程师
严新平	武汉理工大学	教授、副校长
张福民	中国船舶工业集团公司第708研究所	研究员、总工程师
黄　冬	中国船舶重工集团公司第714研究所	高级工程师、副处长
王传荣	中国船舶重工集团公司第714研究所	高级工程师、副主任
王　颖	中国船舶重工集团公司第714研究所	高级工程师
刘啸波	中国船舶重工集团公司第714研究所	工程师
郑礼建	中国船舶重工集团公司第714研究所	工程师
柳正华	中国船舶重工集团公司第714研究所	工程师
董　亮	中国船舶重工集团公司第714研究所	工程师

重点领域三：中国海洋能源工程与科技发展战略研究

第一章 我国海洋能源工程战略需求

深海是人类至今较难涉足的神秘领域，这一资源丰富、有待开发的空间，将成为人类未来重要的能源基地。对深海的探测和太空探测一样，具有很强的吸引力和挑战性。积极发展海洋高新技术，占领深海能源勘探开发技术的制高点，开发海洋空间及资源，从深海获得更大的利益是世界各国的重点发展战略，也是我国必须面对的历史使命。

一、国家安全的需要

（一）我国的海洋权益正在遭受侵犯，保护国家利益迫在眉睫

我国是海洋大国，海域面积300多万平方千米。以300米水深为界，浅水区面积约146万平方千米、深水区面积约154万平方千米。其中，南海、东海、黄海与周边国家争议区面积达187万平方千米，态势不容乐观。

特别是南海战略位置十分重要，既是太平洋和印度洋海运的要冲，又是优良的渔场，并蕴藏着丰富的油气资源和天然气水合物资源，在我国海上丝绸之路、国防和资源开发上都具有十分重要的地位。

南海呈不规则的菱形，其长轴方向为北东30°，长约2 380千米，短轴北西向，宽约1 380千米，总面积约287万平方千米（不含泰国湾）。其中，我国传统疆界内面积约为201万平方千米，从海南岛南端的三亚市到我国传统疆界线最南端距离约1 670千米，包括数百个由珊瑚礁构成的岛、礁、滩、沙和暗沙，依位置不同分为：西沙群岛、东沙群岛、中沙群岛、南沙群岛。其中南沙群岛中的曾母暗沙是中国领土最南端。南海周边国家包括中国、越南、柬埔寨、泰国、马来西亚、印度尼西亚、文莱和菲律宾等。

早在汉代，中国人民在航海和生产中就发现了南海诸岛，当时称为"万里长沙"和"千里石塘"（即今南沙群岛）并已列入中国版图。宋代已对它实施行政管辖。第二次世界大战后，根据《开罗宣言》和《波茨坦公告》，中国政府于 1946 年收复了南沙群岛中最大的岛屿——太平岛，目前由"台湾当局"直接管辖；1947 年初，内政部方域司编制出版了《南海诸岛位置略图》，并首次以九段弧形断续线的形式表示中国南海的海疆线（简称"传统疆界线"或"九段线"）。1949 年中华人民共和国政府成立后，曾多次重申中国对南海诸岛屿及其周围海域的领土主权，并以传统疆界线的形式明确标示出中国南海的主权范围。自 1968 年起，特别是从 20 世纪 70 年代以来，一些周边国家开始针对南海提出主权要求，纷纷抛出各自声称的边界，而且其声称的疆界范围部分重合，争议区面积达 141.9 万平方千米，占我国在南海传统疆界面积的 71%；无争议区面积仅 59.0 万平方千米，占我国在南海传统疆界面积的 29%。

周边国家竞相蚕食我国传统海区，不断采取实际行动侵占我南沙岛礁。据不完全统计，我国南沙海域共有 180 多个岛、礁、滩及暗沙，我国仅控制 8 个，包括台湾所管辖的太平岛。而越南侵占 32 个，马来西亚侵占 9 个，菲律宾侵占 10 个，文莱宣称拥有南沙群岛中南通礁之主权，但未驻军。印度尼西亚未宣称拥有任何南沙群岛的岛礁，但印度尼西亚最大油田位于纳土纳群岛 200 海里经济专属区的东北部，与南沙群岛的 200 海里经济专属区有重叠之处；他们加紧寻求侵占的法理依据和政治支持，抛出各种否定中国主权的解决方案，并企图使美、日等大国卷入以遏制中国的行动，妄想使南沙问题国际化，企图迫使我放弃主权和合法权益。更有甚者，它们纷纷引进外资大肆掠夺南海油气资源。在东海，日本正在上演一出公然侵占我国钓鱼岛的闹剧。

（二）我国海上生命线面临巨大的安全挑战

我国出海口天生不足（图 2-3-1），因此我国目前约有总量 70% 的进口石油经过美、印控制的波斯湾—马六甲航线，每天过马六甲海峡的船只 60% 是中国船，使我国石油海运安全面临巨大挑战。我国进出太平洋的海上通道也处于美、日联盟的封锁之中（图 2-3-2）。

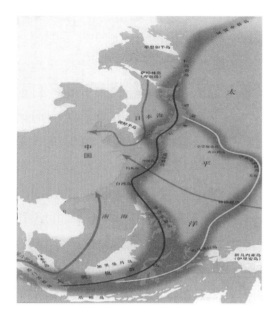

图 2-3-1　我国出海口

注：红色线为第一岛链

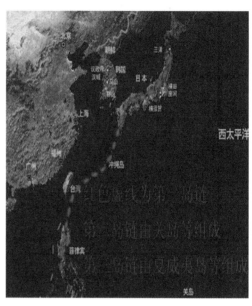

图 2-3-2　我国进出太平洋的海上
通道处于美、日封锁中

海洋能源开发利用的程度，体现了一个国家的可持续发展能力和综合国力。海洋工程技术已成为可与航空航天技术相比拟的、各海洋国家争相投入的极具挑战性的前沿技术领域。对我国这样一个正处于高速发展的国家而言，海洋能源是我国能源领域的重要发展空间和战略性资源宝库，大力发展海洋能源工程技术与装备对于维护我国海洋主权与权益、可持续利用海洋能源，扩展生存和发展空间，具有重大而深远的战略意义。

（三）南海周边国家资源争夺态势日趋严峻

南海油气资源丰富，与我国传统疆界相关的新生代沉积盆地主要有 18 个，总面积 111.4 万平方千米。根据国土资源部新一轮资源评价结果，石油地质资源量累计 164.4 亿吨，其中浅水区 81.4 亿吨，深水区 83.0 亿吨；天然气地质资源量累计 140.3 千亿立方米，其中浅水区 65.4 千亿立方米，深水区 74.9 千亿立方米。

南海北部有 4 个盆地，即珠江口、琼东南、莺歌海、北部湾盆地，石油地质资源量累计 33.5 亿立方米，其中浅水区 27.8 亿立方米，深水区 5.7 亿立方米；天然气地质资源量累计 51.4 千亿立方米，其中浅水区 21.1 千亿立方米，深水区 30.3 千亿立方米。

续表

盆地	地理环境（水深）	传统疆界内面积/千米²	地质资源/亿吨				可采资源/亿吨			
			95%	50%	5%	期望值	95%	50%	5%	期望值
西北巴拉望	浅水	0	0.00	0.00	0.00	0.00	0.00	0.00	0.00	0.00
	深水	3 772	2.31	4.15	6.81	4.40	0.83	1.49	2.45	1.58
	小计	3 772	2.31	4.15	6.81	4.40	0.83	1.49	2.45	1.58
合计	浅水	145 705	24.14	53.19	83.22	53.57	8.75	17.93	27.42	18.79
	深水	435 492	35.92	76.07	120.70	77.33	11.20	21.95	33.84	23.52
	合计	581 197	60.06	129.25	203.92	130.90	19.95	39.87	61.26	42.31

表 2-3-3 南海中南部诸盆地天然气资源量（"九段线"内）

盆地	地理环境（水深）	传统疆界内面积/千米²	地质资源/亿米³				可采资源/亿米³			
			95%	50%	5%	期望值	95%	50%	5%	期望值
万安	浅水	38 402	2 486	6 666	11 399	6 832	1 560	4 180	7 135	4 281
	深水	16 750	1 021	2 816	4 652	2 828	640	1 765	2 917	1 773
	小计	55 152	3 507	9 482	16 051	9 660	2 200	5 945	10 051	6 053
曾母	浅水	96 203	12 925	33 730	55 725	34 087	8 128	21 200	35 023	21 425
	深水	23 036	3 527	9 351	15 798	9 538	2 221	5 888	9 947	6 006
	小计	119 239	16 453	43 081	71 523	43 625	10 349	27 087	44 970	27 431
北康	浅水	3 653	274	775	1 274	774	159	449	739	449
	深水	55 570	3 407	8 937	14 816	9 042	1 976	5 183	8 593	5 244
	小计	59 223	3 681	9 711	16 090	9 816	2 135	5 633	9 332	5 693
南薇西	浅水	0	75	155	242	157	43	90	140	91
	深水	48 038	1 351	2 826	4 439	2 867	784	1 639	2 575	1 663
	小计	48 038	1 426	2 981	4 680	3 024	827	1 729	2 715	1 754
中建南	浅水	0	0	0	0	0	0	0	0	0
	深水	110 826	3 335	7 067	11 333	7 227	2 018	4 271	6 845	4 367
	小计	110 826	3 335	7 067	11 333	7 227	2 018	4 271	6 845	4 367

续表

盆地	地理环境（水深）	传统疆界内面积/千米²	地质资源/亿米³				可采资源/亿米³			
			95%	50%	5%	期望值	95%	50%	5%	期望值
礼乐	浅水	0	356	998	1 660	1 004	221	619	1 029	622
	深水	58 772	833	2 393	3 947	2 391	488	1 402	2 313	1 401
	小计	58 772	1 188	3 391	5 607	3 395	708	2 021	3 342	2 023
笔架南	深水	40 050	885	2 410	3 822	2 376	513	1 398	2 217	1 378
永暑	深水	2 287	56	141	254	149	33	82	147	87
南薇东	深水	5 762	94	242	404	246	55	140	234	143
安渡北	深水	13 801	108	271	452	276	63	157	262	160
九章	深水	14 651	50	125	200	125	29	73	116	73
南沙海槽	深水	23 100	302	905	1 509	905	175	525	875	525
文莱－沙巴	浅水	7 447	697	1 395	2 092	1 395	446	893	1 339	893
	深水	19 077	1 294	2 588	3 881	2 588	828	1 656	2 484	1 656
	小计	26 524	1 991	3 983	5 974	3 983	1 274	2 549	3 823	2 549
西北巴拉望	浅水	0	0	0	0	0	0	0	0	0
	深水	3 772	1 399	4 023	6 773	4 061	881	2 534	4 267	2 558
	小计	3 772	1 399	4 023	6 773	4 061	881	2 534	4 267	2 558
合计	浅水	145 705	16 814	43 719	72 391	44 249	10 558	27 430	45 405	27 761
	深水	435 492	17 663	44 095	72 280	44 621	10 703	26 713	43 792	27 034
	合计	581 197	34 476	87 814	144 671	88 870	21 261	54 144	89 196	54 795

目前，我国油气勘探开发主要集中于南海北部浅水；但中、菲、越合作前景不容乐观。

周边国家竞争态势日益严重（图2-3-3和图2-3-4）。因此维护我国海洋权益，加快南海中南部开发迫在眉睫。

越南：南海浅水油气勘探如火如荼，收益可观，正大步向深水进军，近期异常活跃，拉拢多国伙伴，自营合作并举。在"九段线"内，钻井94口、发现油气田17个、建设骨干管网5条共208千米。累计地质储量分别为石油21亿吨、天然气9 903亿立方米，其中"九段线"内石油1.4亿吨、天然气2 921亿立方米。2010年，在我国"九段线"内的产量分别为石油

50 万吨、天然气 51.92 亿立方米。

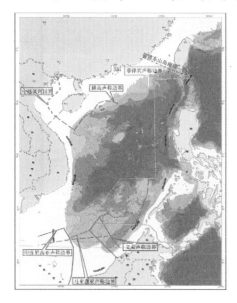

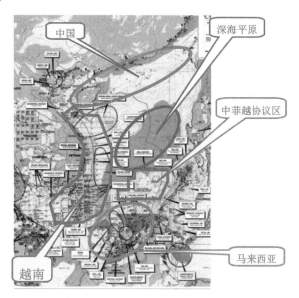

图 2-3-3　南海争议区态势　　　　图 2-3-4　"九段线"内中南部

盆地被蚕食近 2/3

马来西亚：最早引入西方石油公司参与合作开发南海海上油气田，"不动声色"，早已走向深水，投入惊人，勘探成果丰富，开发势头迅猛。勘探与开发并重，成为"九段线"内掠夺资源最早、最多的国家，目前深水技术居世界前十位。2010 年，在我国"九段线"内的产量分别为石油 564 万吨，天然气 364.5 亿立方米。

周边国家在南海的合同区和招标区：39 万平方千米，占"九段线"中南部盆地总面积的 62%。目前钻井 652 口；发现油气田 120 个；储量：石油 12.5 亿吨，天然气 4.13 万亿立方米，2010 年产量：石油 701 万吨，天然气 453.42 亿立方米。周边国家在南海每年开采的石油资源相当于 1 个"大庆油田"。

二、能源安全的需要　　　

（一）人均资源量不足

虽然我国油气资源比较丰富，但人均占有资源量严重不足。

石油资源量占世界的 3.6%，天然气资源量占世界的 2.8%，人口占世界的 20%。

全球石油可采资源量	4 138 亿吨;
我国石油可采资源量	150 亿吨;
全球天然气可采资源量	436 万亿立方米;
我国天然气可采资源量	12 万亿立方米;
世界人均占有石油可采资源	68 吨;
我国人均占有石油可采资源	12 吨;
世界人均占有天然气可采资源	7 万立方米;
我国人均占有天然气可采资源	1 万立方米。

(二) 能源供需矛盾突出

随着我国经济的持续快速增长,能源供需矛盾日益突出,国内石油产量已难以满足国民经济发展的需求。我国油、气可采资源量仅占全世界的 3.6% 和 2.8%,而我国的油气消耗量占到世界第二位,2011 年我国原油净进口量达到 2.537 8 亿吨,而当年全国石油产量为 2.028 7 亿吨,2011 年石油对外依存度达 55.6%,进口量远超过产量。

据中国工程院《中国可持续发展油气资源战略研究报告》,到 2020 年我国石油需求将达 4.3 亿~4.5 亿吨,对外依存度将进一步提高。同时在油气严重依赖进口的形势下,国内油气生产还表现出后备资源储量不足的矛盾。石油供应安全被提高到非常重要的高度,已经成为国家三大经济安全问题之一。同时目前我国海洋油气资源开发主要集中在近海,因此在加大现有资源开发力度的同时,开辟新的海洋资源勘探开发领域尤其是深海海域是当前面临的主要任务。2050 年石油天然气将占能源结构的 40%,保障我国石油供应,实现能源与环境的和谐发展,已经成为保障国家能源安全的重要战略。

据预测,全球资源需求的高峰将出现在 2020 年,在此前将发生第三次能源危机。我国资源需求的高峰也将出现在 2020—2030 年。这就要求我国加快实施包括海洋强国战略在内的综合对策,遵照党的十八大提出的"实施海洋开发"的重大决策和国务院 2003 年 5 月批准的《全国海洋经济发展规划纲要》,我国必须拓展我国经济发展的战略空间,"大力发展深海技术,努力提高深海资源勘探和开发技术能力,维护我国在国际海底区域的权益"。

（三）海洋石油已经成为我国石油工业的主要增长点

我国管辖海域面积 300 多万平方千米，已圈定大中型油气盆地 26 个，石油地质资源量为 350 亿~400 亿吨。"十一五"期间我国石油增量 70% 来自海洋，加大海洋能源开发力度对缓解能源供需矛盾具有重要意义。

海域划界是主权之争，主权的背后是资源问题。海洋是世界各国在未来争相瓜分的现实地理空间，在瓜分海洋这一人类最后一块共同领域的争斗中，"下五洋捉鳖"具有不亚于"上九天揽月"的重要战略意义。

三、海洋能源自主开发迫切需要创新技术　▶

（一）深水是未来世界石油主要增长点，我国与世界先进技术差距大

深水区域面临着崎岖海底、隐蔽油气藏等难题，勘查难度、风险进一步增加，勘查形势不容乐观。迫切需要高精度的地震采集、处理等油气勘探的新技术，促进勘探工作良性循环，进一步提高勘探经济效益、降低勘探风险；同时，目前深水油气田开发工程技术和装备主要为国外公司所垄断，而我国对深水工程重大装备和深水油气田勘探开发技术研究才刚刚起步，远远落后于发达国家，成为制约我国深水油气勘探开发的技术"瓶颈"。所以，开展南海深水区域勘探和生产作业受到技术、装备和人才的严重制约。我国面临的主要问题包括：深水油气勘探和开发技术能力和手段的缺乏、海洋深水钻井装备和工程设施的缺乏、深水油气工程设施的设计和建设能力的缺乏。

经过 30 多年的发展，我国已经形成了近海水深 300 米以内海上油气田开发技术体系，并于 2011 年和 2012 年逐步建成具备 3 000 米水深作业能力的 12 缆深水物探船、"海洋石油 981"深水钻井平台、"海洋石油 708"深水勘查船等重大深水作业装备，但我国深水工程装备水平与国外差距还很大（表 2 - 3 - 4）。

表 2 - 3 - 4　国内外海洋油气开发能力比较

名　称	国外水深/米	国内水深/米
深水完钻井	3 052	1 500
深水油气田开发	2 743	333
深水工程装备	3 000	3 000

以"海洋石油981"深水半潜式钻井平台为例，设计能力达3 000米水深，在钻"LW6-1-1"井之前（"LW6-1-1"井的作业水深1 500米，设计钻深为2 371米，使用我国第一座深水半潜式钻井平台"海洋石油981"钻井），我国自营井的海洋钻井作业的最大水深为540米，我国在南海海域作业水深超过1 000米的深水井作业者均为国外公司，且均为租用国外深水钻井平台/钻井船。2008—2020年中海油预计共钻150口深水井，其中每年合作钻井8口，自营钻井将由2010年的每年3口增加到每年7口。如此大的钻井工作量只依靠"海洋石油981"钻井平台显然不足，因此有必要增加深水钻井装备。

深水工程技术差距更为巨大，国外已经开发海上油气田最大水深2 743米，我国目前的开发水深纪录为333米，目前围绕深水油气田勘探开发工程的深水地球物理勘探技术、深水钻完井技术、深水平台、深水水下设施、深水流动安全保障、深水海底管道和立管以及深水动力环境研究工作刚刚起步，远远赶不上我国深水油气田开发的实际需求，已经成为制约我国深水油气资源开发的"瓶颈"。一方面，目前深水核心技术仅掌握在少数几个发达国家手中，引进中存在技术壁垒；另一方面南海特有的强热带风暴、内波等灾害环境以及我国复杂原油物性及油气藏特性本身就是世界石油领域面临的难题，这就决定了我国深水油气田勘探开发工程将面临更多的挑战，只有通过核心技术自主研发、尽快突破深水油气田勘探开发关键技术，我国才能获得深水油气资源勘探开发的主动权。

（二）近海边际油气田和稠油油田需要高效、低成本创新技术

我国近海探明的原油储量中，有13亿吨属于边际油田；同时海上油田已经成为国内原油增长的主力军之一，其中海上稠油产量增加最为明显，2010年稠油产量约2 400万立方米，占中国海上原油产量一半以上（图2-3-5）。

至2009年年底，中国海上已发现原油地质储量约49亿吨，其中稠油约34万亿吨，占69%（图2-3-6）。2010年，中国海油海上稠油产量约占全球海上稠油产量的44.1%。

海上稠油采收率每增加1%，就相当于发现了一个亿吨级地质储量的大油田。

目前我国海上稠油油田采收率为18%～22%，意味着在平台寿命期内

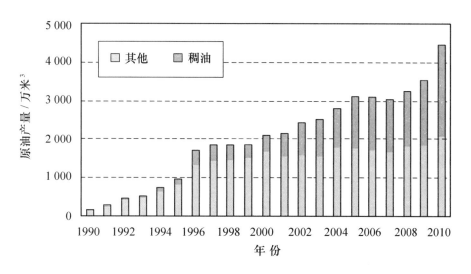

图 2 - 3 - 5　海上历年原油产量构成

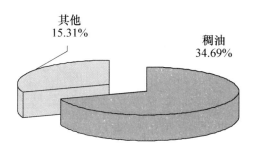

图 2 - 3 - 6　中国海上油田已发现储量

绝大部分储量仍然留在地下，提高采收率潜力很大。通过新技术的研究和应用，将海上稠油油田采收率提高 5% ~ 10%，相当于发现一个 10 亿吨级大油田，增加的可采储量相当于我国 1 ~ 2 年的石油产量。因此，海上油田提高原油采收率潜力巨大，高效、大幅度地提高海上稠油采收率对于缓解国家石油供需矛盾具有重大的战略意义。

（三）天然气水合物勘探开发为世界前沿技术领域

由于埋深浅、成藏机理还在研究中，天然气水合物分解将引起环境灾害等，天然气水合物这一潜在资源开发目前是世界关注的热点、难点和焦点。

天然气水合物主要储存在极地冻土区和各大海域的深水陆坡区。目前围绕冻土区域的加拿大、阿拉斯加的试验开采项目已分别于 2002 年、2007

年和 2012 年成功实施。日本于 2013 年 3 月在其近海进行了为期 6 天的海上试采。我国已于 2007 年和 2013 年分别获取了海域水合物样品，并于 2009 年获取冻土水合物样品，但距离水合物商业开发还有很长的路，探索安全、经济、有效的天然气水合物开采技术是世界创新技术前沿。

（四）海上应急救援装备和技术体系

海上重大原油泄漏事故不仅造成了巨大的经济损失，而且带来了巨大的环境和生态灾难，2010 年墨西哥湾 BP 公司重大原油泄漏事故导致的灾难性影响，使得人们对海洋石油开发的安全问题提出了一些质疑。因此，针对深海石油设施溢油事故研究及其解决方案和措施，研制海上油气田水下设施应急维修作业保障装备就显得非常迫切。

用于海上应急救援的设备主要包括：载人潜水器（HOV）、无人遥控潜水器（ROV）、无缆的自治水下机器人（AUV）、单人常压潜水服作业系统、饱和潜水作业系统。我国在潜水装备技术方面有了突破性的进展，特别是在 7 000 米载人潜水器、6 000 米自治潜水器和 4 500 米级深海作业系统的成功研制。然而，与世界先进国家相比，我国的深海技术和装备目前还处于起步阶段，服务于深水油气资源开发的深海装备技术水平尚有较大差距，且大量关键核心装备与技术依然依赖进口，缺少国家级的公共试验平台，工程化和实用化的进程缓慢，产业化举步维艰。研制具有自主知识产权、实用化的潜水装备作业系统，实现装备研制的国产化，初步形成服务于南海的深水油气资源开发的深海探查和作业装备体系，同时提高我国在潜水、高气压作业方面的产业技术水平及自主创新能力和综合竞争实力，对于我国在 21 世纪开发深海资源具有重要的战略意义和历史意义。

第二章　我国海洋能源工程与科技发展现状

一、我国海洋能源资源分布特征 ▶

(一) 我国海域油气资源潜力

我国海域管辖面积 300 多万平方千米, 已圈定大、中型新生代油气盆地 26 个, 盆地面积约 153.7 万平方千米。针对这些含油气盆地的油气资源, 前人进行了多次资源评价, 2003 年中国海洋石油总公司内部进行了第三次油气资源评价, 2004 进行的新一轮全国油气资源评价, 2005—2010 年对北黄海盆地、东海盆地西湖凹陷、渤海海域、南海北部深水区以及北部湾盆地等进行油气资源动态评价。综合以上评价成果, 认为这些盆地石油地质资源量为 268.36 亿吨, 天然气地质资源量为 16.735 万亿立方米。

中国近海总面积约 130 万平方千米, 发育 10 个主要盆地, 即渤海、东海、珠江口、琼东南、莺歌海、北部湾、北黄海、南黄海、台西—台西南盆地, 盆地总面积约 90 万平方千米; 按 300 米水深分, 其中浅水区 (水深小于 300 米) 盆地面积 77 万平方千米, 深水区 (水深大于 300 米) 盆地面积 13 万平方千米。目前, 可供勘探的盆地有 7 个, 总面积约 74 万平方千米。

我国近海石油资源主要分布于 9 个盆地。石油地质资源量 137.47 亿吨, 其中两大盆地渤海 82.66 亿吨、珠江口 23.27 亿吨, 共占 77%。

我国近海天然气资源亦主要分布于 9 个盆地。天然气地质资源量达 78.465 千亿立方米, 其中东海、莺歌海、珠江口、琼东南四大盆地均在 10 万亿立方米以上, 累计 64.422 千亿立方米, 共占 82% (表 2 - 3 - 5)。

在南海中南部我国传统疆界内石油地质资源量 130.9 亿吨、天然气地质资源量 8.887 万亿立方米, 油当量资源量约占我国海域总资源量的 50%, 油气资源潜力巨大; 其中深度大于 300 米的深水区盆地面积 43.55 万平方千米, 石油地质资源量 77.33 亿吨、天然气地质资源量 7.228 万亿立方米。

目前, 我国南海油气勘探主要集中在南海北部的珠江口、琼东南、北部湾和莺歌海4个盆地，面积约 36.4 万平方千米。石油地质储量为 38.91 亿吨、天然气地质资源量为 5.214 万亿立方米。我国"九段线"内——总面积 200 万平方千米，总地质资源量达 350 亿吨油当量，其中，中、南部的资源量是北部的 2.6 倍。

表 2-3-5 中国海域主要盆地石油和天然气资源量

海区	盆地	地理环境（水深）	评价面积/千米²	石油地质资源/亿吨				天然气地质资源/亿米³			
				95%	50%	5%	期望值	95%	50%	5%	期望值
近海	渤海	浅水	41 585	66.80	80.57	99.93	82.66	5 722	8 225	12 926	8 821
	北黄海	浅水	30 692	0.56	1.92	4.54	2.16				
	南黄海	浅水	151 089	1.64	2.86	4.44	2.98	575	1 534	4 163	1 847
	东海	浅水	241 001	2.19	8.19	17.59	8.90	4 888	12 801	24 682	13 604
	台西－台西南	浅水	103 779	0.52	1.53	3.96	1.85	984	1 855	3 638	2 052
	珠江口	浅水	115 525	11.47	17.65	24.49	17.56	1 840	3 162	4 640	3 192
		深水	85 063	0.32	5.50	13.33	5.71	6 936	15 786	27 670	16 419
		小计	200 588	11.79	23.15	37.82	23.27	8 776	18 948	32 311	19 611
	琼东南	浅水	21 772	0.78	1.66	2.64	1.69	2 434	3 749	6 962	4 251
		深水	61 221					4 616	11 163	26 861	13 888
		小计	82 993	0.78	1.66	2.64	1.69	7 050	14 912	33 823	18 139
	北部湾	浅水	34 348	11.29	13.50	18.12	13.95	938	1 249	1 904	1 323
	莺歌海	浅水	46 056					4 495	12 161	22 800	13 068
	小计	浅水	785 847	95.25	127.88	175.72	131.76	21 876	44 736	81 715	48 158
		深水	146 284	0.32	5.50	13.33	5.71	11 552	26 949	54 532	30 307
		合计	932 131	95.57	133.38	189.04	137.47	33 428	71 685	136 247	78 465
南海中南部	万安	浅水	38 402	4.78	11.63	18.46	11.63	2 486	6 666	11 399	6 832
		深水	16 750	2.07	4.86	7.70	4.87	1 021	2 816	4 652	2 828
		小计	55 152	6.85	16.49	26.15	16.50	3 507	9 482	16 051	9 660
	曾母	浅水	96 203	13.90	29.50	46.11	29.80	12 925	33 730	55 725	34 087
		深水	23 036	1.79	4.15	6.96	4.29	3 527	9 351	15 798	9 538
		小计	119 239	15.69	33.65	53.06	34.08	16 453	43 081	71 523	43 625
	北康	浅水	3 653	0.45	1.10	1.76	1.10	274	775	1 274	774
		深水	55 570	5.15	12.69	20.38	12.74	3 407	8 937	14 816	9 042
		小计	59 223	5.60	13.79	22.14	13.84	3 681	9 711	16 090	9 816

续表

海区	盆地	地理环境(水深)	评价面积/千米²	石油地质资源/亿吨				天然气地质资源/亿米³			
				95%	50%	5%	期望值	95%	50%	5%	期望值
南海中南部	南薇西	浅水	0	0.18	0.37	0.59	0.38	75	155	242	157
		深水	48 038	3.81	7.81	12.62	8.05	1 351	2 826	4 439	2 867
		小计	48 038	3.99	8.18	13.21	8.43	1 426	2 981	4 680	3 024
	中建南	浅水	0	0.00	0.00	0.00	0.00	0	0	0	0
		深水	110 826	9.10	18.61	29.79	19.11	3 335	7 067	11 333	7 227
		小计	110 826	9.10	18.61	29.79	19.11	3 335	7 067	11 333	7 227
	礼乐	浅水	0	0.88	2.17	3.46	2.17	356	998	1 660	1 004
		深水	58 772	1.28	3.19	4.70	3.07	833	2 393	3 947	2 391
		小计	58 772	2.16	5.36	8.16	5.24	1 188	3 391	3 607	3 395
	笔架南	深水	40 050	1.75	4.16	6.60	4.17	885	2 410	3 822	2 376
	永暑	深水	2 287	0.11	0.27	0.42	0.27	56	141	254	149
	南薇东	深水	5 762	0.29	0.69	1.09	0.69	94	242	404	246
	安渡北	深水	13 801	0.33	0.72	1.15	0.73	108	271	452	276
	九章	深水	14 651	0.13	0.28	0.45	0.28	50	125	200	125
	南沙海槽	深水	47 005	0.47	1.59	2.51	1.53	302	905	1 509	905
	文莱–沙巴	浅水	7 447	3.95	8.42	12.84	8.50	697	1 395	2 092	1 395
		深水	19 077	7.33	12.91	19.53	13.13	1 294	2 588	3 881	2 588
		小计	26 524	11.28	21.33	32.37	21.63	1 991	3 983	5 974	3 983
	西北巴拉望	浅水	0	0.00	0.00	0.00	0.00	0	0	0	0
		深水	3 772	2.31	4.15	6.81	4.40	1 399	4 023	6 773	4 061
		小计	3 772	2.31	4.15	6.81	4.40	1 399	4 023	6 773	4 061
	小计	浅水	145 705	24.14	53.19	83.22	53.57	16 814	43 719	72 391	44 249
		深水	459 397	35.92	76.07	120.70	77.33	17 663	44 095	72 280	44 621
		合计	605 102	60.06	129.25	203.92	130.90	34 476	87 814	144 671	88 870
合计		浅水	931 552	119.39	181.06	258.93	185.33	38 690	88 454	154 106	92 407
		深水	605 681	36.24	81.57	134.03	83.04	29 214	71 044	126 812	74 927
		总计	1 537 233	155.63	262.63	392.96	268.36	67 904	159 499	280 918	167 335

(二)我国海域天然气水合物远景资源

我国海域具有广阔的天然气水合物资源前景,目前资源勘查、地质调查、开采机理研究方面取得初步成果,并于 2007 年和 2013 年成功地在南海钻探取得天然气水合物样品,2009 年取得冻土岩心。在我国南海陆坡已圈定11个天然气水合物资源远景区，资源量达185亿吨油当量（图2－3－7）。南海远景资源量680亿吨油当量，约相当于我国陆上和近海石油和天然气总资源量的1/2。目前，还处于海域天然气水合物初勘和评价初期。

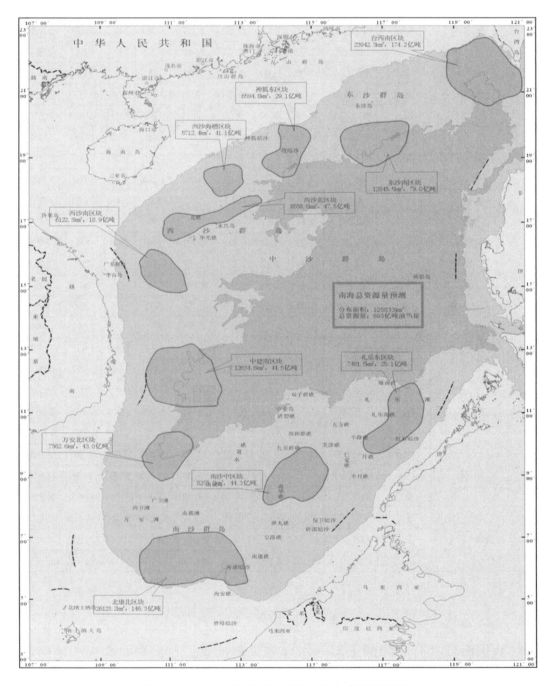

图2－3－7 我国海域天然气水合物资源潜力

尽早开发利用天然气水合物是解决我国后续能源供给的有效途径，直接关系到我国经济、社会的可持续发展，战略意义重大。

二、海上油气资源勘探技术研究现状

我国海洋石油地质科技工作者，把石油地质理论、勘探技术、计算机技术和勘探目标的综合研究紧密地结合在一起，在中国海洋石油油气勘探技术的实践中逐渐形成了以潜在富烃凹陷（洼陷）为代表的新区新领域评价技术等一系列新理论、新认识，主要包括含油气盆地古湖泊学及油气成藏体系理论、渤海新构造运动控制油气晚期成藏理论和优质油气藏形成与富集模式。

（一）"三低"油气藏

基本建立了"三低"油气藏的测井识别和评价方法体系及产能分类评价标准。针对"三低"油气藏的测试，研发且成功应用了螺杆泵测试井口补偿配套系统，扭转了半潜式钻井平台上测试期间排液手段匮乏的不利局面。针对低阻油气层的录井，在渤海初步成功应用了岩石热解技术、气相色谱技术和轻烃分析技术；在全海域成功推广应用了电缆测试流体取样以及核磁共振油气层识别和评价技术，建立了以多极子阵列声波和核磁共振技术为核心的凝晰油气藏测井技术识别和评价系列，开发研制成功了油气藏测井产能预测技术，成功总结出了"内外科"结合的低阻油气层识别和评价技术流程，并在"十一五"期间使海域低阻油气藏的测井解释符合率提高到了95%以上；基本上建立了"三低"油气藏的测井识别和评价方法体系以及产能分类评价标准。但是，尚未对"三低"油气藏勘探过程中的钻井工程技术、钻井液选择及其储层保护技术、录井对油气层的识别、测试技术及储层改造技术等因素统筹考虑，没有形成系统化的"三低"油气层勘探技术体系及技术规范。

（二）深层油气勘探技术尚有差距

尽管已在珠—坳陷深层发现了惠州 19–2/3 等油田，在渤中凹陷深层获得了领域性突破（"渤中 2–1"和"秦皇岛 36–3"等含油气构造），并实现"金县 1–1 构造区"亿吨级油气藏的勘探新突破。但高分辨率地震勘探技术、成像与核磁测井技术的深度应用、储层改造技术尚有差距。

（三）高温高压天然气勘探技术现状

高温高压层勘探技术难度大、风险高，对钻井和测试施工设计及安全控制提出了更高的要求。目前，中国海油高温高压天然气勘探技术仍是薄弱环节。

（四）地球物理勘探技术现状

（1）地球物理勘探现有技术基础主要表现在以下7方面：①具有国内领先、国际先进的海上地震资料采集技术；②通过引进消化吸收，具有业界国际领先的地球物理综合解释技术；③形成了国内领先的海洋二维和三维地震资料处理技术体系；④初步建立了适合中国近海勘探储层研究岩石物理分析技术及数据库；⑤形成了国内领先的地震储层预测和油气检测技术体系；⑥建立了世界一流的三维虚拟现实系统；⑦建立了具有国内国际领先的测井处理技术体系。

（2）地球物理勘探技术差距主要表现在以下5方面：①与国际技术对比，海上缺少高精度地震采集技术，如宽方位（WAZ）拖缆数据采集技术、多方位（MAZ）拖缆采集技术、富方位（RAZ）海洋拖缆数据采集、Q-Marine圆形激发全方位（FAZ）数据采集技术、双传感器海洋拖缆（Geostreamer）数据采集技术、上/下拖缆地震数据采集技术、多波多分量地震数据采集技术、OBC地震数据采集；②深水崎岖海底和深部复杂地质条件下的地震处理与成像技术有待提高；③复杂储层预测描述技术不足；④特殊/复杂油气藏处理解释技术仍需要攻关；⑤烃类直接检测方法技术也不够成熟。

（五）勘探井筒作业技术现状

1. 录井技术基础与差距

海上录井技术在国内外较为成熟、较为先进，整体水平处于国际跟进的现状。

录井技术差距主要表现在以下5方面：①中深层录井技术难题（发展"瓶颈"），主要包括复杂岩性识别问题、随钻地层压力预测与井场实时监控问题、潜山、碳酸盐岩、盐膏层等复杂地层录井技术，深层井下工程实时监控；②气体检测设备问题（行业发展方向），主要包括非烃类气体检测（CO_2、H_2S）、烃类气体快速定量检测分析；③井场油气水快速识别与评价；④特殊钻井工艺条件下配套录井技术（发展"瓶颈"），主要包括特殊井型

（水平井、分支井、侧钻井等）录井技术系列、海上压力控制钻井技术条件下录井技术、PDC 钻头应用条件下的录井难点与对策、特殊钻井液体系（水包油、油基泥浆）条件下录井技术、小井眼钻井技术；⑤录井资料处理与定量综合解释问题。

2. 测井设备差距

现有测井设备主要以进口贝克—阿特拉斯公司的设备为主，以自主研制开发仪器为辅。目前，已建立了基本满足成像测井要求的技术体系，并开发了主要针对海上作业服务的 ELIS（Enhanced Logging & Imaging System——增强型测井成像系统），在常规 3 组合电缆测井（电阻率、声波、放射性测井）上达到国内领先、接近国际先进水平。同时在成像测井的部分高端技术方面进行了重点开发并取得了一定成果，例如电缆地层测试与取样、阵列感应测井、阵列声波测井等技术。

3. 测井技术差距

测井技术差距主要表现在以下 5 方面：①自主研发的设备和仪器目前只能跟随外国服务公司的设计理念来实现其功能，无法完全创新，所以总比国际水平低；②高端功能上距国外先进水平还有一定差距，主要缺陷在于其电缆数据传输率较低，不利于系统功效的提高和新型测井仪的开发使用；③随钻测井仪器研制刚刚起步，国际油田技术服务公司已经大规模应用，中石油在该领域加大研发力度，并取得突破性进展；④尚无法满足水平井、稠油等困难条件的生产测井仪器和技术；⑤测井解释技术近几年在全海域陆续开展了海域低阻油气层的识别和评价方法研究以及低孔渗油气层的识别和评价方法研究项目，使我们在"三低"油气藏的识别评价方面取得了明显的应用效果，但由于受到没有高分辨率和高精度测井设备的限制还难以应对特低孔、特低渗、特低对比度油气层以及复杂岩性油气藏和薄互层砂岩油气藏的挑战。大斜度井和水平井的测井解释技术尚处于初步研究和使用阶段，环井周各项异性地层的测井解释技术尚处于探索阶段。

4. 测试技术差距

测试技术日趋完善，近几年成功应用了潜山座套裸眼测试技术、复合射孔深穿透测试技术、射流泵机采技术、过螺杆泵电加热降黏技术、防砂技术等。

测试技术差距主要表现在以下 10 方面：①智能工具新型技术和关键设备相对落后；②地面常规试油技术的一些关键设备如分离器和燃烧系统等还有差距；③高温高压气层测试力量不足，在一些关键领域缺乏理论支持；④尚未完全拥有快速反应的深水水下树系统等装备和技术；⑤稠油油层测试、低孔低渗油气层以及潜山油气层裸眼测试工艺有待改进；⑥尚未采用多相流量计技术；⑦测试井下数据无线传输与录取技术有待进一步研发和完善；⑧螺杆泵热采技术尚未研发；⑨复合化、数字化、智能化射孔技术有待提高；⑩连续油管测试技术仍是空白。

三、我国海洋油气资源开发工程技术发展现状 ▶

成立于 1982 年的中国海洋石油总公司（以下简称"中海油"）用 6 年时间实现了从对外合作到自主经营的转变，用 30 年的时间实现了国外公司 50 年的跨越，2010 年产量为 5 185 万吨，成功建成"海上大庆"。

（一）初步形成了"十大技术系列"

- 近海油气田勘探技术：地球物理、地质以及处理解释技术；
- 近海油气田油藏模拟以及开发方案设计技术；
- 近海油气田钻完井技术：大位移井、优快钻井、多底井等；
- 海洋平台设计建造技术：导管架平台、筒形基础平台等设计建造技术；
- 大型 FPSO 设计建造技术：特别是冰区 FPSO 设计建造技术；
- 海底管道设计、建造、铺设技术；
- 海上油气田工艺设备设计、建造、安装调试技术；
- LNG 以及新能源开发技术；
- 海上油气田开发所需的海上作业支持和施工技术；
- 环境评价以及安全保障。

由浅水向深水进军是中海油一次巨大的跨越，"LW3 - 1"深水天然气田的发现揭开了南海深水油气勘探的序幕。与浅水区油气勘探相比，深水油气具有特有的成藏和勘探开发特点，深水油气储层类型与产能研究、圈闭规模与经济性研究等是其勘探开发潜力评价的关键。我国深水油气勘探开发方面的理论与技术相对滞后，为此开展南海深水区油气勘探关键技术攻关，以推动和加速南海深水油气勘探和大发现，使之成为我国油气储量和产量增长的重要领域，这对保障我国能源供给和可持续发展意义重大。

（二）用 6 年时间实现由对外合作向自主经营的转变

1986 年中国海洋石油总公司与日本石油公司合作开发"埕北"油田，1992 年自主开发"锦州 20 - 2"，并建成 46 千米海底混输管线，实现了从对外合作向自主经营的转变。

（三）具备国际先进的海上大型 FPSO 设计和建造能力

中海油最早采用 FPSO 方案是从 1986 年改造"南海希望"号（FPSO）开始的。1987 年在开发"渤中 28 - 1"油田时，首次自行研制了 5 万吨级的"渤海友谊"号，该船获得过国家科技进步一等奖和"十大名船"称号。在海洋油气开发的实践中，中海油不断地对 FPSO 进行探索，先后与国内有关科研机构和造船企业合作，使 FPSO 作业水深从 10 多米提高到 300 多米；服务海域从渤海冰区到南海台风高发区；储油能力从 5 万吨级发展到 30 万吨级。掌握了 FPSO 总体选型、原油输送、系泊系统、油气处理设施、技术经济评价等关键技术；目前是世界上拥有 FPSO 数量最多的公司之一。

目前，中海油拥有 FPSO 19 艘，其中自主建造 FPSO 17 艘（图 2 - 3 - 8 和图 2 - 3 - 9）海外 AKOP 1 艘，租用睦宁号 1 艘。创新技术包括"大型浮式装置浅水效应"设计、浮式生产储油系统抗冰设计、抗强台风永久性系泊系统、应用于稠油开发的 FPSO。2007 年投运"海洋石油 117"为世界最大的 FPSO，船长 323 米，型宽 63 米，型深 32.5 米，可抵御百年一遇的海况，30 万吨储油能力，处理能力 3 万吨/日，造价 16 亿美元。

（四）形成了近海稠油高效开发技术体系

经过 20 多年的发展，我国已建立了世界先进的近海大型稠油油田开发技术体系。"绥中 36 - 1"油田是迄今为止我国近海海域发现并开发的最大自营油田，该油田应用了海上强采汽水技术，建成世界最长稠油—水混输管线（70 千米），优快钻完井技术、多枝导流、适度出砂技术等，并于 1993 年正式投产运营。

"十五"期间，我国近海主要产油区之一的渤海油田开展了海上聚合物驱技术攻关，在抗盐驱油剂、自动化撬装设备、在线熟化室内模拟等方面取得了突破性进展，并开展了我国近海油田首次聚驱现场试验，实现了 3 个首次突破：①疏水缔合聚合物首次用于海上油田并初步成功；②首次实施

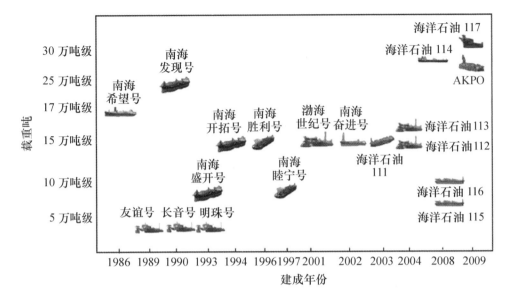

图 2 - 3 - 8　中国海洋石油 FPSO 的发展示意图

图 2 - 3 - 9　中海油已有的 FPSO 装置

海上稠油聚合物驱油单井先导试验，增油降水效果显著；③首次研制成功一体化自动控制移动式撬装注聚装置，排量大，长期运行稳定。

目前，在海上油田化学驱油技术方面，已初步形成了包括海上稠油多功能高效驱油体系、海上油田化学驱效果改善技术、海上稠油化学驱油藏综合评价技术、海上油田化学驱油藏数值模拟技术、化学驱高效配注系统及工艺技术和海上稠油化学驱采出液处理技术在内的海上稠油化学驱油技术体系，并在海上油田成功开展矿场试验。截至 2011 年 10 月，在渤海 3 个油田开展的化学驱矿场试验，累计增油 161 万立方米。

"十一五"期间，取得的显著成果表现在：在海上稠油油藏开发地震、化学驱油、多枝导流适度出砂和丛式井整体井网加密及综合调整等关键技术方面都取得明显突破，并初步开展了现场的试验和示范油田实际应用。

所取得的重大进展和突破主要在以下几方面。

（1）初步建立海上稠油油田开发地震、海上油田丛式井网整体加密及综合调整技术、多枝导流适度出砂、化学驱油和热采 5 套技术体系。

（2）研发出适合海上稠油的改进型缔合聚合物，基于渤海"绥中 36 - 1"油藏条件研发的聚合物驱油剂溶解时间小于 40 分钟；聚合物浓度 1 750 毫克/升时，溶液黏度大于 50 毫帕·秒，且剪切黏度保留率大于 50%；90 天除氧老化后聚合物黏度保留率大于 80%；实现聚合物溶液分层注入井段 2～3 层。

（3）在多枝导流适度出砂物理模拟实验、控砂理论及设计、多枝导流配套钻完井技术、大排量螺杆泵携砂采油技术、含砂油井处理工艺、多枝导流适度出砂技术集成及现场应用等方面取得了一系列成果，初步构建了多枝导流适度出砂技术体系。2008—2011 年上半年间，渤海稠油油田共钻 5 口多枝导流适度出砂井和 113 口适度出砂井，累积增产 34.7 万立方米，取得了良好的经济效益。

（4）通过海上稠油高效开发新技术在示范油田试验与应用，已实现增油 245.8 万立方米。

（5）海上油田丛式井网整体加密及综合调整技术：形成了海上复杂河流相稠油油藏高含水期剩余油定量描述技术、海上稠油油田综合调整油藏工程关键技术（包括海上大井距多层合采油藏整体加密调整优化技术、海上油田开发生产系统整体实时优化决策技术，海上大斜度定向井分段注水技术以及海上油田"丛式"井网整体加密调整钻采配套技术等。目前,"绥中 36 - 1 油田"已实施方案设计调整井 20 口,其中油井 16 口:定向井 7 口,水平井 9 口。注水井 4 口。秦皇岛"32 - 6 油田"已实施方案设计调整井 10 口,其中定向井两口,水平井 8 口。

(6)海上稠油化学驱油技术:建立了海上油田提高采收率方法潜力预测模、初步定型了稳定的长效抗剪切聚合物、微支化缔合聚合物和两亲聚合物,研制出了近井地带剪切模拟实验装置和强制拉伸水渗速溶装置(图 2 - 3 - 10 和图 2 - 3 - 11)、建立海上油田化学驱油藏监测技术、获得海上化学驱油田改善技术、初步获得聚合物驱采出液处理技术(图 2 - 3 - 12)。

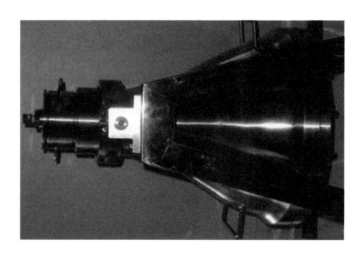

图 2 - 3 - 10　近井地带剪切模拟实验装置

(7)海上稠油热采技术:完成新型小型化螺旋式炉管小型化蒸汽发生技术(图 2 - 3 - 13)、高温封隔器、高温安全阀试制(图 2 - 3 - 14)、建立了多介质组合热采相似理论、并在南堡"35 - 2 油田"进行了热采试验,至 2012 年共实施多元热流体吞吐 10 余井次,取得了较好的应用效果。

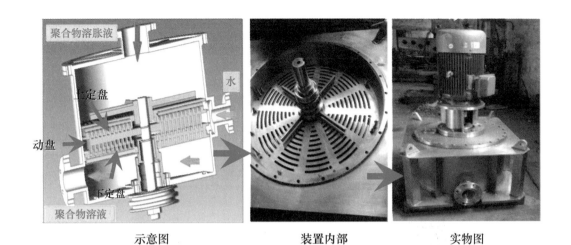

图2-3-11 聚合物强制拉伸水渗速溶装置

图2-3-12 多功能含聚污水处理装置

图 2 - 3 - 13　小型化蒸汽发生系统

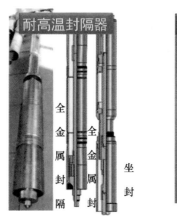

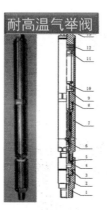

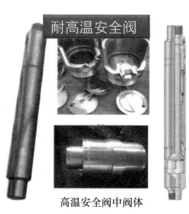

图 2 - 3 - 14　热采工具

（五）形成了以"三一模式"和"蜜蜂模式"为主的近海边际油气田
开发工程技术体系

工程技术体系见图 2 - 3 - 15 和图 2 - 3 - 16。

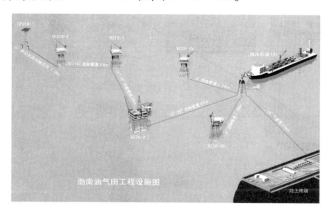

图 2 - 3 - 15　"三一模式"工程实例

图 2 - 3 - 16　可移动自安装平台实现了"蜜蜂模式"
开采海上边际油田

（六）深水油气田开发工程已迈出可喜的一步

1996 年中国海洋石油总公司与 AMOCO 合作开发了"流花 11 - 1"深水
油田，采用当时 7 项世界第一的技术，被誉为世界海洋石油皇冠上的一颗明
珠（图 2 - 3 - 17）；

1997 年，中国海洋石油总公司与 STATOIL 合作开发了"陆丰 22 - 1"

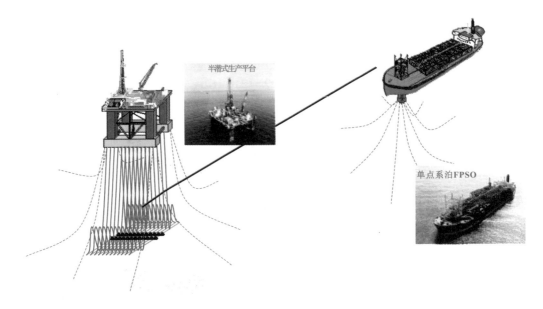

图 2 - 3 - 17 我国"流花 11 - 1"深水油田开发模式

深水油田（图 2 - 3 - 18）；

图 2 - 3 - 18 我国"陆丰 22 - 1"深水油田开发模式

1998 年，采用水下生产系统开发了"惠州 32 - 5"油田；

2000 年，采用水下生产系统开发了"惠州 26 - 1N"油田；

2005 年，与越南、菲律宾签署了联合海洋地震工作的协议；

2007 年，实现"流花 11 - 1"自主维修，仅用 10 个月时间恢复了我国南海最大的海上油气田的生产；

2009 年，我国海外西非尼日利亚深水区块 AKOP 进入生产阶段；

2011 年，我国第一个深水气田"荔湾 3 - 1"进入建造阶段；

2012 年，我国南海第一个采用水下技术开发的气田"崖城 13 - 4"气田建成投产，同年"流花 4 - 1"油田投产；

2012 年，"海洋石油 981"开钻、深水物探、勘察船等开始海上作业。

（七）我国深水油气田开发工程关键技术研发取得初步进展

依托国家"863 深水油气田勘探开发技术"重大项目、国家科技重大专项"深水油气田开发工程技术"以及南海深水示范工程等重大科技项目，我国已初步建立了深水工程技术所需要的试验模拟系统，并开展了深水工程关键技术的研发，研制了一批深水油气田开发工程所需装备、设备样机和产品，研制了用于深水油气田开发工程的监测、检测系统，部分研究成果已成功应用于我国乃至海外的深水油气田开发工程项目中，取得了显著的经济效益。目前，正在结合我国南海海域深水油气田开发的具体特点继续开展深水油气田工程六大关键技术研发。

1. 我国深水钻完井工程技术研究现状分析

国外深水勘探开发最活跃海域墨西哥湾，西非、巴西和北海，其钻井作业水深已达 3 000 米水深，因此各大专业公司都建立了成熟的深水钻井技术体系，超过 1 500 米水深的井超过 200 口。从 1987 年南海东部"BY7 - 1 - 1 井"开始，中海油通过对外合作的方式进入深水领域，水深超过 300 米的海域已钻井 54 口；水深超过 450 米的海域钻井已超过 10 口（其中，2006 年完钻的"LW3 - 1 - 1 井"，水深 1 480 米）；已开发两个 300 米水深的油田（南海东部的"流花 11 - 1"油田、"陆丰 22 - 1"油田），值得注意的是在南海，超过 1 000 米水深的井都是由国外公司主导完成的，我国自主深水钻完井技术与国际先进水平差距仍然较大。

中国海洋石油总公司在海洋石油的勘探开发中积累了丰富的钻完井作业经验，并形成了五大海上钻井的特色技术：优快钻完井技术、丛式井钻井技术、分支井钻井技术、水平井与大位移井钻井技术和高温高压井钻井技术。中国海洋石油总公司从 2000 年就开始跟踪国外深水钻井技术，2004

年出版了国内第一部《深水钻井译丛》，2006 年出版《深水双梯度钻井技术进展》，开展了"深水勘探钻井技术"和"深水钻井隔水管"技术研究，并建立了模拟低温条件的实验室，开展了深水钻井液和深水固井技术方面的科研工作。国内有关石油大学和科研机构在海洋钻井工艺、海洋钻井设备、钻井井控模拟和井下测控技术等方面开展了相关研究，并建立了钻井井控模拟实验室、井控与油气工程安全技术实验室和井下测控技术研究室。国内各大油田均建有钻井工艺、钻井工程技术、钻井设备方面的实验室，可以进行全尺寸模拟井试验、钻井液试验、井下工具试验等，但这些研究设施大都局限于浅海领域的研究，难以满足深水钻井采油的需要。

"十一五"期间，中海油及其合作伙伴通过国家重大专项课题对深水钻井技术进行了初步的技术探索和理论研究，奠定了良好的技术基础，中海油深圳分公司在非洲赤道几内亚承担作业者钻成了 S－1（水深超过 1 000 米）等两口深水井，积累了一定的实践经验。

"十一五"期间，中海油联合国内著名科研院所开展联合攻关，初步形成了一套包括深水钻完井工艺技术、深水钻完井设备应用技术、深水钻完井监测技术以及深水钻完井实验平台技术在内的深水钻完井技术体系，完成中海油第一口超深水井设计，低温水泥浆体系在南海深水 497 米井中应用、钻井液和水泥浆体系在"LH16－1－1 井"中成功应用；完成了包括井涌监测系统样机、随钻地层压力测试地面模拟实验装置（图 2－3－19）、海底泥浆举升钻井（Subsea Mudlift Drilling，简称 SMD）系统样机（图 2－3－20）、智能完井——井下流量测量样机、智能完井——井下流量控制样机等 5 套工具/样机研制。

2. 我国深水浮式平台工程技术研究现状分析

在"十一五"期间，由中海油牵头并联合上海交通大学、中国科学院等国内在海洋工程领域著名的科研院所进行联合攻关，建成了一个世界最大、最深，模拟水深达 4 000 米的深水试验水池，为我国深水工程技术的研究提供了重要的试验基地。目前已初步搭建了深水平台工程技术框架体系，具备了深水浮式平台概念设计能力，具备自主开发新船型的能力，初步具备了深水平台建造、运输、安装过程的设计能力，自主研制了用于深水平台现场监测装置，对南海海域内台风、内波、海流等对深水平台的影响研究，提供了宝贵的现场数据（图 2－3－21）。国内已经投产的浮式生产设施

图 2 - 3 - 19　随钻地层压力测量室内模拟试验装置实物

图 2 - 3 - 20　SMD 试验装置

主要包括"LH11 - 1"的 Semi-FPS 半潜式平台（水深 300 米）（图 2 - 3 - 22）。

同时我国已经开展了大型浮式液化天然气船 FLNG（Floating Liquid Natural Gas）、浮式液化石油气船 FLPG（Floating Liquid Petroleum Gas）和浮式

图 2 - 3 - 21　应用于"LH1 - 1"的 FPS 浮式平台的现场监测系统

图 2 - 3 - 22　"LH11 - 1"的 FPS 半潜式平台

钻井生产储油卸油轮 FDPSO（Floating Drilling Production Storage and Offloading）的概念设计，以便服务于距离我国大陆 2 000 余千米的南沙海上油气田的开发，即将天然气在船上进行液化后储存在船上，生产一定时间后再通过 LNG 运输船运到国内。"十一五"期间中海油牵头设计的 FLNG/FLPG和 FDPSO 总体布置分别图 2 - 3 - 30 和图 2 - 3 - 31。

图 2 - 3 - 23　"十一五"期间中海油牵头设计的 FLNG/FLPG 总体布置

图 2 - 3 - 24　"十一五"期间中海油牵头设计的 FDPSO 总体布置

3. 我国水下生产技术现状分析

在"十一五"期间，中海油联合国内外科研院所，借助国家科技重大专项和国家863计划等课题，开展了水下管汇原理样机、脐带缆相关技术研究，自主研制国内首台水下管汇原理样机（图2-3-25），为打破国外设备垄断迈出了水下生产系统国产化的第一步。

图2-3-25 自主研制国内首台水下管汇原理样机

4. 我国深水流动安全保障技术现状分析

由于深水环境恶劣，高压低温环境、加上我国海上油气具有高黏、高凝、油气比变化大等特点，同时深水管道回接距离长，因此水合物、蜡、段塞以及多相流腐蚀等一系列流动安全问题成为制约深水油气开发的关键。

目前，我国已经建立了达到世界先进水平的室内水合物、蜡沉积试验系统、高压35兆帕、400米长的多相管流和混输立管试验系统；具备1 500米深水流动安全基本设计能力，部分产品已经服务油田现场（图2-3-26）。

研制的国内首台多相增压泵已服务于油气田生产实践，并通过采取此控制段塞流和以防沙为主的多相增压工艺优化设计思路，有效减少了我国海上平台第一台双螺杆式多相泵的停机时间。

图 2 - 3 - 26　深水流动安全室内模拟系统

国内首次自主开展 LW3 - 1 气田 79 千米天然气凝析液多相混输系统流动安全保障概念设计，研究成果为采用全水下生产设施开发 LW31 - 1 气田以及周边区域提供强有力技术支持。

自主研制了海上立管段塞监控系统：成功应用于文昌油田 FPSO，有效控制 90% 立管段塞、保障油田稳定运行，提高产量 15%（图 2 - 3 - 27）。

自主研制管道流型分离与旋流分离相结合的高效分离器，应用于"QK17 - 2 平台"，比常规分离器体积缩小 2/3，并有效控制段塞，达到国际先进水平（图 2 - 3 - 28）。

基于流动模拟的虚拟计量技术得以应用：国内首次开展基于流动模拟技术的虚拟计量技术研究，应用于 YCH13 - 4 水下生产系统油气田开发，节省了 3 套水下多相计量装置费用，为今后流动管理研究奠定了基础（图 2 - 3 - 29）。

5. 我国深水海底管道和立管技术现状分析

目前我国具备自主开发深水大型油气田海底管道和立管工程设计、建造、安装、涂敷、预制能力，具备深水海底管道和立管关键性能实验室试验能力，掌握深水立管动力响应实时监测和海底管道检测主要技术，为我国深水油气田的开发和安全运行提供技术支撑和必要的技术储备。

图 2 – 3 – 27　成功应用于文昌油田 FPSO 的智能节流段塞控制系统

图 2 – 3 – 28　自主研制的海上高效分离器应用现场

通过自主研发，基本掌握了顶张紧式立管、钢悬链式立管和塔式立管的设计、建造和安装铺设技术，在立管涡激振动及抑制措施、抑制效率方

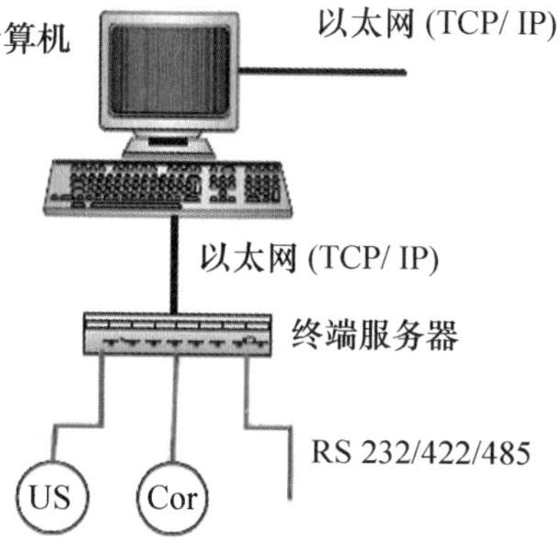

智能型流量计设置

图2-3-29 基于流动模拟技术的虚拟计量技术

面通过大量的水池试验取得了突破性的认识和进展，同时依靠国内自己的力量，我国首次成功研制了可模拟4 300米水深高压环境的深水海底管道屈曲试验技术研究的专用试验装置（图2-3-30）。首次成功研制了具有国际领先的可模拟均匀和剪切来流的立管涡激振动响应试验装置（图2-3-31），国内首次成功研制了既能实现刚性立管加载，也能实现柔性立管加载的卧式深水立管疲劳试验装置（图2-3-32）。

6. 深水井控及应急救援技术现状分析

海上钻井具有高技术、高风险、高投入的特点。近些年来，世界石油行业发生多起重大事故。据SINTEF统计，1980—2008年海上井喷事故中，80.4%是在钻井工程中发生的。

2010年4月20日，BP在墨西哥湾的Macondo井发生井喷爆炸，36小时后钻井平台"深水地平线"沉没，地层油气通过井筒和防喷器持续喷出87天。事故造成11人失踪、17人受伤，泄漏到墨西哥湾中的原油超过了400万桶，成为美国历史上最严重的漏油事件，给墨西哥湾沿岸造成严重环境污染，引起重大经济损失、政治危机和社会危机，成为一场生态灾难。事故后，埃克森美孚公司（Exxon Mobil Corp.）、雪佛龙公司（Chevron Corp.）、荷兰皇家壳牌有限公司（Royal Dutch Shell PLC）和康菲石油公司（ConocoPhillips），组建一家合资企业来设计、建造、运营一个快速反应系统。系统包括数艘漏油收集船和一整套水下防泄漏设备，可以收集并控制

图 2 – 3 – 30　深水海底管道屈曲试验装置

图 2 – 3 – 31　首次成功研制具有国际领先的立管涡激振动响应试验装置

图 2 - 3 - 32　自主研制立管疲劳特性试验装置

海面以下 1 万英尺深处每日至多 10 万桶石油的泄漏。

在石油工业的发展历程中，陆地、海上发生过上百口井井喷失控案例，特别是墨西哥湾、北海、西非等深水海域的井喷失控事故，因此积累了大量应急救援技术，包括封盖灭火技术、带压开孔作业技术、水力切割、救援井技术等。在 BP 墨西哥湾事故中，采用了 ROV 关闭防喷器、隔水管插入式回收溢油、LMRP 盖帽、控油罩、顶部压井、泵入水泥浆固井以及钻救援井等。国外有专门从事井控及应急救援的专业公司，包括 Halliburton Boots & Coots、Wild Well Control，John Wright CO. Helix 等公司，其中在 2010 年墨西哥湾井喷爆炸事故中，Wild Well Control 公司制造了控油罩，John Wright CO. 负责灭火、救援井设计等工作，Helix 实施了顶部压井施工。目前在现场作业技术和经验的基础上，已形成了一些深水井控及应急救援标准规范：IADC 深水井控指南，API、ISO、NORSOK 已制定相关的标准和规范，油公司、服务公司的井控手册、应急救援指南。形成了 SPT 公司 DrillBench、OLGA ABC 等井控及压井作业软件，用于模拟救援井压井，另外 IADC、IWCF、井控公司也制定了标准的井控计算指南。我国刚刚开始进行深水井控及应急救援技术研究，还未形成相关技术标准。

南海是台风活动最频繁和路径最复杂的海区之一，频发的台风无疑是海上石油勘探开发作业装置的巨大威胁。2006 年 8 月，DISCOVERER 534 在抗击台风"派比安"过程中隔水管从转盘面处折断，52 根隔水管以及防喷器组全部落海，损失惨重。以"海洋石油 981"平台为例，其在 BY13 - 2 - 1 井钻井作业期间遭遇 4 个台风影响，共影响作业 12 天。南海台风严重影响钻井作业失效，台风来临时既要保证井口、隔水管和平台安全，还需要将钻井平台驶离台风路径，转移到安全海域，同时，常规做法是处理好井筒，回收隔水管。对于深水钻井撤台有时则需悬挂隔水管撤离。

目前我国针对深海，特别是南海领域的重大石油事故的应急救援方案和装置基本处于空白，发生钻井井喷漏油事故后寻求类似的海外帮助难度很大。因此，有必要建立一套具有自主知识产权的本土化的深海应急救援技术体系。

四、我国天然气水合物勘探开发技术现状 ▶

我国对天然气水合物的调查研究起步较晚，大约落后西方 30 年。从 1996 年原地质矿产部设立天然气水合物调研项目开始，至今大致经历了 3 个阶段：① 1996—1998 年预研究；② 1999—2001 年前期调查；③ 2002 年至今的 118 专项调查和石油企业开始相关研究。至今取得了一系列重要进展。

2004 年，中国海洋石油总公司初步提出了深水浅地层水合物和深层油气联合开发的思路：在游离气、油与水合物的共生区域实施水合物与油气资源联合开发。

2005 年 6 月，中德联合考察发现香港九龙甲烷礁，自生碳酸盐岩分布面积约 430 平方千米。

2006 年 12 月，国家 863 计划启动"天然气水合物勘探开发关键技术研究"重大专项。

2007 年 5 月，首次在南海北部实施天然气水合物钻探，成功获取实物样品。

2008 年 11 月，我国首艘自行研制的天然气水合物综合调查船"海洋六号"在武昌造船厂建成下水。

2009 年 6 月，"气密性孔隙水原位采样系统"在南海中央海盆水深 4 000 米海底采样成功。

2008 年 11 月，国土资源部在青海省祁连山南缘永久冻土带（青海省天峻县木里镇，海拔 4 062 米）成功钻获天然气水合物实物样品；2009 年 6 月继续钻探，获得宝贵的实物样品。

2009 年中海油研究总院和广州能源研究所联合建立达到世界先进水平的天然气水合物开采模拟试验系统。

这些成果的取得，拓展了我国天然气水合物研究的空间和领域，提高了我国对南海天然气水合物成藏环境和开采机理的认识，部分成果已经达到国际先进水平。历经近 10 年的调查，我国在南海北部陆坡东沙、神狐、西沙、琼东南 4 个海区开展了区域性的天然气水合物资源调查，在南海陆坡区共圈定 11 个有利的天然气水合物远景区，具有天然气水合物地球物理特征的分布区域面积 32 750 平方千米，资源量达 185 亿吨油当量，整个南海远景资源量 680 亿吨油当量。南海北部陆坡 4 个调查区天然气水合物远景资源量分别如下。

西沙海槽：具有 6 个有利的天然气水合物资源远景区，资源量约 45 500 亿立方米天然气，相当于 45.5 亿吨油当量。

东沙海域：具有 7 个有利的天然气水合物资源远景区，资源量约 47 540 亿立方米天然气，相当于 47.5 亿吨油当量。

神狐海域：具有 4 个有利的天然气水合物资源远景区，资源量约 33 280 亿立方米天然气，相当于 33.28 亿吨油当量。

琼东南海域：具有 5 个有利的天然气水合物资源远景区，资源量约为 58.3 亿吨油当量。

目前我国天然气水合物开采技术研究还处于室内模拟系统和模拟分析方法的建立阶段，初步建立了天然气水合物声波、电阻率、相平衡等基础物性测试系统、MIR 核磁成像系统、X 光衍射等水合物微观结构分析系统，天然气水合物一维、二维、三维成藏模拟和开采模拟实验系统，同时开发了三维、四相渗流天然气水合物开采数值模拟方法，开展了基于石英沙等为模拟沉积物、填沙模型实验对象的注热、注剂、降压等单原理开采过程实验研究。

然而，南海北部陆坡整体调查研究程度仍较低，除神狐海域局部地区实施钻探外，其他均未钻探，且 4 个调查区的调查程度差异较大，对天然气水合物藏地质认识仍属不足，距摸清资源状况、预测地质储量相差甚远，天然气水合物开采技术还仅在基础研究阶段。另外，由于政治、外交等客观原因，未能按计划开展南海西部陆坡区、南海南部和东海冲绳海槽西部天然气水合物资源调查。因此，这些地区天然气水合物资源调查研究几近空白。

五、我国海洋能源工程装备发展现状 ▶

我国具备 300 米水深以浅的地球物理勘探、工程地质调查、钻完井作业、海上起重铺管、作业支持船以及配套作业装备体系，2012 年初步建成"海洋石油 981"、"海洋石油 201"、"海洋石油 708"等 3 000 米深水作业装备，但与国外相比还有很大差距。

（一）我国海域油气资源潜力和海上勘探装备的发展现状

1. 物探船

目前，国内从事海上地震勘探作业的主要有中海油田服务股份有限公司物探事业部所属的 14 艘物探船和广州海洋地质调查局所属的 4 艘物探船，主要进行常规海上二维、三维地震数据采集。这些物探船配备的拖缆地震采集系统主要购买自法国 Sercel 公司和美国 ION 公司，其中以 Sercel 公司的产品居多。

中海油田服务股份有限公司物探事业部拥有二维地震船（NH502）、三维地震船 6 艘（BH511、BH512、"东方明珠"、"海洋石油 718"、"海洋石油 719"、 "海洋石油 720"）（图 2 - 3 - 33）以及两支海底电缆队。"NH502"、"BH517"、"BH511"（3 缆）、"BH512"（4 缆）、"东方明珠"（4 缆）、"海洋石油 718"（6 缆）、"海洋石油 719"（8 缆）、"海洋石油 720"（12 缆）都装备了目前最先进的海洋拖缆地震采集系统（SEAL）。海底电缆队配备的是比较先进的 SeaRay 300 四分量海底电缆采集系统。

中海油物探事业部能完成以下海洋地震采集作业：常规二维地震作业、二维长缆地震作业、二维高分辨率地震作业、二维上下源、上下缆地震作业、常规三维地震作业、三维高分辨率地震作业、三维准高密度地震作业、三维双船作业、海底电缆采集作业。

"海洋石油 720"是我国乃至东南亚物探作业船舶中最先进的一条。"海洋石油 720"船于 2011 年 05 月 22 日交船，迄今为止，"海洋石油 720"12 缆船创造了物探历史日航程 160.825 千米新高，取得了日采集有资料面积

图 2 – 3 – 33　　"海洋石油 720"船

96.495 平方千米的好成绩，开创了我国物探史上的新篇章。

2. 勘探作业装备

从 20 世纪 90 年代起，国际地震勘探仪器装备厂商经过激烈的竞争、兼并、联合，基本上形成了以法国 Sercel 公司和美国 ION 公司占据世界主要市场的新格局。目前，我国尚未形成自己的海上地震勘探及工程勘探的装备技术体系，绝大部分的海上物探装备仍然依靠进口。进口地震勘探采集装备方面的主要劣势有：①国外地震勘探仪器厂商对我国进口仪器设备进行技术限制，小于 12.5 米道距的拖缆地震采集系统禁止向中国出口，妨碍了国内海上高分辨地震勘探的发展，不利于深度精细开发和海上隐蔽油气藏的发现；②海上地震采集设备以及勘探软硬件系统全部依赖进口，进口价格高，备件采办周期长，占生产成本比例较大；③国外地震勘探仪器厂商对我国高精度勘探仪器装备领域技术封锁，不利于真正掌握海上高分辨勘探能力；④总体研究力量和设备生产能力薄弱，未形成自主知识产权的海上地震勘探装备体系。

目前中国正在加快研制具有自主知识产权的海上高精度地震勘探成套化技术及装备。海上物探装备主要包括地震采集系统、导航系统、拖缆控制系统、震源系统等。海上高精度地震勘探仪器装备国产化将提升我国海洋油气藏开发的能力，特别是对复杂地层和隐蔽油气藏的勘探开发能力，全面提升海上油气资源地震勘探技术水平，更有效地解决海上油气开发生产中精细构造解释、储层描述和油气检测的精度问题，提供深水勘探战略强有力的技术支撑，有利于充分开发蓝色国土，缓解我国能源短缺的压力。

3. 工程勘察船

目前世界范围内深水勘察作业主要集中在墨西哥湾、北海、西非和南美等海域。工程勘察作业水深已超过 3 000 米。但我国除新建造的"海洋石油 708"船（图 2 – 3 – 34）以外，国内勘察装备只具有约 300 米水深内的浅孔钻探取心作业能力，不能满足深水资源勘探开发实施中的工程勘察作业任务的需求，必须加强建造适合深水海域作业的工程勘察船并配备相应的国际先进的深水勘察专业设备，以适应行业的发展。

图 2 – 3 – 34 "海洋石油 708"船

(二) 海上施工作业装备的发展现状

1. 钻井装备

我国浅水油田使用的钻井装备包括海洋模块钻机、坐底式钻井平台、自升式钻井平台均已实现国产化，其中自升式钻井平台（"海油石油941"和"海油石油942"）作业水深达到400英尺。

我国目前有8座半潜式钻井平台，包括自行设计建造的"勘探三号"，从国外进口4艘："南海2号"、"南海5号"、"南海6号"和"勘探四号"，设计工作水深最深为457米；我国自行建造的超深水半潜式钻井平台"海洋石油981"，作业水深达3 000米；中海油田服务股份有限公司还拥有两座作业水深762米（2 500英尺）的半潜式钻井平台（COSL Pioneer 和 COSL Innovator）；另外尚有一座作业水深762米的半潜式钻井平台（COSL-Promoter）和一座作业水深1 524米（5 000英尺）的半潜式钻井平台在建。目前我国已经造、调试深水半潜式钻井平台的能力。我国主要半潜式钻井平台见图2 – 3 –35。

图 2 – 3 – 35　我国主要半潜式钻井平台

我国第一座深水半潜式钻井平台"海洋石油981"于 2007 年开始在上海外高桥造船厂开工建造,2011 年顺利完成建造调试,其详细设计为国内研究所独立完成,平台建造的生产设计也由国内船厂独立完成,平台的各项技术指标均达到国际上最先进的第六代钻井平台标准。虽然我国"十一五"期间深水钻井设备有了很大的发展,但是和国外石油公司相比,我国半潜式钻井平台数量仍然不足。

2. 修井装备

我国浅水油田使用的修井装备包括平台修井机、自升式修井平台、Liftboat,其中使用最多的是平台修井机,渤海油田有大量平台修井机,平台修井机大钩载荷范围为 90 ~ 225 吨,大部分平台修井机的大钩载荷为 135 吨和 180 吨。以上浅水修井设备均已实现国产化。目前,国内尚无专用的深水修井装备。

3. 铺管起重船

从 20 世纪 70 年代我国起重铺管船逐步发展起来,至今在用的起重铺管船舶有 17 艘,主要为各打捞局以及中海油、中石油和中石化等公司所有。我国起重铺管船主要经历了外购改造浅水起重铺管船、自主设计建造浅水起重铺管船到自主建造深水起重铺管船的过程。

表 2 – 3 – 6 给出了我国主要起重铺管船的一些主要参数。通过对表 2 – 3 – 6 中数据的分析,可以初步总结出我国的起重、铺管船目前具备以下几个基本特点。

表 2 – 3 – 6 我国起重、铺管船主要参数

序号	船舶名称	归属公司	类型	投产年份	主尺度总长 × 型宽 × 型深 (米 × 米 × 米)	作业水深 /米	主要作业参数
1	滨海 105	中海油	起重船	1974	80 × 23 × 5	—	主吊机:200 吨
2	滨海 106	中海油	起重铺管船	1974	80 × 23 × 5	—	主吊机:200 吨,最大铺设管径:30 英寸
3	滨海 108	中海油	起重船	1979	102 × 35 × 7.5	—	主吊机:900 吨
4	大力	上海打捞局	起重船	1980	100 × 38 ×	—	主吊机:2 500 吨
5	滨海 109	中海油	起重铺管船	1987	93.5 × 28.4 × 6.7	—	主吊机:300 吨 最大铺设管径:60 英寸

续表

序号	船舶名称	归属公司	类型	投产年份	主尺度总长×型宽×型深（米×米×米）	作业水深/米	主要作业参数
6	德瀛	烟台打捞局	起重船	1996	115×45	—	主吊机：1 700 吨
7	胜利901	中石化	起重铺管船	1998	91×28×5.6	—	最大铺设管径：40 英寸，张紧器：2×50 吨，收放绞车50 吨
8	蓝疆	中海油	起重铺管船	2001	157.5×48×12.5	6～150	主吊机：3 800 吨，最大铺设管径：48 英寸
9	小天鹅	中铁大桥局	起重船	2003	86.8×48×3.5		主吊机：2 500 吨
10	四航奋进号	第四航务工程局	起重船	2004	100×41×	—	主吊机：2 600 吨
11	天一	中铁大桥局	起重船	2006	93×40×	—	主吊机：3 000 吨
12	华天龙	广州打捞局	起重船	2007	167.5×48×	—	主吊机：4 000 吨
13	蓝鲸	中海油	起重船	2008	239×50×20.4	—	主吊机：7 500 吨
14	海洋石油202	中海油	起重铺管船	2009	168.3×48×12.5	200	主吊机：1 200 吨，最大铺设管径：60 英寸
15	中油海101	中石油	起重铺管船	2011	123.85×32.2×6.5	40	主吊机：400 吨
16	胜利902	中石化	起重铺管船	2011	118×30.4×8.4	5～100	主吊机：400 吨，最大铺设管径：60 英寸
17	海洋石油201	中海油	起重铺管船	2012	204.6×39.2×14	3 000	主吊机：4 000 吨，最大铺设管径：60 英寸

（1）起重船队初具规模。国内在海洋工程起重船设计、制造方面已经有了长足发展。由原先的起重能力几百吨发展到现在的起重能力几千吨。其中，中铁大桥局的"小天鹅"号和"天一"号起重船起重能力分别达到了 2 500 吨和 3 000 吨，它们主要用于近海工程、桥梁的架设。上海打捞局和烟台打捞局也分别拥有各自的大型起重船舶"大力"号和"德瀛"号。广州打捞局的"华天龙"号起重船起重能力达到了 4 000 吨。中海油海油工程公司作为目前我国最大、实力最强、具备海洋工程设计、制造、安装、调试和维修等能力的大型工程总承包公司，拥有"蓝疆"号和"海洋石油202"号起重铺管船，分别拥有最大 3 800 吨和 1 200 吨的起重能力，"海洋石油201"号深水起重铺管船和"蓝鲸"号起重船更是具备了 4 000 吨和 7 500 吨的单吊最大起重能力。

（2）起重铺管船作业范围从浅水到深水区域。由于我国海上油气田勘探开发范围在近几十年内主要集中在浅水海域，对应的起重铺管船在船型和设备配置上也主要为适应这一需求而构建，并已逐步形成了能适应渤海、东海、南海浅水区域的系列化的起重铺管船队，水深范围从 10 米以下到 100 米。同时，随着近几年起重铺管船建造力度的加大，我国又具备了能适应 100 ~ 200 米水深的"蓝疆"和"海洋石油202"船，而"海洋石油201"船作为我国的第一艘深水铺管起重船，已经具备了 3 000 米水深的作业能力。

（3）起重铺管船同时兼备起重和铺管两项功能。我国的铺管船基本上都具备大型起重功能。这一方面拓展了相应海洋工程船舶的作业功能，可以实现一船多用的目的。不过，通过以上数据可以看出，我国的起重、铺管船主要适用于浅水常规海域作业需求，深水仅仅有一座深水铺管起重船——"海洋石油201"（图 2 - 3 - 36）。"海洋石油201"船是世界上第一艘同时具备 3 000 米级深水铺管能力、4 000 吨级重型起重能力和 DP3 级全电力推进的动力定位，并具备自航能力的船型工程作业船，能在除北极外的全球无限航区作业，其总体技术水平和综合作业能力在国际同类工程船舶中处于领先地位，基本代表了国际海洋工程装备制造的最高水平。在"海洋石油201"船建成之前，海洋石油工程股份有限公司建成的铺管船"海洋石油202"船（图 2 - 3 - 37）的最大铺管深度能达到 300 米，但不能满足深水海洋石油的开发需求。2000 年建造的"蓝疆"号起重铺管船（图

2 - 3 - 38），起重能力达到 3 800 吨，但最大铺管水深仅能达到 150 米。2007 年建成的"华天龙"号起重船（业主为广州打捞局），起重能力为 4 000 吨，不具备铺管作业能力。

图 2 - 3 - 36　深水铺管起重船"海洋石油 201"

图 2 - 3 - 37　"海洋石油 202"船

图 2 - 3 - 38 作业中的"蓝疆"号船

4. 油田支持船

深、远海油气开发工程支持系统所涉及的高附加值船舶包括：深、远海油气开发大型浮式工程支持船、深水三用工作船、深水油田供应船等。2011 年以前，我国海上油田所有储量和产量的来源均为 350 米水深以内的近海。因此，工程支持船基本以 8 826 千瓦（12 000 马力）以内的工作船为主，大多数主机推进功率在 5 884 千瓦（8 000 马力）以下，船舶专用配套设备参差不齐，并且船舶大多以外购的二手船为主。随着老油田产能的快速递减，重质稠油油田、边际油田的份额增加，"向海洋深水领域进军、向深水技术挑战"显得越来越迫切的同时，国内船舶装备也取得了一定的发展。

1）三用工作船与供应船

三用工作船与供应船是最为重要的服务支持船舶。三用工作船提供抛起锚作业、拖曳作业、守护作业、消防作业等服务。随着海上油气开采逐渐走向深海，作业海况越来越恶劣，对平台支持船的功能要求越来越多，性能要求越来越高，兼有供应、拖曳、抛起锚、对外消防灭火作业、救助守护、海面溢油回收、消除海面油污、潜水支援、电缆敷设、水下焊接与切割等功能的多用途海洋工作船是三用工作船的延伸。供应船是往返于供应基地和平台之间的对平台进行物资供给的船舶，应具有优良的靠舶特性。到 2012 年 6 月，各类近海平台工程支持船数量达 219 艘。但服务于深水区域的三用工作船有较大的船舶主尺度、作业能力 10 000 马力及以上；供应船载重吨在 3 000 载重吨、6 000 马力及以上，目前国内服务于深水的三用工作船仅有两艘（作业水深可达 3 000 米）。

国内典型三用工作船如下。

"滨海 214"：丹麦 ARHUS FLYDEDOK A/S 建造，主机功率为 3 800 马力，总长 53.10 米，型宽 11.02 米，型深 4.00 米，系柱拉力 35～40 吨（图 2－3－39）。

图 2－3－39　"滨海 214"船

"滨海 292"：由丹麦的 ODENSE STEEL SHIPYARD LTD. 公司建造完成，主机功率为 1 3000 马力，总长 67.11 米，型宽 15.50 米，型深 7.50 米，系柱拉力 156 吨（图 2－3－40）。

"滨海 263"：中国武昌造船厂分别于 1986（前两艘）和 1987 年（后两艘）建造，主机功率都为 6 528 马力，总长 58.60 米，型宽 13.00 米，型深 6.50 米，系柱拉力 87 吨（图 2－3－41）。

"南海 222"：中国扬子江造船厂建造，主机功率为 14 150 马力，总长 69.20 米，型宽 16.80 米，型深 7.60 米，甲板面积 500 平方米，载重量 800 吨，系柱拉力为 160 吨（图 2－3－42）。

"海洋石油 681"：采用国际知名设计公司 Rolls-Royce 的 UT788 船型设

图 2 – 3 – 40 "滨海 292" 船

图 2 – 3 – 41 "滨海 263" 船

计，由中国武昌船厂建造，该船型是一型多功能、超深水作业、采用先进的 Hybrid 柴电混合推进技术，并具有动力定位功能（DP2），带冰区加强（图 2 – 3 – 43）。世界上最先进的功率达到 30 000 马力的可以服务于深水的三用工作船。

图 2 - 3 - 42　"南海 222"船

图 2 - 3 - 43　"海洋石油 681"船

国内典型供应船如下。

"滨海 293"：加拿大的 BURRARD YARROWS CORP. VANCOURVER. B. C.
公司建造，主机功率为 9 600 马力，总长 82.80 米、型宽 18.00 米，型深
7.50 米，甲板面积 510 平方米，载重量 2 458 吨，该船型同时具备破冰功能

（图 2 - 3 - 44）。

图 2 - 3 - 44   "滨海 293" 船

"滨海 254"：中国武昌造船厂建造完成，主机功率都为 5 308 马力，总长 70.31 米，型宽 16.00 米，型深 7.00 米，甲板面积 585 平方米，载重量 2 630 吨（图 2 - 3 - 45）。

图 2 - 3 - 45   "滨海 254" 船

"滨海 255"：中国上海金陵造船厂建造完成，主机功率都为 6 404 马力，总长 78.00 米，型宽 18.00 米，型深 7.40 米，甲板面积 630 平方米，载重量 3 755 吨（图 2 - 3 - 46）。

图 2 - 3 - 46   "滨海 255" 船

我国虽然具备了自主建造海洋工程支持船的能力，但新船型开发和进行船舶的概念设计的能力还十分有限，目前新开发的船型依旧以国外的知名公司为主，包括 Rolls-Royce 设计公司、VIK-SANDVIK 设计公司、UL-STEIN 设计公司和 Havyard 设计公司等。我国在进行的海洋工程船舶设计上基本是以国外母型船展开研究，并加以改进的方式进行。

2）三用工作船与支持船的专用设备

三用工作船与支持船的专用设备主要包括：大型船用低压拖缆机、船用多功能甲板机械手等。

国内 16 ~ 50 吨中、小规格拖缆机的生产厂家主要有武汉船用机械有限责任公司和南京绿洲船用机械厂，国内 100 吨以上的低压拖缆机除武汉船用机械有限责任公司生产外，其他基本依赖进口。大型、超大型拖缆机受制于外国少数公司，已成为我国海洋工程装备业发展的"瓶颈"。

2008 年武汉船用机械有限责任公司基于多年生产的低压叶片马达技术基础，结合先进的电液控制技术的应用，联合中海油田服务股份有限公司成功开发了 250 吨低压双滚筒拖缆机，打破了该类产品长期被少数国外厂商垄断的局面（图 2 - 3 - 47），从 2011 年起武汉船用机械有限责任公司开始开发集成化和远程遥控的新型低压大扭矩马达，着手开发 350 吨级三滚筒拖缆机,这将加速低压超大型拖缆机国产化的步伐,为深海海洋工程装备的自主研发奠定基础。

图 2-3-47　中海油田服务股份有限公司与武汉船用机械有限
责任公司联合开发的 250 吨级低压拖缆机

国内甲板机械手与国外有很大的差距,目前多功能甲板机械手基本依赖进口(主要是 Triplex 公司的产品)。国内武汉船用机械有限责任公司依靠原有船用甲板机械手技术的基础和丰富的海工产品的研发经验,通过联合中海油田服务股份有限公司共同研发,可望在多功能甲板机械手的研发与制造方面达到国际一流水平。

5. 多功能水下作业支持船

多功能水下作业支持船(图 2-3-48)属于高端技术服务船舶,能够为水下作业系统所有设备提供安装及安全作业的空间,动力、水、气、信息等接口,水下作业系统设备操作人员生活和安全保障条件;是整个应急维修系统正常、安全运作的保障体系和必不可少的组成部分。

水下工程支持船(工作母船)作为 ROV 和 HOV 的载体和布放、回收作业主体,是水下检修、维护作业正常实施必不可少的重要装备。多功能水下作业支持船是为了满足水下工程的发展需要,从海洋工程支持船中衍生出的一类特殊的海洋工程支持船。相比普通的平台供应船、锚作业支持船等,这一类支持船更加注重对水下施工作业、水下检查、水下维修等水下高难度工程作业的支撑服务。由于目前欧、美国家在水下工程方面具有绝对的领先优势,因此相应的支撑配套船舶的发展也领先于其他国家,且已经形成了较大的规模船队。

图 2 - 3 - 48　多功能水下支持工程船

（三）海上油气田生产装备的发展现状

1. 浮式生产平台

浮式生产平台是深水油气开发的主要设施之一，主要类型有张力腿平台（TLP）、深吃水立柱式平台（SPAR）、半潜式生产平台（SEMI-FPS）和浮式生产储卸油装置（FPSO）。上述各类型平台的发展历程参见图 2 - 3 - 49。

1）TLP

TLP 是由保持稳定的上部平台以及固定到海底的张力腿所组成。TLP 的类型可分为传统张力腿平台（TLP）、外伸张力腿平台（ETLP）、小型张力腿平台（Mini-TLP 又叫 MOSES TLP）和海星张力腿平台（Seastar_ TLP）（图 2 - 3 - 50）。在传统 TLP 投资过大的情况下，使用小型 TLP 开发小型油气田会更经济合理。小型 TLP 还可作为生活平台、卫星平台和早期生产平台使用。

目前 TLP 以墨西哥湾居多，它主要通过外输管线或其他的储油设施联合进行油气开发。TLP 可用于 2 000 米水深以内的油气开发。2012 年年底已经得到批准建造、安装和作业的 TLP 共 27 座，其作业水深范围在 148 ~ 1 581 米之间，位置分布见图 2 - 3 - 51。

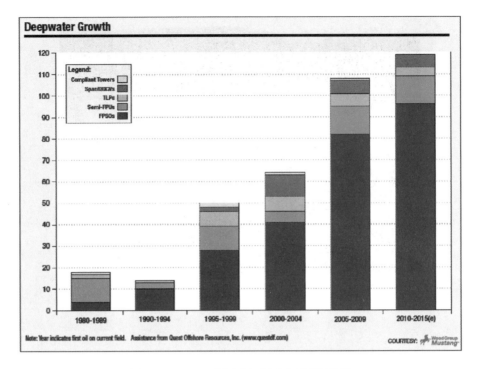

图 2 - 3 - 49　深水浮式平台发展历程

ETLP　　　　　　　　　SeaStar - TLP　　　　　　　MOSES TLP

图 2 - 3 - 50　TLP 类型

2）SPAR

SPAR 主要由上部甲板结构、一个比较长的垂直浮筒、系泊系统和立管（生产立管、钻井立管、输油立管）4 个部分组成。SPAR 内外构造见图 2 - 3 - 52。SPAR 的甲板组块固定在垂直浮筒上部并通过具有张力的系泊系统固定在海底。垂直浮筒的作用是使平台在水中保持稳定。

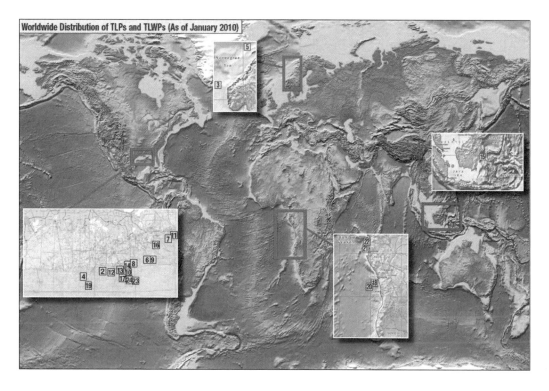

图 2 – 3 – 51　TLP 位置分布

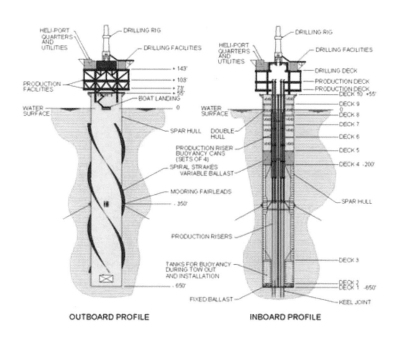

图 2 – 3 – 52　SPAR 构造

SPAR 按结构形式主要分为传统式（Classic SPAR）和桁架式（Truss SPAR），第三种为 Cell SPAR，但目前仅建造一座。Classic SPAR 的壳体是一个深吃水、系泊成垂直状态的圆筒，而 Truss SPAR 的壳体是把传统深吃水圆筒的下部改成桁架结构及一个压载舱。相比较而言，Truss SPAR 重量更轻、成本更低。

SPAR 采用干式采油方式，水深范围在 588～2 383 米之间。

由于专利的保护，SPAR 的设计技术由 Technip-Coflexip 和 Floa-TEC 这两家公司垄断。SPAR 的建造主要集中在芬兰的 Mantyluoto 船厂、阿联酋的 Jebel Ali 船厂和印度尼西亚的 Batam 船厂，后两个船厂为 J. Ray McDemott 公司拥有。

3）SEMI-FPS

SEMI-FPS 是由一个装备有钻井和生产设施的半潜式船体构成，它可以通过锚固定到海底，或通过动力定位系统定位。水下井口产出的油气通过立管输送到半潜式平台上处理，然后通过海底管线或其他设施把处理的油气外运。SEMI‑FPS 平台的构成见图 2‑3‑53。

图 2‑3‑53　SEMI-FPS 示意图

早期的 SEMI-FPS 由钻井平台改装而成，后来由于其良好的性能而得到广泛接受，逐渐开始出现新造的平台。到目前为止，世界上正在服役的

SEMI-FPS 大约有 50 座，最大作业水深 2 415 米，分布范围和数量见图 2 – 3 –54，其中作业水深最大的 16 座平台见图 2 – 3 –55。

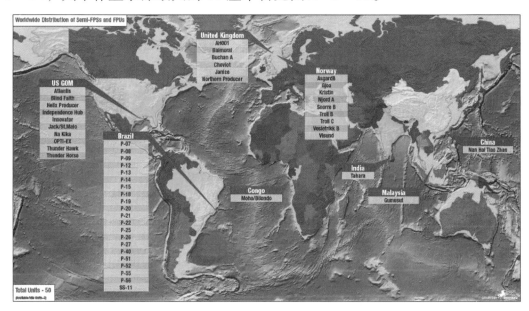

图 2 – 3 –54　现役 SEMI-FPS 分布情况

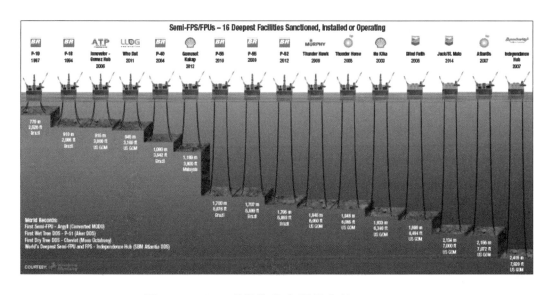

图 2 – 3 –55　现役作业水深最大的 SEMI-FPS

巴西、挪威和英国北海是使用 SEMI-FPS 较多的海域。美国墨西哥湾是海洋石油资源开发的重要海域，但这里 SEMI-FPS 应用较少，应用实例如 2003 年投产的 Na Kika 平台、2005 年投产的 Thunder Horse 平台、2006 年到位的 Atlantis 平台。

尽管不同油气田的 SEMI-FPS 的基本结构相似，但其生产能力、尺寸、重量等指标变化范围较大。巴西、非洲和东南亚一带早期的 SEMI-FPS 平台日处理能力仅为 10 000 ~ 25 000 桶，近几年投产的 SEMI-FPS 平台处理能力大为提高，例如墨西哥湾的 Thunder Horse 平台达到了 250 000 桶/日、英国北海的 Asgard B 平台，日处理能力为 130 000 桶油和 3 680 万立方米天然气。

从事深水半潜式生产平台设计公司较多，如：ABB Lumus Global 公司、Friede & Goldman 公司、ATLANTIA OFFSHORE LIMITED 公司、SBM-IMOD-CO 公司、GVACONSULTANTS AB 公司、挪威的 Aker Kvaerner 公司、荷兰的 Marine Structure Consultance 公司、Keppel 集团等。有能力承建的公司主要有：新加坡的吉宝公司和 SembCorp 海洋公司（Jurong 造船厂和 PPL 造船厂），美国的 Friede & Goldman 近海公司（FGO），挪威的 Aker Kvaerner 建造公司，中国大连新船重工公司等。

4）FPSO

FPSO 用于海上油田的开发始于 20 世纪 70 年代，主要用于北海、巴西、东南亚/南海、地中海、澳大利亚和非洲西海岸等海域。

FPSO 是建造成类似于（大型）储油轮的形状，通过锚固定到海底的海上生产设施。它主要由船体（用于储存原油）、上部设施（用于处理水下井口产出的原油）和系泊系统组成，并定期通过穿梭油轮（或其他方式）把处理的原油运送到岸上。与常规油船不同，FPSO 无自航能力，通过系泊装置（直接系泊的除外）长期泊于生产区域。FPSO 相对于其他生产平台建造周期短、投资少，可以减少油田的开发时间。除新建外，还可以改装和租用。世界上第一艘单壳 FPSO 是在 1977 用旧油轮改装而成的，用于地中海的一个小油田——Castellon 油田的生产。

FPSO 可分为内转塔、外转塔、悬臂式和直接系泊 4 种形式（图 2 - 3 - 56）。目前世界上正在服役的 FPSO 有 158 条，最大作业水深达到 2 150 米。其分布区域及数量见图 2 - 3 - 57。

FPSO 具有储油量大、移动灵活、安装费用低、便于维修与保养等优点，可回接水下井口实现一条船开发一个海上油田。此外，FPSO 也可以与 TLP、SPAR、SEMI-FPS 等浮式平台联合开发。

图2-3-56 FPSO类型

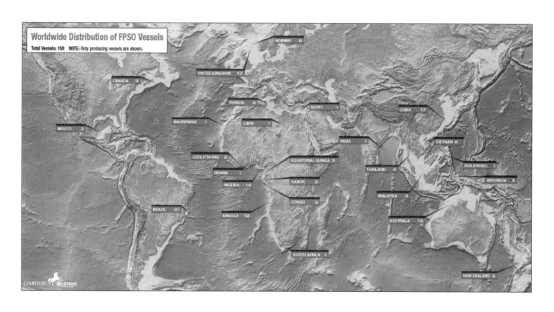

图2-3-57 世界上正在作业的FPSO分布情况

2. 水下生产设备

在深海油气田开发中，水下生产设备以其显著的技术优势、可观的经济效益得到各大石油公司的广泛关注和应用，已经成为开采深水油气田的关键设施之一，在世界各地的深水油气田开发中得到了广泛应用。目前我国几乎所有水下生产设备都依赖于进口。

国内生产陆地井口装置和采油树的厂家大大小小超过100家，江苏金石集团、美钻集团（合资企业），宝鸡石油机械厂，也向国外出口井口和采油树（最高压力69兆帕）。其中实力最强的江苏金石集团和上海美钻公司（合资），都在研制水下采油树，而且都已经生产出水下采油树样机，但是离实际生产应用还有一段距离。

我国也开展了水下管汇样机工程应用方面的尝试，"流花4-1"桥接管汇由FMC公司进行设计，整个建造由深圳巨涛海洋石油服务有限公司完成；"崖城13-4"简易管汇由深圳小海工设计并建造完成，该简易管汇，首次使用了国产水下连接器，这些都为我国自主进行管汇设计与建造奠定了良好的基础。我国已着手进行水下管汇工程样机的研制，同时，管汇上的关键部件，如水下连接器和阀门等工程样机也陆续在研制过程中。

3. FLNG/FDPSO

1）FLNG

目前，世界上还没有FLNG正式投入运营，但围绕着设计建造世界首艘FLNG，多家船东、船厂、船级社、关键设备和系统供应商开始了竞争，并进而组成了多个研发联盟。

（1）FLEX LNG公司+三星重工+川崎汽船。首先采取行动的是英国FLEX LNG公司与韩国三星重工结成的联盟。2007年3月至2008年6月，FLEX LNG公司先后与三星重工签订了4条FLNG的建造合同。每艘FLNG的液化天然气年产量为150万吨，装载能力为17万立方米，具备自航能力，工作水深为30~2 500米。FLEX LNG公司先后与两家石油公司签订了初步协议，该公司建成后的FLNG将用于开发尼日利亚和巴布亚新几内亚海域的天然气。

（2）SBM Offshore公司+Linde公司+石川岛播磨船厂。2007年9月19日，著名海洋工程设计公司和FPSO租赁商——SBM Offshore宣布与德国

Linde 公司、日本石川岛播磨（IHI）船厂在 FLNG 设计建造上达成协议。SBM Offshore 公司具有设计建造和运营 FLNG 的经验，德国 Linde 公司具备丰富的液化技术经验，是目前世界唯一一家成功在驳船上建设 LNG 液化站的公司。日本 IHI 船厂将负责工程的详细设计以及船体建造，液舱将采用 IHI 的 SPB 围护方式。

（3）Höegh LNG 公司 + 大宇造船 + ABB 鲁玛斯公司。2007 年 9 月 19 日，挪威航运公司 Höegh LNG 宣布联合阿克尔船厂和 ABB 鲁玛斯公司一起设计建造 FLNG。FLNG 的前端工程设计（FEED）由 Höegh LNG 公司自己负责，阿克尔船厂负责船体和货舱的设计，ABB 鲁玛斯公司负责开发天然气处理和液化装置，但卸载系统和锚泊系统的供应商尚未确定。该联盟设计的 LNG FPSO 每年能够生产 160 万～200 万立方米 LNG 和 40 万吨 LPG，装载能力为 19 万立方米 LNG 和 3 万立方米 LPG。

（4）Teekey 公司 + Gasol 公司 + Mustang 公司 + 美国船级社。2008 年 7 月 14 日，美国主要油气运输公司 Teekey 联合英国 LNG 供应商 Gasol，宣布进军 FLNG 市场，并初步选定韩国三星重工、美国 Mustang 工程公司和美国船级社（ABS）作为合作伙伴，目标是开发西非几内亚湾的天然气。关于这艘 FLNG 的详细设计信息并未披露，但预计装载能力不低于 20 万立方米。

（5）其他准备进入该领域的公司。除以上研发联盟外，成功开发出圆筒式 FPSO 和圆筒式钻井平台的挪威 SEVAN MARINE 公司，以及首先尝试使用 LNG FSRU 的英国 Golar LNG 公司都在考虑进军 FLNG 市场。

（6）我国 FLNG 研究现状。2004 年 12 月，我国首艘 LNG 船正式开始建造。由招商局集团、中远集团和澳大利亚液化天然气有限公司等投资方共同投资，沪东中华造船（集团）有限公司承建的中国首艘 LNG 船舶"大鹏昊"长 292 米，船宽 43.35 米，型深 26.25 米，吃水 11.45 米，设计航速 19.5 节，可以载货 6.5 万吨，装载量为 14.7 万立方米，是世界上最大的薄膜型 LNG 船。"大鹏昊"船于 2008 年 4 月顺利交船，成为广东深圳圳大鹏湾秤头角的国内第一个进口 LNG 大型基地配套项目。我国制造的第二艘 LNG 船"大鹏月"是中船集团公司所属沪东中华造船（集团）有限公司，为广东大型 LNG 运输项目建造的第二艘 LNG 船。该船同"大鹏昊"属同一级别，货舱类型为 GTT NO.96E - 2 薄膜型，是目前世界上最大的薄膜型 LNG 船。

我国的 FLNG 尚处于研发设计阶段。"十一五"期间，中海油研究总院针对目标深水气田开展研究，完成了 FLNG 的总体方案和部分关键技术研究。目前将针对目标气田完成 FLNG 的概念设计和基本设计，完成 FLNG 液化中试装置的研制，初步形成具有自主知识产权的 FLNG 关键技术系列。

2）FDPSO

FDPSO 的概念是 20 世纪末在巴西国家石油公司 PROCAP3000 项目中最先被提出的，随后围绕着 FDPSO 还发展出隐藏式立管浮箱、张力腿甲板等新技术，但是直到 2009 年，世界上第一座 FDPSO 才在非洲 Azurite 油田投入使用，且目前世界上投入使用的 FDPSO 仅此一座。该 FDPSO 为旧油轮改造而成。另外，世界上还有一座新建的 FDPSO（MPF-1000）目前在建。

（1）世界仅有的 FDPSO。Azurite 油田选择 FDPSO 最主要的原因是避免深水钻机短缺带来的不利影响、可以早期投产、滚动式开发、经济风险比较小。Azurite 油田的井口数量不多，在前期评价井钻完后，不再动用半潜式钻井平台或者钻井船，采用 FDPSO 钻生产井。Azurite 油田的 FDPSO 采用可搬迁模块钻机，开发初期用于钻完井作业，后期模块钻机可搬迁，大大节约了钻井费用；采用水下生产系统 + FDPSO + 穿梭油轮的开发模式，不需要依托油田和现有基础设施。

（2）MPF-1000 功能齐全。世界第一座新建的 FDPSO 为 MPF-1000，船体在中国建造，主船体长 297 米，宽 50 米，高 27 米，设计最大工作水深为 3 000 米，最大钻井深度为 10 000 米，设计存储能力为 1 000 000 桶原油。采用动力定位（DP3 等级），可在恶劣海况下作业。MPF-1000 结合了 FPSO 和钻井船的功能，并且可以单独设置为钻井船来使用，或者单独设置为 FPSO 使用。

MPF-1000 的特点如下：具有钻井功能和采油、储卸油功能；采用动力定位（DP3 等级）；MPF-1000 采用湿式采油树、混合立管（站立式立管）；有两个月池：钻井月池和采油月池；船体有 8 个推进器，船首和船尾各 4 个推进器；钻机的升沉补偿采用天车补偿装置；钻机固定，不可搬迁。

目前 MPF-1000 已被定位为一个钻井船使用（附加测试和早期试生产功能），在钻井市场上寻求作业合同。

（3）Sevan：潜在的新船型。Sevan 是一种新船型，为新型圆柱主体浮式结构，具有较大的甲板可变载荷和装载能力，而且 Sevan 船型的水线面积远大于普通半潜式平台和船比较接近，储卸油对平台的吃水影响不是很大，这种船型既可以建成 FPSO，也可以建成钻井平台。Sevan 的船型已经成功用于建造多座 FPSO 和钻井平台，目前还没有用来建造 FDPSO。

（4）我国 FDPSO 研究现状。我国的 FDPSO 尚处于研发设计阶段，虽然 MPF1000 在中国船厂建造，但设计、应用核心技术掌握在国外。在"十一五"期间，中海油研究总院针对目标深水气田，开展研究，完成了 FDPSO 的总体方案和部分关键技术研究。"十二五"期间继续开展深入技术研究，将针对目标油田完成 FDPSO 的概念设计和基本设计，初步形成具有自主知识产权的 FDPSO 关键技术系列。

六、海上应急救援装备的发展现状 ▶

用于海洋石油开发和科学考察的水下作业手段和方法主要有：载人潜水器（HOV），单人常压潜水服作业系统（ADS），无人潜水器（UUV），包括带缆的无人遥控潜水器（ROV）和无缆的智能作业机器人（AUV）等。

（一）载人潜水器

大多数载人潜水器属于自航式潜水器，最大下潜深度可达到 11 000 米，机动性好，运载和操作也较方便。但其缺点是，水下有效作业时间和作业能力也有限，且运行和维护成本高、风险大。

我国载人潜水器研制主要目的是三级援潜救生，同时兼顾海洋油气开发的需要。经过 20 多年的努力，在各类潜水器技术的探索、研究、试验，开发做出了卓有成效的工作，主要技术水平已赶上国际先进水平，形成了"二所三校一厂"（中国科学院沈阳自动化研究所、中国船舶重工集团公司第 702 研究所、哈尔滨工程大学、上海交通大学、华中理工大学及武昌造船厂）为主要的科研格局，已基本具备了研制各种不同类型潜水装具和潜水器的能力。

我国首艘载人潜水器"7103 救生艇"是由哈尔滨工程大学、上海交通大学、中国船舶重工集团公司 701 研究所和武昌船厂联合研制的，于 1986 年投入使用；20 世纪 90 年代哈尔滨工程大学作为技术抓总单位完成了"蓝鲸"号沉雷探测与打捞潜器（双功型：人操或缆控）的设计工作（图 2 - 3 - 58），该艇已经成功地进行了多次水下作业任务。由中国船舶重工集团公司第 702 研究所研制的"蛟龙"号载人潜水器（图 2 - 3 - 59）潜深

7 000 米，是我国第一艘大深度载人潜水器，号称是世界下潜最深的载人潜水器，目前该载人潜水器已赶赴太平洋进行 7 000 米潜深试验。哈尔滨工程大学在"十一五"期间完成了深海空间站的关键装备"某某载人潜水器"的方案设计工作。

 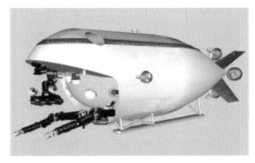

图 2 - 3 - 58　载人与缆控双工型　　　　图 2 - 3 - 59　　"蛟龙"号载人潜水器
　　　　沉雷探测和打捞潜器

（二）单人常压潜水服

单人常压潜水服作业由专用吊放系统和脐带进行吊放。单人常压潜水服作业系统配有摄影、录像设备和各种简单的专用机械工具，作业工作深度一般为 200~400 米，最大为 700 米。国内在 ADS 研制方面进行了多年的攻关，由于难度较大，进展较为缓慢，但是目前在国家重大专项的支持下已启动最大作业水深为 700 米的 ADS 研制工作。

（三）遥控水下机器人

无人遥控潜水器又称遥控水下机器人（ROV）通过脐带缆与水面母船连接，并通过脐带缆遥控操纵遥控水下机器人（ROV）、机械手和配套的作业工具进行水下作业。按功能和规模，ROV 可分为小、中、大型。小型 ROV 主要用于水下观察；中型 ROV 除具有小型 ROV 的观察功能外，还配有简单的机械手和声呐系统，有简单的作业和定位能力，可进行钻井支持作业和管道检测等；大型 ROV 具有较强的推进动力，配有多种水下作业工具和传感定位系统，如水下电视、声呐、工具包及多功能机械手，具有水下观察、定位和复杂的重负荷的水下作业能力，是目前海上油气田开发中应用最多的一类。以水下生产系统为例，最具代表性的有：英国的 Argyll 油田水下站和美国的 Exxon 油田水下生产系统，它们已应用无人遥控潜水器

（ROV）进行水下调节、更换部件和维修设备。

我国已具有一定的遥控潜水器技术研发能力，先后研制成功了工作深度从几十米到 6 000 米的多种水下装备，如工作水深为 1 000 米、6 000 米的自治潜水器和"智水"军用水下机器人，以及 ML-01 海缆埋设机、自走式海缆埋设机、海潜一号、灭雷潜器等一系列遥控潜水器和作业装备，"7103"深潜救生艇、常压潜水装具和移动式救生钟等载人潜水装备，还有正在研发的 7 000 米载人潜水器、4 500 米级深海作业系统和 1 500 米重载作业型 ROV 系统等。

（四）智能作业机器人

智能作业机器人（AUV）为无人无缆潜水器，机动性好。但水下负载作业能力非常弱。因此，AUV 一般多用于海洋科学考察、海底资源调查、海底底质调查、海底工程探测等，用于海上油气田水下作业的作业型 AUV 目前尚未见报道。

我国 AUV 的研究工作始于 20 世纪 80 年代，90 年代中期是我国 AUV 技术发展的重要时期，"探索者"号 AUV 研制成功，首次在南海成功下潜到 1 000米，标志着我国在 AUV 的研究领域迈出了重要的一步。在积累了大量 AUV 研究与试验的基础上，"CR01"下潜 6 000 米的 AUV 研制成功（图 2-3-60），其主要技术指标见表 2-3-7。"CR01"于 1995 年和 1997 年两次在东太平洋下潜到 5 270 米的洋底，调查了赋存于大洋底部的锰结核分布与丰度情况，拍摄了大量的照片，获得了洋底地形、地貌和浅地层剖面数据，为我国在东太平洋国际海底管理区成功圈定 7.5 万平方千米的海底专属采矿区提供了重要的科学依据。

图 2-3-60 "CR01" 6 000 米 AUV

表 2 - 3 - 7   "CR01" 6 000 米 AUV 主要技术指标与配置

主尺度	0.8（宽）米× 4.4（长）米	空气中重量	1 400 千克
最大工作水深/米	6 000	搭载设备	侧扫声呐、微光摄像机、长基线水声定位系统、计程仪、浅地层剖面仪、照相机
航速/节	2		
动力	银锌电池		

中国科学院沈阳自动化研究所联合国内优势单位研制成功"CR02" 6 000 米 AUV（图 2 - 3 - 61）。该 AUV 的垂直和水平面的调控能力、实时避障能力比"CR01"AUV 有较大提高，并可绘制出海底微地形地貌图。

图 2 - 3 - 61   "CR02" 6000 米 AUV

在"十五"国家 863 计划支持下，我国科研院所开展了深海作业型自治水下机器人总体方案研究（图 2 - 3 - 62）。深海作业型自治水下机器人是一种可以连续、大深度、大范围以点、线、剖面、断面的潜航方式执行各种水下或冰层下的科学考察和轻型作业的水下机器人，它集中了遥控水下机器人和自治水下机器人的优点，具有多种功能，并可在多种场合下使用。

中国科学院沈阳自动化研究所于 2003 年在国内率先提出了自主 - 遥控混合型水下机器人（Autonomous & Remotely operated underwater Vehicle，ARV）概念。2005 年和 2006 年分别研制成功 ARV-A 型水下机器人（图 2 - 3 - 63）和 ARV-R 型水下机器人（图 2 - 3 - 64 和图 2 - 3 - 65），其中 ARV-A 型水下机器人为观测型机器人，而 ARV-R 型水下机器人是一种作业型机器人，通过搭载小型作业工具可以完成轻型作业任务。

图 2-3-62　深海作业型自治水下
机器人效果

图 2-3-63　"ARV-A"型水下机器人

图 2-3-64　"ARV-R"型
水下机器人

图 2-3-65　"北极 ARV"水下机器人

　　近年来国内多家单位在大深度 AUV 技术的基础上，还开展了大航程 AUV（图 2-3-66）的研究工作，最大航行距离可达数百千米，目前已作为定型产品投入生产和应用。哈尔滨工程大学从 1994 年先后成功研制了"智水"系列的 AUV（图 2-3-67），为我国军用 AUV 的发展奠定了基础。中国船舶重工集团公司第 701 研究所，应用军工技术开发研制了一种缆控水下机器人（图 2-3-68）。该水下机器人配备有前视电子扫描图像声呐和旁扫声呐等探测装置、高清晰度水下电视、高精度跟踪定位装置及机械作业手等装备。

　　经过近十几年的科技攻关，国内 AUV 技术虽取得了一系列的进展和突破，特别在作业水深和长航程技术方面已达到了国际先进水平。但是，我国现有深海机器人的调查功能比较单一，深海海底调查与测量技术手段尚不够完整，还缺少对深海海底进行大范围、长时间、高精度、多参数测量

图 2 - 3 - 66 沈阳自动化所"长航程 AUV"

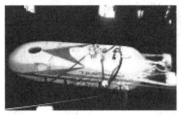

智水 I   智水 II   智水 III

图 2 - 3 - 67 "智水"系列 AUV

HD-1 型水下机器人   HD-2 型水下机器人

图 2 - 3 - 68 第 701 研究所研制的水下机器人

的综合调查能力，缺少高新技术验证和应用的平台，在水下机器人技术研发与应用结合方面有待加强。

（五）应急救援装备以及生命维持系统

我国在对援潜救生能力有显著促进作用的关键技术和共性技术方面取得了一系列重大成果。特别在潜艇脱险、常规潜水、饱和潜水等关键技术方面的突破，使得军用的潜水医学保障技术、潜水装备保障上积累了国内领先、国际先进的技术水平，如模拟 480 米氦氧饱和潜水载人实验创造了亚洲模拟潜水深度纪录。这些成果不仅在军事潜水方面做出了重要贡献，而且通过参加诸如南京长江大桥建设、"跃进号"的打捞、大庆油田的钻井钻头的打捞等大量的民用工程建设也对国民经济建设起到了显著的促进作用。虽然中国潜水打捞行业协会的成立，体现了国家有关部门对潜水打捞行业发展的关注和扶持，也在行业规范中起到重要作用，但是多年来潜水高气压作业技术主要面向军用，民用深水潜水作业技术供求矛盾突出，投入少，使我国民用潜水技术水平的发展受到一定的限制，导致其对海洋开发等关系国家发展的重大产业的支持力度不够。

第三章 世界海洋能源工程与科技发展趋势

一、世界海洋能源工程与科技发展的主要特点 ▶

（一）深水是 21 世纪世界石油工业油气储量和产量的重要接替区

近 20 年来，全球深水油气田勘探开发成果层出不穷，截至 2012 年年底深水区已发现 29 个超过 5 亿桶的大型油气田；全球储量超过 1 亿吨的油气田中有 60% 位于海上，其中 50% 位于深水区。

（二）海洋工程技术和重大装备成为海洋能源开发的必备手段

深水油气田的开发规模和水深不断增加，深水海洋工程技术和装备飞速发展，人类开发海洋资源的进程不断加快，深水已经成为世界石油工业的主要增长点，高风险、高投入、高科技是深水油气田开发的主要特点。20 世纪 80 年代以来世界各大石油公司和科研院所投入大量的人力、物力和财力制定了深水技术中长期发展规划，开展了持续的深水工程技术及装备的系统研究，如巴西的 PROCAP1000、PROCAP2000、PROCAP3000 系列研究计划，欧洲的海神计划、美国的海王星计划。经过多年研究，深水勘探开发和施工装备作业水深不断增加。根据 2011 年 4 月最新统计资料，全球共有钻井平台 801 座，平均利用率为 76.4%；其中，深水半潜式钻井平台和深水钻井船约 290 座，占钻井平台总数的 36%（表 2 – 3 – 8）；半潜式钻井平台约占 1/3。现有深水钻井装置主要集中于国外大型钻井公司，其中 Transocean 公司有深水钻井平台 58 座，Diamond Offshore 公司 22 座，ENSCO 公司 20 座，Noble Drilling 公司 18 座，深水钻井平台主要活跃于美国墨西哥湾、巴西、北海、西非和澳大利亚海域。

表2-3-8　全球海洋钻井平台近况

地域	钻井平台总数/座	利用率/%
美国墨西哥湾	123	55.3
南美	130	80.0
欧洲/地中海	115	84.3
西非	66	75.8
中东	119	76.5
亚太	143	76.9
世界范围内	801	76.4

资料来源：世界海洋工程资讯，2011.

深水油气田的开发模式日渐丰富，深水油气田开发水深和输送距离不断增加，新型的多功能深水浮式设施不断涌现，浮式生产储油装置（FPSO）、张力腿平台（TLP）、深水多功能半潜式平台（SEMI-FPS）、深吃水立柱式平台（SPAR）等各种类型的深水浮式平台和水下生产设施已经成为深水油气田开发的主要装备。2001年起，墨西哥湾深水区油气产量已超过浅水区，墨西哥湾、巴西、西非已成为世界深水油气勘探开发的主要区域。据《OFFSHORE》报道，目前已建成240多座深水浮式平台、6 000多套水下井口装置，各国石油公司已把目光投向3 000米以深的海域，深水正在成为世界石油工业可持续发展的重要领域、21世纪重要的能源基地和科技创新的前沿。制约深水油气开发工程技术主要包括深水钻完井、深水平台、水下生产系统、深水海底管线和立管以及深水流动安全等关键技术。

世界深水工程技术的主要发展趋势如下。

1. 世界各国制订适合本国的深水油气田开发工程计划

以巴西国家石油公司为例，自20世纪80年代末以来，其制订了为期15年分3个阶段的技术发展规划。1986—1991年为第一阶段，实施了PROCAP 1000计划，目标是形成1 000米水深海洋油气田开发技术能力；1992—1999年为第二阶段，实施了PROCAP 2000计划，目标是形成2 000米水深海洋油气田开发技术能力；目前正在进行第三阶段的技术开发计划，PROCAP 3000，目标是形成3 000米水深海洋油气田开发技术能力（图2-3-69）。

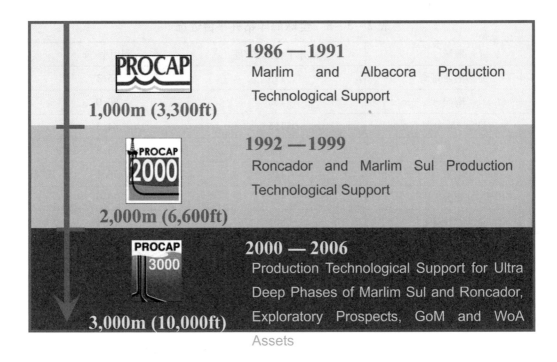

图 2 - 3 - 69　巴西深水技术开发计划

2. 深水油气田开发工程技术的发展现状

1）深水钻完井关键技术研究现状

各大专业公司都建立了成熟的深水钻井技术体系，成功完成超过 1 500 米水深的井 200 余口，最大作业已达 3 000 米水深。我国从 1987 年南海东部"BY7-1-1"井开始，中海油以对外合作的方式进入深水领域，水深超过 300 米的海域钻井已 54 口；水深超过 450 米的海域钻井已超过 10 口（其中，2006 年完钻的"LW3-1-1"井，水深 1 480 米）；已开发两个 300 米水深的油田（南海东部的"流花 11-1"、"陆丰 22-1"）。值得注意的是，截至 2012 年年底在南海超过 1 000 米水深的井都是由国外公司承担作业者主导完成的，我国自主深水钻完井技术与国际先进水平差距仍然较大。"十一五"期间，中海油及其合作伙伴通过国家重大专项课题对深水钻井技术进行了初步的技术探索和理论研究，奠定了良好的技术基础，中海油深圳分公司在赤道几内亚承担作业者钻成了"S-1"（水深超过 1 000 米）等两口深水井，积累了一定的实践经验。

2）深水平台工程技术

目前，深水平台可分为固定式平台和浮式平台两种类型，其中固定式平台主要包括深水导管架平台（FP）和顺应塔平台（CPT），浮式平台主要包括张力腿（TLP）平台、深吃水立柱式（SPAR）平台、半潜式（SEMI-FPS）平台和浮式生产储油装置（FPSO）。

深水导管架平台（FP）一般应用于 300 米水深以内，目前实际应用最大水深为 412 米，顺应塔平台（CPT）实际应用最大水深为 535 米。

浮式生产平台是深水油气开发的主要设施之一，其在深水油气田的用量也逐年增加（图 2-3-70）。张力腿（TLP）平台按照其结构形状主要类型包括传统式 TLP（CTLP）、MOSES TLP、SeaStar TLP、ETLP，最近又有新的 TLP 概念产生。相对于张力腿平台和深吃水立柱式平台而言，半潜式（SEMI-FPS）平台是一种传统型的深水平台，其应用较为普遍，已成为深海钻井的主要装置，在深水油气田的生产中也得到广泛应用。根据其发展趋势，半潜式平台将成为今后最主要的深海油气田开发和生产装备。截至2012 年年底，全球已经投产运行 TLP 共 26 座（最大水深 1 425 米），SPAR共 19 座（最大水深 2 383 米），SEMI 共 50 座（最大水深 2 414 米）。浮式生产储油装置（FPSO）是另一种广泛使用的深、浅海油气田开发设施，FPSO 用于海上油田的开发始于 20 世纪 70 年代，它主要由船体（用于储存原油）、上部生产设施（用于处理水下井口产出的原油）和单点/多点系泊系统组成，通过穿梭油轮（或其他方式）定期把处理后的原油运送到岸上。FPSO 系泊系统大致分为内转塔、外转塔、悬臂式和多点系泊 4 种形式，前3 种均属单点系泊形式，单点系泊装置下的 FPSO 可绕系泊点作水平面内的360°旋转，使其在风标效应的作用下处于最小受力状态。1977 年，世界上第一艘单壳 FPSO 由旧油轮改装而成，用于地中海 Castellon 小油田的生产。FPSO 自投入海上油气田开发以来，一直保持持续的发展。相对于其他生产平台 FPSO 建造周期短、投资少，可以减少油田的开发时间；除新建外，还可以改造和租用。目前，世界范围内已建成 FPSO 共 178 座，主要用于北海、巴西、东南亚/南海、地中海、澳大利亚和非洲西海岸等海域。

在深海油气作业中，现场实时监测是保障平台结构及其附属系统安全作业的重要手段，同时还为结构疲劳分析和优化设计方案提供依据。近 20年来，随着美国墨西哥湾、欧洲北海、巴西海域和西非沿海等海域深水油

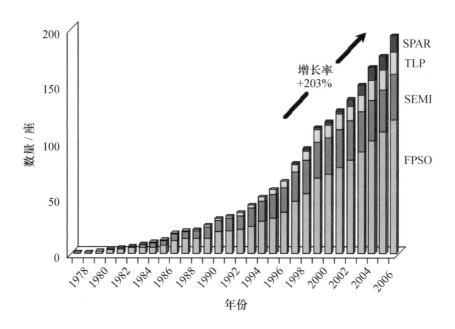

图 2 - 3 - 70　深水浮式平台历年建成的数量统计

气田的开发，许多新型的深水平台及其附属的系泊系统、立管系统等装置不断发展。这些新技术的应用，需要进行现场的监测以确保技术的可行性、正确性和安全性。因此，现场监测在深水油气田开发中越来越受到重视。

　　3）水下生产技术

　　自 1961 年美国首次应用水下井口以来，世界上已有近 110 个水下工程项目投产。国外在墨西哥湾、巴西、挪威和西非海域的深水开发活动最为活跃。与此同时，深水水下生产系统也得到了广泛应用。国外水下生产技术已经较为成熟，从设计、建造、安装、调试、运行等方面都积累了丰富的经验，特别是随着技术的不断进步，水下生产系统应用的水深和回接距离也在不断增加，同时 FMC、Cameron、Aker Solutions 等占据主要市场（图 2 - 3 - 71）。全球已投产水深最大的油田为 SHELL 公司的 Fouier 气田，水深为 2 118 米；水深最大的气田为墨西哥湾 MC990 气田，水深为 2 743 米（SHELL 公司作业的 Coulomb 气田，水深为 2 307 米）。全球已投产的回接距离最长的油田为 SHELL 公司的 Penguin A-E 油田，回接距离为 69.8 千米；回接距离最长的凝析气田为 STATOIL 公司作业的 Snohvit 气田，回接距离为143 千米。

Subsea production and processing system backlog

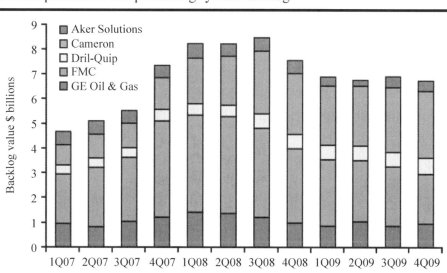

图 2 - 3 - 71　水下生产设备分布

资料来源：Douglas-Westwood

4）深水海底管道和立管技术

在深水海底管道和立管设计技术方面，由于水深增加和深层油气高温高压，使深水海底管道和立管设计比浅水更为复杂。高温屈曲和深水压溃是深水海底管道设计中更关注的问题。深水立管由于长度和柔性增加，发生涡激振动和疲劳破坏的概率大大增加，涡激振动和疲劳分析是立管设计的主要内容。

在深水海底管道和立管试验技术方面，针对深水立管涡激振动、疲劳问题以及海底管道屈曲问题，国外许多公司和研究机构（如 2H Offshore、Marinteck、巴西石油公司等）开展了大量试验研究。疲劳试验和海底管道屈曲试验研究相对较少，巴西石油公司建有高约 30 米的立管疲劳试验装置和直径近 2 米的屈曲压力舱，可以对 SCR 立管触地区疲劳和海底管道屈曲进行研究。

在深水海底管道和立管检测技术方面，目前主要是利用清管器进行海底管道内检，利用 ROV 携带仪器进行海底管道外测。超声导波检测技术是近年来出现的一种管道检测技术，与超声波检测相比它能够实现单次更长距离的检测，该技术在海底管道检测的应用上正处于起步阶段。由于水深增加使海底管道和立管检测维修非常困难且费用昂贵，国外公司非常重视深水海底管道和立管监测技术研究，巴西石油公司在1998年对一条SCR立管进行了全面监测，监测内容包括环境参数、立管悬挂位置变化、立管涡激振动、立管顶部和触地区荷载等。目前，国际上对立管监测系统研究较多的有2H Offshore、Insensys、Kongsberg等公司。Kongsberg Maritime 和 Force Technology Norway AS公司开发了立管监测管理系统。

5）深水流动安全技术

深水流动保障所要解决的主要问题是油气不稳定的流动行为，包括原油的起泡、乳化和固体物质（如水合物、蜡、沥青质和结垢等）的沉积、海管和立管段塞流以及多相流腐蚀等。流动行为的变化将影响正常生产运行，甚至会导致油气井停产。所以，在工程设计阶段就必须提出有关流动保障的计划和措施，而对现有的生产设施，可进行流动保障检查以优化运行，或采用新技术来实现流动安全保障。

目前，国外海底混输系统的建设已具有一定的规模，其显著特点：①建设区域广，包括北海、墨西哥湾、澳大利亚、巴西、加拿大等；②输送介质以天然气凝析液、轻质原油为主；③铺设的水深范围大，从几十米到数千米；④海底混输管道的发展趋势为大口径（内径从12英寸到40英寸）、长距离（最长500余千米）、高压力；⑤智能控制技术开发与应用，包括软件模拟和流态控制技术在管线设计及运行管理方面的应用；⑥新型输送技术研究与应用，如采用超高压力和密相输送，使多相变单相、采用多相增压技术延长卫星井或油田回接距离及上岸距离等，采用水下增压和分离技术等。

蜡和水合物是流动保障所要解决的首要问题，约42%的公司在海底或陆上油气混输管道中遇到过水合物、蜡的问题，所以固相生成的预测及防堵技术，包括保温技术、注入化学剂技术、清管技术和流动恢复技术是研究关键所在。

段塞流是混输管线特别是海底混输管线中经常遇到的一种典型的不稳定工况，表现为周期性的压力波动和间歇出现的液塞，往往给集输系统的设计和运行管理造成巨大的困难和安全隐患，因而段塞流的控制一直是研究的热点。传统控制方法有提高背压、气举、顶部阻塞等，目前随着对严重段塞流发生机理的认识不断深入，国外在尝试一些更经济更安全的控制方法：如水下分离、流动的泡沫化、插入小直径管、自气举、上升管段的底部举升等，但这些方法在海上油气田中的应用还有待于进一步深入研究和现场实践检验。

停输启动是流动安全研究的另一主要问题，当含蜡原油或胶凝原油多相混输管道在进行计划检修和事故抢修时，管线要进行停输。

同时随着水下油气田的开发，减少用于流动安全维护的化学药剂用量和管线直径，保障流动安全，水下油气水、油沙分离设备与多相增压设施不断发展，工业样机已经进入现场应用。

6）深水油气田典型工程开发模式

综合分析国内外已经投产的深水油气田，典型的工程开发模式主要包括以下两类 10 种：①以干式采油树为主的常用工程开发模式，包括 TLP（或 SPAR）＋外输管线的开发模式、TLP＋FPU＋外输管线开发模式、TLP（或 SPAR）＋FPSO 联合开发模式；②以湿式采油树为主的常用工程开发模式，包括 FPSO 与水下井口联合开发工程模式、SEMI-FPS 与水下井口＋外输管线联合开发工程模式、SEMI-FPS＋FPSO 与水下井口联合开发工程模式、SEMI-FPS＋FSO 与水下井口联合开发工程模式、水下井口回接到现有设施工程开发模式、FLNG/FLPG＋水下井口联合开发工程模式、FDPSO＋水下井口联合开发工程模式。

（三）边际油田开发新技术出现简易平台和小型 FPSO

简易平台在世界各海域的边际油田开发中得到广泛应用（图 2 - 3 - 72），如在墨西哥湾 1 200 多个、西非 63 个、北海 59 个、南亚 39 个、墨西哥 39 个、澳大利亚 21 个。此外，还有 8 艘专门为边际油田的开发而建造或改造的小型 FPSO。

（四）海上稠油油田高效开发新技术逐步成熟

目前，海上油田提高采收率技术主要限于聚合物驱。2003 年，我国在渤海"绥中 36-1 油田"开展聚合物驱单井先导试验，其受效油井 J16 井含水率由注聚前的 95％降至注聚后的 50％左右。自 2003 年注聚试验起，截至 2005 年年底，J16 井已累计增油 2 万立方米以上。目前，聚合物驱技术不断扩大现场试验规模，继"绥中 36-1 油田"一期之后，又在"旅大 10-1"油田、"锦州 9-3 油田"实施聚合物驱。截至 2009 年 10 月，3 个油田共有 25

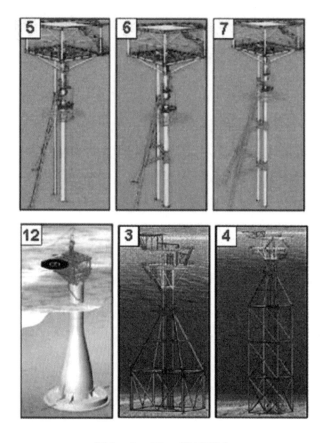

图 2 – 3 – 72　简易平台

口注聚井，增油量 44.6 万立方米。

由于平台环境的限制，驱油体系性质、平台配注装备、采出液处理和水驱效果评价方法等方面仍是海上油田实施提高采收率技术的"瓶颈"所在，同时还需要探索其他提高采收率新技术。

我国已投入开发的海上稠油油田，几乎全部采用注水等冷采方式开采，油田采收率很低，有的仅 10% 左右。导致我国海上稠油资源动用程度低的根本原因，是缺乏适合我国海上稠油热采的油藏综合评价技术、钻完井技术、配套工艺技术。因此，进一步完善适合海上稠油油田热采技术模式，对该类油藏的高效开发具有重要的指导意义。

作为海上油田，中国海油首次在国内外实施聚合物驱油、多支导流适度出沙等海上稠油油田高效开发新技术，并获得很好的增油降水效果，引起了国内外同行的关注和极大兴趣。我国的化学驱提高采收率等相关技术及油田应用目前已步入国际前列，将最新研究成果应用于渤海稠油油田的高效开发，可大幅提高海上稠油油田的采收率与动用程度，达到稳油控水、增储上产的目的。同时，其先进研究成果与实践经验还可推广到国际上此类海上油田开发技术的研究与实践中去，不但可显著提升中国海油的核心技术竞争力，也为中国海油打入国际海上稠油开发市场奠定重要基础。

（五）天然气水合物试采已有 3 个计划

1968 年，苏联在开发麦索亚哈气田时，首次在地层中发现了天然气水合物藏，并采用注学药剂等方法成功地开发了世界上第一个天然气水合物气藏。此后不久，在西伯利亚、马更些三角洲、北斯洛普、墨西哥湾、日本海、印度湾、南海北坡等地相继发现了天然气水合物（图 2 - 3 - 73）。20 世纪 90 年代中期，以 DSDP 和 ODP 两大计划为标志，美、俄、荷、德、加、日等诸多国家探测天然气水合物的目标和范围已覆盖了世界上几乎所有大洋陆缘的重要潜在远景区及高纬度极地永久冻土地带，"一陆三海"格局初步形成。

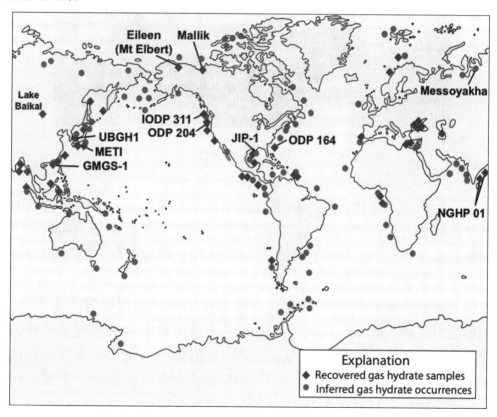

图 2 - 3 - 73　全球水合物勘探区块

近年来，国外科学家开展了天然气水合物沉积学、成矿动力学、地热学以及天然气水合物相平衡理论和实验研究，并对沉积物中气体运移方式和富集机制进行了探索性研究。总体看来，目前天然气水合物藏开发工程技术还处于起步阶段，试验开采前期研究包括室内模拟和冻土带短期试采正在逐步展开，从实验室开采机理、模拟开采技术研究到长期试开采还有较长距离（图2-3-74）。

图2-3-74 天然气水合物试采

（1）天然气水合物晶体结构室内机理研究不断深入。室内机理研究主要通过高精度的X光衍射、CT、拉曼光谱、MRT等先进测量手段从分子量级刻画了水合物结晶、成核、生长、聚集过程，同时围绕自然界获取沉积物样品中水合物形态、组成等展开分析，为后续研究奠定基础。

（2）天然气水合物试验开采室内模拟技术和现场短期试采逐步展开。基于传统的注热、降压、注剂等开采方法和系统的室内模拟逐步开展，同时建立了针对水合物气藏开发的多相渗流数值模拟系统，冻土带短期试验生产开始进行，初步研究表明：储存在中深层砂岩内并伴有下覆游离气的天然气水合物气藏具有优先开发的可能，二氧化碳置换开发甲烷水合物等是学科前沿。

（3）天然气水合物分解对海洋工程地质和环境影响研究刚刚起步。天然气水合物在井筒内、水下设施、海底管道内造成内部流动安全，浅层水合物分解导致地层不稳定性如陆坡区滑塌、地层中水合物二次生成、水合物分解与温室气体效应等相关风险评价和安全分析技术日益得到重视。

（4）围绕永久冻土和海域水合物勘察开发，多个国际性天然气水合物工业联合项目正在实施。工业联合项目以政府为主导、各大能源公司牵头，联合世界各大著名研究机构、优秀研究人员联合攻关，初步形成了从机理研究、缩尺实验、数学模拟到实际勘探、钻探、试验开采等一条龙式的研究梯队和"产、学、研、用"体系；后期的工业试验开采将由能源企业主导和牵头。目前，已有 3 个工业联合项目：① 1995 年日本启动的天然气水合物勘探开发工程研究计划，称为"MH21"，现已确定 NAIKAI THROUGH 为海上试开采区，同时由日本石油工团和日本产业技术研究所牵头、美国、加拿大、德国、印度等参加的冻土水合物试开采项目 MARILIK 计划已进行二期试开采，2002 年和 2008 年短期试采证实通过降压和注热可由水合物分解得到气，计划于 2012—2015 年在日本 NATHROU 海域进行试生产；②美国能源部资助（DOE）、BP 牵头的阿拉斯加"热冰计划"，已锁定 4 个试验区，目前计划进行至少半年以上生产测试；③美国能源部资助（DOE）、雪佛龙公司牵头的墨西哥湾深水天然气水合物研究已实施海上勘察、钻探取样、室内开采模拟技术研究。

近 10 年来，天然气水合物研究围绕全球能源供应、环境效应和海洋安全等方面的重大战略需求，美国、日本、德国、印度、加拿大、韩国等国成立了专门机构，制定了详细的天然气水合物勘探开发研究计划，其中美国、日本分别制定了 2015 年和 2016 年商业开发时间表。继苏联成功开发麦索亚哈天然气水合物藏以后，2002 年和 2007 年日本与加拿大等国合作在加拿大北部冻土带马更歇三角洲 Mallik "5L-38 井"试开发天然气水合物并取得成功，2007 年成功实施第二期试采。阿拉斯加、墨西哥湾水合物 JIP 计划也已启动。与此同时，国外科学家开展了天然气水合物沉积学、成矿动力学、地热学以及天然气水合物相平衡理论和实验研究，并对沉积物中气体的运移方式和富集机制进行了探索性研究，取得了丰硕成果。同时，在找矿方面综合采用了地球物理、旁侧声呐、浅层剖面、地球化学以及海底摄像等技术手段，在取样技术方面也不断推陈出新，新近研制的天然气水合物保真取心设备 HYACE（Hydrate Autoclave Coring Equipment）已在 ODP193

航次（2001 年）投入使用。预计在 2015—2020 年，一个深入开展天然气水合物研究热潮将在全球掀起。主要沿海国家天然气水合物商业化开采/试开采计划见表 2 - 3 - 9。

表 2 - 3 - 9　主要国家试采研究计划

国家	开采计划立项年份	商业开采年份	投入
韩国	2005	2015（试采）	2 257 亿韩元
美国	1998	2016	2 亿美元
日本	1995	2015（可能调整）	290 亿日元

当前，国际上天然气水合物调查与研究趋势表现在以下"4 个方面"。

（1）多个国际性综合性天然气水合物研究计划的实施，带动着天然气水合物技术的重大突破。调查研究范围迅速扩大，钻探、试验开采工作逐步启动；如美国、加拿大、日本及印度等国已初步圈定了邻近海域的天然气水合物分布范围，广泛开展了勘查技术、经济评价、环境效应等方面的研究。

（2）以天然气水合物探测和试开采、商业开发为核心的高技术交叉领域快速发展。找矿方法上呈现出多学科、多方法的综合调查研究，国际上流行的估算方法有常规体积法、概率统计法两种，虽然近年来开展了许多方法，如地球物理方法、地球化学方法、生物成因气评估方法、有机质热分解气评估方法，以及以天然气水合物的赋存状态来评估的方法等，但都带有很大的推测性。

（3）天然气水合物探测和监测向高分辨、大尺度、实时化、立体化发展。天然气水合物开采技术研究呈现多元化，传统的加热、注剂、降压逐步深入，同时开始探索二氧化碳置换、等离子开采等新方法。目前，大型、可视开采模拟、数值模拟与试开采、工业开发计划正在逐步实施。

（4）天然气水合物环境效应引起各界重视。有关水合物在油气储运、边际气田新型储运技术、深水浅层沉积物中水合物分解可能导致的海底滑坡、海上结构物不稳定、环境影响等方面的研究逐步引起工业界的重视。

同时，天然气水合物开采研究取得了一系列成绩，室内物理模拟和数值模拟计算不断完善，陆上实验开采技术取得初步成功。重要里程碑如下：1968 年，苏联发现了位于西西伯利亚 Yenisei-Khatanga 坳陷中、永久冻土层内的麦索亚哈天然气水合物气田，并于 1971 年采用降压、化学药剂等方法实现该矿藏的开发，成为世界上第一个真正投入开发的天然气水合物矿藏，由于天然气水合物的存在，使气田的储量增加了 78%，至今已从分解的天然气水合物中生产出约 30 亿立方米天然气。

1972 年，美国在阿拉斯加北部从永久冻土层取出水合物岩心。

1995 年，美国在布莱克海脊钻探 3 口井，取得水合物样品。

1999 年，日本在近海钻探取样成功。

2002 年，日本在加拿大西北部用加热法开采水合物获得成功。

2006 年，印度获得海域水合物岩心。

2007 年，我国在南海北部陆坡获得水合物岩心。

2007 年，加拿大等将继续在西北部进行注化学剂法开采水合物藏试采。

2008 年，我国台湾获得海底水合物岩心。2005 年美国启动墨西哥湾、阿拉斯加天然气水合物试验开采工业联合项目。

2011 年，新西兰计划启动天然气水合物工业联合项目。

（六）海上应急救援装备发展迅速

1. 载人潜水器：技术成熟

1890 年，西蒙·莱克制造了世界上第一艘载人潜水器——Argonaut the First。1932 年，载人潜器"弗恩斯 - 1"号问世。1948 年，瑞士物理学家奥古斯·皮卡尔根据气球原理，设计建造了世界上第一台不用钢索而又能独立行动的"Trieste"号潜水器。20 世纪 60 年代以后，世界上第一台能够行走的动力推进式潜水器在法国诞生。美国是较早开展载人潜水器建造的国家之一，1964 年建造的"阿尔文"号载人潜水器是世界上比较优秀的潜水器之一，可以下潜到 4 500 米的深海；1985 年，法国研制"鹦鹉螺"号潜水器最大下潜深度可达 6 000 米（图 2 - 3 - 75）。俄罗斯是目前世界上拥有载人潜水器最多的国家，比较著名的是 1987 年建成的"和平 - 1"号（图 2 - 3 - 76）和"和平 - 2"号两艘 6 000 米级潜水器。

1989 年，日本建成了下潜深度为 6 500 米的"深海 6500"号载人潜水器，重量为 26 吨，水下作业时间为 8 小时，装有三维水声成像等先进的研究观察装置，可旋转的采样篮使操作人员可以借助两个观察窗进行取样作业。它曾下潜到 6 527 米深的海底，创造了载人潜水器潜深的世界纪录。

"深海6500"载人潜水器已对6 500米深的海洋斜坡和断层进行了调查,并被用于对地震、海啸等的研究。

图2-3-75 "鹦鹉螺"号潜水器　　　图2-3-76 "和平-1"号潜水器

2. 重装潜水服

从沿海各国来看,除了民用以外,在军用方面,美国、英国、日本等国家的援潜救生系统中都有常压潜水装具系统参与水下作业支援。美国海军把常压潜水装具(ADS2000)确定为未来潜艇援救所需要的水下评估/作业系统中的首选装备,工作深度升级至610米,以满足美国海军的深潜标准ADS2000为快速测定失事潜艇位置、进行沉艇状态评估、舱口盖清理、应急生命补给筒的投放等提供了快速响应能力。到2010年,美国海军已装备8套潜深达600米的常压潜水装具,为美国海军下一代潜艇援救系统,执行"快速水下评估作业"使命。

俄罗斯自"库尔斯克"号潜艇沉没后,非常重视援潜救生技术及装备。2002年7月,俄罗斯购买了8套300米单人常压潜水装具和4套收放系统;同年11月,完成了单人常压装具的应用和作业培训,投入使用。

法国、意大利和加拿大同样也非常重视并采用单人常压潜水装具进行快速评估和水下作业,装备了数套300米常压潜水装具。在海上油气开发方面,美国已经配备了10余套,用于水下管路安装、检查等作业。

3. 遥控水下机器人(ROV)

美国、日本、俄罗斯、法国等发达国家目前已经拥有了从先进的水面支持母船,到可下潜3 000～11 000米的遥控潜水器系列装备,实现了装备之间的相互支持、联合作业、安全救助,能够顺利完成水下调查、搜索、采样、维修、施工、救捞等使命任务，充分发挥了综合技术体系的作用（图 2 - 3 - 77 和图 2 - 3 - 78）。美国 Woods Hole 海洋研究所的 Alvin 载人潜水器（4 500 米）、ABE 自治潜水器（4 500 米）、Jason 遥控潜水器（6 500 米）在深海勘查和研究中以其技术先进性和高效率应用而著名。

图 2 - 3 - 77　世界上最大的 ROV
系统 - UT1 TRENCHER

图 2 - 3 - 78　强作业型 ROV Triton XLX 18

欧洲各国为保持现有的经济实力，制定了"尤里卡计划"，走联合、优势互补的路线，遥控潜水器的技术发展和技术体系较为完善。日本在海洋研发方面重点在遥控潜水器计划，其水下技术处于世界领先水平，国家投入巨资支持 JAMSTEC 的发展，建设了水面母船支持的多类型遥控潜水器。基于这些装备，日本和美国、法国联合对太平洋、大西洋进行了较大范围的海底资源和环境勘探。

尽管目前在通信缆维护和海洋油气领域存在大量商用的 ROV 系统，但对于应用于深水探测和油气开发作业的潜水器必须具有专业化设计，只有少数机构拥有。

近几年，国际上深海潜水器的开发研究逐渐朝着综合技术体系化方向发展，其任务功能日益完善，重载作业级深水油气工程 ROV 作业系统被广泛应用于深水海洋工程的勘探、开采、监测、检测和维修。重载作业级深水油气工程 ROV 作业系统将对我国在南海深水油气田开发、水下装备的检测和应急维修提供强有力的支撑，是目前最有效的深水油气田水下作业和保障装备。

4. 智能作业机器人（AUV）

美国在该技术领域始终处于领先地位，有包括海军、研究所、专业化公司和高等院校在内等十几家单位正在从事该技术领域的研究和开发。另外，日本、英国、俄罗斯、法国和挪威等国家在应用海洋智能潜水器完成海洋探测方面也都取得了明显和各有特色的成果。美国研制的新一代深海智能探测潜水器"海神"号，可实现遥控操作和自主操作，该深海智能探测潜水器将广泛用于地球物理学考察、海洋科学考察、与深海相关的传感器开发研究等（图2-3-79和图2-3-80）。

图2-3-79　美国REMUS海洋　　　　　图2-3-80　美国"海神"号深海
　　　　　智能潜水器　　　　　　　　　　　　　　智能探测潜水器

英国研制的AUTOSUB AUV系列（图2-3-81）也是深海智能探测潜水器中的典型代表之一，已成功地进行了多次海洋探测，特别是冰下探测，其控制和导航系统经受住了严峻的考验，从规避冰山和海底山坡到与母船汇合点的临时改变，控制和导航系统表现了较高的自主能力。目前研制的AUTOSUB-6000是英国最新的潜水器，长5.5米，直径为0.9米，重2 800千克，最大潜深达6 000米，在2节的航速下续航力为400千米。而且它不

图2-3-81　英国AUTOSUB深海智能探测潜水器

需要任何水面控制，能够自主完成海底科考任务，搜索和定位海底火山口。

日本的海洋智能探测潜水器技术也已达到世界先进水平，近年研制的 r2D4 深海智能探测潜水器主要用于深海及热带海区矿藏的探察（图 2 - 3 - 82）。法国 ECA 公司开发的 ALISTAR 3000 是的一种调查型 AUV，主要用于海底管道铺设工程中的海底底质调查（图 2 - 3 - 83）。在铺设前利用 ALISTAR 3000 对水下环境进行调查，为海底管道铺设提供科学依据。铺设完海底管道后，利用 ALISTAR 3000 对管道铺设状况进行调查和探测。 ALISTAR 3000 的最大工作水深为 3 000 米，航行速度 2.5 节，最大速度可达 6 节，可以搭载多种探测传感器。

图 2 - 3 - 82　日本 r2D4 深海智能
　　　　　　探测潜水器

图 2 - 3 - 83　法国 ALISTAR 3000

挪威近年先后推出 HUGIN1、HUGIN1000 和 HUGIN3000 三种海洋智能探测潜水器。其中，HUGIN3000 型已经为 8 个国家完成了约 3 万平方千米的海底地形调查以及多项水下探测作业项目（图 2 - 3 - 84）。

图 2 - 3 - 84　挪威 HUGIN 深海智能探测潜水器

二、面向 2030 年的世界海洋工程与科技发展趋势 ▶

(一) 深水能源成为世界能源主要增长点

深水油气田开发工程技术和装备日益成熟,海洋工程技术和装备制造业将迎来广阔的发展机遇,海洋工程装备产业的竞争也将更加激烈,深水油气田产量将成为全球石油主要增长点。

我国应该加大发展力度,加快发展步伐,进入世界海洋工程产业第一阵营,为我国海洋开发和参与海洋国际竞争提供利器。

(1) 深水油气资源勘探技术发展趋势:通过深水复杂构造与中深层地球物理勘探技术、海洋重磁电震综合反演技术、海域海相前新生界盆地油气资源勘探等关键技术的开发,形成深水油气资源勘探关键技术是目前发展趋势;同时海洋地震勘探在多源多缆三维基础上向四维勘探发展、2030年前需要重点研发 CSEM 技术、密度地震数据采集和快速处理、超高密度地震数据采集和处理、盐下地震成像、地震波动理论研究、地震搜索引擎自动化。

(2) 深水油气田开发工程新技术的探索:新型平台结构形式和船型、新型系泊系统、立管材料、提高油气管线的回接距离、集成式的流动安全保障和管理技术、水下生产系统的国产化技术。

(二) 海上稠油采收率进一步提高,有望建成"海上稠油大庆"

"模糊一、二、三次采油界限,把三阶段的系列技术集成、优化、创新和综合应用,实施早期注水、注水即注聚、注水注聚相结合的技术政策,油田投产就尽可能提高采油速度"的海上稠油高效开发模式及理论将得到完善并得到广泛应用(图 2-3-85)。在该理论的指导下,依托高效开发模式支撑技术,海上稠油最终采收率将显著提高,海上稠油产量将大幅度增加(图 2-3-86)。预计未来 10~20 年,海上稠油年产量有望达到 5 000 万立方米,造就一个"海上稠油大庆"。

稠油在世界油气资源中占有很大的比重。稠油黏度虽高,但对温度极为敏感,每增加 10℃,黏度即下降约一半。热力采油作为目前非常规稠油开发的主要手段,现已在美国、委内瑞拉、加拿大和中国的辽河油田、新疆油田、胜利油田广泛应用,我国海上也开始进行试验性应用。目前,我

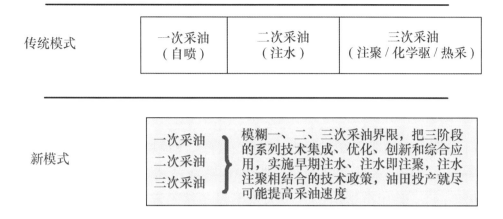

图 2-3-85 中海油稠油油田开发模式

国在海上稠油油田开发领域处于世界先进或领先地位。基于国家对石油资源的需求及海上石油资源现状，我国应继续加大对海上稠油开发科技发展的支持力度，在通过新技术应用增加石油供给的同时，保持其技术领先的地位。

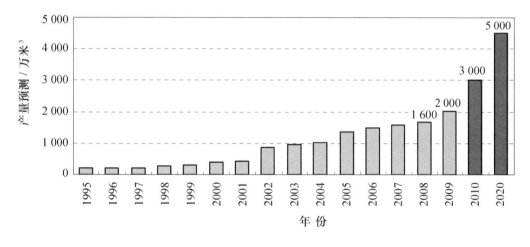

图 2-3-86 海上稠油油田产量预测

（三）世界深水工程重大装备作业水深和综合性能不断完善

1. 深水物探船

进入 21 世纪，海上拖缆物探船的作业效率和采集技术得到了进一步提高，目前达到拖带 24 条、6 000 米以上采集电缆进行高密度采集作业的能力。发展趋势：①拖带更多、更长的电缆，预计不久将出现 30 缆以上的物探船。②安全、高效的收放存储系统，多缆施工必须有高效的辅助设备以保证施工效率。③高性能及高可靠的专业勘探设备。④提高勘探设备水下维修能力。

2. 深水勘察船

（1）调查采用船底安装深水多波束、深水浅地层剖面仪以及采用 AUV（Autonomous Underwater Vehicle）或 ROV 搭载技术（测深、地貌、磁力、浅地层剖面），采用声学定位系统为水下设备精确定位；AUV 系统向高速，小型化、大续航能力、智能化以及低使用需求和维护需求的低成本方向发展。

（2）多道（256 道以上）单电缆高分辨率二维数字地震调查作业，并配有现场资料处理和解释设备和技术。

（3）深水工程地质勘察（井场、路由和平台场址）手段不断丰富，包括：4 000 米水深工程地质钻孔和随钻取样作业（包括保温保压水合物取样和测试）技术和装备、深水海底表层采样及水合物取样；海底原位测试CPT（Cone Penetration Testing）。

3. 钻井装备

发展趋势为以下几点。

（1）作业水深向超深水发展。目前最大水深已经达到 3 600 米（12 000英尺），例如 Noble Jim Day 和 Scarabeo 9，近期交船和在建的深水半潜式平台，只有 3 艘工作水深不足 2 000 米。

（2）半潜式钻井平台外形结构逐步优化。深水半潜式钻井平台船型与结构形式越来越简洁，立柱和撑杆节点的数目减少、形式简化。立柱数量由早期的 8 立柱、6 立柱、5 立柱等发展为 4 立柱、6 立柱。

（3）环境适应能力更强。半潜式钻井平台仅少数立柱暴露在波浪环境中，抗风暴能力强，稳性等安全性能良好。一般深水半潜式平台都能生存于百年一遇的海况条件，适应风速达 100 ~ 120 节，波高达 16 ~ 32 米，流速达 2 ~ 4 节。随着动力配置能力的增大和动力定位技术的新发展，半潜式钻井平台进一步适应更深海域的恶劣海况，甚至可达全球全天候的工作能力。

（4）可变载荷稳步增加。平台可变载荷与总排水量的比值，如我国的

"南海 2 号"为 0.127，Sedco 602 型为 0.15，DSS20 型为 0.175，新型半潜平台将超过 0.2。

（5）平台装备持续改进。半潜式钻井平台的设备改进主要体现在钻井设备、动力定位设备、安全监测设备、救生消防设备、通信设备等方面。超深水钻机具有更大的提升能力和钻深能力，钻深达 10 700～11 430 米。

（6）不断出现新型钻井平台和钻机。新型钻井平台包括 FDPSO 和圆筒形钻井平台。新型钻机包括挪威 MH 公司设计的 Ramrig 钻机、荷兰 Husiman 的 DMPT 钻机。这些新型平台和钻机将会逐步推广。此外，海底钻机也将逐渐从概念设计走向工程实际。

4. 修井装备

目前，世界上深水修井装备的发展趋势如下：①修井船的作业水深增加，修井能力增加；②轻型无隔水管修井装备的应用，使得修井费用大大降低。

5. 铺管起重船

国际上深水铺管起重船发展迅速，主要发展趋势如下：①铺管能力和作业水深不断增大；②一座铺管船可使用不同类型的铺管系统（J 型、R 型、S 型铺管系统），铺管船舶作业方式趋于综合化，新型起重、铺管方式和系统不断推出；③动力定位能力加大，施工作业的环境窗口加大；④铺管作业技术趋于完善，作业效率高；⑤深水起重、铺管船由一船兼备转为单船具备单项主作业功能；⑥起重量不断增大，使起重船趋向大型化。

6. 油田支持船

2030 年，随着深远海石油及矿产资源的发现，以大型浮式支持船为基地的深远海支持服务船及综合补给技术系统将会成为海洋石油开采后勤支持保证的主流模式，相应的船舶会体现系列化，船用设备高度自动化，并且环保节能技术将大量采用，以新型燃料为燃料的船舶将会逐步应用。

7. 多功能水下作业支持船

到 2030 年的发展趋势为：低能耗船舶、混合材料、无压载水船、组合推进系统、绿色燃料船舶和电动船。

（四）建立海洋能源开发工程安全保障与紧急救援技术体系

主要包括：①载人潜水器；②重装潜水服；③遥控水下机器人（ROV）；④智能作业机器人（AUV）；⑤应急救援装备以及生命维持系统。

（五）探索出经济、安全、有效的水合物开采技术

目前，在天然气水合物调查研究及开发进程中，主要呈现以下发展趋势。

1. 调查研究在世界范围内迅速扩大

许多国家（如美国、加拿大、日本及印度等国）制定了调查开发计划、成立了专门机构，投入巨资，旨在探明本国的天然气水合物资源，并为商业性开采做试验准备。

2. 在找矿方法上呈现出多学科、多方法的综合调查研究

目前在天然气水合物成藏动力学、成藏机理和资源综合评价等方面的研究相对较少，还没有十分有效的找矿标志和客观的评价预测模型，也尚未研制出经济、高效的天然气水合物开发技术。

3. 加大勘探开发技术研制

在"水合物形成与分解的物化条件、产出条件、分布规律、形成机理、经济评价、环境效应"等方面取得初步研究进展的基础上，加大勘探开发技术研制，融多项探测技术于一体，向"多项技术联合、单项技术深化"的方向发展，但相关技术还处于探索阶段。

从世界范围内来看，天然气水合物无论从技术还是资源开发都是一个新的领域，从勘察、资源量评价、开发工程技术理论和方法都有待建立和发展。需继续发展室内机理和模拟开采技术、海上钻探取样技术、海上水合物试验开采技术、水合物潜在风险评价与控制技术。

（六）海上应急救援与重大事故快速处理技术

海洋中蕴含着大量的能源，海底管道和油气井与日俱增，一旦发生泄漏事故，危害巨大且很难控制，而有效的监测手段匮乏成为困扰人们的主要问题。以下是近年国内外海上油气田以及水下管道泄漏事故案例。

2011年6月初，位于渤海的"蓬莱19-3"油田发生溢油事故（图2-3-87）。此事故导致至少840平方千米海水变劣四类，造成了巨大经济损

失和环境损害。

图 2 - 3 - 87 "蓬莱 19 - 3"油田溢油事故现场

2011 年 12 月 19 日晚，中国海洋石油有限公司珠海横琴天然气处理终端附近海底天然气管线出现泄漏（图 2 - 3 - 88）。泄漏量 160 百万英尺^3/日，直接经济损失 80 万美元/日。由于没有泄漏监测系统，事故是在发生若干天后才被周边渔民发现。

(a)   (b)

图 2 - 3 - 88 珠海天然气管道泄漏现场

2012 年 3 月 25 日，法国能源巨头道达尔公司一个位于英国北海的油气田生产平台发生严重天然气泄漏事故。该公司认为泄漏是来自深度在 4 000 米的主要储存区以上的岩层，封堵或需 6 个月。

目前，国际上常用的压力流量法、光纤法、巡检法等检测技术，主要为针对海底管道泄漏的检测技术，而不能适用于检测海底油气井和地层等泄漏。

在海上重大溢油等重大事故应急处理与风险评价体系方面，正逐步建立类似 BP 墨西哥湾事故处理机制，将出现国家石油公司（NOC）和跨国公司更加紧密的联合体，实现技术和资源共享，风险分担。

第四章 我国海洋能源工程与科技面临的主要问题与挑战

一、挑战

（一）海洋资源勘查与评价技术面临的挑战

中国海洋石油勘探正面临着新形势和新任务，即由简单构造油气藏向复杂构造油气藏的转移，从构造油气藏向地层－岩性等隐蔽油气藏的转移，从浅、中层目标向深层目标的转移，从浅水领域向深水领域的转移，从国内海上勘探区域向以国内为主并向全世界含油气盆地扩展等。

1. 中国近海油气勘探亟待大突破、大发现

当前，石油勘探三大成熟探区目标选择难度越来越大，表现为规模变小、类型变差、隐蔽性变强。石油勘探处于转型期，急需开拓新区、新层系和新类型。天然气勘探仍立足于浅水区，但近年来尚未获得重大发现，新的勘探局面尚未打开，新的主攻方向尚不甚明确。深水天然气勘探虽获重大突破，但短期内受技术和成本制约勘探进展仍然缓慢。新区、新领域勘探和技术"瓶颈"的不断突破是勘探发展的必由之路，今后很长时期仍应坚持以寻找大中型油气田为目标。

2. 中国近海储量商业探明率和动用率有待提高

这也是勘探开发工作必须共同面对的现实。截至 2009 年年底，在渤海、珠江口、北部湾、琼东南、莺歌海、东海等 6 个含油气盆地，已获油气发现 259 个，累计发现地质储量分别为石油 58.17 亿立方米、凝析油 0.60 亿立方米、天然气 12.46 千亿立方米、溶解气 2.50 千亿立方米，油当量 73.73 亿立方米。已开发、在建设、认定商业性油气田 129 个，仅占油气发现个数的 49.8%，其探明地质储量分别为原油 34.76 亿立方米、凝析油 0.40 亿立方米、天然气 5.13 千亿立方米、溶解气 1.32 千亿立方米，油当量 41.61 亿

立方米。现有油气三级地质储量商业探明率分别为原油60%、凝析油67%、天然气41%、溶解气53%、油当量56%。此外，部分油田储量动用率偏低，如JX1-1、BZ26-3等。分析表明，中小型、复杂油气藏越来越多，部分边际含油气构造暂时无法开发。可见，依靠科技进步，开展含油气构造潜力评价，提高储量商业探明率和动用率是勘探开发共同解决的现实而必要的任务。

3. 深水区地震勘探面临的主要难题

深水区具有超水深、大陆坡、崎岖海底、地下结构复杂等特点，我国深水油气勘探开发起步较晚，主要原因在于深水钻探费用极其昂贵，这对地质综合评价和勘探技术的提高提出了迫切要求。

4. 隐蔽油气藏勘探的技术难点

海上隐蔽油气藏勘探起步较晚，但已获得重大突破，目前已在渤海海域、莺歌海盆地、涠西南凹陷、珠一坳陷发现了大量商业性地层——岩性油气藏。值得一提的是渤海自2006年在辽中凹陷JZ31-6-1井首次针对纯岩性油气藏勘探并获得了商业性发现以来，又在埕北凹陷CFD22-2-1井成功钻到了东营组三角前缘背景下发育起来的低位浊积扇含油砂体，在黄河口凹陷BZ26-3-6井针对新近系浅层岩性圈闭钻探获得商业产能。

但是海上隐蔽油气藏特征、分布预测及勘探技术系列尚不成熟。面临一系列难点和问题，比如无井或少井条件下的层序地层格架的建立以及层序追踪和解释。

5. 高温高压领域天然气勘探

高温高压领域天然气勘探仍未取得重大突破。莺歌海、琼东南盆地天然气地质资源量期望值达31.207千亿立方米，其中约52%~65%赋存于高温高压地层。但目前勘探主要集中于浅层/常压带，已发现的天然气地质储量与其地质资源量极不相称。此外，东海、渤海等盆地也存在高温高压天然气资源潜力。因此，发展并掌握高温高压天然气勘探理论和勘探技术（地质、地震、钻井、储层保护及测试等方面），必将加速我国海上天然气勘探。

6. 深水、深层、高温高压等复杂条件下井筒作业

海洋石油的高勘探成本以及高风险性，对录井、测井、测试等勘探井

筒作业技术提出了愈来愈高的要求。面对越来越复杂多样的勘探领域，如深水、"三低"、深层、高温高压、特殊岩性（砂砾岩类、碳酸盐岩类、火山岩类、混合花岗岩类）等，如何有效地发现并评价油气层，既能取得必要的井筒资料，又能降低作业成本，寻求合适的勘探井筒作业技术是关键之一。

（二）海洋能源开发工程技术面临的挑战

1. 海洋环境条件恶劣

我国海洋环境条件复杂，南"风"北"冰"，南海特有内波，海底沙脊沙坡，陆坡区域复杂工程地质条件（表2-3-10）。

表2-3-10   南海与世界主要深水区环境条件对比

项目	墨西哥湾		西非（安哥拉海）		巴西		南海	
	10年一遇	百年一遇	10年一遇	百年一遇	10年一遇	百年一遇	10年一遇	百年一遇
有效波高/米	5.9	12.2	3.6	4.4	6.9		9.9	12.9
谱峰周期/秒	10.5	14.2	14-18	14-18	14.6		13.5	13.7
风速/（米·秒$^{-1}$）	25.0	39.0	5.7	5.7	22.1		41.5	53.6
表面流速/（米·秒$^{-1}$）	0.4	1.0	0.9	0.9	1.7		1.38	2.09

海洋特别是深水恶劣的自然环境依旧严重威胁着深水海上设施和生产的安全进行。2005年墨西哥湾的飓风 Katrina 和 Rita 使美国石油工业遭受惨重损失；据不完全统计，在该海域有52座海上平台遭受到毁灭性破坏，另有112座海上平台、8根立管，275根输油管道受到不同程度的损坏，导致该海域25.5%的油井关闭，18%的气田生产关闭，造成油气产量剧减，这使人们不能不对热带气旋灾害引起高度重视。2006年5月南海的"珍珠号"台风造成我国南海最大的海上油田"流花11-1"油田多根锚链、生产立管断裂，内波不时影响着作业的安全。停产的10个月期间，每天损失原油2万桶。

2. 近海油气田开发挑战——海上稠油开发与边际油气田开发

海上油田具有疏松砂岩和多层系河流相沉积，稠油的黏度高

（11°API）、油田规模小且分散、平台寿命有限等特点，这些特点导致海上稠油水驱采收率只有20%左右，部分稠油的实际采收率仅为10%左右，甚至一些油田使用现有技术根本无法开发。

3. 走向深水面临更为严峻的挑战

深水油气田独有的低温高压环境和我国南海深水油气田具有的复杂油气藏特性以及复杂的地形所带来的流动安全问题是制约我国南海深水油气田开发工程和远距离输送的核心关键技术之一，制约着深水油气田开发工程模式的选择以及深水油气田投产后的安全运行，深水流动安全问题主要包括固相沉积问题、水合物问题、严重段塞流和腐蚀等问题。

（1）在深水油气工程设施的设计和建设能力方面，我国尚不具备500米以上深海设施的设计能力，不具备深海工程设施的建造总包和海上安装经验，难以在激烈的国际竞争中抢得先机，急需尽快形成深水平台的建造总包和海上安装能力。

（2）深水陆坡长输送管道流动安全保障与管理、深水复杂地质条件下海底管道的稳定性、海底管道和立管以及深水平台设计建造技术、海上油气田运行管理均是深水油气田面临的技术挑战。

4. 海洋能源开发应急救援面临的挑战

海洋油气资源开发中的重大原油泄漏事故不仅造成了巨大的经济损失，而且带来了巨大的环境和生态灾难，特别是2010年墨西哥湾BP公司重大原油泄漏事故导致的灾难性影响，使得人们对海洋石油开发的安全问题提出了一些质疑。因此，针对深海石油设施溢油事故研究其解决方案和措施，研制海上油气田水下设施应急维修作业保障装备就显得非常迫切。

二、存在的主要问题 ▶

（一）海上勘探技术差距大

1. 海上勘探技术面临的问题

1）海上勘探技术主要差距

（1）缺乏富烃凹陷评价的定性与定量标准，对评价结果缺乏统一的刻度，潜在富烃凹陷的评价技术和方法也有待加强，以便为科学地评价富烃凹陷提供支持。

（2）对海相烃源岩与陆相烃源岩的差异性及相应的评价思路等方面，缺少创新性认识。

（3）对深水盆地勘探综合评价技术尚未成熟，基本依赖国外技术。

（4）有些勘探领域的研究有待深入或加强，如渤海郯庐断裂对成盆、成烃、成藏等方面的控制作用，天然气和潜山内幕油气藏勘探评价策略及技术，凹中浅层油气运移与输导机理，复杂断块油气藏高效勘探评价技术、隐蔽油气藏成藏机理及勘探评价技术等。

（5）对二氧化碳等非烃组分的富集机制不清楚、缺少有效的识别手段，是近海浅水区天然气勘探近年来没有取得突破性进展的主要原因之一。

（6）在非常规天然气（如煤层气、页岩气、天然气水合物等）勘探领域，我国海上非常规天然气勘探工作刚刚起步，对非常规天然气勘探技术和基础资料掌握很少，不利于准确认识其资源分布，难于确定其经济性和合作战略。

2）地球物理勘探技术差距

（1）与国际技术对比，海上缺少高精度地震采集技术，如宽方位（WAZ）拖缆数据采集技术、多方位（MAZ）拖缆数据采集技术、富方位（RAZ）海洋拖缆数据采集、Q-Marine 圆形激发全方位（FAZ）数据采集技术、双传感器海洋拖缆（Geostreamer）数据采集技术、上/下拖缆地震数据采集技术、多波多分量地震数据采集技术和 OBC 地震数据采集技术。

（2）深水崎岖海底和深部复杂地质条件下的地震处理与成像技术有待提高。

（3）复杂储层预测描述技术不足。

（4）特殊/复杂油气藏处理解释技术仍需要攻关。

（5）烃类直接检测方法技术尚不成熟。

2. 深水工程技术面临的主要问题

我国深水工程技术起步较晚，远远落后于世界先进水平，同时我国海上复杂的油气藏特性以及恶劣的海洋环境条件决定了我国深水油气田开发将面临诸多挑战。制约我国深水油气田开发的主要问题表现在以下几个方面。

（1）深水工程试验模拟装备和试验分析技术：我国初步建立了深水工

程室内装置，但离系统的试验设施和性能评价设施还有很大差距，试验分析技术也有待提高。

（2）我国深水工程设计、建造和安装技术：国外已经形成规范性的深水工程技术规范、标准体系，我国深水工程关键技术研究才刚刚起步，大都停留在理论研究、数值模拟和实验模拟分析研究，而且针对性不强，研究成果离工程化应用还有一段距离，远远落后于世界先进水平。

（3）深水油气开发技术能力和手段方面：从深水油藏、深水钻完井和深水工程等方面存在大量的空白技术有待研究开发。在深水工程方面，我国急需研究深水油气田开发的总体工程方案，急需开发深水工程的浮式平台技术、深水海底管道和立管技术、深水管道流动安全保障技术和水下生产系统技术等。

（4）海洋深水工程装备和工程设施方面：我国急需能够在深水区作业的各型海洋油气勘探开发和工程建设的船舶和装备，主要包括：深水钻井船、深水勘察船、深水起重船、深水铺管船、深水工程地质调查船和多功能深水工作船；急需研究开发各型深水浮式平台、水下生产系统、海底管道和立管、海底控制设备以及配套的作业技术体系，同时现有深水作业装备数量有限，无法满足未来对深水油气开发的战略需求。

（5）深水油气工程设施的设计和建设能力方面：我国尚不具备 500 米以上深海设施的设计能力，不具备深海工程设施的建造总包和海上安装经验，难以在激烈的国际竞争中抢得先机，急需尽快形成深水平台的建造总包和海上安装能力。

（二）深水油气开发存在的问题：中远程补给

南海深水油气田勘探开发的范围广。我国南海中南部油气区距离依托设施远，最远距三亚市约 1 670 千米；补给难，直升机、供给船能力受限，如距离陆地 318 千米的荔湾"3 - 1 深水气田"（图 2 - 3 - 89）。因此，开发深水油气需解决中远程补给问题，建立补给基地（表 2 - 3 - 11）。

表 2 - 3 - 11　南海中远程补给基地建设可行性　　　　　千米

盆地名称	补给基地	距离	补给可行性
万安盆地	永兴岛	830 ~ 1 200	不可行
	美济礁	600 ~ 780	可行

续表

盆地名称	补给基地	距离	补给可行性
曾母盆地	永兴岛	1 300 ~ 1 450	不可行
	美济礁	750 ~ 1 100	部分可行
	太平岛	650 ~ 1 000	可行
文莱 - 沙巴盆地	永兴岛	1 100 ~ 1 400	不可行
	美济礁	300 ~ 750	可行
中建南盆地	广东深圳市	650 ~ 930	可行
	海南三亚市	310 ~ 530	可行
	永兴岛	0 ~ 320	可行
	美济礁	500 ~ 800	可行
北康盆地	永兴岛	950 ~ 1 200	不可行
	美济礁	200 ~ 500	可行
南薇西盆地	永兴岛	900 ~ 1 050	部分可行
	美济礁	360 ~ 550	可行
礼乐盆地	永兴岛	750 ~ 880	可行
	美济礁	0 ~ 350	可行

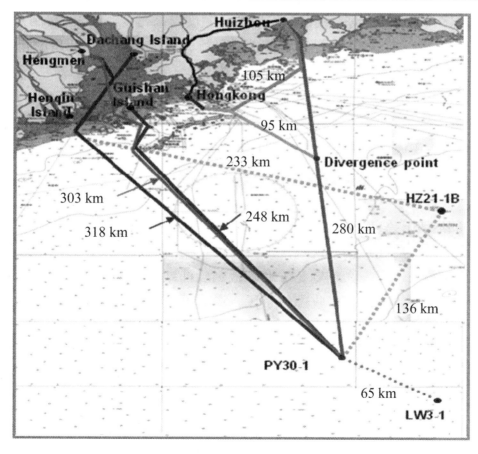

图 2 - 3 - 89 南海荔湾"3 - 1 深水气田"位置

国外很早就开始关注深远海补给基地问题，既有军事目的，也有服务于资源开发需要。冷战结束后，在面临海外基地不断减少的情况下，美国国防部开始设想使用海上移动基地（MOB）执行全球机动作战，国防先期研究项目局于1992年10月提出"海上平台技术计划"，1995年9月美国国防部提出非正式的MOB使命任务书，1996海军研究署（ONR）接着开展了一项MOB科技计划，美国研究MOB的初衷是提供一种前方后勤保障平台。

目前，我国刚刚启动相关研究。

（三）海上稠油和边际油气田开发面临许多新问题

我国近海稠油油田水驱开发采收率偏低，海上平台寿命期有限。平台寿命期满后，地层剩余油将难以经济有效利用，即花费高昂代价发现的石油资源将无法有效开采。随着我国石油接替资源量和后备可采储量的日趋紧张，在勘探上寻找新资源的难度越来越大，而且从勘探到油田开发，需要一个较长的周期。海上稠油油田原油高黏度与高密度、注入水高矿化度、油层厚和井距大，特别是受工程条件的影响，很多陆地油田使用的化学驱技术无法应用于海上油田，关键技术必须要有突破和创新。

以1991年情况为例，当时稠油三级地质储量为10亿立方米，但年产量仅97万立方米；油田规模小且分散，累计发现的47个油气田和油气构造分散于5.3万平方千米的海域内；油田储量规模小，32个油田储量小于1 000万立方米，而国际海上单独开发油田的储量均大于3 000万立方米。

目前，我国海上稠油主要分布于渤海海域。渤海稠油黏度高，可达11°API；陆地油田经验不适用；稠油的采收率低，仅10%~25%。

根据海上油气开发的现状，要实现海上稠油高效开发，必须通过技术攻关研究解决以下三大难题：①准确地刻画油藏渗流砂体单元，弄清剩余油分布；②进一步提高采收率的手段，增加可采储量；③提高稠油采油速度，实现高效开发。

具体包括：①剩余油的深度挖潜调整及热采开发，海上密集丛式井网的再加密调整、井网防碰和井眼安全控制，这些技术仍然是目前关注的问题和未来发展方向。②多枝导流适度出砂技术存在以下技术难点：多枝导流适度出砂井产能评价和井型优化；海上疏松砂岩稠油油藏出砂及控制理论和工艺；多枝导流适度出砂条件下的钻完井工艺和配套工具；适度出砂生产条件下地面出砂量的在线监测。③海上稠油化学驱油技术，如适用于地层黏度 $100 \sim 300$ 毫帕·秒的稠油化学驱技术研究、抗剪切、长期稳定性、耐二价离子和多功能的驱油体系研制与优选、聚合物速溶技术研究、化学驱采出液高效处理技术研究、早期注聚效果评价方法及验证、适用于新型驱油体系的化学驱软件编制、聚合物驱后 EOR 优化技术研究、海上稠油高效开发理论体系建立及小型高效的平台模块配注装置和工艺等问题亟待解决。④海上稠油油田开展热采开发还存在着诸多技术"瓶颈"。陆地稠油油田开展热采早，技术相对成熟；由于受井网、井型、层系、海上平台及成本的制约，海上稠油热采技术亟须深入的探索和实践。

（四）我国天然气水合物开发面临的问题

目前，我国天然气水合物开采技术研究还处于室内模拟系统和模拟分析方法的建立阶段，初步建立了天然气水合物声波、电阻率、相平衡等基础物性测试系统、MIR 核磁成像系统、X 光衍射等水合物微观结构分析系统，天然气水合物一维、二维、三维成藏模拟和开采模拟实验系统，同时开发了三维、四相渗流天然气水合物开采数值模拟方法，开展了基于石英砂等为模拟沉积物、填砂模型实验对象的注热、注剂、降压单原理开采过程实验研究。但与国际上一些先期开展天然气水合物调查研究的国家相比还有很大差距，主要表现在以下几个方面。

（1）海域调查研究程度较低，资源分布状况不清。初步了解南海北部陆坡的西沙海槽、东沙海域、神狐海域和琼东南海域等 4 个调查区的天然气水合物资源潜力及其分布情况。但南海北部陆坡整体调查研究程度较低，除神狐海域局部地区实施钻探外，其他均未钻探，且 4 个调查区的调查程度差异较大，距摸清资源状况、预测地质储量相差甚远。

（2）技术方法和装备整体落后。天然气水合物资源勘查研究是一项高新技术密集的庞大的系统工程。目前，采用的地震勘探和地球化学技术较为单一，不能履行综合系统化地开展全方位多层次的立体观测。水合物钻探船、保压取心、ROV、海底原位调查测试等主要技术和装备尚属空白，开发技术研究更未提到议事日程。

（3）周边国家已觊觎南海水合物资源。越南、马来西亚、菲律宾等周边国家已在中国南海主权海域的邻近海域进行天然气水合物资料的研究，因此，我们必须加快水合物的勘探开发步伐，争取今后海域天然气水合物勘探开发的主动权。

（4）试验开采技术与国外差距大。海洋天然气水合物具有储存条件复杂、埋深浅，部分还赋存在固结的淤泥中，同时南海深水面临着热带风暴、内波、海底沙脊、沙坡等恶劣环境条件，因此海洋天然气水合物的开发利用面临诸多挑战，其研究、开发利用已经成为化学、地球科学、能源科学、深水海洋工程学科的前沿，这些学科的交叉集成成为未来发展的趋势。其次，作为一种温室效应比较严重的气体，海底天然气水合物的分解对全球气候的变化以及海洋生态环境和海洋工程结构物都会产生重大影响。天然气水合物与全球环境和海底的地质灾害关系研究已经成为环境科学的热点之一。

（五）海洋能源工程战略装备面临的主要问题

我国海上施工作业、钻探、生产和应急救援装备与国外先进技术相比，总体性能、绝对数量、配套装备、综合作业能力方面均存在很大差距，在应急救援方面则几乎空白。

1. 海上施工作业和海上勘探装备国内外水平比较

（1）物探船与国际水平的差距。①我国拖缆物探船最大作业能力为12缆，国际领先水平已达到24缆以上的作业能力；②中海油服拥有高端物探船（6缆以上）3艘，全球高端物探船共计73艘，其中奇科公司16艘，CGG公司15艘，PGS公司13艘（含在建的2艘）；③目前勘探装备几乎全部依赖进口。中国海油在深水勘探领域的采集装备研发处于起步阶段，正在加快研发自主知识产权的海上勘探装备，如成功研制了"海亮"高密度地震采集系统，将初步具备了二维和三维勘探能力。

（2）工程勘察船与国际水平的差距。与国外相比（表2-3-12和表2-3-13），差距主要表现为：①国内具有一定规模和能力的海洋工程物探调查单位所采用的设备基本均为国外引进；②大多数只具备渗水地质调查能力，无钻机；当前国内最先进的海洋调查船"大洋一号"，可以适应深水工程物探作业和4 000米水深保真沉积物取样作业，没有配备深水钻探取样设备（钻机）；③国外具有深水钻探工程船10艘，我国仅"海洋石油708"深水工程勘察船，但却是全球首艘集起重、勘探、钻井等功能的综合性工程勘察船，作业水深3 000米，钻孔深度可达海底以下600米。"海洋石油

708"船成功投入使用标志着我国成功进入海洋工程深海勘探装备的顶尖领域，填补了国内空白，极大提高了我国深海海洋资源勘探开发能力和提升了海洋工程核心竞争能力（表2-3-14至表2-3-16）。

表2-3-12　国内勘察船能力对比

船名	主要用途	所属单位
滨海218	1979年建造，工程地质钻探船，船长55米，作业水深小于100米，钻孔深度小于150米	中海油服
滨海521	1975年造，长50米，海底灾害性地质调查，近海浅水作业	中海油服
南海503	1979年12月建造，综合勘察船，船长78米，钻孔300米水深、150米钻探能力，物探最大作业水深600米，无CPT	中海油服
海洋石油709	2005年2月建造，综合监测船，船长79.9米，DP-2，设计钻孔作业能力：水深小于500米，未配置钻机，缺少必要的取样工作舱室、泥浆储藏舱，无直升机平台，该船不能满足深水勘察的要求	中海油服
勘407	综合勘察船，长55米，作业水深小于150米，钻孔深度小于120米	中石化总公司
奋斗5号	综合勘察船，长67米，作业水深小于150米，钻孔深度小于120米	国土资源部
大洋一号	综合性海洋科学考察船，船长104米，可进行深水物探和海底取样，无钻孔设备，主要用于科学考察和研究	中国大洋协会
海监72/74	海底灾害性地质调查船，船长76米，作业水深300米	国家海洋局
海洋六号	2009年10月建造，以天然气水合物资源调查为主，兼顾其他海洋调查，船长106米，宽18米，电力推进，动力定位DP-1，最大航速17节，配置深水多波束、深海水下遥控探测（ROV）系统、深海表层取样和单缆二维高分辨率地震调查系统等，没有设计配置工程地质钻孔设备	国土资源部广州海洋地质调查局
海洋石油708	2011年12月建造，船长105米，宽23.4米，电力推进，动力定位DP-2，最大航速14.5节，适应作业水深3000米，配置深水多波束、ADCP、名义钻深3600米作业能力的深水工程钻机、深水海底23.5米水合物保温保压取样装置、150吨工程克令吊等，可在7级风3米浪的海况下作业	中海油服

目前，世界上具有动力定位性能、能够从事深水工程地质勘察的地质钻探专业船舶约有 10 艘，主要装备有深水工程钻机、井下液压取心系统和静力触探（CPT）系统，并能进行随钻录井（LWD），目前的工程地质钻探作业水深超过 3 000 米，最大钻探深度达 610 米。

表 2 - 3 - 13　国外深水勘察船能力对比

船名	Bucentaur	Bavenit	Fugro Explorer	Newbuilding 102	Bibby Sappire	SAGAR NIDHI
作业类型	2 000 米水深钻孔 40 米、3 000 米水深 6 米长取样	13～3 000 米水深钻孔、CPT 原位测试	3 000 米水深地质钻孔、CPT 原位测试、25 米取心	多功能调查，ROV 作业	ROV 作业/工程支持	海洋调查和工程支持（多/单波束测深，地貌，地层剖面等）
建造时间	1983 年	1986 年	1999 年建造，2002 年改造	2000 年	2005 年	2006 年在意大利造 2008 年交船
长、宽、高	78.1 米×16 米×8.4 米	85.8 米×16.8 米×8.4 米	79.6 米×16.0 米×6.3 米	83.9 米×19.7 米×7.45 米	94.2 米×18 米	103.6 米×19.2 米×5.5 米，作业甲板面积 700 平方米
最大航速/节	12	10	12	15	16	14.5
主功率	4×1 200 千瓦	4×1 420 千瓦	2×1 860 千瓦	4×2 500 千瓦	4×3 200 千瓦+640 千瓦	4×1 620 千瓦；港口发电机 500 千瓦
推进	2 个 CP 艏侧推	2 个 850 千瓦艏侧推	2 个 800HP 艏侧推，1 个 800HP 艉侧推	2 个 1 000 千瓦艏侧推，1 个 1 000 千瓦伸缩推，2 个 1 000 千瓦艉侧推	电推，5 个推进器（2 个艏推 1 个伸缩，2 舵桨主推）	全电力推进，2×1 000 千瓦侧推；舵桨主推 2×2 000 千瓦
DP 系统	DP-2	DP-2	DP-2	DP-2	DP-2	DP-2

续表

船名	Bucentaur	Bavenit	Fugro Explorer	Newbuilding 102	Bibby Sappire	SAGAR NIDHI
月池		?	3.05 米 × 3.05 米	5.5 米 × 5.4 米	8.0 米 × 8.0 米	无
飞机平台			19.5 米 × 19.5 米	不详	19.5 米 × 19.5 米	无
吊装设备	45 吨 A 架；3 吨×1 和 1 吨×2 甲板克令吊	5 吨 A 架和 2 台 5 吨甲板吊	20 吨 A 架	不详	150 吨/18 米工程吊 1 台；10 吨 /15 米甲板吊 1 台	200 Tm/19 米 × 1 台；24 Tm/8 米 × 2 台；10 Tm/10 米 ×2 台；艉 A 架 60 吨；左舷 A 架 10 吨
其他			装四点锚泊			75 个床位

表 2-3-14　国外工程地质钻孔船能力对比

船名	Fugro Explorer	Bavenit	Bucentaur	日本无敌	Miss Marie	Miss Clementine	Bodo Supplier
所属公司	Fugro	Fugro	Fugro	日本	马来西亚 Miss Marie	马来西亚 Miss Marie	马来西亚
作业类型	地质钻孔	地质钻孔	地质钻孔	工程支持地质钻孔	工程支持地质钻孔	工程支持地质钻孔	工程支持地质钻孔
作业水深	3 000 米	3 000 米	2 000 米	>3 000 米	约 1 500 米	约 1 500 米	2 000 米
建造时间	1999 年建 2002 年改造	1986 年	1983 年	2004 年	1995 年	1998 年	1972 年
船长和宽	79.6 米 × 16 米	85.8 米 × 16.8 米	78.1 米 × 16 米	126 米 × 20 米	75 米 × 18.3 米	75 米 × 18.3 米	—

续表

船　名	Fugro Explorer	Bavenit	Bucentaur	日本无敌	Miss Marie	Miss Clementine	Bodo Supplier
DP 系统	DP-2	DP-2	DP-2	DP-2	DP-2	DP-2	DP-1
备　注	20 吨 A 架 四点锚泊	5 吨 A 架	45 吨 A 架	科考为主	原为工程 支持船	原为工程 支持船	原为工程 支持船

注：辉固公司（Fugro）除上述 3 艘深水钻孔船外，另外还有两艘分别为 600 米和 1 000 米作业水深的专用地质钻孔船．

表 2 - 3 - 15　我国"海洋石油 708"船与国外深水钻探船主要参数对比

	参数	中国"海洋石油 708"	美国"决心"号	日本"地球"号
1	船长/米	105	143	220
2	船宽/米	23.4	21	38
3	吃水深度/米	7.4	7.45	9.2
4	最大航速/节	15	—	—
5	自持力/日	75	—	180
6	额定载员/人	90	114	256
7	甲板载货面积/米²	1 100	1 400	2 300
8	主机动率/千瓦	14 000	13 500	35 000
9	工作水深/米	50 ~ 3 000	8 230	①500 ~ 2 700 ②500 ~ 4 000 ③500 ~ 7 000
10	海底以下钻孔深度/米	600	2 111	7 000
11	钻机钩载能力/吨	225	240	1 250
12	升沉补偿距离	4.5 米（主动）	4.5 米（主动）	4 米（主动）
13	钻探方法	非隔水管	非隔水管	隔水管
14	随钻取心方式	绳索取心	绳索取心	绳索取心
15	海况条件	浪高 3 米 蒲福 7 级	浪高 4.6 米 蒲福 10 级	浪高 4.5 米 蒲福 9 级
16	动力定位	DP-2	Dual redundamt	DPS

表 2 - 3 - 16　我国深海钻机和美国、日本深海钻机性能对比

参数	中国"海洋石油708"	美国"决心"号	日本"地球"号
钻探名义深度/米	4 000	9 144	10 000 ~ 12 000
最大静钩载/千牛	2 250	5 360	12 500
最大作业水深/米	3 000	8 230	初期 2 500 后期 4 000
钻探海底以下/米	600	2 111	7 000
额定功率/马力	400	1 000	—
输出扭矩（千牛·米）	30.5	83	—
存放钻杆数量/米	3 200	9 000	12 000
升沉补偿能力/米	± 2.25	± 3	—
井架高度/米	34.5	62	107

2. 海上施工作业装备的国内外水平比较

（1）钻井装备。国内半潜式钻井平台设计建造技术现状可以概括为以下5个方面：①初步形成了设计能力，但设计核心技术依旧掌握在美国、挪威等国家；②初步掌握了半潜式钻井平台系统集成技术，但关键设备全部依赖进口；③亚洲国家已成为半潜式平台建造的主要承担者，但开发设计仍是美国和欧洲的天下；④关键设备研发能力与国际水平差距较大，例如深水钻机市场几乎由 MH 和 NOV 两家公司垄断，国内仅能提供技术含量不高的零部件；⑤数量和绝对性能上还有差距。世界上现存的深水半潜式钻井平台作业水深能力可分为 12 000 英尺（3 658 米）、10 000 英尺（3 048 米）、7 500 英尺（2 286 米）、5 000 英尺（1 524 米）4 个级别，而我国仅有 1 座平台在此行列，尚未形成系列和梯队，在装备的配套互补、差异化配置上有明显不足。此外，国外深水钻井船的作业水深达到 3 600 米，圆筒形钻井平台（作业水深达 3 000 米）、FDPSO 也得到工程应用。而以上类型的钻井装备国内均没有。

（2）修井装备。①目前，国内已有的浅水海洋导管架平台修井机在数量和水平上与国外先进水平相差不大，但是国内移动式修井装备无论是数量和种类水平与国外先进水平均还有一定差距，例如在美国墨西哥湾服役

的 Liftboat 有上百座，而国内仅有两座 Liftboat。②我国在深水专用的修井作业装备方面还是空白。

（3）铺管起重船。我国起重铺管船经过近 30 多年的发展已经初具规模，但同时在发展过程中出现的一些问题，也是未来起重、铺管船产业发展所必须克服和解决的困难和问题。①起重船船型单一，起重机和起重类型单一。我国的起重船的船型主要为驳型单体船，主要包含固定臂架式起重机和旋转式起重机，起重机和船舶形式单一。②起重铺管船作业范围在浅水，深水作业船舶少。我国的第一个深水气田项目——"荔湾 3-1"项目，其最大作业水深已达到了 1 480 米。而现实情况是我国的起重铺管船能适应 100～200 米水深仅有"蓝疆"号和"海洋石油 202"船，能适应荔湾项目铺管的仅有"海洋石油 201"船。相比国外海洋工程公司的船队配置，我国的深水起重、铺管作业船舶不论在数量上还是质量上（除新建船外）已远远落后。③起重铺管同时兼备，缺乏单独的专业铺管/缆船舶。④铺管船只具有 S 型铺设系统，尚无 J 型、Reel 型铺管船。S 型铺管法虽具有能铺设浅水和深水的特点，但受其铺设方式的限制，对于超深水大管径或者长距离高效铺管都不及另两种铺管方式。同时，随着深水开发模式的不断升级完善，水下系统加长输管道的模式应用将越来越多，而 S 型铺设对于水下结构物的安装具有先天的限制。⑤与国际水平比较，我国首座深水铺管起重船"海洋石油 201"已经达到了国际领先水平，但是与国际发达国家相比，在数量和种类上仍存在一定的差距。世界上主要海洋工程公司代表性的铺管起重船舶参数见表 2-3-17。通过和表 2-3-12 我国起重、铺管船主要参数列表比较，可以看出国内外的具体差距。

（4）油田支持船。目前，国内拥有的油田支持船舶是国外设计建造的二手船，尤其体现在大马力船舶上更为明显，超过 8 000 马力三用工作船及 6 000 马力平台供应船虽有部分设计研究，但几乎没有实船建造。我国深水三用工作船及供应船基本处在一个纸上谈兵的状态，鲜有实用性的应用例子。

表 2 – 3 – 17 世界主要海洋工程公司代表性船舶参数

序号	公司	船舶名	类型	主尺度 总长×型宽×型深	主要装备
1	Technip	Deep Blue	Reel-lay 及 J-lay	206.5 米× 32.0 米× 17.8 米	动力定位系统：DP2；最大吊重：400 吨；铺设管径：4～28 英寸；最大张力 770 吨；月池：7.5 米×15 米；搭载 2 台工作级 ROV
2		Apache Ⅱ	Reel-lay 及 J-lay	136.6 米× 27 米×9.7 米	动力定位系统：DP2；最大吊重：2 000 吨；最大铺设管径：16 英寸；最大张力 300 吨；搭载 2 台工作级 ROV
3		Deep Energy	Reel-lay 及 J-lay	194.5 米× 31 米×15 米	动力定位系统：DP3；最大吊重：150 吨升沉补偿吊机；最大铺设管径：24 英寸；最大张力 500 吨；搭载 2 台工作级 ROV
4		Deep Orient	Flexible-lay & Construction	135.65 米× 27 米×9.7 米	动力定位系统：DP2；月池：7.2 米×7.2 米；搭载 2 台工作级 ROV
5		Global 1201	S-lay	162.3 米× 37.8 米×16.1 米	动力定位系统：DP2/DP3；最大吊重：1 200 吨；铺设管径：4～60 英寸；最大张力 640 吨
6	Acergy	Sapura 3000	S-lay	157 米× 27 米×12 米	动力定位系统：DP2；最大吊重：3 000 吨；铺设管径：6～60 英寸；最大张力 240 吨
7		Polar Queen	Flexible-lay & Construction	147.9 米×27 米× 13.2 米	动力定位系统：DP2；最大吊重：300 吨；最大张力 340 吨；搭载 2 台工作级 ROV
8		Seaway Polaris	S-lay 及 J-lay	137.2 米×39 米× 9.5 米	动力定位系统 DP3；最大吊重：1 500 吨；最大铺设管径：60 英寸；最大张力 200 吨；搭载 2 台工作级 ROV

序号	公司	船舶名	类型	主尺度 总长×型宽×型深	主要装备
9	Saipem	Saipem 7000	J-lay	197.95 米 × 87 米 ×43.5 米	动力定位系统 DP3；最大吊重：14 000 吨；最大铺设管径：60 英寸；最大张力 550 吨
10		Castorone	S-lay 及 J-lay	290 米 ×39 米	动力定位系统 DP3；最大吊重：600 吨；最大铺设管径：60 英寸；最大张力 750 吨
11		Saipem FDS2	J-lay	183 米 ×32.2 米 × 14.5 米	动力定位系统 DP3；最大吊重：1 000 吨；最大张力 2 000 吨；搭载 2 台工作级 ROV
12		Castoro Otto	S-lay	191.4 米 × 35 米 ×15 米	最大吊重：2 177 吨；铺设管径：4 ~60 英寸；最大张力 180 吨
13	Allseas	Solitaire	S-lay	300 米	动力定位系统 DP3；最大吊重：300 吨；最大张力 1 050 吨
14		Pieter Schelte	S-lay	382 米 ×117 米	动力定位系统 DP3；最大起重：48 000 吨；铺设管径：6 ~68 英寸；最大张力 2 000 吨
15		Audacia	S-lay	225 米	动力定位系统 DP3；最大起重：550 吨；铺设管径：2 ~ 60 英寸；最大张力 525 吨
16		Lorelay	S-lay	183 米	动力定位系统 DP3；最大起重：300 吨；铺设管径：2 ~ 36 英寸；最大张力 175 吨

续表

序号	公司	船舶名	类型	主尺度 总长×型宽×型深	主要装备
17	Subsea 7	Seven Seas	Reel-lay	153.24 米 × 28.4 米 ×12.5 米	动力定位系统 DP2；最大起重：350 吨；铺设管径：2 ~ 24 英寸；最大张力260 吨；搭载2 台工作级 ROV
18		Normand Seven	Reel-lay	130 米 ×28 米 ×12 米	动力定位系统 DP3；最大起重：250 吨升沉补偿吊机；最大铺设管径：500 毫米；最大张力200 吨；搭载2 台工作级 ROV
19		Skandi Neptune		104.2 米 ×24 米 ×10.5 米	动力定位系统 DP2；最大起重：140 吨升沉补偿吊机；最大张力100 吨；月池：7.2 米 ×7.2 米；搭载2 台工作级 ROV
20	McDermot	DB50	起重船	497 英尺 × 151 英尺 ×41 英尺	最大起重：4 400 sT
21		DB101		479 英尺 × 171 英尺 ×122 英尺	最大起重：3 500 sT
22	Heerema	Thialf	起重船	165.3 米 ×88.4 米 ×49.5 米	动力定位系统 DP3；最大起重：14 200 吨
23		Balder	J-lay	137 米 ×86 米 ×42 米	动力定位系统 DP3；最大起重：7 000 sT；铺设管径：4.5 ~ 32 英寸；最大张力175 吨
24		Hermod	起重船	137 米 ×86 米 ×42 米	动力定位系统 DP3；最大起重：8 100 吨

（5）多功能水下作业支持船。深水水下工程船主要掌握在 3 个主要的水下工程公司：Saipem/Sonsub、Acergy、Subsea7 以及 Technip 的水下板块业务板块。

"海洋石油286"将是我国首艘 3 000 米水深多功能水下作业支持船，由挪威的 Skipsteknisk 公司进行基本设计，上海船舶研究设计院进行详细设计，黄埔造船负责生产设计及建造。

总体来讲，我国仍处在造船产业链的末端，船型开发、专用船舶设备、动力定位系统研发等仍依赖国外进口，自主研发仍处于空白状态。

3. 海上油气田生产装备的国内外水平比较

1）生产平台

"十一五"期间，在国家 863 计划、重大科技专项的支持下，中国海洋石油总公司在 TLP、SPAR、SEMI-FPS 为典型代表的深水浮式平台方面开展了大量探索性的工作，但距离实际应用还有很大差距，概括为以下 3 个方面。

（1）初步形成了概念设计能力：与国外公司联合开展了概念设计，同时依靠国内技术力量完成平行的设计任务。

（2）模型试验能力正在逐步成熟：建立了深水海洋工程试验水池，开展了水池模型试验、形成了试验能力。

（3）设计理念、船型开发等方面存在较大差距，在基本设计技术、详细设计、系统集成、建造技术方面存在空白。

2）水下生产设备

（1）全部掌握在欧美少数几家公司手中，产品已较为成熟。主要承包商有 AkerSolution、Oceaneering、Cameron 等。且外方在相关技术方面对我国进行封锁，如水下采油树、管汇及控制系统等相关设施在国外已较为成熟，设计能力也已达水深 3 000 米以上，我国实际应用水深 1 480 米；

（2）我国在管段件方面有一定突破，管道连接器、小型管汇已经用于生产实践，水下采油树、控制系统等还是空白。

3）FLNG/FDPSO

（1）FLNG：世界上尚未有 LNG FPSO 正式投入运营，按目前建造计划，2013 年将有 FLNG 正式投入生产，目前国外 FLNG 设计、建造、应用方面已经达到工业应用的水平。我国仅沪东中华造船（集团）有限公司承建过 LNG 运输船，目前仅完成了 FLNG 的总体方案和部分关键技术研究。在 FLNG 液化工艺技术、液货维护系统、外输系统及关键外输设备方面，国内几乎处于空白状态，与国外差距很大。

（2）FDPSO：世界上第一座 FDPSO 已在非洲 Azurite 油田投入使用，并且一座新建的 FDPSO（MPF-1000）目前在建。我国船厂仅建造过船型 FDP-

SO，但并不掌握设计和应用核心技术，与国外存在较大差距。

4. 海上应急救援装备的国内外水平比较

（1）载人潜器。我国在载人潜器领域的研究水平已处于国际先进行列，目前与国际上的差距主要体现在：①载人潜水器应用方面：国外载人潜水器的应用已非常成熟，例如"阿尔文"号载人潜水器已经进行了 5 000 次下潜，"深海6500"也进行了大量的下潜与水下作业工作，我国载人潜水器的应用方面主要集中在军事领域，应用方面与国外尚存在一定差距。②载人潜器门类方面：相比国外而言，我国载人潜水器在海洋开发专用载人潜水器设计方面尚属空白，门类有待于完善。

（2）重装潜水服。中国船舶重工集团公司第 702 研究所是国内重装潜水服唯一研制单位，成功研制 QSZ－Ⅰ型重装潜水服，其工作深度 300 米，以观察为主，作业能力有限（图 2－3－90）QSZ－Ⅱ型重装潜水服，潜水员在水下的活动半径可达 50 米，工作深度也是 300 米（图 2－3－91）；它既可用作观察型载人潜水器，也可用作观察型 ROV，同时通过夹持器，水下作业工具进行相关作业。受到国内投入的限制，我国还没开发第Ⅲ型重装潜水服。

图 2－3－90　QSZ－Ⅰ重装潜水服　　　　图 2－3－91　QSZ－Ⅱ重装潜水服

（3）遥控水下机器人（ROV）。我国深海装备包括重载作业级深海潜水器作业系统的技术水平与国际发达国家尚有一定差距，存在的主要技术差距和问题在于：①尚未建立完整的深海作业装备和技术体系，装备技术发展不能够完全满足深水油气资源开发及作业的需求。②先进装备不能在应用中得到不断改进，同时由于应用机制不健全，且缺少国家级的公共试验平台，工程化和实用化的进程缓慢，产业化举步维艰。③部分单元技术和基础元件薄弱，大量关键核心装备与技术依然依赖进口，并且在引进中存在着技术封锁和贸易壁垒。

（4）智能作业机器人（AUV）。我国深海装备包括自主水下机器人（AUV）的技术水平与国际发达国家接近（表2-3-18），存在的主要技术差距和问题为：①装备技术发展与实际应用需求脱节；②先进装备不能在应用中得到不断改进；③部分单元技术和基础元件薄弱。

目前，这些问题和差距正通过国家深海高技术发展规划的实施和建立国家深海基地的方式逐步解决。

表2-3-18 国内外主要自主调查系统汇总

潜水器	国家	作业深度/米	作业能力	工作模式	机动性	状态
ABE	美国	4 500	观测调查	自主模式	优	运行
Sentry	美国	6 000	观测调查	自主模式	优	试验
Nereus	美国	11 000	观测调查、取样、机械手作业	自主模式、遥控模式	良	试验
SAUVIM	美国	6 000	观测调查、机械手作业	遥控监控模式	中	试验
UROV7K	日本	7 000	观测调查、机械手作业	遥控监控模式	中	运行
MR-X1	日本	4 200	观测调查、机械手作业（待扩展）	自主模式	优	运行
R2D4	日本	4 000	观测调查	自主模式	良	运行
ALISTAR	法国	3 000	观测调查	自主模式	良	运行
HUGIN	挪威	4 500	观测调查	自主模式	中	运行
DeepC	德国	4 000	观测调查	自主模式	良	运行
ALIVE	法国	未知	观测调查、机械手作业	自主模式、水声通信遥控	中	试验

潜水器	国家	作业深度/米	作业能力	工作模式	机动性	状态
Swimmer	法国	未知	观测调查、机械手作业	自主模式、水声通信遥控	中	试验
CR-01	中国	6 000	观测调查	自主模式	中	运行
CR-02	中国	6 000	观测调查	自主模式	良	运行

（六）海洋能源开发应急事故处理技术能力

我国潜水高气压作业技术主要面向军用，民用深水潜水作业技术供求矛盾突出，主要表现在以下几方面。

1. 技术体系不够完善

我国现已制定和颁布各类与潜水及水下作业安全和技术相关的标准有60多项，但系统性、完整性和可操作性与国际潜水组织和西方潜水技术先进国家的安全规程还存在较大差别。

2. 潜水装备和生命支持保障技术自主研发能力欠缺

我国虽已成为潜水装备的需求大国，但关键装备仍主要依靠进口，现有的少量产品科技含量较低，工艺落后，国际竞争力弱。

3. 海上大深度生命支持保障能力欠缺

目前，模拟潜水深度的世界纪录为701米（氢氦氧）和686米（氦氧），海上实潜深度纪录为563米（美国）。我国于2010年完成了实验室模拟480米饱和−493米巡回潜水载人实验研究，使我国的模拟潜水深度达到了493米。但海上实潜能力的发展一直滞后，目前我国海上大深度实潜纪录依然是海军南海舰队防救船大队2001年进行的150米饱和−182米巡回潜水训练，海上实际作业深度仅为120米左右。

（七）我国海洋能源工程战略装备技术与世界总体的差距

我国海洋能源工程战略装备技术与世界总体差距见图2−3−92。

★ 当前所处水平

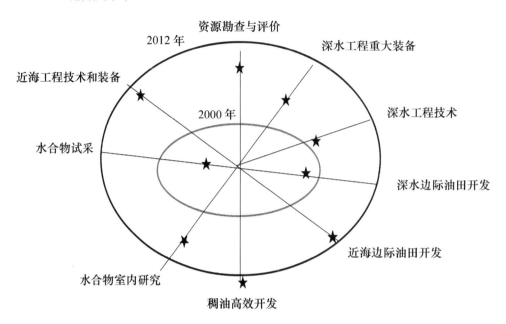

图 2 - 3 - 92　技术现状

第五章 我国海洋能源工程的战略定位、目标与重点

一、战略定位与发展思路

（一）战略定位

以国家海洋大开发战略为引领，以国家能源需求为目标，大力发展海洋能源工程核心技术和重大装备，加大近海稠油、边际油田高效开发，稳步推进中深水勘探开发进程，保障国家能源安全和海洋权益，为走向世界深水大洋做好技术储备。

（二）发展思路

1. 服务国家战略，统筹科技体系

紧密结合国家油气资源战略，以海洋资源勘查领域为导向，以科学发展观为指导，统筹基础与目标、近期与远期、科研与生产、投入与产出的关系，针对目前海洋资源勘查生产实践中存在的挑战和需求，不断完善科技创新体系。

2. 坚持创新原则，形成特色技术

坚持"自主创新"与"引进集成创新"相结合的原则，力争在海洋资源勘查与评价技术领域有所突破，努力形成适用不同勘探对象的特色技术系列。

3. 加强科技攻关，注重成果转化

继续加强海洋资源地质理论、认识和方法的基础研究，坚持实践，为海洋资源勘查提供理论指导和技术支撑。

继续加快技术攻关，着眼于常规生产问题，推广和应用先进适用的成熟配套技术；着眼于研究解决勘探难点和关键点，形成先进而适用的有效技术；着力解决制约勘探突破的"瓶颈"，继续完善初见成效的技术，及时开展现场试验；着眼于勘探长远发展，搞好超前研究和技术储备。

4. 依托重点项目，有机融合生产

依托与海洋资源勘查相关的国家重大专项、863计划、973计划等重大科技研发项目，有机地融合勘查工作需求，形成一系列针对复杂勘探目标的勘探地质评价技术、地球物理勘探技术、复杂油气层勘探作业技术等配套技术系列，为油气勘查的不断发现和突破提供技术支撑和技术储备。

二、战略目标

实现由浅水到深水、由常规油气到非常规油气的跨越，2020年部分海洋工程技术和装备跻身世界先进行列，2030年部分达到世界领先水平，建设"南海大庆"和"稠油大庆"（各年产5 000万吨油当量）。

（一）海上能源勘探技术战略目标

逐步形成6~8个具有特色的油气勘探核心技术体系，主要包括中国近海富烃凹陷（洼陷）优选评价技术、中国近海复杂油气藏高效勘探技术、中国近海浅水区天然气勘探综合评价技术、中国南海深水区油气勘探关键技术、中国近海"三低"油气层和深层油气勘探技术、隐蔽油气藏识别及勘探技术、中国海域地球物理勘探关键技术、国内非常规油气资源早期评价技术。围绕重点领域的关键地质问题，开展技术攻关，在新理论与方法集成和创新方面形成具有我国特色的实用技术体系，为海洋资源勘查的可持续发展做好技术储备。

（二）海上稠油开发技术战略目标

以海上稠油油田为主要对象，初步建立健全海上稠油聚合物驱油及多枝导流适度出砂技术体系，加快化学复合驱、热采利用的研究和应用步伐（图2-3-93）。以渤海稠油油田为主要对象，借鉴陆上稠油油田开发的成功经验，发展海上稠油开发技术，形成具有中国海油特色的海上稠油开发技术体系。到2030年，通过海上油田高效开发系列技术，为渤海油田"年产5 000万吨油当量、建设渤海大庆"提供技术支撑。

（三）深水工程技术战略目标

2015年，突破深水油气田开发工程装备基本设计关键技术，建立深水工程配套的实验研究基地，基本形成深水油气田开发工程装备基本设计技

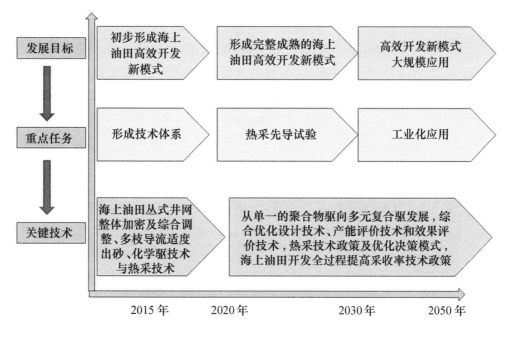

图 2 – 3 – 93 海上稠油开发技术发展线路

术体系，实现深水工程设计由 300 ~ 1 500 米的重点跨越；到 2020 年，实现 3 000 米深水油气田开发工程研究、试验分析及设计能力，逐步建立我国深水油气田开发工程技术体系，逐步形成深水油气开发工程技术标准体系，实现深水工程设计由 1 500 ~ 3 000 米的重点跨越；到 2030 年，实现 3 000 米水深深远海油气田自主开发，实现水深 3 000 米深远海油气田装备国产化，进入独立自主开发深水油气田海洋世界强国。

（四）深水工程重大装备战略目标

开展深水钻井船、铺管起重船、油田支持船的应用技术研究，进一步系统完善深水钻井、起重、铺管作业技术，形成我国 3 000 米深水油气田开发作业能力，建造我国深水石油开发的施工作业装备队伍，并逐渐具备强有力的国际化竞争力（图 2 – 3 – 94 和图 2 – 3 – 95）。

（五）应急救援装备战略目标

深海工程应急救援装备的设计研发是我国海洋工程装备发展的"瓶颈"，通过研究突破若干关键技术、系统地提高设计研发能力，推进我国海洋装备产业和深海资源开发的全面发展，2030 年前后建成深水应急救援技

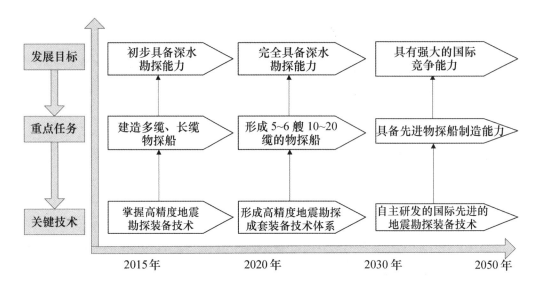

图 2-3-94 深水勘探装备发展路线

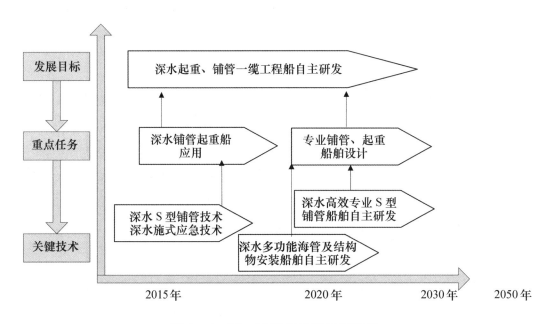

图 2-3-95 铺管起重船发展路线

术装备体系。

（六）天然气水合物战略目标

2015 年前重点突破室内机理研究、海上钻探取样技术、实现目标勘探技术突破，并实施冻土试验开采；2020 年前锁定海域目标勘探区域、实施海域水合物取样、具备试验开采技术能力；2030 年前根据勘探进展，条件成熟时实施海域试验开采。

总的发展目标见图 2 – 3 – 96。

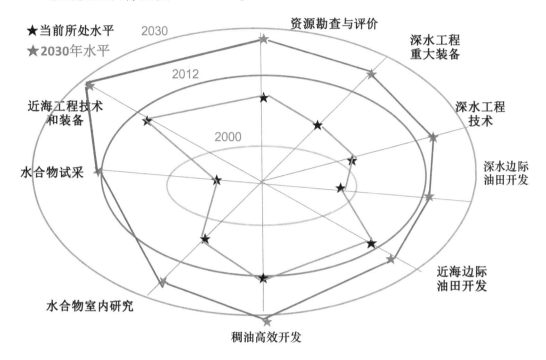

图 2 – 3 – 96　海洋能源工程战略目标

三、战略任务与发展重点　

战略任务包括以下 6 个方面：①深水勘探与评价技术；②近海复杂油气藏勘探技术；③海洋能源工程技术；④深水工程重大装备；⑤深水应急救援装备和技术；⑥天然气水合物目标勘探与试验开采技术。

（一）深水勘探与评价技术

南海深水区是我国海上油气勘探的一个重要的战场，将是"十二五"期间重要的油气勘探研究区，需重点发展深水地震采集、高信噪比与高分辨率地震处理及崎岖海底地震资料成像处理等关键技术。此外，还需发展下列勘探研究技术：①南海北部深水区大中型油气田形成条件与分布预测；②南海北部深水区盆地构造—热演化；③南海北部深水区富烃凹陷识别与评价技术；④深水区生物气、稠油降解气的形成机理和评价技术；⑤深水区碎屑岩及碳酸盐储层预测技术方法；⑥深水区烃类检测技术；⑦深水区勘探目标评价技术；⑧深水常温常压油气层测试技术；⑨西沙海域油气地质综合研究及有利勘探区带评价；⑩南沙海域油气地质综合研究和综合评价技术。

（二）近海复杂油气藏勘探技术

近海复杂油气藏勘探技术主要包括以下 7 个方面：①中国近海"三低"油气层和深层油气勘探技术；②隐蔽油气藏识别及勘探技术；③高温高压天然气勘探技术；④中国近海中古生界残留盆地特征及油气潜力评价技术；⑤中国海域地球物理勘探关键技术；⑥中国海域油气勘探井筒作业关键技术；⑦非常规油气勘探技术。

（三）海洋能源工程技术

1. 海上稠油开发新技术

（1）完善四套技术体系：①海上开发地震技术体系；②海上油田丛式井网整体加密及综合调整技术体系；③多枝导流适度出砂技术体系；④海上稠油化学驱油技术体系。

（2）探索并初步形成一套海上稠油热采技术体系。

（3）形成一套完善的海上稠油高效开发新模式：①海上稠油油田水驱高效开发新模式；②海上稠油油田化学驱高效开发新模式；③海上稠油热采高效开发新模式。

2. 深水海洋工程技术

（1）深水钻完井技术。

（2）深水平台技术。

（3）深水水下生产设施国产化。

（4）深水流动安全技术。

（5）深水海底管道和立管技术。

（6）深水动力环境和工程地质调查分析技术。

3. 海上边际油田开发工程技术

（1）海上简易平台技术。

（2）海上平台简易油气水处理技术。

  （3）海底集输管道技术。

  （4）简易水下设施。

（四）深水工程重大装备

  （1）深水物探设施。

  （2）深水工程勘察船。

  （3）深水钻井船。

  （4）深水铺管船。

  （5）深水作业支持船。

（五）深水应急救援装备和技术

  （1）常压潜水技术。

  （2）作业型水下机器人。

  （3）海上溢油事故处理技术。

  （4）海上应急救援装备。

（六）天然气水合物目标勘探与试验开采技术

  （1）天然气水合物目标勘探与评价技术。

  （2）天然气水合物室内机理研究。

  （3）天然气水合物成藏机理。

  （4）天然气水合物钻探取样技术。

  （5）天然气试验开采技术。

四、发展路线图

  力争到 2050 年，使我国海洋能源工程技术总体水平达到国际先进，部分领域达到达到国际领先，为建设海洋强国提供技术支撑（图 2 - 3 - 97）。

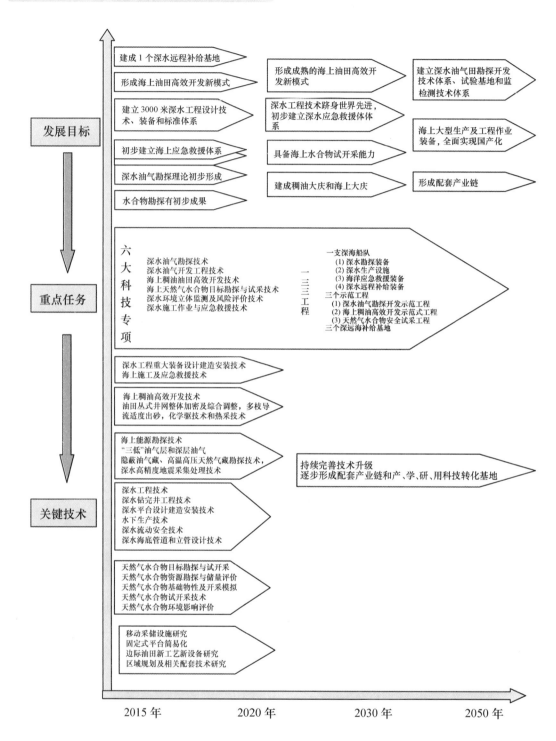

图 2-3-97　我国海洋能源工程技术发展路线

第六章　海洋能源工程与科技发展战略任务

海洋能源工程科技发展战略重点任务有 7 项：①突破深水能源勘探开发核心技术；②形成经济高效海上边际油田开发工程技术；③建立海上稠油油田高效开发技术体系；④建立深水工程作业船队；⑤军民融合建立深远海补给基地；⑥探索海上天然气水合物钻探与试验开采技术；⑦逐步建立海上应急救援技术装备。

一、突破深水能源勘探开发核心技术

虽然我国深水油气资源勘探开发工程技术起步较晚，中国海洋石油总公司采用引进消化、吸收和再创新的技术思路，依托"十五"、"十一五"国家重大专项课题、国家 863 计划以及中海油自立科研课题，联合国内外深水工程技术方面的著名科研院所进行技术攻关，初步搭建了深水油气田开发工程技术体系构架，突破了深水油田开发工程总体方案和概念设计技术，突破了海洋深水油气田开发工程实验核心技术，研制了一批深水油气田开发工程所需装备、设备样机和产品，研制了用于深水油气田开发工程的监测、检测系统，部分研究成果已成功应用于我国乃至海外的深水油气田开发工程项目中，取得了显著的经济效益。同时，通过"十一五"的技术攻关，已经建立了一支涵盖深水油气田开发工程各个领域的专业队伍，培养了一批在深水工程技术领域拔尖的专业人才，为我国南海深水油气田开发打下了坚实的基础，逐步缩小了与国外深水工程技术的差距。即将在南海投产的"荔湾 3 - 1"深水气田（水深 1 480 米）工程项目以及尼日利亚 OML-130 深水油田（水深 1 800 米）工程项目也已充分证明，采用和国外公司合作开发南海油气资源是完全可行的，在技术上已经基本成熟。

目前，深水技术仍然是制约我国海上油气开发的核心技术。因此，将加大研究力度，力争到 2020 年，突破海洋深水能源勘探开发核心技术，初步建立具有自主知识产权的深水能源勘探开发技术体系，实现深水油气田勘探开发技术由 300 米到 3 000 米水深的重点跨越，初步具备自主开发深水大型油气田的工程技术能力（图 2 - 3 - 98），为我国深水油气田的开发和安全运行提供技术支撑和保障。

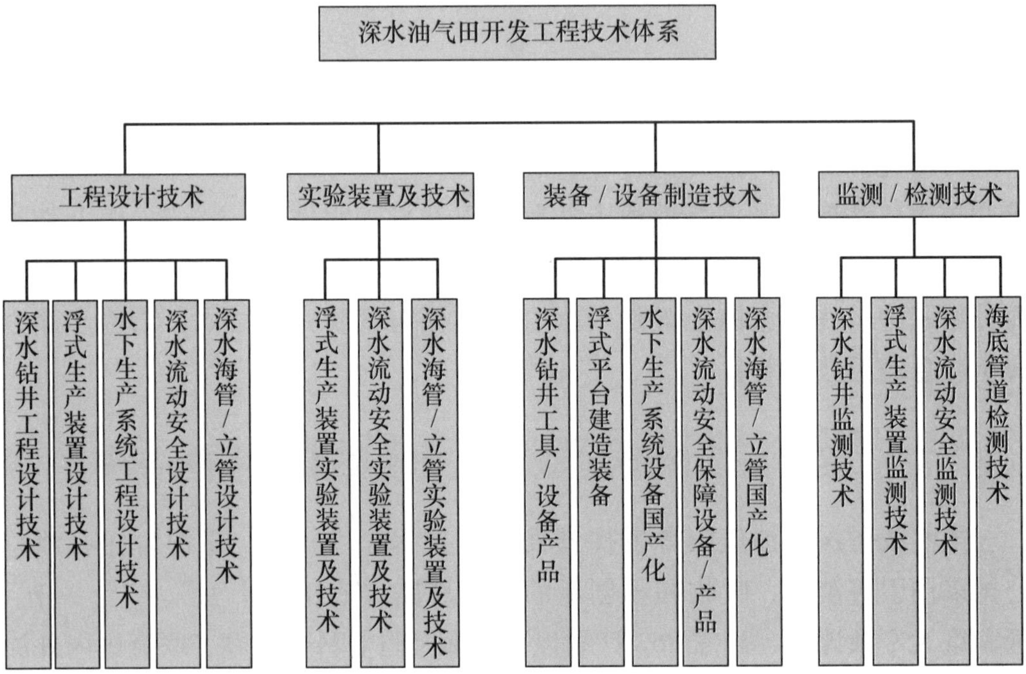

图 2 - 3 - 98　深水工程技术核心技术体系

突破深水工程"七大核心技术"：①深水环境荷载和风险评估；②深水钻完井设施及技术；③深水平台及系泊技术；④水下生产技术；⑤深水流动安全保障技术；⑥深水海底管道和立管技术；⑦深水施工安装及施工技术。

（一）深水环境荷载和风险评估

开展深水陆坡区域环境灾害和工程地质灾害的勘察/识别技术研究，以深水海床原位静力触探实验 CPT（Cone Penetration Test）为主形成深水工程勘察装备，开展深水陆坡区域环境灾害和工程地质灾害的勘察/识别技术研究，建立深水灾害地质勘察和环境风险评价技术系统。

（二）深水钻完井设施及技术

重点突破深水井壁稳定性技术、深水测试技术、深水钻井井控及水力参数设计技术、深水钻井液及水泥浆技术、深水隔水管技术、深水完井测试技术、随钻测井、智能完井、深水钻井弃井工具等深水钻井工程关键技术，形成具有自主知识产权的深水钻完井基本设计技术，形成具有自主知识产权的深水钻完井成套工程软硬件技术系列。

（三）深水平台及系泊技术

开展适合于我国南海海洋环境条件的深水浮式新型平台和船型开发，开展浮式平台的基本设计技术研究，形成浮式平台的设计能力，形成具有自主知识产权的工程设计软件和设计方法，加快深水平台现场监测装置研制，建立深水平台海上现场监测系统，形成具有自主知识产权的深水平台成套工程软硬件技术系列。

（四）水下生产技术

加快水下生产系统国产化研制，尤其是在南海海域特殊的环境条件和政治形势下，加快水下生产系统的推广应用显得尤为必要，水下生产系统可以适当减少水面设施，减少恶劣环境条件的影响，可以依托海上浮式装置开发附近周边的油气田，扩大油气田开发的范围，有助于加快南海深水油气田的开发步伐。

（五）深水流动安全保障技术

针对南海特殊的海洋环境条件、深水油气田独有的低温高压环境以及我国南海深水油气田具有的复杂油气藏特性和复杂的地形所带来的流动安全问题继续开展深水流动安全核心关键技术研究，建立深水油气田开发流动安全保障中试试验基地，建立深水流动安全海上检测/监测系统，开展深水流动安全基本设计技术研究，形成基本设计能力，建立流动安全设计和运行一体的流动安全管理体系；进一步开展水下湿气压缩机、水下高效分离、水下安全可靠的多相泵等设备研制，形成具有自主知识产权的深水流动安全软硬件技术系列，服务于南海深远海油气田的开发。

（六）深水海底管道和立管技术

针对南海特殊的海洋环境条件，开展深水海底管道和立管基本设计技术研究，形成深水海底管道和立管的设计能力，形成具有自主知识产权的工程设计软件和设计方法，加快具有自主知识产权的柔性软管及湿式保温材料研制，建立深水海底管道和立管检测/监测系统，形成具有自主知识产权的深水海底管道和立管成套工程软硬件技术系列。

（七）深水施工安装及施工技术

针对南海特殊的海洋环境条件，开展深水平台、海底管道和立管、电缆、脐带缆、水下设备安装设施和配套作业技术研究，具备自主进行深水海上施工作业能力的建造、安装基地。

二、形成经济高效海上边际油田开发工程技术 ▶

（一）推进以"三一模式"和"蜜蜂模式"为主的近海边际油气田开发技术，探索深水边际油气田开发新技术

包括：中深水简易平台建造、小型 FPSO 应用相关技术、水下储油移动采储设施和简易水下生产设施。

（二）加快中深水、深水简易平台、简易水下设施研制和开发力度

（略）

三、建立海上稠油油田高效开发技术体系 ▶

建立以海上稠油注聚开发技术体系，实现稳油控水、开展深度调剖技术、适度防沙技术研究，进一步提高油田采收率，开展提高采收率新技术探索（图 2 - 3 - 99 和图 2 - 3 - 100），包括：①海上油田早期注聚技术；②多枝导流适度出砂稠油开发技术；③高性能长效聚合物驱油剂合成技术；④海上丛式井网整体加密综合调整技术；⑤海上油田开发地震技术；⑥多元热流体海上热采技术探索。

四、建立深水工程作业船队 ▶

2020 年建立为 3 000 米水深作业装备为主体的深水工程作业船队，全面提升我国深水油气田开发技术能力和装备水平。

（一）目前已建成的重大装备

①3 000 米深水半潜式钻井平台"海洋石油 981"；②深水铺管船"海洋石油 201"；③深水勘察船"海洋石油 708"；④深水物探船"海洋石油 720"；⑤750 米深水钻井船（先锋、创新号）。

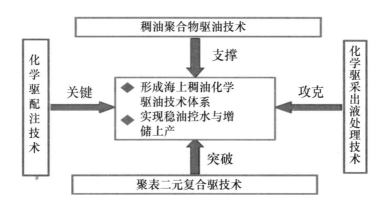

图 2 - 3 - 99 海上稠油开发技术体系

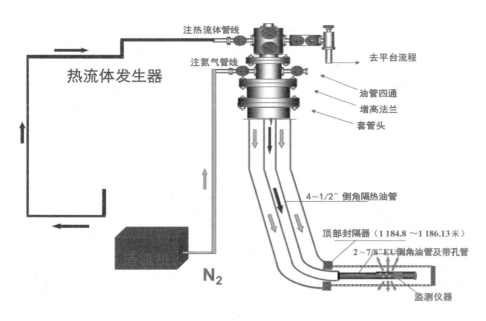

图 2 - 3 - 100 海上稠油热采技术体系

（二）目前在建的重大装备

①多功能自动定位船；②5 万吨半潜式自航工程船；③1 500 米深水钻井船（Prospector）；④750 米深水钻井船（Promoter）。

（三）在研究的重大装备

①2×8000 吨起重铺管船；②FLNG；③FDPSO。

五、军民融合建立深远海补给基地

军民融合、统筹规划，加快南海岛礁、岛屿建设，有力保障军民深远海补给。尽快启动南沙海域岸基支持的选址与建设。

根据目前形势，应逐步建成停靠和燃油补给线路，即深圳市—永兴岛—美济礁线路（图 2 - 3 - 101 和表 2 - 3 - 19）。地理位置上，永兴岛距深圳市 655 千米，距三亚市 333 千米，距美济礁 802 千米；美济礁距三亚市 1 084 千米；永乐群岛位于永兴岛西南 82 千米；美济礁位于太平岛西部 112 千米。因此，建议重点建设以下岛礁。

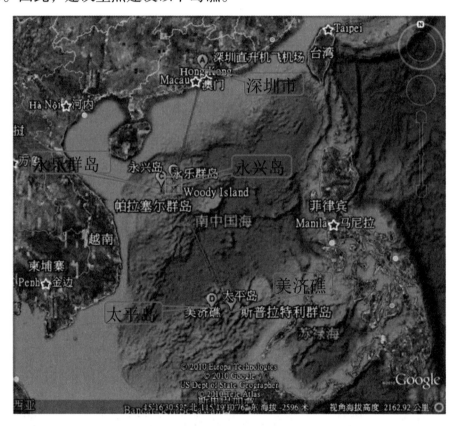

图 2 - 3 - 101　南海重要岛礁位置

（一）永兴岛

作为美济礁或永暑礁综合补给基地的中转站，也可直接服务于中建南盆地油气资源勘探开发（图 2 - 3 - 102）。

表 2 – 3 – 19　我国南海重要岛礁信息简表

岛礁名称	北纬	东经	备注
永兴岛	16°50′0″	112°20′0″	中国控制
南薇滩	7°50′0″	111°40′0″	越南占据
琼台礁	4°59′0″	112°37′0″	刚发现
美济礁	9°54′0″	115°32′0″	中国控制
永暑岛	9°37′0″	112°58′0″	中国控制
渚碧礁	10°54′0″	114°06′0″	中国控制
南熏礁	10°10′0″	114°15′0″	中国控制
黄岩岛	15°12′0″	117°46′0″	中国控制
隐矶礁	16°3′0″	114°56′0″	中国控制
太平岛	10°22′38″	114°21′59″	中国台湾控制
南岩	15°08′0″	117°48′0″	中国控制

图 2 – 3 – 102　永兴岛鸟瞰图

（二）美济礁或永暑礁

直接或间接服务南部盆地（万安、曾母、文莱－沙巴、礼乐、北康、南薇），可分期建设。在环礁上规划建设基地，或建造一艘 30 万吨级浮式综合装置。具备生活、发电、储油、造淡、维修、仓储等功能。具备 1 000 人居住、10 万吨储油、2 万吨储水、备件材料仓储、维修工作区（图 2 – 3 – 103）。

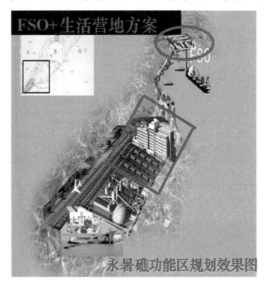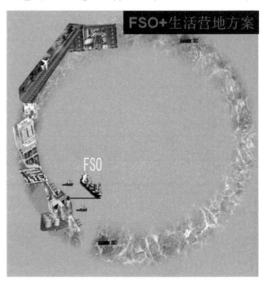

图 2 – 3 – 103　岛屿建设思路

（三）黄岩岛

黄岩岛位于我南海东大门，适合建设海洋气象综合观测站。

2012 年 5—6 月，国家海洋局已完成对黄岩岛及附近海域（礁盘、潟湖）的环境、地貌等基础数据的精密调查测量，为实际控制和进驻做好了技术上的前期准备。可考虑选择黄岩岛作为基地，黄岩岛作为菲律宾附近重要的岛屿，具备极其重要的战略地位，今后可覆盖周边的盆地（笔架南等）。礁盘周围水深 10～20 米、礁盘周缘长 55 千米，潟湖水深 20～44 米、潟湖面积 130 平方千米（图 2 – 3 – 104）。

六、稳步推进海域天然气水合物目标勘探和试采　▶

建立较为完善的天然气水合物地球物理勘探和试验开采实验研究基地，圈定天然气水合物藏分布区，对成矿区带和天然气藏进行资源评价，锁定富集区，规避风险、促成试采。通过实施钻探提供 1～2 个天然气水合物新

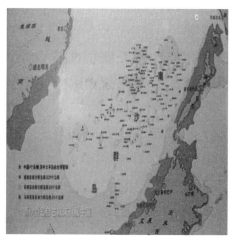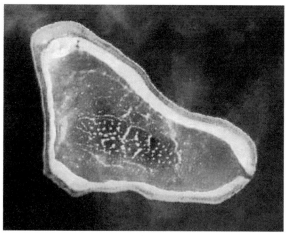

图 2 - 3 - 104　黄岩岛位置

能源后备基地，2016—2018 年，具备海上天然气水合物试验性开采技术能
力，研制集成天然气水合物探测技术体系，开展试采技术和风险评价研究，
规避风险、促成试采，为实现天然气水合物的商业开发提供技术支撑。

（一）海域天然气水合物探测与资源评价

在我国海域天然气水合物重点成矿区带实施以综合地质、地球物理、
地球化学、钻探等为主的水合物资源普查，圈定天然气水合物藏分布区；
进行成矿区带和天然气藏资源评价，查明其资源分布状况；详查并优选有
利目标，针对重点目标实施钻探，实现天然气水合物勘查与资源评价突破，
为国家提供 1～2 个天然气水合物新能源后备基地。

（二）海上天然气水合物试采工程

围绕海上天然气水合物试验性开发，重点开展锁定富集区和海上试验
性开采两部分工作，初步形成具有自主知识产权从室内研究到海上试采专
业配套的海上天然气水合物勘探、开发、工程的技术体系，完成 15～20 口
水合物藏探井和评价井钻探，建造我国第一艘天然气水合物试采船，实施
海上天然气水合物试采工程，为天然气水合物的商业开发做好技术支撑。

（三）天然气水合物环境效应

研究天然气水合物与海底构造变动、海平面变迁、古气候变化之间的
关系，探讨天然气水合物在环境地质灾害地质中的作用及影响。开展含水

合物沉积物力学特性实验与分析技术、海底水合物区局部环境监测与分析技术、南海北部水合物与海底滑坡之间的关系研究、深水水合物区钻探过程风险控制技术、天然气水合物储层与结构物相互作用及安全性研究、天然气水合物分解对海洋和大气环境的影响分析技术、形成深水水合物环境影响评价技术。

七、逐步建立海上应急救援技术装备 ▶

开展海上应急救援装备研制，重点包括以下 4 个方面：①载人潜器、重装潜水服；②遥控水下机器人（ROV）；③智能作业机器人（AUV）；④应急求援装备以及生命维持系统。

加快应急救援技术研究，建立应急救援技术和装备体系。

第七章　保障措施与政策建议

一、保障措施

战略规划的制定既要结合当前实际，也要放眼未来需求；同时，战略规划的执行必须有一个长期可持续发展的科技发展体系和产、学、研、用一体化机制做保障。技术创新需要与管理创新相结合，以适应未来发展的需要。

（一）加大海洋科技投入

建立国家层面的稳定投入机制。通过政府财政资金的合理配置和引导，建立多渠道、多元化的投融资渠道，增加全社会对于海洋能源领域研究的科技投入。适应财政制度改革的形势，积极争取和安排好海洋科技专项资金。充分利用和调动社会资源；加大对科技创新体系建设的投入，重大科技项目的实施要与科技创新体系建设相结合。

（二）建立科技资源共享机制

进一步推进海洋领域各个部门资源共享机制建设，根据"整合、共享、完善、提高"的原则，制定重大设备、数据共享相关管理规定，完善共享标准。建立和完善海洋科学考察和调查船舶共享机制，鼓励一船多用、多学科结合。加强科技资源共享机制建设，充分发挥科技资源在基础研究中的作用。广泛开展跨学科海洋科技合作与交流，推进综合性科技合作机制建设。

（三）扩大海洋领域的国际合作

充分利用全球科技资源，建立新型海洋科技合作机制。积极参与国际海洋领域重大科学计划，与世界高水平的大学、研究院所，探索建立长效的、高水平的合作与交流机制。落实政府间海洋科技合作协定，拓展工作渠道，形成政府搭台，研发机构、大学、企业等主体作用充分发挥的国际海洋科技合作局面，支持我国科学家在重大国际合作项目中担任重要职务。

（四）营造科技成果转化和产业化环境

加速海洋领域科研成果转化，促进海洋能源产业集约式发展。大力组织推广研究成果，加强对科技成果转化的管理与支持。建立促进大学和研究机构围绕企业需求开展创新活动的机制。鼓励社会团体和中介组织参与海洋科技协同创新及成果推广应用。

（五）培育高水平高技术的人才队伍

坚持人才为本，加强人才培养和引进力度，营造有利于鼓励创新的研究环境，推动深海领域优秀创新人才群体和创新团队的形成与发展。结合深海重大项目实施以及国家深海技术公共平台和重点学科建设，带动创新人才的培养，力争在深海基础研究和高技术研究领域，造就一批高水平的科技专家和具有全球思维的战略科学家。

（六）发展海洋文化和培育海洋意识

海洋工程的发展离不开广大群众对海洋的理解和认识。因此，需要通过多种形式的教育和宣传手段，普及海洋知识，发展海洋文化，让海洋意识根植于普通民众，这样后期发展海洋工程和科技才能得到更多人的理解和支持

（七）健全科研管理体制

建立相应评估和信用制度，从制度上避免科研创新潜在风险。完善长效考核机制，提高科研在考核中的比重。

二、政策建议

（一）成立海洋工程战略研究机构

根据中共中央总书记、国家主席、中央军委主席习近平同志关于国防建设与经济建设统筹、军民融合发展的指示精神，建议中国工程院、总装、总参、海军、能源企业成立海洋工程战略研究机构，就军民两用高科技项目联合攻关。

（二）建立国家级深水开发研究基地

整合国内外深水工程方面的优势力量，建设具有世界先进水平的国家

级实验室/研发中心/技术中心，全面提升自主研发设计、专业化制造以及关键配套技术水平，大力完善以企业为主体的技术创新体系；建立"产、学、研、用"科研转化机制，构建人才和创业平台。

（三）出台海洋能源开发的优惠政策

海上边际油气田、剩余油开发税收优惠政策、深水油气和天然气水合物资源开发减免进口税政策，例如税收优惠，新技术、节能减排技术、国产化关键设备应用的财政补贴等。

（四）建设有利于我国海洋工程与科技发展的海洋国际环境

海洋作为世界面积的主要构成部分，其也是连接各个国家和地区的枢纽。开发海洋资源必须全面考虑周边国家的有利和不利影响。为了更好地开发我国海洋资源，尤其是东海和南海地区资源，就必须处理好与东亚、东南亚和南亚诸国的关系，营造有利于我国海洋工程与科技发展的海洋国际环境，形成"双赢"、"多赢"的国际合作局面。

第八章　重大海洋工程和科技专项

围绕海洋能源开发与迫切需求，从国家层面围绕海洋能源工程重点领域开展重大科技专项、重大装备与示范工程一体化科技攻关策略，实现"产、学、研、用"一体化科技创新思路和科技成果转化机制，带动海洋能源工程上下游产业链的发展。

一、重点领域和科技专项

（一）海洋能源科技战略将围绕"三大核心技术"领域

一是海洋能源勘探与评价技术；二是海洋能源开发工程；三是海洋能源重大工程装备。

（二）开展"七大科技专项"攻关

（1）深水油气勘探技术。需要重点发展以下关键性技术：深水地震采集、高信噪比与高分辨率处理以及崎岖海底地震资料成像处理等关键技术。

（2）深水油气开发工程技术。重点突破深水钻完井、平台、水下设施、流动安全和海底管道关键技术，包括设计技术、试验技术、建造安装与调试技术以及运行管理技术。

（3）海上稠油油田高效开发技术。重点开展海上油田整体加密调整技术、多枝导流适度出砂技术、海上油田化学驱油技术、海上稠油热采技术研究。

（4）海上天然气水合物目标勘探与试验开采技术。重点开展水合物地球物理勘探技术、海上钻探取样、室内试验研究、试验开采关键技术、风险评价技术。

（5）深水环境立体监测及风险评价技术。包括海洋立体监测系统、海底观测技术、内波等复杂动力环境系统、工程地质勘察与评价技术。

（6）深水施工作业技术。包括深水平台安装、水下设施安全、海底管道安装、水下设施的更换与维护技术等。

（7）海上应急救援技术。包括常压潜水、重型作业技术、深潜救生、溢油处理、海上突发事故处理技术等。

二、重大海洋工程

在核心技术攻关的基础上，提出海洋能源重大工程建议——"一三三"工程。

（一）"一支深海船队"

配置深水勘探装备、深水生产设施、海洋应急救援装备、深水远程补给装备。

（二）"三个示范工程"

一是深水油气勘探开发示范工程；二是海上稠油高效开发示范工程；三是天然气水合物安全试采工程。

（三）"三个深远海基地"——深海远程军民共建基地

扩建永兴岛，建立美济礁（或永暑礁）和黄岩岛综合补给基地，服务军民，形成辐射南海深水的中远程补给基地，为国防安全和能源安全提供保障。

主要参考文献

金庆焕. 2010. 天然气水合物资源概论. 北京:科学出版社.

2012. 水下生产技术. 北京:中国石化出版社.

傅诚德. 2009. 石油科学技术发展对策与思考. 北京:石油工业出版社.

2010. 海上工程设计指南. 北京:中国石化出版社.

2012. 海洋工程技术论文集. 北京:中国石化出版社.

董绍华. 2009. 管道完整性管理概论. 北京:石油工业出版社.

主要执笔人

周守为	中国海洋石油总公司技术顾问	中国工程院院士
李清平	中海油研究总院	教授级高工
张厚和	中海油研究总院	教授级高工
谢　彬	中海油研究总院	教授级高工
李志刚	中国海洋工程股份有限公司	教授级高工
刘　健	中海油研究总院	高工

重点领域四：中国海洋生物工程与科技发展战略研究

第一章 我国海洋生物资源工程与科技发展的战略需求

世界面临着人口、环境与资源三大问题，这些问题当前在我国尤为突出。世界经济进入资源和环境"瓶颈"期后，陆域资源、能源和空间的压力与日俱增。21 世纪以来，人类重新把目光聚焦到海洋，全球进入到全面开发利用海洋的时代，各国对海洋资源的开发和争夺异常激烈。海洋已成为全球新一轮竞争发展的前沿阵地。

海洋有着广阔的空间和丰富的资源。海洋生物资源是一种可持续利用的再生性资源，是海洋生物繁茂芜杂、自行增殖和不断更新的特殊资源。海洋生物资源包括群体资源、遗传资源和产物资源。群体资源是指具有一定数量且聚集成群的生物群体及个体，形成人类采捕的对象；遗传资源是指具有遗传特征的海洋生物分子、细胞、个体等材料，可供增养殖开发利用；产物资源是指海洋动植物的代谢产物及其生物组织，开发利用为医药、食品和化工材料的潜力巨大。海洋生物资源与海水化学资源、海洋动力资源和大多数海底矿产资源不同，其主要特点是通过生物个体和亚群的繁殖、发育、生长和新老替代，使资源不断更新，种群不断获得补充，并通过一定的自我调节能力而达到数量上的相对稳定。整个地球生物每年的生产力相当于 1 540 亿吨有机碳，而海洋生物占了 87%。

海洋生物种类占全球物种 80% 以上，是食品、蛋白质和药品原料的重要来源。其中海洋渔业资源极为重要，为人类提供了大量优质蛋白，捕捞野生资源的海洋渔业已经发挥了最大潜力，资源持续利用的前景并不乐观。全世界海洋捕捞产量在 1996 年达到顶峰的 8 640 万吨后，开始小幅回落，稳定在 8 000 万吨左右，2011 年全球登记产量为 7 890 万吨。自 1974 年联合国粮农组织（FAO）开始监测全球渔业资源种群状况以来，尚未完全开发种群比例从 1974 年的 40% 下降到 2009 年的 12%，被完全开发的种群比例从 1974 年的 50% 增加到 2009 年的 57%，过度开发的种群比例从 1974 年的 10% 增加到 2009 年的 30%，占世界海洋捕捞产量约 30% 的前 10 位的种类多数已被完全或过度开发。对一些高度洄游、跨界和完全或部分在公海捕捞的其他渔业资源，情况也相当严峻，海洋捕捞过度已是一个很普遍的现象。同时，某些远洋渔业资源丰富，如南极生态系统的关键物种南极磷虾生物量约为 6.5 亿~10 亿吨，年可捕量达 0.6 亿~1.0 亿吨，是重要的战略资源。虽然我国南极磷虾渔业尚处于试验性商业开发的初级阶段，但随着其捕捞技术的突破，高值产品的产业链已经基本形成，南极磷虾资源在保障我国食品安全供给方面的重要性将日益提高。

我国是个海洋大国。我国大陆海岸线 18 000 千米，管辖海域面积 300 余万平方千米，约占全国陆地面积的 1/3，跨越了温带、亚热带、热带 3 个气候带。我国大陆架宽阔，水体营养丰富，生物种类多样，为海洋生物资源的开发奠定了基础，提供了有利条件。因而，我国在海洋生物资源开发利用方面具有独特的优势。随着科学技术的进步，海洋生物资源成为我国食物的重要来源和战略后备。当今，全球性区域经济发展由陆域向海域渐次推进，各沿海国家向海洋进军已是大势所趋。我国从被这个大势所裹挟，到乘势自主发展，在世界海洋生物资源开发中的地位和作用正在不断提升。

科学合理开发、利用和保护海洋生物资源是我国在保障食物安全、推动经济发展、形成战略性新兴产业、维护国家权益等方面的重要战略需求，直接关系到我国海洋强国战略的实现，关系到生态文明建设的成功，关系到小康社会的最终建成。

一、多层面开发海洋水产品，保障国家食物安全 ▶

食物安全问题始终是国家关心的头等大事。随着我国工业化和城镇化建设的快速推进，加剧了耕地和水资源短缺的问题。气候变化诱发的自然灾害等问题，可能使中国农业更为脆弱。我国加入 WTO 过渡期结束后，跨国公司开始以迅猛势头进入食物生产与流通领域，生物能源发展、投资资本炒作等对食物安全的影响长期而深远。

在中国，人们习惯于将传统上的主食统称为"粮食"，主要是指稻谷、小麦、玉米、薯类等淀粉作物类和豆类两大类作物。但在国际上，与中文对应的"粮食"这个概念并不存在，国际组织及各国政府高度关注的是"food"即"食物"。其来源可以是植物、动物或者其他界的生物，不只包含常说的"粮食"，还涵盖肉禽蛋奶和水产品等重要内容。我们面临的绝非仅仅是"粮食"安全问题，而是一个更为广义的"食物"安全问题。

海洋水产品是人们健康食物结构中优质的一环，是与畜禽类同样的必需品，不仅是优质蛋白的重要来源，更是稀缺优质脂肪的主要来源。我国海洋生物种类繁多，是世界上12个生物多样性特别丰富的国家之一。海洋中约有20万种生物，其中已知鱼类约1.9万种，甲壳类约2万种。以浮游植物年产量为基础估算世界海洋渔业资源量，世界海洋浮游植物产量5 000亿吨，折合成鱼类年产量约6亿吨。

海洋捕捞是对天然水产品的初级利用，只要开发得当，就能充分发挥海洋水产品在保障食物安全中的重要作用，就能实现长期、持续和大量的优质天然海水产品供给。海水养殖是人类主动、定向利用海域生物资源的重要途径，已经成为对食物安全、国民经济和贸易平衡做出重要贡献的产业。美国环境经济学家莱斯特·布朗曾在1994年提出"谁来养活中国"的惊世疑问，但在2008年他又指出水产养殖是当代中国对世界的两大贡献之一，认为世界还没有充分意识到这件事情的伟大意义。水产养殖每年提供超过4 000万吨的优质蛋白质食品，这是世界上最有效率的食物生产技术。Daniel Cressey 于2009年3月在英国《自然》杂志第458卷上撰文《未来的鱼》，认为"要满足日益增长对水产品的要求，除了养殖，别无它途"。

我国海水养殖的种类包括鱼类、虾蟹类、贝类、藻类四大类，产量位居世界首位，是世界上唯一养殖产量超过捕捞产量的国家。2012年，全国海水养殖面积2 180 930公顷，海水养殖产量1 643.81万吨（占海洋水产品产量的54.19%）。海水养殖不仅现在是，而且将来仍然是人们利用海洋生物资源以保障食物安全的一个很重要的途径。海洋渔业资源与生态专家估计，如果要稳定我国目前水产品的人均消费量，到2030年前后全国人口达到15亿时，我国水产品需求要增加2 000万吨以上。同时，用于海水养殖动物的人工配合饲料所需原料主要来自农副产品和食品加工后剩下的人们不能食用的下脚料，如榨取和提炼大豆油后剩下的豆饼和豆粕，生产花生油后剩下的花生饼和花生粕，酿酒后剩下的酒糟，禽类加工后剩下的羽毛等。海水养殖一方面为人类提供了含优质蛋白质和优质脂肪酸的水产品；另一方面高效利用了人们不能食用的"食物"副产品。可见，海水养殖对提高人们生活水平，建设资源节约型社会意义重大，海洋生物资源对保障我国食物安全的贡献必将越来越大。

二、加强蓝色生物产业发展，推动海洋经济增长 ▶

食物安全是经济发展的基础，综合开发利用海洋资源的蓝色经济是我国经济发展上一个新台阶的强大而持续的助推器。蓝色经济是最近几年刚刚提出的新经济概念，尤其是当前全球经济正处于调整转型的关键时期，这一新的概念与思维的出现，具有特别重要的现实和重大的战略意义。2012年全国海洋生产总值 50 087 亿元，比上年增长 7.9%，海洋生产总值占国内生产总值的 9.6%。全国涉海就业人员达到 3 420 万人。建设海洋经济强国是中华民族从"黄河文明"走向"蓝色文明"的第一步，是蓝色文明的经济基础。

被誉为第四次科技革命浪潮的生物经济逐步形成为与农业经济、工业经济、信息经济相对应的新经济形态，是新的经济增长点，其市场空间可能是信息产业的 10 倍。生物经济具有科技含量高，投资回报期偏长，对生物资源依赖性强，产品与产业多元化，市场容量大、商业价值高，生物经济的消费更具"人本化"，生命伦理与基因污染问题突出等特点。目前我们正处在信息经济的成熟阶段和生物经济的成长阶段，预期到 2020 年，我们将面临一个成熟的生物经济时代，生物经济将成为我国跨越式发展的突破口。

随着蓝色经济和生物经济的兴起，以开发利用海洋生物资源为主体的经济活动已赋予生物经济新的内涵。以海洋生态系统和与之生存的生物资源（包括群体资源、遗传资源和产物资源）为基础，利用先进可行技术和高新技术支撑所催生的生物经济可视为蓝色生物经济。蓝色生物经济是生物经济与蓝色经济的交集。海洋渔业是蓝色生物经济中的基础和战略性产业，涵盖了捕捞业、养殖业、海产品储运与加工业等传统产业，其领域和链条还拓展到设施渔业、增殖渔业、休闲渔业等新兴产业，具有规模化、集约化、设施化、智能化等特点。另一方面，海洋生物产业中的药物产业是具有良好发展前景的朝阳产业，大力发展海洋药物和生物制品产业，将成为我国海洋经济的新增长点并形成战略性新兴产业。自20世纪90年代以来，海洋水产养殖、海洋药物研究开发和海洋环境保护等方面成为世界各国竞相发展的热点。随着海洋生物组学、生物有机化学和合成生物学、免疫学和病害学、内分泌和发育与生殖生物学以及环境和进化生物学等为代表的海洋前沿生物技术的长足发展，并在现代水产养殖、海洋农业生物安全、食物安全、海洋生物资源养护和环境的生物修复、生物材料和生物炼制以及生物膜和防腐蚀等领域的应用，蓝色生物经济会日趋成熟。2012年我国海洋生物经济占海洋产业生产总值的18.6%（其中海洋渔业17.8%，海洋生物医药业0.8%），仅次于滨海旅游业和海洋交通运输业。

随着蓝色生物经济的发展，其经济模式已经发生并仍在发生着深刻的转变。原来的个体和合作制的劳动密集型、资源掠夺式的经济模式早已走到尽头，新的现代化蓝色生物经济模式已见雏形，其特点是企业规模大，科技含量高，市场机制健全，抗风险能力提高，负责任地开发利用资源。随着蓝色生物经济的转型，劳动生产率的大幅度提高，部分生物资源的枯竭或者有计划地保护（如禁渔），导致了一些新的社会问题。例如，大量以沿海捕捞为生计的渔民上岸，以捕捞和养殖为生计的城镇周围的渔民失海，需要重新就业。蓝色生物经济的发展不失时机地解决了这些问题，深远海生物资源的开发、海水养殖业和水产加工业吸纳了大量失业渔民，促进了区域经济的发展，维护了沿海地区的社会稳定。

海洋对我国目前发展和长远发展都具有不可替代的作用。作为21世纪人类社会可持续发展的宝贵财富和最大空间，人口趋海移动的趋势将加速，蓝色生物经济正在并将继续成为全球经济新的增长点，这一点毋庸置疑。

三、强化海洋生物技术发展，培育壮大新兴产业　▶

海洋产业是指开发、利用和保护海洋资源而形成的各种物质生产和非物质生产部门的总和，即人类利用海洋资源和海洋空间所进行的各类生产和服务，或人类在海洋中及以海洋资源为对象所进行的社会生产、交换分配和消费活动。新兴产业主要是指采用各种新兴高技术而产生、发展起来的一系列新兴行业。

海洋战略性新兴产业以海洋高新科技发展为基础，以海洋高新科技成果产业化为核心内容，具有重大发展潜力和广阔市场需求，体现了一个国家和地区在未来海洋利用方面的潜力，直接关系到国家和地区能否在 21 世纪的蓝色经济时代占领世界经济发展的制高点。当前，越来越多的国家调整战略、制定政策和发展规划，都把大力培育和催生海洋新兴产业作为推动经济发展的动力之一。

2013 年 1 月，国务院印发的《生物产业发展十二五规划》，要求加快推进生物产业这一国家战略性新兴产业持续快速健康发展，其中，该规划将海洋生物产业列为重点发展领域之一。《全国海洋经济发展十二五规划》中明确指出，海洋药物和生物制品业是四大战略性海洋新兴重点产业之一。海洋药物和生物制品业以海洋生物为原料或提取生物活性物质、特殊生物基因等成分，进行海洋药物、功能食品、生物材料等的生产加工及生物品种改良和培育的活动。这个产业区别于一般生物产业，可称为海洋新生物产业，是国际竞争最激烈的领域之一。海洋新生物产业具有潜在的巨大市场需求，拥有良好性能的海洋生物医药和保健产品、海洋生物新材料等的产业化以及基于海洋生物基因技术的海洋生物品种改良，可以创造出巨大的海洋生物产品市场，拓展生物医药产业、新材料产业以及海洋养殖业发展空间，极具发展潜力。海洋新生物产业的上游是海洋生物技术，强化海洋生物技术的发展，保障海洋生物资源的可持续利用，对于培育和壮大海洋新生物产业有重大意义。

目前，我国海洋新生物产业已经初具规模，受到政府、企业、科研机构等多方面的重视，产业发展的良好环境初步形成。2012 年，全国海洋生物医药产业继续保持增长态势，全年实现增加值 172 亿元，比上年增长 13.8%。可以预计未来 10~20 年海洋新生物产业化进程将大大加快，海洋新生物产业将迎来快速发展的黄金时代。到 2030 年，海洋新生物产业将成为国家海洋战略性新兴产业的第一大支柱性产业，成为国民经济和社会发展中主导战略性新兴产业形成的主要贡献者，成为保障当代人民健康、提高生活质量的主导产业之一，在国际生物产业发展中具有竞争的主动权。

四、重视海洋生物资源养护，保障海洋生态安全 ▶

党的十八大报告提出了"大力推进生态文明建设"的战略部署，明确指出：面对资源约束趋紧、环境污染严重、生态系统退化的严峻形势，加大自然生态系统和环境保护力度，建设生态文明，是关系人民福祉，关系民族未来的长远大计。海洋生态安全是我国生态文明建设的重要组成部分。党的十八大报告中对"建设海洋强国"做出了明确的战略部署，提出"提高海洋资源开发能力、发展海洋经济、保护海洋生态系统"。

海洋是人类生命活动的摇篮，除了调节着全球的气候和降水，还为人类提供了丰富多样的鱼、虾、贝、藻等水产品，为地球存蓄了约25%的基因资源。然而，海洋也是一个相对脆弱的自然生态系统，其资源并非取之不尽、用之不竭，环境也非保持着较好状态。近海是包括渔业资源在内的生物多样性的关键海域，从我国渤海、黄海、东海和南海四大海区来看，新中国成立以来已经丧失了50%以上的滨海湿地，天然岸线减少、海岸侵蚀严重。目前主要经济渔获物大幅度减少，赤潮、绿潮和水母灾害不断，近海富营养化严重，亚健康和不健康水域的面积逐年增加。加之中国大量海洋与海岸工程构筑在河口、海湾、滩涂和浅海，多种工程的生态影响相叠加，致使中国海洋生态灾害集中呈现，海洋生态安全前景堪忧。相比陆地生态系统而言，海洋与江河湖泊等水生生态系统的破坏性往往是长期、甚至永久的，生态系统的恢复十分困难，修复十分艰难，太湖、滇池等富营养化水体治理的进程缓慢已充分说明这个问题。

为此，必须重视近海资源养护，治理受损渔业生态环境，恢复海洋渔业资源的数量和质量，使其能够满足人类对优质蛋白的需求。近年来，我国在近海资源养护和生态环境修复等方面进行了积极探索。2006年2月，国务院印发了《中国水生生物资源养护行动纲要》，人工鱼礁、海洋牧场等工程建设得到了大力推广，并且海洋牧场可以充分发挥其生物移碳、固碳和环境调节功能，成为扩增海洋碳汇功能的重要途径。但是，我国近海资源养护工程和科技发展的现状相对于渔业资源的恢复及渔业生态环境的修复需要还有很大差距，诸多关键技术环节亟待实现转变和突破，必须进一步推进近海资源养护领域的工程建设和高新科技研发，多方探求解决近海资源养护和恢复的途径，确保近海渔业资源及其栖息环境实现稳定、可持续发展。

大力发展海水养殖，提供足量优质养殖水产品，可以缓解对水产品捕捞的依赖，保护海域自然生态系统。合理布局和规模控制海水养殖，发展陆基工厂化海水养殖，逐步实现半封闭和全封闭循环水养殖，减少养殖污水排放，甚至零排放。推广普及环境友好型高效人工配合饲料，加强病害的生态防控，改进养殖技术，提升管理水平，减少近浅海养殖对环境的污染。

通过实施海洋生物资源工程与科技发展的近海生物资源养护工程、海水养殖发展工程和远洋渔业资源开发工程，实现全海域海洋生物资源的有效保护和科学利用，保障海洋生态安全，为我国的生态文明建设做出重大积极贡献。

五、"渔权即主权"，坚决维护国家权益 ▶

近期发生的中日和中菲的岛屿之争，反映出我国在一些敏感海域的海权不断受到一些国家的侵扰和蚕食，凸显出新的历史时期维护我国国家主权和海洋权益的重要性和紧迫性。在领土主权和海洋管辖权争议区域，渔业因其特有的灵活性、广布性和群众性，对维护国家海洋权益具有不可替代的重要作用，应该放到所涉及的国际关系大局中考虑。此外，全球海洋生物资源已成为各国竞相争夺的战略资源，渔业也是国家拓展外交、参与国际资源配置与管理、处理国际关系的重要领域。

现实情况表明，"渔权即主权，存在即权益"。渔权是海权的一项重要内容和主要表现形式。世界各国对海洋权益的争夺，很多情况下表现为因海洋渔业利益的冲突而对渔场、捕鱼权的争夺。这种冲突和争夺始终伴随并促进着国际海洋法的发展，导致了一些重要的海洋法概念的形成和确立。1994年《联合国海洋法公约》生效后，专属经济区制度的确立，使得公海渔权成为海权争端的热点和焦点问题。海洋生物资源的可持续开发和利用引起世界各国的高度关注，特别是开发远洋生物资源逐渐成为国家海洋权益的重要组成部分，对远洋生物资源管理拥有一定的话语权和参与权已成为国家综合实力的体现。在新的世界海洋资源管理体制下，各沿海国家纷纷把可持续开发海洋、发展海洋经济定为基本国策，特别是将开发公海和远洋生物资源作为国家发展战略。例如，目前对丰富的南极磷虾资源的开发。在"存在即权益"的现实下，针对包括海洋生物资源在内的争夺日益激烈。沿海各国一方面加强本国海洋生物资源的养护和管理；另一方面积极研发新技术、配备新装备，利用高新技术加大对远洋海域生物资源的开发和利用。此外，海洋生物资源伴随海水所具有的流动性，可能使得归属某国的海洋生物资源进入他国领海管辖范围，在此过程中，科技实力相对较弱的国家往往无法对其领海内的海洋生物资源进行良好的保护。尽管国际公约、各国法律、区域性规范均对远洋海洋生物（包括跨界洄游生物）资源捕捞、养护和管理进行了规定，但并没有有效制止远洋生物资源被瓜分和滥捕的现象，而各类规定的颁布对我国已有的海洋生物资源权益进行了更为苛刻的管制，更加制约着我国远洋渔业的发展，甚至使我国传统海域如黄海、东海的捕捞业也受到严峻挑战。增强我国对远洋生物资源的掌控能力，维护我国与他国公约重叠海域内的海洋生物权益，不仅需要加强海洋监管、巡航、执法力度，而且迫切需要加快远洋渔业工程建设与科技进步，突破我国专业化远洋渔船捕捞装备、助渔仪器、船载水产品加工设备等关键技术限制，增强远洋生物资源开发的综合实力，为维护我国应有的海洋生物资源权益提供支持。

同时，发展远离陆地的以海水养殖为代表的深远海海域蓝色农业，对应多变的海洋条件，需要构建规模化的产业链及安全可靠的生产设施，以工业化的生产经营方式发展集约化养殖，包括深水大型网箱设施、大型固定式养殖平台和大型移动式养殖平台等离岸深海养殖工程。深远海大型养殖设施的构建，如同远离大陆的定居型海岛，具有显示主权存在的意义。在我国与周边国家海域纠纷突出、海域领域被侵蚀的状况下，发展深远海大型养殖设施就是"屯渔戍边"，守卫领海，实现海洋资源的合理利用与有效开发。

第二章 我国海洋生物资源工程与科技发展现状

我国海洋生物种类繁多，生物资源开发和利用的潜力大，海洋捕捞产量和海水养殖产量近20年来一直稳居世界首位。经过科研人员多年来的努力研究以及政府部门的有效管理，在海水养殖工程技术与装备、远洋渔业资源开发工程、海洋药物与生物制品工程、近海生物资源养护工程、海洋食品质量安全与加工流通工程等领域的重要关键技术上逐步缩小了与国际先进水平的差距。我国海洋生物资源的开发利用已经取得了显著的成果，奠定了工程与科技发展的基础，形成了初步的技术体系。

一、我国海水养殖工程技术与装备发展现状 ▶

海水养殖工程技术涉及水（水环境和生态）、种（遗传育种和扩繁）、病（病害防控）、饵（饲料）及相关的养殖工程技术与装备（陆基养殖、浅海养殖和深海养殖）。

（一）遗传育种技术取得重要进展，分子育种成为技术发展趋势

我国在海水养殖生物品种领域取得重要进展，早期以引进种为主，近几年多为杂交选育种，已累积获得30余个国家水产新品种（表2-4-1），标志着我国初步形成了海水养殖育种技术体系。培育的新品种在产业中得到推广应用，使我国跻身于海水养殖育种的世界先进行列。新品种培育研究已开始由传统选育向以分子育种为主导的多性状、多技术复合育种和设计育种的转变。海水养殖动物种苗繁育关键技术实现了跨越性发展，形成了符合我国海区特点的海水养殖种苗繁育技术体系。实现了半滑舌鳎的全人工苗种繁育、斜带石斑鱼全人工大规模育苗、大菱鲆的工厂化育苗，促进了我国海水鱼养殖业和增养殖业的迅速发展。但整体上讲，目前我国海水养殖业的良种覆盖率还相当低，与我国海水养殖的产业规模比较，新品种还是太少，而且新品种的培育周期也过长，难以满足产业发展的需求。

表 2 - 4 - 1　我国海水养殖新品种

序号	品种名称	年份	登记号	类别
1	罗氏沼虾	1996	GS - 03 - 012 - 1996	引进种
2	海湾扇贝	1996	GS - 03 - 015 - 1996	引进种
3	虾夷扇贝	1996	GS - 03 - 016 - 1996	引进种
4	太平洋牡蛎	1996	GS - 03 - 017 - 1996	引进种
5	"901" 海带	1997	GS - 01 - 001 - 1997	引进种
6	大菱鲆	2000	GS - 03 - 001 - 2000	引进种
7	SPF 凡纳滨对虾	2002	GS - 03 - 001 - 2002	引进种
8	中国对虾 "黄海 1 号"	2003	GS - 01 - 001 - 2003	选育种
9	"东方 2 号" 杂交海带	2004	GS - 02 - 001 - 2004	杂交种
10	"荣福" 海带	2004	GS - 02 - 002 - 2004	杂交种
11	"大连 1 号" 杂交鲍	2004	GS - 02 - 003 - 2004	杂交种
12	"蓬莱红" 扇贝	2005	GS - 02 - 001 - 2005	杂交种
13	"中科红" 海湾扇贝	2006	GS - 01 - 004 - 2006	选育种
14	"981" 龙须菜	2006	GS - 01 - 005 - 2006	选育种
15	杂交海带 "东方 3 号"	2007	GS - 02 - 002 - 2007	杂交种
16	漠斑牙鲆	2007	GS - 03 - 002 - 2007	引进种
17	中国对虾 "黄海 2 号"	2008	GS - 01 - 002 - 2008	选育种
18	海大金贝	2009	GS - 01 - 002 - 2009	选育种
19	坛紫菜 "申福 1 号"	2009	GS - 01 - 003 - 2009	选育种
20	杂色鲍 "东优 1 号"	2009	GS - 02 - 004 - 2009	杂交种
21	刺参 "水院 1 号"	2009	GS - 02 - 005 - 2009	杂交种
22	大黄鱼 "闽优 1 号"	2010	GS - 01 - 005 - 2010	选育种
23	凡纳滨对虾 "科海 1 号"	2010	GS - 01 - 006 - 2010	选育种
24	凡纳滨对虾 "中科 1 号"	2010	GS - 01 - 007 - 2010	选育种
25	凡纳滨对虾 "中兴 1 号"	2010	GS - 01 - 008 - 2010	选育种
26	斑节对虾 "南海 1 号"	2010	GS - 01 - 009 - 2010	选育种
27	"爱伦湾" 海带	2010	GS - 01 - 010 - 2010	选育种
28	大菱鲆 "丹法鲆"	2010	GS - 02 - 001 - 2010	杂交种
29	牙鲆 "鲆优 1 号"	2010	GS - 02 - 002 - 2010	杂交种
30	中华绒螯蟹 "光合 1 号"	2011	GS - 01 - 004 - 2011	选育种
31	海湾扇贝 "中科 2 号"	2011	GS - 01 - 005 - 2011	选育种

序号	品种名称	年份	登记号	类别
32	海带"黄官1号"	2011	GS－01－006－2011	选育种
33	马氏珠母贝"海优1号"	2011	GS－02－002－2011	杂交种
34	牙鲆"北鲆1号"	2011	GS－04－001－2011	其他种
35	凡纳滨对虾"桂海1号"	2012	GS－01－001－2012	选育种
36	三疣梭子蟹"黄选1号"	2012	GS－01－002－2012	选育种
37	"三海"海带	2012	GS－01－003－2012	选育种
38	坛紫菜"闽丰1号"	2012	GS－04－002－2012	其他种

资料来源：全国水产原种和良种审定委员会.

（二）生态工程技术成为热点，引领世界多营养层次综合养殖发展

基于生态系统的养殖生态工程技术成为国际研究热点。这种养殖理念将生物技术与生态工程结合起来，广泛采用新设施、新技术，以节能减排、环境友好、安全健康的生态养殖新生产模式来替代传统养殖方式。多营养层次的综合养殖（integrated multi-trophic aquaculture，IMTA）是建立在生态系统水平管理的一种养殖模式，即在同一养殖系统内进行多元化的养殖经营，提高单位设施利用率和养殖效果，注重养殖的最大经济效益，减少养殖活动对自然和生态环境的压力。我国以"巩固提高藻类、积极发展贝类、稳步扩大对虾、重点突破鱼蟹、加速拓展海珍品"为战略思想，初步实现了"虾贝并举、以贝保藻、以藻养珍（海珍品）"的良性循环，取得了一批国际领先或先进的科技成果。实行多营养层次的综合养殖模式，是减少养殖自身污染，实现环境友好型海水养殖业的有效途径之一，可以产生良好的经济、社会和生态效益，我国在这方面引领了世界的发展。

基于生态工程的海珍品增养殖技术是国际上最新发展的浅海生态增养殖模式与技术。该模式根据不同增养殖种类的生物学特性和生态习性，定向构建增殖礁体进行底质改良，通过生态工程技术人工构建海底植被，改善生态环境，为特定的高值、优质海洋生物的生长繁衍提供理想的环境条件和优质的天然饵料，同时放流人工培育的优质鲍、参、海胆、扇贝、魁蚶等苗种，实现浅海底播增养殖的高效可持续发展。

（三）病害监控技术保持国际同步，免疫防控技术成为发展重点

水产病害的防控主要涉及病原检测与病害预警技术、免疫防控技术和生态防控技术。病原检测与病害预警技术方面，我国发展并完善了水产病害基于抗体的免疫学检测方法和分子生物学方法，追踪世界先进技术开发了多种水产病害的 PCR（聚合酶链式反应）、LAMP（环介导等温扩增）快速诊断技术，使我国水产病害诊断和流行病学监控技术的研究一直保持在与国际同步的水平上。近年来，国内的研究学者将基因芯片和抗体芯片技术应用于病原的检测，建立了新的病原监测方法。免疫防控技术方面，开发低成本高效疫苗和免疫抗菌、抗病毒功能产品，对重大流行性疾病进行免疫防治，已成为 21 世纪水产动物疾病防控研究与开发的主要方向。20 世纪90 年代中期开始，我国 20 多家高校和研究机构开展了水产疫苗及其相关研究，海水养殖鱼类疫苗中试规模正在扩大，临床试验顺利进行，逐步建立了具有病毒活疫苗和灭活疫苗、细菌灭活疫苗和亚单位疫苗生产能力的水产疫苗 GMP 中试与生产基地。生态防控技术方面，微生物生态技术及微生态制剂的使用是健康养殖中病害生态防治的重要途径。目前，水产养殖已使用的有益菌主要有芽孢杆菌、光合细菌、乳酸菌、酵母菌、放线菌、硝化细菌、反硝化细菌和有效微生物菌群（EM）等，产品类型正从单一菌种向复合菌种、从液态向固态发展。

（四）水产营养研究独具特色，水产饲料工业规模世界第一

虽然我国水产动物营养和饲料学研究起步晚，但是由于国家产业政策的引导和巨大的产业需求，推动了我国水产动物营养研究与水产饲料工业的高速发展，形成了我国独具特色的水产营养研究和水产饲料工业发展模式，成为世界第一水产饲料生产大国。进入 21 世纪以来，我国水产饲料总量由 2000 年的 510 万吨到 2012 年突破 1 800 万吨，接近翻了两番（图 2－4－1）。我国的水产动物营养学和饲料研究基于"选择代表种、集中力量、统一方法、系统研究、成果辐射"的战略思路，构建了符合我国国情的水产饲料工业体系。

我国虽然是一个农业大国，但不是一个饲料资源大国。我国饲料原料的数量和质量都不能满足我国饲料工业高速发展的需要，尤其是优质蛋白质原料，如鱼粉、豆粕的 70% 依赖进口。我国在原料预处理（如发酵菌种

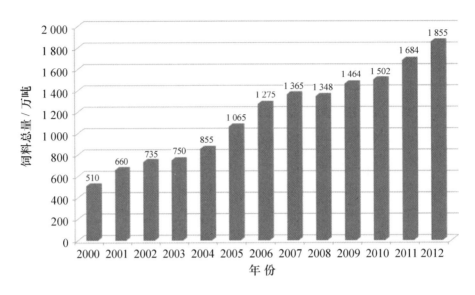

图 2 - 4 - 1　我国水产饲料总量统计分析（2000—2012 年）

资料来源：中国渔业统计年鉴（2000—2012 年）

筛选、植物蛋白源复合发酵、酶处理、物理和化学处理）、饲料配方的营养平衡（如氨基酸平衡、能量平衡等）、添加剂（营养添加剂、诱食剂、外源酶添加剂）等方面取得良好进展，有效地提高了廉价饲料原料的生物利用率。进入 21 世纪以来，我国饲料添加剂工业有了长足发展，加快适用于海洋水产动物的新型专用饲料添加剂的开发与生产，逐步实现主要饲料添加剂国产化和专业化，改变长期以来借用畜禽饲料添加剂的局面。

通过探索与技术改造，消化吸收国外先进技术，我国饲料工业技术装备水平得到了快速提高，特别是微粉碎设备和膨化成套设备的研发与逐步普及，对提高我国水产饲料加工工艺水平和饲料质量起到重要的作用。现在我国生产的水产饲料加工成套设备，不仅基本满足了国内水产饲料生产的需要，而且外销到国际市场。

（五）海水陆基养殖工程技术发展迅速，装备技术日臻完善

我国陆基循环水养殖模式和技术经过多年发展，突破了多项关键技术，研发出多项关键设备，节水节地等循环经济效应初步显现。20 世纪 90 年代以来，国家和地方政府大力支持开展工厂化养殖循环系统关键装备研究，以鲆鲽类为代表的海水鱼类循环水养殖系统是陆基养殖的一个突破口，1999年创立了大菱鲆"温室大棚＋深井海水"流水型工厂化养殖模式。现在，

鱼池高效排污、颗粒物质分级去除、水体高效增氧、水质在线检测与报警等关键技术等已取得长足进步。在低温条件下的生物净化、臭氧杀菌等技术环节也取得了进展。开发的弧形筛、转鼓式微滤机、射流式蛋白泡沫分离器、低压及管式纯氧增氧装置、封闭及开放式紫外线杀菌装置等技术装备基本达到国际先进水平。工厂化全循环高效养殖模式成为海水养殖产业与养殖生态环境协调健康发展的一种有效解决方案。

（六）浅海养殖容量已近饱和，环境友好和可持续发展为产业特征

我国浅海养殖的主要模式包括池塘养殖、滩涂养殖、筏式养殖、网箱养殖以及多营养层次综合养殖等。近年各种节能环保新技术开始在浅海养殖中得到应用，产业体现出环境友好和可持续发展的特征，基于工程化理念和技术的健康养殖体系是现阶段的发展重点。

海水池塘养殖模式以潮间带池塘、潮上带高位池和保温大棚为主。其中，潮间带池塘的生态养殖模式以自然纳潮进水或机械提水为主，部分配有增氧机，养殖虾、蟹、参、鱼、贝类等；潮上带高位池集约化养殖模式以对虾精养为主；保温大棚养殖模式以苗种暂养和反季节养殖为主。滩涂养殖的主要模式有滩涂底播养殖、滩涂筑坝蓄水养殖、滩涂插柱养殖、浅海筏式养殖。我国海水贝藻养殖每年从水体中移出的碳量为 120 万吨左右，相当于每年移出 440 万吨左右的二氧化碳。贝藻养殖不仅在我国海水养殖产业中占有举足轻重的地位，而且为减排二氧化碳和科学应对全球气候变化做出了重要贡献。

海水鱼类网箱养殖具有单位面积产量高、养殖周期短、饲料转化率高、养殖对象广、操作管理方便、劳动效率高、集约化程度高和经济效益显著等特点。20 世纪 90 年代以后浅海网箱养殖发展迅速，养殖技术逐渐成熟，成为我国海水鱼类养殖的主要方式。至 2010 年，我国浅海普通网箱大约 1 700 万立方米，养殖产量 32 万吨，分布在沿海各地的内湾水域。

（七）深海网箱养殖有所发展，蓄势向深远海迈进

我国于 1998 年引进了重力式高密度聚乙烯深水抗风浪重力式网箱。从 2000 年开始，国产化大型深水抗风浪网箱的研发得到了国家与各级政府的大力支持，现在已基本解决深水抗风浪网箱设备制造及养殖的关键技术。升降式深水网箱养殖系统已形成了一套优化的设计方法与制作工艺，提高

了网箱的抗风浪能力，承受水流速度超过 1 米/秒。自主研发的高密度聚乙烯网箱框架专用管材和聚酰胺网衣，在总体性能和主要指标上已接近挪威水平。同时，还开发出一系列深海网箱配套装备。虽然我国在离岸抗风浪网箱研究上取得了多方面的技术突破，但是深水网箱设施系统抵御我国海区的强台风等自然灾害侵袭能力还很弱，深水网箱养殖设施系统要远离陆基、迈向大海，还要继续加强技术创新集成和经验积累。

目前，全国深水网箱养殖海区可到达 30 米等深线的半开放海域，养殖水体达 500 万立方米，养殖产量 5.5 万吨，主要养殖鱼类品种有大黄鱼、鲈鱼、美国红鱼和军曹鱼等 10 余种。

图 2-4-2 显示，在海水养殖工程与技术领域，我国的养殖模式与技术引领了世界的发展，营养与饲料工程和生态工程技术方面比较先进，达到国际 2010 年先进水平，而在遗传育种与苗种培育工程技术、病害防控工程技术和陆基与离岸养殖方面与国际先进水平有一定的差距。

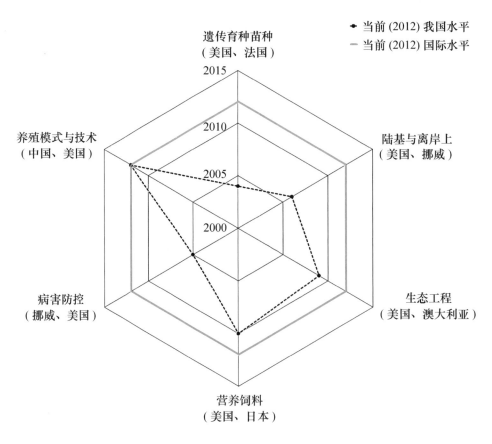

图 2-4-2 我国海水养殖工程技术与装备当前水平与国际发展水平比较

二、我国近海生物资源养护工程技术发展现状　▶

近海生物资源养护工程主要包括近海渔业资源监测与渔业监管技术、负责任捕捞技术、增殖放流技术和海洋牧场构建技术、近海渔船升级改造和渔港建设工程技术。

（一）渔业监管体系尚待健全，渔业资源监测技术手段已基本具备

目前，我国渔业监管体系的建设已有较为完备的船舶登记、捕捞许可证审批发放管理体系和现代化的渔船动态数字化管理技术手段，所有合法渔船均已纳入有效管理，并建成一支逐步规范化的渔政执法队伍，专门从事海上登临检查工作。但是渔业监管体系尚不健全，虽有少量渔船安装卫星链接式船位监控系统，但总体而言，在法规层面对渔船船位监控并没有统一要求，渔捞日志填写与报告、渔获转卸监控、科学观察员派驻等仍是监管体系的薄弱环节。

近海渔业资源监测技术包括渔业资源监测调查和渔业生产调查两大类。虽然我国在渔业资源底拖网调查和声学调查技术已基本达到国际先进水平，但渔业资源监测系统性方面与国际先进水平尚有一定的差距，主要原因是资源调查工作经费投入较少，缺乏长期系统性研究。

（二）负责任捕捞技术处在评估阶段，尚未形成规模化示范应用

我国负责任捕捞技术主要围绕网具网目结构、网目尺寸、网具选择性装置等方面开展研究，尚处于研究评估阶段，未形成规模化示范应用。目前，有效评估了我国主要流刺网渔具结构和渔获性能，取得了东海区小黄鱼、银鲳、黄海区蓝点马鲛和南海区金线鱼刺网最小网目尺寸标准参数。成功获取了海区鱼拖网、多囊桁杆虾拖网、单囊虾拖网、帆张网、锚张网和单桩张网等不同捕捞对象体型特征的最适/最小网囊网目结构和尺寸参数。研制发明了适宜我国渔具结构和捕捞对象的圆形、长方形刚性栅和柔性分隔结构等多种选择性装置。在东海区蟹笼选择性研究方面，突破了传统渔网/具依靠改变网目尺寸提高选择性能的方法。

（三）增殖放流规模持续扩大，促进了近海渔业资源的恢复

近年来，国家对增殖放流事业愈加重视，全国各省、市、自治区均已开展增殖放流工作，通过各种渠道对增殖放流资金的投入不断加大，放流

的规模也在持续增加。特别是 2006 年国务院发布了《中国水生生物资源养护行动纲要》以后，我国增殖放流投入资金和放流种苗数量大幅度增加。2006 年近海增殖放流各类种苗 38.8 亿尾（粒），2009 年增加至 79 亿尾（粒），2010 年和 2011 年分别达到 128.9 亿尾（粒）和 150.8 亿尾（粒），投入资金也由 2006 年的 1.1 亿元增加至 2009 年的 1.8 亿元（图 2-4-3）。增殖放流种类不断增多，呈多样化趋势，包括水生经济种和珍稀濒危物种，涵盖鱼类、贝类、头足类、甲壳类、爬行类等。增殖放流已经对我国天然渔业资源的增殖和恢复起到了积极作用。例如，近年来，渤海和黄海北部消失多年的中国对虾、海蜇、梭子蟹的渔汛已重新出现。虽然目前增殖放流规模较大，但在放流苗种质量、水域容量、放流效果评价等基础研究方面仍然滞后。

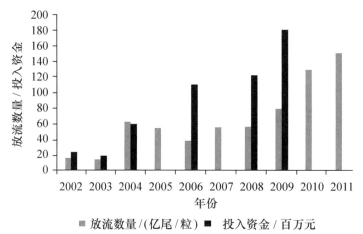

图 2-4-3 近海渔业资源增殖放流数量和资金投入情况

数据来源：中国渔业统计年鉴（2003—2012 年）

（四）人工鱼礁建设已经起步，海洋牧场从概念向实践发展

人工鱼礁作为海洋牧场建设的工程基础，我国早在 20 世纪 80 年代前后即开展过初步研究。近年来，我国沿海主要省、市、自治区都开展了大规模的人工鱼礁建设，对养护近海渔业资源、保护生态环境发挥了重要作用。人工鱼礁和海洋牧场构建技术等方面的相关研究也已开展。在人工鱼礁的礁体结构、水动力特性、增殖种类选择、生境营造等方面均取得了显著进展，为海洋牧场建设奠定了基础，取得了一些重要的数据和经验。但有关礁体与生物之间的关系、礁体适宜规格与投放布局等研究较少，海洋牧场

构建综合技术研究尚属起步阶段。

（五）近海渔船引起重视，升级改造列入议程

目前，我国近海捕捞渔船数量大，能耗高，木质渔船占渔船总数的 85% 以上，钢质船在中、大型渔船方面有一定程度的应用，而节能效应最好的玻璃钢渔船使用很少，只有 2% 左右。渔船装备升级改造方面，我国玻璃钢渔船建造技术不断完善，示范船舶开始应用，具备了一定的技术和产业基础，但由于质量、成本、管理等原因，规模化应用推进缓慢。山东省第一批标准化玻璃钢渔船建设正在实施，辽宁省在船型优化的基础上，建造了首批水产养殖玻璃钢渔船作为改造试点，为技术和产业的发展奠定了基础。2012 年下半年，由国家发展和改革委员会牵头，农业部、科技部、工信部、交通部等各大部委参与，开展了我国海洋渔业联合调研活动，对我国渔船装备的发展提出了切实可行的措施。我国近海渔船逐步向标准化方向发展。

（六）渔港建设受到关注，渔港经济区快速发展

渔港作为海洋与陆地渔业产业链上的重要枢纽，担负着服务捕捞作业和海洋牧场建设、推动渔区经济和社会和谐发展的重要作用。国家非常关注渔港建设。2011 年国务院发布《中华人民共和国国民经济和社会发展第十二个五年规划纲要》，明确把渔政渔港作为新农村建设重点工程，提出"改扩建和新建一批沿海中心渔港、一级渔港、二级渔港、避风锚地和内陆重点渔港"。我国现有各类沿海渔港 1 299 个，包括中心渔港 61 个、一级渔港 72 个，能够为沿海 9.2 万艘海洋机动渔船（占全国 29.06 万艘海洋机动渔船的 31%）提供避风减灾服务，保障近百万渔民的生命和财产安全。

通过渔港建设带动地方和社会投资近 55 亿元，满足 700 万吨的鱼货装卸交易和 70 万吨的水产品加工，形成百余个渔港经济区，提供 18 万个就业机会，间接综合经济效益超过 150 亿元。渔港经济区建设带动了渔民转产转业，促进了渔民增收，推动了渔业城镇化的发展，促进了渔区社会和谐稳定和经济发展。

我国目前增殖放流与国际水平差距较小，接近国际先进水平，近海渔业资源监测、负责任捕捞和海洋牧场建设方面与国际先进水平有 5 年左右的差距，渔港建设和近海渔船升级改造差距最大，前者仅相当于国际 2000 年

水平，后者远低于国际 2000 年水平（图 2 - 4 - 4）。

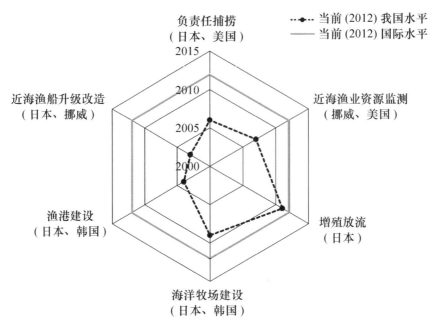

图 2 - 4 - 4　我国近海生物资源养护工程技术当前水平与国际发展水平比较

三、我国远洋渔业资源开发工程技术发展现状 ▶

　　我国的远洋渔业资源开发可分为过洋性远洋渔业和大洋公海远洋渔业（含极地渔业）。虽然远洋渔业近年来发展迅速，但由于起步较晚，加上远洋渔船装备技术落后并长期以来缺乏系统性的科研支撑，造成我国远洋渔业资源开发工程技术整体水平偏低。

（一）远洋渔业作业遍及"三大洋"，南极磷虾开发进入商业试捕

　　远洋渔业经过 20 多年的发展，我国 2012 年远洋渔船规模达到 1 830 艘，捕捞产量 122.3 万吨，作业渔场遍布 38 个国家的专属经济区和"三大洋"及南极公海水域（刚起步的南极磷虾渔业）。目前，我国已经加入了 8 个国际渔业组织，与 12 个多边国际组织建立了渔业合作关系，履行相关国际义务。同时，按照"互利互惠、合作共赢"的原则，我国与有关国家签署了 14 个双边政府间渔业合作协定。在渔情预报技术开发方面，建立了我国远洋渔业生产统计与海洋环境的数据库，开发出渔情预报模型，依靠国内和国外近实时的海洋遥感数据，对 10 多个作业海域进行每周一次的渔情

预报分析，科学指导渔船寻找中心渔场。

我国极地渔业为刚起步的南极磷虾渔业。2009/2010 年渔季，我国由两艘渔船组成的船队首次对南极磷虾资源进行了探捕性开发，捕获磷虾 1 946 吨。2010/2011 年渔季我国先后派出 5 艘渔船，捕获磷虾 1.6 万吨；2012/2013 年渔季派出 3 艘渔船，捕获磷虾 31 945 吨；2013/2014 年渔季已经有 6 艘渔船通报将赴南极捕磷虾，通报的预计产量为 9 万吨。由于对南极磷虾资源分布及渔场特征尚未开展专业性调查，且捕捞渔船均为经简单改造的南太平洋竹荚鱼拖网加工船，捕捞产量和加工技术与南极磷虾渔业大国的挪威和日本等有较大差距。

（二）远洋渔船主要为国外旧船，渔业捕捞装备研发刚刚起步

我国远洋渔业作业方式已从单一的底拖网技术发展到现在的大型中上层拖网、光诱鱿钓、金枪鱼延绳钓、金枪鱼围网、光诱舷提网、深海延绳钓等多种捕捞技术，成为远洋渔业作业方式最多的国家之一。

但是，我国远洋大型渔船主要依赖国外进口的二手船，存在渔船老化、设备陈旧、技术落后、捕捞效率低等问题，其中船龄 20 年以上的渔船占60%，已接近或超过报废期的渔船占 30% 以上。我国仅在深水拖网、中小型围网捕捞、金枪鱼延绳钓装备等开展了初步研究，3S 系统技术处于探索性阶段，其他装备尚不具有配套研发能力。国产深水拖网捕捞机械只能满足 200 米水深的作业要求，与发达国家能满足 500～1 000 米深水拖网作业自动化成套装备的配套要求的能力差距甚远。过洋性捕捞装备研发实现了绝大部分渔具及其助渔设备的国产化，并得到较好的应用，如底拖网网具，光诱鱿钓的钓具、集鱼灯、钓线等，金枪鱼延绳钓的液压卷扬机、投绳机、钓钩等。远洋渔船加工装备以粗加工为主，少数具有精深加工能力，目前我国远洋渔船加工装备还不具备系统配套能力。

（三）远洋渔船建造取得突破，技术基础初步形成

进入 21 世纪以来，国家逐渐在"十一五"期间的 863 计划以及高技术民船专项中设立专门的科研项目，以支持高技术远洋渔船装备的发展。在国家重大科研专项支持下，远洋渔船建造取得突破，技术基础初步形成。深水拖网双甲板渔船、大型金枪鱼围网渔船、鱿鱼钓船等远洋渔船船型开发取得一系列技术突破。大连渔轮公司设计建造的大型金枪鱼围网渔船

2010 年下水，该船总长 75.47 米，主机功率 4 000 马力，拥有各种捕捞设备44 台，配有一流导航和探鱼设备。这些突破及所形成的技术基础，证明我国初步具备了大型远洋渔船的建造能力。建造大型加工拖网渔船及附属装备的研制，专业化程度高，技术综合集成度复杂，目前正在研发过程中。研发的成果将为我国正式建造大型拖网加工船奠定了坚实的基础。

我国目前极地渔业、大洋渔业和远洋渔业装备与国际先进水平有 10 年左右的差距，远洋渔船建造相当于国际 2005 年水平（图 2 - 4 - 5）。

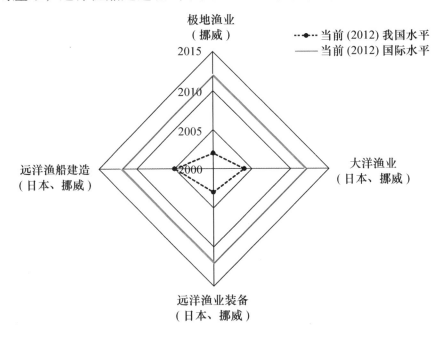

图 2 - 4 - 5　我国远洋渔业资源开发工程技术当前水平与国际发展水平比较

四、我国海洋药物与生物制品工程技术发展现状

当前，海洋生物资源的高效、深层次开发利用已成为发达国家竞争最激烈的领域之一，尤其是海洋药物和海洋生物制品的研究与产业化。因此，建立起我国符合国际规范的海洋药物创制体系，产生一批具有自主知识产权和市场前景的创新海洋药物，培育和发展一批具有较大规模的海洋药物企业，将有力地提升我国医药产业的国际竞争力。

（一）海洋药物研发方兴未艾，产业仍处于孕育期

从海洋生物资源中发现药物先导化合物并对其进行系统的成药性评价

和开发是竞争最激烈的领域之一。我国对海洋天然产物系统的研究始于20世纪80年代，国家863计划中设立了海洋天然产物专题，促进了我国海洋天然产物化学研究进入快速发展时期。近年来，海洋天然产物化学研究的对象逐渐扩展到多种海洋无脊椎动物、海洋植物及海洋微生物，海洋生物的采集海域由东南沿海扩展到广西北部湾及西沙、南沙等海域。据统计，迄今我国科学家已发现3 000多个海洋小分子新活性化合物和近300个糖/寡糖类化合物，在国际天然产物化合物库中占有重要位置。

我国是最早将海洋生物用作药物的国家之一，最早记载出现于《黄帝内经》，历经2000多年，共收录海洋药物110种，成为我国中医药宝库中的一个重要组成部分。1999年，由国家中医药管理局组织编写的《中华本草》收载海洋药物达到了802种，2009年管华诗院士组织编写的《中华海洋本草》共收录海洋药物613种，涉及海洋生物1 479种。1985年我国第一个海洋药物藻酸双酯钠成功上市后，甘糖酯、岩藻糖硫酸酯、海力特、甘露醇烟酸酯等海洋药物纷纷批准上市，我国已获批的5种海洋药物见表2－4－2。近年来，具有我国特色的海洋中药的研究开发得到了更多的重视，海洋中药宝库正在深入挖掘，新的海洋中药制剂正在加速研发，科学的海洋中药质控方法正在建立，可望在不久的将来，一批新的海洋中药将进入医药市场。

表2－4－2　我国已获批的海洋药物

药品名称	英文名称	化学成分	适应症
藻酸双酯钠	Alginic sodium diester, PSS	化学修饰的褐藻酸钠	缺血性脑血管病
甘糖酯	Mannose ester, PGMS	聚甘露糖醛酸丙酯硫酸盐	高脂血症
岩藻糖硫酸酯	Fucoidan, FPS	L－褐藻糖－4－硫酸酯	高脂血症
海力特（海麒舒肝胶囊）	—	异脂硫酸多糖、昆布硫酸酯、琼脂硫酸多糖	慢性肝炎，肿瘤放化疗后辅助治疗
甘露醇烟酸酯	Mannitol nicotinate	六吡啶－3－羧酸己六醇酯	冠心病、脑血栓、动脉粥样硬化

我国海洋药物研究起步较晚，近年来在国家的投入和培植下，与发达国家的差距逐渐在缩小，但总的来看，我国海洋药物研究与开发基础较为薄弱，技术与品种积累相对较少，海洋药物产业目前仍处于孕育期。前期重点建设了海洋药物研究的技术平台，突破了一批先导化合物的发现和海洋药物研究的关键技术，为后续海洋药物的开发与应用奠定了丰富的资源和化合物基础，储备了重要的技术力量。目前，我国科学家已获得一批针对重大疾病的海洋药物先导化合物，其中20余种针对恶性肿瘤、心脑血管疾病、代谢性疾病、感染性疾病和神经退行性疾病等的候选药物正在开展系统的成药性评价和临床前研究阶段。

（二）海洋生物制品成为开发热点，新产业发展迅猛

近年来，以各种海洋动植物、海洋微生物等为原料，研制开发海洋酶制剂、农用生物制剂、功能材料和海洋动物疫苗等海洋生物制品已成为我国海洋生物产物资源开发的热点。

"九五"时期，我国开始海洋生物酶的应用技术研究，现已筛选到多种具有较强特殊活性的海洋生物酶类，如碱性蛋白酶、溶菌酶、酯酶、脂肪酶、几丁质酶、葡聚糖降解酶、海藻糖合成酶、海藻解壁酶、超氧化物歧化酶、漆酶等，已克隆获得了一批新颖海洋生物酶基因，如几丁质酶、β－琼胶酶A和B、深海适冷蛋白酶等。其中，部分酶制剂如溶菌酶、蛋白酶、脂肪酶、酯酶等在开发和应用关键技术方面取得重大突破，已进入产业化实施阶段，缩短了我国在海洋生物酶研究开发技术上与国际先进水平的差距。

在海洋农用生物制剂方面，我国有较扎实的海洋微生物防治植物病虫害研究基础。近年来，发现海洋酵母菌、海洋枯草芽孢杆菌3512A、海洋细菌L1－9等对病原真菌具有良好的抑制作用。现已开发出海洋放线菌MB－97生物制剂、海洋地衣芽孢杆菌9912制剂、海洋枯草芽孢杆菌3512、3728等可湿性粉剂，以B－9987菌株开发的海洋芽孢杆菌可湿性粉剂即将进入产业化阶段。以甲壳素衍生物为原料的氨基寡糖素及农乐1号等生物农药及肥料已初步实现产业化。海洋寡糖生物农药已在国内20余省、市、自治区得到了应用，推广面积达2 000万亩。

我国已初步奠定海洋生物功能材料特别是医用材料研究基础，并结合国际第三代生物医用材料技术，在功能性可吸收生物医用材料方面实现了系列技术创新。壳聚糖、海藻酸盐的化学改性技术已取得几十项国家授权

专利，多项成果初步实现产业化。如海洋多糖的纤维制造技术已实现规模化生产，年产品约在 1 000 吨；海洋多糖纤维胶囊，新一代止血、愈创、抗菌功能性伤口护理敷料和手术防粘连产品已实现产业化；以壳聚糖为材料的体内可吸收手术止血新材料在产品制造、功能性和安全性方面取得了重大技术突破，产品处于国家审批阶段；海洋多糖、胶原组织工程等支架材料的研发也已取得重要进展。

海洋动物疫苗方面，针对海水养殖业中具有重大危害的病原如鳗弧菌、迟钝爱德华氏菌和虹彩病毒等，已分别开发出减毒活疫苗、亚单位疫苗和DNA 疫苗等新型疫苗候选株，并建立了新型浸泡或口服给药系统。重点突破了疫苗研制过程中保护性抗原蛋白筛选、减毒疫苗基因靶点筛选及多联或多效价疫苗设计三大关键技术，一批具有产业化前景的候选疫苗现已进入行政审批程序，有望通过进一步开发形成新的产业。

我国海洋药物与生物制品工程技术发展现状是生物农药、海洋多糖药物和药物先导物方面与国际水平差距不大，在海洋生物酶和生物功能材料方面与国际先进水平有 5 年左右的差距，而海洋化学药物、基因工程药物和动物疫苗方面差距较大，距国际先进水平有 10 年的差距（图 2 - 4 - 6）。

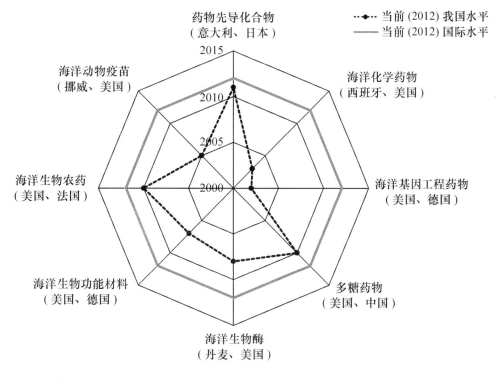

图 2 - 4 - 6　我国海洋药物/生物制品当前水平与国际发展水平比较

五、我国海洋食品质量安全与加工流通工程技术发展现状 ▶

海洋食品质量安全与加工流通工程技术涉及海洋食品质量安全技术、海洋食品加工工程、海洋食品贮运流通技术3个方面。我国已经建立了一些质量安全规范和标准体系，产业布局也已基本形成，但与发达国家相比还处于初步阶段，需要从管理方面和技术角度逐步提高整体水平。

（一）海洋食品质量安全技术

我国海洋食品质量安全工程与科技发展现状可从以下3方面来阐述：技术水平、法律法规与标准体系和监管技术体系与生产层面的质量安全保障能力。

1. 海洋食品安全受到重视，技术水平不断提高

孔雀石绿、硝基呋喃等禁用药的被检出及限用药物的残留超标问题已成为制约当前养殖鱼、虾产品质量安全水平提高的主要因素，海洋生态环境污染的加剧及贝、藻的选择性和富集特性，致使贝、藻产品中持久性有机污染物、贝类毒素、重金属等化学危害物质超标现象时有发生（图2－4－7）。针对近些年来我国食品安全事件频发的现状，为从根本上解决我国食品安全的问题，我国政府已在《国家中长期科学和技术发展和规划纲要》（2006—2020）中，将食品安全确定为优先发展主题，指出要重点研究食品安全和出入境检验检疫风险评估、污染物溯源、安全标准制定、有效监测检测等关键技术，开发食物污染防控智能化技术和高通量检验检疫安全监控技术。近年来，我国的海洋食品质量安全研究已经有了显著的加强，主要体现在海洋食品的风险分析、安全检测、监测与预警、代谢规律、质量控制、全程可追溯等方面的技术和能力都有了明显的提高。

作为世界公认的食品安全管理基本框架，风险分析是政府进行食品等领域质量安全宏观管理的理论体系，分为风险评估、风险管理和风险交流三部分。在农产品质量安全风险评估领域，"十一五"期间先后开展了农业部"948"项目、国家科技支撑计划等有关农产品质量安全风险评估项目的研究。海洋食品隶属于农产品，近年来开展了砷、镉、甲醛等危害物的风险评估研究，但由于缺乏有力的科研经费支持，支撑行业监管的研究工作还存在不少差距。

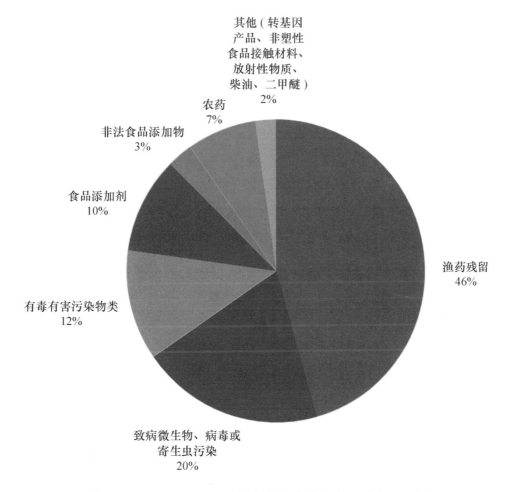

图 2 - 4 - 7　2009—2011 年水产品质量安全事件发生比例

数据来源：中国水产流通与加工协会 2009 年至 2011 年的《水产品信息周报》

　　从"十五"开始，我国就对食品安全监测与预警系统研究等课题立项攻关。经过十几年的努力，我国进一步提高了科技支撑和安全监管水平，预防和减少了食品安全事件的发生，提高了对食品安全重大突发事件的应急处理能力。目前，我国正不断借鉴国际食品安全预报预警系统的管理经验，逐步建立和完善海洋食品安全预报预警信息的收集、评价、发布系统，并交叉融合应用多元统计学、空间统计学、模糊数学、数据挖掘、统计模式识别等多学科理论方法，构建具备可视化、实时化、动态化、网络化的食品安全预警系统。

　　在水产品质量安全可追溯技术体系研究方面，中国水产科学研究院组织研发了水产品供应链数据传输与交换技术体系、水产养殖与加工产品质量安全管理软件系统、水产品流通与市场交易质量安全管理软件系统和水产品执法监管追溯软件系统，配套编制完成了水产品质量安全追溯信息采集、编码、标签标识规范三项行业标准草案，基本解决了追溯体系建设中的关键技术问题，为水产品追溯体系建设打下了良好的基础。

2. 法律法规不断完善，标准体系初步形成

国家颁布了《中华人民共和国产品质量法》、《中华人民共和国农产品质量安全法》、《中华人民共和国食品安全法》、《中华人民共和国动物防疫法》、《中华人民共和国进出境动植物检疫法》、《农业转基因生物安全管理条例》、《兽药管理条例》、《饲料和饲料添加剂管理条例》等法律法规。农业部制定了《农产品产地安全管理办法》、《农产品包装与标识管理办法》、《农产品地理标志管理办法》、《新饲料和新饲料添加剂管理办法》、《饲料药物添加剂使用规范》、《水产养殖质量安全管理规定》、《水产苗种管理办法》、《农产品质量安全信息发布管理办法（试行）》、《农产品质量安全监测管理办法》等部门规章。地方政府结合实际陆续出台了《农产品质量安全法》实施条例或办法，制定了农产品质量安全事件应急预案，一些地方性法规或规章也相应颁布实施。

3. 风险监管技术体系初步建成，质量安全保障能力逐渐加强

近年来，农产品质量安全风险评估体系发展迅速。2007年5月，农业部成立了国家农产品质量安全风险评估委员会，具体负责组织开展农产品质量安全风险评估相关工作。2011年10月，国家食品安全风险评估中心在北京成立。为应对农产品质量安全危机，我国政府正积极加强农产品的监管工作，卫生部、农业部和质检总局等都在自己的职责领域范围内建立并实施了农产品风险监测制度，完善了农产品安全监测网络系统。水产品作为农产品的重要组成部分，从2012年起，农业部农产品质量安全监管局统一组织包括水产品在内的农产品质量安全风险监管工作，成立了11家农业部水产品储藏保鲜质量安全风险评估实验室，另外，各省级渔业行政主管部门也在加强各地水产品质量安全风险监管工作。

近年来，我国对农产品质量安全追溯技术、理论与实践进行了积极探索。在水产领域，依托项目开展了水产品质量安全可追溯体系构建推广示范试点工作。2012年，农业部渔业局主导的水产品追溯试点示范扩展到北

京、天津、辽宁、山东、江苏、湖北、福建、广东等 6 省 2 市，农产品质量安全追溯体系建设示范初见成效。农产品质量安全追溯管理工作虽尚处于起步阶段，但基本格局已初步形成，为农产品质量安全追溯管理提供了新手段。

（二）海洋食品加工与流通工程技术

经过多年的发展，特别是 20 世纪 90 年代以来，随着人们健康意识的增强，普遍追求食品的低脂、低热量、低糖、天然和具有功能性，海洋食品加工与流通产业进入了快速发展期，已经形成了以冷冻冷藏、调味休闲品、鱼糜与鱼糜制品、海藻化工、海洋保健食品等为主的海洋水产品加工门类和以批发市场为主体，加工、配送、零售为核心的水产品物流体系。海洋食品加工与流通产业成为大农业中发展最快、活力最强、经济效益最高的产业之一。

1. 加工能力迅速扩大，技术含量和增值率有待提高

我国的水产品加工企业主要以海洋水产品为加工对象。2002 年以来，在水产品总量保持缓慢增长的同时，我国的水产品加工产业发展迅速，在水产品加工企业规模、水产品加工能力及水产品加工产值等方面都保持了较高速度的增长。水产品加工产值的年平均增长速度（19.4%）远高于海水养殖业（8.8%），水产加工业产值占总产值的比重由 15.4% 提高到 19.0%。但我国的水产品加工企业规模仍然偏小，加工效率低，加工增值率低。2010 年我国水产渔业的平均增值率为 45.7%，水产品加工产业的增值率为 36.6%，而水产流通产业的增值率为 29.5%，远低于水产渔业产业链其他环节的工业增加值率。因此，提高我国海洋水产品加工企业的机械化和规模化加工水平，提高高档次、高技术含量、高附加值产品的比例，是提升提高我国海洋食品加工产业工业增值率，增强在国际市场竞争力的重要途径。

与陆生食品原料不同，海洋水产品不仅鱼、虾、贝、藻种类繁多，而且风味各不相同。从人类消费习惯来看，各国仍然以未经过深加工的鲜活及冷冻保鲜水产品为主，我国的水产品加工仍以冷冻、冰鲜等加工方式为主，水产品冷冻加工的比例保持在 60% 左右。从国际市场发展趋势看，这几类产品在未来很长一段时期内仍将主导消费市场。因此，开发经过预处

理的小包装、小冻块、快速单冻产品和方便食用产品是今后海洋水产品加工的重要发展方向。开发调理鱼段、调理鱼块等非全鱼的即热型、即食型方便海洋食品，是加工业今后的发展方向，当然这需要一个阶段的消费引导。这种做法一是可以集中收集副产物并转化为高附加值的产品；二是促使养殖业选育适合食品业生产的价格低的鱼种。

2. 物流体系初步形成，规模化程度低

我国的海洋水产品现代物流产业自 1978 年开始起步，2001 年进入快速发展期，海洋水产品的保活、保鲜贮运等物流关键技术快速发展，如鲜销产品从捕捞后到市场销售都保持冰温状态，冻藏产品从工厂加工冻结后进冷库到终端销售的流通运输和商店销售都保持 −18℃以下，活体产品远距离运输的成活率甚至可以达到 98% 以上。我国逐步形成了以批发市场为主体，加工、配送、零售为核心的市场交易物流体系，目前有专业水产批发市场 340 多家，国家定点水产批发市场 20 家。从物流模式看，主要有直销型物流模式、契约型物流模式、联盟型物流模式和第三方物流模式，但海洋食品批发市场等传统分销渠道仍是我国海洋食品流通的主要中心环节，真正从事规模化运作的第三方海洋食品物流公司比较缺乏。

我国的海洋水产品生产和加工企业 90% 分布在沿海城市。2012 年，我国海洋水产品总量为 3 033.3 万吨，其中 95% 以上产于山东、浙江、福建、广东、辽宁、江苏、海南和广西等沿海 8 省（自治区），水产品加工总量达到 1 746.8 万吨，占全国水产加工品产量的 91.5%，海洋食品生产及加工区域优势显著。海洋水产品流通体系的建立，使水产品产区分散的渔产与城市市场之间建立了稳固的产销关系，促进了渔民产、销各类流通组织的建立和发展，促进了海洋食品的流通和市场的繁荣，提高了市场信息的传播效率，降低了海洋食品的流通成本。但由于我国海洋食品生产的分散性，海洋食品加工企业规模化程度低，物流运输过程中的质量保证体系相对落后，与发达国家相比，我国海洋水产品的物流损耗率仍处于较高的水平。

3. 加工与流通装备开发能力提升，养殖产品加工形成产业体系

我国的海洋食品加工与流通链装备经历了一个由引进、仿制到自主研发的过程。近几年来，在鱼类保鲜保活、鱼类前处理加工、初加工、精深加工与副产物综合利用和物理冷链等领域进行了一系列相关装备技术的研

究与开发，海洋食品加工能力迅速扩大，冷冻食品质量提高，养殖主要品种加工形成产业体系，海洋食品加工技术与高值化技术进步显著，许多成果产业化并取得经济效益，以市场为导向的加工产品种类增加，规模化加工企业数量也在扩大。

图2-4-8所示，在我国海洋食品质量安全与加工流通工程技术领域当前发展水平中，检测技术接近了国际先进水平，追溯体系、监测预警、物流信息平台、装备自动化和食品加工技术水平方面差距最大，与国际先进水平有10年左右的差距，海洋食品质量安全技术的质量控制、安全质量评价、物流设施、海洋食品副产物利用可以达到国际2005年后的水平。

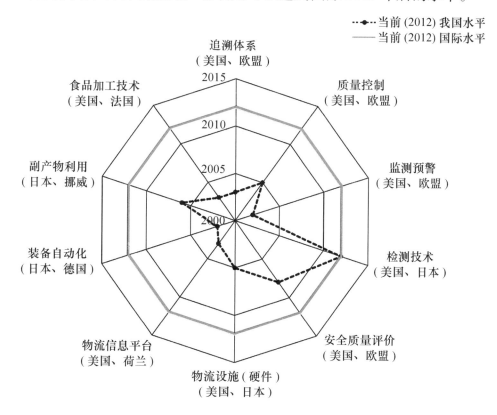

图2-4-8 我国海洋食品质量安全与加工流通工程技术
当前水平与国际发展水平的比较

第三章 世界海洋生物资源工程与科技发展现状与趋势

一、世界海洋生物资源工程与科技发展现状与特点 ▶

（一）世界海水养殖工程技术与装备

目前，由于人类对海洋生物资源掠夺性地开发，造成了海洋生物资源严重衰退，全世界 17 个重点渔区中已有 13 个渔区处于资源枯竭或产量急剧下降状态。水产养殖业得到越来越多国家的重视，养殖产量从 20 世纪 50 年代的不到 100 万吨，发展到 2011 年的 6 270 万吨，FAO 估计 2012 年的产量是 6 660 万吨。

1. 水产苗种培育技术重心向基因工程育种转移

世界上主要发达国家，如美国、英国、日本、澳大利亚等国，均将海洋经济生物（鱼、虾、贝、藻）的遗传育种研究列为重点发展方向，以 BLUP（最佳线性无偏预测）和 REML（约束最大似然法）分析为基础的数量性状遗传评估技术正在快速向水产育种领域转移。近年来，国际上海洋生物遗传育种研究的重心已转向基因工程育种，美国、法国等在对虾致病基因的克隆和抗病品系的筛选方面取得了可喜的进展；加拿大将抗冻蛋白基因和生长激素基因转移到鲑鱼体内获得整合表达，使转基因鱼生长速率比对照组提高了 4~6 倍。通过分子标记辅助育种实现海水养殖品种的良种化是目前世界各国研究的热点，美国率先采用分子遗传标记技术开展了无特定病原（SPF）虾苗培育和高健康对虾养殖的研究。

2. 基于生态系统的节能减排和环境友好养殖工程

在海水养殖生态工程领域中，用节能减排、环境友好、安全健康的生态养殖新模式来替代传统养殖方式是大势所趋。目前，国际上提倡基于生态系统的新型养殖方法，实现生物技术与生态工程相结合，并广泛采用新设施、新技术，这种多营养层次的综合养殖模式，是减少养殖对生态环境压力，保证水产养殖业健康发展的有效途径之一。国外相关设施的研发一直致力于提高其智能化程度和运行精准度。同时，基于生态学理论，在循环水养殖系统中构建适宜的混养系统也逐渐成为发展主流，如美国的鱼－菜共生系统，虾－藻（微藻）混养系统等，大大增强了系统长期运行的稳定性。

在陆基养殖生态工程方面，重点深入研究水环境调控技术，建立了一些成功的养殖生态工程技术，比较有代表性的模式是建立人工湿地，将其作为生物滤器，用于高密度养虾池塘的水质处理，形成水体循环利用、功能优化的复合池塘养殖生态系统。在滩涂养殖生态工程方面，重点开展了苗种培育、养成、收获等相关专用设施设备研发，提高滩涂养殖的工程技术水平，降低劳动力依赖程度，是当前滩涂养殖生态工程的发展趋势。

世界浅海养殖工程技术与装备的发展是以人工鱼礁和基于生态工程的海珍品增养殖技术为代表，强调环境容纳量、健康可持续养殖模式。近几年来，日本每年投入沿海人工鱼礁建设资金为 600 亿日元，韩国政府也非常重视人工鱼礁，2001—2007 年共投资 20 亿美元。人工鱼礁渔场的建立，对自然海域的鱼、虾、贝、藻等生物资源和环境修复效果明显。基于生态工程的海珍品增养殖技术是国际上最新的生态增养殖模式。通过生态工程技术，根据不同增养殖种类的生物学特性和生态习性，人工构建鱼礁和海底植被，改善生态环境，为特定的高值、优质海洋生物的生长繁衍提供理想的生态环境条件，达到高效、持续增养殖的目的。

3. 病原研究进入分子水平，免疫调节成为病害控制发展方向

国外水产经济动物病原的研究较早地进入了分子水平，揭示了重要水产生物病原基因组及蛋白质组、病原与宿主相互作用、宿主抵抗病原入侵的先天性免疫体系和适应性免疫反应的分子机制等多方面的规律。欧、美、日等发达国家已开始摒弃抗生素和化学药物的大量使用，普遍采用疫苗、有益微生物菌剂、免疫增强剂等安全有效的生物制剂来控制水产养殖动物病害。这些国家对水产疫苗的生产和应用技术都已比较成熟，鱼类疫苗的使用已经相当普遍，整体上已进入后抗生素时代。

随着分子生物学的发展，病原诊断技术有了很大的发展。根据多病原特异基因开发的 DNA 微阵列芯片和抗体微阵列芯片，能同时完成多种病原

的检测。环介导核酸等温扩增技术已经开发成功，适用于养殖现场病原微生物的检测。借助纳米技术和电化学技术，基于病原单克隆抗体或核酸探针原理，检测水产病害微生物的生物传感器技术已初现曙光。

以疫苗为基础的免疫防控是控制水产病害安全有效的措施，为国际所公认。目前研究的疫苗主要包括全菌疫苗（灭活疫苗和减毒活疫苗）、亚单位疫苗（蛋白质疫苗）和 DNA 疫苗。国际上尝试的减毒活疫苗研究主要是针对传染性造血组织坏死病毒、出血性败血病毒等引起的病害。蛋白质疫苗主要包括重组亚单位疫苗，为 20 世纪 80 年代后发展起来的疫苗类型，尽管在世界范围内开展了广泛研究，但是多停留在试验阶段。DNA 疫苗又称核酸疫苗或基因疫苗，是将疫苗抗原基因亚克隆于真核表达在 DNA 载体中，该重组 DNA 载体在接种动物体内后，可以表达合成特异性抗原，刺激动物体产生一系列免疫反应。目前欧、美、日已有 10 余种鱼类疫苗进入商业生产应用，在病害控制中发挥了主导作用，有力地提高了鱼类养殖业的生态效益，保障了食品安全。

4. 以营养需求为先导的全环保饲料

虽然美国、日本和欧洲不是水产养殖的主产区，水产饲料总量并不大，但是这些先进国家最早开展水产动物营养研究，开发了质量优异的水产饲料。美国水产饲料 2012 年的产量为 100 万吨，主要用于鲑鱼、虹鳟和斑点叉尾鮰养殖。由于美国的基础研究较好，又重视采用先进技术，推广自动化加工系统，饲料质量很好，80% 以上是膨化饲料，饲料系数达到 1.0 ~ 1.3。日本养鱼饲料协会统计，日本 2006 年的水产饲料产量为 65 万吨，2012 年下降为 43.2 万吨。自 20 世纪 70 年代以后，大西洋鲑和鳕养殖在挪威占有重要的经济地位，挪威逐步成为一个活跃的世界鱼类营养研究中心，尤其近 10 年来挪威引领了世界鱼类营养研究的前沿方向。欧洲的主要水产饲料生产区域包括挪威、地中海、英国和爱尔兰，2012 年总产量在 250 万吨左右。东南亚地区是世界水产饲料的主要产区之一，主要生产国是泰国、印度尼西亚、越南、菲律宾、马来西亚和印度等，其中印度尼西亚、越南、菲律宾和马来西亚虾料呈现增长势头，而印度和泰国则下滑。2012 年印度水产饲料产量为 350 万吨，泰国 160 万吨，印度尼西亚 130 万吨，越南 292 万吨。2012 年全球水产饲料总产量为 3 440 万吨，中国水产饲料总产量为 1 855万吨。在欧、美、日等水产养殖先进的国家，以营养需求为先导的饲料制备技术取得突破，全价环保型饲料在产业中得到广泛应用。在此基础上，提出了重新评定水产动物营养需要参数，针对水产养殖动物食性、栖息环境和生长阶段的不同进行更为精准的营养需求研究，指导开发更高效、成本更加合理的实用饲料。

5. 全循环海水陆基养殖工程技术与装备已经成熟

国外工厂化的陆基养殖技术已趋于成熟，全循环高效海水陆基养殖系统构建了基于循环水养殖的技术体系，比较发达的国家有欧洲的法国、德国、丹麦、西班牙，北美的美国、加拿大，以及日本和以色列等。在欧洲，高密度封闭循环水养殖已被列为一个新型的、发展迅速的、技术复杂的行业。通过集成水处理技术与生物工程技术等前沿技术，海水养殖最高年产可达 100 千克/米^3 以上。封闭循环水养殖已从鱼类扩展到虾、贝、藻、软体动物的养殖，苗种孵化和育成几乎都采用循环水工艺。在封闭循环水工厂化养殖中，除了采用先进的水处理技术与生物工程技术，发达国家也十分重视氮循环过程控制、气体循环过程控制、固体悬浮物去除技术、生物处理关键工艺与装备、系统自动控制，先进的系统均运用现代信息技术，系统控制逐步由自动化向智能化发展。

6. 抗风浪和大型化是深海网箱养殖工程的发展方向

世界深水网箱养殖已有 30 多年的发展历史。在这期间，以挪威、美国、日本为代表的大型深水网箱先进技术，取得很大的成功，引领海洋养殖设施发展潮流。近 10 年来，国外深水网箱主要向大型化发展，如挪威大量使用的重力式全浮网箱，采用高密度聚乙烯材料制造主架，外型最大尺寸达 120 米周长，网深 40 米，每箱可产鱼 200 吨。美国的碟形网箱采用钢结构柔性混合制造主架，周长约 80 米，容积约 300 立方米，最大特点是抗流能力强，在 2～3 节海流的冲击下箱体不变形。

近年来国外网箱装备工程技术进展主要表现为广泛应用新材料和新技术，网箱容积日趋大型化，抗风浪能力增强，自动化程度不断提高，运用系统工程方法加强环境保护，大力发展网箱配套装置和技术。

（二）世界近海生物资源养护工程技术

1. 近海渔业资源全程监管

世界发达国家历来重视对近海渔业资源的监测与管理，普遍采用从投入至产出的全程监管。资源监测方面均有针对不同海区以及重点种类的常规性科学调查，持续地为配额管理提供科学建议。世界渔业资源监测发展的一个主要特点是新技术的开发与应用，如挪威在资源监测方面，除不断完善原有传统技术方法外，还采用载有科学探鱼仪的锚系观测系统，在办公室里即可对鲱鱼的洄游与资源变动进行常年监测。许多国家和国际组织已要求所有船长 24 米及以上渔船安装卫星链接式船位监控系统，在陆地上即可监控渔船的生产行为并接收渔获数据，为确保渔船依法生产以及限配额的管控提供了有力的支撑。

2. 负责任捕捞技术与管理

1995 年，联合国世界粮农组织（FAO）通过了《负责任渔业的行为守则》后，世界海洋渔业管理正逐步向责任制管理方向发展，负责任捕捞已成为各国捕捞技术和渔业管理的重点。从确保渔业资源可持续利用的基本观点出发，必须确保捕捞能力与资源的可持续利用互相适应、互相匹配。为此，各国在管理方面，实行了渔船吨位与功率限制、准入限制、可捕量和配额控制等。对渔具渔法的限制措施主要有：禁止破坏性捕捞作业，禁止运输、销售不符规格的渔获物，禁捕非目标或不符合规格的种类，禁止不带海龟装置、副渔获物分离装置的拖网作业，甚至禁止近岸海区拖网渔业等。

3. 增殖放流恢复群体资源

国际上非常重视增殖放流对渔业资源的修复作用，自 1997 年以来召开了 4 次资源增殖与海洋牧场国际研讨会。目前世界上开展海洋增殖放流活动的国家有 64 个，增殖放流种类达 180 多种，并建立了良好的增殖放流管理机制，某些放流种类回捕率高达 20%，人工放流群体在捕捞群体中所占的比例逐年增加，增殖放流是各国优化资源结构、增加优质种类、恢复衰退渔业资源的重要途径。美国沿岸每年放流的鱼苗超过 20 亿尾，放流生物 20 多种。2005 年，阿拉斯加放流幼鲑 14 亿多尾，约 0.8 亿尾鲑鱼回捕，在商业捕捞的鲑鱼中，27% 来自增殖放流。2008 年放流同样多的幼鲑，回捕 0.6 亿尾，商业捕捞鲑鱼的 34% 来自增殖放流。日本是世界上增殖放流物种较多的国家，目前放流规模达百万尾以上的有近 30 个种类，既有洄游范围小的岩礁物种，也有大范围洄游的鱼类。目前，日本底播增殖最多的是杂色蛤，年放苗 200 余亿粒，虾夷扇贝占第二位，年放苗达 20 余亿粒。

4. 建设海洋牧场，保护渔业资源

20 世纪 90 年代以来，全世界 17 个重点渔区中，已有 13 个渔区处于资源枯竭或产量急剧下降状态，海洋牧场已经成为世界发达国家发展渔业、保护资源的主攻方向之一，各国均把海洋牧场作为振兴海洋渔业经济的战略对策，投入大量资金，并取得了显著成效。日本于 1978—1987 年开始在全国范围内全面推进"栽培渔业"计划，并建成了世界上第一个海洋牧场，经过几十年的努力，日本沿岸 20% 的海床已建成人工鱼礁区。美国于 1986 年制定了在海洋中建设人工鱼礁来发展旅游钓鱼产业的计划，经过 20 多年的努力，现已在规划的各海域中建成了 1 288 处可供旅游者钓鱼的人工鱼礁基地，形成了初具规模的旅游钓鱼产业。这些人工鱼礁不仅改变了水域的渔业生态环境，而且因游钓带来的旅游经济效益高达 500 多亿美元。韩国于 1998 年开始实施"海洋牧场计划"，在庆尚南道统营市建设核心区面积约 20 平方千米的海洋牧场，资源量增长了约 8 倍，渔民收入增长了 26%。

5. 近海渔船升级改造提高性能

由于海洋渔业资源衰退，各国纷纷制定各种政策法规，保护其专属经济区的渔业资源，其中控制近海捕捞能力、削减渔船数量是重要策略之一。在减少渔船数量的同时，对近海捕捞船进行升级改造，以提高作业性能与选择性捕捞能力。目前世界近海渔船发展的主要特点是：新造先进船型的尺度普遍较小；普遍采用玻璃钢等轻质材料，具有使用寿命长、维修成本低、节能减排等优点；在设计标准方面，对渔船的安全性及舒适性有更高更明确的要求。

6. 渔港建设是海洋生物资源开发的重要基地和枢纽

渔港是海陆交接的枢纽，开发海洋生物资源的重要基地。发达国家普遍注重渔港建设，渔港设施配套完善，功能作用明显，有力保障了渔船补给以及渔船和渔民的安全，又是渔获物的交易市场，并进行休闲、观光、文化等多元化开发利用。

发达国家渔港建设与管理均有相应的技术规范和法律法规。日本 1950 年就颁布了《渔港法》，定义了渔港范围和内容，明确了渔港设施、界定和划分，规定了渔港的分类、渔港建设的审议机构及权限，规范了项目建设

立项程序，明确了渔港的维护管理的主体、机构、细则、权利和责任。日本渔港协会颁布的《渔港工程技术规范》，涵盖了渔港设计条件、地基与基础、防浪设施、码头设施、水域设施、场地道路、环境绿化及污水处理设施、管理设施等相应技术规范和要求。相关技术规范、法律法规的颁布和实施，保障了渔港建设决策和管理的科学性、服务渔业保障功能的合理性和可持续性。

（三）世界远洋渔业资源开发工程技术

1. 发达国家主导远洋渔业的发展

世界海洋渔业年捕获量近年来稳定在 8 000 万吨左右，其中远洋捕捞量约占 7%，主要远洋渔业国家包括日本、挪威、韩国、中国（包括台湾省）。世界发达国家把发展远洋渔业，特别是大洋性渔业，作为扩大海洋权益、获取更多海外生物资源的重要举措。各国大洋渔业发展现状主要有以下 3 个特点：加强大洋与极地海洋生物群体资源的调查与评估，为大洋渔场的拓展和渔业的稳定发展提供了技术保障；加强信息技术在海洋渔业中的应用，快速地获取大范围高精度的渔场信息，提高船队的捕捞效率；开展高效、生态、节能型渔具渔法的研究，大幅提高捕捞效率，减少生产能耗。

2. 以南极磷虾资源开发利用为核心的极地渔业成为热点

近年来，国际生态与环境保护组织极力加强对南极磷虾资源的保护，针对磷虾渔业的管理措施越来越严格，同时要求捕捞国承担更多的科学研究责任与义务。南极磷虾的试捕勘察始于 20 世纪 60 年代初期，70 年代中期即进入大规模商业开发，1982 年创历史最高年产，近 53 万吨，其中 93% 由苏联捕获。1991 年之后随着苏联的解体，磷虾产量急剧下降，年产量在 10 万吨左右波动，其中约 80% 由日本捕获，近年来挪威捕获量增加很快（图 2 - 4 - 9）。

挪威和俄罗斯采用泵吸新技术后，大大提高了磷虾渔获的质量。目前，磷虾渔业又呈上升趋势，2010 年（2009/2010 渔季）达到 21 万吨；最新资料显示，2014 年的产量还将高于这一数字（6 月底的产量已超过 22 万吨），新一轮磷虾开发高潮正在形成。目前，磷虾捕捞国主要有挪威、韩国、日本、乌克兰、俄罗斯、波兰、智利和中国等。出于对磷虾渔业快速发展的预期以及对南极变暖的担心，《南极海洋生物资源养护条约》国中的生态与

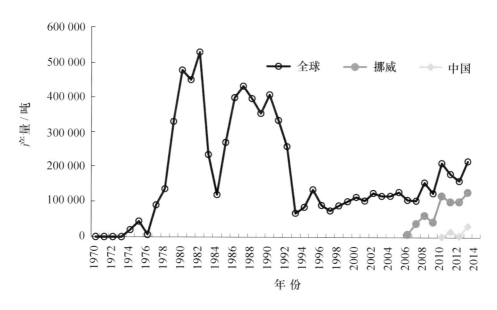

图 2 - 4 - 9　南极磷虾渔业年产量统计

资料来源：南极海洋生物资源养护委员会 CCAMLR

环境保护派极力推动对磷虾资源保护的各种措施。

3. 远洋渔船及装备向大型化和专业化方向发展

远洋渔业船舶主要是针对鱼类集群性很高的鱼类，相比于近海渔船，远洋渔船的航程远，单次作业周期长，从事捕捞作业的海域海况差，对船体稳定性、适航性、结构强度、装载量及冷冻加工能力都有较高的要求。世界远洋渔业发展以大型化远洋渔船为平台，捕捞装备技术实现自动化、信息化和数字化，系统配套的冷冻设备及加工装备不断完善。捕捞装备自动化主要体现在大型变水层拖网、围网、延绳钓和鱿鱼钓等作业。信息化主要体现在助渔仪器方面，利用现代化的通信和声学技术开发探鱼仪、网位仪、无线电和集成 GPS 的示位标等渔船捕捞信息化系统。数字化主要体现在利用卫星通信和计算机网络方面，提供助渔信息和渔船船位监控及渔业物联网管理系统，基于 3S 系统和渔业物联网系统是远洋渔业数字化发展方向。挪威建造的世界最大的拖网加工船"大西洋黎明号"用于磷虾捕捞与加工，该船长 144.6 米，14 000 总吨，配备两台 7 200 千瓦主机。西班牙 2004 年建造了多艘总长为 115 米的金枪鱼围网船，该船型有鱼舱 3 250 立方米，日冻结能力为 150 吨。

国外发达渔业国家，工业捕捞渔船包括加工渔船，专门用来生产鱼粉和鱼油，直接在船上进行初等加工以获取更高的经济效益。日本研制的竹荚鱼船上分级机，处理速度可以达到 7 200～14 000 条/时，准确度达 90% 以上。挪威实现了磷虾粉和磷虾油的船上生产，在船上通过脱水、干燥、粉碎的方式获得虾粉，粗油在船上精炼成磷虾油，产品已经在国际市场上取得一定影响。

4. 渔机渔具等专用装备技术水平发展迅速

海洋渔业发达国家相当注重海洋渔业资源保护，淘汰具有掠夺性捕捞的渔具渔法，优先发展选择性捕捞。如有些国家已经禁止使用拖网作业，大力发展围网船和钓捕船进行中上层鱼类资源开发，采用严格的配额制度合理利用海洋渔业资源。围网、拖网捕捞装备一般都采用先进的液压传动与电气自动控制技术，设备操作安全、灵活自动化程度高。金枪鱼围网渔船要求具有良好的快速性和操纵性，其中动力滑车的起网速度、理网机控制以及其他捕捞设备的操作协调性都比一般围网作业的要求高。先进的延绳钓作业船匹配了全套自动化延绳钓装备，主要由运绳机、自动装饵机、自动投绳机、干线起绳机、支线起绳机等组成。欧洲在延绳钓机的研发上具有相当的水平，如挪威 Mustad Auto-line System 自动钓系统最多可配备 6 万把钓钩，并实现了自动起放钓。日本金枪鱼延绳钓作业方式及捕捞设备种类比较多，设备操作较复杂但设备布置灵活、自动化程度高。

（四）世界海洋药物与生物制品工程技术

由于海洋生物的次生代谢产物复杂、独特的化学结构及其特异、高效的生物活性，引起了化学家、生物学家及药理学家的广泛关注和极大兴趣，海洋生物资源已成为寻找和发现创新药物和新型生物制品的重要源泉。近年来，国际上接连批准了 7 个海洋药物，一批新型酶和医用海洋生物功能材料纷纷上市，预示着海洋药物和生物制品迎来一个空前发展的新阶段。

1. 海洋药物研发突飞猛进

国际上最早开发成功的海洋药物便是著名的头孢菌素（俗称先锋霉素），它是 1948 年从海洋污泥中分离到的海洋真菌顶头孢霉产生的，以后发展成系列的头孢类抗生素。目前头孢菌素类抗生素已成为全球对抗感染性疾病的主力药物，年市场销售额达 600 亿美元以上，约占所有抗生素用量的一半。第二个就是从地中海拟无枝菌酸菌中发现的利福霉素，是结核杆菌治疗的一线药物。迄今，国际上上市的海洋药物除了上述的头孢菌素和利福霉素外，另外还有阿糖胞苷 A、阿糖胞苷 C、齐考诺肽（芋螺毒素）、拉伐佐（Ω-3-脂肪酸乙酯）、伐赛帕（高纯度 EPA 乙酯）、曲贝替定（加勒比海鞘素）、黑色软海绵素衍生物甲磺酸艾日布林、阿特赛曲斯（抗CD30 单抗-海兔抑素偶联物）等 8 种药物。目前，还有 10 余种针对恶性肿瘤、创伤和神经精神系统疾病的海洋药物进入各期临床研究。

各国已经从海葵、海绵、海洋腔肠动物、海洋被囊动物、海洋棘皮动物和海洋微生物中分离和鉴定了 20 000 多个新型化合物，它们的主要活性表现在抗肿瘤、抗菌、抗病毒、抗凝血、镇痛、抗炎和抗心血管疾病等方面。除此之外，还有大量的海洋活性化合物正处于成药性评价和临床前研究中。1998—2008 年间，国际上共有 592 个具有抗肿瘤和细胞毒活性、666个具有其他多种活性（抗菌、抗病毒、抗凝血、抗炎、抗虫等活性，以及作用于心血管、内分泌、免疫和神经系统等）的海洋活性化合物正在进行成药性评价和/或临床前研究，有望从中产生一批具有开发前景的候选药物。

2. 海洋生物制品已形成新兴"朝阳产业"

当前，国际海洋生物制品研发的热点主要集中在海洋生物酶、功能材料、绿色农用制剂，以及保健食品、日用化学品等方面。

（1）海洋生物酶。酶制剂广泛应用于工业、农业、食品、能源、环境保护、生物医药和材料等众多领域。欧、美及日本等发达国家每年投入多达 100 亿美元资金，用于海洋生物酶的研究与开发，以保证其在该领域的技术领先和市场竞争力，如欧洲的"冷酶计划"（Cold Enzyme）和"极端细胞工厂"计划（Extremophiles as Cell Factory），日本的"深海之星"计划（Deep-Star）等。迄今为止，已从海洋微生物中筛选得到 140 多种酶，其中新酶有 20 余种。海洋生物酶已经成为发达国家寻求新型酶制剂产品的重要来源。

（2）海洋功能材料。海洋生物是功能材料的极佳原料，美国强生公司、英国施乐辉公司等均投入巨资开展生物相容性海洋生物医用材料产品的开发。国外正在开发的产品主要有：①创伤止血材料：美国利用壳聚糖开发的绷带和止血粉急救止血材料均已获 FDA 批准，并作为军队列装物资；②组织损伤修复材料：英国施乐辉公司的海藻酸盐伤口护理敷料已实现产业化，壳聚糖基跟腱修补材料、心脏补片等外科创伤修复材料亦已进入临床研究；③组织工程材料：如皮肤、骨组织、角膜组织、神经组织、血管等组织工程材料，目前尚处于研究开发阶段；④运载缓释材料：如自组装药物缓释材料、凝胶缓释载体、基因载体等，亦处于研究开发阶段。

（3）海洋绿色农用制剂。海洋寡糖及寡肽是通过激活植物的防御系统达到植物抗病害目的的一类全新生物农药。美国开发一种名为 Elexa ® 的壳聚糖产品，经美国 EPA 批准用于黄瓜、葡萄、马铃薯、草莓和番茄病害防治。法国从海带中开发的葡寡糖产品 IODUS40，作为植物免疫调节剂可明显地防治多种作物病害。美国 Eden 生物技术公司通过基因工程开发的一种寡肽植物活化剂 Messenger 被批准在全美农作物上使用，被誉为作物生产和食品安全的一场绿色化学革命。鱼类病原全细胞疫苗是目前世界各国商业鱼用疫苗的主导产品，挪威作为世界海水养殖强国和大国，在以疫苗接种为主导的养殖鱼类病害防治应用实践中取得了显著成效。日本、韩国等国家在海洋饲用抗生素替代物方面的研究取得了较大的进展，已将壳寡糖、褐藻寡糖、岩藻多糖等作为饲用抗生素的替代物。

（五）世界海洋食品质量安全与加工流通工程技术

1. 食品质量安全水平与社会经济和科学技术发展水平相适应

食品质量安全水平是一个国家或地区经济社会发展水平的重要标志。世界各国政府和消费者对食品安全高度重视，把实现食品安全列为政府经济发展的核心政策目标之一。随着经济发展和社会进步，当食品数量安全得到保障后，追求食品质量安全也就逐渐成为必然。

现代工业和农业的迅猛发展带来的环境污染严重影响水产品质量安全和养殖环境的安全。解决食品质量安全问题需要多个学科和专业技术的知识，科学技术起到了关键的作用。与水产品质量安全水平相适用的科学技术和管理水平发展具体体现在：①在食品安全风险评估方面。20世纪80年代，国际化学品安全规划署（IPCS）编写了《环境卫生基准》（Environmental Health Criteria，EHC）专著，其中，《食品添加剂和污染物的安全性评估原则》（EHC 70）和《食品中农药残留毒理学评估原则》（EHC 104）中所提出的原则成为食品添加剂联席专家委员会 JECFA 和农药残留联席会议 JMPR 开展风险评估工作的依据，2009年，联合国粮农组织 FAO 和世卫组织 WHO 联合出版了《化学物风险评估剂量－反应模型的建立原则》

（EHC 239）、《食品中化学物的风险评估原则和方法》（EHC 240），报告对 JECFA 和 JMPR 开展食品添加剂、食品污染物、天然毒素和农药、兽药残留风险评估时所采用的原则和方法进行更新、协调和统一，海洋水产品质量安全评估也要遵循这些原则和程序，国际上共同趋势是设立一个部门统一负责风险评估和风险分析；②在检测技术方面，发达国家注重检测方法的高灵敏度，高分辨率、高选择性及高通量，AOAC 官方方法代表检测方法的权威，欧盟、美国、日本等世界发达国家一直致力于国际和区域检测技术标准的战略化，极力使本国标准变成国际标准，利于对别国实施技术性贸易壁垒；③在食品安全快速预警方面，20 世纪 70 年代后期，欧盟就开始在其成员国中间建立快速警报系统，2002 年欧盟对预警系统做了大幅调整，实施了欧盟食品和饲料类快速预警系统（RASFF），对各成员国之间协调立场、采取措施、防范风险、抵御危害起到了重要的作用。美国食品安全预警体系的组成机构主要分为食品安全预警信息管理和发布机构及食品安全预警监测和研究机构，这两类机构有机结合，共同担负着食品安全预警的职责；④在食品质量安全追溯方面，实施农产品（水产品）可追溯成为农产品国际贸易发展的趋势之一。发达国家建立的食品质量安全追溯体系，除了可以有效保证食品安全卫生和可以溯源外，其贸易壁垒的作用也日益凸显。

2. 海洋食品加工工程向多元化发展

在全球经济一体化快速发展的国际背景下，全球食品产业整体正在向多领域、多梯度、深层次、低能耗、全利用、高效益、可持续的方向发展。

海洋食品产业是食品工业的重要组成部分，海洋食品是人类优质蛋白质的重要来源。2009 年，世界人口动物蛋白摄入量中有 16.6% 来自水产品，所有蛋白质摄入量中有 6.5% 来自水产品。随着人类对海洋水产品消费需求的不断增加，海洋食品加工产业呈现出多元化发展的现状，主要体现在：①以新技术开发提升海洋水产品原料利用率，如日本早在 1998 年就实施了"全鱼利用计划"，2002 年开始积极推进实施水产品加工的零排放战略，形成了低投入、低消耗、低排放和高效率的节约型增长方式。目前日本的全鱼利用率已达到 97%～98%；②海洋食品的消费形式向营养化和方便化发展，目前方便食品在食品业中所占比例，美国为 20%，日本 15%，中国仅为 3%；③机械化与智能化支撑海洋食品产业向工业化生产模式发展，水产品加工过程的机械化、智能化，是水产品加工实现规模化发展、保证产品品质、提高生产效率的重要保障；④新食源、新药源与新材料开发速度加快。各国科学家期待从海洋生物及其代谢产物中开发出不同于陆生生物的具有特异、新颖、多样化化学结构的新物质，用于防治人们的常见病、多发病和疑难病症。

3. 海洋食品流通工程向智能化发展

目前，先进国家的海洋食品物流交易系统和监测技术已经从人工管理发展到智能化技术，监测指标已经从单一温度监测发展到多元参数监测。在传统标识技术的基础上，开始建立集成无线传感网络、人工智能技术的智能化物流网络和海洋食品物流质量安全监测的综合系统。世界海洋食品流通工程发展现状如下：①在产品流通体系建设方面，积极采用先进的管理规范，建立"从产品源头到餐桌"的一体化冷链物流体系；②在贮藏技术装备方面，积极采用自动化冷库技术及库房管理系统，其贮藏保鲜期比普通冷藏延长 1 ~ 2 倍；③在运输技术与装备方面，先后由公路、铁路和水路冷藏运输发展到冷藏集装箱多式联运，节能和环保是运输技术与装备发展的主要方向；④在信息技术方面，通过信息技术建立电子虚拟的海洋食品冷链物流供应链管理系统，对各种货物进行跟踪和动态监控，确保物流信息快速可靠的传递；⑤在海洋食品绿色物流方面，一些发达国家的政府非常重视制定政策法规，在宏观上对绿色物流进行管理和控制，尤其是要控制物流活动的污染发生源。

二、面向 2030 年的世界海洋生物工程与科技发展趋势 ▶

（一）海水养殖工程技术与装备发展趋势

1. 现代分子生物技术与传统遗传育种技术相结合的良种培育

利用现代生物组学技术对海水养殖生物重要经济性状的分子基础进行深入研究，阐明重要经济性状的分子基础及基因调控网络，利用遗传连锁图谱和 SNP 等新一代分子标记技术分析性状和遗传基础的关系，提出良种分子设计的策略和可行途径，为海水养殖生物的良种创制提供重要的理论基础和技术支撑是目前海洋生物育种领域发展的主要动向。继标记辅助选择技术之后，全基因组选择技术和分子设计育种技术已逐渐成为育种技术领域的热点。国外海水养殖良种培育技术的发展趋势是从传统的育种技术逐渐转向细胞工程育种和分子聚合技术育种，从单性状育种向多性状复合育种，从单一技术向多技术复合育种方向发展，根据经济种类的遗传特点，建立科学合理的亲本管理和亲本选择策略，防止近交衰退，满足产业日益增加的对优质高效新品种的需求。

2. 以生态工程为特征的浅海和滩涂养殖技术

未来的海水养殖必须兼顾环境和生态的友好性，"资源节约、环境友好、优质高效"是海水养殖业发展的方向。发挥现代渔业工程和配套设备的优势，创新集成水产养殖相关技术，运用现代生物育种技术、水质处理和调控技术与病害防控技术，设计现代养殖工程设施，实施养殖良种生态工程化养殖，依靠人工操纵实现养殖系统的环境修复，达到有效地控制养殖自身污染和养殖活动对海域环境的不良影响。

在滩涂养殖生态工程方面，以"优化结构布局，提高综合效益"为导向，合理规划贝、藻类养殖结构和布局、构建滩涂养殖环境的精准化管理系统。在浅海养殖生态工程方面，强调养殖新模式和设施渔业中新材料与新技术的运用，建立动植物复合养殖系统，大力推动养殖生态工程技术的应用。浅海和滩涂养殖的生态工程技术的主要发展趋势是：①发展浅海滩涂初级生产力评估技术，提高浅海滩涂污染物自我净化能力，保护和修复水产经济物种产卵场；②提高养殖产地环境质量安全管理理论和技术水平，建立完善的养殖产地环境管理技术体系；③继续加强养殖良种培育技术，高效发掘对调控肉质、生长、抗病等重要性状基因，解析基因调控网络，揭示生长发育的规律及产量、抗逆性等重要性状形成的分子机理，构建良种培育技术体系；④继续发展多营养层次综合生态养殖技术，强化高效集约化养殖技术；⑤集成与推广应用离岸远海开放海域海珍品生态增养殖技术。

3. 免疫调节和生态调节的病害防控技术

病原、宿主和水体环境是水产养殖病害发生和发展的互相联系的"三大要素"。传统的病害控制策略是以病原为核心，导致一系列的生态问题和食品安全问题。目前病害控制的策略是三管齐下，更加注重养殖生物抗病能力的提高和养殖水体的生态调节。国外海水养殖病害防控工程与技术的发展趋势主要体现在：①快速鉴定和分离新的流行性病原，确定病原的种类，开发多元化的病原检测技术，建立海水养殖动物流行病监控与风险评估技术体系；②深入研究病原的感染致病机制及宿主免疫反应，开展海水养殖动物和重要病原免疫相关的基因组、转录组、代谢组和蛋白组研究，为疫苗的开发和研制提供重要的理论信息；③病原疫苗的开发和研究依旧是鱼类疾病防控的重要手段，针对海水养殖动物重大病毒性病原，开发低成本、高效和长效疫苗，寻找安全有效的疫苗导入途径，针对多种病原开发多价或联合疫苗；④基于养殖动物非特异性和特异性免疫机制，开发天然和人工合成的抗病制品或免疫增强剂也是疾病免疫防控的有效途径；⑤生态防治与养殖模式结合，达到病害防控的目的；⑥抗病苗种的培育是病害防控工程的一个发展趋势，转基因技术在水生动物抗病育种的应用将会受到越来越多的关注。

4. 营养调控精准化的饲料工程技术

随着科技发展和产业需要，营养调控已经超越传统的仅仅对养殖产量的追求，现在的目标更加多元化，核心的问题是营养调控的精准化。基于对营养物质调控机理的深入研究，就可能通过营养饲料学的途径对养殖动物的繁殖、生长、营养需要、健康、行为、对环境的适应能力、养殖产品质量、安全甚至养殖环境的持续利用等实现精准调控。精准化调控的主要内容包括：①繁殖性能和幼体质量的营养调控；②营养素定量需要的调控；③动物健康的营养调控；④动物行为的营养调控；⑤动物对环境适应能力的营养调控；⑥养殖动物产品质量与安全的营养调控；⑦养殖环境持续利用的营养调控等。

5. 工程化和工业化的海水陆基养殖

国外在海水陆基全循环养殖工程技术已经成熟的情况下，其发展趋势主要体现在高新化与普及化、大型化与超大型化、工业化与国际化、自动化与机械化。在关键技术发展方面，①采用降低水处理系统水力负荷的快速排污技术；②普遍采用提高单位产量和改善水质的纯氧增氧技术；③采用日趋先进的养殖环境监控技术；④对生物滤器的稳定运行进行控制；⑤养殖废水的资源化利用与无公害排放。

6. 大型化和智能化的深海网箱养殖装备工程

深海网箱养殖工程技术与装备的发展具有如下趋势。①养殖系统大型化：为了提高生产效率，大型化是深水网箱养殖规模化生产对设施装备的必然要求；②养殖环境生态化：养殖生产对生态环境的负面影响已越来越为社会所关注，深水网箱养殖产业的问题会随着产业规模的扩大而显现，增强网箱养殖设施系统对环境生态的调控功能，结合渔业资源修复的系统工程，将对消减近海海域富营养化发挥积极作用；③养殖过程低碳化：充分开发利用风能、太阳能、潮流能和波浪能等洁净、绿色、可再生能源，摆脱网箱动力源完全依赖以石油为燃料的困境，实现网箱的生态与环保养殖；④养殖设施智能化：当近海自然生产力不能满足需求增长与产业发展的需要，海洋生产力必然向深远海转移，网箱养殖作为海水养殖的主要形式之一，其设施系统需要具有向深远海发展的能力，包括远程控制和自动操作系统在内的智能化养殖设施就愈来愈重要。

（二）近海生物资源养护工程与技术发展趋势

1. 近海渔业资源监测与监管趋向立体化和常态化

2002 年可持续发展世界首脑峰会实施计划提出 2015 年恢复衰退的渔业资源的目标，然而直至 2008 年，全球处于过度捕捞的渔业种群比例不仅没有降低，而且还有增大的趋势。为此，各国和区域性渔业管理组织都在致力于对渔业资源的养护，除不断完善和加强渔业监管外，对渔业资源监测的要求也越来越高。在资源监测方面，人们越来越认识到长时间序列的观测数据对科学预测资源动态、制定合理捕捞限额、维持资源可持续利用的重要性。长时间序列数据的获得包括两个层面：①继续坚持多季节、大范围的年度科学监测调查；②采用海量数据传输新技术，利用布设于各重点水域的观测网络对重要渔业种群进行洄游分布、资源变动以及环境因子连续观测，深入研究鱼类种群的变动机制。利用渔船采集数据也是渔业资源监测的一个重要发展趋势，渔船可以作为专业科学监测调查有效补充。在渔业监管技术方面，渔业生产过程的海（渔政船、科学观察员）、陆（渔船监控系统 VMS、雷达）、空（飞机、卫星）综合监控技术以及渔捞统计实时报送与数据采集技术已经并将继续成为未来的发展趋势。

2. 捕捞技术发展强调负责任和可持续

进入 21 世纪以来，世界各国重新审定现代捕捞业可持续发展的战略内容，制定现代捕捞业的发展规划，重建并维持可持续发展的现代捕捞业。

日本通过高效渔具渔法的研究，欧盟通过建立负责任及可持续的捕捞渔业，美国则以确保海洋生态系统的和谐促进渔业生物资源的持续利用。世界负责任可持续捕捞技术的主要内容为：①大力开发并应用负责任捕捞和生态保护技术，最大限度地降低捕捞作业对濒危种类、栖息地生物与环境的影响，减少非目标生物的兼捕；②积极开发并应用环境友好、节能型渔具渔法，满足低碳社会发展的要求；③积极开发新渔场，利用新资源，拓展渔业作业空间；④积极开发高效助渔、探鱼设备，提高捕捞效率和资源利用率；⑤不断提高捕捞业集约化和自动化水平，提升劳动生产率，有效改善工作环境和捕捞业安全生产性能。

3. 增殖放流技术和海洋牧场构建突出生态性和保护性

国际上增殖放流工作将在更加注重生态效益、社会效益和经济效益评价的基础上，开展"生态性放流"，达到资源增殖和修复的目的，恢复已衰退的自然资源，将放流增殖作为基于生态系统的渔业管理措施之一，推动增殖渔业向可持续方向发展。国际上对未来增殖放流更加注重以下几个方面：①增殖放流的科学机制；②增殖放流的生态容量；③增殖放流的生态安全；④增殖放流的体系化建设。

未来海洋牧场建设与科技的发展趋势可归纳为以下几点：①更加注重海洋牧场生境营造与栖息地保护，由简单地在近海投放人工鱼礁诱集鱼类聚集，向注重海域环境的调控与改造工程、生境的修复与改善工程、栖息地与渔场保护工程、增殖放流与渔业资源管理体系构建等综合技术方面发展；②建造大型人工鱼礁，投礁海域向 −40 米以深海域发展；③发展海洋牧场现代化管理的控制与监测技术；④发挥海洋牧场的碳汇功能，开发碳汇扩增技术。海洋牧场作为碳汇渔业的一种重要模式，其碳汇功能、特征与过程的研究，尤其是碳汇扩增技术的开发，将为海洋牧场的建设与发展注入新的活力。

4. 近海渔船装备进一步向专业化发展

随着近海捕捞渔船规模趋减，渔船的选择性捕捞作业能力、节能减排水平、可监管程度将进一步提高，对资源环境影响大的作业方式将逐步萎缩，以满足高效生产与有效保护海洋生物资源的发展要求。养殖渔船的专业化水平将随着离岸养殖设施的规模和要求向专业化发展，生产管理与运输的功能趋于全面，包括监控、投喂、操作、运输等，自动化程度不断提高，规模逐步扩大，功能更加多元化。科学技术与船舶工业科技的发展，新材料、新技术不断在渔业船舶工程中得以应用，必将提高渔船作业性能，实现节能减排，提升信息化水平。

5. 渔港建设向功能多元化发展

面对经济社会的变化和渔业活动的多样化，渔港作为水产品安全供给基地的保障作用、对渔港功能多元化的要求都愈来愈强。针对渔村城镇对渔港服务的新要求，注重渔港服务功能的前伸后延，完成渔场、渔港、渔村一体化，实现水产品加工与物流现代化的需求。根据渔业及流通加工等方面的变化，渔港作为水产品交易、加工、配送、冷链物流的集散中心作用更趋明显，要求进行水产品加工和产地市场为一体的建设与配套，成为水产品加工与市场为一体的都市型渔港。随着渔港功能设施的完善，渔港将保持景观美化，低碳、生态、环保是现代化渔港的重要特征。

（三）远洋渔业资源开发工程与技术发展趋势

1. 远洋渔业资源开发趋向信息化和精准化

综合分析发达国家海洋捕捞业科技规划方向和研究内容，世界大洋渔业发展趋势主要表现在：①捕捞业基础研究不断深入，远洋渔业技术革命进程不断加快；②以地理信息系统、计算机、微电子技术、遥感技术等多项信息技术为基础发展远洋渔业生产与管理辅助决策系统，实现精准捕捞，不断降低能耗，大幅度提高生产效率；③通过与生物科学、信息科学、材料科学等的交融、更新和拓展，从理论、方法和技术手段上加速传统的远洋渔业科学及基础学科的更新，促进新的分支边缘学科的构建；④远洋渔业可持续发展技术体系越来越受到重视；⑤捕捞水产品综合利用是远洋渔业产品高值化的主要方向，围绕船载鱼类综合利用的精深加工技术不断完善，精深加工产品不断涌现。

2. 南极磷虾将启动新一轮的极地渔业大开发

随着南极磷虾捕捞技术的革命化发展和对饲料用优质动物蛋白的需求以及磷虾油等高值产品的产业化发展，可以预期南极磷虾渔业必将进入新一轮大发展。南极海洋生物资源保护条约国（CCAMLR）科学委员会于2010年提出"综合评估计划"，利用英、美、德以及其他捕捞国家的局域性调查资料，结合来自渔业的科学观察数据，对磷虾资源状况进行综合评估，为磷虾渔业开发与管理提供实时、有效的科学依据。另外 CCAMLR 正在构建一个名为"反馈式管理"的磷虾渔业管理框架。这些管理计划在发展磷虾资源评估技术的同时，均要求捕捞国在科学调查方面做出应有的贡献。随着磷虾渔业的发展，对磷虾资源进行科学调查研究的需求也在不断地增长，CCAMLR 制定了专门的规范。

3. 远洋渔船及装备将有更大发展空间

目前世界上的众多国际渔业管理组织对公海的捕捞作业做出了诸多限制和约定，在国际公约的控制下，远洋捕捞相对于近海捕捞会有更大的发展空间，产业规模将趋于合理。远洋渔船捕捞设备向专业化和自动化方向发展，远洋渔船捕捞助渔仪器向信息化与数字化方向发展，远洋渔船船载加工装备向多功能化和支撑资源综合利用方向发展。未来 10～20 年，船上加工装备将会越来越普及，种类更丰富，功能多元化，加工效率日益提高，逐步形成产品价值最大化、利用率最高化、加工专业化的船上加工模式。

（四）海洋药物和生物制品工程与科技与发展趋势

随着主要海洋强国对海洋生物技术投入的不断增加，海洋药物和生物制品领域的发展趋势主要体现在下列"3 个方面"。

1. 海洋生物资源的利用逐步从近浅海向深远海发展

在国家管辖范围以内的海底区域，沿海各国已采取行动建立海洋保护区，联合国也在酝酿出台保护深海生物及其基因资源多样性的法规。我国充分利用后发优势，发展了相应的深海微生物培养、遗传操作和环境基因组克隆表达等生物技术手段，有望开发出一批满足节能工业催化、新药开发、能源利用和环境修复等需求的海洋药物和生物制品。瞄准深远海生物耐压、嗜温、抗还原环境的特性，可望发现一批全新结构的活性化合物和特殊功能的海洋生物基因。

2. 陆地高新技术迅速向海洋药物和生物制品开发转移

陆地药物开发的各种高新技术，包括药物新靶点发现和验证集成技术，药物高通量、高内涵筛选技术，现代色谱分离组合技术，海洋天然产物快速、高效分离鉴定技术，现代生物信息学和化学信息学技术，计算机辅助药物设计技术，先进的先导化合物结构优化技术，药物生物合成机制及遗传改良优化高产技术，药物系统性成药性/功效评价技术，大规模产业化制备技术等，都在迅速向药用和生物制品用海洋生物资源的开发利用转移，发挥了引领和推动作用，孕育着新的战略性产业的形成。

3. 以企业为主导的海洋药物和生物制品研发体系成为主流

当前，国际上已出现专门从事海洋药物研究开发的制药公司（如西班牙的 Pharmamar，美国的 Nereus Pharmaceuticals 等），并取得了令人瞩目的成绩。随着海洋药物研究丰硕成果的不断涌现，包括美国辉瑞、瑞士罗氏、美国施贵宝、法国赛诺菲等一些国际知名的医药企业或生物技术公司也纷纷投身于海洋药物的研发和生产。企业在海洋药物/生物制品创制方面的主体意识不断增强，建设了完整配套的创新药物研究开发技术链，逐步推动了以企业为主体的专业性海洋新药/生物制品研发平台的发展，促进了新药/生物制品研究和医药产业的整体水平和综合创新能力的提升。

（五）海洋食品质量安全与加工流通工程与技术发展趋势

1. 质量安全监管更加注重科学性

基于食品质量安全的科学研究正变得越来越深入，海洋食品质量安全监管不仅要依靠科学技术，实施中还要实现常态化和强制性。未来的发展体现在：①以更加科学有效的风险评估技术为支撑，对食品生产经营过程中影响食品质量安全的各种因素进行评估；②检测技术日益趋向于高技术化、高通量化、速测化、便携化，海洋生物品种鉴别、产品真伪鉴定也日益受到关注；③各国越来越倾向于把关口前移，采取积极的预警预报技术，加强风险管理，建立监测点对海洋食品中关键污染物和主要危害因子进行主动监测；④越来越多的国家将把物理标识追溯列为对海洋食品的强制性要求，并出台包括要求食品召回等具体规定，物种来源及其原产地追溯成为今后的发展重点；⑤各国将加强对国际食品法典标准和发达国家食品安全标准的追踪研究，加快建立与国际接轨的食品安全标准体系，海洋食品质量安全的法律法规将更加完善。

2. "全鱼利用"概念渐成共识

据联合国粮农组织预测，到 2030 年世界人口将达到 85 亿，人均水产品实际消费占有量的维持或增加，将不仅仅依靠相对稳定的捕捞产量和不断增加的养殖产量，而提高水产品利用率、实现"全鱼利用"也是间接提高人均消费品实际占有率的重要因素。未来的发展趋势主要体现在：①海洋食品加工方式将以生物加工与机械加工为主。以低能耗的生物加工与机械化加工方式代替传统的手工加工方式，形成低投入、低消耗、低排放和高效率的节约型增长方式，将成为海洋食品加工产业的必然选择；②海洋食品供应以方便、营养、健康、能充分保持其鲜度和美味的预处理小包装食品为主。随着生活水平的不断提高和生活节奏的加快，人们自己在家庭处理鲜活鱼的数量将大大缩减，同时大型食堂、配餐业等也需要食品加工企业提供半成品。人们对传统中国文化的食用整鱼，食用活鱼的饮食习惯也受到现代文化的日益冲击。因此，海洋产品的精准化处理与保鲜技术、加工副产物的规模化处理与高效利用技术将进入一个快速发展通道；③与海洋渔业产业体系配套的海上加工、海洋功能食品加工、副产物精深加工将实现海洋食用资源的高效利用。

3. 海洋食品流通体系趋向社会化与全球化

由于全球经济一体化进程日益加快，资源在全球范围内的流动和配置大大加强，高效、通畅、可控制的流通体系可减少流通环节，节约流通费用，适应经济全球化背景的"无国界物流"成为发展的趋势。通过海洋食品物流基础设施建设，将物流与信息技术、电子商务等融合，达到海洋食品物流运作的集约化、规模化和网络化，建立海洋生物资源生产、加工、流通和消费为一体的共享平台。为了提高物流的便捷化，当前世界各国都在采用先进的物流技术，开发新的运输和装卸机械，大力改进运输方式，比如应用现代化物流手段和方式，发展集装箱运输、托盘技术等，实现高度的物流集成化和便利化，形成良性循环。对物流各种功能、要素进行整合，使物流活动系统化、专业化，出现了专门从事物流服务活动的"第三方物流"企业。

三、国外经验：7个典型案例 ▶

（一）新型深远海养殖装备

1. 深海巨型网箱

深海巨型网箱的推广应用，有利于养殖地域向外海发展，并可利用风能、太阳能、潮流能和波浪能等清洁能源，摆脱网箱动力源完全依赖石油为燃料的困境，实现养殖过程低碳化。挪威深水网箱自动化、产业化程度高，配套设施齐备，有完善的集约化养殖技术和网箱维护与服务体系。最为关键的一点是，政府以法令的形式来规范和保障深水网箱的健康发展。

深远海巨型网箱系统一般容量较大，如挪威的海洋球型（OceanGlobe）网箱（图 2 - 4 - 10）最具代表性，其容积约为 4 万立方米，年养殖产量可达 1 000 吨。根据养殖的需要，网箱内部可以用网片分割成 2 ~ 3 个部分。这种网箱的优点主要体现在：①有效率地捕捞、清理及维修；②可根据不同的气候条件在水下进行喂食；③适应恶劣的海洋环境与天气；④可防止养殖对象被肉食性生物咬食；⑤有效防止养殖对象的逃逸；⑥球型设计不会因海流冲击而变形，保持稳定的内容积；⑦网箱与鱼的移动范围很小；⑧便于船只与员工停靠和操作；⑨使养殖鱼处于健康状态等。网箱设计较好地解决了现有海洋抗风浪网箱存在的突出问题，如网衣更换、清洗、养殖对象的捕捞以及污染环境等。

图 2 - 4 - 10　海洋球型深远海巨型养殖网箱示意图

资料来源：Kvalheim 和 Ytterland，2004

2. 养鱼工船

现代化深远海可移动式养鱼工船的研发涉及船、机、电、生物、化学、经济、法律等多个领域，技术难度、投资风险都很大，是国家综合实力的体现，需要有配套的国家法律法规来保障。先进的深远海养鱼工船集苗种孵化、养殖、饲料、产品加工以及作业过程中产生的死鱼、残饵和排泄物的清除于一体，全程自动化和信息化，并兼有"海上旅游"的功能。

法国在布雷斯特北部的布列塔尼海岸与挪威合作建成了一艘长 270 米的养鱼工船，总排水量 10 万吨，7 000 立方米养鱼水体，每天从 20 米深处换水 150 吨，用电脑控制养鱼，定员 10 人。该养鱼工船年产鲑鱼 3 000 吨，占全国年进口数量的 15%，相当于 10 艘捕捞工船的产量。

欧洲渔业委员会建造了一艘半潜式恢复水产资源工船（图 2 - 4 - 11）。该船长 189 米、宽 56 米，主甲板高 47 米，最小吃水 10 米，航行和系泊时吃水 3 米（含网箱），航速 8 节，定员 30 人。该工船有双甲板，中间是种鱼暂养池，甲板上为鱼的繁殖生长区，建有海水过滤系统、育苗室、实验室和办公室。甲板下的船舱有 3 个贮存箱，为幼鱼养殖池。在船的中前部，还有一个半沉式水下网箱，用来暂养成鱼。整船犹如一个育苗场，从亲鱼暂养、繁殖到幼鱼饲养、放流都在船上进行，称"海洋渔业资源增殖船"。该船可去美国、北非、南美、西非、澳洲和斯里兰卡等金枪鱼渔场接运捕获的活金枪鱼 400 吨，运往日本销售，亦可在船上加工。该船也可去产卵区捕捞野生的金枪鱼幼鱼，转运至适宜地育肥，年产量 700 ~ 1 200 吨之间。船上设备有喷水管道系统及起网设备、水下电视监控系统、鱼体重/体长测量器、5 000 立方米的饲料冷冻储藏设备、处理病鱼的网箱及设备、充气增氧系统、7 个投喂饲料管道系统、养殖网箱 12 万立方米（120 米×45 米×45 米）、死鱼收集处理设备等。

西班牙的养鱼工船，兼孵化与养殖双重功能，已获得专利，船体结构为双甲板，每年可生产几百万尾鱼。工船有足够的能力养殖大量鱼苗，依靠结构本身采集水生生物来喂养它们，幼鱼最终放养到浮游植物丰富的海区。该船可养 300 吨每尾 4 千克左右的亲鱼，其中 200 吨放养在 60 000 立方米的水下箱中，100 吨分养在控温的 50 吨箱中。在水下箱中的鱼卵汲到主甲板上的孵化区，几天后将幼鱼下汲到两个 3 500 立方米的等温箱，箱中有封闭式循环过滤海水系统。

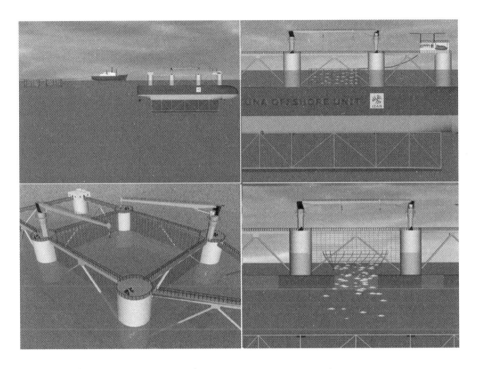

图 2 - 4 - 11　半潜式养鱼工船示意图

资料来源：徐皓和江涛，2012

日本长崎县"蓝海号"养鱼工船，4.7 万吨，船长 110 米、宽 32 米，定员 5 人，能抗 12.8 米海浪，在 30 ~ 40 米水深处工作。10 个鱼舱 4 662 立方米，可投鱼种 2 万尾，年产量 100 吨。

（二）挪威南极磷虾渔业的快速发展

在南极磷虾开发与利用方面，挪威是比较成功的典范，在短时间内成为世界第一磷虾捕捞大国。对南极磷虾的开发，挪威成功的经验是遵从"产业开发，科技先行"的指导思想，采取了以坚实科学研究为支撑的负责任的磷虾渔业发展战略。

由于南极磷虾渔场路途遥远、捕捞成本高，对挪威这样的高生产成本国家而言，以传统捕捞技术提供初级磷虾产品的生产模式在经济上是很难有利可图的。为此，在进入磷虾渔业之前，挪威做了两项重要的技术储备：①"水下连续泵吸捕捞"专利技术；②磷虾油精炼加工技术。前者保证了磷虾渔业的生产效率与产品质量，后者大大提高了磷虾产品的附加值。此外，挪威企业还投巨资对渔船进行了彻底改造，使其成为集捕捞与高附加值产品加工于一体的磷虾专业捕捞加工船，保障了磷虾渔业的经济效益。

事实上，挪威的磷虾资源开发也是分两步完成的。在确保其磷虾渔业的可行性之前，为不引起国际社会过多的关注，挪威渔船首先通过悬挂瓦努阿图国旗的方式于 2004 年进入南极磷虾渔业。经过两年的经验积累之后，于 2006 年正式以挪威渔船的名义开展磷虾捕捞，随即于 2007 年成为南极磷虾第一捕捞大国。2010 年挪威的磷虾产量达 12 万吨，占各国磷虾总产量的 56%。

（三）封闭循环水养殖系统

国际上先进的封闭式循环水养殖系统（图 2 - 4 - 12）具有自动化程度高、养殖密度大，便于管理，并且节能、节水、低排（或零排放）等特点，配套构建了基于循环水养殖的技术体系，实现了产业化。从研究、设计、制造、安装、调试，以及产品的产前产后服务，如银行、保险、保安、信息等，都形成了网络。

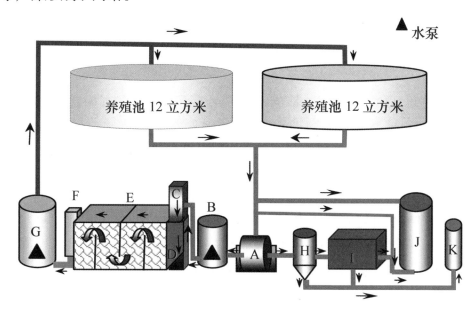

图 2 - 4 - 12　封闭式循环水养殖系统

A. 转鼓式微滤机；B. 水泵蓄水池；C. 二氧化碳脱气装置；D. 蛋白质分离器；

E. 移动床硝化反应器；F. LHO 增氧装置；G. 水泵蓄水池；H. 污泥收集箱；

I. 污泥消化箱；J. 固定床生物反应器；K. 带气体收集的生物气体反应器.

资料来源：Yossi Tal 等，2009

在欧洲，真鲷大多采用封闭循环水系统养殖。先进的封闭循环海水养殖系统，包括有相应的反硝化系统，每天的补水量小于 1%。经过 130 天，真鲷从 61 克长到 412 克，成活率达 99%。用来作为硝化反应器的水处理设备是移动床反应器。在海水环境中，该移动床的氨氮降解速率达到 300 克/（米^3·日）。从硝化反应水处理系统分离出来的有机物颗粒产生的硫化氢被用来产生自养的反硝化反应降解硝酸盐，残余的颗粒则转化为沼气或者二氧化碳。整个系统中的氨氮、亚硝酸氮和硝酸氮的含量分别保持低于 0.8 毫克/升、0.2 毫克/升和 150 毫克/升。该系统的特点是在进行好氧硝化作用的同时，将厌氧反硝化工艺与厌氧氨氧化工艺结合，在将污泥分离、沉淀和集中处理后，再进入反硝化反应器产生沼气。该系统养殖的真鲷产量可达 50 千克/米^3。

（四）日本人工鱼礁与海洋牧场建设

日本被公认为是目前世界上人工鱼礁与海洋牧场建设最成功的典范。早在第二次世界大战以后，日本就开始发展沿海栽培渔业，科学、系统的大规模人工鱼礁投放造就了日本富饶的海洋。其成功经验主要有 3 个方面：①日本于 1975 年颁布了《沿岸渔场整修开发法》，使人工鱼礁建设以法律形式确定下来；②设立专门的人工鱼礁与海洋牧场研究机构，开展系统的科学研究；③制定沿岸渔场整修规划，并设立专项资金用于渔场环境改良、藻类栽培和资源增殖。

20 世纪 50 年代初，日本就开始利用废旧船作为人工鱼礁投放。1950 年日本全国沉放 10 000 只小型渔船建设人工鱼礁渔场，1951 年开始用混凝土制作人工鱼礁，1954 年开始日本政府有计划地投资建设人工鱼礁。进入 70 年代以后，由于沿海国家相继提出划定 200 海里专属经济区，促使日本加速了人工鱼礁的建设进程。1975 年以前在近海沿岸设置人工鱼礁 5 000 多座，体积 336 万立方米，投资 304 亿日元。从 1976 年起，每年投入相当于 33 亿人民币建设人工鱼礁，截至 2000 年共投入了相当于人民币 830 亿元的资金。2000 年后，日本年投入沿海人工鱼礁建设资金为 600 亿日元。

自 1959—1982 年的 23 年中，日本沿岸和近海渔业年产量从 473 万吨增加到 780 万吨。在世界渔业资源利用受到限制的情况下，近海优质种类捕捞产量继续增加，主要是依靠建设沿岸渔场，其中海洋牧场起的作用最大。人工鱼礁的建设造就了日本富饶的海洋。海洋生态环境一度遭受严重破坏的濑户内海，在有计划进行人工鱼礁投放和海洋环境治理以后，已变为名副其实的"海洋牧场"。据估算，日本近岸每平方千米的海域生物资源量为我国的 13 倍。

（五）挪威的鲑鱼疫苗防病

水产养殖动物病害的一个显著特点是传播速度快，危害范围广。在鱼类病害防治技术研发方面，由于使用化学药物容易造成污染和残留，病原对抗生素的耐药性日益增强，因此开发低成本高效疫苗，对重大流行性疾病进行免疫防治，已成为 21 世纪水产动物疾病防控研究与开发的主要方向，将对鱼类养殖业健康发展起到积极推动作用。

作为世界海水养殖强国和大国，挪威在以疫苗接种为主导的养殖鱼类病害防治应用实践中取得了显著成效。20 世纪 80 年代，挪威的鲑鱼养殖业受病害的影响增长缓慢，每年使用了近 50 吨抗生素却无法有效控制病害。90 年代初期，由于抗药病原的大量产生，虽然增加了抗生素的使用量，病害损失导致鲑鱼产量连续 3 年停滞不前甚至出现滑坡。为此，挪威开始广泛采用接种疫苗的病害免疫防治措施，1989 年第一个疫苗（弧菌病疫苗）开始用在鲑鱼上，而后又陆续有其他几种疫苗被开发出来，1994 年针对主要细菌性病原的联合疫苗被应用于鲑鱼。这些疫苗的出现非常有效地控制了病害的发生，使抗生素的用量急剧减少，鲑鱼产量大幅提高。至 2002 年，其鲑鱼年产量已超过 60 万吨，抗生素的使用却已基本停止（图 2 - 4 - 13）。这一事实充分肯定了免疫防治对鱼类病害的有效控制和对鱼类养殖业健康发展的积极推动作用。

挪威使用疫苗成功防治鲑鱼病害的主要特点和经验是：①挪威只养鲑鱼，养殖品种单一，对鱼和病原的研究非常透彻，包括繁殖、孵化、养殖、病害、饲料等各方面的基础研究；②病原相对单一，疫苗容易开发，并且清楚疫苗的原理和使用，有一整套成熟的疫苗使用的程序和流程；③挪威的鲑鱼养殖模式是工厂化集约化养殖，已经形成完整的技术规范体系，养殖区域和养殖密度都有严格的规定，而且必须要有养殖执照；④挪威对鲑鱼的水产养殖的管理非常严格，农业、水产、环境等管理部门都会对水产养殖介入进行管理。

（六）食品和饲料的快速预警系统

人们在解决重大食品安全问题的过程中逐渐认识到，预防和控制远远

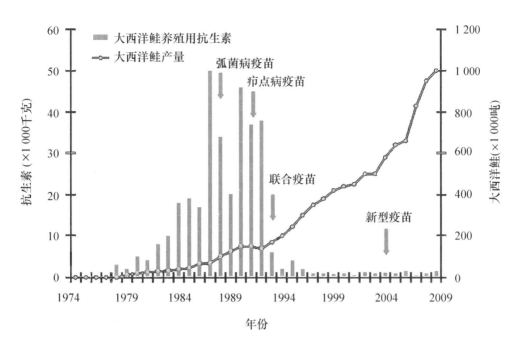

图 2 – 4 – 13　疫苗取代抗生素的挪威大西洋鲑养殖业

资料来源：马悦和张元兴，2012.

强于事后的处理，因此将风险预警相关理论引到食品安全研究中来，建立高效、动态的食品安全风险预警系统，加强食品质量安全监管力度，及时发现隐患，防止大规模的食物中毒，并尽快寻找可行的途径对食品安全问题的控制与管理，是一项十分紧迫的任务。

对于食品安全的预警，目前世界上开展最好的是欧盟实施的食品饲料快速预警系统（RASFF）通报，可细分为三类，即预警通报、信息通报和禁止入境通报。预警通报是当市场上销售的食品或饲料存在危害或要求立即采取行动时发出的。预警通报是成员国检查出问题并已经采取相关措施（如退回/召回）后发出的。信息通报是指市场上销售的食品或饲料的危害已经确定但是其他成员国还没有立即采取措施，因为产品尚未到达他们的市场或已不在市场上出售或产品存在的危害程度不需要立即采取措施。禁止入境通报主要是关于对人体健康存在危害、在欧盟（和欧洲经济区）境外已经检测并被拒绝入境的食品或饲料。通报被派发给所有欧洲经济区的边境站，以便加强控制，确保这些禁止入境的产品不会通过其他边境站重复进入欧盟。RASFF 系统的建设非常强调食品安全风险的有效预防和遏制，强调促进消费者信心的恢复。它的涉及范围广泛，几乎涵盖了食品产业的全过程，其监测不仅仅局限于人们平时狭义上所指的食品，由于饲料原料来源和加工等对食品安全具有不可回避的潜在风险，也明确将饲料纳入其安全管理的范畴。该系统运转后，发出了大量的预警通报和信息通报，有效地对食品和饲料安全进行了监测和预警，2012 年欧盟 RASFF 通报总数为 8 797 批。

RASFF 对我国海洋食品的发展具有一定的启示作用，尤其以下 3 个方面值得深入关注和研究：①在建设海洋食品安全风险监测预警和控制体系的过程中，要加强海洋食品全产业链的综合管理，强调质量安全的系统性和协调性，对产业链的所有过程都应予以关注；②将风险的概念引入管理领域，强调以预防为主的重要性，通过监测和风险评估发现问题，适时发出预警并采取有效的控制方法，实现风险管理；③依法保证科学分析与信息交流咨询体系的建设并保持独立性，提高信息搜索的客观性、准确性，保证决策程序的透明性和有效性。

（七）美国的海洋水产品物流体系

美国海洋食品物流体系的建设对我国海洋食品物流发展具有一定的启示作用，其主要特点和经验是：美国在最为先进和完善的物流理论指导下，建立了一个庞大、通畅、复合、高效的海洋食品物流体系，提供美国海洋食品准确、有效、及时、全面的数据信息。采用产地直销的大流通形式，建立供应链信息管理平台和水产品加工配送中心，发展自行配送，迅速从传统经营管理模式转变为现代供应链管理模式。

美国水产品企业之所以能够迅速从传统经营管理模式转变为供应链管理模式，主要是因为得到了政府的大力支持。美国建立了国家渔业信息网络，即全国性、基于互联网、统一的渔业信息系统（The Fisheries Information System, FIS）。通过 FIS 建立的高效信息管理系统，提供美国渔业准确、有效、及时、全面的数据信息，回答何人、何时、何地、做何事、如何做等问题，为决策者制定渔业政策和进行管理决策提供依据，为科研人员提供数据资料，为从业人员提供信息服务。目前，FIS 主要承担"四大功能"，即收集渔业数据、提供信息产品和服务、与合作伙伴共享信息、为制定政策法规提供决策依据等。FIS 建设需要庞大的经费支撑，通过国家财政拨款，以项目建设的方式专款专用，正式建成运转后，每年仍获得国家财政支持，2004—2011 年间，财政预算投入高达 3 亿多美元。

目前，美国80%以上的水产品由生产企业绕过批发市场直接销售给零售商，采用产地直销的大流通形式，大型零售商是供应链的核心企业，它们建立了供应链信息管理平台和水产品加工配送中心，发展自行配送，实际开展批发活动，直接从供应商处采购并安排运输到配送仓库。美国水产品批发商曾经是水产品流通中的主角，但目前经由水产品批发市场流通的水产品只占20%左右。

第四章 我国海洋生物资源工程与科技面临的主要问题

当前，虽然我国海洋生物资源工程与科技有了较快发展，并取得了重要成绩，但与环境友好型和可持续发展的要求相比，仍有许多不相适应的地方，主要可以归纳成"两个落后，四个不够"。我国海洋生物资源工程与科技起步晚，前期科研和资金投入少，基础和工程研究落后；创新成果少，系统性差，关键技术装备落后。在发展过程中，盲目扩大规模，资源调查与评估不够；过度开发利用，生态和资源保护不够；产业存在隐患，可持续发展能力不够；政府管理重叠，国家整体规划布局不够。

一、起步晚，投入少，海洋生物资源的基础和工程技术研究落后 ▶

多年来，我国一直是一个海洋观念淡薄的国家，念念不忘的是 960 万平方千米的陆地国土，对于 300 万平方千米的"蓝色国土"关注不够。对于海洋生物资源的开发和利用，我们在相当长的历史时期内，仅仅停留在捞鱼摸虾的认识水平。对于海洋生物资源的科学研究，也是力量薄弱，技术落后。直到 20 世纪 90 年代，国家 863 计划设立了海洋技术领域，我国历史上第一次在国家层面设立专门的科技计划，发展海洋生物技术。这比世界海洋强国晚了半个世纪。近 20 年来，我国科技工作者奋起直追，取得了骄人的成绩，但是总体上与国际先进国家相比，我们在海洋生物资源开发利用的基础和工程研究上仍然处于落后状态，在一些关键技术上还缺乏标志性突破。例如，在海洋药物这个海洋生物前沿技术上我国具有很大差距。自 2004 年以来，国际上接连批准了 8 个海洋药物，在此期间我国没有全新的有影响的海洋药物上市。究其原因，主要在于我国海洋药物研发起步晚，海洋先导化合物发现少，海洋微生物培养不过关，技术积累不够。自"九五"以来，我国开始关注海洋药物和生物制品的研究与开发，但对海洋药物研发方向的投入不够，"十一五"以来"新药创制"国家重大专项对海洋药物的投入亦不超过 5 000 万元，与发达国家在此领域的投入有巨大的差距。

我国在一些海洋生物资源激烈竞争的热点问题上，由于受到整体技术水平的制约，常常处于不利局面。例如，深海生物在长期的高压、高/低温等极端环境胁迫下，进化出了独特的代谢途径，以及适应于该环境的信号转导和化学防御机制，其生命活动中生成的形形色色的化合物有许多是可资利用的天然产物。深海生物资源开发是世界发达国家激烈竞争的领域。但由于我国起步较晚，深海技术发展滞后，在深海微生物采集、分离、生物多样性调查等基础和应用基础研究方面尚未取得实质性的突破。目前，我国深海生物技术的落后主要表现在：①资源类型不够丰富，相关应用基础研究薄弱。相对于深海微生物的丰富性，目前所拥有的资源还不够丰富，需要发掘新的深海微生物菌种资源和深海生物基因资源。相对于陆地微生物资源开发，深海微生物应用技术还处在很初步的阶段，需要深入开展深海生物资源在国民经济各行业中的开发利用；②一些技术"瓶颈"需要突破，包括深海不同极端环境样品的保真采样技术、深海环境模拟与培养技术、环境原位检测技术、微环境检测技术、深海微生物的培养与保藏技术、特殊深海基因的表达技术、组合分子生物化学技术、极端微生物遗传体系技术平台等；③深海人才队伍急需整合和加强。国内从事深海研究的人员不多，专门从事深海生物资源研究的则更少，力量严重分散。

二、创新成果少，装备系统性差，关键技术装备落后　▶

由于我国海洋生物资源开发起步晚，积累少，难以厚积薄发，形成重大的创新性成果。近 20 年来，国家不断加大对于海洋生物资源开发的科技投入和政策支持，凝聚了一批海洋生物科学家从事海洋生物资源的创新研究，也吸引了一批陆地生物技术科学家下海投身海洋生物事业，使我国海洋生物技术有了迅速的发展。但是总体上，我国海洋生物资源工程和科技的发展存在明显的缺陷，主要表现在：①借用技术多，核心技术少。我国在发展中，大量模仿国外先进技术，借用陆地生物资源的开发技术，解决海洋生物资源的特殊问题，这虽然在初级发展阶段十分重要，可是现在针对海洋生物特有资源的核心技术亟待突破。例如，海洋糖类结构新颖，是海洋生物的特有资源，具有巨大的应用潜力，可是由于海洋糖类的结构解析、分离纯化、分子剪裁、功能分析等方法不成熟，开发技术亟待突破；②探索研究多，系统研究少。在我国海水养殖动植物中，已经做过探索性研究的不下几十种，可是没有一种生物像挪威鲑鱼那样进行过高水平的系统研究。我国科学家已发现了约 3 000 多个海洋小分子新活性化合物和近300 个糖（寡糖）类化合物，在国际上占有重要位置，但是研究论文一大批，做过系统成药性评价工作的化合物不超过 30 个，进入临床研究阶段的海洋药物仅有 5 个，离国际先进水平仍有较大的差距；③集成创新多，原始创新少。我国的水产品加工业规模大，产值高，工艺不断有创新，技术含量也在不断提高。可是在这个行业中，很少有关键技术是我国发明的核心技术，创造重大经济效益的自主知识产权技术更是少而又少，关键设备基本依靠进口。

在海洋生物资源开发的工程装备上，我国的差距更加明显。特别是：①近海渔船装备整体水平落后，制约我国海洋捕捞业的可持续发展，远洋渔船捕捞装备及技术水平同样落后，关键技术及装备受制于国外。海洋渔业船舶形式多种多样，装备老化现象严重，船型杂乱，性能优化度低，不规范等都是面临的严重问题。我国远洋渔船主要依赖进口国外二手设备，渔船老化，船型偏小。捕捞关键装备技术受制于国外，特别是一些技术含量高的装备，主要依赖进口；②现代化的养殖工程技术和装备欠缺。工厂化养殖总体发展水平仍处于初级发展阶段，仍以流水养殖为主，真正意义上的全封闭工厂化循环水养殖工厂比例很低。深海网箱装备结构尚未定型，我国现有网箱多数仍布置于 15 米以内的浅海区域，尚不能称为真正意义的深海养殖网箱。深海网箱抗风浪、抗流性能及结构安全研究理论与国际先进水平仍有差距，新型专用网箱材料技术仍未突破；③海洋水产加工设备研发严重落后，关键设备基本依赖进口。我国水产品加工产业总体上还属于劳动力密集型产业，在加工原料预处理方面机械化水平低，工效和品质难以保证。我国的冷冻鱼糜和鱼糜制品、烤鳗、紫菜和裙带菜等加工设备和螺旋式速冻机、鱼体分割机、去皮机等设备基本上依赖进口。

三、盲目扩大规模，资源调查与评估不够 ▶

我国海洋捕捞业和海水养殖业的规模都处在世界前列。可是在规模扩大的过程中，普遍缺乏系统的科学评估，缺乏雄厚的基础研究支撑，缺乏对环境和生态的影响认识。突出的问题包括：①远洋渔业渔场规律掌握不够，严重影响国际渔业资源开发的竞争力。我国远洋渔业已遍布世界三大洋，资源调查刚刚走出国门，缺乏充分的第一手数据。基于我国远洋渔业起步较晚的现实，以及国际社会对渔业资源"先占先得"的历史分配格局，我国在国际渔业资源的竞争中处于劣势。缺少第一手调查研究资料，导致渔业掌控能力薄弱，具体体现在 3 个方面。一是资源分布与渔场变动规律不明，在资源养护措施及捕捞配额分配谈判中缺乏话语权，在以资源养护为主调的磋商中处境被动。二是缺乏长期生产统计和调查数据的积累，对主要渔业种类分布、变化规律和渔场掌握不准，难以为生产渔船提供决策依据，也直接影响到我国大洋性渔业的发展战略和捕鱼船队的布局。三是缺少渔场环境与气象条件等信息服务，渔业生产的安全保障能力低。②近海渔业资源监测缺乏长时间序列调查，资源家底不清楚。我国的渔业监测与资源调查研究投入过少，难以为渔业管理提供有效支持。目前，系统的规模化调查仅在非常有限的专项大规模调查时开展，其余年份仅仅进行单一季节的监测调查，而且调查范围有限。捕捞生产统计资料缺乏，因此难以进行资源状况及其发展趋势分析，无法为资源管理提供有效的科学依据。③人工鱼礁广受重视，但缺乏科学论证和评估。目前，对众多的人工鱼礁建设者来说，海洋牧场还仅是一种模糊的概念，真正意义上渔业资源养护与修复型的人工鱼礁、藻礁、藻场的建设几乎是空白。自 20 世纪 80 年代以来，在人工鱼礁建设方面，部分省（自治区、直辖市）制定了有关条例法规，这些条例法规大多集中在立项、建造和验收等环节，目标功能、规模配置、运输投放、调查评价等关键性技术环节尚无法定规范。④养殖业迅速发展，病害严重，流行病学调查和病原鉴定能力薄弱。我国海水养殖规模、种类和模式差异较大，养殖种类病害多。我国在海水养殖鱼类病害的病原学、流行病学、病理学、药理学、免疫学、实验动物模型等基础研究领域仍较薄弱，存在的主要问题是高新技术和研究方法的应用较晚，研究内容缺乏深度和系统性。

四、过度开发利用，生态和资源保护不够　▶

我国对于海洋生物资源，虽然存在利用不足（如南极磷虾），也存在开发过度的问题。从总体上讲，过度开发利用是主要问题，特别是对于近海生物资源，普遍存在重开发、轻养护的问题，对生态和资源保护不够。这导致了海洋生态环境趋于恶化，海洋生物资源趋于枯竭，难以可持续发展。突出的问题包括：①遗传资源保护亮起红灯，野生动植物种质资源需要保护。我国海水养殖育种材料的收集、研究和整理、筛选等仍缺乏系统性、长期性和科学性，亟待针对主要养殖对象，建立遗传背景清晰、性状特点突出且稳定的育种材料体系。野生动植物种质资源的保护问题突出，环境污染和海岸带开发使海洋生物栖息地和产卵地条件恶化甚至不复存在，导致某些海洋生物物种濒临灭绝。我国特有的名贵鱼种大黄鱼不仅群体资源枯竭，生物遗传多样性也大大下降。②有法不依、执法不严，违规滥捕导致近海生物资源面临严重威胁。《中华人民共和国渔业法》规定不存在法理上的自由准入渔业，但却由于拥有捕捞许可证的人数众多，彼此又无权禁止对方利用渔业资源，事实上广泛存在自由准入渔业现象，并且存在大量的"三证不齐"渔船、"三无"渔船及 IUU（非法、不报告和不管制）捕捞活动。另外，我国在渔业相关管理规定监管方面不到位。如在伏季休渔制度执行中，伏季休渔前后的高强度捕捞和禁渔期的偷捕较为严重，网目尺寸违规变小，使得渔业生物的繁殖群体和补充群体被大量捕捞，近海渔业资源衰退的态势并未改变。③海洋生物基因资源的知识产权保护不得力。拥有海洋生物基因资源专利权一直是海洋生物高技术的发展热点。深海特殊功能基因的发现，耐热、耐压、适冷、抗强还原环境的生物基因资源的开发利用，是知识产权争夺的新战场。我国在这方面资源拥有能力薄弱，基因资源保护数量和质量都有明显差距。

五、产业发展存在隐患，可持续能力不够 ▶

我国海洋生物资源开发利用的相关产业普遍历史短，规模小，重经济效益，可持续发展观念淡漠。在实际生产中，往往认为生物资源开发是企业的事，生物资源养护是政府的事，对于产业面临的长期发展的问题关注不够。我国海洋生物资源开发利用的相关产业存在发展的"瓶颈"和隐患，将制约产业的可持续发展。突出的问题包括：①养殖模式不合理，海域环境污染严重。由于我国近海环境的自然条件，近浅海水产养殖已经受到海域养殖容量的限制，海水养殖的空间有限。浅海养殖缺乏科学统一的全局规划，局部海域养殖密度过大，养殖设施布局不合理，养殖行为产生的排泄废物、富余投入品及其腐败物过度集中，造成局部水域污染严重。②养殖的发展受到蛋白源的制约，大量使用鱼粉不可持续。作为水产饲料的主要蛋白源，鱼粉的世界产量近年来一直稳定在 500 万～700 万吨左右，目前世界鱼粉产量的 68% 以上都已用于水产饲料。为了实现到 2030 年我国水产品再增加 2 000 万吨的目标，优质水产配合饲料的产量必须由 2011 年的 1 540 万吨提高到 3 000 万吨以上。这就需要增加超过 1 200 万吨饲料蛋白源。目前，我国水产养殖用主要饲料蛋白源鱼粉和豆粕的 70% 以上依靠进口，50% 以上的氨基酸依靠进口，成为饲料行业和水产养殖业发展的核心制约因素。③水产品质量安全技术基础薄弱，加工质量管理与控制标准落后。我国海洋水产品安全风险评估技术尚处于起步阶段，质量安全风险评估体系还没有完全构建，风险评估管理机构和实验站点有待建立。海洋产品质量安全溯源技术体系建设缺乏统一要求，工作保障不足，产品生产差异大，使得追溯管理整体、持续和全面推进困难。我国食品加工技术性法律法规不仅缺乏相应的法律责任规定，执法部门的责任权利不够明确，造成"有法难依，违法难究"的情况。一些海洋食品国家标准比国际标准和国外先进标准明显偏低，物流工程法律法规及标准体系不健全，水产品行业标准的制定和修订工作跟不上水产品技术发展和产品更新的要求，标准的实施情况差，企业标准化意识淡薄。

六、政府管理重叠，国家整体规划布局不够

　　海洋生物资源工程与科技是国家发展的重要战略，得到了各级政府的普遍重视和广泛支持，各个行业和各个地区都制定了规划，加大了投入，对于促进海洋生物资源的开发利用发挥了不可替代的导向性作用。目前在海洋生物资源工程与科技领域，虽然总体上支持的力度仍显不够，但是不怕得不到支持，就怕没有好的项目。我国海洋生物资源工程的整体规划的制定和实施主管部门不明确，科技计划政出多门，产业规划五花八门，支持和投入既有交叉也有空白。在科技开发方面，国家多个部门和多个计划都给予了支持，例如国家 973 计划、国家 863 计划（海洋技术和农业技术两个领域）、国家支撑计划、国家科技重大专项、国家自然科学基金、国家行业公益性专项、国家科技兴海计划、大洋协会计划等。在新兴产业方面，国家也有多个计划给予了支持。这些计划分别由农业部、国家海洋局、科

技部、国家自然科学基金委员会、国家发展和改革委员会、财政部等多个部门主持和推进。可是，我国迄今没有制定一个国家的海洋生物资源工程和科技的发展规划。在产业管理层面，存在政府重叠管理和管理盲点同时存在的现象。例如，海洋水产食品安全信息没能形成跨部门的统一收集分析体系，食品安全相关信息的通报、预报和处置的渠道不畅通，政府主管部门对潜伏的危机信息掌握不及时、不全面，导致在危机酝酿阶段政府监管部门无能为力。

我国沿海各地都很重视海洋生物资源工程和科技的发展，纷纷制定了各种地区发展规划，打造科技开发平台，设立海洋生物开发区，形成了一批热点。这些举措对于促进沿海各地的海洋生物资源工程与科技的发展起了重要的推动作用，使海洋生物资源开发声势浩大，深入人心，提供了产业发展的大好时机。可是，许多地区的发展规划科学性不够，存在思路雷同的问题，甚至有的不是从特有资源和开发基础出发，而是追逐热点，一哄而上。例如，海洋药物开发成为各地最响亮的口号，其实许多地区研发力量薄弱，技术和资源优势都不存在，形成主导产业能力并不强，前景还很遥远。某些海洋生物开发区，主打海洋药物，可是进入开发区的项目，却是以海洋食品和保健品为主，个别的药物项目与海洋生物并无直接的关系。

在各地的海岸带规划中，还存在发展思路不明晰、注重短期利益的问题。海岸带在各地已经变成稀缺资源，如何发挥海岸带的更大效益，各地政府有着不同的权衡。在海洋农业、沿海工业、滨海旅游业这3个产业合理布局上存在着许多利益驱动，影响着海洋生物资源的可持续开发利用。在3个产业争地、争水、争投资的情况下，如何能像保证粮田面积一样保证海水养殖业的规模和海岸带资源，是一个越来越突出的问题。由于海洋农业交税少或者不交税，影响了政府的财政收入，在有的地区受到了限制和制约。

第五章　我国海洋生物工程与科技发展的战略和任务

落实党的十八大提出的"建设海洋强国"的宏伟战略目标，紧紧围绕提高海洋资源开发能力、发展海洋经济、保护海洋生态环境和坚决维护国家海洋权益的重大需求，在海洋生物资源开发利用的深层次工程建设与科技创新发展上有所作为。在我国海水养殖工程技术与装备、近海渔业资源养护工程、远洋渔业资源开发工程技术、海洋药物与生物制品创新工程和海洋产品加工与质量安全工程等方面，突破海洋生物资源高效开发和可持续利用的核心和关键技术，保障国家食物安全，推动海洋经济发展，形成战略性新兴产业，保护海洋生态安全，维护国家海洋权益。

一、战略定位与发展思路

（一）战略定位

紧紧围绕国民经济发展的重大需求，坚持可持续发展和创新驱动发展，坚持科学规划，合理布局，突破海洋生物资源高效开发和可持续利用的核心关键技术，推动海洋生物产业工程化和海洋经济发展，可持续利用海洋生物资源。

（二）发展思路

实施"养护、拓展、高技术"三大发展战略，多层面地开发利用海洋生物的群体、遗传和产物三大资源，推动海洋生物资源工程与科技的发展。①养护战略：养护和合理利用近海生物资源及其环境，推动资源增殖和生态养护工程建设，提高伏季休渔管理质量；②拓展战略：积极发展水产养殖业，开发利用远洋渔业资源，探索极地深海生物新资源，提高海洋食品质量和安全水平；③高技术战略：发展海洋生物高技术，促进养护和拓展战略的技术升级，深化海洋生物资源开发利用的层次。

二、基本原则与战略目标

(一) 基本原则

增强海洋生物资源开发利用可持续发展能力，保护近海生物资源，加快向深远海的发展，多层次开发海洋生物资源，进一步提高我国海洋生物开发与利用的总体实力，全面推进海洋强国战略的实施。

大力推进海洋生物产业进步，实施多方位的发展。建设环境友好型海水养殖业，精选养殖品类，质量优先，数量保障，鼓励由浅海向深远海的发展；建设近海资源养护型捕捞业，推动资源增殖和生态养护工程建设，提高近海资源养护技术水平，实施渔船升级改造和渔港多元化功能改造；提升远洋/极地渔业开发能力和远洋渔船及装备的研制水平，大力开发极地远洋渔业新资源（如南极磷虾）；大力开发具有海洋资源特色、拥有自主知识产权和良好市场前景的海洋创新药物和高值化海洋生物制品；健全海洋食品安全法律法规，建立全过程监管、应急机制等食品安全支撑体系，强化海洋食品生产和供应链的安全性与系统性，确保海洋食品的质量安全。

(二) 战略目标

通过 20 年海洋生物资源工程与科技创新发展，实现海洋生物产业"可持续、安全发展、现代工程化"三大战略发展目标。可持续发展，推行绿色、低碳的碳汇渔业发展新理念，实行生态系统水平的管理，实现海洋生物资源及其产业的可持续发展；安全发展，遵循海洋生物资源可持续开发的原则，实现资源安全、生态安全、质量安全、生产安全；现代工程化发展，加快海洋生物资源开发利用机械化、自动化、信息化发展步伐，实现海洋生物产业标准化、规模化的现代发展。通过大力发展海洋生物资源工程与科技，培育和发展海洋生物资源战略性新兴产业，提升产业核心竞争力。到 2020 年，我国进入海洋生物利用强国初级阶段，2030 年建设成为中等海洋生物利用强国（专栏 2-4-1），2050 年成为世界海洋生物利用强国。

1. 海水养殖现代发展工程

2020 年：我国海水养殖规模和总量继续保持世界第一，海水养殖产量突破 2 000 万吨。海水养殖逐渐由数量型向质量型转变。基本实现陆基工厂化的全循环式养殖，标准化的陆基池塘养殖，规范化和规模化的浅海、滩涂养殖。

专栏 2 –4—1：我国海洋生物资源工程与科技发展趋势与国际发展水平的比较

通过我国海洋生物资源工程与科技发展趋势与国际发展水平的比较可见（如图），到 2030 年，我国在近海和滩涂养殖、陆基海水养殖、深远海养殖、海洋药物和海洋生物制品可达到或领先国际先进水平，近海养护、水产品质量安全和加工与流通与国际先进水平的差距将会逐步缩小，远洋渔业的发展差距仍将较大。

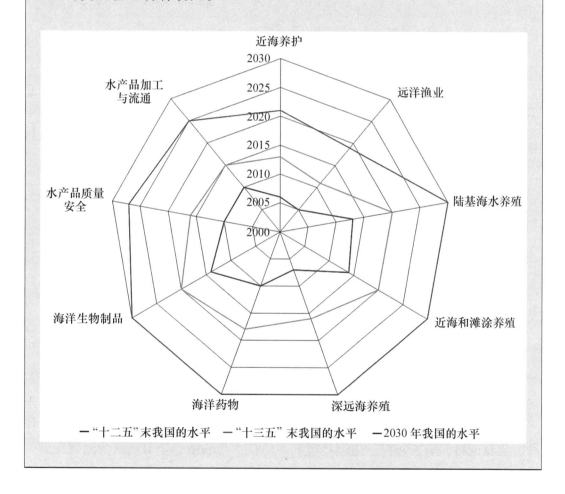

——"十二五"末我国的水平　——"十三五"末我国的水平　——2030 年我国的水平

2030 年：工程化、信息化的深远海养殖具备相当规模，占整个海水养殖产量的比例超过 15%。实现陆基、浅海和深远海养殖齐头并进，海水养殖总量超过 3 000 万吨，我国由世界海水养殖第一大国向第一强国发展（专栏 2 –4 –2）。

**专栏 2-4—2：我国海水养殖现代发展工程发展趋势与
国际发展水平的比较**

我国海水养殖现代发展工程发展趋势与国际发展水平比较显示，到
2030 年，我国在水产养殖工程技术领域在生态工程、营养饲料、病害防
控、养殖模式与技术等方面都能够达到国际先进水平，遗传育种和陆基与
离岸养殖基本达到国际先进水平。

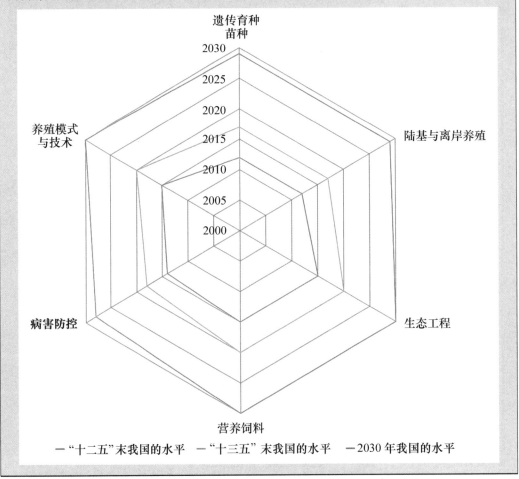

展望 2050 年，我国由世界海水养殖第一大国发展成为第一强国，在遗传育
种、营养饲料、病害防控、生态环境和养殖技术与装备等环节实现全面领先。

2. 近海生物资源养护工程

2020 年：对近海衰退渔业资源种群和水域环境实行生态修复，部分资
源衰退种群得到一定程度的恢复，海洋牧场的人工鱼礁、藻场、藻床等生
境营造工程覆盖率达到 5%，近海捕捞渔船数量减少 30%；新建 200 个一级

以上渔港，届时能为80%的海洋渔业机动渔船（100%的海洋捕捞渔船）提供基本安全的避风保障，多功能现代化渔港示范建设。

2030年：恢复部分衰退渔业种群资源，部分渔业资源利用实现良性循环，我国海域海洋牧场的人工鱼礁、藻场、藻床等生境营造工程覆盖达10%以上，近海捕捞渔船达到"安全、节能、适居、高效"的现代化水平；再建设100个一级以上渔港，渔港的综合功能、生态环保特征明显，初步建成多功能现代渔港体系（专栏2-4-3）。

专栏2-4—3：我国近海生物资源养护工程发展趋势与
国际发展水平的比较

从我国近海生物资源养护工程发展趋势与国际发展水平的比较可见，到2030年，我国在增殖放流接近或基本达到国际先进水平，海洋牧场建设方面与国际先进水平差距可缩小至8年，渔港建设、近海渔业资源监测、负责任捕捞和近海渔船升级改造与国际先进水平仍会有10年左右的差距。

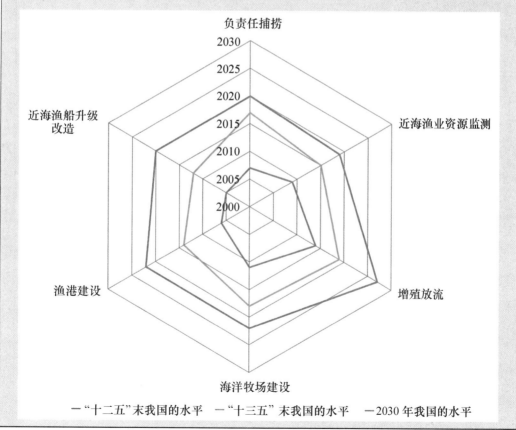

—"十二五"末我国的水平　—"十三五"末我国的水平　—2030年我国的水平

展望 2050 年，我国近海生态环境和生物资源得到有效恢复，形成良性循环的渔业产出系统，综合效益和科技水平均达到世界领先水平，渔港工程与技术水平达到国际先进水平，多功能现代渔港建设全面形成，满足海洋强国的发展要求。

3. 远洋渔业资源现代开发工程

2020 年：系统开展主要大洋渔业资源的科学调查，增强对大洋和极地渔业资源的掌控能力，形成 2 000 ~ 3 000 艘符合过洋作业要求的现代化渔船，1 000 艘规模的有国际竞争力的大洋性捕捞船队。

2030 年：实现远洋渔业资源的科学监测评估，初步形成远洋渔业产业链，基本解决大洋渔业选择性、精准化捕捞的制约性技术等远洋渔船装备的薄弱环节（专栏 2 - 4 - 4）。

展望 2050 年，将实现对大洋和极地远洋渔业资源的掌控能力、综合开发能力和国际义务履行能力，形成完善的远洋渔业产业链。全面实现远洋捕捞渔船的现代化。

4. 海洋药物与生物制品创新工程

2020 年：全面实现我国海洋药物与生物制品产业化，产值达到 100 亿元，达到世界海洋生物技术强国初级阶段。海洋药物完成 20 种左右海洋候选药物的临床前研究，其中 10 种以上获得临床研究批文，初步实现我国海洋药物的产业化，产值达到 20 亿元。海洋生物制品方面，完成 20 种以上的海洋生物酶中试工艺研究，实现我国海洋生物酶产业化，产值达到 30 亿元；建立自主知识产权的海洋生物功能材料开发技术体系，初步实现我国海洋生物功能材料产业化，产值达到 20 亿元；开发 5 种以上系列海水养殖疫苗产品并进入产业化，完成 10 种以上抗生素替代的饲用海洋生物制剂研发并实现产业化，完成 5 种以上海洋植物抗病、抗旱、抗寒制剂及 10 种以上海洋生物肥料的研发并实现产业化，全面实现我国海洋农用生物制品产业化，产值达到 30 亿元。

2030 年：发展并壮大我国海洋药物与生物制品产业群，产值达到 500 亿元，进入世界中等海洋生物技术强国行列，为在 2050 年建设成为世界海洋生物技术强国奠定基础。海洋药物全面实现产业化（20 种左右），产值超过 200 亿元。海洋生物制品方面，进一步发展和壮大海洋生物酶的产业群

（30 种左右），产值超过 100 亿元；海洋生物功能材料全面实现产业化（20 种左右），产值超过 100 亿元；海洋农用生物制品形成产值超过 100 亿的海洋农用生物制品产业群，全面推动海洋绿色农用生物制剂产业的发展（专栏 2 - 4 - 5）。

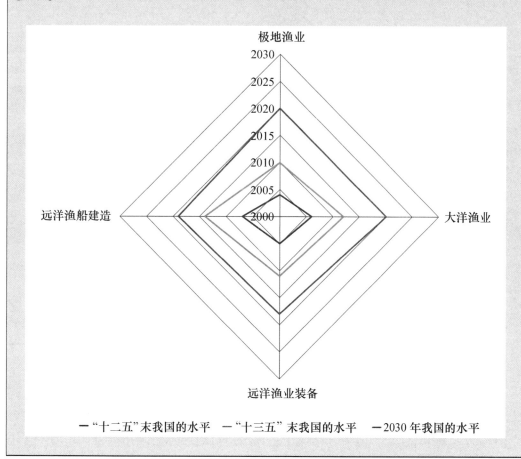

**专栏 2 - 4 - 4：我国远洋渔业资源现代开发工程发展趋势与
国际发展水平的比较**

从我国远洋渔业资源现代开发工程发展趋势与国际发展水平的比较可见，到 2030 年，我国在大洋渔业和极地渔业与国际先进水平会有 10 年的差距，远洋渔业装备和远洋渔船建设与国际先进水平仍会有 10 年以上的差距。

专栏 2－4—5：我国海洋药物与生物制品创新工程发展趋势与
国际发展水平的比较

从我国海洋药物与生物制品创新工程发展趋势与国际发展水平的比较中可以看出，到 2030 年，我国在药物先导物、生物肥料/农药和多糖药物方面都能够达到国际先进水平，化学药物、基因工程药物仍将与国际水平有 10 年左右的差距，而在酶制剂、生物功能材料、动物疫苗与国际水平有 5 年左右的差距。

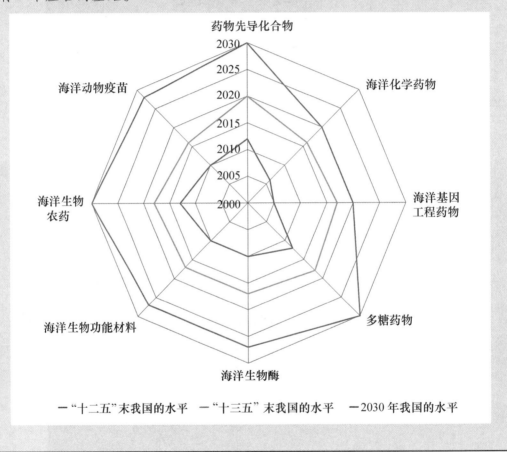

展望 2050 年，海洋生物技术产业成为我国发展势头最猛的战略性新兴产业之一，产品全面服务于工业、农业、人类健康以及环境保护等领域，产值超过 1 000 亿元。其中，100 个左右的海洋药物在国内外上市，产值超过 500 亿元。200 个左右的海洋生物制品（海洋生物酶、海洋生物功能材料、海洋农用生物制品）在国内外上市，产值超过 500 亿元，全面建设成

为世界海洋生物技术强国。

5. 海洋食品加工与质量安全工程

2020 年：突破一批海洋食品保鲜与加工的关键技术和产业核心技术，研发出即食型即热型等方便半成品，海洋水产品资源加工转化率达到 70%。初步建成布局合理、设施先进、上下游衔接、功能完善、管理规范、标准健全的海洋食品冷链物流服务体系，海洋食品冷链流通率提高到 40%，冷藏运输率提高到 70% 左右，流通环节产品的腐损率降至 10% 以下。建立海洋食品质量控制体系，使海洋食品安全合格率稳定在 98% 以上，对重点新资源的食用安全进行风险评估，建立全部海产品从养殖捕捞到餐桌的生产全程可追溯技术与装备体系，全面建成覆盖省、地、县三级的海洋食品质量安全监管技术体系。

2030 年：建立以加工带动渔业发展的新型海洋农业产业发展模式，水产品加工企业基本实现机械化。资源得以全部利用，成为畜禽、粮油、果蔬、水产四大门类中最具有竞争力的产品。形成技术先进、特色鲜明、优质高效的海洋食品流通系统，海洋食品冷链流通率提高到 45%，冷藏运输率分别提高到 80% 左右，流通环节产品腐损率降至 4% 以下。建设覆盖国家、专业性和区域性等不同层面的农产品质量安全风险评估体系，建成海洋食品危害因子监测体系，对微生物、化学物等潜在危害因子开展长期的跟踪检测，为预报预警提供技术支撑。建立全国强制性的海洋食品质量安全的市场准入制度管理体系，加强对海洋食品的监管，提高突发事件的应对能力（专栏 2 - 4 - 6）。

展望 2050 年，海洋食品加工的机械化加工模式转变为生物加工模式，达到海洋生物资源加工的零排放，家庭海鲜烹饪后几乎无餐厨垃圾。完善海洋食品物流体系的高新核心技术及共性关键技术，发展智能化冷链物流，实现辐射力强、流动顺畅、功能完备、竞争力强、覆盖面广、技术先进、优质高效的海洋食品物流网络系统。建立适合我国国情的从源头到餐桌的食品准入、检验、追溯、召回、退出的一整套安全法律制度，实现海洋食品质量安全从养殖捕捞到餐桌全过程控制技术体系。加大海洋食品产地环境和生产过程监管力度，建立完备的海洋食品安全风险监测网络和预警平台。

专栏 2-4—6：我国海洋食品加工与质量安全工程发展趋势与国际发展水平的比较

从我国海洋食品加工与质量安全工程发展趋势与国际发展水平比较中看出，到 2030 年，我国在检测技术方面能够达到国际先进水平，而在安全质量评价和副产品利用方面仍将与国际水平有 2~3 年左右的差距，在追溯体系、质量控制、监测预警、物流设施、物流信息平台、装备自动化和食品加工技术等方面与国际水平有 5 年左右的差距。

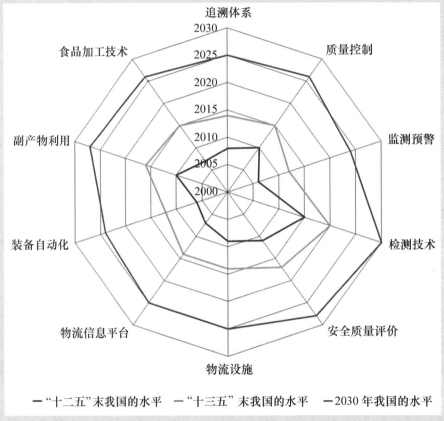

— "十二五"末我国的水平 — "十三五"末我国的水平 — 2030 年我国的水平

三、战略任务与重点 ▶

（一）总体战略任务

建设环境友好型水产养殖业，发展多营养层次的新生产模式，实施养殖容量规划管理，加快海水养殖工程装备机械化、信息和智能化发展。建设资源养护型近海捕捞业，减小捕捞压力，进一步加强近海渔业监管，积极开展近海生物资源养护活动，科学规划资源增殖放流，实施生态系统水平的渔业管理，大力发展功能多元化的现代渔港体系和南海渔业补给基地。建设高水平的大洋性远洋渔业和过洋性远洋渔业，加快远洋捕捞渔船、装备和助渔仪器的现代升级和更新，提高远洋渔业资源调查能力，重点加快南极磷虾资源开发利用关键技术与装备研发，培育高附加值的新生物产业链，促进我国第二远洋渔业的发展。建设高技术密集型海洋新生物产业，利用海洋特有的生物资源，开发一批具有资源特色和自主知识产权、有竞争力的海洋新药，形成并壮大工业/医药/生物技术用酶、医用功能材料、绿色农用生物制剂等新型海洋生物制品产业。建设海洋食品全产业链安全供给的宏观管理技术支撑体系，保障我国的海洋食品质量安全，发展海洋水产品加工副产物综合利用、海洋食品功效因子开发与功能食品制造，建成具有国际先进水平的海洋食品加工流通体系。

（二）近期重点任务

1. 海水养殖现代发展工程

实现我国海水养殖的可持续健康发展，由世界第一水产养殖大国质变为世界第一水产养殖强国，改变消耗资源、片面追求产量和规模扩张、不重视质量安全和生态环境的粗放增长方式，向经济、环境和生态效益并重的可持续发展模式转化。加快优良品种、品系选育和普及，改变主要依赖养殖野生种的局面。转变饲料投喂模式，普及应用高效环保的人工配合饲料，改变水产饲料高度依赖鱼粉的局面。转变大量使用抗生素和化学药物的病害防治模式，推广应用免疫预防和生态控制的新技术。转变养殖模式，提高单位水体的产量，提高养殖操作自动化程度，由近及远地开拓外海空间，发展深海网箱养殖，建立深远海标准化养殖平台。

2. 近海生物资源养护工程

围绕建设"资源节约、环境友好、质量安全、优质高效"型的现代渔业发展目标，积极养护近海渔业资源，建设多功能现代渔港。近海生物资源养护工程的重点是发展近海渔业资源评估与预报技术，建设休渔与保护区，提高渔业资源增殖放流的效果，建设海洋牧场，以及研发和推广应用以玻璃钢渔船为主的现代化近海渔船。现代化渔港建设工程的重点是科学规划与建设功能多元化的渔港体系，研发海洋岛礁（人工岛）渔港建设工程技术，建设南海渔港与补给基地。

3. 远洋渔业资源现代开发工程

提高对全球远洋渔业资源的掌控能力，开展主要远洋渔业资源的科学系统调查，提升对远洋渔业资源和渔场的预测预报能力。提高对远洋渔业资源生态高效开发能力，大力开拓大洋性渔业，开展大洋性柔鱼类资源、金枪鱼类资源、中小型中上层鱼类资源、南极磷虾资源的高效开发和利用技术。研发信息化、数字化和系统化的远洋捕捞装备和助渔仪器，全面提高远洋渔船作业与管理的水平。建造远洋渔业专业科学调查船，特别是大力探测南极磷虾渔场、发展南极磷虾高效捕捞装备和技术、培育南极磷虾新生物产业链。

4. 海洋药物与生物制品创新工程

海洋药物与生物制品工程发展的重点任务是利用海洋特有的生物资源，开发拥有自主知识产权的海洋创新药物和新型海洋生物制品，建立和发展海洋药物和生物制品的新型产业系统。通过高通量和高内涵筛选技术和新靶点的发现，开发一批具有资源特色和自主知识产权、结构新颖、靶点明确、作用机制清晰、安全有效、且与已有上市药物相比有较强竞争力的海洋新药，形成海洋药物新兴产业。利用现代生物技术综合和高效利用海洋生物资源，开发具有市场前景的新型海洋生物制品，形成并壮大工业/医药/生物技术用酶、医用功能材料、绿色农用生物制剂等产业。

5. 海洋食品加工与质量安全工程

瞄准海洋食品质量安全及加工流通技术领域的国际前沿，针对影响海洋食品质量安全和加工流通的关键和共性技术，在基础研究、技术突破和行业推广 3 个环节上实现跨越式发展。质量安全方面，构建海洋食品全产业安全供给的宏观管理技术支撑体系，包括产品和环境中危害因素的检测技术、产品和环境危害蓄积及代谢规律的研究技术、产品和环境中危害风险程度的评估技术、产品生产和环境中控制危害的工艺技术，创建主要产品全程监管和控制质量安全标准体系，取得一批具有创新性和自主知识产权的成果。加工流通方面，开发营养方便的即热型即食型海洋食品新产品和海洋水产品精准化加工新装备，努力提高加工率，降低副产物和腐败变质率，使有限的加工副产物得到综合利用以提高其价值。开发营养方便海洋食品新产品和海洋水产品精准化加工新装备，发展海洋水产品加工副产物综合利用、海洋食品功效因子开发与功能食品制造、海洋生物资源及其制品的保活保鲜、冷藏流通链和物流保障、信息标识与溯源等一系列技术，建成具有国际先进水平的海洋食品加工流通体系。

四、发展路线图

图 2 - 4 - 14 是海洋生物资源工程的发展路线图。通过"两个开发"（近海渔业资源养护与安全开发，远洋渔业装备与南极磷虾开发）、"三个转变"（转变养殖模式和增长方式，转变养殖依赖野生种的局面，转变饲料投喂和病害防治模式）、"两个产业化"（海洋药物和生物制品的研制和产业化，现代化食品加工和物流装备的产业化）和"一个工程"（海洋生物产品安全供给重大工程），到 2030 年，我国海洋生物资源工程的创新有较大进展，建设成为世界中等海洋生物资源利用强国。

图 2 - 4 - 15 至图 2 - 4 - 18 是本研究领域所涉及的海水养殖现代发展工程、近海生物资源养护与远洋渔业开发工程、海洋药物与生物制品工程、海洋食品质量安全与加工工程等 4 个发展方向的工程技术发展路线图。

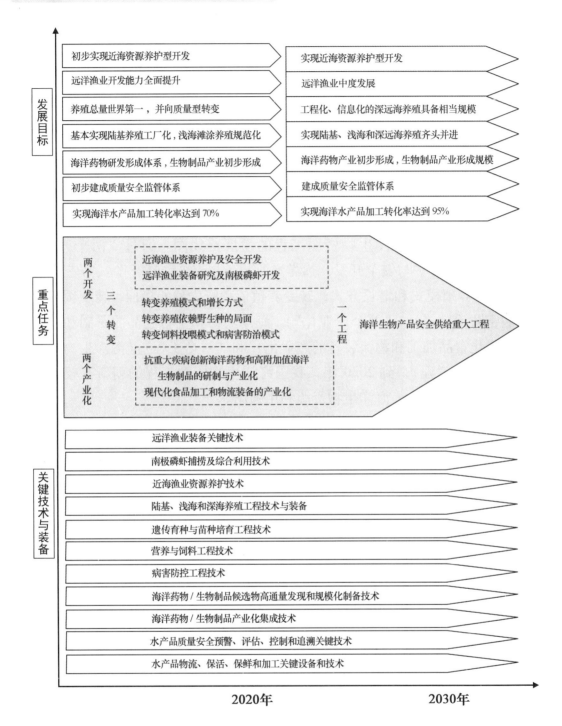

图 2 - 4 - 14 海洋生物资源工程与科技发展路线

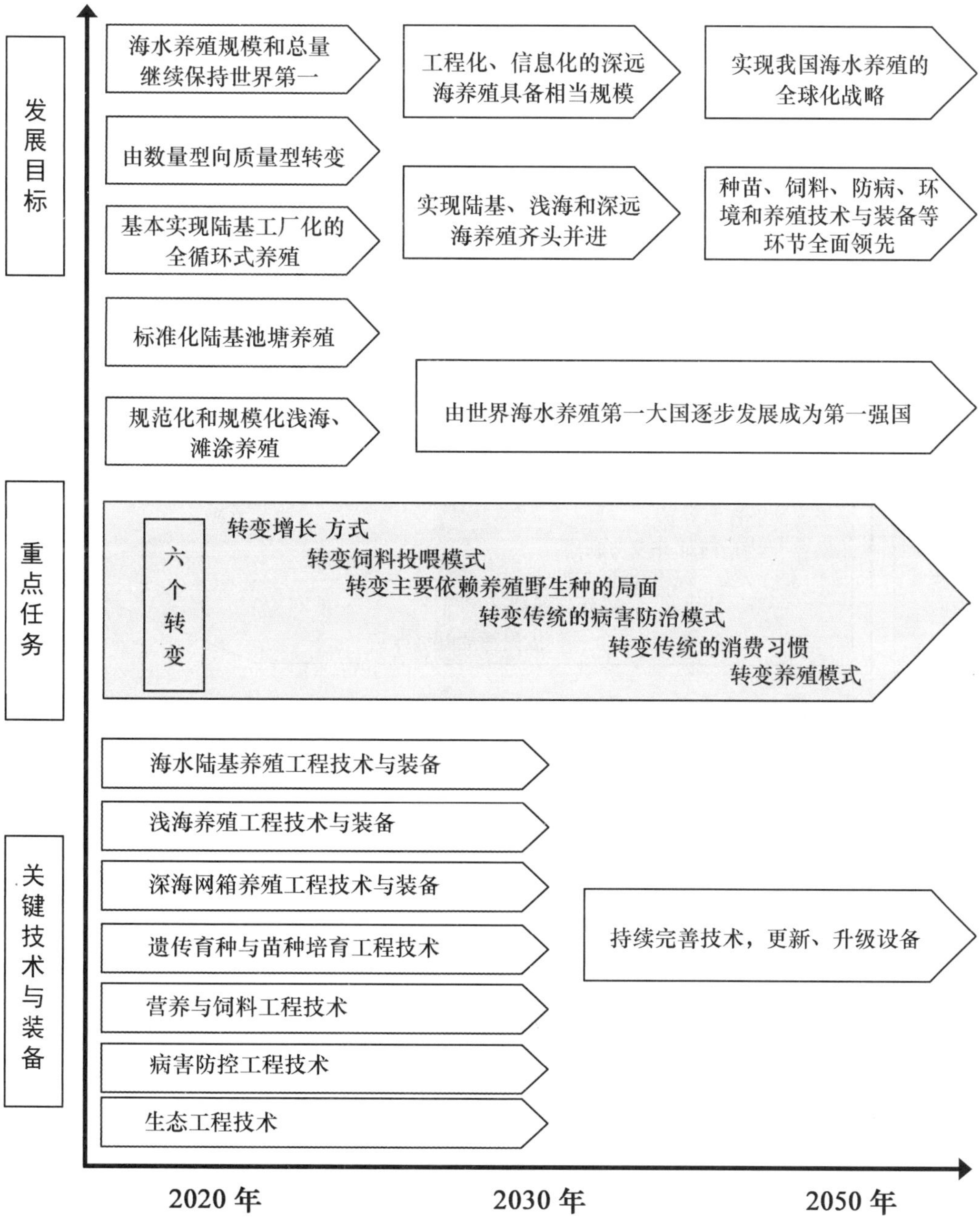

发展目标

海水养殖规模和总量继续保持世界第一	工程化、信息化的深远海养殖具备相当规模	实现我国海水养殖的全球化战略
由数量型向质量型转变		
基本实现陆基工厂化的全循环式养殖	实现陆基、浅海和深远海养殖齐头并进	种苗、饲料、防病、环境和养殖技术与装备等环节全面领先
标准化陆基池塘养殖		
规范化和规模化浅海、滩涂养殖	由世界海水养殖第一大国逐步发展成为第一强国	

重点任务

六个转变

转变增长方式
转变饲料投喂模式
转变主要依赖养殖野生种的局面
转变传统的病害防治模式
转变传统的消费习惯
转变养殖模式

关键技术与装备

海水陆基养殖工程技术与装备

浅海养殖工程技术与装备

深海网箱养殖工程技术与装备

遗传育种与苗种培育工程技术

营养与饲料工程技术

病害防控工程技术

生态工程技术

持续完善技术，更新、升级设备

2020 年　　　　　2030 年　　　　　2050 年

图 2-4-15　海水养殖现代发展工程技术与装备发展路线

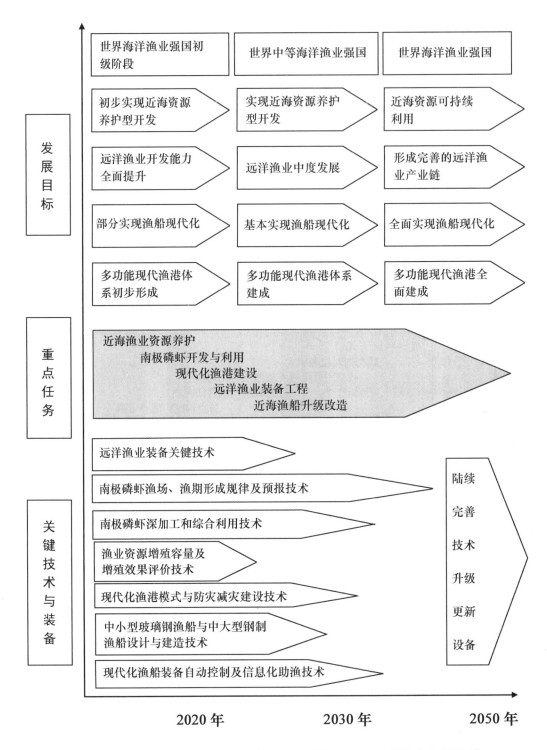

图 2-4-16 近海生物资源养护与远洋渔业开发工程技术发展路线

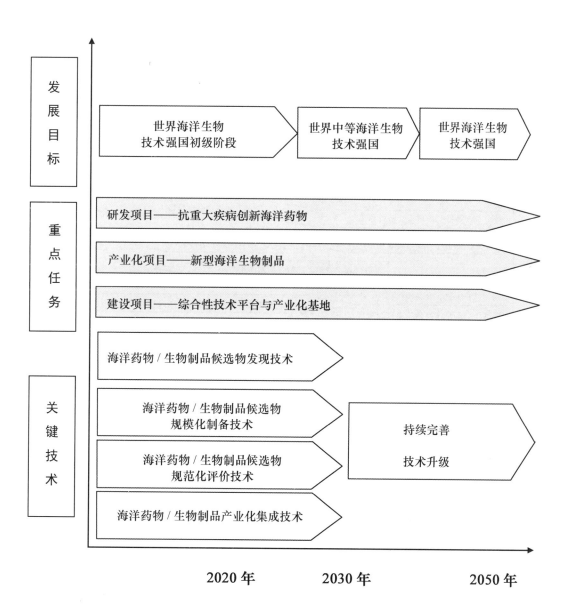

图 2 - 4 - 17　海洋药物与生物制品工程与科技发展路线

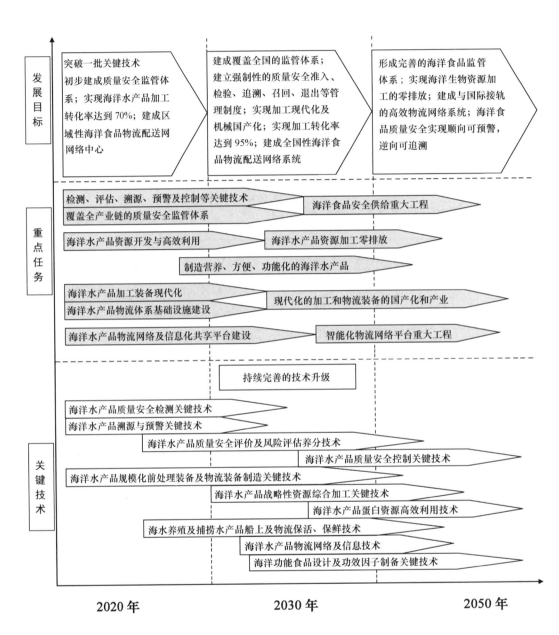

图 2 - 4 - 18　海洋食品质量安全与加工工程技术发展路线

第六章　保障措施与政策建议

一、制定国家海洋生物资源工程与科技规划，做好顶层设计 ▶

　　党的十八大提出建设海洋强国的伟大战略思想。海洋生物资源工程与科技在保障食物安全、推动经济发展、形成战略性新兴产业、保护海洋生态安全和维护国家主权权益等方面具有十分重要的战略地位。背海而弱，向海则兴。建设海洋强国，需要新的海洋战略文化、思维和行动纲领。海洋生物资源工程和科技作为国家海洋战略的重要组成部分，需要汇集各方之智慧，总揽南北之大局，科学制定海洋生物资源开发的国家规划，指导我国未来海洋生物资源科技和产业的发展。并且，在实施国家规划的过程中，加快开发海洋特有的生物资源，加快建设资源综合利用的产业聚集区，提升和改造以渔业捕捞、养殖和水产品加工为代表的海洋传统生物产业，培育壮大以海洋药物和生物制品为代表的海洋新生物产业，积极发展以休闲渔业为代表的海洋生物服务业，提高海洋生物产业创新能力，推进蓝色生物经济的健康发展。

　　国家海洋生物资源工程与科技发展规划是国家层面的顶层设计，体现我国未来几十年的海洋生物资源开发利用的蓝图。按照这个蓝图，创新和完善科技管理体制，建立以科学规划布局、健全政策法规、强化队伍建设、提升科技效率为目标的综合管理模式，加强科技要素集聚和科技资源统筹安排，强化各级各类科技项目和产业规划的衔接配合，集国家自然科学基金、973 计划、863 计划、重大科技专项、科技支撑计划、科技兴海计划、行业公益性项目、现代农业技术体系、海洋经济创新发展区域示范、战略性新兴产业规划的资源，从基础研究、应用与工程开发、区域示范、平台建设、新兴产业等不同层面，加强对于海洋生物资源工程与科技发展的支持。

二、加强海洋生物基础研究，突破资源开发关键技术 ▶

科学技术是开发海洋生物资源的第一生产力。总体上，我国在海洋生物资源开发方面，技术的进步跟不上产业的拓展，基础研究跟不上技术的发展。针对我国基础和工程研究落后的局面，要使我国由海洋生物大国转变为海洋生物强国，必须加强海洋生物基础研究，突破资源开发关键技术。

必须加强海洋生物资源调查工作。了解资源是开发资源的前提。对于我国海洋生物资源的调查，要做到近海摸清家底，远海掌握数据。近海摸清家底，是要从群体、遗传、产物资源的层面，搞清楚我国海洋经济区内海洋生物资源的分布、资源量和动态变化规律，为近海捕捞业提供生物群体资源的可靠信息，为海水养殖业提供生物遗传资源的优质材料，为生物医药业提供海洋产物资源的新颖结构。远海掌握数据，是要在大洋、深海、极地的不同区位，丰富公共海区生物资源的知识，为远洋渔业资源开发提供技术支持，为深海生物资源竞争增加底气，为维护海洋生物资源权益争取话语权。

必须重视海洋生物资源的创新发现。海洋是生物资源的宝库，近年来海洋生物新物种、新基因、新产物、新功能的发现如雨后春笋，层出不穷。可以预言，海洋生物资源的创新发现既是衡量国家科技创新能力的试金石，也是知识产权占有权争夺的新战场。海洋生物经济的成长，依赖海洋生物产业的壮大，依赖海洋生物产品的开发，最根本的，是依赖海洋生物资源的创新发现。重视新物种、新基因、新产物、新功能等对海洋生物经济起重大作用的基础研究，才能源头创新，持续创新，立于不败之地。

必须突破海洋生物资源开发的工程化核心技术。在某种意义上，海洋生物资源是一类具有海洋特征的新资源，海洋生物资源的开发离不开针对性的工艺创新和装备创造。全面认识海洋生物新资源，借鉴陆地生物资源开发的成熟经验，融入交叉学科的新思想，突破海洋生物资源开发的工程化核心技术，才能提高海洋生物产业的科技含量，走上由大变强的内涵发展道路。

三、大力挖掘深海生物资源，加快布局极地远洋生物资源开发 ▶

深海是未来权益争夺的主阵地。海洋权益与生物资源的竞争密不可分，走向深海既是中国实施海洋发展战略的重大举措，也是保障海洋权益的必然选择。海洋战略性资源的开发将催生一批新的海洋技术，未来深海战略性生物资源的调查勘探、先期开发与利用都是当前海洋科技发展的动力和竞争热点。我国已经具备了潜海 7 000 米的能力，在深海生物资源的挖掘上应当乘势而上，不失时机地抢得机遇，在深海生物资源的开发上有所作为。

把远洋渔业作为战略性产业。我国海洋渔业面临的问题是社会需求不断增长，近海资源每况愈下。我们只有两条路：一是发展海水养殖业，提高海岸带的生产力；二是发展远洋渔业，开拓海洋渔业新资源。远海生物资源是地球公共的自然资源，科学合理有度地开发利用这种资源，既是我们不可缺失的权益，也是我们不可多得的机会。南极磷虾资源是地球上已探明的可供人类利用的、唯一开发利用水平很低的丰富渔业资源，是人类重要的战略资源。在"蓝色圈地"和公海资源抢占日趋激烈的形势下，积极主动地开发南极磷虾资源，对于保障我国保障食物安全，维护我国南极权益有重要意义。

四、注重基本建设，提升海洋生物资源开发整体水平　▶

开发海洋生物资源是百年大计。只有加强海洋生物资源开发的基本建设，夯实基础，才能不断积累科技创新的能量，提升海洋生物资源开发的整体水平。在基本建设中，最重要的是队伍建设、平台建设和能力建设。

实施人才强海战略，加强科技人才队伍建设。在海洋生物资源开发中，要特别重视创新人才、工程人才、转化人才的培养和造就。依托重大海洋生物科研和建设项目，加快造就一批具有世界前沿水平的创新人才，大力培养学科带头人，积极推进创新团队建设。优化人才队伍结构，培育和造就一批科技工程人才和成果转化人才，提升我国海洋生物资源开发能力。

积聚整合各种资源，加强公共技术平台建设。在海洋生物资源开发中，要特别注重加强科技研发平台、信息共享平台和产业化平台的构建。建设以海洋生物资源开发工程技术与装备重要理论和关键技术为目的的现代化高水平的研发平台和公共数据集成服务共享平台，强化技术发展的支撑能力。建设海洋药物与生物制品研发和产业化的共享平台，实现技术与产业衔接，集成重大技术成果，建设产业化示范基地。将研究、开发、应用和产业化工作有机结合起来，以企业为主体，坚持海洋生物技术创新的市场导向，激发科研机构的创新活力，并使企业获得持续创新的能力，拓展产业链，逐步形成海洋药物与生物制品的新兴产业。

瞄准国家需求目标，加强资源开发能力建设。在海洋生物资源开发中，要特别注重创新能力、深海能力、远洋能力和保障能力的建设。以实际需求为导向，以先进平台为基地，以精湛队伍为依托，以充足投入为保障，切实强化科研创新能力。依托我国快速发展的深潜技术，以深海生物精准取样和保真培养为核心，进行综合技术配套，切实提高我国深海生物资源获取和研究能力。把远洋渔业提升为战略性新兴产业，增加对远洋渔业开发的扶持力度，开展远洋渔业资源分布、渔场变动规律及其环境的调查，突破南极磷虾综合开发技术，增强对远洋渔业资源的掌控能力。完善我国渔业法规体系，用立法来管理近海资源的养护和远洋渔业的开发，加强海洋食品追溯、召回、退市、处置、应急处置等方面的行政法规和规章制度修订，加大国家层面对水产品质量安全的风险监测及评估管理，建设功能完善的渔港，建造技术先进的渔船，提升我国海洋生物资源开发的政策和后勤保障能力。

五、保护生物资源，做负责任的渔业大国 ▶

海洋是生命的摇篮，是海洋生物和人类共同的家园。海洋生物资源不仅为人类提供了丰富和高营养的食物来源，也是海洋生态环境的重要组成部分。保护好海洋生物及其生态环境，合理开发和利用海洋生物资源，对于维护海洋生态平衡，促进经济社会的健康发展具有重要意义。

为保护和可持续利用海洋生物资源，做负责任大国，我国已采取了多项措施：出台伏季休渔制度，不断扩大休渔海域；推广海洋增殖放流，规划构建海上牧场；控制污染排放强度，改善海洋生态环境；加强渔船渔具监管，制止海洋滥采滥捕。在此基础上，建议在以下几个方面继续加强工作。

（1）建立海洋保护区，保护群体资源。有计划地建立相当规模和数量的海洋生物自然保护区和保留区，形成区域性和国际性海洋生物自然保护区网，保护海洋生物群体资源。同时加强海洋生物自然保护区外的生态系及物种的保护。

（2）完善原种良种场，保护遗传资源。制定全国海洋生物遗传资源保护和利用规划，制定国家级海洋生物遗传资源保护名录，建立和完善海洋生物原良种场、遗传资源保种场、保护区和基因库，抢救濒危的生物物种和衰减的特有种质。

（3）加强环境监管，维护生态平衡。坚持陆海统筹、河海兼顾，加强近岸海域与流域污染防治的衔接，继续降低海水养殖污染物排放强度，加强海岸防护林建设，保护和恢复滨海湿地、红树林、珊瑚礁等典型海洋生态系统。加强海洋生物多样性保护，逐步建立海洋生态系监测体系、海洋生物多样性保护国家信息系统，并实现与世界相关信息系统的联网。

六、拓展投资渠道，促进海洋生物新兴产业发展 ▶

培育海洋生物战略性新兴产业，必须走国家政策引导下的市场化发展道路，建立持久、有效的投入机制，确保政府引导性资金投入的稳定增长、社会多元化资金投入的大幅度增长和企业主体性资金投入的持续增长。在南极磷虾资源利用、深远海规模养殖、海洋药物和生物制品开发等战略性新兴产业和工程方面，组织"产、学、研"优秀骨干力量，协同努力，把在海洋生物相关的重大工程、重大项目实施中形成的成果转化为现实生产力。

企业是创新主体，也是投资主体。增强自主创新能力，已被提升到"国家战略"高度。增强海洋生物资源开发利用和保护的相关企业的自主创新能力，关键是强化企业在技术创新中的主体地位，要建立以企业为主体、市场为导向以及产、学、研相结合的海洋生物资源工程与科技创新体系。引导和支持创新要素向企业集聚，促进科技成果向现实生产力转化，使企业真正成为研究开发投入的主体、技术创新活动的主体和创新成果应用的主体。

政府投资体现政策引导。拓展海洋生物相关产业发展的投资渠道，政府投资要体现政策的引导作用，引导带动社会投资，发挥对社会资本的"汲水效应"。政府的投资应该是"导管之水"，而社会的投资如"江河之水"。因此，应当提高政府投资的效率，实现政府投资对社会资本的引导作用。同时，鼓励社会投资，进一步拓宽社会投资的领域和范围。在南极磷虾资源、深远海规模养殖等处于培育阶段的战略性海洋生物资源的开发利用领域，尤其应鼓励社会资本以独资、控股、参股等方式投资，建立收费补偿机制，实行政府补贴，通过业主招标、承包租赁等方式，吸引社会资本投资。

第七章 重大海洋生物资源工程与科技专项建议

我国作为世界最大的发展中国家，当前在海洋生物资源开发与利用方面面临诸多问题和挑战，问题包括养殖业迅速发展，病害严重，流行病学调查和病原鉴定能力薄弱；近海渔业资源严重衰退、主要渔场和渔汛已不复存在；远洋渔船捕捞装备及技术水平落后、关键技术及装备受制于国外等；海洋新生物产业开发利用的资源种类有限、海洋药物/生物制品研发的关键技术亟待完善与集成；现代海洋食品加工与质量安全保障体系亟待建立等。面对上述困难和问题，发展先进的海洋科学技术，着力推动海洋科技向创新引领型转变，依靠科技进步和创新，开展基础性、战略性和前瞻性的研究和探索，推动现代海洋生物产业和海洋生物经济发展是摆在我们面前的一项迫切任务。

一、蓝色海洋食物保障工程

蓝色海洋食物保障工程是指以开发和利用海洋生物资源为目的的现代产业工程，包括海水养殖现代发展工程、近海生物资源养护工程、远洋渔业资源现代开发工程和海产品加工与质量安全工程。发展新的海洋生物农业和海洋食品加工与安全产业发展模式，突破一批核心关键技术，形成海洋生物资源循环利用的全产业链，增强海洋生物产业对国民经济和社会发展的贡献。

（一）海水养殖现代发展工程

1. 必要性

海水养殖是人类主动、定向利用海洋资源提高生物产出量的重要途径，已经成为对食物安全、经济发展和国际贸易做出重要贡献的产业。目前我国海水养殖主要是陆基和近浅海养殖，利用的海区主要是水深 15 米以内浅海海域。由于存在良种缺乏、配合饲料普及率不高、病害防治困难以及养殖水域污染等问题，制约着海水养殖的可持续发展。同时，随着社会的向前发展，人们对生活环境提出更高的要求，能够提供给海水养殖的空间受到严重挤压，海水养殖病害频发和环境恶化等问题日益突出。为实现新时期我国海水养殖业的可持续发展，减轻养殖对近岸海区的影响，急需开展海水养殖工业化，拓展养殖空间，实施深远海养殖等。

2. 发展目标

采取先进的养殖技术和设施，将养殖区域拓展到 30 米以深的优质洁净海区，集成深远海大型养殖基站、大型海上养殖工船、工程化和智能化鱼类养殖、人工生态礁及其他配套装备，在深水海域形成技术装备先进、养殖产品健康、高经济附加值、环境友好的现代化规模养殖平台。

3. 重点任务

（1）大力发展环境友好和高效健康的海水现代化养殖模式。未来 20 年要保持现有海水养殖的增速，必须稳定养殖的种类，加快海水养殖技术与装备的升级换代，提高养殖的质量，逐步将海水养殖向质量型增长方式转变，实现低碳养殖、生态养殖和环境友好型养殖。加快优良品种（系）选育，转变主要依赖野生种的局面；普及人工配合饲料，转变直接投喂下杂鱼的传统养殖；寓防于养，转变传统的病害防治模式；提高养殖的工程化和信息化程度，转变养殖模式，拓展养殖空间，由近、浅海向深、远海开拓。

（2）深远海大型养殖基站装备与生态工程技术。以 30 米以深水域海洋动力学和工程学为基础，设计生态型人工鱼礁，研制适于 30 米以深水域的大型养殖基站；开发集成平台控制、养殖自动控制、简易泊位、产品加工、冷冻与仓储、生活安全与保障设施、能源与信息等深海养殖重要配套技术装备，开发深海养殖工程化装备技术体系；改造去功能化的海洋石油平台，嫁接现代化的深海养殖设施和装备，建立老旧海洋石油平台功能移植深海养殖模式，建立深远海养殖基站；研究集成开发远距离自动投饵、水下视频监控、数字控制装备、轻型可移动捕捞装备、水下清除装备、轻型网具置换辅助装备，构建外海工程化养殖配套技术。

（3）海洋养殖工船研制与工业化养殖。围绕海上养鱼工船系统功能的构建，重点开展鱼舱自由液面与进排水方式对船体结构的影响，以及养殖舱容最大化船体结构研究，形成船体构建设计与检验技术规范；研发下潜式水质探测与大流量、低扬程抽取装置，集成养殖水质净化技术，构建鱼舱水质监控系统；研发活鱼起捕、分级与输送系统化装备，饲料自动化投送系统；集成水产苗种工厂化繁育技术、软颗粒饲料加工技术、船舶电站式电力分配与推进技术，针对北方海域大西洋鲑等冷水性鱼类养殖或南方海域石斑鱼等温水性鱼类养殖，建造具有海上苗种繁育、成鱼养殖、饲料储藏与加工等功能的专业化养鱼工船；根据海区捕捞生产需要，建立海上渔获物流通与初加工平台。

（二）近海生物资源养护工程

1. 必要性

近年来，为修复近海渔业资源，我国除了设立禁渔期和实施负责任技术外，已经广泛开展了增殖放流、人工鱼礁、海洋牧场及种质资源保护区建设等资源养护工作。事实证实这是改善水域生态系统产出功能的有效措施，对渔业资源的恢复和生态环境的修复起到了积极的作用。但是目前的养护活动与我国近海渔业资源恢复的需求还有很大差距，相关基础研究和应用研究工作明显滞后，缺乏统一规范和科学指导，需要加强近海生物资源养护工程建设，实现我国近海渔业资源的可持续利用。

2. 发展目标

合理开发利用近海渔业资源，开展增殖品种放流技术规范和标准、增殖放流水域生态容量的研究，研究科学的资源增殖效果评价方法，建立科学规范的增殖渔业管理体系，实现生态性放流；先进船型与捕捞装备系统的关键技术与集成创新，提升渔具、渔法及装备参数优化和自动化控制技术；通过人工鱼礁投放、海底植被修复、生物屏障构建、增殖品种筛选与放流等技术试验与示范，构建海洋牧场建设综合技术体系，分阶段、分区域有步骤地在我国近海适宜海域开展大规模海洋牧场建设；应用生态友好型捕捞工程技术，高效节能型渔具渔法及系统集成，新型渔用材料的开发及应用，无损伤型捕捞技术研究及应用，构建生态友好、低耗节能型捕捞工程技术体系。

3. 重点任务

（1）在近海和滩涂构建不同类型的综合养殖创新模式，形成低碳/碳汇、环境友好、生态和谐的高效养殖模式。在沿海各地推广循环水利用率达到90%以上、全封闭、全天候的工业化鱼虾养殖新工艺。

（2）实现"生态性放流"，筛选适宜增殖放流的20种以上重要经济种和生态关键种，建立亲本及放流苗种的品质评价技术，制定统一的放流增殖规范及效果评价标准，建全科学规范的增殖渔业管理体系。

（3）在近海实施大规模的人工鱼礁投放、海底植被恢复、资源增殖放流等海洋牧场建设工程，建立海洋牧场产业化示范区，使沿海海域海床的"人工绿化"面积（人工鱼礁、海藻/草场、生物屏障等）达到10%以上。海洋生态环境和生物资源得到有效恢复，使60%的典型水域生态系统得到保护，逐步建立起具有自我维持能力的渔业生态系统。

（三）远洋渔业与南极磷虾资源现代开发工程

1. 必要性

远洋渔业是关系到维护国家公海生物资源开发权益，争取和拓展海洋发展空间的战略性产业，极地海域将成为发展壮大我国远洋渔业的重要区域。在世界远洋渔业资源开发的竞争中，我国远洋渔船装备整体落后，装备水平和支撑条件落后成为严重的制约因素。过洋性远洋渔船多为改造后的近海渔船，装备陈旧老化，效益差；大洋性远洋渔船多为国外转让的二手装备，在公海捕捞作业中的竞争力明显落后。南极磷虾是广泛分布于南极水域的生物资源，蕴藏量巨大，是重要的战略资源，一直是各国竞相研究的目标。在资源抢占和"蓝色圈地"日趋激烈的形势下，各国对南极磷虾资源开发愈加重视，南极海洋生物资源保护条约国对磷虾渔业的管理日趋严格。因此，制定远洋渔业和南极磷虾产业发展规划，实施远洋渔船与装备升级更新，积极发展远洋渔业和南极磷虾业已成为争取和拓展我国生物资源开发权益的战略需求。

2. 发展目标

通过关键技术研究与集成创新，研发先进船型与系统装备，形成科研和产业结合的技术体系。具备南极磷虾拖网加工渔船、竹筴鱼拖网加工船、金枪鱼围网加工船、金枪鱼延绳钓船和鱿鱼钓船及其捕捞装备的自主建造能力，稳步推进大型捕捞装备的国产化率；通过南极磷虾资源分布规律及渔场形成机制调查，建立南极磷虾渔业信息数字化预报系统，提高南极磷虾捕捞生产效率和磷虾渔获质量，提升我国利用南极磷虾资源的竞争力和国际捕捞限额分配谈判中的话语权。运用南极磷虾深加工和高值综合利用技术，提高产品质量和附加值，培育生产、加工、储运、流通的全方位产业链。

3. 重点任务

制定远洋渔业和南极磷虾产业规模化发展规划，实施远洋渔船与装备升级更新，积极发展南极磷虾产业，拓展我国南极生物资源的开发与利用，寻求更大的开发权益。开展远洋渔船和南极磷虾专业捕捞加工船关键装备研究与系统技术集成，升级远洋渔业技术装备；建造远洋渔业专业调查船和极地渔业综合调查船，提高南极磷虾资源变动、渔场形成规律及气象保障等研究水平；加强远洋渔场渔情预报信息服务系统，巩固和提高我国在中东大西洋的西非近岸海域、南亚和东南亚海域、朝鲜半岛附近海域和东南太平洋智利海域的渔业规模，持续发展远洋鱿钓渔业和大洋性金枪鱼渔业；加快开发极地渔业，提高我国对鱿鱼、金枪鱼、竹䇲鱼、秋刀鱼、南极磷虾等主要远洋渔业资源的掌控能力；培育南极磷虾渔业及磷虾资源综合利用产业链，研发高附加值南极磷虾医药用产品。

（四）海洋食品加工与质量安全保障工程

1. 必要性

瞄准海洋食品加工与质量安全领域的国际前沿，针对影响海洋食品质量安全和加工流通的关键和共性技术，在基础研究、技术突破和行业推广3个环节上实现跨越式发展。以产品为导向，大力开发营养、健康、方便的即食及预调理等新型海洋食品，引导海洋食品消费模式的转变，开发海洋水产品精准化加工新装备，发展海洋水产品加工副产物综合利用、海洋食品功效因子开发与功能食品制造，促进传统海洋食品产业升级；以政府为主导，构建海洋食品全产业安全供给的宏观管理技术支撑体系，建立和完善顺向可预警、逆向可追溯的海洋食品全产业链监管技术体系，实现海洋食品的安全供给；以企业为主体，初步建成布局合理、功能完善、管理规范、标准健全的海洋食品冷链物流体系，利用保活保鲜、冷藏流通物流保障、信息标识与溯源等一系列技术，显著降低海洋食品的流通腐损率。

2. 发展目标

我国海洋食品行业在基础薄弱，规模化标准化程度低，生产经营分散、生产方式落后情况下，迫切需要有效地提高和保障海洋食品质量安全。未来 10~15 年是我国海洋水产品加工产业向现代产业转型的关键时期，实施海洋食品加工创新工程，开展海洋水产品工程化加工关键技术、关键装备与新产品开发，对全面提升我国海洋水产品加工产业整体技术水平和综合效益具有重要意义。

3. 重点任务

（1）以新型海洋食品资源开发的关键技术为目标，初步建立以消费模式带动海洋食品加工方式的转变。以新型海洋食品开发带动消费模式改变的新型海洋食品加工技术体系，形成以加工带动渔业发展的新型海洋农业产业发展模式，海洋水产品资源加工转化率达到 70% 以上，加工增值率达到 2 倍以上。

（2）实现生产、流通、消费领域的海洋食品可追溯管理全覆盖，建立完善的产地环境及产品监测、监管及预警体系，养殖企业和加工企业联动，质量安全水平显著提高，实现海洋水产品的安全供给。

（3）建立海洋食品生产、收购、加工、包装、储存、运输、装卸、配送、分销和消费为一体的信息网络共享平台，形成技术先进、优质高效的海洋食品流通系统。海洋食品冷链流通率提高到 45% 以上，冷藏运输率分别提高到 80% 左右，流通环节产品的腐损率降至 5% 以下。

二、海洋药物与生物制品开发关键技术　▶

1. 必要性

面向人口健康、资源环境、工业和农业领域的国家重大需求，利用可持续发展的海洋生物资源，挖掘具有显著海洋资源特色、拥有自主知识产权和国际市场前景良好的海洋创新药物和高值化海洋生物制品。我国在海洋药物研发方面已有一定的积累，完全可以初步建立起我国海洋创新药物产业体系，有效提升我国医药产业的国际竞争力。我国高值化海洋生物制品已经进入包括农业、医药保健和高分子材料等多个领域，需要在海洋生物酶、海洋生物功能材料、新型生物农药及生物肥料等方面有所突破。

海洋生物资源是一个巨大的潜在新药宝库，在所有能够生产药物的天然资源中，海洋生物资源已成为最后、也是最大的一个极具开发潜力的领域。因此，从海洋生物资源中发现药物先导化合物和创制海洋新药将是发达国家竞争最激烈的领域之一，"重磅炸弹"级新药最有可能源于海洋。我国在海洋药物研发方面已有一定的积累，5个药物正在进行临床研究，10余个候选药物正在开展全面的临床前研究，一大批药物先导化合物正在进行功效和成药性评价中。经过5~10年左右的努力，完全可以初步建立起我国海洋创新药物产业体系。

生物酶已经进入包括农业、医药和高分子材料等在内的很多领域，其中海洋微生物酶具有开发周期较短，较容易形成产业的优势。以海洋生物酶催化为核心内容的生物技术是参与海洋生物技术竞争并有望取得优势的一个难得的机遇和切入点，应成为我国海洋生物技术应用研究的一个战略重点。

海洋生物功能材料是海洋资源利用的高附加值产业，也是高新技术的制高点之一。我国海洋材料的产业目前处于出口廉价粗制品、进口昂贵的高附加值材料状态，产业结构急需调整。发展我国高附加值的高端海洋功能材料制剂，对提升我国海洋生物资源利用的高新技术水平具有重要战略意义。

我国是人口及农业大国，每年农作物病虫害受害面积达到约2亿公顷，化学农药的过度使用导致大量的农药污染及病虫抗药性提高，直接危害环境生态及食品安全。利用海洋生物资源开发新型生物农药及生物肥料等海洋绿色农用制剂，是解决农药残留、确保食品安全的重要手段，也是发展我国绿色产业及解决食品安全问题的重要途径。

2. 发展目标

初步建成我国海洋药物与生物制品产业化体系。海洋药物完成20种左右海洋候选药物的临床前研究，其中10种以上获得临床研究批文。海洋生物制品方面，完成20种以上的海洋生物酶中试工艺研究，海洋生物功能材料建立自主知识产权的海洋生物功能材料开发技术体系，5种以上系列海水养殖疫苗产品并进入产业化，完成10种以上抗生素替代的饲用海洋生物制剂研发并实现产业化，实现5种以上海洋植物抗病、抗旱、抗寒制剂及10种以上海洋生物肥料的研发并实现产业化。

3. 重点任务

建立和完善海洋药物和生物制品研发技术平台，开发一批海洋新药，形成海洋药物新兴产业。集成海洋生物酶制剂、海洋生物功能材料和海洋绿色农用生物制剂研发技术，形成工业用酶、医用功能材料、绿色农用生物制剂等产业，发展并壮大我国海洋生物制品新兴产业群。

1）创新海洋药物

海洋候选药物的临床前研究按照与国际接轨的新药临床前研究指导原则，科学规范地开展海洋候选药物的临床前研究与评价。重点研究有关候选海洋药物的特点（作用靶点、作用强度等）、药代动力学性质（在动物体内的吸收、分布、起效、排泄等）、安全性（肝肾毒性、体内残留等），努力构建国际认可的临床前研究技术策略体系与评价数据。海洋药物的临床研究重点考证新药的临床疗效和应用的安全性，考察与其他药物合用的临床疗效，产品获得新药证书并进入产业化。

2）新型海洋生物制品

海洋生物酶制剂研发与产业化。研究酶制剂产业化制备中发酵过程优化与控制技术等过程工程技术、规模化酶高效分离工艺工程技术和酶制剂生产下游产品的工艺关键技术，构建集成技术平台。解决海洋微生物酶制剂稳定性与实用性的共性关键技术。结合酶功能特点和市场需求，突破海洋生物酶催化和转化产品关键技术。研究重要海洋生物酶在轻化工、医药、饲料等工业领域中的应用技术及其催化和转化产品的工艺技术，全面实现我国海洋生物酶产业化。

海洋生物功能材料研发与产业化。建立稳定的医用海洋生物功能材料原料的生产及质量控制技术，完善与提升海藻多糖植物空心胶囊产业化技术体系，研究创伤修复材料、介入治疗栓塞剂等新型医用材料及其规模化生产技术；开发组织工程材料、药物长效缓释材料等制备、加工成型工艺及其过程安全性控制等关键技术，实现我国海洋生物功能材料产业化。

海洋绿色农用生物制剂研发与产业化。针对我国海水养殖业中具有重大危害的病原，开发高效灭活疫苗、减毒活疫苗、亚单位疫苗和DNA疫苗，建立新型的浸泡或口服给药系统。研究海洋农药和海洋生物肥料规模化生产过程中的优化与控制核心技术，解决产业化工艺放大关键技术。突破海洋农药及生物肥料有效成分和标准物质分离纯化及活性检测技术，建立海洋农药及生物肥料的质量控制体系。开展针对不同作物病害及冻害等防治新技术研究，完成海洋生物肥料的标准化田间药效学及肥效实验，全面实现我国绿色海洋农用制剂产业化。

主要参考文献

陈君石.2009.风险评估在食品安全监管中的作用[J].农业质量标准,(3):4-8.

陈雪忠.徐兆礼,黄洪亮.2009.南极磷虾资源利用现状与中国的开发策略分析[J].中国水产科学,16(3):451-457.

李季芳.2010.美国水产品供应链管理的经验与启示[J].中国流通经济,24(11):67-60.

李继龙,王国伟,杨文波,等.2009.国外渔业资源增殖放流状况及其对我国的启示[J].中国渔业经济,27(3):111-123.

李清.2009.日本水产品质量安全监管现状[J].中国质量技术监督,(6):78-79.

马悦,张元兴.2012.海水养殖鱼类疫苗开发市场分析[J].水产前沿,(5):55-59.

农业部渔业局.2005—2012.中国渔业年鉴[M].北京:中国农业出版社.

全英华.2011.我国现代食品物流发展现状和对策[J].物流科技,34(5):67-69.

徐皓.2007.我国渔业装备与工程学科发展报告(2005—2006)[J].渔业现代化,34(4):1-8.

徐皓,江涛.2012.我国离岸养殖工程发展策略[J].渔业现代化,39(4):1-7.

张书军,焦炳华.2012.世界海洋药物现状与发展趋势[J].中国海洋药物杂志,31(2):58-60.

张小栓,邢少华,傅泽田,等.2011.水产品冷链物流技术现状、发展趋势及对策研究.渔业现代化[J].38(3):45-49.

赵兴武.2008.大力发展增殖放流,努力建设现代渔业[J].中国水产,(4):3-4.

中国食品工业协会.2011.中国食品工业年鉴2011[M].北京:中国年鉴出版社.

中华人民共和国农业部渔业局.2012.中国渔业统计年鉴2012[M].北京:中国农业出版社.

Bartley DM, Leber KM. 2004. Marine Ranching[M]. FAO, Rome, Italy,231.

Bostock JC. 2009. Use of Information Technology in Aquaculture[M]. Oxford:Woodhead Publishing.

Food & Agriculture Organization of the United Nations (FAO). The State of World Fisheries and Aquaculture[BE/OL]. FAO Corporate Document Repository:http://www.fao.org/docrep/016/ i2727e/i2727e00. htm.

Garcia SM, Rosenberg AA. 2010. Food security and marine capture fisheries:characteristics, trends, drivers and future perspectives [J]. Phil Trans R Soc B:Biol Sci, 365(1554):2869-2880.

Lotze HK, Lenihan HS, Bourque BJ, et al. 2006. Depletion, degradation and recovery potential of estuaries and coastal seas [J]. Science, 312:1806－1809.

Kvalheim E, A Ytterland. 2004. The OceanGlobe—a complete open ocean aquaculture system, in INFOFISH International. 8－10.

Mokhtar MB, Awaluddin A. 2003. Framework for sea ranching [J]. Rev Fish Biol Fisher, 13: 213－217.

Molony BW, Lenanton R, Jackson G, et al. 2003. Stock enhancement as a fisheries management tool [J]. Rev Fish Biol Fisher, 13: 409－432.

Sinclair M, Valdimarsson G. 2003. Responsible Fisheries in the Marine Ecosystem[M]. FAO & CABI Publishing.

Tal Y, Schreier H J, Sowers K R, et al. 2009. Environmentally sustainable land-based marine aquaculture [J]. Aquaculture, 286(1/2): 28－35.

主要执笔人

唐启升	中国水产科学研究院黄海水产研究所	中国工程院院士
张元兴	华东理工大学	教授
仝　龄	中国水产科学研究院黄海水产研究所	研究员
张文兵	中国海洋大学	教授
单秀娟	中国水产科学研究院黄海水产研究所	副研究员
焦炳华	第二军医大学	教授
宋　怿	中国水产科学研究院	研究员

重点领域五：中国海洋环境与生态工程发展战略研究

第一章　我国海洋环境与生态工程发展的战略需求

　　海洋是人类环境的重要组成部分。地球表面有近70.8%的面积被海水所覆盖，可以说海洋是地球上一切生命的摇篮，为众多生物提供了生活的家园。对人类而言，海洋还是一个巨大的资源宝库，蕴藏了大量人类所需的食物、药物、矿产和其他资源，为人类提供了舟楫之便和各种优美的自然景观，是居民进行商业、文化交流、娱乐以及迁徙的重要通道。此外，海洋环境以其自身的承载力和净化能力为维持自然生态系统的平衡发挥了无可替代的作用，对于人类的生存和发展有重要意义。

一、改善近海环境质量，维护海洋生态安全的需求　　　▶

　　我国既是陆地大国，又是海洋大国，拥有18 000千米的大陆海岸线，6 500余个面积大于500平方米的岛屿。依据《联合国海洋法公约》和中国的主张，我国有300万平方千米的管辖海域。在过去的几十年来，我国沿海地区社会经济快速发展，由于在海洋开发利用过程中重视对资源的索取，而对海洋生态及环境的保护相对不足，导致我国海洋生态环境问题日益突出。如入海污染物显著增加，氮、磷引起的富营养化问题突出，赤潮灾害多发，新型污染物等问题日益凸显，海岸带生态遭到破坏，海洋生态系统服务功能和渔业资源严重衰退，突发性环境污染事故频发等，我国海洋生态安全面临严重挑战。目前，环境改善已成为增进民生福祉、关系国家生态安全的重大问题。通过海洋环境与生态工程建设，加强海洋环境综合治理，修复受损生态系统，控制海洋环境污染，保护海洋生物多样性、维护海洋生态系统健康，推进海洋生态文明建设，已经成为改善海洋环境质量、保障海洋食品安全、改善民生和保护海洋生态安全的现实需求，也是维护社会公平与稳定的重要保障。

二、促进沿海地区社会经济可持续发展的需求 ▶

我国管辖海域蕴藏着十分丰富的生物、油气和各种矿产资源，是国家的宝贵财富。我国人口众多，陆地资源相对贫乏，从海洋中获取的能源、矿产、食物、药物、材料等各类资源，对于缓解我国陆域资源短缺矛盾、支撑社会经济发展具有重要的战略意义，而良好的海洋环境和生态是支持海洋资源可持续利用的重要物质基础。21 世纪是海洋世纪，是人类全面开发、利用、保护海洋的世纪。在 21 世纪我国经济迅速增长、人口快速增加及城市化进程加快而陆地资源日益枯竭的背景下，如何立足陆海统筹，在开发利用海洋资源、发展海洋经济，构建现代海洋产业体系的同时，防治海洋环境污染，维护海洋生态健康，探索沿海地区经济社会与海洋生态环境相协调的科学发展模式，增强对海洋环境的管控能力，是我国海洋环境保护亟待解决的严峻问题，是海岸带地区转变经济发展模式、实现经济社会可持续发展的必然选择，也是推动我国沿海地区经济社会和谐、持续和健康发展，实现 21 世纪宏伟蓝图的必由之路。沿海经济社会发展，应坚持尊重海洋、顺应海洋、保护海洋的原则，坚持将海洋和海岸带生态系统摆在重要位置，在全面维持和养护海洋生态系统的前提下，将发展目标与海洋自然规律有机结合，在各类海洋生产实践活动中，提高海洋资源开发能力，有效保护海洋生态环境，以经济社会的繁荣发展，以海洋生态的平衡有序，全面推进海洋生态文明建设，逐步形成人 – 海和谐的海洋生态文明格局。

三、建设海洋生态文明的需求 ▶

党的十七大报告首次提出了建设生态文明的战略任务，标志着我国进入全面建设生态文明的新阶段。党的十八大报告将生态文明建设纳入中国特色社会主义事业总体布局，明确提出建设资源节约型、环境友好型"美丽中国"的发展目标。要"把生态文明建设放在突出地位，融入经济建设、政治建设、文化建设、社会建设各方面和全过程"，要"尊重自然、顺应自然、保护自然"，确立了"五位一体"的中国特色社会主义建设总体布局。海洋生态文明是以人与海洋和谐共生、良性循环为主题，以海洋资源综合开发和海洋经济科学发展为核心，以强化海洋国土意识和建设海洋生态文化为先导，以保护海洋生态环境为基础，以海洋生态科技和海洋综合管理制度创新为动力，整体推进海洋生产与生活方式转变的一种生态文明形态。海洋生态文明是我国建设生态文明不可或缺的组成部分，建设美丽中国离不开美丽海洋。在建设海洋生态文明的进程中，采取工程技术手段，控制海洋环境污染，改善海洋生态，探索沿海地区工业化和城镇化过程中符合生态文明理念的发展模式，是建设海洋生态文明的重要内容和支撑体系。

第二章　我国海洋环境与生态工程发展现状

一、我国海洋环境与生态现状　　　　　　　　　　　▶

（一）水质总体有所改善，但污染形势仍不容乐观

1. 入海河流水质不佳

我国入海河流水质总体仍然较差。据 2012 年《中国近岸海域环境质量公报》，全国 201 个入海河流监测断面中，94 个为 Ⅰ～Ⅲ 类水质，占 46.7%；58 个为 Ⅳ～Ⅴ 类水质，占 28.9%；49 个为劣 Ⅴ 类水质，占 24.4%。201 个入海河流断面的水质达标率仅为 64.7%，水质超过《地表水环境质量标准》（GB 3838 – 2002）Ⅲ 类标准的主要因子为化学需氧量、生化需氧量、氨氮和总磷。

2006—2012 年，我国入海河流水质监测断面中 Ⅰ～Ⅲ 类水质所占比例先有所降低后逐渐增加，从 2006 年的 37.2% 增大到 2012 年的 46.7%，增加了 9.5%；Ⅳ～Ⅴ 类水质断面所占比例基本保持稳定，在 30% 左右波动；劣 Ⅴ 类水质断面所占比例先增加后降低，由 33.3% 降低到 24.4%，下降了 8.9%。近年来，虽然总体上入海河流水质有所改善，Ⅰ～Ⅲ 类水质断面所占比例有升高，劣 Ⅴ 类水质断面所占比例降低，但 Ⅳ～Ⅴ 和劣 Ⅴ 类水质断面所占比例仍超过 50%，说明我国入海河流水质污染状况仍然不容乐观（图 2 – 5 – 1）。

2. 氮、磷引起的富营养化程度高

据《中国近岸海域环境质量公报 2012》，2012 年全国近岸海域总体水质基本保持稳定（图 2 – 5 – 2），在 301 个近岸海域环境质量监测点位中，一类水质点位所占比例为 29.9%；二类为 39.5%；三类为 6.7%；四类为 5.3%；劣四类为 18.6%。主要超标因子是无机氮和活性磷酸盐。

近 10 年来我国近岸海域水质总体保持稳定，局部区域污染严重（图 2 –

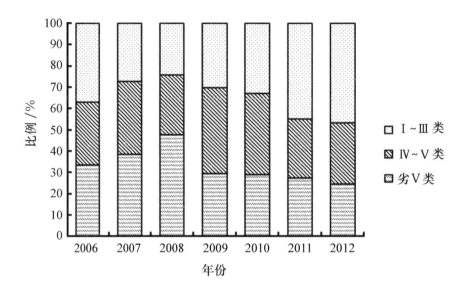

图 2 - 5 - 1　2006—2012 年入海河流断面水质类别

5 - 3）。一类至二类水质所占比例总体呈现波动增加的趋势，2012 年较 2003 年增长了 19.2%；三类水质比例则显著减小，由 2003 年的 19.8% 下降到 2012 年的 6.7%；四类、劣四类水质所占比例较为稳定，在 18% ~ 35% 间波动。4 个海区中渤海、黄海、南海水质总体好转，东海水质有所下降。

受氮、磷营养物质输入的影响，我国近岸海域营养盐超标严重，富营养化问题突出。2012 年呈富营养化状态的海域面积达到 9.8 万平方千米（图 2 - 5 - 4），其中重度、中度和轻度富营养化海域面积分别为 1.9 万平方千米、4.0 万平方千米和 3.9 万平方千米。重度富营养化海域主要集中在辽河口、渤海湾、莱州湾、长江口、杭州湾和珠江口的近岸区域。

（二）局部海域沉积物受到污染

2012 年近岸海域沉积物综合质量状况总体良好（图 2 - 5 - 5），沉积物中铜含量符合一类海洋沉积物质量标准的站位比例为 85%，其余指标符合一类海洋沉积物质量标准的站位比例均在 96% 以上。

4 个海区中，东海近岸沉积物综合质量良好的站位比例最高，为 96%，渤海、黄海和南海近岸沉积物综合质量良好的站位比例依次为 95%、94% 和 91%。黄海北部近岸沉积物综合质量状况相对较差，污染区域集中在大连湾，主要超标因子为石油类、铜、镉和锌，其中石油类含量超三类海洋沉积物质量标准；其余重点海域综合质量良好。

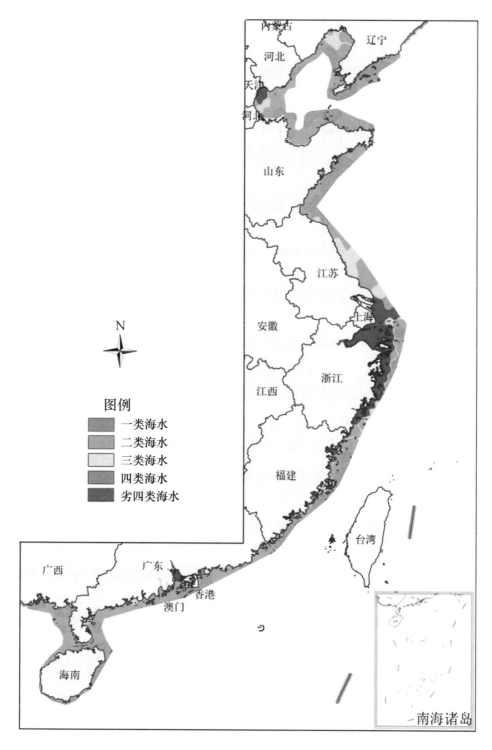

图 2 - 5 - 2　2012 年全国近岸海域水质分布示意图

资料来源：2012 年中国近岸海域环境质量公报

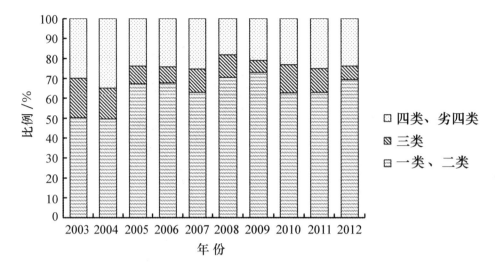

图 2 - 5 - 3 各类海水所占比例年际变化

（三）海洋垃圾污染不容忽视

海洋垃圾是在海洋或海岸带内长期存在的人造物体或被丢弃、处置或遗弃的处理过的固体废物。海洋垃圾既有来自陆源的，也有海上来源的。在一些特定的海上活动中，如捕鱼、货运、娱乐活动和客运等可产生相当数量的海洋垃圾。统计资料表明，全球每年大约有 640 万吨垃圾进入海洋，而每天有 800 万件垃圾进入海洋。进入海洋的垃圾大约有 70% 沉降至海底，15% 漂浮在水体表面，15% 驻留在海滩上。2012 年我国近岸海洋垃圾的具体构成和来源见图 2 - 5 - 6。根据《2012 年中国海洋环境状况公报》，我国近海海域监测区域内的海面漂浮垃圾主要是聚苯乙烯泡沫塑料碎片、塑料袋和片状木头等；海滩垃圾主要为塑料袋、聚苯乙烯泡沫塑料碎片和玻璃碎片等；海底垃圾主要为塑料袋、废弃渔网和塑料瓶等。

根据《2012 年中国海洋环境状况公报》，2012 年我国海洋漂浮大块和特大块漂浮垃圾平均为 37 个/千米^2；中块和小块漂浮垃圾平均为 5 482 个/千米^2，平均密度为 14 千克/千米^2。聚苯乙烯泡沫塑料类垃圾数量最多，占57%，其次为塑料类和木制品类，分别占 23% 和 12%。87% 的海面漂浮垃圾来源于陆地，13% 来源于海上活动。海滩垃圾平均为 72 581 个/千米^2，平均密度为 2 494 千克/千米^2。塑料类垃圾数量最多，占59%，其次为木制品和聚苯乙烯泡沫塑料类，分别占 12% 和 10%。94% 的海滩垃圾来源于陆地，6% 来源于海上活动。海底垃圾平均为 1 837 个/千米^2，平均密度为 127

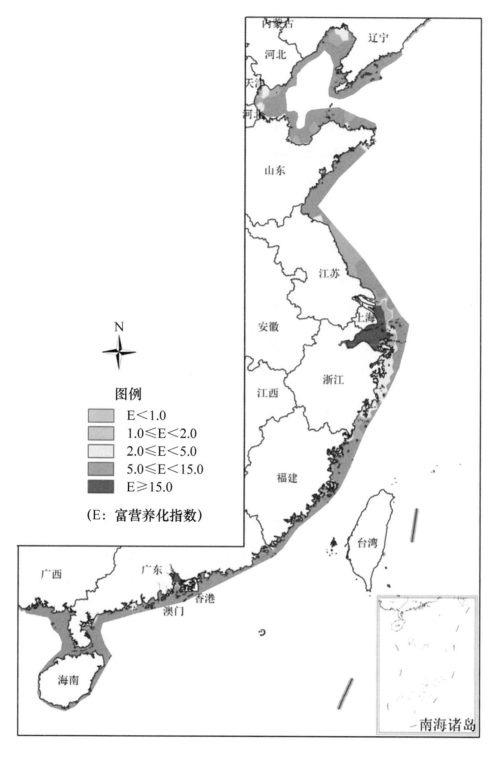

图 2 - 5 - 4　2012 年我国近岸海域海水富营养化状况示意图

资料来源：2012 年中国海洋环境质量公报

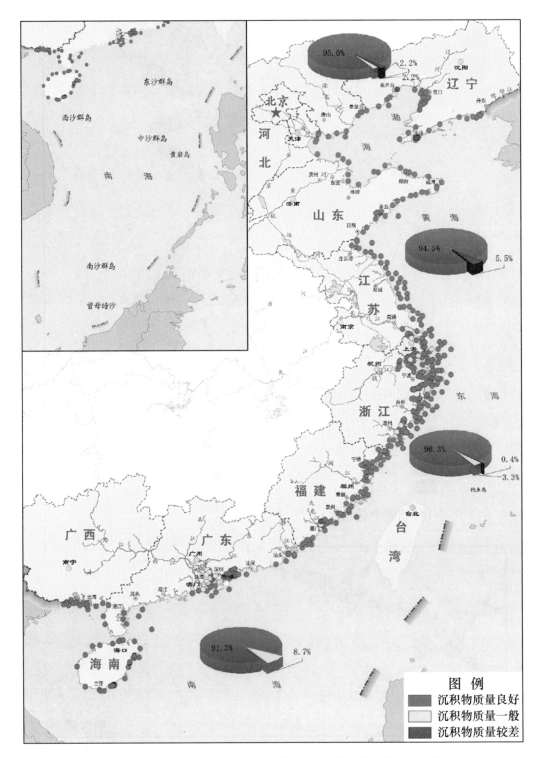

图 2-5-5　2012 年我国近岸海域沉积物环境质量示意图

资料来源：2012 年中国海洋环境状况公报

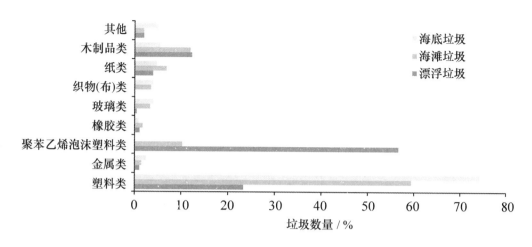

图 2 - 5 - 6　2012 年监测海域海洋垃圾数量分布

千克/千米^2。其中塑料类垃圾数量最多，占 74%（图 2 - 5 - 7）。

（四）海岸带生态遭到破坏，渔业资源衰退

　　随着重点海域沿岸经济开发步伐的加快，围填海规模迅速增大。据不完全统计，2002 年前，我国围海造地确权面积约为 155 平方千米，2002—2013 年的 12 年中增加面积相当于 2002 年以前的 8 倍。由于围海造地项目、环海公路工程以及盐田和养殖池塘修建等开发利用活动，侵占了大量滨海湿地，导致湿地生态功能、环境和社会效益得不到正常发挥。根据 "908" 专项调查与 20 世纪 50 年代相比，我国滨海湿地面积丧失 57%，红树林面积丧失 73%，珊瑚礁面积减少 83%，大陆自然岸线保有率已经已由 20 年前的 90% 以上，下降到 40% 左右。一些重要的经济鱼、虾、蟹和贝类的产卵、育幼场所等生态敏感区消失，对近海生态系统造成不可逆转的影响；海洋捕捞品种日趋低端化，同一捕捞品种体型日趋小型化，生物多样性组成结构日趋脆弱化，传统的渔业资源结构已不复存在。

（五）典型生态系统受损严重，生物多样性下降

　　海洋生态系统包括河口生态系统、沿岸和海湾生态系统、红树林生态系统、草场生态系统、藻场生态系统和珊瑚礁生态系统等；远海区有大洋生态系统，上升流生态系统，深海生态系统，海底热泉生态系统等。《2012 年中国海洋环境状况公报》对我国重点监控的河口、海湾、滩涂湿地、珊瑚礁、红树林和海草床等典型海洋生态系统健康状况进行了评价，结果表

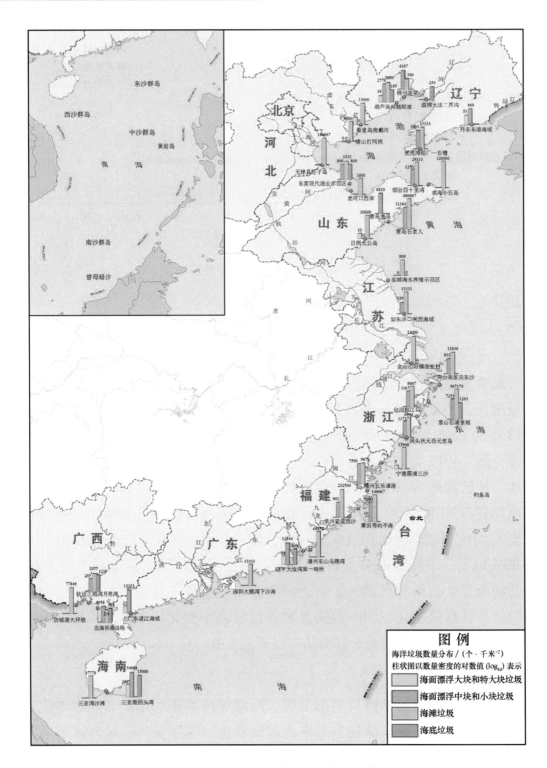

图 2 - 5 - 7 2011 年监测海域海洋垃圾数量分布

资料来源：2012 年中国海洋环境状况公报

明处于健康、亚健康和不健康状态的海洋生态系统分别占 19%、71% 和 10%（表 2 - 5 - 1）。

表 2 - 5 - 1　2012 年重点监测区海洋生态系统健康状况　千米²

生态系统类型	监测区名称	所属经济发展规划区	监测海域面积	健康状况
河口	双台子河口	辽宁沿海经济带	3 000	亚健康
	滦河口 - 北戴河	河北沿海经济区	900	亚健康
	黄河口	黄河三角洲高效生态经济区	2 600	亚健康
	长江口	长江三角洲经济区	13 668	亚健康
	珠江口	珠江三角洲经济区	3 980	亚健康
海湾	锦州湾	辽宁沿海经济带	650	不健康
	渤海湾	天津滨海新区	3 000	亚健康
	莱州湾	黄河三角洲高效生态经济区	3 770	亚健康
	杭州湾	长江三角洲经济区	5 000	不健康
	乐清湾	浙江海洋经济发展示范区	464	亚健康
	闽东沿岸	海峡西岸经济区	5 063	亚健康
	大亚湾	珠江三角洲经济区	1 200	亚健康
滩涂湿地	苏北浅滩	江苏沿海经济区	15 400	亚健康
珊瑚礁	雷州半岛西南沿岸	广东海洋经济综合试验区	1 150	健康
	广西北海	广西北部湾经济区	120	健康
	海南东海岸	海南国际旅游岛	3 750	亚健康
	西沙珊瑚礁	海南国际旅游岛	400	亚健康
红树林	广西北海	广西北部湾经济区	120	健康
	北仑河口	广西北部湾经济区	150	亚健康
海草床	广西北海	广西北部湾经济区	120	亚健康
	海南东海岸	海南国际旅游岛	3 750	健康

资料来源：2012 年中国海洋环境状况公报．

　　红树林和海草床是典型海洋生态系统，是全球海洋生态与生物多样性保护的重要对象。过去 50 年来，受到各种自然和人为因素干扰，红树林湿地面积大为缩小，红树种类也有所减少。目前我国红树林主要分布在海南、广东、广西、福建和台湾等地沿海及港澳地区和浙江南部沿海局部地区。

历史上我国红树林面积曾达到 25 万公顷，20 世纪 50 年代锐减至 5.5 万公顷，80—90 年代减少至 2.3 万公顷，21 世纪初我国红树林面积约有 2.2 万公顷，目前仅有 1.5 万公顷。

滨海湿地中的海草场是鱼类特别喜爱的育幼场。在黄海、渤海，尤其是山东、辽宁沿岸，海草场一度曾广泛分布，但围垦等开发活动导致海草大面积消失，目前仅在荣成附近海域有成片海草存在。胶东半岛的特色民居"海草房"就是大叶藻、虾海藻等海草种类曾广布于胶东半岛近海的最好证据，但目前在该海域只有零星分布的海草场。

珊瑚礁生态系统具有丰富的生物多样性和极高的生产力水平，同时也是重要的生态旅游资源。西沙群岛是我国面积最大的珊瑚礁区域，且珊瑚种类最多，珊瑚资源非常丰富。与 20 世纪 50 年代相比，我国珊瑚礁面积减少 80%。据国家海洋局 2005—2009 年对永兴岛、石岛、西沙洲、赵述岛和北岛造礁石珊瑚的调查，西沙群岛造礁石珊瑚呈现逐年退化趋势。活造礁石珊瑚覆盖率从 2005 年的 65% 下降到 2009 年的 7.93%，而死珊瑚覆盖率从 2005 年的 4.7% 增加到 2009 年的 72.9%。新生珊瑚的补充量也越来越小，2005 年为 1 121 个/米³，而 2009 年仅为 0.07 个/米³。

（六）海洋生物入侵严重

生物入侵是指非本地物种由于自然或人为因素从原分布区域进入一个新的区域（进化史上不曾分布）的地理扩张过程。当非本地种，即外来种，已经或即将对本地经济、环境、社会和人类健康造成损害时，称其为"入侵种"。我国海岸线长，生态系统类型多，十分容易遭受外来物种的侵害。近年来，随着我国海洋运输业的发展和海水养殖品种的传播和引入，生物入侵呈现出物种数量多、传入频率加快、蔓延范围扩大、危害加剧和经济损失加重的趋势。

互花米草是一种世界性恶性入侵植物，一旦入侵就能很快形成单种优势群落，排挤其他物种的生存，给生态系统带来不可逆转的危害，是列入 2003 年我国首批 16 种外来入侵物种名单中唯一的海洋入侵种。互花米草最初是作为保滩护岸、改良土壤、绿化和改善海滩生态环境的有益植物于 20 世纪 70 年代被引种到江苏、浙江、上海一带。现已广泛分布于辽宁、河北、天津、山东、江苏、上海、浙江、福建、广东、广西等 10 个沿海省、市、自治区（图 2-5-8）。由于其良好的适应性和旺盛的繁殖能力，造成了大面积的暴发式扩散蔓延，导致入侵地原有生物群落的衰退和生物多样性的丧失。互花米草已对我国从辽宁营口到广东电白的滨海潮间带生态系统产生了极大的危害。

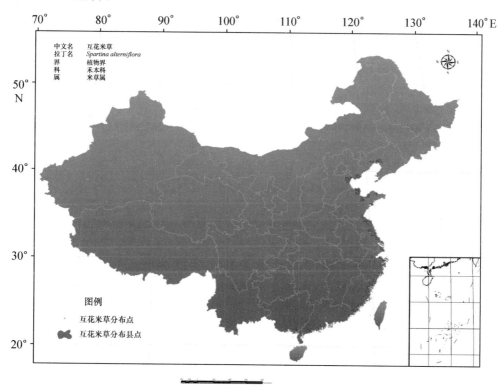

图 2 - 5 - 8　互花米草在全国的分布现状

　　20 世纪 90 年代，在厦门马銮湾和福建东山相继发现一种原产于中美洲的海洋贝类——沙筛贝（图 2 - 5 - 9），造成虾贝等本土底栖生物的减少，甚至绝迹。我国北方从日本引进的虾夷马粪海胆，从养殖笼中逃逸到自然海域环境中，能够咬断海底大型海藻根部而破坏海藻床。同时，它在自然生态系统中繁殖起来，与土著光棘球海胆争夺食物与生活空间，对土著海胆生存构成了危害，严重干扰了本土海洋生态平衡。外来物种同时还会带来遗传污染，通过与当地物种杂交或竞争，影响或改变原生态系统的遗传多样性。如利用引进的日本盘鲍与我国的皱纹盘鲍杂交繁殖的杂交鲍，其大量底播增殖使青岛和大连附近主要增殖区的杂交鲍占绝对优势，原种皱纹盘鲍种群基本消失，宝贵的遗传资源就此丧失。

图 2 - 5 - 9　海洋外来入侵物种

（左：虾夷马粪海胆 *Strongylocentrotus intermedius*，中：日本虾夷盘鲍 *Haliotis discus*，

右：沙筛贝 *Mytilopsis sallei*）

（七）生态灾害频现且呈加重趋势

1. 赤潮

赤潮是海水中某些浮游藻类、原生动物或细菌在一定的环境条件下暴发性增殖或聚集在一起而引起海洋水体变色的一种生态异常现象，是海水富营养化加剧的集中体现，赤潮的发生会破坏局部海区的生态平衡，引起海洋生物大量死亡，对渔业、人体健康和海水的利用都带来极大危害。根据赤潮生物的毒性作用一般可分为有毒赤潮与无毒赤潮两类，前者是因其赤潮生物体内含有或分泌有毒物质，而对生态系统，渔业资源、海产养殖及人体健康等造成损害；而后者则是因赤潮生物的大量增殖导致海域耗氧过度，影响海洋生物生存环境，进而破坏海域生态系统结构。

与 20 世纪 90 年代相比，进入 21 世纪以来，我国赤潮灾害发生频次和面积均居高不下（图 2 - 5 - 10）。20 世纪 90 年代，我国近海海域每年平均发生赤潮 20 起。2000—2013 年间，我国平均每年发生赤潮 74 起，为 20 世纪 90 年代的 3.7 倍。2002 年以来，有毒有害的赤潮发生比例呈增加趋势，特别是 2008 年以来，甲藻和鞭毛藻引发的赤潮次数占当年总次数的 80% 左右（图 2 - 5 - 11）。

长江口及其邻近海域是我国赤潮高发区之一，这里长期受长江冲淡水以及台湾暖流的直接影响，易于形成有利于赤潮生物生长的环境条件，如丰富的营养盐、充足的光照以及合适的温度等；长江口沿岸亦是我国经济发展最为活跃的区域，人类活动频繁，导致水体中氮、磷含量明显高于其他海区。长江口及邻近海域的赤潮主要集中在 3 个区域：长江口佘山附近海域、花鸟

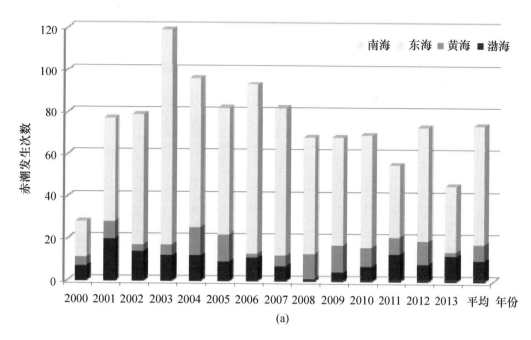

(a)

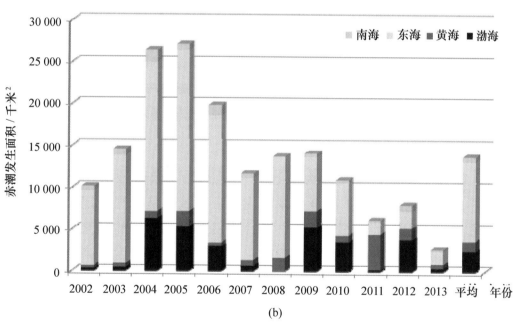

(b)

图 2 - 5 - 10　2000—2013 年我国近岸海域赤潮发生次数（a）与面积（b）

资料来源：2000—2013 年中国海洋环境状况公报

山—嵊山—枸杞山附近海域、舟山及朱家尖东部海域（图 2 - 5 - 12）。长江口自 1972—2009 年赤潮事件记录在案的共有 174 次，近年来发生频次呈明显

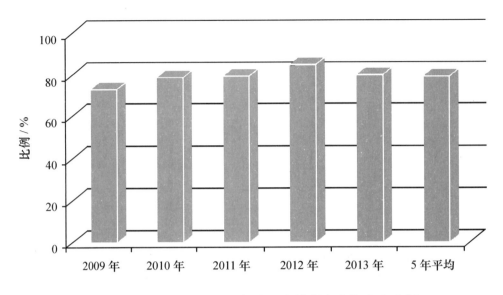

图 2 - 5 - 11　2009—2013 年我国海域有毒赤潮发生比例

增加趋势，尤其在 2000 年后除 2007 年未见大于 1 000 平方千米赤潮发生外，其余年份均有发现（图 2 - 5 - 13）。从赤潮生物组成看，引发长江口赤潮形成的原因种也处于不断演变当中，2000 年前导致该区域赤潮发生的主要物种为中肋骨条藻及夜光藻，伴随一些海洋原甲藻、颤藻等；2003 年后，东海原甲藻已成为该海区最为显著的赤潮原因种，且每年该类赤潮均有发生。

2. 褐潮

自 2009 年以来，秦皇岛海域连续 4 年出现"微微型藻"赤潮，实为"褐潮"，影响范围已经扩展至山东荣成一带海域，是我国有记录以来的首次出现。我国也成为继美国和南非之后第三个出现褐潮的国家。褐潮与传统赤潮相比有其自身的一些明显特征，如藻华发生时密度极高、藻华区水体常呈黄褐色、经常发生在近海贝类养殖区、能强烈抑制贝类摄食等，对贝类养殖业造成较大冲击，甚至使生命力极强的海草死亡。据《2010 年海洋灾害公报》，当年"褐潮"造成河北省直接经济损失达 2.05 亿元。有关专家采用色素分析和分子生物学鉴定发现，渤海褐潮原因种是抑食金球藻，属于海洋金球藻类。由于褐潮危害巨大，国际上许多学者开始关注抑食金球藻研究。抑食金球藻能够同时利用有机和无机氮源，且低光照条件利于其生长。同时，藻类通过吸收水体中营养盐，促进了底泥中溶解性有机质和氮、磷的释放，为褐潮的暴发提供了有利条件。

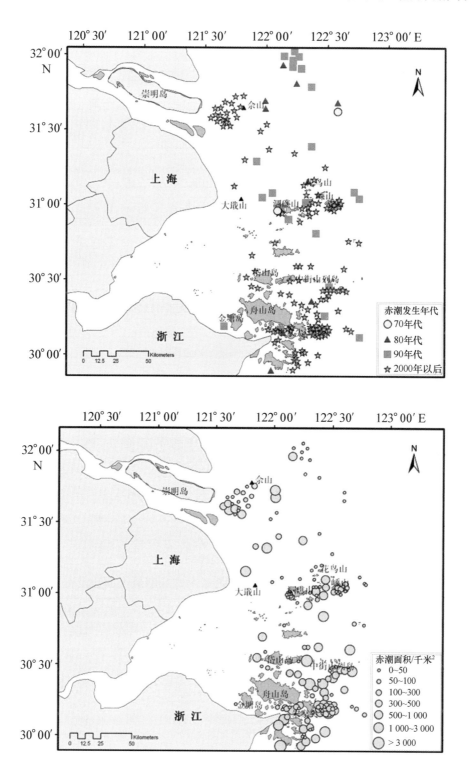

图 2－5－12　1972—2009 年长江口及邻近海域主要赤潮发生年代（a）和赤潮面积（b）

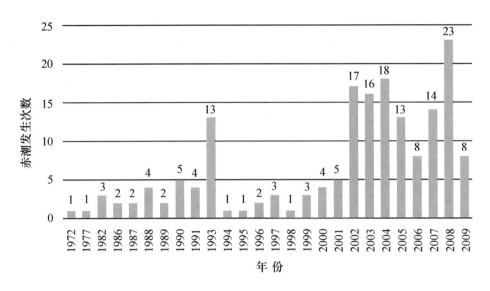

图 2 - 5 - 13　1972—2009 年长江口及邻近海域赤潮发生次数

3. 绿潮

绿潮与赤潮一样，与陆源营养物质的输入、海水富营养化、气候异常等有关。随着我国近岸海域环境的变化，绿潮灾害也同样会出现周期性变化趋势。自 2007 年以来，南黄海每年都发生浒苔绿潮灾害，目前南黄海绿潮灾害有所减轻，但对海洋环境影响仍不容忽视。2008—2012 年我国黄海沿岸海域绿潮最大分布面积和最大覆盖面积见表 2 - 5 - 2。尽管浒苔本身无毒无害，但若在近岸海域和潮间带大量漂浮堆积，将对海洋环境、生态服务功能以及沿海社会经济和人民生活、生产造成严重影响。

表 2 - 5 - 2　2008—2013 年我国黄海沿岸海域绿潮最大面积及覆盖面积　千米^2

年份	最大分布面积	最大覆盖面积
2008	25 000	650
2009	58 000	2 100
2010	29 800	530
2011	26 400	560
2012	19 610	267
2013	29 733	790

资料来源：2008—2013 年中国海洋环境质量公报.

4. 水母

在过去的 10 多年中，全球海洋中的水母数量都有所增加，在一些局部区域出现了水母种群暴发的现象，主要集中于近海，特别是一些重要的渔场和高生产力区。自 20 世纪 90 年代中后期起，渤海、黄海南部及东海北部海域连年发生大型水母暴发现象，并有逐年加重的趋势。水母暴发已经形成重要的生态灾害，对沿海工业、海洋渔业和滨海旅游业等造成严重危害。这些水母能捕食大量浮游动物，直接导致鱼类饵料缺失，影响夏秋鱼汛的生产，对海洋生态系统健康带来极大危害，甚至导致生态系统的灾难。

（八）持久性有机污染物污染问题日益凸显

目前我国近岸海域尚未开展全面、系统的持久性有机污染物（POPs）的监测。针对局部海域调查研究集中于海湾、河口、河流、地下水以及湖泊。就 POPs 种类而言，以关于多环芳烃（PAHs）、有机氯农药（OCPs）和多氯联苯（PCBs）的研究为主。环渤海、长三角、珠三角地区是我国沿海最具经济活力的地区，因此，渤海、长江口和珠江口 POPs 污染也相对较为严重。

研究表明，长江河口区域水样检测中共鉴定出有机污染物 9 类 234 种，包括挥发性有机化合物（VOCs）23 种、半挥发性有机化合物（SVOCs）211 种；其中属美国列出的 129 种优先控制污染物的有 49 种，属我国列出的 58 种优先控制污染物的有 24 种，属 GB 3838 - 2002 列出的控制的污染物有 19 种。

珠江口伶仃洋及附近海域表层沉积物中多环芳烃污染状况与国际上相比处于中 - 低水平，但珠江三角洲河流表层沉积物中多环芳烃浓度较高。滴滴涕类农药在珠江三角洲表层沉积物中多个站位浓度超过 ERL 值，潜在生态风险不可忽视。

环渤海地区曾经是我国重要的氯碱化工、有机氯杀虫剂的生产基地，由于过去生产和管理水平落后，致使大量 POPs 随化工厂排放的废水、废气和固体废物进入周边区域，使得该区域成为多种 POPs（有机氯农药尤其突出）污染的高风险地区。

（九）海洋健康指数偏低

英属哥伦比亚大学（UBC）渔业研究人员首次对全球海洋的健康水平

进行了定量评估，创立了海洋健康指数（Ocean Health Index，简称 OHI）的评价体系，用于评估海洋为人类提供福祉的能力及其可持续性。海洋健康指数选取了被广泛认可的 10 项指标来表征海洋健康状况，每项指标都代表了人类对于海洋的需求愿景，同时每一个指标都是根据大量数据——现状、趋势、压力、弹性——得出的。这 10 项指标（子目标）分别为：

- 食物供给：渔业、海水养殖；
- 非商业性捕捞；
- 天然产品；
- 碳储存；
- 海岸保护（安全海岸线）；
- 旅游与娱乐；
- 沿海生计和经济；
- 地区归属感：标志性物种、持久特殊区；
- 清洁水；
- 生物多样性：生境、物种。

所选取的 10 项指标构成了该评价指标体系的概念框架（图 2－5－14）。

在上述概念框架的基础上，英属哥伦比亚大学（UBC）渔业研究人员对各个国家的 10 项指标分别进行评分，并在此基础上汇总得出每个国家的得分以及全球的总体得分（图 2－5－15）。在评估了沿海各国生态、社会、经济和政治条件后认为，当前全球海洋的健康指数水平仅为 60 分。不同国家间的评分差距很大，从 36 分到 86 分。北欧、加拿大、澳大利亚、日本和一些赤道附近国家以及无人区的得分较高，西非国家、中东国家和美洲中部的一些国家得分非常低。各国中加拿大的得分较高，为 70 分，美国 63 分，英国 62 分，中国 53 分。海洋健康指数得分与人类发展指数呈正相关，发达国家得分较发展中国家普遍偏高。究其原因，发达国家有更好的经济、管理和基础设施应对环境压力，也有更强的实力推进资源可持续利用。

海洋健康指数为衡量海洋未来健康变化、提出海洋健康的改善措施提供了一个基准。海洋健康指数的目的在于帮助沿海国家提出更多的政策和措施，改善海洋的健康水平。我国海洋健康指数评分为 53 分，低于全球海洋健康指数的平均得分。与世界上得分较高的一些国家相比，导致我国海洋健康指数得分偏低的原因主要在于 3 项指标的得分过低，分别为"旅游与娱乐"指数、

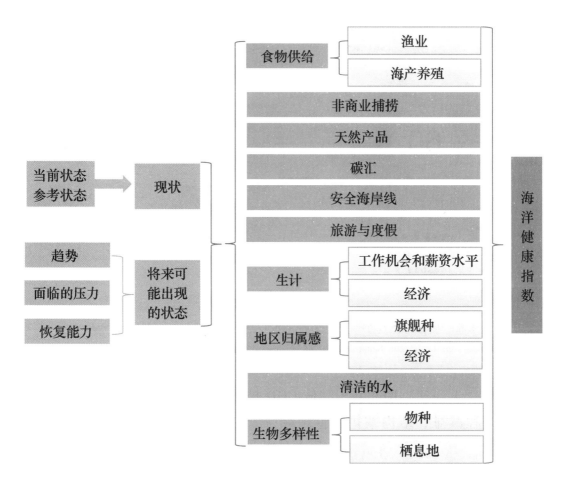

图 2 - 5 - 14　指标计算的概念框架

资料来源：Benjamin S Halpern，Catherine Longo，Darren Hardy，et al. 2012. An index to assess the health and benefits of the global ocean. Nature，488（7413）：615 - 620.

"食物供给—渔业"指数和"地区归属感—持久特殊区"，其中第一项指标在全球范围内的评分普遍偏低，因此我国海洋生态保护的趋势应该是力争改变后两项指标的得分，海洋渔业资源和保护特有的海洋环境。

二、海洋环境污染控制工程发展现状　▶

（一）实施陆源污染物总量减排工程，缓解海洋环境压力

1. 陆源工业和生活点源污染物总量减排

"十一五"以来，我国开展了陆域水体化学需氧量（COD）总量减排工

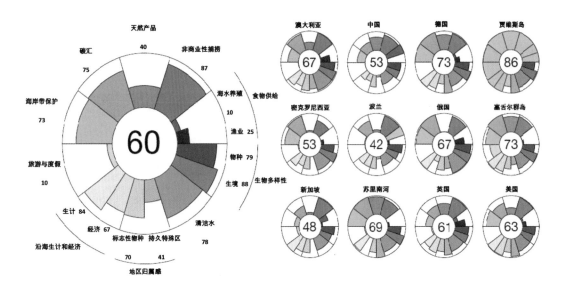

图 2 - 5 - 15　指标得分情况

资料来源：Benjamin S Halpern，Catherine Longo，Darren Hardy，et al. 2012. An index to assess the health and benefits of the global ocean. Nature，488（7413）：615 - 620.

作，实现"十一五"期间我国陆域 COD 排放总量减少 12.4% 左右。主要采取了工程减排、结构减排、管理减排三方面的措施。通过采取工程减排，"十一五"累计新增城市污水日处理能力超过 6 000 万立方米，到"十一五"末，全国城市污水日处理能力达到 1.25 亿立方米，城市污水处理率由 2005 年的 52% 提高到 75% 以上；通过结构减排，钢铁、水泥、焦化及造纸、酒精、味精、柠檬酸等高耗能高排放行业淘汰落后产能，造纸行业单位产品化学需氧量排污负荷下降 45%；通过管理减排，"十一五"中央财政投入 100 多亿元，用于支持全国环保监管能力和污染减排"三大体系"建设，全国已建成 343 个省（自治区、直辖市）、地市级污染源监控中心，15 000 多家企业实施自动监控，配备监测执法设备 10 万多台（套），环境监测、在线监控、执法监察能力显著增强。通过总量减排工作，2010 年全国地表水国控断面高锰酸盐指数平均浓度 4.9 毫克/升，比 2005 年下降 31.9%，七大水系国控断面好于Ⅲ类水质的比例由 2005 年的 41% 提高到 59.6%。

　　根据《"十二五"污染物总量减排规划》，"十二五"期间，将持续深入推进主要污染物排放总量控制工作，严格控制增量，强化结构减排，细化工程减排，实化监管减排，加大投入、健全法制、完善政策、落实责任，确保实现 COD 和氨氮减排。"十二五"减排的重点领域和着力点主要放在 4 个方面：强化源头管理，严格控制污染物新增量；突出结构减排，着力降低污染物排放强度；注重协同控制，强化 COD 和氨氮工程减排；优化养殖模式，开展农业源减排工程建设。

2. 实施农业面源污染减排工程

（1）农业面源污染控制措施。实施农田最佳养分管理，多种施肥方式相结合、采取生物固氮技术、开发新型肥料、平衡施肥、配方施肥、施用缓释肥。大力推广测土配方施肥，多施有机肥，提倡化肥深施、集中施、叶面喷施，以提高肥料利用率。推广无公害、高效、低残留化学农药，最大限度地控制化肥、农药连年持续攀升的不良势头，对蔬菜地连作土壤酸化地区，采取合理轮作和增施适量的石灰，调解土壤酸碱度，提高肥料利用率和减轻化肥、农药造成的面源污染。

（2）畜禽养殖污染控制措施。遵循"以地定畜、种养结合"的基本原则，倡导有效控制污染的畜禽养殖业清洁生产，对畜禽饲养量实行总量控制，包括根据土地环境容量确定养殖规模，保证畜禽养殖产生的废弃物有足够土地消纳，减少环境污染，增加土壤肥力的养殖业容量化控制；对畜禽粪便进行生化处理，作为肥料、饲料和燃料等综合利用于居民生活、农业种植和渔业生产，实现畜禽粪便的资源化利用；畜禽粪便污水无害化处理再排放。通过改常流滴水为畜禽自动饮水，改稀料喂养为干湿料喂养，改水冲粪为人工干清粪，减少污染物排放量的养殖业减量化处置；完善养殖污水处理利用工程，包括污水收集输送管网、污水厌氧处理设施、沼液贮存设施等。实现以农养牧，以牧促农的生态化发展。农村集市建立畜禽统一宰杀区，毛、皮、内脏等"下脚料"实行回收利用，生产再生饲料或颗粒有机肥。

（3）建立生态农业模式。近年来我国着重发展了以庭院生态农业为主的生态农业模式。主要有 3 种：①以沼气建设为中心环节的家庭生态农业模式；②物质多层次循环利用的庭院生态农业模式；③种、养、加、农、牧、渔综合经营型家庭生态农业模式。以沼气为纽带的"三位一体"、"四位一体"、"西北五配套"生态农业模式在各地发展迅速，实现了种植业、养殖业、加工业的有机结合，大大提高了资源利用率，不仅降低了化肥、农药的使用量，节约生产成本，同时改善了土壤综合性能，提高了农产品品质，提升农业综合效益。有效地提高资源利用率和减少发展规模养殖对周围水域的污染，控制农业面源污染。

（二）开展海洋垃圾污染控制

为了保护海洋环境，防治垃圾污染海洋环境，国际上和我国先后制定了防治垃圾污染海洋环境的海洋法公约以及法律法规，主要有《联合国海洋法公约》、《MAPPOL73/78 公约》、《防止倾倒废物及其他物质污染海洋公约》、《中华人民共和国海洋环境保护法》、《防止船舶污染海域管理条例》和《船舶污染物排放标准》，对于海洋垃圾相关的规定是比较全面、具体的，能够覆盖海洋垃圾的各项主要来源。

我国共有 6 个涉海部门根据管理职责开展海洋垃圾污染监测、防治方面的相关工作。环境保护部重点开展加强陆上废弃物的管理和控制，推动海事、渔业、海洋等部门和沿海地方环保局参与海洋垃圾国际合作，组织开展海洋垃圾清理和海滩垃圾清扫活动，提高公众海洋环境保护意识。住房与城乡建设部会同发展和改革委员会以及环境保护部组织编制了《"十二五"全国城镇生活垃圾无害化处理设施建设规划》（以下简称《规划》）。《规划》的实施执行，有望部分缓解海洋垃圾的产生。交通部海事局沿海及长江、黑龙江干线水域共下设 14 个直属海事机构，各省、自治区、直辖市也设立了地方海事机构，主要对船舶垃圾污染控制进行监管。农业部渔业局会同各级渔港监督管理部门，在地方政府的大力支持下，不断加强渔港和渔船垃圾和污染的治理工作。国家海洋局开展了海洋垃圾监测工作。此外全军环境保护办公室在海洋垃圾污染控制的环保意识、生活习惯培养等方面开展了大量工作。

（三）积极稳妥地控制持久性有机污染物污染

为了有效防止有机污染物（POPs）对人类健康和生态环境的危害，我国采取了积极、稳妥的控制对策，从 POPs 进出口、生产、储存、运输、流通、使用和处置等方面建立削减 POPs 的全过程管理政策体系。

（1）积极支持和参与联合国有关机构对 POPs 物质采取的国际控制行动。严格执行国务院《农药管理条例》和《化学危险物品安全管理条例》等法规中农药登记和农药生产许可证的有关规定，任何单位和个人不得生产、经营和使用国家明令禁止生产或撤销登记的农药。完善法规管理和加强执法检查与执法力度，制定淘汰 POPs 的产业政策和研究替代措施，加强全国 POPs 生产、使用和环境污染的实地调查和跟踪。

（2）加强环保宣传教育，提高广大群众对 POPs 公害的认识。提高人民群众的环保意识，做好有害化学品安全使用和突发事故防范。

（3）通过物理修复技术，如通过土地填埋、换土和通风去污等工程方法转移污染物，此种方法主要用于土壤中 POPs 污染的修复。对于水相中的 POPs，可通过气提、吸附和萃取等手段将水中的 POPs 去除。此外还可通过化学修复技术、生物修复技术等多种技术降解、转化、去除水体中的 POPs。

三、海洋生态保护工程发展现状

（一）海洋保护区网络体系建设初显成效

目前我国的各类涉海保护区包括海洋自然保护区、海洋特别保护区、水产种质资源保护区和海洋公园。我国自 20 世纪 80 年代末开始海洋自然保护区的选划，1995 年制定了《海洋自然保护区管理办法》。近 20 多年来，我国海洋保护区数量和面积稳步增长。到 2011 年底已建成典型海岸带管理系统、珍稀濒危海洋生物、海洋自然历史遗迹及自然景观等各类海洋保护区 221 多处，其中海洋自然保护区 157 处，海洋特别保护区 64 处，涉及海岛的海洋保护区 57 个，总面积达 3.3 万平方千米（含部分陆域），占管辖海域面积 1.12%，初步形成海洋保护区网络体系。此外，已建立海洋国家级水产种质资源保护区 35 个，覆盖海域面积达 505.5 万公顷。2005 年，建立第一个国家级海洋特别保护区，至今达到 21 个。2011 年，国家海洋局开始建设国家海洋公园，并批准 7 处国家级海洋公园。海洋自然保护区从特种保护、繁殖，到生态系统修复等方面进行了大量研究，取得了显著的效果。

（二）海岸带生态修复与治理逐步开展

海岸带是一个既有别于一般陆地生态系统又不同于典型海洋生态系统的独特生态系统。由于沿海经济发展和人口不断地向海岸带地区集聚，海岸带面临的环境和生态压力越来越大，资源和环境问题越来越突出。目前，我国沿海地区的生态修复主要围绕滨海湿地恢复、自然侵蚀岸线修复和城市滨海岸线整治展开，并对受损的红树林、海草床、海湾、河口等海岸带管理系统实施生态修复工程。

我国海岸带生态恢复基本是根据地带性规律、生态演替及生态位原理选择适宜的先锋植物，构造种群和生态系统，实行土壤、植被与生物同步分级恢复，使生态系统逐步恢复到一定功能水平。海岸带生态恢复是采用适当的生物、生态及工程技术，逐步恢复退化海岸带生态系统的结构和功能，最终达到海岸带生态系统的自我持续状态。海岸带生态资源的修复是一项难度大、涉及范围广、因素多的复杂系统工程。但总体上存在生态修复技术粗放、科技含量明显不足的问题，使得生态修复的投入与产出不成比例，事倍功半，甚至出现因选种不当或过度引入而导致生态系统几近崩溃。近年来我国通过红树林人工种植等生态修复工程，恢复了部分区域的海洋生态功能；通过采取海洋伏季休渔、增殖放流、水产健康养殖，水产种质资源保护区、人工鱼礁和海洋牧场建设等措施，减缓了海洋渔业资源衰退趋势。以广西山口红树林保护区为例，自 1993 年建区以来，保护区的天然红树林面积逐年增加，至 2008 年红树林面积达 818.8 公顷，比建区时的 730 公顷扩大了 12%，红树林生态系统健康状况良好。

四、海洋环境管理与保障工程 ▶

（一）基于功能区划的海域使用管理和环境保护

海洋功能区划是我国在 20 世纪 80 年代末提出并组织开展的一项海洋管理的基础性工作，目的是为海域使用管理和环境保护提供科学依据，为国民经济和社会发展提供用海保障。在 2002 年国务院批准的《全国海洋功能区划》的基础上，制定了新的《全国海洋功能区划（2011—2020 年）》（以下简称《区划》）。《区划》科学评价我国管辖海域的自然属性、开发利用与环境保护现状，统筹考虑国家宏观调控政策和沿海地区发展战略，提出了海洋开发、利用的指导思想、基本原则和主要目标，将范围为我国内水、领海、毗连区、专属经济区、大陆架以及管辖的其他海域划分为农渔业、港口航运、工业与城镇用海、矿产与能源、旅游休闲娱乐、海洋保护、特殊利用、保留等 8 类海洋功能区，确定了渤海、黄海、东海、南海及台湾以东海域共 5 大海区、29 个重点海域的主要功能和开发保护方向，并据此制定保障《区划》实施的政策措施。《区划》是我国海洋空间开发、控制和综合管理的整体性、基础性和约束性文件，具有自上而下的控制性作用，是编制地方各级海洋功能区划及各级各类涉海政策、规划，开展海域管理、海洋环境保护等海洋管理工作的重要依据。

（二）海洋环境监测能力得到长足发展

1. 初步建成较为完善的海洋环境监测体系

我国已建设成较为完善的海洋环境与生态监测体系。初步构建了以卫星、飞机、船舶、浮标、岸站等多种监测手段组成的近岸海域立体化监测体系，共有成员单位 100 余家，分属国家海洋局、环境保护部、交通部、农业部、水利部、中国海洋石油总公司、海军等部门，是一个跨地区、跨部门、多行业、多单位的全国性海洋环境监测业务协作组织，其基本任务是对我国所辖海域的入海污染源进行长期监测，掌握近岸海域生态环境状况和变化趋势，为海洋环境管理、经济建设和科学研究提供基础资料。

海洋环境监测所获得的大量数据、资料，为海洋功能区划、海洋开发规划、滩涂开发、水产养殖、防灾减灾等提供了大量的基础资料和科学依据，在沿海经济建设和海洋开发利用中发挥了重要作用。同时，把海洋监测与陆源口监测有机结合，不断调整充实监测点位，持续完善海洋环境质量趋势性监测工作，具备了全面开展陆源排污监督监测、海洋生态监测、海洋污染事故应急监测等不同目标的全方位海洋环境监测的能力，极大地丰富了海洋环境监测的工作领域与研究内容。

2. 海洋环境监测制度体系已基本构建

2000 年 4 月，《中华人民共和国海洋环境保护法》开始实施，国家海洋管理部门相继组织制定了《海洋环境监测质量保证管理制度》、《海洋环境监测报告制度》等一系列海洋环境监测管理的规章制度。原国家环境保护总局为加强近岸海域的环境管理，防止陆域污染源对海洋产生污染侵害，于 1994 年正式建立了点面结合的近岸海域环境监测网，包含成员单位 74 个。全国省（自治区、直辖市）、市级海洋环境监测业务机构基本建立了现场调查、站点布设、样品采集、实验室分析、数据处理、综合评价等海洋环境监测全过程的质量控制体系，经过多年运行，取得了明显成效。

3. 在开展了大量海洋环境与生态监测设备研发工作

随着 20 世纪 80 年代中期开展海洋环境监测网的建设，我国从国外引进了一批较先进的海洋环境监测设备，国内也组织研制了一批仪器设备，形成了包括相控阵声学多普勒海流剖面仪（PAADCP）、温盐深测量系统

（CTD）、抛弃式深水温度计（XBT）等比较高端的海洋环境监测设备，以及拖曳式多参数剖面测量系统、漂流浮标、潜标、生态浮标等比较先进的海洋生态环境监测平台设备。"十一五"期间我国水质监测传感器技术取得了一定进展，研制了可以在海水中长期使用的水温、盐度、溶解氧、pH值和氨、氮传感器，同时将比色分析法硝酸盐、亚硝酸盐和磷酸盐传感器集成应用于水质自动监测浮标上，并已投入使用。但总体而言，我们还处于买进口设备来应用的初级阶段，自研设备的稳定性、准确性和维护性还不好，在高技术监测设备方面与发达国家还有较大差距，尤其是在线式监测仪器使用的传感器基本完全依靠进口，大量进口海洋仪器，在一定程度上抑制了我国海洋观测技术的正常发展。因此，未来一段时间我国海洋生态环境监测设备的主要发展任务是要进一步加强系统集成能力，发展大规模、阵列化的海洋生态环境监测平台系统，同时加强在线式监测传感器的研发力度，提高设备及系统的稳定性、维护性、准确性和长期工作能力，发展环境监测数据处理技术，建设监测数据库共享管理平台，研究数据统计、分析、评价、预警等环境综合解决方案。

（三）海洋环境与生态风险防范和应急能力建设逐步启动

1. 开展了风险源识别与监控工作

海上溢油与化学品泄漏已成为我国近岸海洋环境的重大风险来源。针对海上溢油，我国目前已初步建成卫星、航空、雷达、船舶等多种监测技术相结合的海洋溢油事件监测体系和应急体系，基本覆盖整个中国近海。对沿海重要风险源，如国家石油战略储备基地、沿海重化工集中区及海上油气田等开展了风险源识别与监控工作。进行了石油勘探开发定期巡航、溢油卫星遥感监测、石油平台视频及雷达监测等海洋石油勘探开发的监管和溢油风险排查，并在重点石油勘探开发区及周边海域进行水质、沉积物质量、底栖环境和生物质量监测，建立了原油指纹信息库，海上溢油应急漂移预测预警系统及海上无主漂油溯源追踪系统等，初步建立了海洋环境敏感区决策支持系统。

为有效开展海上溢油与化学品泄漏应急工作，相关部门进行了高风险区域的识别，对于一些通航密度大、航道拥挤的区域，通航环境复杂，碰撞事故风险大，船舶交通事故多发，可能导致的重大船舶污染事故风险巨大，被认定为高风险区。这些区域主要有：老铁山水道、长山水道、成山头水道、长江口、舟山水域、台湾海峡、珠江口等区域。除此之外，还开展了海洋溢油风险高发区域辨识，包括港口及其邻近海域、沿海国家战略石油储备基地邻近海域及海洋石油勘探开发溢油风险高发区域等。

2. 初步建立了海洋环境应急响应机制

我国于 1998 年 3 月 30 日加入了《1990 年国际油污防备、反应与合作公约》（《OPRC1990》）。按照该公约要求，公约缔约国必须分层次建立起与潜在的溢油风险相适应的溢油应急反应体系。2009 年 9 月，国务院颁布实施了《防治船舶污染海洋环境管理条例》，对建立健全防治船舶及其有关作业活动污染海洋环境应急反应机制，及制定相应应急预案进行了详细规定。迄今，我国船舶溢油应急机制不断完善，船舶溢油监测体系已覆盖整个中国近海，数值模型计算和遥感监视等先进手段也应用到了溢油动态预报和实时监测中。此外，针对海上化学品泄漏，开展了现场监测和跟踪监测工作；针对潜在的污染源，对优先控制污染物的分析方法进行了技术储备，为化学品泄漏事故后的快速送检、及时检测、确定污染物种类、排查污染源等一系列应急工作奠定技术基础。同时，加大了应急设备和队伍的建设，建立了应急技术交流中心，陆续在全国沿海重点水域和长江沿线建设了一批溢油应急设备库，培养了一批溢油应急指挥人才，极大地提高了我国海洋溢油污染应急能力。

第三章 世界海洋环境与生态 工程发展现状与趋势

一、海洋环境与生态工程发展现状和主要特点 ▶

（一）基于生态系统健康的海洋环境与生态保护理念

在 20 世纪 90 年代后期，学术界和管理界提出了基于海洋生态系统的管理理念（ecosystem based management），或称基于生态系统途径的管理理念（ecosystem approached management）。该理念迅速被世界各海洋大国应用于海洋管理领域。相关国际组织、各海洋大国和海洋学术界都认为，协调海洋资源开发与保护、解决海洋生态危机必须改进现有海洋管理模式，应用基于生态系统的方法管理海洋。其核心思想是将人类社会和经济的需要纳入生态系统中，协调生态、社会和经济目标，将人类的活动和自然的维护综合起来，维持生态系统健康的结构和功能，在此基础上使社会和经济目标得以持续，既实现生态系统的持续发展，又实现经济和社会的持续发展。

生态系统方法的一个突出特点是它的综合和整体性质，考虑到生态系统的物理和生物等所有组成部分及其相互间的作用和可能对它们产生影响的一切活动。根据对生态系统现状、其各个组成部分之间的相互作用及其面临的压力等方面的科学评估结果，全面、综合地管理可能对海洋产生影响的所有人类活动。生态系统方法为管理协调海洋资源开发和海洋生态环境保护找到了一个新的理念。目前，生态系统方式已经成为环境资源管理的主流思想。美国和澳大利亚等国在海洋管理方面是处于世界领先地位的国家，已将生态系统方式提升到了国家海洋管理政策的层面。

（二）污染控制工程发展现状与特点

1. 防治陆基活动影响海洋环境行动计划得到各国的支持

保护海洋环境与控制陆域活动密不可分，是一项十分复杂的系统工程。

国际社会很早就认识到，陆域活动对海洋环境的影响虽然是局部性、国家性或区域性的问题，最终会造成全球性的后果。为应对这一全球性的挑战，联合国环境署发起了"保护海洋环境免受陆源污染全球行动计划"（GPA），其宗旨就是协助各国政府制定保护和改善海洋生态环境的政策和措施，防止陆源污染对海洋环境的破坏。在该框架下 GPA 采取了一系列具体的行动和举措防治陆源污染，包括发展可持续的污水处理工艺技术、控制农业养分污染水环境、关注海洋垃圾污染等等。

1）发展可持续污水处理工艺

可持续污水处理工艺是指向着最小的 COD 氧化、最低的二氧化碳释放、最少的剩余污泥产量以及实现磷回收和处理水回用等方向努力。这就需要综合解决污水处理问题，即污水处理不应仅仅是满足单一的水质改善，同时也需要一并考虑污水及所含污染物的资源化和能源化问题，且所采用的技术必须以低能量消耗（避免出现污染转移现象）、少资源损耗为前提。以德国为例，德国的污水处理采用分散和集中处理相结合的方法，小城镇、村庄使用小型污水处理厂，大城市都采取集中处理的方法，更便于管理和污泥的再利用，达到节能和节省投资的目的。采用雨水、污水分管截流，污水送至污水处理厂处理，雨水经过雨水沉淀池处理后排入水体。为控制水体的富营养化，德国许多污水处理厂纷纷改造、扩建，用生物脱氮、化学除磷的工艺，以达到脱氮除磷的目的。

2）控制农业面源污染

随着工农业经济的快速发展，越来越多的富余营养元素（氮、磷）富集到环境中。对面源污染国际范围内仍然缺少有效的控制和监测技术，在控制上采用源头控制策略，强调在全流域范围内广泛推行农田最佳养分管理（Best Nutrient Management Practice，BNMP），通过对水源保护区农田轮作类型、施肥量、施肥时期、肥料品种、施肥方式的规定，进行源头控制。在水源保护区制定和执行限定性农业生产技术标准，在面源污染严重的水域，因地制宜地制定和执行限定性农业生产技术标准。实施源头控制，是进行氮、磷总量控制，减少农业面源污染最有效的措施。依靠科技，保证限定性农业生产技术标准的科学性和合理性。发达国家不仅对点源和面源污染进行分类控制，对面源污染中不同的类型，如城区面源、农田面源、畜禽场面源也分别进行分类控制。

3）控制海洋垃圾污染

近年来，海洋垃圾污染问题越来越严重。海洋垃圾不仅破坏海洋生态景观，造成视觉污染，还可能威胁航行安全，并对海洋生态系统健康产生影响。由于海洋垃圾有随洋流和季风漂移的性质，海洋垃圾污染已成为国际水域、生物多样性保护、海岸带开发和保护的重要问题，受到国内外的高度重视。2011 年，美国国家海洋与大气管理局（National Oceanic and Atmospheric Administration，NOAA）和联合国环境署（UNEP）联合发布了"檀香山战略"（Honolulu Strategy），系统地描述了海洋垃圾的危害，给出了全球各地区、各国家在防治、监控和管理海洋垃圾方面应遵循的一般指导原则。

2. 欧、美各国实施了可持续营养物质管理

1）欧洲国家养分管理政策

欧洲国家养分管理以保护水体环境、控制富营养化为主要目标，对于可能造成养分富余问题的各个环节都确立了指标体系，各国根据实际情况控制本国比较脆弱的环节。如奥地利和瑞典通过控制饲养动物的数量来控制粪肥的排放量，比利时和德国则通过减少农业无机氮向水体排放来控制污染。欧洲国家普遍将重点放在施肥清单上，要求各个农场列出详细的施肥清单，并且日后的控制也主要依靠这些清单。在施肥敏感区，通常设有额外的标准。

德国地下水的硝态氮污染和北海、波罗的海水域的富营养化是主要环境问题之一，农业排放的氮是主要污染源。为控制氮污染，这些地区的化肥用量必须低于一般用量的 20%，同时通过测量土壤矿质氮含量进行进一步的控制，农民的减产损失则通过增加对饮用水消费者的收费来补偿。许多地区尤其是西北部的几个州通过颁布法令对有机肥的用量进行限制，规定每百平方米农田的氮素年最大用量。在荷兰已有一系列立法措施限制水污染区存栏牲畜数量的增加和厩肥的施用。对农田养分流失量也有明确的规定，如果流失量超过标准，则必须缴纳一定费用，且收费标准随着养分流失量的增加而增加。法国农业部和环境部共同成立了一个特别委员会来处理氮、磷对水体的污染问题，并将 4 亿平方米的土地划为易受硝酸盐污染区，区内要求更严格的平衡施肥，为减少肥料损失，针对不同作物制定了详细的肥料禁用时间。

2）美国营养物质管理

美国作为一个联邦制政府，从国家和州两个层次上实现对营养物质的管理。美国的营养物质管理主要是为了削弱畜牧场对环境（水和土地）的负面影响，例如营养物质综合管理计划（Comprehensive Nutrient Management Planning，CNMP）是针对畜牧场而设计的。作为 CNMP 的有益补充，最佳管理措施（Best Management Practices，BMPs）则更多关注种植业、水产养殖业、林业等农业生产部门的营养物质管理。联邦政府的农业部和环保署两个部门共同负责全国的养分管理。

3. 海洋垃圾污染控制受到国际关注

海洋垃圾污染不仅破坏海洋生态景观，造成视觉污染，还可能威胁航行安全，对海洋生态系统健康产生影响。由于海洋垃圾有随洋流和季风漂移的性质，海洋垃圾污染已成为国际水域、生物多样性保护、海岸带开发和保护的重要问题，受到国内外的高度重视。

1）控制陆源生活、生产垃圾，削减入海通量

海洋垃圾主要的来源是河流携带的城镇、码头、港口的固废垃圾，因此防控河流携带固废垃圾是削减海洋垃圾的重要途径。其中使用工程手段从源头削减塑料垃圾进入海洋是目前国际海洋垃圾污染控制工程的热点领域。传统的削减塑料垃圾的策略是进行填埋，或者进行焚烧，但是存在环境副作用大的问题。目前广受关注的替代方法是进行塑料垃圾的循环利用，包括机械循环利用、化学循环利用、热循环利用。机械循环利用是把废塑料重新物理加工，不改变其固有的化学特性而变成其他产品，譬如塑料锭块，碎片或者颗粒。化学循环利用是使用化学过程把塑料废物变成塑料原材料，燃油和工业原料等物质。热循环利用过程是使用燃烧塑料产生的热能用于发电和水泥生产。

2）实施河道清扫、拦截工程，防止垃圾入海

实施河道漂浮垃圾的清扫和拦截，是国际上防控海洋垃圾的另一个重要措施，包括驾驶垃圾清扫船在河道内定期巡逻，收集漂浮垃圾，然后集中分类处理；也包括建立拦截网、坝阻拦上游冲下的垃圾。后一种方式在日本较多使用。日本在河道上广泛建立了漂浮木头拦截坝（图 2-5-16）。

3）使用环境友好和可生物降解的替代性材料

在源头削减、控制垃圾进入海洋的同时，开发环境友好型的可替代产

图 2 - 5 - 16　河道垃圾拦截工程

品，降低对海洋生态的危害，是国际上控制海洋垃圾污染的重要研究方向。在这方面，欧美和日本走在了研究开发的前沿。日本、美国均成功研制了在海水中完全降解的高分子纤维渔网、钓线和渔具。这种新纤维无毒性，在使用期内的性能和强度与目前的网线无差别，在额定使用期满后开始变色并可遗弃，然后让它在水中慢慢降解，其分解物无毒性和副作用，不影响水生生物的生存，也不会缠绕渔船的螺旋桨。

4）实施海洋垃圾监控、收集、循环利用的系统工程

海洋垃圾的收集成本高昂，海洋垃圾的处置成本也不菲。海洋垃圾通常含有盐分，不易于焚烧。由于这些原因，收集、处理海洋垃圾需要从国家层面制定详细系统的办法。韩国海事与渔业部（后改称韩国国土、运输和海事部）启动了一个全国性的行动计划，发展海洋垃圾污染控制工程，包括4个方面：海洋垃圾的削减，深水区海洋垃圾的监测，海洋垃圾的收集以及海洋垃圾的处理（循环利用）。在此计划的实施中，韩国采用多种工程技术手段进行海洋垃圾的回收和利用。譬如在海面上建立了漂浮型的垃圾拦截坝（图 2 - 5 - 17），安装深海海洋垃圾监测设施（图 2 - 5 - 18），制造和使用多功能海洋垃圾回收船舶（图 2 - 5 - 19），发展工艺直接利用废弃物生产燃油，发展了多聚苯乙烯浮标的处理技术，建立了直接热融处理系统来处理废弃的玻璃纤维强化型塑料容器，发明了特殊的焚烧技术用于海洋

垃圾处置及资源循环使用。

图 2 - 5 - 17 海上移动拦截坝拦截漂浮垃圾

图 2 - 5 - 18 深海海洋垃圾监测设备

图 2 - 5 - 19 多功能海洋垃圾清扫船

（三）海洋生态保护工程发展现状与特点

1. 严格实施保护区制度，保护珍稀物种和生境

1975 年，（International Union for Conservation of Nature，IUCN）国际自然保护联盟，在东京召开第一届会议，呼吁关注人类对海洋环境不断加大的压力，并主张建立代表世界海洋生态系统的海洋保护区系统。1980 年，IUCN、世界野生生物基金（World Wildlife Fund）和联合国环境计划署（UNEP）联合发布了《世界保护战略》，强调海洋环境及其生态系统的保护对维持可持续发展整体目标的重要性。1982 年，第三届世界国家公园大

会，促进海洋和海岸带保护区的创建和管理，并出版了《海洋保护区指南》。1994 年，《联合国海洋法公约》（United Nations Convention on the Law of the Sea，UNCLOS），《国际生物多样性公约》（Convention on Biological Diversity，CBD）正式生效，明确了各国为了保护海洋环境而创建海洋保护区的权利和义务。2003 年，第五届世界国家公园大会呼吁建立全球范围的海洋保护区网络系统。截止到 2003 年，世界范围内包括海岸带在内的海洋保护区总数已从 1970 年全球 27 个国家的 118 个达到 3 858 个，目前还有很多正在筹建中。

世界上许多国家都设有保护区制度，建立了禁渔区、海岛保护区、自然保护区等。例如日本政府采用法律的形式，禁止捕猎海豹和海狗。

美国

美国是世界上最早建立国家自然保护区的国家。美国的海洋保护区大致可分为两大类，即与海域相连的海岸带保护区（以保护陆地区域为主）和纯粹的海洋保护区（以保护海域为主）。其中多数为海岸带保护区，包括潮间带或潮下带海域，如滨海的国家公园（National Parks）、国家海滨公园（National Seashores）、国家纪念地（National Monuments）等；只有少数为纯粹的海洋保护区，如国家海洋禁捕区（National Marine Sanctuaries）、国家河口研究保护区（National Estuarine Research Reserves）、国家野生生物安全区（National Wildlife Refuges）等。

美国的海洋保护区建设主要有 4 个目的，即海洋生物多样性和生境保护、海洋渔业管理、提供海洋生态系统服务和保护海洋文化遗产。此外，还有建立全美海洋生态系统代表性海洋保护区网络的目的。由于海洋保护区的建设和管理涉及多个部门，保护区设立的目的、标准和投入也各有不同，造成现有的海洋保护区类型多样化现状。2000 年，美国政府针对海洋保护区的建设和管理发布了总统令，由商务部、国家海洋与大气管理局负责协调国家层次的海洋保护区认定和管理，并加强和扩展了国家海洋保护区系统（包括国家海洋禁捕区、国家河口湾研究保护区等），鼓励国家海洋保护区管理部门和机构加强合作来提升现有的保护区管理，并建议和创建新的保护区。2000 年 5 月，国家海洋与大气管理局建立了国家海洋保护区中心，负责管理国家海洋保护区、制定政策，提供信息、技术、管理工具以及协调海洋保护区的科学研究等。

澳大利亚

澳大利亚的海域由联邦政府、州和地方政府共同管理，其中州和地方政府负责管理沿海岸基线3海里以内的海域。所有3海里以内的海洋保护区的建立和管理由州和地方政府负责，而联邦政府负责在3海里以外联邦水域建立的海洋保护区和大堡礁海洋公园以及3海里内由联邦立法宣布的历史沉船保护区。

在联邦水域，除了大堡礁海洋公园有独立的立法《大堡礁海洋公园法》（1975）外，其他海洋保护区建设和管理的主要法律依据是《环境保护和生物多样性保全法》（1999）及相关的《环境保护和生物多样性保全规制》（2000）。该法律对海洋保护区建立和管理的法律要求、管理机构的权限和责任以及保护区内各种活动的控制进行了规范，一些娱乐、捕捞和矿产开发活动被禁止，但各保护区根据不同的管理目标采取了不同的限制措施。澳大利亚现有大约305个保护区满足海洋保护区的定义，以海域保护管理为主要目标的有246个。

2. 以自然修复为主，辅以人工修复，恢复生态系统结构与功能

对已经遭到破坏的海岸带及近岸海域生态系统，发达国家普遍采用了以自然修复为主、辅以人工修复的方式。本质上是结合保护区的某些管理措施，限制人为干扰，使得自然生态系统得以休养生息，恢复其结构与功能。在生态修复手段上，特别注重对受损生态系统栖息地的物理结构改善，以及生态系统关键生物种群（特别是绿色植物）的恢复。目前国际海洋生态恢复工程主要集中于盐沼湿地、红树林湿地、海草床、珊瑚礁等典型海洋生态系统。盐沼湿地是全球开展较早的生态恢复的海洋生态系统类型之一，尤其在美国全国各地普遍开展了大量的盐沼湿地恢复工程。红树林恢复工程在美洲、大洋洲、亚洲等地区都已开展了恢复的试验与理论研究，而珊瑚礁主要集中于美国、大洋洲和东南亚等一些国家。如美国制定了水下植被计划（Submerged Aquatic Vegetation，SAV），并在切萨皮克湾（Chesapeake Bay）、坦帕湾（Tampa Bay）的海草床保护与恢复工作中取得了卓有成效的成果。其中海草床生态恢复工程规模最大、影响范围最广的当属美国国家海洋与大气管理局管理下的美国切萨皮克湾海草场大规模恢复计划。此外，国内外还开展了海岛恢复、沉水植物恢复、牡蛎礁恢复等类型的海洋生态工程。2002年美国制定了"海岸和河口生境恢复的国家规

划"（A National Strategy to Restore Coastal and Estuarine Habitat），以及加利福尼亚的南部海湾、佛罗里达、切萨皮克湾、路易斯安那州等均开展了区域性的生态恢复项目。

3. 以管理为抓手，辅以规章制度硬约束

在保护区的管理方面，各国都以管理为抓手，辅以规章制度作为硬性约束。"低洼之国"的荷兰近代以来以围海造地闻名于世，其人工岛的面积已占国土面积的20%。近20年来，荷兰更加注重资源环境保护与维持生态平衡，制定了《自然政策计划》，准备用30年时间实现"恢复沿海滩涂的自然面貌"的目标，将现有的24万公顷农田恢复成原来的湿地，保护受围海造田影响而急剧减少的动植物，并努力使过去的自然景观重新复原。加拿大制定了海洋水质标准和海洋环境污染界限标准，采取严格措施防止石油及有害物质流入海洋。作为渔业大国，加拿大对捕鱼活动也有严格限制，禁止捕猎鲍鱼等珍稀鱼种，对本国渔业公司实行配额制。为保护鳕鱼、大麻哈鱼等珍贵的鱼种和鲸等海洋动物，政府更是投巨资建立了各种研究所和保护设施。菲律宾政府为制止渔民采用炸药捕鱼等非法手段捕捉鱼类和滥采珊瑚礁，于1984年在阿波岛（Apo Island）附近海域建立了海洋保护区。几年后，这些资源逐步得到恢复。目前，渔业捕捞量已增长了3倍，70%遭到严重破坏的珊瑚礁已得到了有效保护。

（四）管理与保障工程发展现状与特点

1. 将海洋空间规划作为实现科学、合理的海洋资源开发利用手段

海洋空间规划（MSP）是一种协调如何可持续利用和保护海洋资源工具。MSP以图示的方式，明确海洋在什么位置以及如何被利用，该区域存在需要保护的自然资源和生物栖息地，从而实现在确保海洋生态系统保持健康和海洋生物多样性的前提下，充分利用海洋生物资源和海洋服务功能。

自2010年7月美国公布新《国家海洋政策》以后，美国就开始了对沿海及海洋区域进行空间规划的管理工作，提出海洋空间规划管理的国家目标，制定了指导原则，成立了规划管理的组织机构，规定了管理程序。其目的是通过一种广泛的、具有适应性和综合性的、以生态系统为基础的、透明的空间规划管理过程，确认不同形式或不同类型开发活动的最适宜开展的区域，提高多样化开发利用活动的兼容性，减少矛盾冲突，减轻人类

开发活动对海洋生态系统的负面影响，保护和保全海洋生态系统的服务功能和自然恢复力，实现经济、环境安全和社会目标。至此，美国开始了对沿海及海洋空间的规划管理工作（图2-5-20）。

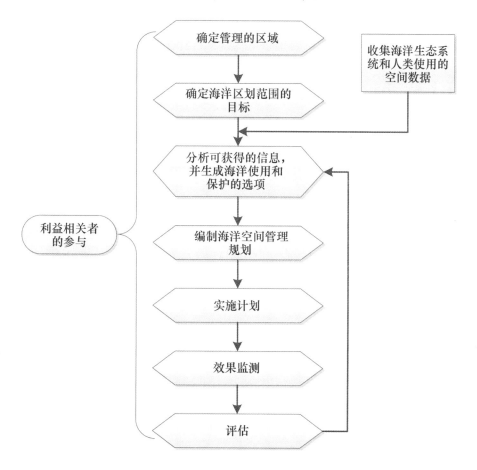

图2-5-20　美国海洋空间规划过程

2. 海洋环境与生态监测、预测和风险防范能力建设日趋完善，成为各国发展海洋环境管控硬实力的体现

1）海洋生态与环境监测网络的高效率、立体化、数字化和全球化

国际上海洋监测技术和海洋监测系统向高效率、立体化、数字化和全球化方向发展，目标是形成全球联网的立体监测系统。已发展起来的包括卫星遥感、浮标阵列、海洋监测站、水下剖面、海底有缆网络和科学考察船的全球化监测网络，作为数字海洋的技术支持体系，提供全球性的实时或准实时的基础信息和信息产品服务。各沿海发达国家，已纷纷建立或正

在建立各种海洋生态环境监测站，如美国于20世纪80年代建立了国家海洋立体监测系统，包括175个海洋监测站、80个大型浮标等。英国在80年代后期将海洋环境监测纳入国家监测计划。根据该计划，英国对87个河口、混合带和离岸海域进行监测，包括污染物测定和生物状态评估。一些国际组织也组织发起了若干海洋生态环境监测的计划或项目，如政府间海洋委员会发起了全球海洋观测系统（GOOS）项目，其中包括几个重要的海洋生态监测方面的计划——海洋健康（HOTO）、海洋生物资源（LMR）和海岸带海洋观测系统（COOS）。作为全球监测系统的重要组成部分，建设、运行技术难度和成本相对较低的近海监测系统，构建以遥感、调查船只、移动或固定测量平台支撑，形成海天一体化的区域性立体实时监测体系，已成为沿海各国的投资建设重点。

2）海洋环境监测技术与设备的系统化和平台化

随着海洋开发和陆地污染物的增加，海洋环境的保护越来越引起各国的重视，海洋环境监测技术的研究和开发得到充足发展。目前，沿海各国政府及从事海洋监测的科学家所公认的实施海洋生态环境监测及预警的总体目标是集成锚泊浮标网、岸基/平台基海洋监测站、巡航飞机、监测船以及其他可利用的监测手段，组成海洋环境立体监测系统，在沿海建立一个区域性海洋灾害立体监测和预报预警信息服务体系，能实时或准实时、长期、连续、准确地完成沿海区域内海洋动力、生态要素的监测，完成数据的采集通信、分析处理及数据管理，提供风暴潮、赤潮、海浪、海冰、溢油等海洋灾害的监测和预警信息，制作用于防灾减灾、海洋开发、海洋环保的实测、预报、预警、评价等信息产品，有效地向决策部门和用户提供多种形式的信息服务。

国际先进的区域立体实时监测体系具有"实时观测—模式模拟—数据同化—业务应用"的完整链条，通过互联网为科研、经济以及军事提供信息服务，其中的观测系统由沿岸水文/气象台站、海上浮标、潜标、海床基以及遥感卫星等空间布局合理的多种平台组成，综合运用各种先进的传感器和观测仪器，使得点、线、面结合更为紧密，对海洋环境进行实时有效的观测和监测，加大重要海洋现象与过程机理的观测力度，并进行长期的数据积累，服务于科学研究和实际应用。

海洋环境监测传感器的技术进步是海洋环境污染监测自动化水平的具

体体现。目前从国际上看，海洋生态环境监测的基本情况是海流、水温、盐度、气压、DO 传感器的技术已成熟，精度和稳定性已达相当高的水平，化学和生物传感器技术还不过关，如营养盐的测量仍采用实验室分析，痕量金属的测量仍依靠萃取和样品分析，利用生物学原理监测海洋生态环境的技术发展还比较缓慢。发展趋势是传感器进一步向模块化、智能化、网络化、小型化和多功能化发展；向载体平台自动取样分析技术方向发展。化学和生物传感器是目前开发的关键技术，光纤化学传感器尚处于实验室研究阶段，痕量金属的光纤传感器已有样机研制成功。监测仪器是海洋环境监测的核心，监测仪器的稳定性、维护周期、抗生物污染能力关系到整个海洋环境监测系统能否有效运行。生物污染和海水腐蚀成为目前近岸海域长期实时监测面临的两大难题。研发维护周期长、数据稳定的监测仪器是沿海各国关注的焦点。

3）海洋环境预警预报技术

在海洋环境预警预报方面，欧、美等发达国家使用数据同化和数值预报技术，建立了现代化的海洋环境预警预报业务系统，通过综合分析定量评估海洋灾害对社会、经济和环境的影响，制定防御对策，提供相关动态可视化分析产品。产品涉及海洋服务和公共安全、海洋生物资源、公共健康和生态系统健康等。例如美国国家海洋与大气管理局建立的美国东海岸海洋预报系统对美国东海岸近海温度、盐度等环境变量进行实时预报，并以此为依据，进一步开展富营养化、有害藻类暴发、近海污染等灾害事件的综合评估和预报。但是，海洋环境的评估和预警预报系统的区域适用性非常明显，十分依赖于区域地理环境的特殊性，难以照搬到其他海域使用，只有进行大量的实地分析与调研，才能建立起可信的区域环境评估和预警预报系统。

3. 防范和应对海上突发污染事故的能力建设水平不断提升

1）相关的油污染的国际公约和法律法规

第二次世界大战期间，船舶溢油事故频发，引起了沿海国家、国际社会和联合国组织对海洋环境保护的普遍关注，陆续出台了限制船舶排放油污和处理海上溢油的国际公约。1954 年，第一个防止海洋和沿海环境污染的国际公约《1954 年国际防止海上油污公约》获得通过，这是世界范围内第一个涉及控制船舶排放油和油污水入海的规则。美国和一些发达国家，在20世纪70年代就开始制定国家溢油应急计划、尝试建立溢油应急防备系统，并对溢油应急技术进行研究和开发。一些跨国公司生产的溢油应急设备，几经改进，更新换代，大大提高了溢油围控和溢油清除效能。80年代末期，美国两院通过了《1990油污法》，不仅认识到建立本国应急防备反应系统、制定溢油应急计划及相关反应程序的重要性，同时也认识到对抗防御大型溢油事故的应急防备和反应进行国际间合作的必要性。1990年11月，国际海事组织在伦敦召开了"国际油污防备和反应国际合作"会议，顺利通过了《1990年国际油污防备、反应和合作公约》（简称OPRC1990），该公约于1995年5月13日生效。OPRC1990要求各缔约国把建立国家溢油应急反应体系，制定溢油应急计划作为履行公约的责任和义务。

2）溢油应急支持技术与应急能力

在海、陆、空立体化溢油应急反应系统方面，欧、美发达国家海事主管机构的海巡飞机和岸边监管设施通常配备了雷达、红外、紫外等视频监视装置，能保证及时发现和跟踪监视海上溢油事故。美国、加拿大、挪威等国还建立了地面应急反应中心，便于及时获取、存储和管理各方面的溢油应急信息，并通过海洋资源数据库、应急行动计划地理信息管理软件、溢油预测模型和溢油物理化学特性数据库等技术装备为溢油应急处置的科学决策提供支持。目前欧、美发达国家溢油应急快速反应技术的主要特点是：能快速有效地支持海、陆、空立体化的溢油应急反应决策和海上清污行动。

在溢油预测与预警技术方面，近20年来，国外广泛应用GIS技术制作和管理溢油环境敏感图，分类定义和管理海岸、岛屿、环境保护区、渔业资源保护区等敏感资源的基础资料，用于帮助应急人员及时了解和保护事故所在海域的环境敏感资源。美国、加拿大以及欧洲的一些国家已经研制开发了溢油模型商业软件，总体上基本能够反映出溢油漂移扩散的大致趋势，成本低，反应快。但溢油模型的预测准确性受到风海流预报速度及精度、溢油风化模型模拟精度和其他不确定性因素的较大限制，模拟预测结果与实际溢油状况尚不能精确吻合，在溢油时间和空间预测方面有时会出现比较明显的差距，因此在溢油污染快速预警方面目前尚未取得突破性进展。当前溢油污染预警技术的主要发展趋势是利用卫星和航空遥感图片快速识别溢油环境敏感资源，敏感资源时空分布的快速数值化，GIS环境敏感资源图与溢油模型快速动态耦合，以及溢油污染快速评估与风险预警。

关于海上溢油应急反应中心的建设，发达国家的地面溢油应急反应中心一般是与溢油事故相关的信息处理中心和应急反应决策中心，发挥着有效控制海上溢油事故、提高消除及回收效率、预防和减轻污染损害、充分有效地利用应急资源的基础支撑作用。地面应急反应中心装备有决策支持系统、报警系统、溢油漂移预报系统、各种油品化学成分及危害数据库、清污救助材料/设备性能及存货数据库、地理信息系统、溢油应急反应能力评估系统、污染损害评估系统、大屏幕显示综合指挥系统等，采用无线通信系统技术实现地面溢油应急反应中心与海巡飞机及海上作业船舶之间的可视化信息通信，依据海巡飞机的监视报告，快速生成救助与清除方案，指挥清污船快速准确地进行多项海上溢油清污技术的集成式清污作业。

4. 化学品泄漏污染事故的应急响应能力建设

海上化学品运输在西方发达国家兴起于 20 世纪 60 年代，目前在国际海事组织 IMO 登记的化学品达 3 万余种。据德鲁里航运咨询公司统计，1988 年世界化学品海运量为 7 000 万吨，其后以每年约 4.8% 的年增长率递增。与化学品的海运发展相适应，国际国内化学品专用码头和仓储业务也得到了长足发展，60 年代中期，欧洲就已逐步形成了完善的仓储网，到了 80 年代，仅欧共体内部就拥有独立仓储码头 70 多家，储存能力超过 400 万立方米。90 年代后，一些发达国家的散化储运公司将业务扩展到世界各地。如挪威的 Odfjell 公司在美国海湾地区、南美洲的巴西、阿根廷、智利和我国的大连、宁波、珠海等地投资建成了设备技术一流的散化码头和储罐设施，新加坡乐意储罐有限公司在我国上海、深圳、青岛等地也建设了一批较具规模的液体危险品仓储码头。

由于不可抗力、设备突然失灵、操作者疏忽、船舶灾难等无法预测的因素，存在着化学品泄漏事故不可根本避免的客观事实。目前化学品运输过程中的火灾、爆炸和泄漏等事故已成为当今世界普遍关注的环境和安全问题。具有易燃、腐蚀、毒性及污染等多种危害特性的液体化学品，一旦发生泄漏，将对周围环境和人员造成巨大危害。世界范围内发生了许多严重的化学品事故，最严重的是 1980 年 12 月的印度博帕尔惨案，由于农药厂的地下储罐应急控制阀门失灵，使罐内液态异氰酸甲酯以气态形式迅速外泄，40 多分钟泄漏约 30 吨毒物，1 小时后毒物扩散面积达 40 平方千米，造成 2 000 多人死亡，5 万人失明。由于化学品种类繁多，性质及毒害作用各异，因而其突发事故的情况复杂，应急救援困难，必须根据危险源的具体情况，在对突发事故做出准确预测、判断的基础上，制订合理有效的应急救援方案。美国化学品事故早期发展历程见表 2 - 5 - 3。

表 2 - 5 - 3　美国化学品事故早期发展历程

年份	事　件
1984	联合碳化物公司在印度博帕尔的事故，造成数千人死亡
1985	美国化学制造者协会提出"社区认识及紧急应变方案"
	环保局建立"化学品应急准备资源方案"
	联合碳化物公司在西弗吉尼亚研究所的工厂事故，造成 135 人受伤
1986	国会通过应急计划及社区知情权法
1988	美国化工业采用加拿大的"责任关怀规范"
1990	修改《清洁空气法》，认可职业安全卫生局的过程安全管理标准、环保局的风险管理方案，化学品安全与危险调查局成立
1992	公布职业安全卫生过程安全管理标准
1996	公布环保局的风险管理方案规划
1998	化学品安全与危险调查局正式运作
1999	各工厂向环保局提交第一批共 1.5 万份风险管理计划

当前涉及对化学品泄漏污染进行预防和应急的国际公约大致包括：《1990 国际油污防备、合作和反应公约》、《1996 年国际海上运输有害有毒物质损害责任和赔偿公约》、《国际散装运输危险化学品船舶构造和设备规则》、《经 1978 年议定书修订的 1973 国际防止船舶造成污染公约》等。

（五）重大涉海工程的环境保护工程发展现状及特点

1. 海洋油气田开发工程发展现状及其环境保护措施

　　1）国际海洋油气田开发工程发展现状

　　20 世纪 80 年代中期，世界深海油气开发几乎集中在 200 ~ 600 米的中深海区，到 80 年代末期钻井水深已经突破 2 300 米，海底完井工作水深接近 500 米。90 年代以来，深海钻探和开采深度进一步扩大，海底完井水深 1991 年达到 752 米，1997 年达到 1 614 米，1999 年巴西在近海安装的采油树已经达到 1 853 米。目前，可用于 2 500 米的半潜式钻井综合平台已经研制成功，这意味着在大部分陆坡上都可以进行油气的勘探开发。据预测，未来 20 年内将有工作水深 4 000~5 000 米的半潜式平台出现。

2）通过立法，严格油气开发生产的环境保护要求

美国、英国、荷兰、挪威、俄罗斯等发达国家的油气开发生产的环境保护工作，无论在环境管理体系方面还是在污染物的治理措施、技术上都比较完善和成熟。美国在环境保护立法中对油气资源开采生产过程中的环保措施也多有明确规定。如在《安全饮用水法》中对采油废水回注和回灌处理提出了明确的要求。《环境反应、补偿与责任综合法》对石油工业和化学工业征税，并提供联邦政府广泛的权力，对可能危害公众健康和环境的危险废物的排放或可能排放直接做出反应。1986 年，《资源保护和回收法》的修正案着手解决由储存石油和其他危险物质的地下储槽引起的环境问题。1990 年出台的《石油污染法》加强了对灾难性的石油泄漏的预防和反应能力。同时美国环保执法力度非常严格，一旦违反了环境法律的要求，赔偿罚款数额非常巨大，严重的会致使公司破产倒闭。

3）建立区域海洋污染应急合作机制

第二次世界大战后海上石油运输业发展迅速，由此也导致了一些大规模的海上石油污染事故。在国际社会开始注意到海洋环境的利益诉求，区域海洋项目在全球范围的全面铺开。为达成海洋环境利益和经济发展利益的平衡，区域间和区域内的合作至关重要。在具体方向上，坚持合作深广度的推进、各区域应急合作模式的改进、价值取向从"应急"向"防急"的转变。

2. 沿海重化产业发展现状及其环境保护

1）全球沿海重化产业发展特征

重化工业布局于沿海是全球性的产业发展规律。如日本的重化工业主要集中在关西地区和东部地区；美国重化工业主要集中在旧金山湾地区和东北部五大湖地区等。

美国大西洋沿岸经济带，以纽约为中心，北起波士顿，南至华盛顿，涵盖了纽约州、新泽西州、康涅狄格州中的波士顿、纽约、费城、巴尔的摩、华盛顿等中心城市，其间的萨默尔维尔、伍斯特、普罗维登斯、新贝德福德、哈特福特、纽海文、帕特森、特伦顿、威明尔顿等城市连成一体，

从而在沿大西洋海岸 600 余千米长、100 余千米宽的地带上形成了一个由 5 个都市和 40 多个中小城市组成的超大型城市带，面积 13.88 万平方千米，占全国总面积的 1.5%。美国太平洋经济带是美国西部前沿，包括由科迪勒拉山系构成的广大高原和山地，包括东侧洛基山脉、西侧内华达山脉和海岸山脉，以及两山之间的内陆高原和大盆地。200 年前这里还是渺无人烟的不毛之地，但作为美国"西进运动"的终点，沿海经济带的崛起也是美国西部大开发成功杰作的缩影。第二次世界大战之后，随着制造业和高新技术产业重心的西移，从西雅图经旧金山抵洛杉矶，形成了美国"黄金海岸"和"阳光地带"。

日本太平洋沿岸工业带也称太平洋带状经济区，是指日本太平洋沿岸从鹿岛滩经东京湾、伊势湾、大阪湾、獭户内海直至北九州一线，长达1 000 余千米的沿太平洋分布的狭长带状区。这里是日本同时也是世界最发达的工业地区之一。日本太平洋沿岸工业带工业分布非常密集，其土地面积大约占到日本全国总量的 24%，但拥有日本全国工业产值的 75%、工厂数量的 60%、大型钢铁联合企业设备能力的 95%，以及重化工业产值的90% 以上。

欧洲西北部沿海经济带，以法国巴黎为中心，沿塞纳河、莱茵河规划发展，覆盖了法国的巴黎，荷兰的阿姆斯特丹、鹿特丹、海牙，比利时的安特卫普、布鲁塞尔以及德国的科隆等广大地区，集聚了 4 个国家 40 座 10 万以上人口城市，总面积 14.5 万平方千米，总人口 4 600 万人，包含法国的巴黎—鲁昂—阿费尔城市圈、德国的莱茵—鲁尔城市圈、荷兰的兰斯塔德城市圈以及比利时的安特卫普城市圈。

韩国沿海经济带是从 1962 年起开始建设的，韩国政府利用仁川港、釜山港的港口优势，在周边沿海地区重点发展重化工业等十大工业行业，在短短的 30 年间，韩国通过开发沿海区域实现了经济腾飞。2009 年 1 月，韩国政府发表了"5 + 2 广域经济圈"方案，将 16 个市、道改编为首都圈（首尔、仁川、京畿）、忠清圈（大田、忠南北）、湖南圈（光州、全南北）、大庆圈（大邱、庆北）和东南圈（釜山，蔚山，庆南）的 5 个广域经济圈和江原、济州的两个特别广域经济圈。

2）全球沿海重化产业发展趋势

从全球重化产业发展看，随着发达国家市场逐步成熟和产业技术进步，世界重化产业正进行新一轮的产业结构调整，高新技术与产业转移成为重化行业未来发展的主要方向。主要呈现以下特点。

（1）重化产业在兼并重组中走向集约化。①集约化使得上下游一体化，使资源得到充分利用。②集约化能够采用大型、先进的装置，大大降低能耗。③集约化有利于污染的集中治理，降低治理成本。国际大型化工企业加快在全球范围内调整布局，形成了以埃克森美孚、BP 等为代表的综合性石油石化公司，以巴斯夫、亨茨曼为代表的专用化学品公司，以及杜邦、拜耳、孟山都等从基础化学品转向现代生物技术化学品的三类跨国集团公司，在相应领域中占据绝对竞争优势。

（2）重化产业发展模式呈现大型化、基地化和一体化趋势。随着工艺技术、工程技术和设备制造技术的不断进步，全球重化产业装置加速向大型化和规模化方向发展。同时，炼化一体化技术日趋成熟，产业链条不断延伸，基地化建设成为必然，重化工园区成为产业发展的主要模式。

（3）国际产业向市场潜力大的亚太和资源丰富的中东地区加快转移。世界重化产业重心逐步东移，中国、印度等亚太地区国家成为大型跨国公司生产力转移的重点。中东地区由于油气资源丰富，生产成本低，将成为重要的大宗石化产品生产和输出地区。

（4）化学工业原料来源逐步多元化。目前，石油化工仍是现代化工的主导产业，但随着石油价格的上涨和关键技术的不断突破，以煤、生物质资源为原料的替代路线在成本上具有竞争力，原料多元化成为化工产业发展的新趋势。此外，由于世界重化工产业多分布在沿海地区，原料结构的调整有利于产品的升级改造，实现沿海石化行业的接近"零排放"目标，保障海洋生态环境安全。

（5）采用清洁技术，生产清洁油品，减少"三废"排放。面向 21 世纪，重化产业面临的问题是不能再用有毒、有害、有碍人体健康的酸碱等辅助原材料，更重要的是要减少汽油的硫、烯烃、芳烃含量和柴油的硫、芳烃含量，生产清洁汽油和清洁柴油。

（6）采用生物技术，生产清洁油品，降低生产成本。开发和利用生物技术，生产清洁油品，始于 20 世纪 80 年代。到目前为止，已经完成和正在进行的技术开发工作包括生物脱硫、生物脱氮、生物脱重金属、生物减黏、生物制氢等。其中，柴油生物脱硫技术开发工作进展最快。柴油生物脱硫与加氢脱硫相比，最大的优点是在装置加工能力相同的情况下，投资节省50%，操作费用节省20%。

3. 国际围填海工程建设及其生态保护趋势

1）国际围填海工程发展现状

围填海是人类向海洋拓展生存和发展空间的一种重要手段，也是一项重要的海洋工程，具有巨大的社会和经济效益。因此，许多沿海国家和地区，特别是人多地少问题突出的城市和地区，都对围填海工程非常重视，用以扩大耕地面积，增加城市建设和工业生产用地。以荷兰、德国为代表的国际围填海工程经历了从滩涂围垦到保护滩涂的过程。这种类型的围填海工程，周期长、规模大。以新加坡、香港为代表的围填海工程主要是满足城市与港口建设的需要而实施的围垦，围填海工程多结合大型建设项目开展，满足项目的空间需要。这种类型的围填海工程周期短、规模大小差异悬殊。新加坡樟宜国际机场、香港新机场以及日本大阪的关西机场建设，围填海面积数平方千米到10多平方千米，建设周期一般在10年之内。欧洲的意大利、英国、法国、西班牙、希腊等国家的沿海城市都有类似的演进过程。

2）未来围填海工程及其环境保护发展趋势

未来的围海造地必须与生态环境相结合，科学管理，综合利用，因地制宜的营运。例如天然湿地转化人工湿地以后，通过合理规划，仍然可以使部分人工湿地发挥天然湿地的功能。同时，在已围的土地中也需适度开发利用，留有相应的绿地面积，改善环境条件。实施围填海工程进程中要尽可能保护重要海洋生物栖息地，采用移植（生物）、相邻区域异地再造（环境）或者实施生态补偿的管理措施，来弥补围填海技术进步带来的海洋生态影响。

4. 国际核电开发工程发展及安全保障

1）国际核电开发工程发展现状

截至2011年3月，全世界正在运行的核电机组共442台，总装机容量为3.70亿千瓦。其中压水堆占60%，沸水堆占21%，压管式重水堆占9%，气冷堆7%，其他堆型占3%。核电年发电量占世界总量的16%，为三大电力之一。主要国家核电机组数和发电量比重（2010 年 12 月）分别为美国（104）19%，法国（59）78%，日本（54）30%，俄罗斯（31）16%，韩国（20）39%，英国（19）18%，加拿大（18）16%，德国（17）32%。目前全世界正在运行的核电站，绝大部分属于"第二代"核电站。30 多年来，积累了超过 12 086 堆年的安全运行经验，负荷因子高，非计划停堆次数下降，已经发展成为一种成熟可靠的技术，具有可接受的安全性和较好的经济性。

2）国际核电开发工程安全性保障发展趋势

1979 年美国发生三里岛核电站事故及 1986 年苏联发生切尔诺贝利核电站事故以后，公众要求进一步提高核电的安全性。1990 年，美国电力研究协会（EPRI）根据主要电力公司意见出版了《电力公司要求文件（URD）》。1994 年欧洲联盟同样出版了《欧洲电力公司要求（EUR）》。文件对未来压水堆和沸水堆核电站提出了电力公司明确和完整的要求，更高的安全要求和经济要求，涉及各个技术和经济领域。在此背景下，"三代"机组因其更高的安全目标、更好的经济性以及更先进的技术，开始逐渐进入批量建设阶段，主要技术为 EPA 和 AP1000。第三代核电站已建首堆工程，尚未批量推广，在建 8 台，其中芬兰 1 台 EPR，法国 1 台 EPR，中国 6 台（其中 2 台 EPR，4 台 AP1000）。

2000 年，发起了由 9 个国家参与的"第四代核能国际论坛"（GIF）的研讨，并于 2002 年美国提出了第四代核电的 6 种研究开发的堆型和研究开发"路线图"。2001 年在俄罗斯的推动下，国际原子能机构（IAEA）发起了"创新型核反应堆和燃料循环国际合作项目"（即 INPRO），2006 年 6 月前完成了第一阶段工作，出版了有关评价指南和方法学等的 IAEA 技术文件。GIF 和 INPRO 两个计划提供了良好的国际合作平台。我国从一开始就是 INPRO 项目的成员国；2006 年 7 月，我国已草签了参加 GIF 的协议，并将参与快堆和高温气冷堆的合作项目的有关活动。

二、面向 2030 年的世界海洋环境与生态工程发展趋势 ▶

（一）人类开发利用海洋资源能力的大幅度提高，海洋环境将面临更大的压力

自 1994 年《联合国海洋法公约》生效以来，许多沿海国家都把开发利

用海洋列入国家发展战略，并将发展海洋经济作为国家经济发展的重要内容。美国、英国、澳大利亚、加拿大、韩国、日本等沿海国家相继制定了各具特色的海洋经济可持续发展原则和战略，将发展海洋经济作为增强国力，解决各国当前面临的人口膨胀、陆域资源紧张、环境恶化等全球性问题的根本出路。同时，海洋开发利用技术不断进步。可以预见，未来人类开发海洋资源的能力将大幅度提高，海洋经济发展速度、海洋开发利用的程度和规模都将持续增大，这些都将使海洋环境面临更大的压力。

（二）海洋经济的绿色增长将成为沿海各国首选之路

1. "Rio + 20" 提出的绿色经济

2012 年 6 月 20—22 日在巴西里约热内卢举行的 "Rio + 20" 峰会围绕"可持续发展和消除贫困背景下讨论发展绿色经济"和"为促进可持续发展建立制度框架"两大主题展开讨论。该次峰会基于可持续发展的绿色思想，提出了绿色经济的新概念，强调人类经济社会发展必须尊重自然极限；同时要求绿色经济在提高资源生产率的同时，要将投资从传统的消耗自然资本转向维护和扩展自然资本，要求通过教育、学习等方式积累和提高有利于绿色经济的人力资本。总体上绿色经济浪潮具有强烈的经济变革意义，认为过去 40 年占主导地位的褐色经济需要终结，代之以在关键自然资本非退化下的经济增长即强调可持续性的绿色经济新模式。

2. 海洋经济的绿色增长之路

海洋经济是一种高度依赖海洋资源和环境，以海洋资源和环境消耗为代价的特殊经济体系。由于海洋经济可持续发展主要依赖海洋资源及其环境经济的可持续发展，海洋经济与自然资源、生态环境退化风险之间的关系也就最为直接和密切。但如果人们只关注海洋经济的快速发展，忽视了海洋经济发展过程中所带来的海洋资源日益耗竭、海洋生态环境严重破坏等问题，海洋经济将难以实现可持续发展。为了保证海洋健康、保护海洋环境、确保海洋经济的绿色增长以及海洋资源的可持续利用和海洋环境的可持续承载，绿色增长之路将是各国海洋经济发展的必由之路。

海洋经济绿色发展是一个多层次、多侧面体现海洋经济绿色发展的立体框架，需将绿色发展的理念融入到海洋经济、社会发展的各个部分，通过技术创新，改造传统海洋产业，控制高能耗、高污染产业，推进海洋绿色制度创新，在开发利用中保护海洋资源和环境，使得一定时期内海洋经济效益、生态效益和社会效益与上一期相比均有所提高，最终实现海洋经济的可持续发展。

（三）海洋环境监测技术信息化趋势

发达国家已经实现利用先进的海洋监测技术和设备，构建信息化的海洋环境监测站网络，对海洋环境进行长时间序列的连续监测，把现场实况传送到陆基中心，并通过互联网传送到世界各地的用户。监测站网络的构建伴随着卫星遥感技术、水声和雷达探测技术、水平和水下观测平台技术、传感器技术、无线通信技术和水下组网技术的进步，使得海洋监测技术总体上向长时间、实时、同步、自动观测和多平台集成观测方向发展。海洋监测进入了从沿岸、空间、水面、水体、海床对海洋环境进行多平台、多传感器、多尺度、准同步、准实时、高分辨率的四维集成监测时代。

计算机模拟技术被更多地应用于海洋环境监测，将海洋环境监测资料与构建的数学模型相互验证，不断修正模型，持续的技术进步可以不断减少监测频率和密度，最终达到以最小的监测频率和密度获得最大的信息量。这样，大量的海洋环境质量信息可通过地理信息系统快速而准确地向社会提供直观而详细的海洋环境质量信息服务；所建立的数学模型还可以用来模拟海上突发污染事件的发展过程，推演事件发生的准确时间和地点，在海洋环境管理中发挥重要作用；由于海上实际作业时间明显减少，将大大地降低监测费用。

通信技术也是海洋监测信息化的重要内容，随着复杂和先进的传感器和其他水下设备的开发，随之而来的是大量需要被分析处理的数据和不断增长的数据传输量。因此，新的水下数据传输技术也在不断地被开发。水下数据通信属于通用技术，比较容易实现，但具有海洋特色的水下通信与网络技术仍有待拓展。水下高带宽通信方式主要包括水声通信、射频电磁波通信、光纤通信、自由空间光学激光通信等。以上通信技术在应用中存在各自优势和不足，应根据不同区域的海洋环境特性选用。在海洋环境立体监测系统建设以及观测数据的传输过程中，水声通信与组网技术将发挥不可或缺的作用。过去几十年的持续研究，使得水下通信与原始通信系统相比，无论在性能还是稳定性方面都有很大改进。近10多年来，在点到点通信技术和水下组网协议方面取得了重大进展，但仍面临严重挑战。

（四）海洋环境保护全球化趋势

随着经济全球一体化的加深，海洋环境问题日益成为跨国家，跨地区的全球化问题，国际合作在应对海洋环境问题上显得日益重要。在未来的 20 年中，随着传统污染物质如近海氮、磷污染问题的逐步解决，其他新型的环境污染和生态问题会日显突出。在可预见的未来 20 年中，这些新型的问题将包括海洋垃圾，海洋溢油，远洋捕捞和海洋酸化以及新型的化学类污染譬如POPs 物质和纳米材料。除了关注的环境问题的类型有较大变化外，环境问题关注的地理区域也会从目前关注的近岸海域向远洋、公海和深海转变。

未来海洋环境问题合作的一个主要特点是跨境性和全球性。在应对这些问题中，各国、各地区除了在本国、本地区开展污染源头控制和环境生态保护措施外，还必须参与国际履约活动，展开联合的环境和生态保护行动。预计到 2030 年，在应对海洋垃圾、海洋溢油方面，多国参与的跨境污染控制、监测和削减联合海洋工程将会在若干发达国家之间率先建立实施，其工程活动中取得的经验和积累的技术向全球其他国家和地区逐步推广。全球目前存在的十几个区域海行动计划将就海洋环境保护进一步加强交流，全球可能产生更多的区域海行动计划，并且跨国界、跨地区的海洋环境监测数据共享平台以及联合风险预警和应急平台将会逐步建立和普及。

三、国外经验教训（典型案例分析） ▶

（一）美国切萨皮克海湾的 TMDL 方案

切萨皮克湾（Chesapeake Bay）是美国 130 个海湾中最大的一个，位于美国东海岸的马里兰州和弗吉尼亚州；流域分布于特拉华州、马里兰州、弗吉尼亚州、纽约州、宾夕法尼亚州、西弗吉尼亚州等 6 个州；整个海湾长 314千米，水域面积 5 720 平方千米，流域面积 16.6 万平方千米，人口超过 1 500万。整个海湾流域中包括 150 多条支流，海湾和支流岸线累计达 1.3 万千米。

随着城市化进程的发展，切萨皮克湾面临一系列环境问题，主要是由氮、磷造成的富营养化和有毒物质污染，致使其水质下降、捕捞业和养殖业受损。同时，由于大量沉积物进入湾内，海湾水体浑浊，限制了海草生长所需光线。切萨皮克湾的大部分流域和海水因为过量的氮、磷和沉积物被列为受损水质，处于富营养化状态。这些污染物导致藻类大量繁殖，形成"死亡地带"（dead zone），导致鱼类和贝类无法生存，底栖海洋生物死亡。

1980 年，由马里兰州、宾夕法尼亚州、弗吉尼亚州组成切萨皮克湾管理委员会，负责切萨皮克湾的环境保护工作。1983 年，委员会与美国环保署共同签署了《切萨皮克湾协议》。1987 年和 2000 年，该协议进一步拓宽了计划执行的领域和目标。目前，该计划已从最早侧重减少海水污染扩大为包括河口和流域汇水地区的管理，以保护切萨皮克湾生态系统为目的的一项综合性计划。《2000 年切萨皮克湾协议》进一步确定包括生物资源的保护和恢复、重要生境的保护和恢复、水质的保护和恢复、土地的有效利用、有效的管理和公众参与在内的工作任务，并为每一项任务设立了目标。

控制陆源污染是切萨皮克湾环境保护最重要的内容。为此，切萨皮克湾保护计划制定了一套监测营养盐和沉积物总量的方法，对所有来自河流和大气的非点源污染进行监测，并根据监测结果将需要减少的营养盐和沉积物的总量分配到每一个主要河口，甚至分配到每一个沿河州，即制定了切萨皮克湾氮、磷含量控制的日最大负荷控制（TMDL）计划。切萨皮克湾的 TMDL 计划是美国迄今规模最大和最复杂的 TMDL 计划，目的是实现 64 000 平方英里流域，包括哥伦比亚区和 6 个州的大部分地区的氮、磷、沉积物污染显著减少。TMDL 实际上由 92 个小 TMDLs 组成，TMDL 污染负荷被分配到各行政管辖区及流域（表 2 – 5 – 4）。

表 2 – 5 – 4　切萨皮克湾 TMDL 流域各行政管辖区和主要

河流的氮、磷以及沉积物负荷分配结果

亿磅/年

司法管辖区	流域	氮负荷	磷负荷	沉积物负荷
宾夕法尼亚州	萨斯奎汉纳河	68.90	2.49	1 741.17
	波托马克河	4.72	0.42	221.11
	东海岸	0.28	0.01	21.14
	西海岸	0.02	0.00	0.37
	宾夕法尼亚州总计	73.93	2.93	1 983.78
马里兰州	萨斯奎汉纳河	1.09	0.05	62.84
	东海岸	9.71	1.02	168.85
	西海岸	9.04	0.51	199.82
	帕塔克森特河	2.86	0.24	106.30
	波托马克河	16.38	0.90	680.29
	马里兰州总计	39.09	2.72	1 218.10

司法管辖区	流域	氮负荷	磷负荷	沉积物负荷
弗吉尼亚州	东海岸	1.31	0.14	11.31
	波托马克河	17.77	1.41	829.53
	拉帕汉诺克河	5.84	0.90	700.04
	约克河	5.41	0.54	117.80
	詹姆斯河	23.09	2.37	920.23
	弗吉尼亚州总计	53.42	5.36	2 578.90
哥伦比亚特区	波托马克河	2.32	0.12	11.16
	哥伦比亚特区总计	2.32	0.12	11.16
纽约	萨斯奎汉纳河	8.77	0.57	292.96
	纽约总计	8.77	0.57	292.96
特拉华州	东海岸	2.95	0.26	57.82
	特拉华州总计	2.95	0.26	57.82
西弗吉尼亚州	波托马克河	5.43	0.58	294.24
	詹姆斯河	0.02	0.01	16.65
	西弗吉尼亚州总计	5.45	0.59	310.88
流域/司法管辖草案总的分配		185.93	12.54	6453.61
大气沉积草案分配		15.70	N/A	N/A
总 Basinwide 草案分配		201.63	12.54	6453.61

注：N/A 表示未分配负荷.

(二) 澳大利亚大堡礁的生态环境保护

澳大利亚拥有世界上最大和最著名的海洋保护区——大堡礁海洋公园。大堡礁海洋公园面积达 345 000 平方千米。大堡礁沿昆士兰州海岸线绵延 2 300 千米，拥有世界上最大、最健康的珊瑚礁生态系统，有着复杂的深海地貌和丰富的动植物资源，包括大小 900 多个岛屿，超过 2 900 个礁体，2 000 平方千米的红树林，6 000 平方千米的海草床（图 2 - 5 - 21）。

大堡礁一直被看做是一片受到了良好保护且原始风貌保持良好的"人间仙境"。但是，随着科学家逐渐揭开了大堡礁的神秘面纱，一幅完全不同的景象却逐渐呈现出来——过度捕捞、陆源污染、因全球变暖而日渐恶化

图 2 – 5 – 21　大堡礁生态系统

的珊瑚白化现象都对这一自然财富造成了恶劣的影响，一些极具生态价值的物种，如儒艮（俗称美人鱼）、海龟、海鸟和某些鲨鱼的种群数量均出现了显著下降。澳大利亚政府在 1975 年通过《大堡礁海洋公园法案》，建立大堡礁海洋公园管理局（Great Barrier Reef Marine Park Authority，简称GBRMPA），代表澳洲政府管理大堡礁地区。管理局的主要责任是管理与保护大堡礁地区的生态资源不受破坏，保存大堡礁的世界遗产价值，保证地区资源的可持续发展。管理局的职能包括区划管理、许可审批、研究教育、管理规划、生态认证参与等。管理内容涵盖各项规章的监督落实、濒危物种和气候变化监测、地区设施和自然文化资源保护、原住民社区关系等。管理局每 5 年举行一次大堡礁前景报告，邀请大量专家、学者、机构就上百个课题进行科学研究和数据采集，对整个地区的生态资源、管理模式和前景展望做出全面评估，并制定相应战略应对发现的环境问题和管理缺陷。2009 年澳大利亚政府在"关爱我们的故乡"行动中投入 2 亿澳元用于大堡礁拯救计划，资助一系列科学研究项目和保护监控计划，关注海岸生态系统和近海水域质量与污染物控制，收集关于礁体健康和海洋生物的珍贵信息，并对台风等自然灾害和突发性海洋事件进行影响评估调查。信息的收集和回馈来自广泛的群体参与，包括公园管理人员、巡逻人员、研究者、旅游者、旅游企业、渔民、当地居民等，特别是旅游企业的员工帮助收集旅游热点地区的生态环境信息，每周甚至每天把大量地点的信息反馈给管理局和研究机构。还鼓励其他经常在外活动的人群向管理局及时报告他们见到的任何异常情况。

　　大堡礁海洋公园是一个多用途区域并按区域划分管理，在严格保证地区生态健康的同时，多种人类活动也得到支持与发展，包括商业旅游、渔业、科学研究、原住民传统活动和国防训练等。现行的区划管理模式明确界定了特定区域允许的特定活动，以此分隔开有潜在冲突的活动，从而保证大堡礁地区独有的海洋生物和其栖息地的完整，尤其是对濒危动植物和环境敏感地带的特别保护。这一管理模式始于 2004 年，实践证明它是保证 34.5 万平方千米的大堡礁地区健康与活力的有效手段。通过对旅游休闲产业、渔业及其他商业活动的合理规范与支持增进了地区的社会经济活力，也保证了地区的休闲娱乐、文化教育、科学研究等多样性价值得以保存和可持续发展。目前整个海洋公园划分为 8 个不同类型的区域，每个区域的保护力度取决于该区域的环境敏感性和生态价值的重要性。其中保护最为严格的地区，不到总面积的 1%，任何人在没有书面许可的情况下不能进入该区域，任何开发、捕捞的活动都被禁止，包括研究活动也需要得到许可。绿色的国家海洋公园是一个不能带走任何东西的区域，占总面积的 33%，捕鱼和采集等活动都需要得到许可，任何人都可以进入并进行划船、游泳、潜水、帆船航行等活动。橙色的科学研究区域主要位于科学研究机构和设施附近，以科学研究为主要目的，通常不对公众开放，不到总面积的 1%。橄榄绿的缓冲区主要是对自然原生态的保护，允许公众进入，除垂钓外的其他捕捞方式都被禁止，占总面积的 3% 左右。黄色的保护区允许捕捞活动的适度开展，垂钓、叉鱼、捕蟹、打捞牡蛎和鱼饵等都被允许。深蓝色的栖息地保护区主要是保护敏感的栖息地不受任何破坏性活动影响和拖网捕鱼被禁止的区域，占总面积的 28%。浅蓝色的普遍使用区是限制最少的区域，基本所有活动都可以开展。管理局与昆士兰政府合作，每天有船只和飞机巡逻，监督检查各区域内是否有违规活动发生。关于区划的地图和说明在当地多个服务点和渔具店等都免费提供。研究结果证明，分区管理的效果是明显的，例如在绿色的国家海洋公园内珊瑚鳟鱼的数量比其他区域多出 1 倍，鱼的尺寸也大出许多，这意味着这里提供了更多的产卵和繁衍机会。

海洋保护区通常被认为是海洋生态系统管理的最佳工具，与世界其他海洋保护区一样，大堡礁自然保护区的成效可体现在 4 个方面：保护生态系统的结构、功能和完整性；促进相邻区域的渔业生产；增进对海洋生态系统的认识和了解；增加非消耗性资源开发机会。可以看出，大堡礁海洋公园尽管接纳了大规模的游客进入，昆士兰沿海地区也承受着人口持续增长的压力，仍能在最大程度上保证地区的海洋生态环境免受破坏，使它能够继续拥有这片世界上最大、最健康的珊瑚礁生态系统。

（三）荷兰临港石化生态产业园

荷兰是一个自然资源贫乏的国家，80%的原料依赖进口。荷兰化工产业发展采取的是临港工业模式，即充分利用港口优势，在港口附近建立石化生态产业园。将石油化工企业建在港口周围，可以减少运输中转次数，降低运输费用，从而降低石油化工业的生产成本，提高其竞争力。因此，荷兰依托港口资源或依托与港口相关优势而发展起来的工业具有很大优势。同时荷兰的工业基础雄厚，一开始就发挥港口优势，引导大部分重化工业在沿海"落户"。在这一过程中，市场力量起主导作用，政府力量起着服务和指导的作用。

荷兰的第一大港——鹿特丹（图2-5-22）很好地贯彻了"城以港兴，港为城用"的思想，发展了大规模的石化工业，迅速成长为世界三大炼油基地之一。世界跨国石油垄断公司如Shell（壳牌）、BP（英国石油公司）、ESSO、海湾石油等在鹿特丹都建有炼油基地。石油精炼和石油化工是鹿特丹临港工业中的主导产业。港区拥有4个世界级的精炼厂、40多家石油化工企业、4家煤气制造企业和13家罐装贮存和配送企业。鹿特丹临港工业带自北海沿马斯河向东延伸到多德雷赫特市，形成一条沿河石化工业带。临港工业区内的化工厂原材料主要依靠5个炼油厂提供。鹿特丹的地理位置

图2-5-22　荷兰临港石化生态产业园

使其成为欧洲的主要化学品港口，每年大约有 1 亿多吨原油海运至鹿特丹，一部分供给炼油厂，其余的通过海运、空运、管道输往欧洲其他地区。

20 世纪以来，随着荷兰工业化、城镇化和现代化进程的加快，以石油化工为主导的工业增长给荷兰沿海环境造成很大的污染。荷兰临港工业带在带动经济发展的同时，也重视环境保护，为了缓解环境压力、协调好经济、贸易与环境的关系，荷兰采取的环境保护措施主要有以下几方面。

（1）设立中央控制的污水排放系统。从 1985 年起，鹿特丹市政工程处便开始了对泵站的实时监控，2005 年开始，他们管理起一个复杂的城市排水系统即中央控制系统。该系统由 30 个集水区组成，收集了来自 30 个抽水站排放的污水，排放到 5 个污水处理厂（相当于 110 万总人口排放的污水量）。市政工程处对所有这些泵站进行集中管理控制。该中央控制系统可以进行实时监控，对整个鹿特丹的污水进行定量计算并进行统筹规划。

（2）征收环境税。环境税在荷兰已经实施多年，目前在斯堪的那维亚、比利时和卢森堡、英国、法国、意大利、奥地利和德国环境税也得到相应推广并取得了很好的效果。荷兰针对居民的废物回收费和污水处理费也在很大程度上鼓励了公众节约用水和减少废物产生，同时又增加了环境保护投资的来源。另外，荷兰还采用了对环境保护项目的贷款补助、环境损害保险、抵押金制度等多种经济手段，都取得了较好的效果。

（3）荷兰重化工业大力推进先进生产工艺，追求清洁生产，并在此基础上与其他相关产业形成工业代谢循环，促进废物利用，发挥集群效应。

（四）美国墨西哥湾原油泄漏应急响应

2010 年 4 月 20 日夜间，英国石油公司租用的位于美国墨西哥湾的"深水地平线"（Deepwater Horizon）号钻井平台发生爆炸并引发大火，钻井平台底部油井自 2010 年 4 月 24 日起漏油不止，至少 500 万桶原油喷涌入墨西哥湾，影响路易斯安那州、密西西比州、亚拉巴马州、佛罗里达州和得克萨斯州长达数百千米的海岸线。此次事故的漏油量已大大超过 1989 年"埃克森·瓦尔迪兹"（Valdez）号油轮溢油事故，成为美国历史上最大的溢油事故，但在美国国家海上溢油应急反应体系的指挥下，溢油应急响应及时，治理措施采取得当，造成的环境和经济损失相对于"瓦尔迪兹"号油轮溢油事故来说要小得多。

为了应对该事故，英国石油公司在休斯敦设立了一个大型事故指挥中心，包括联络处、信息发布与宣传报道组、油污清理组、井喷事故处理组、专家技术组等相关机构，并与美国当地政府积极配合，动员各方力量、采取各种措施清理油污。应急处理方案主要分为"5个步骤"：准备工作、应急反应、评估和监测、预防和阻止扩散以及清理。

1）准备工作

主要包括建立地区应急预案和组织野生动物保护。美国每个州的当地政府都建立了地区意外事故应急预案（以下简称 ACP），在溢油应急反应准备过程中，ACP 可在所有利益相关方之间建立紧密的联系，确立需要保护的敏感地区并制定行之有效的保护策略。应急反应小组通过与政府内外的野生动物专家紧密合作，加快应急反应能力，最大限度地减少了溢油对野生动物的影响。

2）应急反应

在应急资源的部署中，"机遇之船"（vessel of opportunity）方式值得借鉴。漏油事件对从路易斯安那州到佛罗里达州的很多渔民和船只都造成了影响，很多人申请参与救援工作，应急小组及时将其纳入到溢油处理队伍中，形成了"机遇之船"的工作模式。"机遇之船"计划共包含 5 800 艘船舶，雇佣了当地的海员并让其参与海岸线的保护，同时也扩大了后勤运输补给的范围和能力。应急反应小组还经常借助船东对当地海岸地区的熟悉，预测和观察溢油在敏感海岸的流动状况。"机遇之船"计划形成了基本的框架组成和规章制度，包括：招募、审核、分类排序、标记、培训和监管要求等。

通信联络在事故应急中具有重要作用，溢油应急响应要求对横跨墨西哥湾沿岸的 5 个州开展协调活动，需要大量的通信沟通平台，但目前尚没有可以提供如此广泛通信能力的平台。应急反应小组努力构建通信基础设施，该网络通信能力的提升将使政府具备应对未来任何应急响应的能力。

本次事故应急中，空中监测系统为超过 6 000 艘船舶提供服务，包括提供油情警报、指导收油船及撇油器到达正确的作业位置、监控燃烧点等，对于作业船舶而言，其作用更像是眼睛一样。空中监测团队正不断提高自身的工作能力，以通过对开阔水域的监视、跟踪、探测、识别来确定溢油的正确位置及相关属性。此外，空中监测系统还可于第一时间记录溢油区域的立体照片，并将溢油的具体位置及相关数据传递给公共图像系统

（common operating picture）。

3）评估与监测

在事故评估与监测过程中采用了公共图像系统的模式。通过全球超过 200 个独立的数据类型，创建了一个集成视图；该视图采用新开发的设备和技术，提供了一个无缝和快速协助救灾的平台。公共图像系统作为一种系统性应急协调机制，可确保应急人员和指挥部人员做出准确、可靠的判断并与当地作业人员和公众进行有效的沟通。

事故应急中成立了组织海岸线清理评估小组，评估小组由英国石油公司、NOAA、国家环保部门及各州立大学的科学家组成，主要负责准备及计划海岸线保护和溢油处理。工作内容主要包括：①预评估阶段，实地考察溢油事件是评估损害程度的关键；②初始评估阶段，在溢油到达海岸后，将调查结果报告提交给应急救援人员，给出溢油处理建议，专家需要核实溢油出现的位置，确定溢油的性质及潜在的污染源并给出处理建议；③最后评估阶段，评估海岸线溢油处理工作的成效。

4）预防与阻止扩散

在预防与阻止扩散方面，本次事故应急跨墨西哥湾沿岸地区共建立了 19 个分支结构，极大地提高了救援小组的协调和规划能力，确保了部署的准确性；分支机构的建立充分调动了墨西哥海岸线附近及陆地作业人员的积极性，并使当地利益相关者也参与到救援工作中。

5）清理

在对事故油污的处理中，直接从水中回收溢油被认为是当前最有效的方法，但伴随着石油动态运动及特性的持续变化，如何确定溢油处理的规模和持续时间已成为一个新的挑战。通过本次事件，溢油受控燃烧法经历了从概念的提出到实际用于溢油处理的过程，专家们对于该方法的使用经验得到了显著增强。此外，此次漏油事故处理中进行了史上最大的溢油围油栏部署，共使用了超过 1 400 万英尺的围油栏，其中包括约 420 万英尺的普通围油栏和约 910 万英尺的吸油围油栏。实践表明，布控围油栏是保护海岸线最有效的方法之一。

第四章 我国海洋环境与生态工程面临的主要问题

▶

一、海洋经济的迅猛发展给近海环境与生态带来巨大压力

未来 5～10 年是全面建设小康社会的攻坚时期，是转变经济发展方式、深化改革开放的重要时期；是环境保护事业发展的关键时期；也是我国工业化、城镇化、现代化快速发展时期。特别是 2008 年以来，国务院相继批准实施了多个沿海地区经济发展规划，沿海地区已经进入新一轮海洋开发和区域经济发展阶段。发展中的不平衡、不协调、不可持续问题依然突出，表现在产业布局和结构不尽合理、环境基础设施不完善、环境监管能力不足、制约科学发展的体制机制障碍依然较多等。

（一）我国沿海地区中长期社会经济发展形势分析

1. 我国沿海地区所处的工业化阶段和沿海开发战略实施后的发展趋势

国外经济学家钱纳里、库兹涅兹、赛尔奎等人，基于几十个、上百个国家的案例，采取实证分析的方法，得出了经济发展阶段和工业化发展阶段的经验性判据，进而得出了"标准结构"。不同学者对发展阶段的划分不尽相同，其中具有代表性的是钱纳里和赛尔奎的方法，他们将经济发展阶段划分为前工业化、工业化实现和后工业化阶段，其中工业化实现阶段又分为初期、中期、后期 3 个时期。判断依据主要有人均收入水平、三次产业结构、就业结构、城市化水平等标准。我国工业化实现阶段见表 2–5–5。

根据该标准，美国完成工业化并进入后工业化阶段的时间是 1955 年，当年工业（不包括建筑业）比重为 39.1%，达到最高值。日本、韩国进入相同阶段的时间分别为 1973 年和 1995 年，工业比重的最高值分别为 36.6% 和 41.9%。与此同时，工业内部结构也发生了显著变化。工业化初期，纺织、食品等轻工业比重较高，之后比重持续下降；工业化中期，钢

表 2 – 5 – 5　我国工业化实现阶段

基本指标	前工业化阶段（一）	工业化实现阶段（二）			后工业化阶段（三）
		工业化初期（1）	工业化中期（2）	工业化后期（4）	
人均GDP 2005年美元（PPP）	745～1 490	1 490～2 980	2 980～5 960	5 960～11 170	>11 170
三次产业结构（产业结构）	A>I	A>20%，A<I	A<20%，I>S	A<10%，I>S	A<10%，I<S
第一产业就业人员占比例（就业结构）	>60%	45%～60%	30%～45%	10%～30%	<10%
人口城市化率（空间结构）	<30%	30%～50%	50%～60%	60%～75%	>75%

铁、水泥、电力等能源原材料工业比重较大，之后开始下降；工业化后期，装备制造等高加工度的制造业比重明显上升。对工业内部结构的变化，德国经济学家霍夫曼提出了"霍夫曼定理"——在工业化进程中，霍夫曼比率或霍夫曼系数（消费品工业的净产值与资本品工业净产值之比）是不断下降的，特别是进入工业化中期，霍夫曼比率小于1，呈现出重化工业加速发展的阶段性特征。

根据表2 – 5 – 5给出的标准，我国总体上目前处在工业化中期向工业化后期过渡的时期。但对于从我国沿海地区。基于人均GDP指标衡量，2010年，我国沿海地区人均GDP为4.97万元，按当年平均汇率计算为6 581美元，按2005年不变价计算为14 129美元，处于后工业化阶段。从三次产业结构来看，我国沿海地区三次产业的比例为7.3∶50.6∶42.1，农业占比重小于10%，第二产业所占比重大于服务业，处于工业化后期阶段。从城市化率来看，我国沿海地区城市化率为63.2%，处于工业化后期阶段。因此，综合来看，我国沿海地区仍处于工业化后期阶段，且正在向后工业化阶段迈进，呈现出重化工业加速发展的特征。根据预测，我国2015年沿海地区第二产业增加值所占的比重与2010年相比，基本处于稳中有降的水平，即由45.8%下降到45.0%，下降约0.8%。

2. 我国沿海地区城市化发展趋势

根据预测，我国沿海地区城市化水平将进一步提高，到2015年城镇人口所占的比重将由 2010 年的 63.2% 上升到 66.7%，上升 3.5%。预计人均 GDP 将由 2010 年的 4.97 万元上升到 7.69 万元，按当年平均汇率计算为 10 931 美元，按 2005 年不变价计算为 23 468 美元，远高于后工业化阶段的水平。

总体上，我国沿海地区城市化发展将进一步推进，并继续保持出人均 GDP 远高于后工业化阶段水平，但产业比重和城市化率处于工业化后期的水平。这是由于我国产业结构的地域分布特点决定的，但我国沿海地区服务业比重将进一步提高，工业将逐步向内陆转移的趋势是无法改变的，未来 5~10 年，我国沿海地区将由工业化后期阶段逐步过渡到后工业化阶段。

（二）我国沿海地区污染物排放预测

随着沿海地区社会经济的持续发展，人口将持续向沿海地区集中，沿海地区城市化进程将稳步提升。由于生活方式的改变和生活水平的提高，人均生活污染物排放量也将持续增加。根据沿海地区国民经济和社会发展"十二五"规划等相关规划，预计规划范围内常住人口将由 2010 年的 2.96 亿人增长到 2015 年的 3.21 亿人，增长比例为 8.4%；城市化率将由 2010 年的 63.2% 增长到 2015 年的 66.7%；地区生产总值将由 2010 年的 14.72 万亿元增长到 2015 年的 24.66 万亿元，增长比例为 67.5%，其中工业增加值将由 2010 年的 6.74 万亿元增长到 2015 年的 11.10 万亿元，增长比例为 64.7%。预计总氮产生量将由 2010 年的 165.5 万吨增长到 2015 年的 174.8 万吨，增长比例为 5.6%；总磷产生量将由 2010 年的 17.8 万吨增长到 2015 年的 18.6 万吨，增长比例为 4.9%（表 2-5-6）。

表 2-5-6 我国"十二五"期间沿海省、市、自治区污染负荷预测 吨

沿海省、市、自治区	2010 年产生量		2015 年产生量		2015 年增长比例/%	
	总氮	总磷	总氮	总磷	总氮	总磷
辽宁省	13.14	1.63	13.18	1.63	0.3	0.2
河北省	14.42	1.61	14.45	1.61	0.2	0.1
天津市	9.42	0.93	9.59	0.94	1.7	0.9
山东省	29.79	3.55	30.37	3.64	1.9	2.4
江苏省	11.32	1.07	11.93	1.14	5.4	6.4
上海市	11.39	1.07	13.47	1.24	18.2	16.8

续表

沿海省、市、自治区	2010 年产生量		2015 年产生量		2015 年增长比例/%	
	总氮	总磷	总氮	总磷	总氮	总磷
浙江省	19.54	1.93	21.46	2.10	9.8	8.9
福建省	14.68	1.59	15.59	1.67	6.2	4.8
广东省	35.49	3.70	37.31	3.86	5.1	4.4
广西壮族自治区	1.94	0.21	2.27	0.24	17.4	13.3
海南省	4.43	0.49	5.17	0.57	16.7	17.4
全国	165.5	17.8	174.8	18.6	5.6	4.9

可见，我国沿海省、市、自治区污染负荷增长速率差异较大，环渤海地区的污染负荷增长较慢，但海南省、上海市、广西壮族自治区的增长率均超过了 10%，说明污染物排放的区域结构将发生转变。我国沿海经济发展相对较慢的区域，例如海南、广西污染负荷增长较快，对当地削减污染物负荷、逐步减少污染物排放量、保护当地近岸海域环境质量提出了更为艰巨的任务。总体上，随着我国新一轮沿海开发战略的实施，占入海污染物总量 80% 以上的陆源污染负荷将进一步增加，面源污染控制、入海河流水质改善任务将进一步加重，海域富营养化和有害藻华问题将依然存在，局部海域的重金属、持久性有毒有害污染将日益凸显，海上溢油与化学品泄漏风险将明显加大，近海生态安全将面临更大压力，保护和改善近岸海域环境质量将面临诸多挑战，同时对提升产业能级，推进节能减排、应对气候变化、保障生态安全，对海洋综合管理和公共服务提出了更高的要求。

二、"陆海统筹"的环境管理仍存在机制障碍和技术难度 ▶

影响海洋环境质量的污染源主要有陆源、船舶排放、海上养殖以及海上倾废等。其中，陆源是指从陆地向海域排放污染物质，造成或者可能造成海洋污染损害的场所、设施等。陆源污染主要通过入海河流、直排口等形式进入海洋，占各类入海污染物质的 80% 以上。因此控制陆源污染对于海洋污染控制的意义重大，为了控制近岸海域水质污染和改善生态环境质量，应以控制陆源污染为重点，从根本上解决海洋污染问题。然而陆源污染控制仍存在管理机制不健全、治理成本高等问题，制约了陆源污染的控制效果。

1. 尚未实施营养物质的总量控制

陆源负荷输入是近岸海域无机氮、活性磷酸盐严重超标最主要的原因。"十一五"期间，我国在水污染物总量控制方面采取了工程减排、结构减排和管理减排三大措施，总量减排方面取得显著成效。但由于目前沿海地区流域总量控制指标为 COD 和氨、氮，而海域环境污染控制因子是总氮和总磷。因此，海域污染控制与陆域污染控制指标难以衔接，氮、磷入海负荷得不到有效控制，导致海域富营养化问题成为常态。

2. 面源污染控制难度较大

从陆源污染控制的角度，目前陆域氮、磷污染负荷主要来自农业面源污染，主包括种植业、畜禽养殖业和水产养殖业。第一次全国污染源普查结果显示，农业源总氮和总磷排放分别占全国排放量的 57.2% 和 67.4%。与点源污染及点源污染的集中性相反，面源污染具有分散性、隐蔽性、随机性的特征，因此不易监测、难以量化，防控的难度较大。

农业面源污染监测体系不健全，底数不清。国家虽然已经开展了农业源污染普查，但由于农业环境监测体系建设起步晚，监测手段落后，体系不完善，没有针对农业面源污染的发生进行长期和大范围源头监测，农业面源污染底数不清，不能及时掌握农业面源污染状况和变化趋势，使管理和防治措施缺乏针对性和科学性。

缺乏相应的面源污染控制管理技术。由于近年来结构调整的深入和农业集约化程度的提高，一些新的农作物种类和品种被大量引进，而农民仍沿用过去的管理方式进行施肥、灌溉及防治病虫害，农业技术部门未能根据农业发展水平的需要及时为农民提供相应的技术指导，致使农业投入品的极大浪费，既大大增加了农民的生产支出，也造成了环境污染，再加上环境意识薄弱，重生产轻环保的现象十分严重。

面源污染控制的相关扶持政策和激励机制缺乏。在现有的面源污染环境管理政策中，只是针对主要污染源农药和化肥颁布实施了一些环境政策，主要是针对生产、运输、营销、保管、使用等环节，缺少针对面源污染防治的规章制度，没有规定肥料、农药等使用不当造成污染的行为和责任。

相反，国家为降低农业生产成本，对化肥、农药生产企业实行补贴，一定程度上是刺激了化肥、农药的大量施用。另外，我国目前还没有综合性和专业性的面源污染防治方面的环境管理制度。

综上所述，农业面源污染控制的难点在于缺乏行之有效的管理体制和机制、扶持政策及相关的技术支撑手段。

3. 污水处理厂脱氮除磷能力不足

目前我国有相当部分已经建成的污水处理厂脱氮除磷的能力不足，导致出水中氨氮、总磷超标排放。而污水处理厂要进行脱氮除磷的工艺尚不成熟，且治理费用较高，往往需要增加大量构筑物，增加占地面积和大量的运行费用，改造难度较大，投资高，成为困扰这些污水处理厂正常运行和实现稳定达标的难题之一。此外，有些地方污水收集没有实行清污分流或没有严格做到清污分流，雨季大大降低了处理厂效率，更成为氮、磷污染的重要原因。

三、海洋生态保护的系统性和综合性有待提升 ▶

（一）海洋生态保护系统性不强

无论是海洋保护区网络建设、示范区建设工程，还是盐沼湿地、珊瑚礁、海草床、红树林等的生态恢复工程，目前都存在体系完整性和系统性不强的问题。盐沼湿地、珊瑚礁、海草床、红树林等生态系统修复工程在实践过程中存在诸如恢复项目的目标不明确、未进行评估生态恢复的效果等问题，后续跟踪监测尚未开展。

（二）工程及技术水平有待提升

目前我国生态保护工程技术水平及信息化水平离国际先进水平还有很大差距。很多生态保护工程项目集中在单个项目，分布零散，"人工鱼礁区、国家海洋公园、河口海湾生态与自然遗迹海洋特别保护区"等在同一区域名目繁多，亟待将多个项目整合，形成海洋生态工程产业链、建立海洋生态网络合作机制。

（三）对区域及国家层面的综合考虑不足

我国海洋保护区整体分布和发展很不均衡，缺乏从国家层面上综合考虑海洋保护区的总体规划和合理布局，一些生物多样性关键地区还存在大量的空白区域。从级别上来看，国家级的海洋保护区数量少、面积小，远不能代表我国纵跨3个气候带的海洋生物多样性；从保护对象上来看，以红树林、珊瑚礁、河口湿地、海岛生态系中的野生动植物为主要保护对象，且多为陆地保护区向海的自然延伸，具有重要保护价值的区域如海洋自然景观和文化遗产尚未得到有效保护，保护范围和覆盖度有待进一步提高；从地域上来看，南方海洋自然保护区的数量要多于北方，以广东、福建、海南居多。

海洋生态恢复工程目前主要以单个项目形式进行，对区域及国家层面的考虑不足。与国际发达国家相比，美国恢复工程的管理，其实践工程已从特定物种或单个生态系统或小尺度的生态恢复工程逐渐扩大到向《恢复海岸及河口生境的国家战略》（A National Strategy to Restore Coastal and Estuarine Habitat, 2002）的大尺度（如北部大西洋区、中部大西洋区、南部大西洋区、墨西哥湾区域、太平洋沿岸区域、五大湖区）的生态恢复项目转变，并设定了相关恢复目标及配套措施，而我国目前缺乏类似的国家战略或计划。

四、涉海工程的技术水平、环境准入、环境监管等方面问题 ▶

（一）海洋油气田开发工程监管不力，溢油管理制度不完善

1. 海洋油田开发工程建设现状

中国管辖海域沉积盆地具有丰富的含油气资源，总面积达300万平方千米。这些沉积盆地自北向南包括：渤海盆地、北黄海盆地、南黄海盆地、东海盆地、冲绳海槽盆地、台西盆地、台西南盆地、台东盆地、珠江口盆地、北部湾盆地、莺歌海—琼东南盆地、南海南部诸盆地等。全国第三次石油资源评价初步结果显示，目前全国海洋石油资源量为246亿吨，占石油资源总量的22.9%；海洋天然气资源量为15.79万亿立方米，占天然气资源总量的29.0%。我国海洋石油勘探始于20世纪60年代，1975年渤海第一座海上试验采油平台投产，揭开了中国海洋石油开发的序幕。我国海洋原油产量占全国原油产量的比重，从1990年的1.05%，提高到2010年的26%。以渤海为例，仅已探明的就有90亿吨，渤海油气产量从2000年的

653.5 万吨增加到 2010 年的 3 000 万吨以上，年均增加 16.7%。

我国的海上油气开采平台分布见图 2 – 5 – 23。总体来看，我国的海洋油气开发具有以下 3 个特点。

（1）海洋油气开采主要集中在近海。2010 年，海上石油开采达到 5 185 万吨，相当于大庆油田的全年产量，占到我国目前石油年产量 1.89 亿吨的 1/4 以上。但这 5 185 万吨的产量主要集中在中国近海海域：渤海、珠江口、南海北部和北部湾。其中，仅渤海油田就奉献了 3 000 余万吨，占到了总量的 60%。

（2）海上油气开采的潜在生态环境风险较高。在近海分布的海上采油勘探钻井、采油平台、海底油气管线、油码头等设施逐年增多，且随着部分设备老化，海上溢油事故发生风险有所提高。此外，沿岸分布的众多炼油、石化等涉油企业，以及海上船舶数量和原油运输量的迅猛增加，也加大了海上溢油风险，对近海的生态环境带来巨大的潜在压力和风险。

石油一旦进入洋体，会随着浪潮迅速扩散，吸收海水中大量的溶解氧，形成油膜效应。油膜覆盖于水面，使海水与大气隔离，造成海水缺氧，导致海洋生物死亡。在石油污染的海水中孵化出来的幼鱼鱼体扭曲并且无生命力，油膜和油块能粘住大量的鱼卵和幼鱼使其死亡。油污使经济鱼类、贝类等海产品产生油臭味，成年鱼类、贝类长期生活在被污染的海水中其体内蓄积了某些有害物质，当进入市场被人食用后危害人类健康。

（3）深远海（南海中南部）油气资源开发尚未启动。

2. 海洋油田开发工程的生态环境影响

随着海洋油气资源勘探规模和区域的不断扩大，其对海洋环境和生态的影响也日益严重，海洋石油开发的各个环节包括海底油气勘探、油气开采、油气集输等都存在环境生态破坏危险。在石油勘探过程中，采用地震法所使用的地下爆破震源、噪声都会对周围的生态环境产生影响；采用电磁法等勘探技术同样会对所在海域的海洋生物产生影响。在油气开采过程中，主要污染源是钻井设备和施工现场，钻井过程中会产生大量的废弃泥浆，这些泥浆中包含了各种油和烃类，以及各种钻采的废渣。这些泥浆如果处置不当，泄露进入周边的海域，将对周围的环境产生毒害作用。同时，在油气开采平台或者导管架安装以及钻采过程中会产生巨大的振动噪声，影响周边环境。在油气运输过程中，由于海洋油气平台一般远离大陆，一

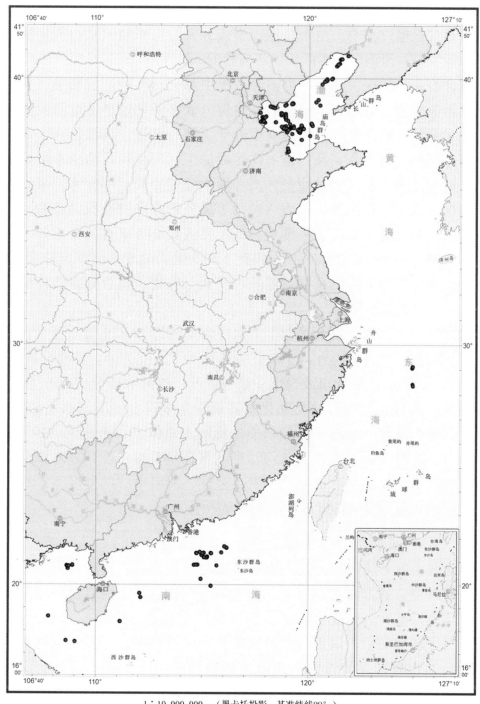

1 : 10 000 000 （墨卡托投影 基准纬线29°）

图 2 - 5 - 23 我国海洋石油开采平台分布示意图

般采用油轮或者管道运输，也有采用浮式储油装置 FPSO 收集后运输的办法，在油气运输过程中，由于自然因素或者人为操作的因素会产生油气泄漏的风险，一旦泄漏会产生巨大的环境影响。

海洋石油在钻探、开采、集输等过程中都会对环境造成影响，其中尤以石油污染为主，石油进入海洋后，除部分低分子量烃易逃逸蒸发到大气外，绝大部分石油会进入水体，发生乳化溶解、扩散、沉淀作用，污染水体、海床同时影响到鱼类及其他海洋生物的生存环境。采油废水主要是随原油一起被开采出来，经过油气分离和脱水处理后脱出的废水。采油废水水质情况复杂，含石油类、表面活性剂等高分子难降解有机污染物，含有大量溶解性无机盐，氯离子浓度更高达上万或数十万毫克每升，具一定的腐蚀性，同时还含有硫及杀菌剂。因此，高盐度采油废水属于难处理废水。废水中的多环芳烃类物质具有强烈的"三致"作用，排放到自然环境后也不易被天然生态系统降解。

2011 年，全国海上石油平台生产水排海量约为 12 859 万立方米，钻井泥浆和钻屑排海量分别约为 47 709 立方米和 40 926 立方米。监测结果显示，蓬莱"19－3 油田"溢油事故对所在油气区及周边海域环境状况产生影响，其他油气区水质要素中石油类和化学需氧量基本符合一类海水水质标准，沉积物质量均符合一类海洋沉积物质量标准。总体上，除蓬莱"19－3 油田"以外，2011 年所监测的其他海洋油气区环境质量状况均基本符合海洋油气区的环境保护要求，可见在不发生溢油、泄漏事故的情况下，海洋油气开发活动对周边海域环境不会产生明显影响。

3. 海洋油气田开发的环境监管问题

从近年来海上油气田开发及溢油事故的教训来看，我国在海洋油气田开发工程环境监管方面存在以下几个方面的问题：①企业自身环境监管不力，环境责任缺失，存在有法不依的问题；②事故发生后应急处置不力，各部门反映较为滞后，缺乏国家层面的综合协调机制；③损害赔偿低。这些问题反映出我国在海洋污染事故的管理体系仍不完善，应急响应能力不足。

(二) 沿海重化工产业环境准入门槛不高，环境风险高

1. 我国沿海地区重化产业发展现状

石化工业和化学工业是国民经济重要的支柱产业和基础产业，其资源、

资金、技术密集，产业关联度高，经济总量大，产品应用范围广，在国民经济中占有十分重要的地位。改革开放以来，我国沿海地区由于其有力的经济、社会基础和独特的区位优势，不仅率先成为全国经济发展的先行地区，而且也开始成为重化产业的重要基地。截至 2010 年，我国已形成了长江三角洲、珠江三角洲、环渤海地区三大石化化工集聚区及 22 个炼化一体化基地，建成 20 座千万吨级炼厂，汽柴油年产量达 2.53 亿吨，75% 以上的产能分布在沿海区域。上海、南京、宁波、惠州、茂名、泉州等化工园区或基地已达到国际先进水平。

改革开放以来，东部沿海地区就一直走在我国工业发展的前列。我国炼油布局继续遵循靠近资源地、靠近市场、靠近沿海沿江建设的原则，形成以东部为主、中西部为辅的梯次分布。截至 2009 年年底，我国的原油一次加工能力达 4.77 亿吨，居世界第二，其中，80% 的加工能力集中在沿海地区，华东、东北、华南三大地区分别约占全国炼油能力的 32%、21% 和 15%，辽宁是全国炼油能力最大的省份，原油加工能力达 7 600 万吨/年，其次为山东和广东。在广东，惠州—广州—珠海—茂名—湛江一线以临港开发区为载体的沿海石化产业带已经形成；华东、华中临港重化工业规模正在扩大；从南京到上海的长江沿岸，已经产生 8 个大型的临港化工区；杭州湾也正向石化工业区的目标大胆迈进；在北方的环渤海地区，倚仗老工业基地的优势，天津、大连等地的临港工业发展十分迅速。

2. 我国沿海地区重化产业发展的生态环境影响

随着我国沿海重化产业的发展，化工企业得到持续发展，化学品产量大幅度增加，生产规模不断扩大，创造了巨大的经济效益。由于化工企业排污量、用水量都很大，考虑到经济原因、排污条件较好和交通运输便利，化工企业往往分布在沿海地区，对海岸带环境和生态系统产生直接压力。

（1）化工产业类型齐全，污染物种类多样、毒性强。沿海化工业包括石化、医药、农药三大类型，主要有无机化工原料、有机化工原料、石油化工、化学肥料、农药、高分子聚合物、精细化工和医药化工等，企业类型众多，特征污染物不同。化工生产排出的污水，一般富含氮、磷、COD 等污染物，具有有害性、好氧性、酸碱性、富营养性、油覆盖性、高温等特点；一般的化工废气，含有 HCL、苯等有毒有害气体，具有易燃易爆、有毒性、刺激性、腐蚀性、含尘等特点，特别是化工和石油化工废水的生态毒性最大，其中经过处理并达到国家排放标准的多种废水仍有较高的生态毒性，化工废水中所含的苯系物、酚类和脂类等有机污染物有一定的生物积累性和内分泌系统干扰毒性，是人类的隐形杀手；化工生产过程中的废渣以及持久性有机污染物（POPs）对沿海区域的环境有着长期、潜在的影响。化工生产的这些特点，对区域水环境都会产生极大的影响，从而影响到人和其他生物的生活与生存。

（2）化工事故频发，环境安全风险大。化工行业生产过程中使用大量易燃、易爆、有毒及强腐蚀性材料，在其生产、使用、储存、运输、经营及废弃处置等过程中易发生火灾、爆炸、中毒、放射等事故。沿海地区靠近人口聚居区，经济较为发达，一旦发生重大环境事故，势必造成严重的生态影响，给人民生命财产带来重大损失。2005 年 11 月，中石油吉化双苯厂苯胺装置发生爆炸，共造成 5 人死亡、1 人失踪、近 70 人受伤，爆炸发生后，约 100 吨苯类物质（苯、硝基苯等）流入松花江，造成了江水严重污染，沿岸数百万居民的生活受到影响，并且引起了国际经济纠纷。2004 年 3 月，川化集团未经批准，擅自开车试生产造成重大事故，大量高浓度氨氮废水排入沱江，造成沱江特大水污染事件。沱江下游近百万群众的饮用水受到污染，内江市三产全部停业近 10 天，致使各种鱼类大量死亡，直接损失近 3 亿元，造成严重的社会影响。沱江特大水环境污染事件还对沱江的生态环境产生重大影响，据专家估算，当地流域水环境生态系统至少要五六年才能基本恢复。

（3）管理监督力度不足，应急系统不完善。化工企业的执法监管能力和手段不足，违法排污企业尚未得到有效监管。多数企业未安装水量、水质在线监控仪器或虽安装但不能正常运行；一些企业通过下水道或私设暗管违法排污，应急系统尚不完善。

（4）环境准入门槛低。目前沿海重化工产业向沿海推进的趋势十分明显，已经形成多个重化工产业集聚区，冶金、石油、化工、装备制造业等传统中化工行业优势明显。但目前沿海各地对行业的资源环境效率要求不明确，环境准入门槛不高，对企业的污染控制技术水平缺乏更高要求，为沿海地区环境安全带来较大隐患。

（三）围填海工程缺乏科学规划，监督执法体系不完善

1. 我国海岸带围填海工程发展现状

围填海工程是人类利用海洋空间资源，向海洋拓展生存空间和生产空间的一种重要手段。综观中外沿海国家和地区发展的历史，围填海工程在促进沿海国家和地区的社会经济发展中起到十分重要的作用。我国沿海地区在 20 世纪 80 年代实施对外开放以来，经济快速发展，城市化进程加快，沿海城镇发展的空间约束越来越突出，建设用地资源日益紧张。由于沿海人多地少，围海造地成为缓解土地资源紧缺的主要方式。一些地方建成进出港口和新型临港工业园区，推动了社会经济的发展与城市空间的战略转移。

从新中国成立到 20 世纪末，围填海造地面积约 12 000 平方千米，平均每年约为 240 平方千米。进入 21 世纪，沿海地区经济社会持续快速发展的势头不减，城市化、工业化和人口集聚趋势进一步加快，土地资源不足和用地矛盾突出已成为制约经济发展的关键因素。在这一背景下，沿海地区掀起了围填海造地热潮，其主要目的是建设工业开发区、滨海旅游区、新城镇和大型基础设施，缓解城镇用地紧张和招商引资发展用地不足的矛盾，同时实现耕地占补平衡。目前，受巨大经济效益的驱动，沿海各地围填海活动呈现出速度快、面积大、范围广的发展态势。大型围填海工程动辄上百平方千米，如按照曹妃甸的总体开发建设规划，初期（—2010 年）填海造地 105 平方千米，中期（2011—2020 年）再填海 150 平方千米，远期（2021—2030 年）完成 310 平方千米填海造地；黄骅港规划围填海 121.62 平方千米；天津滨海新区批准填海 200 平方千米，上海临港新城规划填海 133 平方千米。较小者也有数十平方千米，如江苏省大丰市王竹垦区匡围 48 平方千米，福建省罗源湾围垦 71.96 平方千米。

2. 我国海岸带围填海工程的生态环境影响

过去 10 多年来，我国围填海工程规模大、速度快、技术落后，围填海工程与海洋生态环境保护之间的矛盾日益升级。

（1）滨海湿地大幅度减少、湿地生态服务价值显著降低。滨海湿地面积锐减，湿地自然属性急剧改变，滩涂生态服务功能削弱，生物多样性降低，群落结构改变，种群数量减少，甚至濒临灭绝。据估算，围填海导致

的生态服务价值损失每年 1 888 亿元，约相当于目前国家海洋生产总值的 6% 。

（2）鸟类栖息地和觅食地消失，湿地鸟类受到严重影响。湿地减少使得大量鸟类无处栖息和觅食，数量和种类显著下降。

（3）海洋和滨海湿地碳储存功能减弱，影响全球气候变化。全球湿地占陆地生态系统碳储存总量的 12% ~24% ，围填海将滨海湿地转为农业用途，导致湿地失去碳汇功能，转变为碳源；若用作工业或城镇建设用地则完全丧失了其碳汇功能。

（4）重要海湾萎缩甚至消失，海岸带景观多样性受到破坏。一些重要海湾面积大幅度萎缩。人工景观取代自然景观，降低了自然景观的美学价值，很多景观资源被破坏，严重弱化了海洋休闲娱乐功能。

（5）鱼类生境遭到破坏，渔业资源锐减，影响渔业资源延续。区域水文特征改变，破坏鱼群洄游路线、栖息环境、产卵场、仔稚鱼肥育场和索饵场，很多鱼类生存的关键生境被破坏，导致渔业资源锐减，渔业资源可持续发展受到影响。

（6）陆源污染物增加，水体净化功能降低，海域环境污染加剧。产生大量工程垃圾，加剧了海洋污染；纳潮量减少，海岸水动力条件和环境容量变化，水交换能力变差，净化纳污能力削弱，减弱了海洋环境承载力。形成土地后的开发利用又产生大量陆源排污，加大近海环境污染压力。

（7）改变水动力条件，引发海岸带淤积或侵蚀。周边海洋水动力条件变化破坏岸滩和河口区冲淤动态平衡，发生淤积或侵蚀，对航道、港湾和海堤等造成严重威胁。宜港资源衰退，许多深水港口需重新选址或依靠大规模清淤维持。

总之，最近 10 多年来以满足城建、港口、工业建设需要的围海造地高潮，呈现出工程规模大、速度快、完全改变了海域自然属性，破坏了海岸带和海洋生态系统的服务功能，对海岸带及近海的可持续利用影响深远。

3. 我国围填海工程管理中存在的问题

（1）围填海工程的管理缺乏海洋生态系统科学的支撑。我国海洋生态系统的研究主要集中在近海较深的海域，而对海岸带水域及滨海湿地的关注较少，因此对与国民经济有重要关联的滨海湿地生态系统认识相当不足。此外，不同海区的海湾、河口和海涂等滨海湿地的自然条件有很大的差异，对这些海域我国目前尚缺乏生态系统层面上的科学认识。大规模、快速的围填海工程涉及影响的主要问题是滨海湿地生态系统的稳定性、可持续利用等。而目前对于围填海工程对生态系统影响的论证研究相当薄弱，对围填海工程对生态系统的持续影响的分析更付阙如。

（2）围填海工程监督检查和执法监察体制有待于进一步完善。在省（直辖市、自治区）层面上，海洋管理部门作为地方政府的一个行政部门，地方政府的意志和实施围填海的决策对海洋管理部门形成巨大的压力。在沿海县市层面上，填海造地大多是以地方政府为主导的海洋开发活动，不少填海工程项目与"书记工程"、"省长、市长工程"联系在一起，地方海洋行政主管部门和执法监察的管理、执法很难到位。

（四）核电开发工程安全形势不乐观

1. 我国核电开发工程现状

核电是清洁、安全、经济的能源，是当今最现实的能大规模发展的替代能源。我国第一座核电厂秦山核电厂 1991 年投入运行。截至 2011 年年底，我国核电运行机组 15 台，装机容量 1 250 万千瓦；在建机组 26 台，装机容量 2 780 万千瓦。2010 年，我国核电发电量占总发电量的 1.77%。半个世纪以来，我国核能与核技术利用事业稳步发展，目前，我国已经形成较为完整的核工业体系，核能在优化能源结构、保障能源安全、促进污染减排和应对气候变化等方面发挥了重要作用。我国核电事业属于多国引进、多种堆型、多种技术、多类标准并存的局面。当前，我国二代改进型机组达到批量规模，三代的 AP1000 和 EPR 也开始建设。

2. 我国核电开发的生态环境影响

我国核安全保证体系日趋完善。在深入总结国内外经验和教训的基础上，按照国际原子能机构和核能先进国家有关安全标准，我国已基本建立了覆盖各类核设施和核活动的核安全法规标准体系。2003 年以来，先后颁布并实施了《中华人民共和国放射性污染防治法》、《放射性同位素与射线装置安全和防护条例》、《民用核安全设施监督管理条例》、《放射性物品运输安全管理条例》和《放射性废物安全管理条例》，制定了一系列部门规章、导则和标准等文件，为保障核安全奠定了良好的基础。初步形成了以运营单位、集团公司、行业主管部门和核安全监督部门为主的核安全管理体系，以及由国家、省（自治区、直辖市）、运营单位构成的核电厂核事故应急三级管理体系。核安全文化建设不断深入，专业人才队伍配置逐渐齐全，质量保证体系不断完善。核安全监管部门审评和监督能力逐步提高，运行核电厂及周围环境辐射监测网络基本建成。在汶川地震等重特大灾害应急抢险中，我国政府决策果断、行动高效，有效化解了次生自然灾害带来的核安全风险，核安全保障体系发挥了重大作用。

我国核安全水平不断提高。我国核电厂采用国际通行标准，按照"纵深防御"的理念进行设计、建造和运营，具有较高的安全水平。截至 2011 年 12 月，我国大陆地区运行的 15 台核电站机组安全业绩良好，未发生国际核事故分级表 2 级及以上事件和事故。气态和液态流出物排放远低于国家标准限制。在建的 26 台核电机组质量保证体系运转有效，工程建造技术水平与国际保持同步。大型先进压水堆和高温气冷堆核电站科技重大专项工作有序推进。2011 年实施的核设施综合安全检查结果表明，我国运行和在建核电机组基本满足我国现行核安全法规和国际原子能机构最新标准的要求。研究堆安全整改活动持续开展，现有研究堆处于安全运行或安全停闭状态。核燃料生产、加工、贮存和后处理设施保持安全运行，未发生过影响环境或公众健康的核临界事故和运输安全事故。核材料管制体系有效。放射源实施全过程管控。

我国放射性污染防治稳步推进。近年来，国家不断加大放射性污染防治力度，早期核设施退役和历史遗留放射性废物治理稳步推进。多个微堆及放化实验室的退役已经完成。一批中、低放废物处理设施已建成。完成了一批铀矿地质勘探、矿冶设施的退役及环境治理项目，尾矿库垮坝事故风险降低，污染得到控制，环境质量得到改善。国家废放射源集中贮存库及各省（自治区、直辖市）放射性废物暂存库基本建成。我国辐射环境质量良好，辐射水平保持在天然本底涨落范围；从业人员平均辐射剂量远低于国家限制。

3. 我国核电开发工程安全中存在的问题

近年来，我国核能与核技术利用事业加速发展，核电开发利用的速度、规模已步入世界前列，但保障核安全的任务更加艰巨。

（1）安全形势不容乐观。我国核电多种堆型、多种技术、多类标准并存的局面给安全管理带来一定难度，运行和在建核电厂预防和缓解严重事故的能力仍需进一步提高。部分研究堆和核燃料循环设施抵御外部事件能力较弱。早期核设施退役进程尚待进一步加快，历史遗留放射性废物需要妥善处置。铀矿冶开发过程中环境问题依然存在。

（2）科技研发需要加强。核安全科学技术研发缺乏总体规划。现有资源分散、人才匮乏、研发能力不足。法规标准的制（修）订缺乏科技支撑，基础科学和应用技术研究与国际先进水平总体差距仍然较大。

（3）应急体系需要完善。核事故应急管理体系需要进一步完善，核电集团公司在核事故应急工作中的职责需要进一步细化。核电集团公司内部及各核电集团公司之间缺乏有效的应急支援机制，应急资源储备和调配能力不足。地方政府应急指挥、响应、监测和技术支持能力仍需提升。

（4）监管能力需要提升。核安全监管能力与核能发展的规模和速度不相适应。核安全监管缺乏独立的分析评价、校核计算和实验验证手段，现场监督执法装备不足。全国辐射环境监测体系尚不完善，监测能力需大力提升。核安全公众宣传和教育力量薄弱，核安全国际合作、信息公开工作有待加强。

五、海洋环境监测系统尚不健全，环境风险应急能力较差 ▶

（一）海洋环境监视、监测系统尚不健全，监测技术不完善

我国海洋环境监测体系覆盖的区域主要是近岸及近海海域，其目的是对我国人为活动影响区域的海洋环境质量、海洋生态健康状况、赤潮、海岸带地质灾害等进行监测与评价，为海洋环境管理提供依据，监测的手段主要是现场船舶监测。海洋观测系统主要集中在岸基观测台站。海洋环境监测能力是实施海洋生态环境监测与风险控制的基础。经过40多年的建设和发展，我国具备了一定的海洋环境监测能力、海洋环境信息应用能力和海洋环境预报能力。但海洋环境保障体系建设起步较晚，就业务化系统的规模、能力以及实际预报保障总体水平而言，大体接近国外发达国家20世纪90年代初期的水平。目前我国海洋环境监测存在的问题和技术"瓶颈"如下。

1. 管理体制没有理顺、规章制度尚不健全

我国目前涉及海洋监测的部门、单位、机构较多，除国家海洋局外，

环境保护部、农业部、中国气象局、海军、大专院校、沿海地方政府有关部门以及海洋工程部门都开展与海洋相关的监测或研究活动，各部门缺乏有效协调与合作，造成重复建设、资金分散，制约了我国海洋环境监测事业的发展。缺乏国家统一的近海海洋监测系统，监测资源和监测数据不能共享共用已成为制约我国海洋科学发展的主要"瓶颈"之一。

2. 监测理念落后、技术支撑不足、主要设备依赖进口

目前我国海洋环境监测的理念相对落后，缺乏总体设计，目的不够清晰。近年来，我国一些涉海单位在新监测技术方法的研究开发、标准的建立、规范的修订等方面做了一些工作，但多数技术尚未进入业务化转化过程，未能形成相应的技术标准和规范。特别是深海海底监测技术，要实现海底监测网络的建设，还存在有很多技术"瓶颈"和难题。

监测仪器方面，国产仪器也存在不少工艺问题，缺乏市场竞争力，甚至常用的如高精度电导率和温度剖面测量仪（CTD）、声学多普勒海流剖面仪（ADCP）、海面动力环境监测高频地波雷达（HFGWRD）、剖面探测浮标（Argo）、投弃式温度深度计（XBT）等，仍依赖进口。水下自航行监测平台（AUV）和水下滑翔机（Glider）在国外已应用于水下监测，而我国则刚立项研制。因此，至今除了台站和锚系浮标以外，海洋仪器设备几乎全部依赖进口。

3. 海洋监测系统以岸基监测台站为主，离岸监测和监测能力薄弱

经过几十年的努力，我国初步建立了近海海洋监测系统，但受我国海洋监测技术水平、经济支撑能力、海洋监测管理体制等因素的制约，其监测时空分辨率、持续监测时间和资源的利用率，都不能满足国家海洋科学监测和科学研究的需要。就我国近300万平方千米的海域，目前的常规海洋监测以400多个岸基监测台站为主，仅属于近岸监测，迄今尚没有海上固定式长期的海洋综合监测平台，也缺少海洋多学科综合性监测浮标。不但与欧美、日韩有明显差距，即使与周边国家相比也相当薄弱。

4. 不能满足海洋科学研究长期、连续、实时、多学科同步的综合性监测要求

缺少长期、系统和有针对性的近海海洋科学监测，是导致对我国近海诸多重大海洋科学问题的认识肤浅、争论长久、难以取得重大原创性成果

的主要原因，因而是制约我国海洋科学发展的主要"瓶颈"之一。随着我国国民经济的发展和社会的进步，海洋经济和海上军事活动日益增强，众多新的海洋科学问题摆在科学家面前等待解决。从满足海洋科学技术创新的需求出发，针对关键海域的重大海洋科学问题，加强近海区域性长期综合监测网络建设，获取全天候、综合性、长序列、连续实时的监测数据，对于我国海洋科学发展与重大海洋科学问题的解决已迫在眉睫。

5. 海洋生态与环境监测的质量控制和质量保证薄弱

海洋环境监测的质量标准是目前我国海洋环境监测的薄弱环节。包括监测设计质量、现场测量质量、仪器设备质量、采样质量、实验室分析测试质量、数据质量、评价模型的质量、数据产品加工质量及服务质量等在内的监测质量管理体系尚未健全。到目前为止，只有部分监测机构取得了国家和地方技术监督部门质量检测机构计量认证或 ISO9000 系列的质量认证，尚难以保证海洋环境监测数据的质量。

（二）海洋环境质量标准主要参照国外研究成果制定，无我国海洋环境质量基准研究的支持

目前，我国没有在真正意义上建立起相应的水环境质量标准体系，而制约我国海洋环境质量标准体系改进和完善的主要原因之一是由于我国缺乏相应的水生态基准资料。我国的水环境质量基准的相关研究并不系统，所颁布制定的水环境质量标准多借鉴于发达国家的生态毒性资料。从而形成了重标准而轻基准，跨越式制定水环境质量标准的阶段发展特点。我国于 1988 年制定的 GB 3838《地面水环境质量国家标准》和 1997 年修订实施的 GB 3097《海水水质标准》，其主要依据是日本、俄罗斯、欧洲等国的水质标准和美国的水质基准资料，往往仅侧重于引用国外鱼类毒性资料。以生态学的角度，不同的生态区域有不同的生物区系，对某个生物区系无害的毒物浓度，也许会对其他区系的生物产生不可逆转的毒性效应。因此，仅仅参考发达国家的水生态基准资料来确定我国的水环境质量标准，只能是权宜之计。

目前尚缺乏充分的科学证据说明我国现行的海水水质标准可以为我国海洋环境中大多数水生生物提供适当的保护。导致我国的环境保护工作一直都是在充满矛盾和效果不理想的状态下运转。我国环境保护工作一直存

在着"欠保护"和"过保护"的问题，前者不能保证人体健康和生态系统的持续安全，后者虽然对生态系统有益无害，但对发展中国家的经济成本考虑就意味着无谓的浪费。不同的国家和地区制定海洋环境质量标准均需要以区域性海洋质量基准为基础和依据，以确保可给予本区域环境生态恰当的保护。

（三）海洋生态环境风险管理与应急能力薄弱

1. 海上溢油应急能力建设

溢油应急涉及多个部门，其间的协作机制不完全明确，无法形成一体化管理的态势，难以形成高效、科学的溢油污染应急管理体系。应急力量仍然薄弱，缺乏专业化、大型化的应急船舶、设备和专业队伍。主要原因有：①地方政府对溢油应急能力建设的重视程度和投入不够；②相关企业的责任不能有效落实；③缺少健全的资源共享和利用机制，企业应急反应积极性不高；④专业溢油应急队伍缺乏，不适应溢油应急形势的需要。应急决策指挥系统是溢油应急工作的指挥中枢，但目前我国各级海上搜救中心的指挥决策系统仍十分落后，很大程度上依赖人工操作和经验判断，信息传输不通畅，智能化、自动化程度低，现场信息难以实时传递到指挥中心，严重制约应急工作的科学决策。

2. 化学品泄漏应急能力建设

危化品泄漏的事故虽然没有溢油事故频繁，但影响范围大。如1吨氯的泄漏能够影响4.8平方千米的范围，且危险化学品数量庞大，环境行为和毒性复杂。因此危险化学品泄漏的应急反应技术不如溢油成熟，对人类潜在的影响比溢油严重得多。

目前中国处理水上危化品泄漏事故应急反应能力还存在许多薄弱环节。①决策水平有待提高，因为危化品的复杂性和危险性导致事故发生后往往难以正确决策；②清污水平比较落后，缺乏相应的围控、清污等设备；③缺乏应急联动机制，诸多码头、岸边设施危化品泄漏事故暴露出的一个严重问题是陆地和水上没有形成应急反应联动机制，与预防控制措施脱节，致使危化品污染严重；④在中国危化品运输量越来越多的状况下，对其研究仍在初级阶段。

目前，国内外的危化品数据库大多基于陆地危化品泄漏特征建立，但危化品在水中的稀释度和分解过程不同于陆地，这种数据库在应用于水上应急时，实用性受到一定限制。因此应开展水上危化品泄漏事故应急相关技术的研究，为危化品事故应急反应和处置提供科学决策支持平台。

六、我国海洋环境与工程发展差距分析 ▶

为反映我国海洋环境与生态工程发展现状和水平，从 10 个方面考虑了我国海洋环境与生态工程的发展，与当前（2012 年）国际先进水平进行了比较。总体上，我国海洋环境与生态工程与国际先进水平差距为 10 ~ 20 年（图 2 - 5 - 24）。

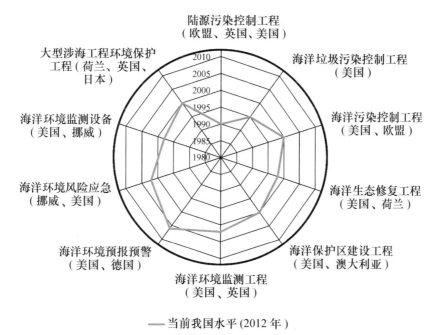

图 2 - 5 - 24 我国海洋环境与生态工程发展现状及国际发展水平趋势

711

第五章 我国海洋环境与生态工程发展战略和任务

一、战略定位与发展思路 ▶

（一）战略定位

围绕"建设海洋强国"和"大力推进生态文明建设"的国家发展战略部署，坚持"保护优先、预防为主"的方针，通过海洋环境和生态工程建设与相关产业发展，提高我国海洋环境和生态保护水平，实现"在发展中保护、在保护中发展"，支撑我国社会经济的协调可持续发展，为建设海洋生态文明、建设美丽中国，实现海洋强国提供生态安全保障。

（二）战略原则

1. 统筹发展原则

海洋环境与生态工程涉及的内容较为丰富，需建立统一、协调的规划体系，统筹陆域、海域污染控制工程；统筹海岸带开发利用与生态保护工程，既要发挥环境对经济的支撑作用，又要实现海洋环境与生态的有效保护。

2. 自主创新与引进技术相结合原则

通过海洋环境与生态工程建设，一方面大力推进科技环境—生态科技进步和创新，掌握核心技术，实现产、学、研结合，形成科技进步和创新的强大合力；另一方面积极引进国外先进技术，进行消化、吸收、创新、示范和推广，缩短与发达国家之间的差距。通过国内自主研究开发与技术引进相结合，联合攻关，更为有效地推动技术进步。

3. 政府组织协调与市场机制作用相结合原则

海洋环境与生态工程的发展，一方面需要政府组织协调，由政府主导和引导海洋环境和工程发展；另一方面要充分发挥市场机制的基础性作用，切实调动市场主体的积极性，引导产业发展方向和发展重点。

（三）发展思路

以维护海洋生态系统健康、保持海洋生物的多样性，保护人类健康为宗旨，以改善海洋环境质量和保障生态安全为目标，以提高技术创新能力和推动产业化为核心，坚持"陆海统筹、河海兼顾"的原则，构建海洋环境污染控制和生态保护工程体系，建设海洋污染控制工程、生态保护工程，以及海洋环境管理与保障工程，增强对海洋环境的管控能力，构建海洋经济发展与海洋环境保护协调发展的新模式，为建设海洋生态文明提供工程技术保障。

二、战略目标

经过 20～30 年的努力，通过开展海洋污染控制工程、生态保护工程、海洋环境管理与保障工程，共三类工程技术创新与产业发展，海洋环境与工程技术创新能力明显提高，海洋环境与生态工程相关高新技术产业得到发展，入海污染物排放得到有效控制，海洋环境质量明显改善，海洋生态系统健康状况明显改善，海洋生态服务功能得到有效维护；海洋环境监控、预警与应急等海洋环境管控能力显著提升，海洋生态安全得以充分保障，实现沿海地区资源与环境协调发展，海洋生态文明建设取得明显成效。

（一）到 2020 年的战略目标

到 2020 年，重点突破海洋环境与生态工程关键技术，初步形成海洋环境与生态工程产业体系，能够满足我国海洋环境与生态保护的战略需求。具体目标包括以下几方面。

（1）到 2020 年，通过污染控制工程，以陆源防治为重点，重点入海河流和沿海城市污染防治污染物入海量明显下降，河流入海断面水质达标率达到 80%，近岸海域水质较目前有明显改善，一类和二类海水面积达到 80%；近岸海域重金属、持久性有机物等危害人体健康的环境问题得到初步遏制。

（2）到 2020 年，建成我国海洋保护区网络；提升突破海洋生态保护工程的技术创新能力，初步形成较为全面、适用的海洋生态工程技术体系；

近海生态系统健康状况和生态服务功能保持稳定。

（3）到2020年，掌握海洋生态环境监测设备核心技术，国产化水平达到50%，初步形成以企业为主体的技术创新体系。大力发展海洋生态环境监测网络，近岸海域生态环境实时监测网络能够覆盖所有重点保护区域和典型海洋区域，各监测网数据联网共享，基本形成区域海洋生态环境监测预报体系。

（4）到2020年，全面提升海洋生态环境风险的综合管控能力，降低污染灾害、赤潮（绿潮）、溢油、危化品泄漏、海岸带地质等灾害风险；保障海洋生态安全，促进海洋经济持续发展。

（5）建成5～10个海洋生态文明示范区。

（6）到2020年显著增加我国渔业资源储量，提升我国海洋食物供给方面的能力；加强我国海洋环境保护区建设，增加海洋环境保护区面积和数量，从而明显改善我国在全球海洋健康指数OHI的评分，达到全球平均分水平以上。

（二）到2030年的战略目标

（1）到2030年，建立陆－海协调的海洋环境保护机制，实施流域营养物质管理，有效提高营养物质利用效率，氮、磷营养物质排海量得到有效控制，近海富营养化程度显著下降；河流入海断面水质达标率达到90%，近岸海域水质较2020年有明显改善，一类和二类海水面积达到90%；近海生态系统结构稳定，海洋生态系统健康状况明显改善，生态服务功能得以恢复。

（2）到2030年，建成完善的海洋保护区网络；海洋生态保护工程技术水平达到国际先进水平，产业体系完备；海洋生态系统健康状况有所好转，退化的海洋生态系统主要服务功能基本得以恢复。

（3）到2030年，海洋生态环境监测设备技术创新达到国际先进水平，基本实现国产化，产业化体系完备；近岸海域生态环境立体监测网络能够覆盖近海和部分远海区域，海洋环境监测和预警能力达到国际先进水平。

（4）到2030年，海洋生态环境风险的综合管控能力达到国际先进水平，海洋环境风险应急设备产业化体系完备。

（5）到2030年进一步增加我国渔业资源储量，提升我国海洋食物供给方面的能力；完善我国海洋环境保护区建设，继续增加海洋环境保护区面积和数量；注重海洋旅游和度假服务功能的建立健全，从而进一步提升我国在全球海洋健康指数 OHI 的评分，力争达到发达国家平均分水平。

（三）到 2050 年的战略目标

形成完整的海洋环境与生态工程研究开发、装备制造、技术服务产业体系，海洋环境与生态工程创新能力达到国际先进水平；我国海洋环境质量全面改善，生态系统结构稳定，健康状况良好；实现沿海地区资源、环境协调发展；海洋生态安全得以保障；海洋生态文明蔚然成风，建成与世界海洋强国相适应的海洋环境与生态状况。

三、战略任务与重点

（一）总体任务

遵循"陆海统筹、河海兼顾"的原则，以建设海洋生态文明为指导，以陆源污染控制为重点，实施海洋污染控制工程，进行"从山顶到海洋"的全过程防治；以海洋生态系统结构和服务功能保护为主要任务，实施海洋生态保护工程；以提高海洋环境与生态工程技术水平和创新能力为核心，实施海洋环境与生态科技工程；以提升海洋环境保护监测、监管、风险应急能力为核心，实施海洋环境管理与保障工程。通过实施海洋环境和生态工程，为发展绿色海洋经济，构建海洋经济发展与海洋环境保护协调发展的新模式，开创资源可持续利用、经济可持续发展和生态环境良好的局面提供技术支撑和工程保障。

（二）发展路线图

以建设海洋强国和生态文明为目标，围绕"控制海洋环境污染，改善海洋生态，防范海洋风险，提升海洋管控能力" 4 个方面，分阶段地开展海洋环境与生态保护工程体系的建设。在近期（2020 年），以削减陆源污染物，维护海洋生态健康状况，提升环境监管与风险控制能力为主。在中期（2030 年），建立陆 – 海协调的海洋环境保护机制，形成海洋环境与生态工程成套技术体系与产业体系，海洋环境质量与生态状况明显改善，海洋环境监管技术和手段处于国际先进水平，海洋经济、资源、环境协调发展（图 2 – 5 – 25）。

图 2-5-25 我国海洋环境与生态工程发展路线

（三）重点任务

1. 实施海洋环境污染控制工程，进行"山顶到海洋"的陆海一体化全过程控制

1）实施营养物质管理，进行海域氮、磷总量控制

坚持"陆海统筹、河海兼顾"，积极推进重点海域排污总量控制。依据近岸海域环境质量问题和生态保护要求，以及海域自然环境容量特征，加快开展污染物排海状况及重点海域环境容量评估，按照"海域—流域—区域"的层级控制体系，提出重点海域污染物总量控制目标，确定氮、磷、营养物质的污染物的控制要求，实施重点海域污染物排海总量控制，推动海域污染防治与流域及沿海地区污染防治工作的协调与衔接。

2）控制农业面源污染物排放和入海量

发挥政府职能，强化面源污染管理。把面源污染防治与降低农业生产成本、改善农产品品质和增加农民收入结合起来；充分发挥地方政府的领导、组织和协调作用，逐步建立由政府牵头，部门分头实施的管理机制；充分发挥农业部门在农业面源污染防治工作中的主导作用，明确各部门的责、权、利，从源头、过程和末端3个环节入手，确保面源污染防治工作落到实处。

完善监测体系，摸清面源污染底数。建立高效、快速的面源污染监测和预警体系，摸清不同污染源排放规律和对环境污染指标的贡献率等面源污染底数，及时准确掌握面源污染状况和变化趋势。依法加强监管，建立生态补偿机制。从立法、执法以及配套制度制定3个方面，建立完善农业面源污染防治的法律法规和制度。建立生态补偿机制，鼓励农民采用环境友好型的农业生产技术，实施农业清洁生产。

制定科学规划，分步推进面源污染防治。针对全国不同地区面源污染问题，因地制宜地开展农业面源污染防治。建设生态农业、循环农业和低碳农业示范区；推广测土配方施肥、保护性耕作、节水灌溉、精准施肥等农业生产技术，提倡使用有机肥料；在现有农田排灌渠道的基础上，通过生物措施和工程措施相结合，改造修建生态拦截沟，减少农田氮、磷的流失；推进病虫害绿色防控，生物防治，淘汰一批高毒、高残留农药，推广先进的化肥、农药施用方法。推进农村废弃物资源化利用，因地制宜地建设秸秆、粪便、生活垃圾、污水等废弃物处理利用设施，合理有序发展农村沼气。

3）在沿海地区建设绿色基础设施，控制城市面源污染

进行城市绿色基础设施建设，包括"绿色屋顶"、"可渗透路面"、"雨水花园"、"植被草沟"及自然排水系统；完善城市雨污管网建设；加大城市路面清扫力度，严格建设工地环境管理，加强城市绿地系统建设；强化城镇开发区规划指导，进行街道和建筑的合理布局，禁止占用生态用地；以及市民素质教育等非工程措施，增加城市下垫面的透水面积，提高雨水利用率，补充涵养城市地下水资源，控制城市面源污染，减轻城市化区洪涝灾害风险，协调城市发展与生态环境保护之间的关系。

4）加强海洋垃圾污染控制

以源头污染防治、垃圾清理整治为重点，推进海上和海滩垃圾污染治理。强化海洋垃圾源头污染防治，以沿海地区为重点，加快完善城镇和农村垃圾收运、处理、回收体系建设；切实控制海上船舶、水上作业、滨海旅游以及滩涂、浅海养殖产生的生产生活垃圾和各类固体废弃物的排放，做到集中收集、岸上处置。继续推进海洋垃圾清理、清扫与整治，建立海滩垃圾定期清扫和海上垃圾打捞制度，减少海洋垃圾污染。强化海洋垃圾监测与评价，掌握近岸海域海洋垃圾的种类、数量及分布状况。完善海洋垃圾监督管理，强化日常执法检查，严格管理海洋垃圾倾倒，坚决查处违法倾倒和排放固体废弃物的行为。在国家和地方建立健全海洋垃圾管理工作机制，形成政府统一领导、部门齐抓共管、群众积极参与的治理格局，强化宣传教育，提升公众对海洋垃圾污染防治必要性和重要性的认识。

2. 完善保护区网络，划定"生态红线"，实施海洋生态保护工程，正确引导海岸带开发利用活动

1）完善国家海洋保护区网络

根据我国沿海各地的实际情况和需要，构建布局合理、种类齐全、功能完善的海洋自然保护和海洋特别保护区网络，促进生物资源的繁衍、恢复和发展，保护海洋珍稀濒危及其栖息，减少或消除人为干扰，维持海洋生态功能，保护生物的多样性。在保护对象方面，重点保护珊瑚礁生态系统、红树林生态系统，沿海潟湖以及各类湿地系统。

2）沿海地区划定"生态红线"，正确引导海岸带开发利用活动

基于近岸海域生态调查结果，提出对生态敏感区、珍稀物种、资源及其生境等的保护要求，将海洋保护区、重要滨海湿地、重要河口、特殊保护海岛和沙源保护海域、重要砂质岸线、自然景观与文化历史遗迹、重要旅游区和重要渔业海域等区域划定为海洋生态红线区，防止对产卵场、索饵场、越冬场和洄游通道等重要生物栖息繁衍场所的破坏。进一步制定分区分类制定红线管控措施，严格实施红线区开发活动管理政策。建立海岸退缩线，可将海岸线向海域 1 000 米、向陆域 200 米等距线范围设定为海岸退缩线，严格控制该区域内的开发活动，退缩线向海一侧不批准人工建筑物。沿海地区要结合区域生态功能、重要生态敏感区的空间分布，以区域资源环境承载力为约束，优化国土空间开发格局，引导产业空间布局。

3）分区分类开展河口、海湾、海岛生态保护与修复工程建设

加强陆海生态过渡带建设，增加自然海湾和岸线保护比例，合理利用岸线资源；控制项目开发规模和强度。加强围填海工程环境影响技术体系研究，加强对围填海工程的空间规划与设计技术体系研究，完善必要的行业规范。积极探索如何可持续利用海洋空间资源，充分发挥海洋空间的生态价值，并最大限度地减少对生态系统的影响。规范海岸带采矿采砂活动，避免盲目扩张占用滨海湿地和岸线资源，制止各类破坏芦苇湿地、红树林、珊瑚礁、生态公益林、沿海防护林、挤占海岸线的行为。

加大受损严重河口、海湾、海岛生态环境综合治理，开展生态保护与恢复工程建设，修复已经破坏的海岸带湿地、恢复自然生境，发挥海岸带湿地对污染物的截留和净化功能；在围填海工程较为集中的渤海湾、江苏沿海、珠江三角洲、北部湾等区域，建设生态修复工程。

组织开展珊瑚礁、海草床、红树林、河口、滨海湿地等海洋生态系统的调查与研究，开展受损生态系统的修复与恢复工作。以自然恢复为主，辅以人工恢复，恢复生态系统结构与功能。采用人工育苗的方式，扩大其种群数量，或采用本土引种，进行异地保护；对珊瑚礁、红树林、渔业资源及濒危物种实施保护，开展海岸带整治、增殖放流、伏季休渔、陆源污染物监控治理等海洋环境保护工程。

加强滨海区域生态防护工程建设，因地制宜建立海岸生态隔离带或生态缓冲区，合理营建生态公益林、堤岸防护林，构建海岸带复合植被防护体系，形成以林为主，林、灌、草有机结合的海岸绿色生态屏障，削减和控制氮、磷污染物的入海量，缓减台风、风暴潮对堤岸及近岸海域的破坏。

3. 海洋环境管理与保障工程

1）构建完善的海洋生态环境监测系统

未来我国应在重点海域进一步加强由岸基监测站、船舶、海基自动监测站、航天航空遥感组成的全天候、立体化数据采集系统的能力建设，使污染监测、生态监测、灾害监测及海洋自然环境监测结合为一体，建立多层次、多功能、全覆盖的海洋监视、监测与观测的网络结构，形成由卫星传送、无线传输、地面网络传输等多种技术和专业数据库组成的监测数据传输和监测信息整合系统。加强配备重金属、新型持久性有机污染物及放射性等的分析检测设备，探索适合我国的海洋环境监测分析技术与方法，

重点开展海洋功能区监测技术、海洋生态监测技术、赤潮监测技术、海洋大气监测技术、海域污染物总量控制技术、污染源监测技术研究，尽快形成标准规范，指导海洋环境风险评价与分析工作。

2）加快海洋环境监测设备产业化进程

通过技术引进和自主研发相结合的途径，逐步掌握海洋生态环境监测技术和监测设备核心部件研发制造技术，实现相关设备的国产化。开展关键技术与装备的研制。通过投放浮标、潜标，以及海洋环境监测组网，进行海洋生态环境的实时观测应用。重点发展海洋生态环境长期原位观测传感器和进行监测设备系统集成。

3）构建完整的"基准－标准－监测－评价"海洋环境保护技术体系

完善海洋生态环境监测技术体系建设，加强国产海洋生态环境监测设备研发，基于我国海洋生态环境的特点与海洋生物区系分布特征建立具有我国特色的海洋水环境质量基准与标准体系，搭建海洋生态环境质量评估技术平台。针对重点海域建立国家海洋生态环境监测与评估计划，构建完整的"海洋水质基准－水质标准－生态环境监测－生态质量评价"海洋生态环境保护技术体系。

4）加大我国海洋环境和生态风险预警和应急保证能力建设

针对海洋溢油及化学品泄漏等突发性海洋生态环境灾害事故，建立重点风险源、重点船舶运输路线等监控技术体系，完善海洋生态环境灾害监控预警及应急机制，保障海洋生态环境与人体健康安全，保障海洋经济的可持续发展。能力建设方面，建立海洋溢油以及处置物质储备基地，根据海洋溢油风险区、多发区等合理布局溢油物质储备网络体系，合理配置消油剂、围油栏、吸油毡等常备物资。积极研发海洋溢油回收、绿潮海上处置等工程设备，提升海洋环境灾害的现场处置能力。建立由陆岸应急车辆、海洋应急专业船舶和直升机构成的海、陆、空立体快速应急反应体系，提升海洋生态环境应急反应速度。

4. 加强重大涉海工程环境监管，倒逼优化布局及技术创新

1）海洋油气田开发

在石油勘探过程中，开发低噪声、低辐射、低扰动的勘探技术，减少对海洋生物及生态系统的影响。在油气开采过程中，开发生产废水及废弃泥浆减量化的清洁生产技术，研究海下"三废"处置技术及装置，提高溢

油事故的处置能力。在油气运输过程中，开发油气泄漏检测预警技术及装置，开发海洋受损生态系统修复技术。

2）沿海重化工产业

从沿海重化工宏观布局方面，站在全局高度，对沿海十几个重化工基地的环境敏感性进行科学系统评估，打破现有沿海重化工遍地开花的格局，集中打造亿吨级的重化工园区。从生产工艺角度，开发和利用生物技术及其他清洁生产技术，减少有毒、有害原料的使用量，生产清洁产品。加强陆上重化工项目涉及有毒、有害污染物的预处理技术及原位回用技术研究，提高园区的污水控制水平。加强重化工项目"三级防控体系"研究，保证事故状态下不对海洋生态系统构成威胁。

3）围填海工程

加强围填海工程环境影响技术体系研究，加强对围填海工程的空间规划与设计技术体系研究，完善必要的行业规范。积极探索如何可持续利用海洋空间资源，充分发挥海洋空间的生态价值，并最大限度地减少对生态系统的影响。建立重大海洋工程后效应评估制度。设立重大海洋工程长期海域使用动态监测点，并建立海岸线侵蚀变化影响数据库。建立海岸带陆域和海洋联合执法机制与执法合力。建立健全围重大海洋工程跟踪监测制度，改变重论证轻管理的现状，从过去单一项目填海监测向区域用海监测转变。

4）核电开发工程

围绕核能与核技术利用安全、核安全设备质量可靠性、铀矿和伴生矿放射性污染治理、放射性废物处理处置等领域基础科学研究落后、技术保障薄弱的突出问题，全面加强核安全技术研发条件建设，改造或建设一批核安全技术研发中心，提高研发能力。组织开展核安全基础科学研究和关键技术攻关，完成一批重大项目，不断提高核安全科技创新水平。

（四）保障措施

1. 完善环境法制，强化执法监督

完善海洋环境保护法规标准体系，制定、完善海洋环境保护相关标准。进一步提高依法行政意识，开展联合执法，加大环境执法力度，提高执法效率。加强海洋环境保护监督执法能力建设，提高执法队伍素质。规范环境执法行为，实行执法责任追究制，加强对环境执法活动的行政监察。

2. 创新环境政策，形成长效机制

完善海洋环境保护政策，探索建立海洋环境保护与海洋经济协调发展的政策体系，通过制定投资、产业、税收等方面的政策对海洋开发活动进行宏观调控，协调好各行业、各地区之间在沿海和海洋开发利用活动中的关系，最大限度地发挥海洋的综合效益。完善企业清洁生产和循环经济标准，建立沿海地区企业准入制度和工业园区管理制度，建设资源节约型、环境友好型、高科技型和经济效益型产业体系。建立更加严格的围填海审批制度和生态补偿制度，遏制对海洋环境的无序开发。鼓励非政府力量参与海洋环境监测，建立海洋环境监测的第三方评估机制。

3. 鼓励公众参与，加强舆论监督

鼓励公众参与海洋环境保护决策过程，积极探索建立公众参与决策的模式，对涉及公众环境权益的发展规划和建设项目，通过召开听证会、论证会、座谈会或向社会公示等形式，广泛听取社会各界的意见和建议；实行建设项目受理公示、审批前公示和验收公示制度；畅通环境信访、环境12369监督热线、网站邮箱等环境投诉举报渠道；提高公众参与意识，保障公众的知情权和参与权，充分发挥媒体与舆论的环境监督作用，加强环境保护工作的社会监督。

第六章 中国海洋生态与环境
工程发展的重大建议

一、建立陆海统筹的海洋生态环境保护管理体制 ▶

（一）必要性

长期以来，我国形成了"统一监督管理与部门分工负责"相结合的海洋生态环境保护管理体制，即环境保护部对全国海洋环境保护工作进行指导、协调、监督，同时海洋、海事、渔业及军队环境保护部门具体负责海洋环境保护、船舶污染海洋环境的监督管理、渔业水域生态环境保护，以及军队的海洋环保工作。这在客观上造成了海洋环境保护呈分散型行业管理体制，行业管理机构各成体系，条块分割，各自为政，环境保护部的综合管理职能难以发挥，导致部门间职责分散交叉、分工不明确、政出多门，难以形成统一的海洋环境保护机制。

海洋是陆地领土的自然延伸，两者紧密关联、相互影响，是不可分割的有机整体。海洋污染物的80%以上来自陆源，解决影响海洋环境矛盾的主要方面在陆地。因此，只有遵循陆海生态系统完整性原则，按照"陆海统筹、河海兼顾"的方针，将陆地和海洋作为一个完整的系统进行综合分析，统筹规划、统一管理，明晰环境问题根源，做好顶层设计，才能从根本上控制陆源污染，改善海洋环境，为公众提供优质的海洋环境公共服务和产品。特别是党的十八大以来，生态文明建设将融入并体现在经济、政治、文化、社会体制改革的过程之中，生态环境保护将是我国社会经济发展顶层设计的重要内容。建设与"五位一体"总体布局相适应的海洋生态环境保护管理体制，推动陆海环境的统一监督管理，建立"从山顶到海洋"的环境管理体系已经势在必行。

（二）主要内容

1. 实施陆地和海洋生态环境统一监管

整合分散的海洋环境监管力量，按照系统性原则对陆地和海洋的污染源、污染物、水质、沉积物、生物、大气等环境要素，以及陆地、海洋的工农业生产生活活动等进行统一监管，将生态环境保护的要求贯穿生产、流通、分配、消费的各个环节，体现在全社会的各个方面，实现要素综合、职能综合、手段综合，增强环保综合决策能力，实现统一监管和执法。改革环境影响评价制度，对战略环评、规划环评、项目环评，以及海洋工程、海岸工程环境影响评价进行统一管理，避免多头负责、重复审批，提高管理效率和效能，避免重复建设和投资。整合地表水、海洋等环境监测资源，建立陆海统筹、天地一体的环境监测和预警体制。进行海洋环境信息统一发布，提高政府的公信力，有效指导地方政府的海洋环保工作，正确引导社会公众和舆论。

2. 以流域为控制单元，建立陆海一体化综合管理模式

海洋是河流携带各种物质的最终受纳者，两者相互连通，互为依存，构成一个完整的生态系统。综合考虑流域和海洋环境保护的需求和目标，坚持生态优先、绿色发展的原则，以流域作为入海污染物控制单元，辨析流域人类活动与海洋环境之间的影响—反馈机制与效应，建立陆海一体化环境综合管理模式。以流域和海域的资源环境承载力为依据，开展区域发展规划和海洋开发规划的战略环境影响评价，划定流域和海域生态保护"红线"，合理确定产业规模、结构与布局，优化生态安全空间格局。以污染物总量控制为抓手，实施排污许可管理，综合采取点源、面源、流动污染源控制措施，严格控制流域主要污染物排放，有效改善海洋环境。

二、实施国家河口计划

（一）必要性

河口是河流与海洋交汇的水域区，是世界上生物多样性最为丰富的区域之一，拥有独特的生态系统。同时河口区也是人类高强度开发的地带，生态敏感性强，生态系统极为脆弱。我国海洋环境污染物80%以上来自陆

源，其中绝大部分来自河流输入，经河口进入海洋。因此，流域自然变化和人类活动以河流为纽带，对河口及其毗邻海域产生深刻影响。在过去的几十年中，流域社会经济迅猛发展，城市区域快速扩展，农药化肥大量使用，土地利用急速变化，这些变化过程中产生的大量污染物通过河流输送到海洋，对河口和近海的环境与生态产生了深刻的影响，导致河口及毗邻区出现生态系统平衡被破坏、生态系统服务功能退化，各类环境问题和生态灾害不断凸显，如海水入侵、海岸侵蚀、河口湿地萎缩、生物资源退化、近海富营养化、有害藻类暴发等，已经对沿海地区的经济社会发展及海洋生态环境安全构成了严峻的威胁与挑战。因此，要从源头控制陆源污染物，亟待以河口区域为切入点，一方面推进陆海统筹的污染控制，减轻海洋环境压力；另一方面，在河口区采取针对性的保护措施，恢复河口生态环境，支撑河口地区社会经济可持续发展。

（二）总体目标

通过实施国家河口环境保护工程，推进全国河口区生态环境的调查，明确我国河口的总体环境状况和普遍环境问题；实施陆海一体化污染物总量控制，筛选确定一批优先试点河口，推进陆海统筹的污染控制，从源头上控制陆源污染物排放；制定和实施有针对性的管理措施和保护与修复工程，恢复河口生态环境，维护河口生态系统健康，减轻海洋环境压力，支撑河口地区社会经济可持续发展。

（三）主要任务

1. 河口生态环境状况调查与评估

调查河口生态环境、资源禀赋及资源开发利用情况，建设河口区生态环境监测网络。建立描述包括有毒污染物、营养物、自然资源在内的河口区数据库。识别河口的自然资源价值及资源利用情况；建立河口的生态环境评价指标体系和技术方法，进行河口生态系统健康评价，进行河口的健康状况、退化原因诊断和对未来状况发展趋势预测。

2. 实施河口区入海污染物总量控制

针对河口及其邻近海域主要环境问题及其原因，将整个河口——它的化学、物理、生物特性以及它的经济、娱乐和美学价值作为一个完整的系统来考虑，以流域为单位，制定河口综合性保护和管理计划，实施河口区入海污染物总量控制。建立陆海一体化总量控制实施机制，推动排污许可制度的实施，明确减排责任主体，将污染物总量控制的责任落实到地方政府、企业。建立海域污染物总量控制实施效果核查制度，建立入海污染物总量考核办法，明确考核责任单位、考核对象、考核程序、考核目标、评分体系和公众参与制度，将海域污染物总量考核制度化、规范化。完善相关环境立法，健全监督和监管机制，为总量控制的实施提供有效的法律和政策支撑。

3. 建设河口生态环境保护与修复工程

基于近岸海域生态调查结果，提出对生态敏感区、珍稀物种、资源及其生境等的保护要求。在近岸海域重要生态功能区和敏感区划定生态红线。针对河口及其邻近海域主要生态退化问题及其原因，因地制宜地进行河口生态环境保护与修复工程建设，积极修复已经破坏的海岸带湿地，修复鸟类栖息地、河口产卵场等重要自然生境。针对围填海工程较为集中的河口区域，建设河口生态修复工程。针对岸线变化，规范海岸带采矿采砂活动，制止各类破坏芦苇湿地、红树林、珊瑚礁、生态公益林、沿海防护林、挤占海岸线的行为，建设岸线修复工程。

4. 建设河口区生态环境监测网络

建设全天候、全覆盖、立体化、多要素、多手段的河口生态综合监测网络，形成由岸基监测站、船舶、海基自动监测站、航天航空遥感等多种手段的监测能力，形成由卫星传送、无线传输、地面网络传输等多种技术和专业数据库组成的监测数据传输和监测信息整合系统，实现对河口区入海河流水质和通量、河口区水环境、生态系统、大型工程运行情况、赤潮/绿潮等生态灾害的高频次、全覆盖监测，加强重金属、新型持久性有机污染物、环境激素、放射性，以及大气沉降污染物等的分析监测能力。对河口行动计划实施过程中的关键参数进行观测，对实施效果进行评估，并将评估结果反馈到河口生态环境保护计划，以便随时做出修正。

三、建设海洋生态文明示范区　▶

（一）必要性

建设海洋生态文明是推动我国海洋强国建设和推进生态文明建设的重

要举措，是国家生态文明建设的关键领域和重要组成部分。建设海洋生态文明，有利于在坚持科学发展、资源节约、环境保护和开发的理念下，积极探索海洋资源综合开发利用的有效途径，最大程度地提高海洋资源利用与配置效率，保障和促进海洋事业的全面、协调、可持续发展，为提高海洋对国民经济的持久支撑能力，并发挥积极作用。这对于促进海洋经济发展方式转变，提高海洋资源开发、环境和生态保护、综合管控能力和应对气候变化的适应能力，实现沿海地区的可持续发展，具有重要的战略意义。

（二）发展目标

建立沿海地区经济社会与海洋生态、环境承载力相协调的科学发展模式，树立绿色、低碳发展理念，加快构建资源节约、环境友好的生产方式和消费模式，建立人－海和谐的海洋经济发展模式和区域发展模式。通过海洋生态文明建设，入海污染物排放得到有效控制，海洋环境质量明显改善，海洋生态系统服务功能得到有效维护。海洋资源开发利用能力和效率大幅提高，海洋开发格局和时序得到进一步优化，形成节约集约利用海洋资源和有效保护海洋生态环境的发展方式，显著提升对缓解我国能源与水资源短缺的贡献。

（三）重点任务

以辽宁辽东湾、山东胶州湾、浙江舟山、福建沿海为先行示范区，开展海洋生态文明示范区建设。

1. 调整产业结构与转变发展方式

依据沿海地区海域和陆域资源禀赋、环境容量和生态承载能力，科学规划产业布局，优化产业结构，加强产业结构布局的宏观调控和经济发展方式的转型，形成分工合理、资源高效、环境优化的沿海产业发展的新格局。构筑现代海洋产业体系，改造升级传统产业，积极发展海洋服务业，培育壮大海洋战略性新兴产业，发展循环经济和低碳经济，用生态文明理念指导和促进滨海旅游业、海洋文化产业等服务产业的发展，引导国民的海洋绿色消费。严格控制高能耗、高水耗、重污染、高风险产业的发展，淘汰落后产能、压缩过剩产能，实施区域产能总量控制。

2. 管控污染物入海，改善海洋环境质量

坚持"陆海统筹"，加强近岸海域、陆域和流域环境协同综合整治。建

立和实施主要污染物排海总量控制制度，推进沿海地区开展重点海域排污总量控制试点，制定实施海洋环境排污总量控制规划、污染物排海标准，削减主要污染物入海总量。加快沿海地区污染治理基础设施建设，加强入海直排口污染控制，限期治理超标入海排放的排污口，优化排污口布局，实施集中深海排放。加强滩涂和近海水产养殖污染整治，加强船舶、港口、海洋石油勘探开发活动的污染防治和海洋倾倒废弃物的管理，治理海上漂浮垃圾，强化海洋倾废监督管理。逐步减少入海污染物总量，有效改善海洋环境质量。

3. 强化海洋生态保护与建设，保障海洋生态安全

加大海洋生态环境保护力度，建立海洋生态环境安全风险防范体系，保障海洋环境和生态安全。大力推进海洋保护区建设，强化海洋保护区规范化建设，加强对典型生态系统的保护。建立实施海洋生态保护红线制度，严格控制围填海规模，保护自然岸线和滨海湿地。加大沿海和近海生态功能恢复、海洋种质资源保护区建设和海洋生物资源养护力度，积极开展海洋生物增殖放流，加强我国特有海洋物种及其栖息地保护。在岸线、近岸海域、典型海岛、重要河口和海湾区域对受损典型生态系统进行修复，实施岸线整治与生态景观修复。加强海洋生物多样性保护与管理，防治外来物种。加强水资源合理调配，保障河流入海生态水量。有效开展海洋生态灾害防治与应急处置，积极推动重点海域生态综合治理。完善沿海及海上主要环境风险源和环境敏感点风险防控体系和海洋环境监测、监视、预警体系。

四、构建海洋环境质量基准/标准体系 ▶

(一) 必要性

海洋环境质量基准是海洋环境中不同介质对特定污染物受纳能力的底线，是制定海洋环境质量标准的准绳和科学依据。在保障海洋生态环境安全中，海洋环境质量基准起着基础性的支撑作用。严格地说，我国并没有在真正意义上建立起相应的水环境质量基准体系，而制约我国水质标准体系改进和完善的主要原因之一就是我国缺乏相应的水生态基准资料，所颁布制定的水质标准多借鉴发达国家的生态毒性资料和相关基准/标准限值。

但由于我国海洋环境的优控污染物、区域生态环境特征、生物区系分布、人体暴露途径与特征等各方面都与国外不尽相同，因此对我国海洋生态环境保护的合理性值得商榷。根据我国近海海洋生物区系的特点和污染控制的需要，开展相应的海洋生态毒理学研究和海洋环境质量基准定值方法学研究，构建符合我国海洋环境特征的海洋环境质量基准体系，对加强我国海洋环境质量的监测、评价与监督管理，制定海洋环境保护技术政策、标准，维护和提高海洋环境质量、控制海洋环境污染都具有重要意义。

（二）主要内容

（1）开展我国海洋优控污染物研究。进行我国海洋环境污染物调查，结合历史数据，提出我国海域的优控污染物清单，并建立优控污染物筛选技术规范。

（2）开展海洋生物毒理学基准研究。进行海洋生物区系调查，结合历史数据，筛选优先保护物种；开展本土物种室内驯化与毒性测试研究，在建立海洋生物毒理学基准技术规范的基础上，制定我国海洋优控污染物的毒理学基准。

（3）开展海洋生态学基准研究。通过对海洋生态因子的调查和数据分析，建立我国海洋生态学基准指标体系，制定海洋生态学基准技术规范，识别海洋保护敏感区并制定关键生态学指标的基准值。

（4）开展海洋沉积物质量基准研究。调查我国重点海域沉积物质量状况，建立海洋沉积物质量基准的技术方法，针对敏感本土海洋底栖生物的保护，制定优控污染物的沉积物基准限值。

（5）进一步开展海洋环境的人体健康基准研究。基于海洋区域的服务功能分析，调研我国沿海地区人群的暴露途径和消费模式，结合哺乳动物毒理学与流行病学数据分析，建立海洋环境的人体健康基准技术方法，制定优控污染物的人体健康基准限值。

（6）进一步开展基准向标准的转化研究。基于经济、技术、管理等可行性分析，基于基准研究成果，制订和修订优控污染物的海洋环境质量标准。

主要参考文献

陈国钧,曾凡明.2001.现代舰船轮机工程[M].长沙:国防科技大学出版社.

封锡盛,李一平.徐红丽.2011.下一代海洋机器人——写在人类创造下潜深度世界记录10912米50周年之际[J].机器人,33(1):113-118.

高超,张桃林.1999.欧洲国家控制农业养分污染水环境的管理措施[J].农村生态环境,15(2):50-53.

高尚宾,等.2009.中国-欧盟农业生态补偿合作项目赴欧考察总结报告.

高之国,贾宇,吴继陆,等.2013.中国海洋发展报告(2013)[M].北京:海洋出版社.

国家发展和改革委员会.2007.核电中长期发展规划(2005-2020)[Z].

国家海洋局.2011.2010年海岛管理公报[Z].

国家海洋局.2013.中国海洋经济发展报告[M].北京:经济科学出版社.

国家海洋局.全国科技兴海规划纲要,(2008—2015年).

国家海洋局海洋发展战略研究所课题组.2009.中国海洋发展报告[M].北京:海洋出版社.

国家海洋局海洋发展战略研究所课题组.2010.中国海洋发展报告[M].北京:海洋出版社.

国家海洋局海洋发展战略研究所课题组.2011.中国海洋发展报告[M].北京:海洋出版社.

国家海洋局海洋发展战略研究所课题组.2012.中国海洋发展报告[M].北京:海洋出版社.

国土资源部.全国矿产资源规划(2008—2015年).

国务院.2012.全国海洋经济发展"十二五"规划.

国务院.国家中长期科学和技术发展规划纲要(2006—2020年).

海洋经济可持续发展研究课题组.2012.我国海洋经济可持续发展战略蓝皮书[M].北京:海洋出版社.

暨卫东.2011.中国近海海洋环境质量现状与背景值研究[M].北京:海洋出版社

贾大山.2008.2000—2010年沿海港口建设投资与适应性特点[J].中国港口,(3):1-3.

金东寒.2007.船用大功率柴油机价格走势分析及预测[J].柴油机.

金翔龙.2006.二十一世纪海洋开发利用与海洋经济发展的展望[J].科学中国人,11:13-17.

李季芳.2010.美国水产品供应链管理的经验与启示[J].中国流通经济,24(11):67-60.

李继龙,王国伟,杨文波,等.2009.国外渔业资源增殖放流状况及其对我国的启示[J].中国渔业经济,27(3):111-123.

李开明,蔡美芳.2011.海洋生态环境污染经济损失评估技术及应用研究[M].北京:中国建筑工业出版社.

刘传伟,孙书群.2011.城市污水污水处理厂氮磷去除的研究[J].广州化工,39(23):

127 – 141.

刘佳,李双建 . 2011. 世界主要沿海国家海洋规划发展对我国的启示[J]. 海洋开发与管理,(3):1 – 5

马悦,张元兴 . 2012. 海水养殖鱼类疫苗开发市场分析[J]. 水产前沿,(5):55 – 59.

美国国家环保局 . 1994. 国家河口计划导则 .

美国国家科学研究理事会海洋研究委员会 . 2006. 海洋揭秘50年——海洋科学基础研究进展[M]. 北京:海洋出版社 .

农业部渔业局 . 2001—2012. 中国渔业统计年鉴[M]. 北京:中国农业出版社

孙瑞杰,李双建 . 2013. 中国海洋经济发展水平和趋势研究[J]. 海洋开发与管理,(1):63 – 68.

孙涛,杨志峰 . 2004. 河口生态系统恢复评价指标体系研究及其应用[J]. 中国环境科学,24(3):381 – 384.

唐启升,等 . 2013. 中国养殖业可持续发展战略研究:水产养殖卷[M]. 北京:中国农业出版社 .

王芳 . 2012. 对实施陆海统筹的认识和思考[J]. 中国发展,(3):36 – 39.

王涧冰 . 2006. 蓝色海洋需要我们共同呵护[J]. 环境教育热点聚焦,11:18 – 21.

王文杰,蒋卫国,等 . 2011. 环境遥感监测与应用[M]. 北京:中国环境科学出版社 .

王祥荣,王原 . 2010. 全球气候变化与河口城市脆弱性评价——以上海为例[M]. 北京:科学出版社 .

王晓民,孙竹贤 . 2010. 世界海洋矿产资源研究现状与开发前景[J]. 世界有色金属,(6):21 – 25.

新华(青岛)国际海洋资讯中心等 . 2013. 2013 新华海洋发展指数报告 .

晏清,刘雷 . 海洋可再生能源——我国沿海经济可持续发展的重要支撑[J]. 世界经济与政治论坛,2012(3):59 – 172.

杨东方,高振会 . 2010. 海湾生态学(下册)[M]. 北京:海洋出版社 .

杨东方,苗振清 . 2010. 海湾生态学(上册)[M]. 北京:海洋出版社 .

杨懿,朱善庆,史国光 . 2013. 2012 年沿海港口基本建设回顾[J]. 中国港口,(1):9 – 10.

于保华 . 2013. 海洋强国战略各国纵览 . 中国海洋报[J]. 2 – 13 – 09 – 30,2013 – 10 – 10,2013 – 10 – 21,2013 – 10 – 31.

于宜法,王殿昌,等 . 2008. 中国海洋事业发展政策研究[M]. 青岛:中国海洋大学出版社 .

虞志英,劳治声,等 . 2003. 淤泥质海岸工程建设对近岸地形和环境影响[M]. 北京:海洋出版社 .

张铭贤 . 2012. 陆海统筹控制陆源污染入海——燕赵环保世纪行之关注海洋环境(中)

[N]. 河北经济日报,02 - 01 - 02.

赵殿栋. 2009. 高精度地震勘探技术发展回顾与展望[J]. 石油物探,48(5):425 - 435.

赵冬至,等. 2010. 中国典型海域赤潮灾害发生规律[M]. 北京:海洋出版社.

赵兴武. 2008. 大力发展增殖放流,努力建设现代渔业[J]. 中国水产,(4):3 - 4.

中国工程院. 2013. 中国海洋工程与科技发展战略[C]//第 140 场中国工程科技论坛论
文集. 北京:高等教育出版社.

中国海洋环境质量公报 2003—2012 年. 国家海洋局.

中国海洋可持续发展的生态环境问题与政策研究课题组. 2013. 中国海洋可持续发展的
生态环境问题与政策研究[M]. 北京:中国环境科学出版社.

中国海洋年鉴编辑委员会. 2011—2012,中国海洋年鉴[M]. 北京:海洋出版社

中国石油集团经济技术研究院[J]. 国外油气技术研发动态,2009,7.

中国食品工业协会. 2011. 中国食品工业年鉴 2011[M]. 北京:中国年鉴出版社.

中华人民共和国环境保护部. 中国近岸海域环境质量公报 2003—2012 年.

周晓蔚,王丽萍,等. 2011. 长江口及毗邻海域生态系统健康评价研究[J]. 水利学报,42
(10):1201 - 1217.

Benjamin S Halpern,Catherine Longo. 2012. An index to assess the health and benefits of the
global ocean[J]. Nature,488:615 - 622.

FAO Fisheries and Aquaculture Department. the Global Aquaculture Production Statistics for
the year 2011. ftp://ftp. fao. org/FI/news/GlobalAquacultureProductionStatistics2011. pdf

Mathiesen AM. 2010—2012. 世界渔业和水产养殖状况 2008—2010[M]. 联合国粮食及农
业组织.

主要执笔人

孟　伟	中国环境科学研究院	中国工程院院士
雷　坤	中国环境科学研究院	研究员
刘录三	中国环境科学研究院	研究员
徐惠民	辽宁师范大学	副教授
闫振广	中国环境科学研究院	研究员
全占军	中国环境科学研究院	副研究员

重点领域六：中国海陆关联工程发展战略研究

引　言

根据对"工程"内涵①的不同理解（王连成，2002），海陆关联工程是指在建设和运行中同时涉及陆域和海域、发挥显著作用或影响的重大活动（广义）或工程项目（狭义）。本报告中提及的海陆关联工程主要限于狭义的海陆关联工程。

海陆关联工程是人类开发利用海洋资源，治理保护海洋环境，实现经济活动、社会活动、文化活动和军事活动从陆地向海洋延伸的重要手段。海陆关联工程横跨海、陆两大地理系统，其建设和运行需兼顾海陆双重影响，一般具有建设周期长、要素投入大、技术要求高、项目综合性强、产业关联度高等特点。

海陆关联工程的内涵包含3层涵义：①海陆关联工程泛指一类重大土木构筑项目，包括项目的新建、改建、扩建等；②海陆关联工程一般跨越海陆边界，但也可能仅仅位于海域或陆域的一侧；③海陆关联工程的建设和运行同时涉及海域和陆域，对海陆环境均具有显著的作用和影响。

海陆关联工程的外延较为宽泛，涉及的具体工程类型较多，主要包括围填海、人工岛、海堤、港口、跨海桥梁、海底隧道等重大工程，以及海洋油气平台、海洋能电站、风电场、核电站、海洋盐业设施、海洋渔业设施、滨海旅游设施、海水淡化设施、海水综合利用设施、排海水（污）设

---

① "工程"一词有广义和狭义之分。就狭义而言，工程定义为"以某组设想的目标为依据，应用有关的科学知识和技术手段，通过一群人的有组织活动将某个（或某些）现有实体（自然的或人造的）转化为具有预期使用价值的人造产品过程"。就广义而言，工程则定义为由一群人为达到某种目的，在一个较长时间周期内进行协作活动的过程。

施等工程项目。

基于不同的研究视角，海陆关联工程的分类方法有多种。按照项目功能可分为海洋空间开发利用工程、海洋资源开发利用与保护工程、海上交通运输工程、海洋防灾减灾工程等；按照项目空间位置可分为陆域工程、海陆交界工程、海域工程等；按照项目相关人类活动的属性可分为经济工程、社会工程、文化工程、军事工程、资源环境保护工程等。本报告采用按照项目功能进行分类的方法。

（1）海洋空间开发利用工程。海洋空间开发利用工程包括以空间直接利用为目的的围填海工程、人工岛等，以海岛及周边海域开发和保护为主要功能的海岛开发与保护工程项目，以及以海洋（底）存储为目的的工程项目。

（2）海洋资源开发利用与保护工程。按照海洋资源开发利用与保护的形式划分，海洋资源开发利用与保护工程可分为海洋渔业工程、滨海旅游工程、海洋油气工程、海洋矿业工程、海洋可再生能源工程、海洋盐业工程、海水综合利用工程、海洋资源恢复工程等。

（3）海上交通运输工程。海上交通运输工程是指与海上交通运输有关的海陆关联工程，包括港口、跨海大桥、海底隧道、海底管线等工程项目。

（4）海洋防灾减灾工程。海洋防灾减灾工程是指以抵御海洋灾害，避免或减轻灾害破坏为主要功能的海陆关联工程项目，包括海堤、海洋（滨海）重大工程项目海洋灾害防御设施等。

专栏2-6-1 海陆关联、海陆联动与陆海统筹

海洋与陆地之间相互联系，互相影响，存在着广泛的物质能量交换关系。伴随着人类物质文明的发展，陆海之间的资源互补性、经济互动性、环境联系性进一步增强。海洋的大规模开发与保护离不开陆域经济的支持，陆域人口、资源、环境问题的解决也要依托海洋的支撑。在对海洋与陆地关系认识不断深化的过程中，先后出现了海陆关联、海陆联动与陆海统筹（海陆统筹）等概念范畴。

海陆关联，是指海洋与陆地之间在自然和人文领域广泛发生的联系和影响。海陆关联是一种客观存在，其内涵十分丰富，包括海陆物理关联、海陆经济关联、海陆环境关联、海陆文化关联等。海陆关联反映了海洋与陆地之间普遍联系的规律与特点。

人类在从陆地向海洋进军的过程中，总结和实践了海陆联动的实践原则与方法。海陆联动，是指在涉海经济、环境、社会、管理等各类实践中，根据海洋与陆地普遍联系的特点，注重从海洋和陆地两个方面联合行动，形成合力，提高涉海实践活动的效率与效益。海陆联动反映了人类涉海活动的实践特点。

在对海陆关联客观规律认识持续深化、对海陆联动实践经验不断积累的过程中，按照科学发展观"统筹兼顾"的方法论原则，逐渐形成了陆海统筹（海陆统筹）思想。陆海统筹（海陆统筹）是指根据海、陆两个地理单元的内在联系，运用系统论和协同论的思想，在区域社会经济发展的过程中，综合考虑海、陆资源环境特点，系统考察海、陆的经济功能、生态功能和社会功能，在海、陆资源环境生态系统的承载力、社会经济系统的活力和潜力基础上，统一筹划中国海洋与沿海陆域两大系统的资源利用、经济发展、环境保护、生态安全和区域政策，通过统一规划、联动开发、产业组接和综合管理，把海陆地理、社会、经济、文化、生态系统整合为一个统一整体，实现区域科学发展、和谐发展。陆海统筹的战略思想涵盖了其战略性、系统性、综合性的特征，具有地理学、地缘政治学、区域海洋经济学等多重性质，其内涵丰富而复杂。

陆海统筹战略思想的提出和形成可追溯到20世纪90年代，具有代表性的思想是"海陆一体化"。海陆一体化是20世纪90年代初编制全国海洋开发保护规划时提出的一个原则，较为系统的研究体现在海洋经济地理学领域。陆海统筹概念经历了从海陆一体化到海陆统筹，再发展为陆海统筹的演变过程。

第一章 我国海陆关联工程与科技的战略需求

纵观历史发展，海陆关联工程的发展贯穿了人类文明进步史。从传统的"渔盐之利、舟楫之便"，到现代海洋产业的兴起，任何一项海洋开发与保护活动，都建立在海陆关联工程的基础上。特别是近年来，随着全球性海洋开发浪潮的兴起，海陆关联工程在海洋资源开发、海洋环境保护、海洋权益维护等多个领域扮演着更加重要的角色，在政治、经济、军事等方面的战略价值日益凸显。

当前，我国正处于现代化建设关键时期，经济发展对海洋资源（包括岸线和近岸空间）需求巨大，对外贸易对海洋运输深度依赖，海洋安全形势日趋严峻。基于上述背景，客观上对加快发展海陆关联工程提出了新的更高的要求。未来数十年，我国现代化建设对海陆关联工程的需求主要集中在以下几个方面。

一、增强深海远洋开发能力的需求　▶

深海远洋开发能力是检验一国海洋实力的重要标志，也是我国海洋强国战略的重要发展方向之一。我国是一个资源相对稀缺、经济对外依赖度较高的发展中大国，面对国际深海大洋资源开采、关键海域航道通航安全、海外权益维护任务日趋繁重等崭新课题，加快启动深海远洋基地建设的重要性正在不断增强。

国际深海大洋中蕴藏着丰富的海洋生物、矿产和化学资源。深海经济生物资源、生物产物资源，海底多金属结核、富钴结壳、热液矿藏、可燃冰等新型矿产资源，有望在未来世界资源、能源供给中扮演重要角色，成为人类经济社会持续发展的基础保障。近年来，全球性海洋（深海、极地）资源开发竞争加剧，随着我国深海、极地资源开发力度不断加大，对综合性海洋基地的战略性需求与日俱增。

远洋运输重要性日益提升。我国国际贸易货物运输总量的 90% 通过海上运输完成，商船队航迹遍布世界 1 200 多个港口。出口商品中的电器及电子产品、机械设备、服装等 3 个最大类别的运输主要依靠海运。一些重要海洋水道对于我国经济社会发展影响巨大。以石油运输为例，近 10 年来，我国石油供需矛盾日益突出，对外依存度从 21 世纪初的 32% 上升至 57%。而我国石油进口绝大部分依靠海运，进口量的 80% 经过马六甲海峡，38% 经过霍尔木兹海峡。可以预见，一直到 21 世纪中叶，北印度洋、北太平洋、南海等区域的重要水道将长期在我国运输通道体系中占据重要地位。

随着我国综合国力的增强和海外权益维护需求的加大，控制重要航道和海洋资源区、为深海大洋和极地科研和开发活动提供服务保障的需求不断提升。面向深海大洋和境外重要利益区建立海洋基地，将成为"增强我国海洋能力拓展"的重要手段。

二、有效维护管辖海域权益的需求 ▶

我国依法管辖的海洋专属经济区和大陆架面积广阔，但在黄海、东海和南海都存在与周边国家的海域主权争端，海洋权益维护任务十分艰巨。海岛作为人类进军海洋、实施海洋开发与保护的基地，在现行国际海洋法框架内，对于国家海洋权益维护意义重大。一些重要岛屿在领海基线划定、专属经济区确定等方面地位突出，其归属已经成为权益维护的焦点。只有开发保护好这些岛屿，才能为巩固国家海洋权益、开发海洋资源创造条件。

海岛开发与保护必须遵循海岛的固有属性。很多海岛战略地位重要，资源丰富，具有很高的开发价值，但地理位置相对隔离，自然生态系统脆弱，易受人类开发活动和自然灾害的影响。多数海岛基础设施薄弱，特别是远离大陆的岛屿，基础设施不足往往成为其开发与保护的最大制约因素。完善海岛基础设施建设，强化科技支撑，实施以资源开发和空间利用为主的海岛综合开发工程，积极开展生态保护与修复，保持海岛及周边海域良好的生态环境，是推动海岛开发与保护、维护国家海洋权益的重要保障。

三、科学利用近岸空间资源的需求 ▶

海岸带和近岸海域空间是海洋经济发展和海陆关联工程建设的重要载体。全世界 50% 以上的人口聚集在距离海岸线 200 千米以内的区域，全球六大城市带中有5个分布在沿海地区。在沿海大城市人口聚集和产业聚集不断深化的过程中，发展空间制约问题日渐凸显，引发了交通拥堵、产业衰退、社区老化等一系列问题。很多城市把拓展方向转向近岸海域，通过围填海来利用海洋空间，完善城市基础设施，优化空间布局。

我国正处在经济快速发展的时期，沿海地区工业化、城市化进程加快，以城市扩张和重化工业发展为特点的新一轮沿海开发热潮席卷全国，近岸空间开发强度逐渐加大。未来一段时期，在人口自然增长、城市化和新一轮全国性沿海开发等多种因素共同作用下，人口趋海移动的趋势将长期持续，沿海地区日益成为城市中心区、人口聚居区和产业聚集区，对近岸空间资源的需求不断提升。科学规划利用海岸线和近岸海域空间资源，有利于缓解我国土地供给压力、促进沿海经济可持续发展。

四、优化海陆关联交通体系的需求 ▶

海洋是重要的国际贸易通道。目前，海上运输占全球货物运输量的90%，在远程运输中的比例接近100%（以货物重量计）。港口是海陆联运的重要节点，在全球物流体系中发挥了关键作用。此外，跨海大桥、海底隧道等重大海陆通道工程在区域交通体系中的作用也在不断提升，成为区域性海陆交通的重要支撑。

近10年来，我国沿海港口建设出现新高潮，港口通过能力快速增长，目前通过能力和实际吞吐量均居世界首位。在世界前10大港口中，我国（大陆）已占据6个。随着港口之间的分化、分工与合作趋于强化，区域港口体系将逐渐形成。我国桥隧工程建设也取得了新突破，杭州湾跨海大桥、舟山跨海大桥、青岛胶州湾跨海大桥、上海东海大桥、青岛胶州湾海底隧道、厦门翔安海底隧道等重大交通基础设施相继投入使用，更多的工程项目处于论证和准备阶段。

随着我国现代化进程的加快，海岸带地区人口、产业聚集和城市发展对沿海交通体系提出了更高的要求。这也意味着在很多地区，大型深水港和跨海通道建设的必要性与经济可行性都大大提高。在大力推动海陆关联交通体系发展的同时，也必须高度重视各类大型交通工程建设的科学规划与有序实施。

五、强化沿海安全管理与防灾减灾的需求

　　海岸带是各种动力因素最复杂的区域，同时又是经济活动最活跃的区域，易受风暴潮、海浪、海冰、海啸、赤潮及海岸侵蚀等多种海洋灾害的影响。20世纪90年代以来，我国海洋灾害所造成的损失每年达数百亿元人民币，是世界上海洋灾害最严重的国家之一。我国也是地震多发的国家，一旦重要海陆关联工程设施（如海洋平台、人工岛、输油管道、核电站等）结构在地震中遭到破坏，引发的次生灾害后果极其严重。海洋防灾减灾工程在沿海经济社会发展中发挥了重要作用。通过有针对性地设计和实施一定的工程结构，能够减轻海洋自然灾害、人为事故以及次生灾害对沿海设施和居民生命财产的损害，保障沿海地区经济社会持续稳定的发展。

　　随着沿海地区城市化步伐加快，沿海重大工程设施与人口密集区的空间间隔趋于压缩，未来涉海自然灾害和事故对沿海城市的影响将更为显著。2020年，我国沿海核电运行装机容量将达到4 000万千瓦，建成、在建的核电站绝大部分位于沿海地区。国家石油战略储备工程也多位于沿海区域。滨海核电站、大型油气设施等重大工程对沿海地区环境与安全的潜在影响将更加突出，存在对加强防灾减灾和安全管理的重大需求。

第二章 我国海陆关联工程与科技的发展现状

一、工程建设进入快速发展新阶段 ▶

21 世纪以来,伴随着新一轮沿海开发浪潮的兴起,我国海陆关联工程出现了新的建设高潮,新建工程数量和规模都达到了空前水平。城市沿海新区综合开发、区域港口和临港工业区建设,推动了海陆关联工程在全国范围的大发展。在空间分布上,表现为从中心城市向周边城市,再沿海岸线不断扩展延伸的发展趋势。开发建设模式从沿海陆域开发向海岸线改造、围填海、海岛开发等方面扩展,海岸带开发明显加速。

(一) 港口建设出现新高潮

沿海港口在区域经济发展中发挥重大作用,是最重要的海陆关联工程之一。近 10 年来,我国沿海出现了港口建设的新高潮,建设范围之广、规模之大,都是前所未有的,成为反映我国海陆关联工程加快发展的一个重要方面。

2000 年以来,我国沿海港口建设加速,建设规模不断扩大。"十一五"期间形成了一个建设高潮。2006—2010 年,沿海港口建设年均新增固定资产达 700 亿元,年均净增通过能力超过 5 亿吨。经过"十一五"以来的高速增长,2012 年我国沿海生产性泊位约 6 500 个,其中深水泊位超过 1 900 个,较"十五"末增长了 75%;总通过能力超过 65 亿吨,较"十五"末翻了一番;集装箱总通过能力超过 1.7 亿标准箱。随着港口建设的加快,我国长期存在的严重压船压港问题迅速得到缓解。由于通过能力增长连年超过实际吞吐量增长,从 2010 年起沿海港口建设开始降温。2012 年,净增通过能力降到 4 亿吨以下,较 2009 年连续 3 年下降。

在基础设施完善的同时,我国港口"软件"建设也在不断升级。港口信息化水平实现较大提升,主要港区的电子数据交换 (electronic datainterchange,EDI) 网络已基本建成,上海、天津、青岛、宁波—舟山港等的集

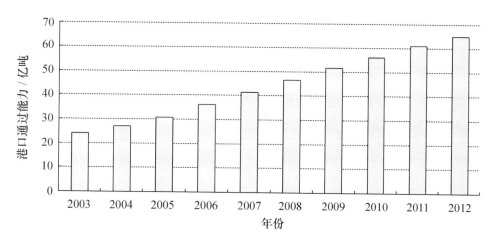

图 2 - 6 - 1　2003—2012 年我国沿海港口总通过能力变化情况

资料来源：中国港口年鉴编辑部，中国港口年鉴，2003—2012.

装箱 EDI 系统已达国际先进水平，在国际集装箱运输中近 80% 的运量实现了电子数据交换。航运服务体系初步建立，港口金融、保险、咨询、信息服务等衍生行业得到了较快发展。港口管理体制改革不断深化，初步建立了政企分离的港口行政管理体系，理货服务、引航服务、船舶供应服务和拖轮助泊服务等港口配套服务业也得到快速发展。现代港口物流迅速发展。沿海重要港口立足于港口装卸、转运服务，以及理货、船舶供应等配套服务，不断加强服务创新，积极利用自身优势开展物流业务。一些港口正在积极探索港口物流发展的新模式，典型代表有上海罗泾新港的"前港后厂"模式以及通过"无水港"构建港口内陆物流服务网络的模式。

（二）跨海通道建设步伐加快

进入 21 世纪以来，我国沿海交通体系发展迅速。跨海大桥、海底隧道建设相继实现了突破，不仅对沿海经济社会发展起到了有力的推动作用，也迅速缩小了我国跨海通道领域与国际先进水平的差距。

跨海通道建设主要包括 3 个层次。第一类是沿海地区大江大河河口（如长江口、珠江口）、海湾湾口（如胶州湾、杭州湾）的跨海通道工程，以及沿岸海岛（如舟山群岛、厦门岛）陆连通道工程，主要目的是打通沿海市、县级区域板块的跨海交通"瓶颈"，其长度为数千米至数十千米，投资规模多为 10 亿（元）级到百亿（元）级。第二类是海峡跨海通道工程，包括渤海海峡通道、台湾海峡通道和琼州海峡通道，主要目的是连接省级地缘板块，其长度为数十千米至百千米，投资规模为百亿（元）级到千亿（元）级。第三类是国际跨海通道，如构想中的中、韩、日跨海大通道，主要目的是跨海连接国家之间的公路、铁路系统，长度为百千米级，投资规模在千亿（元）级以上。我国目前正在建设的跨海通道基本属于第一层次，大型海峡通道建设尚在论证和准备中。

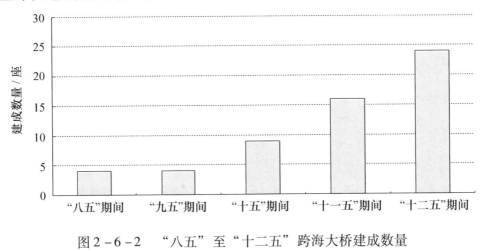

图 2-6-2 "八五"至"十二五"跨海大桥建成数量

注："十二五"期间为预计数。

资料来源：蓝兰，我国跨海大桥建设情况分析，2012.

跨海大桥是跨越海湾、河口或其他海域的桥梁。我国跨海大桥建设在2000年以后开始加速，"十一五"期间形成了一个建设高潮。1991—2010年，我国共建成跨海大桥 31 座，仅 2008—2010 三年间建成的就有 14 座。从拟建、在建项目情况看，我国跨海大桥建设高潮仍在持续。目前，在建跨海大桥项目 20 个，总投资 1 278 亿元；拟建项目 17 个，总投资 5 188 亿元。预计"十二五"期间建成跨海大桥 24 座。在已经建成的跨海大桥中，横跨宽阔海域、长度超过 20 千米的有 4 座，分别是东海大桥、杭州湾大桥、舟山大陆连岛工程跨海大桥和胶州湾大桥。象山港大桥和厦漳跨海大桥已经通车。正在建设的有港珠澳大桥，规划建设的有琼州海峡工程、浙江六横大桥等。

我国海底隧道建设起步时间较晚，目前已建成的大型海底隧道有两条，分别是厦门翔安隧道和青岛胶州湾隧道。厦门翔安隧道是我国第一条由国内专家自行设计的海底隧道，也是世界上第一条采用钻爆法施工的海底隧道。该隧道位于福建省厦门市，是联结厦门岛和翔安区的公路隧道，2010

年4月通车。青岛胶州湾隧道是目前我国最长的海底隧道，穿越青岛胶州湾湾口海域，于2011年6月通车。琼州海峡、台湾海峡以及渤海湾等隧道工程也正在酝酿中。

（三）沿海重大能源设施建设启动

我国海陆关联工程发展的另一个方面表现为以核电站、大型油气储运设施等为代表的重大能源项目的沿海布局和建设。

以核电站为例，我国已投入运营的核电站共有13台机组，发电量占发电总量的1%。正在运营的核电站有6座，分别是浙江秦山一、二、三期核电站，广东大亚湾核电站，广东岭澳核电站和江苏田湾核电站，均位于沿海地区。我国还是世界上在建、筹建核电站最多的国家，在建核电站有12座，筹建项目有25个，其中绝大部分位于沿海地区。

国家战略石油储备工程建设是我国能源安全战略的重要内容之一。我国从2004年起开始建设国家战略石油储备库第一期工程，主要分布在宁波、舟山、青岛和大连等4个沿海港口城市，原油储备能力达1亿桶。第二期工程8个战略储备库中，有4个选址在沿海地区。可以预见，在工程建成后，我国沿海地区将成为重大能源设施分布的重点区域。

一系列重大能源设施的建设和运行，一方面对沿海经济结构产生多方面的影响；另一方面也对沿海防灾减灾和安全管理提出了更高的要求。

二、工程技术总体水平达到新高度 ▶

随着各个领域一批重大工程的实施，我国海陆关联工程技术水平实现大幅提升，突破和掌握了大型涉海工程一系列关键技术，与国际先进水平的差距迅速缩小。目前，我国在大规模填海工程、大型深水港、跨海大桥、海底隧道、深水航道疏浚、沿海核电站、石油储运设施等领域的综合工程技术正在向国际前列跨越，一些代表性工程的规模与技术已经接近国际领先水平。

（一）跨海通道设计施工技术大幅提升

跨海大桥和海底隧道工程技术的发展，最能代表我国海陆关联总体水平的提升。与跨越（穿越）河流的桥梁、隧道相比，跨海大桥和海底隧道普遍具有长度大、跨度大、深度大等特点。如杭州湾大桥工程全长36千米，海上桥梁长度达 35.7 千米；胶州湾大桥海上段长度 25.2 千米。厦门翔安海底隧道最深在海平面下约 70 米，青岛胶州湾隧道最深在海平面下 82 米。这不仅大大增加了施工工程量，也给施工组织和运营管理带来了许多新的难题。大型跨海通道还具有投资巨大的特点，厦门翔安隧道与青岛胶州湾隧道的总投资都超过了 30 亿元，青岛胶州湾跨海大桥投资超过 100 亿元。

跨海通道建设普遍面临自然条件复杂、施工条件差、制约因素多等困难，这对设计和施工技术水平提出了较高的要求。以杭州湾跨海大桥为例，施工区域水文气象条件复杂，有效作业时间年均仅 180 天左右；工程地质条件较差，软土层厚达 50 米，南岸浅滩区 10 千米范围内存在浅层沼气；南岸滩涂区长达 9 千米，施工作业条件受到限制；大桥处于海洋强烈腐蚀环境，对大桥结构耐久性影响很大。胶州湾大桥也同样面临诸多施工困难：冰冻期长达 60 天左右；胶州湾海域海水盐度高达 29.4 ~ 32.6；桥梁受通航、航空双重限制，桥面以上塔高、拉索布置的空间有限。海底隧道建设则主要面临深水区施工作业风险：深水海洋地质勘察的难度高、投入大，漏勘与情况失真的风险程度增大；高渗透性岩体施工开挖所引发涌/突水（泥）的可能性大，且多数与海水有直接水力联系，达到较高精度的施工探水和治水十分困难；海上施工竖井布设难度高，致使连续单口掘进长度加大；饱水岩体强度软化，其有效应力降低，使围岩稳定条件恶化；全水压衬砌与限压/限裂衬砌结构的设计要求高；受海水长期浸泡、腐蚀，高性能、高抗渗衬砌混凝土配制工艺与结构的安全性、可靠性和耐久性要求严格；城市长跨海隧道的运营通风、防灾救援和交通监控，需有周密设计与技术措施保证等。

我国在跨海通道设计施工过程中，面对新环境、新问题，因地制宜地大量采用技术创新和施工工艺创新，这是我国跨海通道建设中的一个显著特点。例如，在杭州湾大桥建设中，为减少海上作业量，大桥 70 米预应力混凝土连续箱梁采用整体预制架设的方案，重达 2 160 吨的箱梁采用运架一体专用浮吊吊装架设；大桥水中区墩身采用预制墩身方案，利用大型船舶运至墩位处吊装；针对桥址处局部区段富含天然气的情况，采取主动控制放气及增大端阻力与发挥桩侧阻力增强效应的对策，保证了桥梁基础稳定。在厦门翔安隧道施工中，在软弱大断面，首次采用了改进的 CRD 工法和分工序变位控制法，使围岩变形控制在允许范围内；对隧道顶板厚度小于隔水层厚度的富水砂层地段，根据浅滩地表条件，因地制宜地优选了地表连续墙分仓截水，仓内井点降水和洞内超前钢花管注浆加固的辅助工法；针对不同地质条件的风化槽，研究应用了复合注浆技术，提出了穿越风化槽综合施工技术；提出了海底硬岩爆破临界振动速度限值和循环进尺，以及覆盖岩层临界厚度，确保了海底隧道施工安全。

（二）深水港技术取得重大突破

近年来，第六代超大型集装箱船（装载 7 000 ~ 8 000 标准箱）投入使用，对现代港口、特别是集装箱枢纽港建设提出了更高的要求。实施水深超过 -15 米的深水港建设，正在成为世界各大港口参与国际航运中心竞争的一个重要手段。21 世纪以来，上海、宁波 - 舟山、天津、青岛等沿海港口相继启动了深水港建设，使我国深水港工程技术水平得以迅速提升。

上海洋山港是我国发展现代化深水港的典型代表。洋山深水港区是依托大、小洋山岛链，由南、北两大港区组成的大型深水港。采用单通道形式，分四期建设。规划至 2020 年，北港区（小洋山一侧）可形成约 11 千米深水岸线，建成深水泊位 30 多个，预算总投资 500 余亿元，建成后的洋山港区集装箱年吞吐能力达 1 300 万标准箱，上海港洋山深水港区将跻身于世界大港之列。大洋山一侧南港区岸线将作为 2020 年以后的规划发展预留岸线。长远来看，洋山港区可形成陆域面积 20 多平方千米，深水岸线 20 余千米，可布置 50 多个超巴拿马型集装箱泊位，形成 2 500 万标准箱以上的年吞吐能力。

作为建在外海岛屿上的离岸式集装箱码头，洋山深水港区离岸造地面积 135 万平方米（海拔 7 米），海底打桩最深达 39 米的。港口建设过程中，创造性地采用"斜顶桩板桩承台结构"、"海上 GPS 打桩定位系统"等多项国内施工新工艺。结合洋山港论证、设计和建设，设立实施了专题科研项目 20 多项，申请专利 50 多个。洋山港一期的建成使用，成为我国深水港建设历史上的重要里程碑，为后续深水港工程技术探索奠定了良好的基础。

在一系列深水港建设经验积累的基础上，我国还组织实施了对水深超过 -20 米的离岸深水港关键技术的研究攻关。在海洋动力环境与深水港规划布置、海工建筑物耐久性与寿命预测、波浪作用下软土地基强度弱化规律与新型港工结构设计方法、深水大浪条件下外海施工技术与装备等重要领域，进行了针对性的研究攻关，取得了一系列重要成果。深水港建设系列关键技术的突破，不仅能够有效缓解我国适合建港岸线资源不足的问题，也为我国在远离大陆区域实施离岸深水工程进行了技术积累。

（三）河口深水航道技术进行了新探索

长江口是上海港、洋山深水港发展内河输运体系的重要节点。然而由于长江来水来沙及长江三角洲地形，长江口形成了 40 ~ 60 千米的"拦门沙"区段。长期依靠疏浚维持 7.0 米航道通航水深，年维护疏浚量约 1 200 万立方米。由于航道水深限制，长江流域的大量外贸集装箱通过日本、韩国中转，阻碍了我国沿海—内陆航运体系的发展。

进入 21 世纪以来，为了消除长江口对江海联运的制约，我国启动了长江口深水航道整治工程（图 2 - 6 - 3）。长江口三级分汊包括一级分汊北支、南支；二级分汊南支—北港，南支—南港；三级分汊南支—南港—北槽，南支—南港—南槽。工程最先实施对南支—南港—北槽航道的整治，依据"一次规划，分期实施，分期见效"的原则，工程分三期实施。一期工程 2002 年竣工，最小水深达 8.5 米；二期工程 2005 年竣工，航道最小水深 10.0 米；三期工程 2010 年 3 月竣工，使长江口主航道达到 12.5 米水深。具体工程方案是通过建设南北导堤，起到导流、挡沙、减淤的作用。堤内侧丁坝群，减少主航道泥沙淤积，保持航道水深。三期工程完成后，在长江口形成了底宽 350 ~ 400 米、深 12.5 米、总长 92 千米的出海航道，能够满足第三、四代集装箱船全天候进出长江口，第五、六代集装箱船、10 万吨级散货船和油轮乘潮进出长江口的需要。

长江口航道整治工程规模之大，是世界航道工程中鲜有的。在设计施

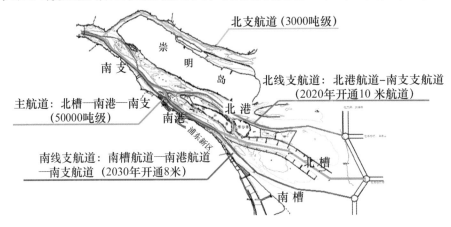

图 2 - 6 - 3　长江口深水航道整治工程示意

工过程中，我国工程技术人员创造性地尝试了一系列新方案、新技术，对大河河口深水航道建设进行了有益的探索。工程中涉及的关键性创新技术有：①采用了新型护底软体排结构。该结构适应地形变形能力强、保砂、透水性能好、整体性好、结构简单、安全稳定，适合大面积、高强度施工、价格低廉，保证了整治建筑物及周边滩面的稳定。②设计了新型堤身结构形式。在航道整治过程中，根据实际地形及地质特征主要采取几种新型堤身结构。包括袋装砂堤心斜坡堤结构、空心方块斜坡堤结构、半圆形沉箱结构、充砂半圆体结构等。③使用了新的施工工艺和装备。对于软体排护堤采用专用铺排船铺排，基床处理使用料斗式抛石专用船、抛石基床正平专用船、塑料排水板打设船、平台式基床抛石整平船、半圆形沉箱安装船等。开发了专船专用的高效施工模式。

2010 年完成长江口深水航道北槽—南港—南支整治工作后，长江口主航道水深达到 12.5 米，可通航 50 000 吨级货轮。工程计划在 2020 年完成北港—南支 10 米航道通航，2030 年完成南槽—南港—南支 8 米航道通航任务。另外北支 3 000 吨级航道将于后期开发。长江口深水航道的建成，促进了长江水系高等级航道网的形成，充分发挥长江"黄金水道"的作用，也为上海国际航运中心建设提供了有力的支撑。

三、沿岸空间开发成为发展新热点 ▶

近 10 年来，海岸带地区日益成为城市发展和产业、人口聚集的新空间。在中央批准的一系列沿海经济发展战略中，沿海各省、市、自治区纷纷将滨海地区作为加快发展海洋经济的主战场，设立了天津滨海新区、浙江舟山新区、广州南沙新区、横琴新区等多个沿海经济新区。很多沿海城市也将新城区和产业园区规划在滨海地区。同时，海岛在海洋开发中的重要作用逐渐引起广泛重视，海岛开发与保护力度明显加大。这使围填海工程和海岛工程成为海陆关联工程发展的一个新热点。

（一）围填海工程成为沿海开发的重要形式

沿海城市综合开发、区域港口群建设、临港工业区开发等对近岸空间的需求不断加大，促进了围填海工程的发展。2005—2011 年，我国每年确权填海造地面积都在 1 万公顷以上，反映了对海洋空间利用的巨大需求。

我国围填海工程规模在"十一五"期间形成了一个高峰。自 2005 年确权面积超过了 1 万公顷后, 呈逐年增加趋势, 到 2009 年确权面积达到了 1.8 万公顷。此后, 由于对填海工程控制趋于严格, 2010 年起年度确权面积有所下降, 2010 年、2011 年确权填海面积均约 1.4 万公顷, 2012 年减少到 0.9 万公顷。与 1950—1970 年代相比, 本轮围填海工程主要服务于沿海城镇化和工业化需求, 农业用途的工程项目较少。国家海洋局《海域使用管理公报》显示, 我国"十一五"期间累计确权填海面积 6.7 万公顷, 其中建设用地 6.4 万公顷, 农业用地仅 0.3 万公顷 (图 2-6-4)。

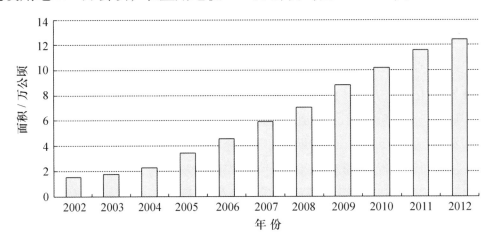

图 2-6-4 2002—2012 年我国填海造地海域累计确权面积

资料来源: 国家海洋局, 海域使用管理公报, 2003—2012.

沿海地方是围填海工程建设的主要推动力量。随着近年来全国沿海省、市、自治区以海洋经济为重点 (或特色) 的国家级发展战略陆续出台, 各地的沿海空间需求大幅度增长, 很多地区制订了大规模的围填海工程计划, 将之作为海洋产业、临海产业发展基地。例如, 天津滨海新区规划面积 2 270平方千米, 国务院批准填海造地规划 200 平方千米, 涉及 8 个产业功能区; 河北曹妃甸工业区规划用海面积 340 平方千米, 其中填海造地面积 240 平方千米, 依托矿石码头和首钢搬迁, 大力建设精品钢材生产基地, 发展大型船舶、港口机械、发电设备、石油钻井机械、工程机械、矿山机械等大型重型装备制造业; 江苏省规划了 18 个围海造地区, 计划围海造地总面积 400 平方千米, 计划到 2015 年, 将江苏省打造成区域性国际航运中心、新能源和临港产业基地、农业和海洋特色产业基地、重要的旅游和生态功能区; 浙江省滩涂围垦总体规划 7 市 32 县 (市、区) 造地面积为 1 747 平方千米；福建省 2005—2020 年规划 13 个港湾 158 个项目，围填海 572 平方千米；上海市 2010—2020 年规划填海造地 767 平方千米。

（二）海岛开发与保护工程发展加快

海岛开发与保护工程是一项复杂的、长周期的复合系统工程，可分为海岛国防建设工程、陆岛关联基础工程、海岛资源开发工程、海岛环境保护工程等。近年来，随着海岛经济价值和战略地位的日益凸显，海岛开发与保护受到越来越多的关注。各级政府不断加大海岛投入，积极支持海岛工程建设。一些面积较大的海岛，如舟山群岛、庙岛群岛和长山群岛，充分利用区位、渔业、景观、民俗文化等方面的优势资源，逐步建立了独具特色的产业体系，生产和生活基础设施得到改善。

实施海岛开发与保护工程的根本目的是维护国家海洋权益，促进海岛资源和空间的科学开发利用，发展海岛经济，加强海岛生态环境保护，充分发挥海岛在海洋生态系统中的独特功能，从开发和保护两个方面推动海岛可持续发展。海岛开发与保护工程的具体作用体现在以下方面：①促进海岛资源的科学开发利用。通过加强基础设施建设，可提高海岛资源开发综合效益，促进海岛经济持续健康发展。②加强海岛生态环境保护。通过加大海洋生态保护投入、实施生态修复工程、建立海岛生态保护区、完善海岛管理体制及强化海岛生态环境监控等措施，可有效维护海岛生态环境健康，使海岛在海洋生态系统中的功能和作用得到充分发挥。③维护国家海洋权益。通过科学规划和建造一批海岛工程设施，使之成为我国开发深水大洋资源和解决海洋领土争议的重要战略平台。

海岛基础设施快速发展。改革开放以来，我国海岛基础设施建设得到长足发展，在一些较大的海岛形成了较为完善的港口、水利、道路、供电、市政、环保等基础设施体系。连陆海堤、跨海大桥等陆岛通道工程建设极大地便利了海岛对外联系，为海岛持续健康发展创造了有利条件。

海岛生态环境保护工程逐步实施。针对部分海岛日趋严重的生态环境问题，依据《中华人民共和国海岛保护法》，我国启动了海岛生态环境保护工程。在舟山市桥梁山岛、烟台市小黑山岛和威海市褚岛开展了海岛生态修复试点工作，取得了初步成效。在此基础上，国家又批复了锦州市笔架山连岛坝、唐山市唐山湾"三岛"、上海市佘山岛、宁波市韭山列岛和渔山列岛以及深圳市小铲岛 5 个不同区域、不同修复类型的省级海岛整治修复及保护项目，海岛生态修复工作稳步推进。

无居民海岛开发启动。2011年4月，国家海洋局公布了首批176个开发利用无居民海岛名单，其开发利用的主导用途涉及旅游娱乐、交通运输、工业、仓储、渔业、农林牧业、可再生能源、城乡建设、公共服务等领域。我国还进一步完善了无居民海岛开发利用的管理政策体系。

综上，以近岸空间和海岛开发为主要内容的海洋空间利用工程正在成为我国海陆关联工程发展的热点，同时也带动了众多海洋资源开发利用与保护工程、海上交通工程和海洋防灾减灾工程的实施。

四、海陆关联工程在沿海经济发展中发挥新作用

近10多年来，沿海城市化、工业化进程加快，促进了我国海陆关联工程的发展。作为沿海重大基础设施，海陆关联工程的布局、规模和实施进程在很大程度上取决于沿海区域经济社会发展的需求；由于重大基础设施对所在区域在地缘特性、资源禀赋、交通物流等造成的巨大改变，海陆关联工程在实施后又会对沿海经济社会发展的长期趋势带来深远的影响。各地海陆关联工程与沿海产业和区域发展互动的案例充分说明了海陆关联工程在沿海区域经济发展中发挥的重要推动作用。

（一）港口建设带动现代临港产业体系发展壮大

目前，全国南、中、北三大国际航运中心框架已初步形成：以香港、深圳、广州三港为主体的香港国际航运中心，以上海、宁波－舟山、苏州三港为主体的上海国际航运中心，以大连、天津、青岛三港为主体的北方国际航运中心。宁波－舟山港、上海港、深圳港、青岛港等重要港口的集装箱吞吐量高居世界前列，国际竞争力显著提高。

现代港口体系的初步建立，为沿海各地以港口为依托规划建设经济功能区创造了有利条件。在近年来中央批复的一系列沿海经济发展战略中，各省、市、自治区无一例外地将临港工业作为发展海洋经济的重点内容。《全国海洋经济发展"十二五"规划》中确定的三大海洋经济圈、10个海洋经济区域中，港口及临港产业都是海洋经济发展的重点。如在环渤海沿海及海域规划中提出："依托天津港、秦皇岛港、唐山港、黄骅港，重点发展中转、配送、采购、转口贸易及出口加工等业务，推进天津北方国际航运中心和国际物流中心建设。"在对上海沿岸及海域规划中提出，要推进上

海国际航运中心建设，形成以深水港为枢纽、中小港口相配套的沿海港口和现代物流体系；大力发展航运物流、航运金融、航运信息等服务业，探索建立国际航运发展综合试验区；开展船舶交易签证、船舶拍卖、船舶评估等服务；加快发展上海北外滩、陆家嘴、临港新城等航运服务集聚区等。

依托现代化港口的发展，一些大宗资源、能源初级产品对外贸易规模扩大，促进了沿海地区重化工业的发展，大大改变了相应产业的全国布局。例如，依托大型油港和储备设施，以进口油气为原料，宁波、青岛、大连等沿海城市大力发展石化产业，使沿海石化产业占全国的比重不断提高。2012 年，我国沿海地区炼油企业数量已占全国的 80%，炼油能力占全国的70%。"十二五"期间我国沿海在建、扩建和拟建炼油项目的总生产能力达2.1 亿吨/年，占全国新增炼油能力的 95.5%。再如，近年来我国钢铁产业向沿海转移的趋势明显。国内主要钢铁集团都制定了发展沿海钢铁基地的计划，宝钢在广东湛江、武钢在广西防城港、首钢在河北曹妃甸、鞍钢在辽宁鲅鱼圈、山东钢铁在日照，均相继实施了新增产能布局。预计各基地建成后，我国沿海钢铁产能占全国比例将由目前的 20% 提高到 40% 以上。

（二）港口、桥隧等重大工程对区域经济格局产生明显影响

杭州湾跨海大桥、舟山跨海大桥、胶州湾海底隧道、唐山曹妃甸港区、青岛董家口港区等一批重大工程的实施，对沿海区域经济发展格局产生了重大影响。明显优化了一些地区的地缘属性，直接推动了相关区域的城市化和工业化进程。

跨海桥隧对于打通交通"瓶颈"，改善区位条件具有明显作用。例如，作为沿海高速公路的重要组成，杭州湾跨海大桥减少了杭州湾对上海和浙东地区的交通制约，使宁波至上海的陆路距离缩短了 120 千米。对于加快宁波、台州等地融入"长三角"，促进浙江发展起到很好的促进作用。从更微观的角度来看，宁波市依托杭州湾跨海大桥规划建设了陆域面积 235 平方千米的杭州湾新区，将之定位为统筹协调发展的先行区、"长三角"亚太国际门户的重要节点区、浙江省现代产业基地和宁波大都市北部综合性新城区。大桥开通后，对周边慈溪、余姚等地经济也起到了促进作用。

港口对于周边区域带动作用更加广泛和多样化，对于区域交通条件、资源禀赋、产业环境、城市空间等方面都会产生重大影响。唐山曹妃甸在2003 年以前仅是一个带状沙岛。在曹妃甸港建设带动下，10 年来累计完成

建设投资 3 000 亿元，经济规模扩大了 50 倍，已经形成了沿海工业区和城市新区的雏形。2012 年 7 月，经国务院批准设立唐山市曹妃甸区。青岛市黄岛区的发展也是以港兴城的典型案例。在 2002 年青岛港集装箱业务整体转移到前湾港区后，黄岛区城市化、工业化进程迅速推进，2002—2011 年地区生产总值从 165 亿元增长到 1 175 亿元。2012 年，青岛市依托青岛港前湾港区和董家口港区开发，将黄岛区与胶南市合并成立新的黄岛区，形成了陆域面积 2 096 平方千米，海域面积 5 000 平方千米，常住人口 139 万，包括国家级经济技术开发区、国家级保税港区、中德生态产业园在内的西海岸新区。新区定位为国际高端海洋产业集聚区、国际航运枢纽、海洋经济国际合作示范区、国家海陆统筹发展试验区、山东半岛蓝色经济先导区。规划到 2020 年，建成海洋高端产业集聚、生态环境一流、城市功能完善、综合实力位居全国前列的经济新区，实现基本公共服务均等化。生产总值突破 10 000 亿元，地方财政一般预算收入 700 亿元，人口规模 280 万左右，城镇化水平达到 90%。

（三）海岛开发与保护工程推动海岛经济结构优化

随着近年来海岛基础设施的完善，海岛经济结构不断优化。传统渔业地位下降，第二产业比重提高。以舟山市为例，作为全国唯一的海岛市，舟山市形成了以临港工业、港口物流、海洋旅游、海洋医药、海洋渔业等为支柱的现代产业体系。海洋经济增加值占 GDP 的比重超过 60%，是全国海洋经济比重最高的城市，经济结构实现了由单一的传统渔业经济向综合的现代海洋经济转变。凭借海洋区域和资源优势，近年我国 12 个海岛县工业发展呈高位增长，定海区、普陀区、岱山县、嵊泗县和长岛县等年递增率超过 20%。

海岛旅游业迅速发展。在我国的 12 个海岛县中，除平潭县和崇明县，其他各县旅游收入占 GDP 的比重已经超过或接近 10%，普陀区、南澳县、洞头县和长岛县旅游收入占 GDP 的比重接近甚至超过 20%，旅游业成为当地经济发展中的主导产业。

第三章 世界海陆关联工程与科技发展现状与趋势

近年来，国际海陆关联工程发展出现了一些新的趋势。①发达国家纷纷采纳了基于海岸带综合管理的思想和方法，以海洋空间规划为工具，提高了海陆关联工程布局的系统性和协调性。②加强了对岸线及近岸海域的建设性保护，通过建设相应的保护工程及提供配套服务，强化了自然岸线保护及岸线修复。③实施以资源集约和技术集成创新为主要特点的新型（立体化、离岸式）海陆关联工程整体规划，如阿联酋的海上人工岛群工程、荷兰沿海城市的近岸人工浮岛居住群工程、日本和韩国的离岸人工岛、海底智能工厂等。④全球气候变化及人为因素所导致的重大灾害威胁引起更广泛的关注，一些国家开始进行相应的预警和防护设施建设，如日本福岛核危机的后期建设、美国强风暴袭击后的沿岸环境设防工程等。

一、世界海陆关联工程发展现状与主要特点 ▶

（一）沿海港口工程

1. 港口向规模化、深水化方向发展

当前，世界经济全球化趋势越来越明显，国际贸易范围和规模不断扩大。远洋航运集装箱船、油轮、散货船都出现了大型化、专业化的趋势，对港口硬件设施提出了更高的要求，促进了港口规模扩大。目前全球排名前30位的集装箱港口中，有20个以上具有 -15米以上的深水泊位。为提高竞争力，很多港口投资建设了10万吨级以上的集装箱码头、20万吨级以上的干散货码头以及30万吨级以上的原油码头，一些港口正在建设或规划更大吨位的超大型深水码头。

2. 信息化成为港口竞争力的重要方面

信息时代的到来使港口对数字技术、定位技术和网络技术的依赖不断加深。信息化、网络化已经成为现代港口作为国际物流中心的重要发展方向。港口正在成为所在城市公共信息平台的重要节点。世界大港加大信息化投入，以更好地适应信息化社会的快速发展。

比利时的安特卫普港设计了现代化的信息控制系统和电子数据交换系统，港务局利用信息控制系统引导港内和外海航道上的船舶航行，私营企业则利用电子数据交换系统来进行信息交换和业务往来。新加坡政府建成了 Tradenet、Portnet、Marinet 等公共电子信息平台，为港口物流相关用户提供船舶、货物、装卸、存储、集疏运等各类信息，实现了无纸化通关。

3. 港口物流体系建设得到高度重视

荷兰鹿特丹以港口为枢纽，建成了四通八达的海陆疏运网络：高速公路与欧洲的公路网直接连接，覆盖了欧洲各主要市场；铁路网与欧洲各主要工业地区相连，直达班列开往许多欧洲主要城市；水上内河航运网络与欧洲水网直接联系。鹿特丹港已成为储、运、销一体化的国际物流中心，依托发达的集疏运网络，优化了临港经济发展模式。

汉堡港为了将港口的辐射范围延伸到东欧市场，大力发展远程集装箱铁路运输，通过租用铁路线、跨境收购铁路站股权等方式，开通了至波兰等东欧国家的"五定班列"，开创了港口公司经营跨境集装箱铁路专线的先例。

4. 以国际航运中心为节点的区域性港口群正在形成

港口在地理布局上向网络化方向发展，正在形成以全球性或区域性国际航运中心港口为主，以地区性枢纽港和支线港为辅的港口网络。港口日益成为其所辐射区域外向型经济的决策、组织与运行基地。面对激烈的竞争，各个地区的港口群体逐步形成了各具特色的分工体系，枢纽港与支线港的分工合作更加紧密。各级政府、企业和社会组织在其中发挥了重要作用。

纽约—新泽西港口群采用地方主导型竞合模式，主要特点是共同组建港务局，统一管理与规划。这种模式在较小的区域范围内，特别是港口位置非常接近、港口数量有限的情况下比较合适。日本东京湾港口群最大的特点是由国家主导，运输省负责各港口的协调，港口群实行错位发展，共同揽货，整体宣传，提高知名度，增强竞争力，避免港口间的过度竞争。

欧盟通过欧洲海港组织（ESPO）管理欧洲海港，协调各个港口之间的利益，既保持各港口的独立性，又保护港口间公平竞争环境。

（二）跨海大桥工程

跨海大桥是现代工业文明的产物，是现代工程技术与组织管理手段结合而实施的大型海陆关联工程的典型代表。目前世界上跨海大桥主要分布在欧洲、北美、东亚、西亚等地区。比较有代表性的跨海大桥有美国切萨皮克湾隧道大桥、日本濑户内海大桥、中国杭州湾跨海大桥等。1964 年 4 月，结构复杂精巧的美国切萨皮克湾隧道大桥正式通车，桥体融合了人工岛、沉管隧道和大桥 3 种形式，可谓美国桥梁建设工程历史上值得骄傲的杰作。1988 年 4 月，连接日本本州冈山县和四国香山县的濑户内海大桥建成通车，由两座斜拉桥、三座吊桥和三座桁架桥组成，成为目前世界上最大的跨海大桥。1998 年 8 月，大贝尔特海峡大桥纵身横跨于丹麦大贝尔特海峡之上，将西兰岛和菲英岛连接在一起，全长 17.5 千米，由西桥、海底隧道和东桥三部分组成。

跨海大桥的作用在于打通受海洋阻隔而产生的陆地交通"瓶颈"，从而大幅提升区域交通物流效率，推动经济社会加快发展。在这方面，日本濑户内海大桥特别具有代表性。濑户内海大桥通车后，驾车或者乘坐火车穿越大桥只需大约 20 分钟。而在大桥建成之前，渡船摆渡需要大约一个小时。该跨海大桥系铁路公路两用桥，总长度 37 千米，跨海长度 9.4 千米，最长一处吊桥（两座桥塔间距离）长 1 100 米，耗资 11 000 多亿日元（约 84.6 亿美元）。濑户内海大桥在上层路面设有两条高速交通主道，在下层路面设有一条铁路线和一条用于新干线行驶的附带线路，将日本国内铁路和公路网络连接在一起。

跨海大桥的关键技术包括：跨海大桥混凝土结构耐久性，高风速区域跨海大桥抗风性能，地震高烈度区跨海大桥抗震特性，跨海悬索桥钢箱梁安装技术，跨海特大跨径悬索桥缆索系统关键材料，跨海大桥结构分析技术及施工控制方法等。其设计和施工往往需要因地制宜，根据所在地自然环境和交通要求进行创新。以加拿大诺森伯兰海峡大桥（联邦大桥）为例，该大桥位于加拿大的诺森伯兰海峡，桥长为 12 930 米，有效宽度为 11 米（两车道），桥下净高为 28 米（一般位置）和 49 米（航道位置），设计寿命 100 年。海峡最窄处约 13 千米，冬季气象条件恶劣，海峡冰冻封闭。在设计中对桥梁结构的最大制约条件为冰块与风产生的横（侧）向荷载。该桥梁施工中遵循尽量减少水下与海上作业的原则。主桥（跨度 250 米）的上部结构与下部结构都采用预制拼装构造。墩身的上部是变截面的八角形空心构造，下部设有底部直径为 20 米的圆锥形防冰体，防冰体的混凝土强度为 100 千帕。墩身预制件与墩座之间的连接部分设置有剪力键、高强度压浆以及 U 形预应力钢索（提供后张预应力）。梁体采用单室箱梁，主节段长度为 190 米，主节段的墩顶部分采用钢制 A 形横隔构架作为横隔梁。一系列针对性的工程设计与施工工艺，保证了较高纬度地区桥梁的耐久性，缩短了建设周期，降低了成本。

（三）海底隧道工程

海底隧道是在海底建造的连接海峡两岸的供车辆通行的隧道。海底隧道大可分为海底段、海岸段和引道三部分。其中海底段是主要部分，它埋置在海床底下，两端与海岸连接，再经过引道，与地面线路接通。通常来说建造海底隧道还要同时在两岸设置竖井，安装通风、排水、供电等设备。国外水下隧道的主要修建方法有：围堤明挖法、钻爆法、TBM 全断面掘进机法、盾构法、沉管法和悬浮隧道。围堤明挖法受到地质条件的限制，且生态环境破坏严重，不经常采用。水中悬浮隧道处于研究阶段，目前还没有成功实例。水下隧道施工经常使用的方法有钻爆法、盾构法、TBM 法和沉管法。

据不完全统计，国外近百年来已建的跨海和海峡交通隧道已逾百座，国外著名的跨海隧道有：日本青函海峡隧道、英法英吉利海峡隧道、日本东京湾水下隧道、丹麦斯特贝尔海峡隧道、挪威莱尔多隧道等。

在世界 100 多条隧道中，从发挥作用和知名度方面来说，英吉利海峡隧道（也称英法海底隧道或欧洲隧道）当之无愧为世界第一。该隧道连接英国与欧洲大陆，主要采用掘进机法修建，于 1994 年 5 月开通。它由 3 条长 51 千米的平行隧洞组成，其中海底段长度 38 千米，最小覆层厚度 40 米，是当时世界上最长的海底隧道。两条铁路洞衬砌后的直径为 7.6 米，中间后勤服务洞衬砌后的直径为 4.8 米。通过隧道的火车有长途火车、专载公路货车的区间火车、载运其他公路车辆的区间火车。隧道由英、法两国共同决策建设，决策中参考了"欧洲委员会长期运输战略"和"欧洲铁路委员会 2000 年欧洲高速铁路系统的建议"。1986 年 1 月英法政府经招投标选中

CTG-FM（Channel Tunnel Group-France Manche S. A.）提出的双洞铁路隧道方案。隧道主要由私人部门来出资建设和经营，涉及英、法两国政府有关部门，欧、美、日等220家银行，70多万个股东，许多建筑公司和供货厂商，管理的复杂性给合作和协调带来了困难。该隧道的建设不仅为建设大型海底隧道积累了工程技术经验，也为跨国隧道建设的国际合作和工程组织协调提供了难得的借鉴。

日本青函隧道是目前世界已建成隧道中最长的隧道，位于日本本州岛与北海道岛之间的津轻海峡，全长53.85千米，海底部分长23.3千米，最小曲线半径6 500米，最大纵坡12‰，海底段最大水深140米。隧道为双线设计，标准断面宽11.9米、高9米，断面80平方米。隧道大大缩短了本州与北海道间的交通时间，电气化列车经隧道通过津轻海峡约需30分钟，而依靠渡轮渡海则需4个小时。青函隧道工程水文地质条件很差，岩石破碎松软，岩脉纵横穿插。隧道在设计和施工过程中解决了地质条件探明、灌浆处理高压涌水、耐海水侵蚀衬砌材料和防渗处理、高速掘进施工法缩短工期、高效率的通风和排水措施、快速经济的混凝土喷射和锚固等一系列关键技术问题。这些技术对修建海底工程有着普遍的借鉴意义。

（四）海岛开发与保护工程

长期以来，国际组织积极推进海岛开发与保护行动。1973年《联合国教科文组织》制定了有关海岛生态系统合理利用的"人与生物圈计划"。1992年联合国世界环境与发展委员会会议通过了《21世纪议程》，"小岛屿国家的可持续发展"为其重要内容。1994年又通过了《小岛屿发展中国家可持续发展行动纲领》，要求各国采取切实措施，加强对岛屿资源开发的管理。在联合国和沿海各国政府的推动下，海岛开发与保护工程建设在全球范围内迅速推进，取得巨大成效。

1. 对外开放推动海岛开发工程建设

通过对外开放吸收外国资本投入海岛开发，是很多国家推动海岛经济发展的重要途径。从20世纪末开始，美国就实施了包括"海岛纳入联邦贸易行动项目"等的一系列行动。通过给予海岛宽松的税收政策促进海岛对外开放，以吸引投资者、发展新产业和创造就业机会，从而推动了美国海岛经济和社会的发展；印度尼西亚出台了包括减税在内的一系列优惠政策，对外资开放 100 个岛屿，建成了一批国际知名海岛旅游和度假产业基地；1980 年起，马尔代夫依靠国外资金援助，制定了海岛开发计划，根据不同岛屿的具体情况，拟订了不同的政策措施和相应的开发时间、规模和方式。事实证明，马尔代夫颇具特色的海岛开发模式取得了极大成功，被称为海岛开发的"马尔代夫模式"。

2. 海岛旅游促进海岛开发工程发展

目前，全球海岛旅游发展迅速，很多海岛地区已成为世界著名的旅游目的地。世界上著名的海岛旅游胜地主要分布在热带、亚热带的 4 个区域上。①地中海沿岸，西班牙巴利阿里群岛、法国科西嘉岛、意大利卡普里岛和马耳他岛等；②加勒比海沿岸，墨西哥坎昆、巴哈马群岛和百慕大群岛等；③大洋洲区岛屿，美国夏威夷群岛和澳大利亚大堡礁等；④东南亚岛屿，新加坡，泰国普吉岛、攀牙，马来西亚迪沙鲁、槟榔屿，菲律宾碧瑶和印度尼西亚巴厘岛等。这些海岛虽然资源条件各异、面积大小不同，但经过所属国家的周密规划、大力建设和政策支持，海岛旅游开发蓬勃发展，成为世界著名旅游度假胜地，在促进当地社会和经济发展方面取得了很大的成功。

3. 生态岛建设卓有成效

为加强对海岛生态环境的可持续开发利用，保障海岛经济社会健康发展，加拿大爱德华王子岛、韩国济州岛和美国纽约长岛等启动了生态岛建设工程，取得了显著经济和社会效益，成为全球海岛开发利用的成功典范。爱德华王子岛以"水清、气净、土洁"的良好生态环境而著称，其成功经验体现在 3 个方面：法律保障完备、科技支撑体系发达、环保文化深入民心。韩国通过加强规划、提供优惠政策等措施使济州岛成为举世闻名的旅游度假、国际会议基地。美国纽约长岛则通过完善的交通网络、立法保护环境、建立发达的科研教育系统和科研机构等措施，发展成为集高端住宅区、科技研发区和生态旅游区为一体的现代生态岛。

4. 海岛作为军事和科研基地发挥独特作用

一些国家充分利用海岛独特的地理位置和自然环境特征，大力进行军事工程设施建设，其中以美国最为典型。利用威克岛特殊的地域位置，美国政府通过军用投资建设，使威克岛成为檀香山和关岛之间航线的中转站和海底电缆的连接点、弹道导弹试验基地、空军补给站。20 世纪 50 年代和 60 年代，约翰斯顿岛曾为核武器试验区和飞机加油站，到 2000 年成为美国化学武器的储存及处理地。早在 20 世纪 60 年代末，美国就在印度洋查戈斯群岛中最大的岛屿迪戈加西亚岛上建起了军事基地。该岛的大型天然良港可供第五舰队航母停靠，美军军舰可借此掌握控制印度洋的主动权，并可抵达红海。美国还利用无居民海岛建设了一批科研基地工程，发挥海岛的科研价值。帕迈拉礁拥有完整的生态系统，科研价值非常高，被气象学家视为观察全球气候变迁的理想地点。豪兰岛和贝克岛是美国国家野生动物保护体系的一部分，由美国内政部的鱼类和野生动物服务机构负责管理，只对科学家和研究人员开放。

二、面向 2030 年的世界海陆关联工程发展趋势 ▶

（一）沿海产业涉海工程规划管理水平不断提高

进入 21 世纪以来，国际上以提高海洋空间管理科学化水平和海洋资源开发与保护效率为主要目标的海洋管理手段日趋完善，以海洋空间规划为代表的海洋管理制度逐步走向成熟。海洋空间规划（Marine Spatial Planning，MSP）包括沿海地区、海洋港口区，以及相关海域在内的海洋、陆地资源和空间范围，通过产业协调和空间协调，促进和实现海陆资源的可持续利用，因此应该理解为海陆经济发展的统筹规划。区域性 MSP 主要是一个未来决策框架。通过一系列明确的功能，为海岸带和海洋综合管理提供框架。用以协调海洋空间利用、海洋资源开发和海洋环境保护的关系。

1. 欧洲海洋空间规划实践

欧洲 MSP 通常被认为是发展环境规划的基本组成部分。起初，MSP 这个创意是在发展海洋保护区（Marine Protected Areas，MPAs）中受国际、国内各方利益刺激而产生的，现在 MSP 更主要管理海洋空间的多种用途，特别是在使用冲突已经相当明显的区域。

欧洲委员会在 2007 年 10 月出版了《欧盟综合海洋政策》，将海洋空间规划列为振兴海上欧洲的重要内容，并制定了规范国际、国家、地区等不同层次的海洋管理和海洋产业布局的政策法规体系。

1978 年，荷兰、丹麦、德国为协调瓦登海（Wadden Sea）保护而通过了"瓦登海计划"。通过条约和利益集团参与而获得的相关权利，这3个国家分别实行计划并开展合作，在合作框架内设置了最高层次的决策机制。在两次政府会议期间，由各级政府官员和有关专家组成的三方组织，平均每年召开3~4次会议。

另外，欧盟还采用科学、客观评估方式推进海岸带综合管理。委托Rupprecht咨询公司和马耳他国际海洋机构联合组成第三方评估机构，对该项工作进行了全面评估。通过问卷调查和数据测算，评估各国执行情况，对执行不力国家进行"曝光"。

2. 美国海洋空间规划实践

美国于21世纪初期实施了基于海洋带综合管理的海洋空间规划。2010年7月，美国正式发布《美国海洋政策任务最终报告》，特别强调了推进海岸带与海洋空间规划的对策措施。各沿海州也先期开展较详尽的海岸带与海洋空间规划，以协调沿海产业的发展与生态保护的关系。

(二) 现代化沿海港口体系日趋完善

1. 港口泊位深水化成为国际航运发展趋势

近年来，船舶出现了大型化发展的趋势。远洋航线上的国际集装箱班轮向第五、第六代发展，满载吃水最小在12米以上。这对港口的深水泊位和深水航道建设提出了迫切需求。为了适应该形势，各主要大港不断扩建大型深水泊位，满足第五、第六代集装箱船的要求。

2. 高效的集疏运体系成为现代港口的显著特征

多模式综合运输码头是提高码头作业效率的重要途径。集多种交通运输方式于同一个码头，是当今码头规划建设的方向。以鹿特丹港为例，其最大的特点是"储、运、销"一条龙，先通过一些保税仓库和货物分拨中心进行储运和加工，提高货物的附加值；再通过公路、铁路、河道、空运、海运等多种运输路线，将货物送到荷兰乃至欧洲其他目的地。高效物流体系还对码头服务全面提升和新技术研发与应用提出了更高的要求。

3. 以国际航运中心为目标的综合发展成为现代大港发展的必由之路

以荷兰鹿特丹港为例，该港口凭借莱茵河完善的交通运输网络，建立港口物流园区和国际航运中心。充分运用临港优势，大力发展临港工业

（造船业、石油加工、机械制造、制糖和食品工业等）。这成为鹿特丹保持其在欧洲主要港口地位、增强城市经济实力、扩大影响力的重要战略方针之一。

4. 资源节约与环境保护意识持续增强

各国采取了一系列的节能对策和措施。以美国为例，其节能政策法规分为两类：①是强制性要求。如美国洛杉矶港推行了靠泊船舶必须强制使用岸电的要求，就是一项有代表性的强制性节能和环保措施；②通过经济措施鼓励用户使用更高能源效率标准的产品。如各码头公司普遍使用具有节能标识的节能灯具，不仅是企业的自觉行为，也得到政府的财政激励。

5. 港口运营管理模式不断创新

欧洲港口采取了市场化港口管理模式，有效地调动了多方积极因素，促进了港口物流发展。汉堡港、鹿特丹港、安特卫普港都实行了"地主港"模式，即港口管理部门负责建立法律法规、建设港口基础设施、管理港区土地、监控船舶动态、监管市场秩序等，而货物装卸、存储、物流等业务则完全由私营公司来经营。鹿特丹港务局成立了鹿特丹枢纽港对外有限公司。通过公司参与内陆码头和腹地交通网建设，积极发展临港产业。

（三）跨海通道技术发展迅速

1. 跨海大桥正在向着大型化和深水化方向发展

与内陆桥梁相比，跨海大桥具有以下特点：桥梁跨度长，工程量大；施工建造条件复杂；桥梁维护困难，强度耐久性要求高；设计施工受近海航道和海洋环境的影响；需要量身制作采用全新技术。以上特点对跨海大桥的设计和施工技术提出了新的要求。跨海大桥的建造主要分以下几个步骤：根据实际地形以及跨度需求确定桥梁型式和几何构造；计算设计载荷、确定设计方法、材料强度需求及安全系数、结构分析、疲劳设计、使用耐久性分析等多方面因素综合评估。当前，在跨海大桥大型化、深水化的发展过程中，桥梁跨度、抗风能力、耐久性、新材料应用等技术发展迅速，重要指标不断被刷新。与国外相比，我国近年来对跨海大桥新技术的贡献正在不断加大。

2. 海底隧道工程技术趋于成熟

海底隧道不同于陆地上的隧道工程，也不同于跨江河的水下隧道。相对而言，有以下一些主要特点：①在广阔的深水下进行地层地质勘察比在陆地上更困难，造价更高，而准确性较低。②在海峡海底隧道的设计中，合理地确定隧道的最小岩石覆盖层厚度十分重要。③需要对海底隧道覆盖层的渗透特性和渗水形式进行详细调查研究。④为了保证隧道施工的安全，需要在隧道或导洞的掌子面进行超前探测钻孔和超前注浆。⑤海底隧道衬砌上的作用荷载，与陆地隧道有很大的不同。⑥海峡海底隧道在隧道线路上布置施工竖井的可能性很小，连续的单口掘进长度很长，从而对施工期间的通风、运输等后勤工作提出了特殊要求。因此，选择合理的、快速的掘进方法和掘进设备，是直接关系到工期和投资的关键问题。随着海底隧道工程经验的不断积累，海底隧道工程技术趋于成熟，主要表现为新技术不断应用、施工周期缩短、安全性提高、单位长度造价有下降的趋势。

3. 跨海通道耐久性引起更大关注

跨海大桥、海底隧道投资大，建造困难，所处的海域自然环境较内陆地区相对恶劣，对项目运行的耐久性提出了严峻挑战。从各国早期建造的跨海大桥实例来看，跨海通道耐久性问题正在引起广泛的关注。1987年，美国有25.3万座混凝土桥梁存在着不同程度的劣化，平均每年有150~200座桥梁部分或完全倒塌，寿命不足20年，修复这些桥梁需要900亿美元。1992年，英国宣布禁止在新建桥梁中使用管道压浆的体内有黏结力筋的后张结构。海底隧道由于发展较晚，耐久性问题尚未完全显现，但该问题仍不容忽视。

耐久性的提高是桥梁技术进步的重要标志之一。20世纪后半叶，发达国家从设计理念、材料选择、结构分析等方面对跨海通道工程耐久性给予更大关注，如加拿大的诺森伯兰海峡大桥、丹麦的大贝尔特海峡大桥、日本的本四联络桥等设计寿命长达100年，美国的奥克兰跨海大桥设计寿命达到150年。

（四）可持续的海岛开发与保护模式逐步确立

1. 高度重视海岛生态环境保护工程建设

海岛生态环境是海岛开发利用的物质基础，丧失良好的生态环境，海岛的经济开发价值就不复存在。基于这种考虑，当前很多国家在开发利用海岛资源时，尤为重视海岛生态环境的修复与保护。从绿色经济、循环经济的视角，发展与海岛资源环境相适应的特色产业。例如，日本丰岛、希腊圣埃夫斯特拉蒂奥斯岛通过实施生态环境保护工程，取得了良好的治理效果。

2. 提高海岛基础设施建设的现代化程度

基础设施落后是海岛开发与保护的最大制约因素。很多国家都对系统推进海岛基础设施建设给予了极大的关注，加大投入，改善了海岛的生产生活条件。具体措施包括：构架岛屿与大陆及岛际间的现代化立体交通网络，特别注重小型机场和海岛隧道建设；建设配套的接线公路，完善岛内路网结构，改善岛上交通条件；建设风电场、海水淡化厂，加强电网、供水网建设。推进海岛生产生活基础设施的现代化。

3. 发展旅游业成为海岛开发的基本方向

海岛处于海陆相互作用的动力敏感带，地理环境独特，生态环境较为脆弱，自我补偿和修复机制弱，环境承载力低。由于海岛旅游资源丰富而独特，旅游业对环境影响相对较小，市场前景广阔，因此发展海岛旅游产业成为国际海岛开发利用的主要方向，而选择低碳方式则是促进海岛旅游可持续发展的基本趋势。例如，韩国济州岛提出了"全球环境资本"的口号，将低碳经济作为发展远景。海岛历史文化资源也是各国海岛旅游开发的重点。如西班牙开发了包括塞法尔之旅（犹太文化）、城堡游、葡萄酒之旅、艺术之旅、民间建筑之旅、美食之旅等在内的文化旅游路线；夏威夷着重开发波利尼西亚文化，还专门打造了蜜月度假游等特色产品。总之，深度开发海岛特色资源，成为推动海岛可持续开发利用的重要路径。

（五）沿海工程防灾减灾体系正在加强

1. 防灾减灾技术不断发展

目前，国际沿海防灾减灾科技发展呈现如下特点：①防灾减灾战略做出重大调整。国际上正在由减轻灾害转向灾害风险管理，由单一减灾转向综合防灾减灾，由区域减灾转向全球联合减灾。提高公众对自然灾害风险的认识成为防灾减灾工作的重点之一。②强化自然灾害的预测预报研究。关注海洋灾害对工程灾害链的形成过程，重视灾害发生的机理和规律研究，加强早期识别、预测预报、风险评估等方面的科技支撑能力建设。③构建灾害监测预警技术体系。利用空间信息技术，建设灾害预测预警系统，实现监测手段现代化、预警方法科学化和信息传输实时化。④加强灾害风险评估技术研究。制定风险评估技术标准和规范，应用计算机、遥感、空间信息等技术，建立灾害损失与灾害风险评估模型，完善综合灾害风险管理系统。

2. 对防灾减灾的重视不断加强

以沿海核电站防灾减灾为例，福岛核电事故发生后，世界主要核电国家及机构给予了高度关注。针对地震、火灾和水淹等外部事件，美国核管会发布《21世纪提高反应堆安全的建议》，要求执照持有者再次评估和升级每个运行机组抵抗设计基准地震和洪水灾害的必要系统、部件和构筑物；作为长期审查，建议对地震引发火灾和水淹的预防和缓解措施进行评估。法国核安全局（ASN）在《补充性安全评估最终报告》中认为，核电站如要继续运营，有必要在现有安全的基础上加强应对极端情况的能力，以应对类似日本大地震和海啸的灾害。英国在《国家总结报告》中建议：英国核行业应该着手验证英国核电厂的洪水（海啸）设计基准和冗余，以决定是否有必要在今后的新建机组和已建机组安全审查大纲中增加厂址洪水风险评估内容。同时要求在电站布局、构筑物、系统和部件设计中考虑极端外部事件的影响。

各国核管会建议了下一步的行动方案。例如，美国核管会的建议包括：地震和洪水灾害的再评估；地震和洪水防护情况的现场巡视；全厂断电事故的管理行动；每10年确认一次地震和洪水的灾害；加强预防和缓解地震引起的火灾和洪水的能力；加强其他类型安全壳的安全性，设计可靠的排放卸压功能；安全壳内或厂房内的氢气控制和缓解。法国核安全局认为在后续运营过程中，需要在合适的时间内提升核安全裕度和多样性，以应对极限工况；通过设置"核心机制"（包括设施和组织机构），保障在极端工况下的核安全。

3. 防灾减灾投入不断加大

随着各国加强对沿海防灾减灾的重视，对沿海防灾减灾工程设施的投入不断加大。以核电大国日本为例，在地震海啸事故发生后，决定投资建设"日本海沟海底地震海啸观测网"，增强对地震海啸的预警预测能力。观测网由日本防灾科学技术研究所负责建设。在房总近海、茨城和福岛近海、宫城和岩手近海、三陆近海北部和北海道的十胜和钏路近海敷设总长5 000

千米的海底光缆，每隔约 30 千米设置一套观测装置，埋设深度最深为水面以下 6 000 米左右。光缆嵌入 154 个地震和海啸观测单元。观测网能够在地震发生数分钟后准确掌握即将到来海啸的高度，亦可对东北海域全境地震进行监测。在预防临震精度上，据防灾科学技术研究所推算，海啸发生后，新观测网探知海啸的时间将比建成前早约 20 分钟；如果近海发生地震，新观测网探测到地震波也比陆地地震观测网早 20～30 秒。

总的来说，不论是在沿海核电安全管理，还是在其他重大沿海工程防灾减灾方面，我国的经验都相对不足。鉴于此，认真吸收借鉴国际经验教训，对于提高我国沿海重大工程安全管理与防灾减灾，无疑具有很大的助益。

三、国外经验教训

（一）发展海陆关联工程要充分考虑经济发展的阶段性需求

发达国家 100 多年来海陆关联工程发展历史表明，在经济社会发展的不同阶段，海陆关联工程的发展存在显著差异。总的来说，在一个国家（地区）农业经济占主导地位的时期，海陆关联工程的发展水平不高；工业化、城市化时期，对港口、填海、桥隧等海陆关联工程的需求大大增加，带动海陆关联工程大发展；工业化、城市化完成后，海陆关联工程向深远海开发和环境保护方向发展。

以欧洲海陆关联工程发展为例，在 18 世纪工业革命以前，欧洲海陆关联工程一直以渔港、小型商港为主，也修建了少量海岸防御和防灾减灾设施。18—19 世纪，工业革命浪潮推动了港口、海堤、桥梁等近代沿海基础设施的大发展。进入 20 世纪以来，国际贸易的繁荣、滨海城市带的出现、沿海重化工业的发展，使海陆关联工程的发展达到顶峰。20 世纪 70 年代，欧洲后工业化时代到来，人口增长的放慢，对生产领域海陆关联工程的需求有所下降，海陆关联工程的发展重点向环境修复和保护方向转移。进入 21 世纪以来，服务深远海资源开发和海洋新兴产业的海陆关联工程发展加快。

有必要借鉴国际发展经验，在分析我国经济发展长期趋势的基础上，对海陆关联工程的长期需求进行科学预测，建立相应的规划体系，制定发展路线图，实现我国海陆关联工程的科学有序发展。

（二）发展海陆关联工程要完善利益相关方参与协调机制

海陆关联工程在规划设计、筹资建设、使用维护等各个环节涉及各级政府、各类企业和不同公民群体。海陆关联工程要最大限度地发挥经济社会效益，也必须依靠各个利益相关方共同参与，这就需要建立和完善一定的参与协调机制。在海洋生态环境保护与修复、沿海港口体系建设、沿海通道建设等领域，利益相关方的充分参与显得尤为必要。

欧洲在海陆关联工程发展中非常重视利益相关方的参与。欧盟在实施海洋空间规划的过程中，专门建立了一系列参与协调机制，确保了有关工程布局的科学性和实施的有效性。其主要经验有：①建立国际、国家、沿海地方相协调的法律与政策框架体系是优化沿海工程布局，实现海岸带可持续发展的基本前提。②利益相关者分析与整合是避免沿海工程重复建设和不合理布局的内在机制。③依靠科学的现代化手段，进行跨行业、跨地区规划协调，是解决上述问题的现实工具。④提出具有共同价值取向的目标和对策是引导解决现实问题的基本导向。⑤工程技术专家与战略咨询专家共同努力是推进问题解决的必要保障。

我国现阶段，沿海地方竞争性开发格局在推动我国海陆关联工程大发展的同时，也埋下了无序发展和过度开发的隐患。如何在保持地方积极性的同时加强中央调控，形成科学开发海陆关联工程的体制机制，这是当前我国海陆关联工程发展中最迫切需要解决的问题。借鉴欧、美等发达国家构建利益相关方参与协调机制的经验，结合我国国情，建立完善的中国特色海陆关联工程规划、建设和运行机制，是促进我国海陆关联工程科学有序发展的有效途径。

（三）发展海陆关联工程要高度重视对生态环境的长期影响

海陆关联工程具有工程规模大、使用寿命长的特点，往往会使周边陆域或海域自然特征发生重大改变，这在港口建设、航道疏浚、围填海、海岛开发等工程领域表现得更为突出。海陆关联工程在使用期间不仅长期影响和改变着周边自然环境，同时也必然承受周边自然环境的影响和检验。这就要求在规划、设计、建设海陆关联工程时，必须充分考虑工程与自然环境的相互作用，高度重视工程对生态环境的长期影响。

日本实施围填海工程经验教训足以为我们所借鉴。日本国土狭小，人口密度大，土地资源严重不足。过去的 100 多年，日本通过填海向海洋索取了大量土地，其沿海城市约有 1/3 的面积都是通过围填海获取的。借助填海造地，日本在太平洋沿岸形成了一条长达 1 000 余千米的沿海工业带，修建了一些重要的海陆关联工程，如著名的神户人工岛工程和大阪关西国际机场工程。但是，大规模填海也产生了严重的环境影响。1946—1978 年间，日本全国沿海滩涂减少 3.9 万公顷，近海生态严重破坏，一些近岸海域经济生物消失，赤潮泛滥。为改善修复近海生态环境，日本相继在濑户内海等海域启动了海洋资源修复工程，并取得了一定成效。

我国大规模开发建设海陆关联工程的历史比较短，很多大型工程及相关技术的长期环境影响还不十分明显。有必要吸收借鉴发达国家经验教训，加强对代表性工程环境影响的研究，积累开发经验，发展适用技术，增强海陆关联工程的环境友好性。

第四章 我国海陆关联工程与科技面临的主要问题

一、海陆关联工程发展的协调性和系统性不强 ▶

新一轮沿海开发浪潮带动了海陆关联工程的快速发展。近年来，沿海各地方先后出台和实施了一系列以发展海洋经济为核心（或特色）的区域经济发展规划，且多数经中央批准上升为国家级发展战略。但是，与发达国家相比，我国海洋经济发展的总体战略目标还不明确，系统性较差，对陆海统筹、发展路径、区域协调、国际合作等重大战略缺少整体部署。从发展实践来看，各地规划和发展的部分海洋产业、涉海产业，在全国层面上存在一定的产业布局同构现象。与之相对应的是，各地实施的一系列涉海重大工程，也在一定程度上存在功能重复、布局散乱等问题。这种产业同构竞争与工程重复建设现象，既占用了宝贵的海岸带空间，也对沿海生态环境带来巨大压力，不利于海洋经济的可持续发展。

目前我国尚未建立针对涉海重大工程的规划体系，中央应对地方海陆关联工程竞争性开发的调控手段还比较薄弱，有必要针对我国现阶段国情，着手建立和完善海陆关联工程规划体系，强化调控机制的顶层设计，增强海陆关联工程发展的协调性和系统性。

二、各层次、各领域工程发展不平衡 ▶

个别领域存在过度开发的隐患。港口、跨海通道、大型储运设施等海陆关联工程对海洋交通运输、沿海物流、造船、石油化工、钢铁等产业，以及对外出口加工相关产业的发展，有较大的支撑作用。但是，随着国际经济格局的变化，我国依靠投资和出口拉动的经济发展模式正在逐步向扩大内需转变，沿海经济和对外贸易高速增长的趋势有可能放缓。港口、造船等产业已经出现产能过剩的苗头，继续保持大规模的投资建设，很有可能造成新一轮的过度投资。填海工程与海岛开发工程为沿海城市新区和临港工业区的发展提供了宝贵的空间资源。但是，由于大规模填海工程环境影响的不确定性，应当从中央层面从严予以调控，最大限度地减小对环境的长期负面影响。

服务民生的海陆关联工程仍有待加强。在一些偏远地区、特别是海岛地区，基础设施仍不完善。主要表现在：海岛淡水资源短缺，现有供水设施难以满足需要；陆岛交通运输条件有待改善，岛内公路布局不合理，技术等级低、抗灾能力弱；供电能力不能满足经济社会发展的需要；市政公用设施亟待完善，城镇生活污水处理、垃圾处理等设施建设滞后，交通、供排水等设施建设标准较低。需要进一步加大投资，逐步改善。

三、支撑陆海统筹的能力不足　　　　　　　　　　　　⊙

我国海陆关联工程绝大部分分布在海岸线周边区域，其功能主要是为沿海陆域和近海开发提供基础设施支撑。海洋开发活动过度集中于海岸带和近岸海域，已经造成海岸带开发过度拥挤与近海环境质量下降，而对深海大洋的开发相对不足。海陆关联工程发展总体上表现出"海岸带和近海开发趋于饱和，深远海开发不足"的状况。

我国海洋经济活动在空间分布上的不平衡是产生上述问题的重要原因之一。我国海洋资源和空间开发利用的重点主要集中在海岸带附近，对离岸海域、特别是深海大洋的资源开发重视不够、投入不足。如果将海洋经济按照所开发利用资源的空间分布划分为海岸带经济、专属经济区经济和远洋经济3种类型，以主要海洋产业增加值计算，目前我国海岸带经济占海洋经济比重达70%以上，而深海大洋经济不足10%，与欧、美、日等海洋强国相比还存在较大差距。

深海大洋开发潜力巨大。我国要实现海洋强国战略，必须突破近海，走向深远海。这就需要针对性地规划和建设面向深海大洋开发的海陆关联工程体系，为我国海洋经济向深海大洋挺进提供有力支持。

四、工程技术和管理水平有待提高　　　　　　　　　　⊙

重要工程领域的关键技术亟待突破。近年来，我国海陆关联工程的总体技术水平提升较快，但一些重要工程领域的关键技术还比较薄弱。例如，深海大洋开发要依托远离大陆岛屿（或人工岛）建设综合性保障基地，这就需要对离岸深水区域大型工程相关技术进行集中探索和试验，掌握能够满足深海大洋开发需要的施工模式与技术体系，开发适宜不同类型岛礁和海域的关键工程技术。包括各类人工岛、海上平台、浮岛技术；海岛综合水电供给技术等。此外，我国在海岛保护工程技术、近海生态环境修复工程技术等方面，与国际先进水平还存在较大差距，有必要启动试验与示范工程，下大力气予以突破。

海陆关联工程的配套体系还不完善。这一现象在港口建设中最为明显。近年来我国港口通过能力迅速增长，但港口发展空间普遍不足。欧洲的鹿特丹港、汉堡港面积都超过了100平方千米，而我国上海洋山港、青岛前湾港的港区面积只有10多平方千米，仅能勉强满足装卸、堆场、泊船的需要，拓展物流、加工、贸易等功能受到较大制约。我国港口的集疏运体系还不完善，在公路、铁路和水路3种集装箱集疏运方式中，公路占80%以上，水路约占10%，铁路仅占2%~3%，铁路在集疏运体系中的作用未得到充分发挥。港口发展重规模、轻效益，港口间竞争有余、合作不足，腹地及空间资源浪费严重。上述种种问题说明，配套体系发展滞后于海陆关联工程发展，对海陆关联工程发展形成了制约。

五、海陆关联对生态环境的影响需引起重视　▶

我国大规模开发建设海陆关联工程的时间较短，对大型涉海工程长期环境影响的研究比较薄弱，经验相对不足。近年来各地海陆关联工程实施过程中，一些工程的不当规划、设计和施工，已经对我国沿海和近海环境带来了一定的负面影响。包括：围填海工程数量和面积增长过快，自然海岸线大量消减，近海海域环境水平下降，部分地区沿海湿地、红树林等自然景观遭到破坏。这不能不引起我们的高度关注。

以海岛开发为例，一些地区片面注重追求海岛经济发展，忽视了社会、环境和生态的协调，采取掠夺性的资源开发模式，造成了严重的生态环境问题。主要表现有：随意在海岛上开采石料、破坏植被、损害自然景观和天然屏障；随意修建连岛大坝，破坏海洋生态系统；任意在海岛上倾倒垃圾和有毒有害废物；一些地方滥捕、滥采海岛珍稀生物资源，致使资源量急剧下降，甚至濒临枯竭。不仅如此，近年来炸岛、采石、砍伐和挖砂等严重改变海岛地形、地貌的事件时有发生，致使海岛数量不断减少。"908"专项海岛海岸带调查表明，近十几年来我国已有806个海岛彻底消失，个别领海基点岛有消失的危险。

六、防灾减灾和安全管理体系尚需完善 ▶

我国沿海地区经济发展和人口聚集的趋势仍将延续。沿海自然灾害和人为事故对经济社会发展造成重大损失的风险正在加大。近年来，沿海重大工程的自然灾害和人为事故表现出点多面广的特点。目前沿海防灾能力总体上仍比较低，而沿海重大工程正处在全面建设的高潮期，总体防灾形势十分严峻。特别是随着沿海涉核、涉油大型工程设施相继建设和投入使用，未来涉海自然灾害和事故对沿海地区环境与安全的潜在影响将更加突出，防灾减灾任务更加艰巨，现有防灾减灾体系面临重大考验。

海陆关联工程的防腐蚀问题尚未引起足够重视。海陆关联工程所采用的建筑结构一般为钢结构和钢筋混凝土结构，这些结构物一般处在海洋大气区、浪花飞溅区、潮差区和全浸区这几个区域，长年遭受高浓度氯离子、硫酸根离子等的侵蚀，极易发生腐蚀破坏。腐蚀会造成巨大的经济损失，美国许多城市的混凝土基础设施工程和港口工程建成后不到二三十年，甚至在更短的时期内就出现卤化；我国20世纪90年代前修建的海港工程一般使用10~20年，就出现钢筋锈蚀的严重问题。美国2001年发布了第七次腐蚀损失调查报告表明，1998年美国因腐蚀带来的直接经济损失达2 760亿美元，占其GDP的3.1%。据此推算，2012年我国因腐蚀造成的经济损失至少为1.5万亿元（人民币）。如果采取合理有效的防护措施，25%~40%的腐蚀损失是可以避免的。1998年美国报道，钢筋混凝土腐蚀破坏的修复费用，一年要2 500亿美元。其中桥梁修复费为1 550亿美元，是这些桥初建费用的4倍。我们应当高度重视混凝土构筑物的耐久性和使用安全问题，避免在工程建设后期大规模修复问题，更要避免发达国家出现的用于修复工程的花费远远超过初建费用的问题。

七、我国海陆关联工程发展水平与国际水平的比较 ▶

与国际先进水平比较，我国海陆关联工程发展的主要不足表现在以下几个方面（图2-6-5）。

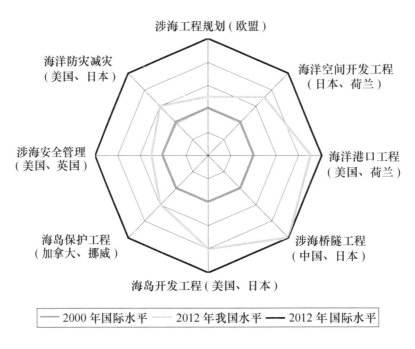

图 2 - 6 - 5　当前我国海陆关联工程（2012 年）的发展水平与国际水平的比较

（1）沿海产业与涉海工程布局协调性较差，涉海重大工程在一定程度上存在功能重复、布局散乱等问题，对沿海地区可持续发展造成了不利影响。海洋空间开发布局不科学，海岸带开发趋于饱和，对近岸海域生态环境带来较大压力，而深远海空间开发工程发展滞后。

（2）海岛开发与保护的总体水平亟待提高。海岛开发基础设施不完善，海岛供水、供电、交通、市政等公共设施建设相对滞后。海岛生态环境保护技术及经验缺乏，海岛生态环境保护工程投入不足。深远海岛礁工程发展不能满足国家海洋权益维护的需求。

（3）港口建设发展较快，但综合配套相对薄弱。港口发展空间不足问题比较突出，影响港口长期的竞争力。海陆联运集疏体系不完善，铁路、公路和水路运输协调发展的格局尚未形成。港口规划和经营管理水平不高，以分工合作为主要特点的区域化港口体系尚未形成。离岸深水港建设还不能满足未来发展需要。

（4）沿海防灾能力总体上仍比较低，防灾减灾任务更加艰巨。沿海重大工程防灾减灾科技基础性工作薄弱，综合防灾减灾关键技术研究与推广不够，灾害风险评估体系不完善，沿海重大工程防灾减灾经验相对不足。

综合来看，当前国内的涉海工程规划体系、涉海安全管理、海洋防灾减灾、海岛保护工程相对落后，仍处在或略高于国际 2000 年的发展水平；海洋空间开发工程、海岛开发工程与当前国际领先水相差 5~10 年，只有涉海桥隧工程、海洋港口工程接近或达到国际先进水平。

第五章 我国海陆关联工程与科技发展的战略定位、目标与重点

一、战略定位与发展思路

(一) 战略定位

海陆关联工程是统筹海陆发展的基础性工程，是国家海洋权益维护、海洋资源开发、海洋环境保护和海洋综合管理的重要保障。海陆关联工程建设应着眼于海洋强国战略，以"陆海统筹"为基本原则，国家海洋权益维护为导向，海洋资源开发为目的，海洋环境保护为基础，科技创新支撑为手段，全面提升国家海洋工程水平，保障陆海经济协调和可持续发展。

(二) 战略原则

1. 战略引领原则

坚持以科学发展观指导下的海洋强国战略为总体引领，通过法规制定、政策引导、科技支撑、工程实施等措施，建立符合发展需要的涉海工程发展与布局体系。调整不合理的工程布局，有序规划和建设涉海工程体系，克服个别地方、个别行业在涉海工程建设中的短期和非科学行为。

2. 陆海统筹原则

全面提升海陆并重开发与保护的意识，彻底扭转"重陆轻海"、"以陆定海"的思想观念，通过精细化、立体化规划海域（海面、水体、海底）的区域功能，协调海陆工程关系，实施海陆复合型整体空间规划，实现工程项目的陆海统筹布局。

3. 科技支撑原则

充分发挥科学技术在海陆关联工程发展中的重要作用。针对未来海洋开发、特别是深海大洋和极地开发的重大需求，全面提升项目规划建设的

科学水平，重点突破关键技术"瓶颈"，立足现有工程技术基础，大力发展海陆关联工程技术集成，积极推进海陆关联工程技术创新。

4. 工程推进原则

按照涉海重大工程项目"系统集成"原则，统筹海陆软硬件工程建设，通过分类和分区实施，全过程监督和协同管理，制定相应的海陆关联工程规划、建设和管理方案。通过项目建设提高工程技术保障能力，发挥工程技术对区域涉海产业和重大项目的支撑作用，为我国深远海重大工程开发积累经验。

5. 环境友好原则

按照可持续发展要求，坚持开发与保护并重的发展理念，统筹兼顾海陆关联工程实施的经济效益、社会效益与环境效益。在海陆关联工程规划和建设中，充分考虑涉海工程项目的利益相关者，尤其注意约束强势部门和地方利益主体，维护弱势群体权益，保护海洋生态环境，特别要建立利益相关者在政策制定和项目规划过程中的参与机制。

（三）发展思路

贯彻落实科学发展观，围绕海洋强国发展战略，以海洋权益维护和海洋资源开发为导向，海洋生态环境保护为基础，充分借鉴国内外陆域工程建设和海洋开发保护的经验和教训，清醒认识我国涉海工程建设所面临的发展挑战和历史自然条件，统筹兼顾沿海、近海、远洋开发特点与沿海经济发展多层次需求，科学规划与建设海陆关联工程，构建具有强大科技支撑和政策保障的国家海陆关联工程体系。

二、战略目标

（一）2020 年目标

根据全面建设小康社会和海洋强国战略初级阶段要求，初步建立全国性、多层次的海陆关联工程规划体系。涉海重大工程规划框架基本形成，沿海重要交通基础设施建设取得阶段性进展，重点海岛开发与保护工程发挥示范性作用，南海岛礁权益维护和资源开发取得一定成效，沿海核电站等重大设施防灾减灾体系建设启动。

（二）2030 年目标

海陆关联工程规划体系进一步优化，在陆海统筹发展中的作用开始凸显。面向海洋专属经济区开发与保护的信息化、工程化网络基本建立，开始在深海远洋资源开发中发挥重要作用。涉海产业布局持续优化，涉海重大工程建设有序推进，海岛开发与保护工程在全国范围内由点及面向纵深推进，涉海交通网络基本形成，沿海重大设施安全和防灾减灾水平全面提高。

三、战略任务与重点 ▶

（一）总体任务

根据海洋强国战略要求，从规划、建设和管理等方面着手，全面推进海陆关联工程发展。按照不同阶段的目标要求，逐步推进从沿海到深海大洋、从示范试点到全面铺开、从单一工程到复合工程的海陆关联工程体系建设。重点在沿海产业涉海工程布局、海陆物流联运工程、海岛开发与保护工程、沿海重大防灾减灾工程等领域加强海陆关联工程建设，为海洋强国战略提供坚实的工程基础。

（二）近期重点任务

1. 沿海产业涉海工程规划

（1）协调和提升现有沿海产业发展与布局规划。在整合已有国土空间规划、海洋功能区划、海洋经济规划的基础上，制定和修编主要海洋产业及涉海产业规划，使其纳入海岸带和海洋空间规划协调范畴。

（2）建立面向近海及专属经济区海域的海洋空间规划。重新审视已有沿海省、市、自治区国家战略，结合山东、浙江、广东等海洋经济发展示范，借鉴国际经验筹划启动国家层面的海岸带与海洋空间规划试点。

（3）构建层次分明的海陆关联工程规划体系。学习借鉴深空探测基地建设全国布局经验，面向中长期海洋强国战略，优先建设深远海勘探开发和极地科考相关重大工程项目，并对工程布局进行系统规划；针对不同海域的资源禀赋与环境特点，建立具有针对性和前瞻性的海陆工程服务体系；集约利用和规模化开发近海资源，注意保护自然岸线及近海生态环境，杜绝低层次重复建设；慎重审批和严格控制内陆迁海及用海项目，建立强制性限制机制，切实做到"以海定陆"。

2. 海陆联运物流工程

（1）促进沿海港口体系协调发展。继续强化主要港口的骨干地位，有序推进港口基础设施建设，大力拓展现代物流、现代航运服务功能。完善港口布局规划，加强公共基础设施建设。组织开展港口集疏运体系专项规划编制。依托主要港口建设国际及区域性物流中心，构建以港口为重要节点的物流网络。推进港口节能减排。完善公共资源共享共用机制，坚持节约、集约利用港口岸线、土地和海洋资源。

（2）重点推进深水港建设。提供优良的口岸环境和优惠政策，加大深水港陆域面积，增加深水泊位数量，提高港口整体通过能力。积累大型深水港建设的工程技术经验。完成上海洋山港、青岛董家口港、天津港总体建设任务，在实践中解决技术难题，掌握关键技术。

（3）推进跨海通道技术研究。重点攻克跨海大型结构工程综合防灾减灾理论、技术及装备；超大跨度桥梁结构体系与设计技术；远海深水桥梁基础施工技术及装备；跨海超长隧道结构体系、建造技术及装备；海上人工岛适宜结构体系、修筑技术及装备等重大技术问题。

（4）加快重大跨海通道建设进程。着力推动琼州海峡跨海通道、渤海跨海通道建设，做好台湾海峡跨海通道建设前期准备工作，建立省际跨海通道体系，加强大陆与海南岛、台湾岛的交通、交流。研究与周边国家合作建设国际跨海通道的可行性。

（5）探索积累河口深水航道工程技术经验。在完成长江口南港北槽深水航道治理后，继续实施其他分汊河道航道治理工程。适时启动珠江口和其他较大河流河口深水航道工程。在工程实践探索中积累深水航道整治经验，突破深水航道整治关键技术，强化清淤处理、整治装备设计生产等相对薄弱环节。

3. 海岛开发与保护工程

（1）建立海岛工程建设规制体系。针对海岛生态环境脆弱的特点，以最大限度地减轻海岛工程对环境的负面影响为出发点，建立海岛工程建设规制体系。从法律法规和标准规章层面促进海岛开发与保护工程建设标准的制度化和规范化。

（2）设立国家海岛基金，全面推进海岛基础设施建设工程。制定全国海岛基础设施建设规划，以国家财政投资为主体，以陆岛交通工程和海岛水电供给工程为重点，加快推进港口工程、桥隧工程、空港工程以及岛内配套工程建设，大力支持海岛新能源利用技术和海岛淡水供给技术开发。

（3）实施海岛生态修复和环境保护试点工程，维护海岛生态环境健康。制定重点有居民岛生态环境保护行动计划，大力支持海岛污水处理工程、垃圾处理工程、节能环保工程、海岛自然保护区建设，通过海岛生态环境调查、监视和监测工程以及受损海岛生态修复工程的实施，加快恢复海岛生态系统。

（4）围绕国家海洋权益维护，以南海岛礁海防基础设施建设为核心，有序推进海岛防御工程、海洋权益维护工程、海上通道与海洋安全保障工程，以及海洋资源开发基地建设，构建以海岛为节点的国家海洋权益维护保障工程体系。

4. 沿海重大工程防灾减灾

（1）科学分析评估滨海核电站、石油战略储备库、大型油港及附属仓储设施、滨海石化产业区等特殊滨海功能板块对环境和安全的潜在重大影响，以预防、减轻灾害和事故不利影响为目标，制定沿海重大工程安全和防灾减灾规划，高标准建设沿海安全和防灾减灾工程，构建沿海重大工程安全和防灾减灾标准体系。

（2）坚持"以防为主，防、抗、救相结合"的基本方针，全面开展沿海重大工程的防灾减灾工作。增强对各种灾害事故的风险防控能力，完善灾害和事故应急机制，降低灾害事故损失。

（3）提高重大工程的综合抗灾能力。加强工程灾害科学研究，提高对防灾减灾规律的认识，促进工程技术在防灾减灾体系建设中的应用，为防灾减灾工作提供强有力的科技支撑。建立与我国经济社会发展相适应的综合防减灾体系，综合运用工程技术及法律、行政、经济、教育等手段提高防灾减灾能力。

四、发展路线图

根据海洋强国建设的基本要求，确保在 2020 年基本建成国家海陆关联

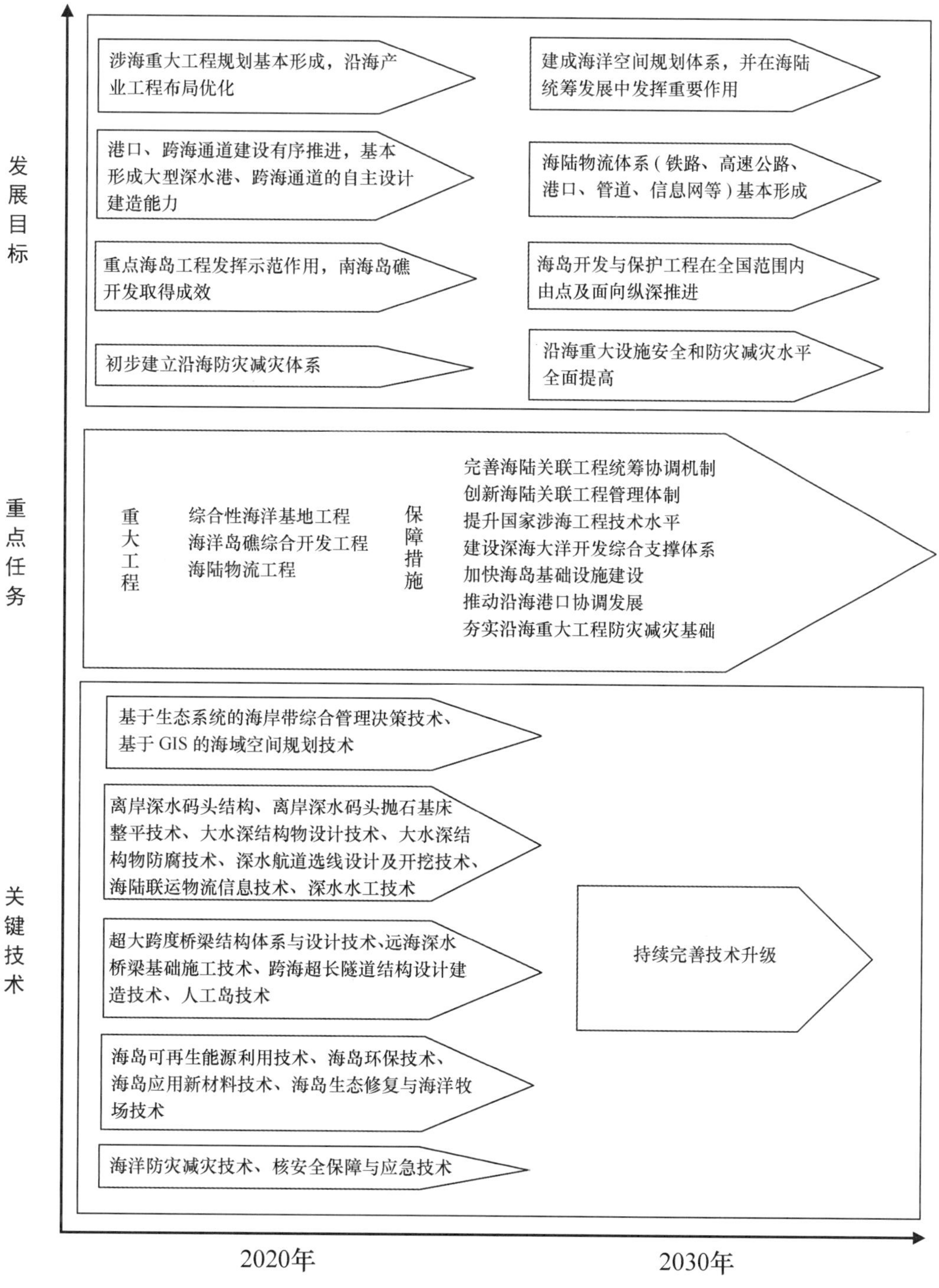

图 2-6-6　海陆关联工程与科技发展路线

工程体系，2030 年海陆关联工程体系达到国际先进水平。通过政策扶持和科技创新保障，以基于生态系统的海岸带综合管理技术、基于 GIS 的海域空间规划技术、基于智能网络的物流信息平台技术、海洋可再生能源利用技术、海岛生态修复技术、沿海核安全保障与应急技术、海洋防灾减灾等关键技术为突破口，以建立海洋空间规划体系、现代海陆物流联运体系、综合性海岛开发与保护体系、区域海洋安全与防灾减灾体系等为主要手段，全面推进国家海陆关联工程体系建设，加快我国海洋强国建设进程。

第六章 保障措施与政策建议

一、完善海陆关联工程统筹和协调机制 ▶

（1）优化海陆关联工程决策机制。强化海洋强国战略的顶层设计，从中央层面对各类海洋规划进行整合与优化，制定符合国家海洋强国建设需要的中长期规划与国家行动计划。协调涉海各方利益，建立规划实施监督协调机制，对各类规划的制定与实施进行有效监控。从根本上保证涉海重大工程决策的科学性。

（2）明确海陆关联工程的发展战略。突出国家海洋权益导向，分区域制定管辖海域发展战略、深海大洋资源开发战略、极地研究与开发战略、国际海上通道战略等国家海洋战略。明确国家涉海重大工程发展目标，准确定位和科学制定各层次、各领域、各地区涉海重大工程发展计划和实施路径。

（3）健全海陆关联工程法律体系。全面梳理现有涉海工程建设法律与各类部门规定、条例和规章，对不符合海洋强国要求的法律法规予以修订。制定实施《海岸带开发法》、《涉海工程管理条例》等法律法规，对各类涉海工程项目进行规范，严格各类海陆工程与开发活动的评估、立项、审批、监督与管理。

二、创新海陆关联工程管理体制 ▶

（1）健全海陆关联工程管理体系。合理调整涉海管理机构职能与分工，优化涉海部门的管理结构，建立协调高效的管理体系，陆海统筹规划和实施海陆关联工程项目。海洋工程建设要考虑陆域基础与保障条件，沿海陆域工程建设要考虑海洋产业关联及海洋环境影响。

（2）优化海陆关联工程管理流程。本着适应性管理原则要求，科学评估国家海洋开发与保护需求、经济社会发展水平和各类涉海工程特点，通过规划调控与政策引导，优化海陆关联工程规划、建设和管理流程，确保海陆关联工程建设有序推进。建立事前、事中与事后多层次的项目评估与管理监测体系，减轻海陆关联工程项目的潜在负面影响。

（3）加强海陆关联工程综合管理。统筹经济、社会、环境等多方面因素，科学确定涉海工程管理目标和手段，实施综合管理。根据海洋资源潜力科学预测开发规模，合理规划海洋开发布局，避免涉海工程领域的盲目投入和过度开发。将海域承载力评估纳入涉海工程项目决策过程，严格控制生态敏感区涉海工程规模。加大以海洋资源恢复和生态系统修复为主要功能的涉海工程建设，强化海洋生态文明建设的工程技术支撑。

三、提升国家涉海工程技术水平 ▶

（1）设立国家涉海工程重大技术研究专项，在中国工程院和国家自然科学基金建立专项研究基金，以涉及国家海洋安全与权益维护、深远海资源开发、海洋生态环境修复的重大工程技术研究为重点，支持符合国家海洋强国建设需要，与陆域工程技术相结合的海陆关联工程技术研究，确立海陆关联工程技术研究的国家战略导向。

（2）突破深远海资源勘探与开发技术，拓展海洋经济发展空间。结合国家深潜基地建设，由中国工程院、科技部和国家海洋局合作设立国家深远海技术与工程项目，加快推进大洋金属矿产、深海生物资源、深水油气和天然气水合物资源的勘探与开发技术研究，尽快提升国家深远海资源勘探与开发技术水平，为深远海资源产业化开发奠定基础。

（3）加快海洋权益维护与后勤保障工程建设。针对重点海域和争议岛礁，选择性地开展海洋权益维护工程与后勤保障工程技术研究，开发适宜不同类型岛礁和海域的关键工程技术。加快推进海岛可再生能源、海岛综合水电供给系统及海岛环保技术开发，加快实施各类人工岛、海上平台、浮岛等新型技术的试验与建设，为国家海洋安全和权益维护提供工程技术保障。

（4）加强防腐技术推广和应用。加强浪花飞溅区构筑物防腐技术标准化研究，以现有浪花飞溅区构筑物复层矿脂包覆防腐技术为基础，起草海洋浪花飞溅区构筑物防腐技术标准。推广钢筋混凝土构筑物高性能涂层防护技术。提高构筑物异型部位的防护技术水平，引进、吸收国外先进技术，加快实现国产化步伐，在我国海陆关联工程构筑物中的螺栓、球形节点等异型部位上进行工程示范，检测评价其防护效果，实现关键部位重点保护，保证主体结构的安全耐久。加大防腐蚀宣传，推行防腐蚀标准，做到在海洋环境下使用的所有构筑物都进行防腐蚀保护，确保安全运营。

四、启动深海大洋开发综合支撑体系建设　▶

（1）将"陆海统筹"作为深海大洋开发和综合性海洋基地建设的基本原则，把强化陆域综合支撑作为提高我国深海大洋开发能力的有效路径，把建设海洋开发基地体系作为我国深海大洋开发战略的重要内容。对海洋经济布局实施战略性调整，通过明确战略、加大投入等方式，加快我国海洋专属经济区、"三大洋"和南北极资源开发进程，扩大开发规模。针对深海大洋开发对陆海统筹的更高要求，加强对其产业配套、技术装备、管理模式等多方面的综合性支撑。

（2）针对我国在深海大洋开发方面产业基础相对薄弱、技术装备相对落后、开发经验相对不足的实际，集中人才与科技资源，依托具有一定产业基础、科技基础的沿海港口城市，有针对性地建设面向专属经济区、深远海和南北极开发的综合性海洋基地。

（3）依托沿海港口城市，通过明确定位、设立专项的方式，推动有关基础设施、科技平台、组织体系和配套产业实现跨越式发展，从而大大提升对深海大洋开发的综合支撑能力。结合不同区域、不同产业、不同阶段深海大洋开发活动的需求，以及我国各沿海城市地缘特点、资源禀赋和科技产业基础情况，突出特色和优势，有针对性地开展建设。

（4）针对深海大洋开发活动投入大、周期长，不同类型开发活动发展不均衡的特点，根据深海大洋开发进展分步推进综合性海洋基地建设。采取"示范－推广"的发展路径，通过设定发展目标和路线图，集中力量重点突破相关海洋科技，发展相关海洋产业，逐步建立海洋开发综合性基地体系，推动我国海洋经济从海岸带向深海大洋发展。

五、加快海岛基础设施建设　▶

（1）设立国家海岛基金。明确海岛基础设施建设的政府责任，由国家财政部负责，在海岛保护专项资金的基础上，以政府投入为主体，多方筹集资金，设立不少于100亿元的国家海岛基金，主要用于海岛国防和权益维护设施，海岛交通、水电、环保、教育等公共基础设施建设，提升国家对边远海岛的管控能力和海岛社会经济发展潜力。

（2）编制全国海岛基础设施建设规划。由国家发改委牵头，国家海洋局协调相关国家部委和沿海省、市、自治区政府，在全国海岛调查的基础上，结合国家与地方国民经济与社会发展规划、海洋经济发展规划，编制国家海岛基础设施建设规划，明确不同类型和区域岛屿的发展定位与基础设施建设需求，按照海洋权益维护、海岛经济发展与海岛生态保护等类型，分区域、分阶段制定相应的海岛基础设施建设行动计划。

（3）完善基金管理办法和配套实施政策。成立国家海岛基金管理委员会，在国家海洋局设立国家海岛基金常设办公机构，负责国家海岛基金的日常运作管理。编制国家海岛基金管理办法和投资指南，规范基金申报和评估程序，明确基金重点扶持领域，健全基金项目评估与风险监控体系，提高基金管理和利用效率。出台基金配套政策，鼓励企业和个人投资海岛基础设施建设。对于重点海岛和无人岛开发，可由国家海岛基金给予一定补贴。

（4）加大对海岛高新技术应用的扶持力度。在国家海岛基金设立海岛高技术开发专项，重点支持海水淡化、海洋新能源开发、海洋环保、生态修复及新型船舶装备等新技术的研发与产业化项目，从根本上提升海岛交通、水电及环保等基础设施保障水平。同时，加快海岛基础设施标准化建设进程，探索符合我国海岛发展需求的海岛基础设施建设新技术、新方法和新理念，树立国家海岛基金品牌效应。

六、推动沿海港口协调发展 ▶

（1）加快上海、天津等国际航运中心建设，充分发挥主要港口在综合运输体系中的枢纽作用和对区域经济发展的支撑作用。积极推进中小港口发展，发挥中小港口对临港产业和地区经济发展的促进作用。有序推进主要货类运输系统专业化码头的建设。在长三角和东南、华南沿海地区建设公用煤炭装卸码头，提高煤运保障能力。在沿海建设大型原油码头。加快环渤海和长江三角洲外贸进口铁矿石公共接卸码头布局建设。稳步推进干线港集装箱码头建设，相应发展支线港、喂给港集装箱码头，积极发展内贸集装箱运输。相对集中建设成品油、液体化工码头，提高码头利用率和公共服务水平。继续完善商品汽车、散粮、邮轮等专业化码头建设。形成布局合理、层次分明、优势互补、功能完善的现代港口体系。

（2）加大结构调整的力度，走内涵式的发展道路。结合国家区域发展战略、主体功能区规划、城市发展及产业布局的新要求，深化和完善港口布局规划，统筹新港区与老港区合理分工，统筹区域内新港区的功能定位，注重形成规模效应，带动和促进临港产业集聚发展。提升港口专业化水平和公共服务能力。积极推动老港区功能调整，适应专业化、大型化、集约化的运输发展要求。依托主要港口建设国际及区域性物流中心，构建以港口为重要节点的物流服务网络。

（3）提高港口集疏运能力。加强疏港公路、铁路、内河航道、港口物流园区等公共基础设施建设，加快主要港口后方集疏运通道的建设，与国家综合运输骨架有效衔接，充分发挥沿海港口在综合运输体系中的枢纽作用。通过在内陆城市设立无水港、发展海陆－陆空－陆陆多式联运体系建设，有效增加沿海港口的集疏运能力和运输效率。通过无水港扩大沿海港口腹地，缓解港口压力，保证供应链整体通畅。充分发挥无水港在报关、检验检疫、货物装箱整理等方面的作用，打造港口内陆节点，提高货物进出口效率。利用多式联运机制，建立立体通关输运体系，增加港口物流效率，形成多节点、多通道集疏运体系。

七、夯实沿海重大工程防灾减灾基础　▶

（1）加大投入，建立多渠道投入机制。持续增加国家在防灾减灾领域的科技投入，引导带动地方加大投入，吸引社会各界力量，开拓多种投融资渠道，主动探索引进风险投资基金、保险基金等新型投融资模式。

（2）整合科技资源。瞄准国家战略目标，明确重大科技需求，突出重点，统筹运用国家科技计划、示范工程、基础平台建设等科技资源，提升防灾减灾科技综合能力，特别注重引导和带动企业参与防灾减灾创新体系建设。

（3）加强学科建设和人才培养。改善学科软硬件条件，加强防灾减灾相关学科建设。加强防震减灾重大科技问题的基础研究和关键技术研究。加强防减灾人才培养，推动防灾减灾知识普及。立足工程防减灾工作实际，推进专业人才队伍建设。整体规划、统筹协调，优化人才队伍结构。组织开展形式多样的防灾减灾知识培训和应急演练，加大应急培训基地建设和科普宣传投入，通过建设防灾减灾示范社区等途径，全面提高国民自然灾害风险防范意识。

（4）积极开展国际合作。结合我国防灾减灾科技发展重点，实施重大国际科技合作计划，推进国际联合实验室和研究中心建设。积极吸收借鉴防灾减灾领域的国际先进理念和技术，缩小防灾减灾科技领域与国际先进水平之间的差距。

第七章　重大海陆关联工程与科技专项建议

一、面向深海大洋开发的综合性海洋基地工程　▶

（一）必要性

海洋经济从海岸带向深海大洋延伸是我国海洋经济可持续发展的必然要求。国际公海和南北极是目前地球表面仅存的未明确主权的公共空间。近50年来，随着全球性人口、资源、环境问题加剧，深海大洋和南北极蕴藏的丰富资源逐渐引起了沿海各国的关注。美、欧、日等海洋强国加大了对深海和极地科研的投入，在有关基础研究和技术开发领域取得了领先优势。从近50年来的发展趋势看，随着一系列国际条约的签订，未来不能排除通过构建有关国际法框架将公海（包括海底）和南北极逐步纳入一定的国际管辖秩序的可能性。在这样一个管辖体系中，海洋科技和产业优势将成为一国谋取更大权益、控制更多资源的重要支撑因素。我国拥有300多万平方千米的海洋国土，专属经济区面积广阔。特别是南海、东海专属经济区，油气、渔业等自然资源丰富，存在巨大的潜在经济价值，而且地处海洋权益斗争的前沿。发展海洋经济、实施资源开发，具有宣示主权和获取经济利益的双重价值，是维护我国海洋权益的有效手段。在当前形势下实施深远海开发战略，不能单纯理解为获取资源的经济行为，更是在为中华民族未来生存和发展谋求更大的战略空间。

因此，进一步强化陆海统筹能力，对海洋经济布局实施战略性调整，通过明确战略、加大投入等方式，加快我国海洋专属经济区、三大洋和南北极（以下简称"深海大洋"）资源开发进程，扩大开发规模，应当成为我国海洋强国战略的一项重要内容。与海岸带开发相比，深海大洋开发对陆海统筹的要求更高，需要更加有力的来自陆域的产业配套、技术装备、管理模式等多方面的综合性支撑。

（二）重点内容

根据海洋专属经济区、三大洋和南北极科研和开发的不同要求，有针对性地规划和建设相关综合性海洋基地，形成体系化、网络化的空间格局。在黄海、东海、南海专属经济区侧重于资源开发，在太平洋、大西洋、印度洋兼顾科学研究与资源开发，在南北极侧重于科学研究。根据上述要求选取沿海城市，通过设定发展目标和路线图，集中力量重点突破关键海洋技术，发展相关海洋产业，为海洋事业的发展提供有力支撑。按照分步实施原则，采取"示范—推广"的发展路径，逐步建设和完善海洋开发综合性基地体系，推动我国海洋经济从海岸带向深海大洋发展，推动海洋强国战略的实施。

1. 建设面向海洋专属经济区开发的海洋基地

我国在黄海、东海和南海拥有海洋专属经济区，且都存在与周边国家的海洋权益争端。海洋专属经济区范围内拥有较大开发价值的资源有油气资源和渔业资源。海洋可再生能源、海洋金属矿藏、可燃冰等资源具有较大的开发潜力。此外，我国南海传统海疆范围内有大量岛礁有待开发。综合上述资源分布特点，建议选取青岛、上海、广州 3 个沿海城市作为黄海、东海和南海海洋专属经济区开发的核心基地，辅以周边港口城市作为补充，重点予以规划建设。

（1）北部基地。面向黄海专属经济区的开发基地以青岛为核心，大连、烟台、连云港为补充。主要依托海洋产业和技术基础，重点发展船舶及海洋装备制造、水产品加工、海洋生物医药等相关产业，集中力量对海洋可再生能源、深水养殖和海洋牧场、规模化低成本海水淡化等技术进行攻关，规划建设海洋可再生能源试验场和海洋牧场试验场。

（2）东部基地。面向东海专属经济区的开发基地以上海为核心，杭州、宁波、厦门为补充。主要发展水产品精深加工、海洋生物医药、特种船舶制造等相关产业，集中力量对海洋观测、新型海洋平台、海洋油气开采等相关技术进行攻关，规划建设海洋观测网（场）。

（3）南部基地。面向南海的开发基地以广州为核心，深圳、三亚、三沙为补充。主要发展南海渔业配套产业、南海石油开采配套产业、海洋工程建筑业等，集中力量对大型深水人工岛工程技术、南海岛礁开发相关工程技术、深水油气开采技术进行攻关，规划建设南海开发工程技术中心、南海开发物流中心（三亚或三沙）、离岸人工岛试验工程项目（三沙）。

2. 建设面向"三大洋"开发的海洋基地

国际公海拥有丰富的渔业资源、油气资源、金属矿产资源和可再生能源，但除渔业资源外，大部分处于待开发或开发起步阶段。在太平洋、大西洋、印度洋科学研究和资源开发方面，我国与发达国家存在一定差距，但近年来发展较快。

我国在"三大洋"的经济和科技活动主要包括：①资源开发。在西非海域、南太平洋等区域的渔业活动初具规模，产量持续增长。南极附近海域磷虾资源业已引起关注，正在进行商业化开发的尝试。②科学研究。我国在对大洋科学技术的投入不断加大，在载人深潜、海洋观测、深海矿产勘探等领域取得了较大进展。我国还在太平洋获得了 7.5 万平方千米的大洋多金属结核矿区专属勘探权和优先开发权。③经贸活动。我国的海上贸易遍布世界 200 多个国家（地区），印度洋、太平洋的一些航线已经成为我国航运贸易的"生命线"。我国对外投资不断增加，积极参与东南亚、非洲、拉丁美洲有关基础设施建设和商业开发活动。④维和行动。应联合国要求，我国海军在北印度洋参与打击海盗的国际维和行动。

针对我国在"三大洋"的活动特点，建议从大洋科学技术、资源开发、贸易航运 3 个领域分类规划海洋基地，建立综合性基地体系。①大洋科学技术综合服务基地。选择青岛作为核心基地，杭州、厦门、广州等作为补充。主要发展载人深潜、大洋可再生能源开发、海洋观测、海洋矿产勘探开采等基础性科学技术研究开发，推进应用技术产业化。目标是为提升我国深海大洋科学技术水平提供人才支撑、组织保障和项目平台。②大洋资源开发综合服务基地。选择上海作为核心基地，大连、青岛、宁波、广州等作为补充。主要发展远洋渔业、水产品精深加工、深海油气开采与加工、海洋平台制造等产业，侧重于相关应用性技术研发与产业化。主要目标是通过产业集聚发展，增强我国大洋资源开发能力，扩大开发规模，提高开发水平。③贸易航运综合保障基地。选择广州作为核心基地，宁波、青岛、三亚作为补充，主要为我国印度洋海上"维和"行动、海洋科学考察活动以及相关航运贸易活动提供综合保障。主要发展远洋物流、信息平台相关技术和产业，以及远洋航行综合保障相关技术和产业。主要目标是建立远洋综合补给保障体系，提升我国远洋航行的补给、信息保障水平，增强我国远洋活动能力。

3. 建设面向南北极科研和开发的综合性基地

南极洲是目前唯一一块尚未明确主权的大陆，拥有丰富的矿产、生物、淡水资源和广阔的未开发土地。各海洋强国通过科学考察等方式，加强了对南极洲权益的争夺。我国业已建成了 3 座南极科学考察站，并将继续加强南极科学考察事业。北冰洋除蕴藏丰富的自然资源外，近年来其潜在的航道资源日益引起有关各国的关注。我国已经进行了 5 次北极科学考察活动，未来将继续强化有关科学研究。当前在南北极地区的科学研究，是未来开发利用南北极资源的基础，可以看做是我国海洋开发事业向南北极挺进的前奏。有必要根据南北极自然条件和资源禀赋状况，应用科学研究成果开展资源开发和权益维护的计划、准备工作，并依托具有一定基础的城市先期开展科技和产业准备，做到未雨绸缪，抢占南北极开发的先机。

（1）南极科研和开发基地。以上海为核心，哈尔滨、宁波、厦门、广州为补充建立综合基地体系。主要推进南极洲大陆科学研究和资源勘探技术开发，发展南极开发相关装备产业、南极科学考察站建设和综合保障相关产业、南极资源储运和加工产业。加强有关科研人员和技术人才的培养和储备，择机成立南极开发机构（或企业）。

（2）北极科研和开发基地。以青岛为核心，以大连、天津为补充建立综合基地体系。主要推进北冰洋科学研究和资源勘探技术开发，发展高纬度海洋开发相关装备产业、北极科学考察综合保障相关产业、北冰洋航线海洋交通运输相关产业。加强有关科研人员、技术人才的培养和储备，择机成立北极科研和开发机构，并做好航运准备。

4. 建设国际合作"通海"基地工程

我国正在倡议、规划和实施内陆地区的沿河沿路跨境通海廊道工程建设，主要包括：大图们江倡议（GTI）项目下的吉林省借图们江通向日本海，湄公河流域次区域合作（GMS）中云南省经湄公河通向南海，云南省借助滇缅公路和中缅输油管道通向印度洋，新疆维吾尔自治区经巴基斯坦公路通向印度洋（阿拉伯海），新疆维吾尔自治区经中亚国家（公路、铁路、管道）通向里海等。

以吉林省珲春市作为图们江通海基地，云南省景洪市作为澜沧江（湄公河）通海基地，云南省腾冲县作为滇缅通海基地，新疆维吾尔自治区喀什市作为新巴通海基地，新疆维吾尔自治区阿拉山口市作为新疆维吾尔自治区通里海基地。主要为通海通道相关工程实施建设前的先期准备、建设中的综合保障和建成后的日常维护。利用通海通道入境城市优势，规划和发展相关资源储运、加工和贸易产业。

5. 先行建设海洋开发综合性示范基地

海洋开发综合性基地从构想到实施是一项系统工程，投入大、周期长，且没有现成的经验可供借鉴。为增强海洋基地体系建设的科学性，建议先期启动示范工程。选取 1~2 个具有一定海洋科技和产业基础的城市，给予一定政策倾斜，集中人力物力建设示范性海洋基地，为全国海洋基地建设积累经验。示范基地建成后可作为其他海洋基地建设的范本，并为其他基地建设提供人才、组织和技术支持。经综合比较，课题组认为青岛市先行启动海洋基地建设的条件最好，可以作为示范基地的首选城市。

青岛是全国著名的海洋科学城，常驻涉海两院院士占全国该领域院士的 69%，集聚全国 30% 的高级海洋专业人才，承担了"十五"以来国家 863 计划、973 计划中 55% 和 91% 的海洋科研项目。我国深海首艘 300 米饱和潜水母船"深潜号"、首艘深海铺管船"海洋石油 201"、海洋科学综合考察船"科学"号在青岛交付使用，完成 7 000 米级海试的"蛟龙"号常驻青岛。国家深潜基地、国家海洋科学实验室在青岛建设。青岛拥有比较雄厚的海洋经济基础，是山东半岛蓝色经济区的核心区，拥有总吞吐能力将超过 7 亿吨的前湾港和董家口港两个深水大港，集聚了青岛前湾保税港区、青岛经济技术开发区、青岛高新技术开发区、中德生态园、胶州经济技术开发区等 5 个国家级经济区，临港工业发达且集中。综上，青岛市的海洋科技和海洋经济基础均比较扎实，为海洋示范基地建设提供了良好的平台。

青岛海洋示范基地建设，可以将青岛蓝色硅谷核心区和西海岸经济新区作为主要载体。在海洋科技方面，以国家海洋科学与技术实验室、国家深潜基地等为主体，以相关大学和研究机构（中国海洋大学、山东大学青岛校区、中国科学院海洋研究所、国家海洋局第一海洋研究所、中国水产科学研究院黄海水产研究所等）为支撑，以载人深潜、深海探测、海洋可再生能源、高纬度海洋科考、海洋牧场和深水养殖、海洋生物医药、新型远洋渔业技术研发为重点，通过设立海洋开发综合基地示范工程科技专项，实现相关海洋技术水平的整体提升。在海洋产业方面，依托五大国家级园区的产业聚集，重点发展造船和海洋工程装备、海洋交通运输和港口物流、远洋渔业、海洋药物、海洋能、海水综合利用等海洋产业，大力发展临港制造业和服务业，夯实深海大洋资源开发的产业基础。

（三）预期目标

1. 2020 年目标

面向深海大洋的综合性海洋基地体系规划及发展路线图基本确定。海洋开发综合性示范基地（青岛）建设启动，并取得初步成效。面向海洋专属经济区的基地群中，青岛、上海、广州三大核心基地的功能、定位得到明确，科技和产业专项得到实施，综合性基地建设顺利推进。面向三大洋和南北极的基地体系详细规划开始制定，部分项目得到先期实施。

2. 2030 年目标

综合性海洋基地体系建设取得初步成效，发挥明显作用。面向海洋专属经济区的三大基地群建设初具规模，在专属经济区资源开发和权益维护中发挥重要作用。面向三大洋和南北极的基地群建设全面铺开，在深海资源勘探开发、海洋探测等重要领域发挥关键性功能。海洋开发综合性示范基地（青岛）基本建成、运转良好，在深海大洋开发事业中发挥示范作用。借鉴示范基地一期建设经验，在全国再建设 2 ~ 3 个示范基地。

二、南海岛礁综合开发工程 ▶

（略）

主要参考文献

王芳.2012.对实施陆海统筹的认识和思考[J]中国发展,(3):36-39.

王连成.2002.工程系统论[M].北京:中国宇航出版社.

王树欣,张耀光.2008.国外海岛旅游开发经验对我国的启示[J].海洋开发与管理,(11):104.

杨懿,朱善庆,史国光.2013.2012年沿海港口基本建设回顾[J].中国港口,(1):9-10.

国家发展和改革委员会.2007.核电中长期发展规划(2005-2020)[R].

国家海洋局.2011.2010年海岛管理公报[R].

国家海洋局海洋发展战略研究所课题组.2011.中国海洋发展报告[M].北京:中国海洋出版社.

胡宾.2011.中国海岛县旅游竞争力对比研究[J].经济研究导刊,(7):178.

贾大山.2008.2000—2010年沿海港口建设投资与适应性特点[J].中国港口,(3):1-3.

蓝兰.2012.我国跨海大桥建设情况分析[R/OL].http://www.transpoworld.com.cn.

主要执笔人

管华诗	中国海洋大学	中国工程院院士
李大海	中国海洋大学	博士后
韩立民	中国海洋大学	教授
潘克厚	中国海洋大学	教授
刘曙光	中国海洋大学	教授
李华军	中国海洋大学	教授
刘洪滨	中国海洋大学	教授
施 平	中国科学院南海海洋研究所	研究员
刘 康	山东社会科学院海洋经济研究所	副研究员
孙 杨	中国海洋大学	讲师